普通高等教育电子信息类“十三五”规划教材

西安交通大学 规划教材

XI'AN JIAOTONG UNIVERSITY

模拟电子技术基础

李永安 张 辉 郗艳华 梁昌慧 编著

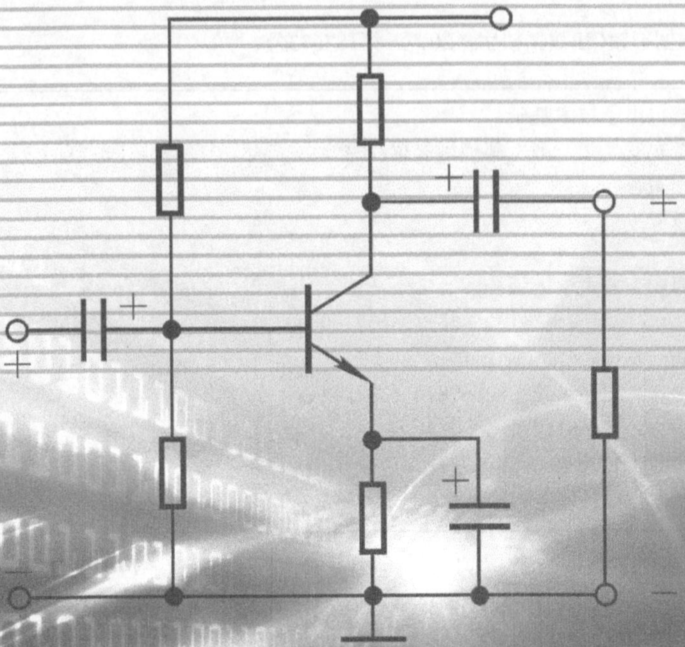

西安交通大学出版社
XI'AN JIAOTONG UNIVERSITY PRESS

内容提要

本书依据教育部电子信息科学与电气信息类基础课程教学指导分会制定的《电子技术基础课程教学基本要求》编写，全书由半导体二极管及其应用、双极型晶体管及其基本放大电路、单极型晶体管及其基本放大电路、放大电路的频率响应、集成运算放大电路、负反馈放大电路、模拟信号运算电路、波形发生电路、功率放大电路和直流电源等10章组成。

本书力求做到知识点要全，分析过程要细，基础要扎实，内容要实用，视野要开阔，探究式教学要贯穿始终。每章前提出问题，每章后有小结、自测题和习题，以利于教学。

本书可作为高等院校电子、电气信息类各专业模拟电子技术基础课程的教材，也可作为有关工程技术人员参考。

图书在版编目（CIP）数据

模拟电子技术基础 / 李永安等编著. —西安：西安交通大学出版社，2017. 8（2020.1重印）

ISBN 978-7-5605-9926-7

Ⅰ. ①模… Ⅱ. ①李… Ⅲ. ①模拟电路—电子技术—高等学校—教材 Ⅳ. ①TN710

中国版本图书馆CIP数据核字（2017）第187633号

书　　名　模拟电子技术基础
编　　著　李永安　张　辉　郗艳华　梁昌慧
策划编辑　李慧娜
责任编辑　季苏平

出版发行　西安交通大学出版社
（西安市兴庆南路1号　邮政编码710048）
网　　址　http://www.xjtupress.com
电　　话　（029）82668357　82667874（发行中心）
（029）82668315（总编办）
传　　真　（029）82668280
印　　刷　西安日报社印务中心

开　　本　787 mm×1092 mm　1/16　印张　30.375　字数　740千字
版次印次　2018年3月第1版　2020年1月第3次印刷
书　　号　ISBN 978-7-5605-9926-7
定　　价　69.00元

读者购书、书店添货，如发现印装质量问题，请与本社发行中心联系、调换。
订购热线　（029）82665248　（029）82665249
投稿热线　（029）82668315
电子信箱　64424057@qq.com

前 言

模拟电子技术基础是电类专业的主干课程，是最重要的学科技术基础课之一。尽管国内已有非常成熟的高水平中文教材，例如童诗白、华成英主编的《模拟电子技术基础》，康华光主编的《电子技术基础》（模拟部分）等，但这些教材只适用于普通本科。近年来，我国应用型本科教育发展迅猛，但相应的教材却并不多见。为此，结合多年的教学与科研实践，我们编写了此书，其宗旨是打好基础，学以致用。

本教材以模拟电子技术的重要知识点和知识链为载体，注重加强学科理论基础，培养创新意识、科学思维方法，提高分析问题和解决问题的能力，力求做到知识点要全，分析过程要细，基础要扎实，内容要实用，视野要开阔，探究式教学要贯穿始终。具体如下：

1. 知识点要全。考虑到应用型本科仍属于本科教育，并且模拟电子技术基础又是专业基础课，因此我们力求保证基本概念、基本原理和基本分析方法，而不是以“必须”和“够用”为尺度，确保理论知识的系统性和完整性。为此，全书分 10 章：前 4 章介绍半导体器件与应用和频率响应，是全书的基础；第 5 章、第 6 章介绍运算放大器和反馈，是应用基础；后 4 章介绍运放应用、功放和稳压电源，属于应用。因此，教材覆盖了模拟电子技术基础全部知识点。相对于普通本科，由于应用型本科的专业面较窄，如果一些内容省略（比如振荡电路），很可能后续课程再也遇不到了。

2. 分析过程要细。相对而言，应用型本科生基础较差。多年来的实践表明，他们学习本课程较吃力。本着因材施教的原则，我们将半导体器件及其基本应用分成 3 章介绍，尽管双极型晶体管基本放大电路和单极型晶体管基本放大电路的分析过程似乎有些重复，但这样做既可分解难点又突出重点。对共基和共源放大电路，特别是有源负载放大电路，我们也做了详尽分析，因为这是学生进一步学习的基础，不宜只给结论，不给原因。对于一些数学推导不仅不能省略，而且推导过程很仔细，如第 4 章放大电路的频率响应部分。因为定性分析不能使人放心，只有结合定量分析，才能掌握本质，留下印象。实践证明，适宜学生实际。

3. 基础要扎实。考虑到半导体器件是应用的基础，而其原理学生不易掌握，因此本书前 3 章用了较大篇幅介绍器件和应用，并使器件与电路的结合更为紧密，尽管“管为路用，以路为主”是原则，但我们仍对器件工作原理做了尽可能详细的定性描述，以便读者更好理解器件的外特性，为本课程及后续课程的应用奠定坚实的基础。另外，模拟电子技术课程的基础是电路分析。因此，我们经常有意回忆电路分析的知识，并利用它们解决问题。例如，应用基于叠加原理的拆环法分析非深度负反馈放大电路；又如利用二端网络等效电阻的概念求放大电路输入、输出电阻，还用信号与系统课程内容求解滤波器的参数等。电路分析、模拟电子技术、信号与系统都是学科基础课，不要拘泥其中一门课。

4. 内容要实用。应用型本科应突出应用。为了突出应用，很多教材花很多篇幅介绍除了运放、模拟乘法器和三端稳压器以外的集成电路。但我们认为，作为专业基础课更应该突出基础应用，因此本教材不再介绍 ICL8038、AF100、CD4060 等等，取而代之的是更基础的应用，如基于 MOS 差分放大器电路的三点式振荡电路，基于通用运放的音频放大电路等，此外，还强调了运放的供电。有了这些基本应用，相信读者很容易熟悉常见模拟集成芯片的使用。

5. 视野要开阔。由于模拟电子技术基础课程内容丰富，应用广泛，新器件、新技术不断出现，本教材也适度引入新概念。例如介绍传统文桥振荡电路的同时，还给出了接地电容文桥振荡电路，并指出它在现代电流模式电路中的应用；在介绍 T-T 滤波器的同时，还强调它在现代电流模式滤波器中的应用；在提到运放增益带宽积是常数外，又指出新型运放（CFA）的增益带宽积可以由设计者设定。这样做旨在培养学生举一反三的能力。

6. 探究式教学要贯穿始终。“模拟电子技术基础”课程具有知识跨度大、电路模型抽象、电路分析方法灵活多样等特点。诸多特点导致“模拟电子技术基础”是电子类本科教育较难以学习的课程，学生在学习过程中更易降低学习兴趣。为此，本教材力求由浅入深，由易到难，形象比喻，思路清晰。教材在重要分析后都进行讨论、归纳，提高规律性的结论；特别是在章节过渡时，都采用了问题导入法，在每一章节内，处处都能见到设问和思考，引导学生独立思考问题，养成深入思考的习惯，诱发兴趣，而不是人云亦云，从而形成进一步学习的动力；习题的编写也引用了大量的历史文献，旨在扩展教材内容并加以提高，同时对实际应用也具有较好的指导作用。

本书由李永安教授编写第 1、2、3、6、7、8 章，郗艳华副教授编写第 9、10 章，梁昌慧教授编写第 4、5 章。全书由李永安教授担任主编，张辉教授协助组稿、统稿及校对。

由于我们的能力和水平有限，加之时间仓促，书中一定存在不少错误和不妥之处，恳请读者批评指正，以便今后不断改进。

编者

2018 年 3 月于咸阳师范学院物理与电子工程学院

目 录

第 1 章 半导体二极管及其应用

第 2 章 双极型晶体管及其基本放大电路

第 3 章 单极型晶体管及其基本放大电路

第 4 章 放大电路的频率响应

第 5 章 集成运算放大电路

第 6 章 负反馈放大电路

第 7 章 模拟信号运算和处理电路

第 8 章　波形发生电路

第 9 章 功率放大电路

第 10 章 直流电源

第1章　半导体二极管及其应用

◎本章讨论的问题

(1) 什么是N型半导体？什么是P型半导体？两种半导体制作在一起会产生什么现象？

(2) 为什么PN结具有单向导电性？当PN结加正向电压，VAR符合欧姆定律吗？加反向电压果真没有电流吗？

(3) 当PN结无偏压时，扩散与漂移关系如何？正偏和反偏时，扩散与漂移关系又如何？半导体二极管的主要用途有哪些？

(4) 正常工作时，稳压管应工作在伏安特性的哪个区域？在击穿区，稳压管为什么不会损坏？

1.1　半导体的基础知识

按照导电能力的不同，可将物质分为导体、绝缘体和半导体（semiconductor）。半导体的导电能力比导体差，但比绝缘体好。与导体不同，在不同的条件下，半导体的导电能力有着显著的差异。例如，当受热或受光照时，半导体的导电率会显著增长，利用该特性，人们制作了半导体热敏元件和光敏元件。又如在纯净的半导体中掺入微量元素，其导电能力会猛增到几千、几万乃至上百万倍，利用该特性，人们制作了二极管、三极管、场效应管及集成电路。基于此，半导体受到了人们的高度重视。

为了了解半导体的特殊导电性质，现对半导体的内部结构、导电机理作一简单介绍。

1.1.1　本征半导体

所谓本征是指天然的、没有受到污染的半导体，因此我们把非常纯净的、原子排列很整齐的半导体称为本征半导体（intrinsic semiconductor），如单晶硅和单晶锗便是最常用的本征半导体。

一、本征半导体的原子结构

14 号元素硅、32 号元素锗的原子结构模型如图 1.1.1（a）、（b）所示。两者的最外层都有四个价电子（valence electron），都是四价元素。为分析方便，可将硅和锗的原子结构简化为惯性核（inert ionic core）与价电子组成的一个整体，如图 1.1.1（c）所示。惯性核是由原子核和内层电子组成的整体，它带正电并与价电子的总电量相同，以保证原子呈中性。

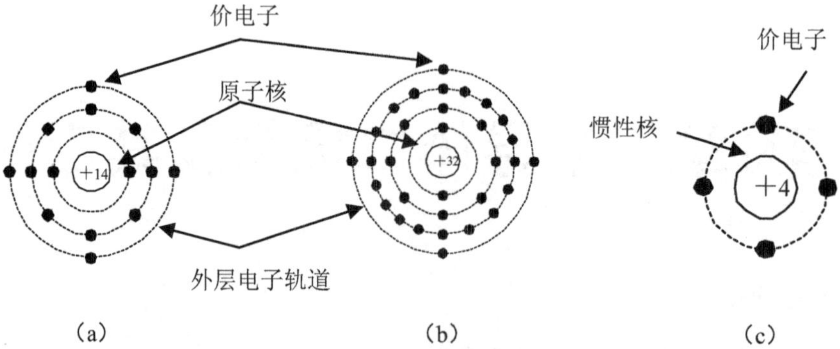

图 1.1.1　本征半导体的原子结构模型

(a) 硅原子；(b) 锗原子；(c) 简化原子结构模型

价电子直接影响物质的导电性能。对高价元素，价电子多于四个，价电子受原子核束缚很强，很难成为自由电子，导电能力极差，因而成为绝缘体；对低价元素，价电子少于四个，价电子受原子核束缚较弱，很容易成为自由电子，导电能力较强，因而成为导体；对四价元素而言，其价电子既不像导体那么容易挣脱原子核的束缚，也不像绝缘体那样受原子核束缚得那么紧，因而导电性能介于二者之间。

二、本征半导体的晶体结构

天然的硅和锗材料提炼成纯净的单晶体后，即为本征半导体。在本征半导体中，原子按照四角系统组成晶体点阵，每个原子间距相等，每个原子的四个价电子与相邻的四个原子的四个价电子组成四个电子对，这个电子对为两个相邻原子所共有，称之为共价键（covalent bond），如图 1.1.2 所示。具有这种共价键结构的物质才是稳定的。

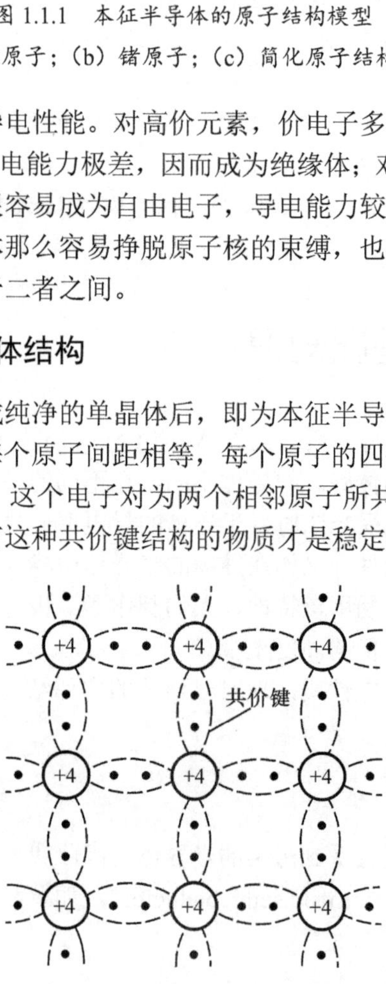

图 1.1.2　晶体的共价键结构

三、本征半导体中的两种载流子

本征半导体中的共价键具有很强的结合力，在常温下，只有极少数的价电子受热激发而获得足够的能量，从而挣脱原子核的束缚变成了自由电子（free electron），称其为本征激发。

与此同时，在共价键中留下一个空位置，称之为空穴（hole）。原子因失去一个价电子而带正电，可认为是空穴带正电。必须注意，自由电子与空穴是相伴而生，成对出现，数目相等，常称之为电子—空穴对，如图 1.1.3 所示。

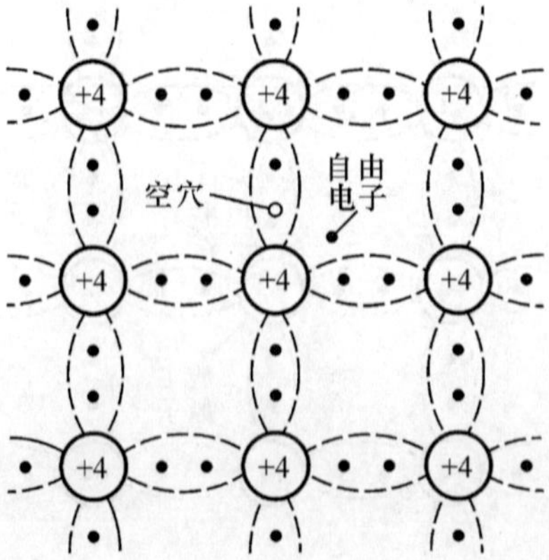

图 1.1.3　本征半导体中的自由电子和空穴

当对本征半导体施加电场时，一方面自由电子将产生定向移动，形成电子电流；另一方面，由于空穴的存在，周围的价电子会按一定的方向填补空穴，从现象和效果上看，价电子填补空穴的运动可等效成带正电的空穴运动，也就是说空穴也产生定向移动，形成空穴电流。因此，在本征半导体中有两种载流子，即自由电子和空穴。当对本征半导体施加电场时，既有电子电流，也有空穴电流，这是半导体与金属导电机理的最大不同。

实验表明，温度一定时，一方面因本征激发，本征半导体中不断产生电子-空穴对；另一方面，自由电子在运动过程中还会与空穴相遇而填补空穴，使二者同时消失，这种现象称之为复合（recombination）。只要温度一定，这两个相反作用相等，处于动态平衡，载流子浓度是一定的，并且自由电子与空穴浓度相等。随着温度的升高，热激发的载流子数目增多，导电能力增强；反之，温度降低，热激发的载流子数目降低，导电能力变弱。因此，温度对半导体器件的特性有较大影响。可以证明①，室温下，本征硅中约在 10^{12} 个原子中才有一个电子—空穴对，而本征锗中约在 10^{9} 个原子中就有一个电子—空穴对，虽然硅较锗受温度影响大，但在室温下，本征半导体中的载流子数仍很少，这对半导体技术毫无实用价值。

1.1.2　杂质半导体

要使半导体的导电特性得到极大的改善，必须在半导体中掺入微量元素，并能加以控制，形成所谓杂质半导体（doped semiconductor）。按掺入的杂质元素不同，杂质半导体可分为 N 型和 P 型两大类。

一、N 型半导体

在本征半导体硅（或锗）中，掺入微量五价元素（如磷），这样，并不改变硅（或锗）

---

①参见文献[1-1] 26-29 页。

的结构，只是晶体点阵中的某些硅（或锗）原子被磷原子所取代。杂质原子的四个价电子与周围的四个硅原子组成四对共价键后，多余了一个自由的价电子，形成了 N 型半导体[①]，如图 1.1.4 所示。

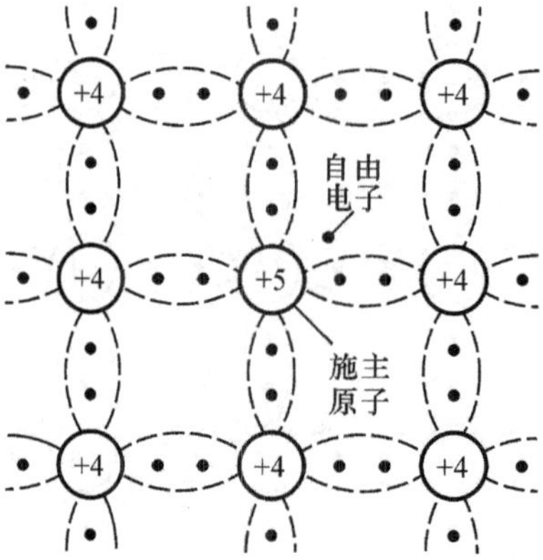

图 1.1.4　N 型半导体

在 N 型半导体中，除杂质原子提供的自由电子以外，还存在着本征激发所产生的电子—空穴对。因此，这类半导体中多数载流子（majority carriers）（简称为多子）是自由电子，少数载流子（minority carriers）（简称为少子）是空穴，多子数远大于少子数。当给 N 型半导体施加电场时，参与导电的主要是自由电子，故称其为电子型半导体，即 N 型半导体。提供多子（自由电子）的杂质原子，叫做施主原子（donor atom）。在该半导体中，掺杂越多，多子（自由电子）的浓度就越大，导电能力就越强。

二、P 型半导体

在本征半导体硅（或锗）中，掺入微量三价元素（如硼），这样，并不改变硅（或锗）的结构，只是晶体点阵中的某些硅（或锗）原子被硼原子所取代。杂质原子的三个价电子与周围的四个硅原子组成三对共价键后，少了一个形成共价键的价电子，产生了一个空穴，形成了 P 型半导体，如图 1.1.5 所示。

在 P 型半导体中，除杂质原子提供的空穴以外，还存在着本征激发所产生的电子—空穴对。因此，这类半导体中多子是空穴，少子是自由电子，多子数远大于少子数。当给 P 型半导体施加电场时，参与导电的主要是空穴，故称其为空穴型半导体，即 P 型半导体[②]。提供多子（空穴）的杂质原子，叫做受主原子（acceptor atom）。在该半导体中，掺杂越多，空穴的浓度就越大，导电能力就越强。

应该注意，无论是 N 型还是 P 型半导体，多子主要由掺杂浓度决定，与温度关系不大；少子主要与温度有关，与掺杂无关。掺杂越多，多子的浓度就越大，导电能力就越强；温度升高，会引起少子数急剧增大，因此，半导体器件对温度非常敏感。

①N 为 Negative 的字头，因电子带负电，故得此名。
②P 为 Positive 的字头，因空穴带正电，故得此名。

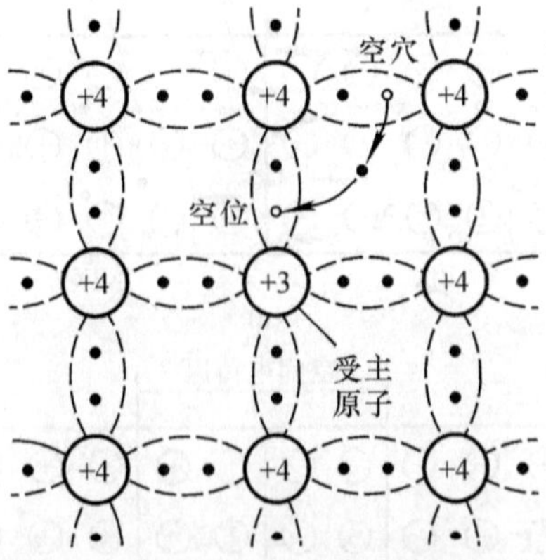

图 1.1.5　P 型半导体

1.1.3　PN 结

掺杂增强了半导体的导电能力，但其意义远非如此。利用特殊的掺杂工艺，在一块完整的硅片上，两边分别生成 N 型和 P 型半导体，其交界面处就形成了 PN 结（PN junction）。PN 结是构成各种半导体器件的基础。

一、PN 结的形成

P 区的多子是空穴，N 区的多子是电子，所以在它们的界面处存在空穴和电子的浓度差。于是 P 区中的空穴会向 N 区扩散（diffusion），并在 N 区被电子复合；而 N 区中的电子也会向 P 区扩散，并在 P 区被空穴复合。这样在 P 区和 N 区分别留下了不能移动的负离子和正离子，如图 1.1.6（a）所示。结果在界面的两侧形成了由等量正、负离子组成的空间电荷区（space-charge region），这就是 PN 结，如图 1.1.6（b）所示。

开始时，多子的扩散运动占优势，随着扩散运动的不断进行，界面两侧显露出的正、负离子逐渐增多，空间电荷区展宽，形成内电场。于是少子在电场的作用下会运动，形成所谓漂移（drift）运动。随着扩散的增强，内电场不断增强，漂移运动随之增强，从而扩散运动相对减弱。最后，扩散和漂移运动达到动态平衡。这时，虽然扩散和漂移仍在不断进行，但通过界面的净载流子数为零。平衡时，空间电荷区的宽度一定，U_{ho} 也保持一定。

由于空间电荷区内没有载流子，所以空间电荷区也称为耗尽区（层）。又因为空间电荷区的内电场对扩散有阻挡作用，好像势垒一样，所以又称它为阻挡区或势垒区。

实际中，如果 P 区和 N 区的掺杂浓度相同，则耗尽区相对界面对称，称为对称结，见图 1.1.6（b）。如果一边掺杂浓度大（重掺杂），一边掺杂浓度小（轻掺杂），则称为不对称结，用 P^+N 或 PN^+表示（＋号表示重掺杂区）。这时轻掺杂区一边耗尽区较宽。不对称 PN 结更常用。

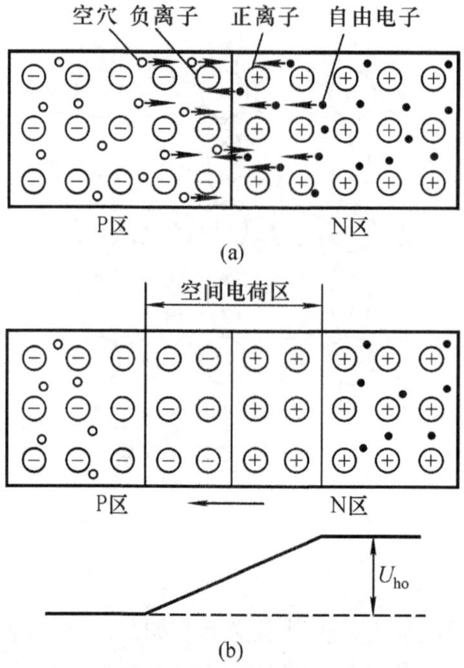

图 1.1.6　PN 结的形成

（a）多子的扩散运动；（b）平衡状态下的 PN 结

二、PN 结的单向导电性

处于平衡状态下的 PN 结是没有实用价值的。只有在 PN 结两端外加电压，PN 结表现出单向导电性，才能用于实际。

1. 外加正向电压

P 区接高电位端，N 区接低电位端，称 PN 结外加正向电压，也称正向偏置（简称正偏），如图 1.1.7 所示。此时，外电场与内电场方向相反，外电场将多数载流子推向空间电荷区，使其变窄，削弱了内电场，破坏了原来的平衡，使扩散加剧，使漂移减弱。P 区中的多子（空穴）源源不断地通过阻挡层扩散到 N 区，并在 N 区边扩散、边复合，在 N 区右边几乎消耗殆尽，而 P 区因扩散而消耗的空穴由电源正极补充（实际是电源正极从 P 区拉出电子）；与此同时，N 区中的多子（电子）也源源不断地通过阻挡层扩散到 P 区，并在 P 区边扩散、边复合，在 P 区左边几乎消耗殆尽，而 N 区因扩散而消耗的电子则由电源负极补充，扩散运动将不断进行，形成正向电流，PN 结导通。PN 结导通时，结压降只有零点几伏，因此回路电流较大，为防止 PN 结正向电流过大而烧坏，回路中需加限流电阻。

2. 外加反向电压

P 区接低电位端，N 区接高电位端，称 PN 结外加反向电压，也称反向偏置（简称反偏），如图 1.1.8 所示。此时，外电场与内电场方向相同，使 PN 结变宽，增强了内电场，破坏了原来的平衡，使漂移加剧，使扩散减弱。由于电源的作用，漂移运动将不断进行，从而形成反向漂移电流。因漂移电流是少子形成，故而反向电流很小，可近似认为 PN 结截止。PN 结截止时，反向电流为零，称 PN 结为截止状态。

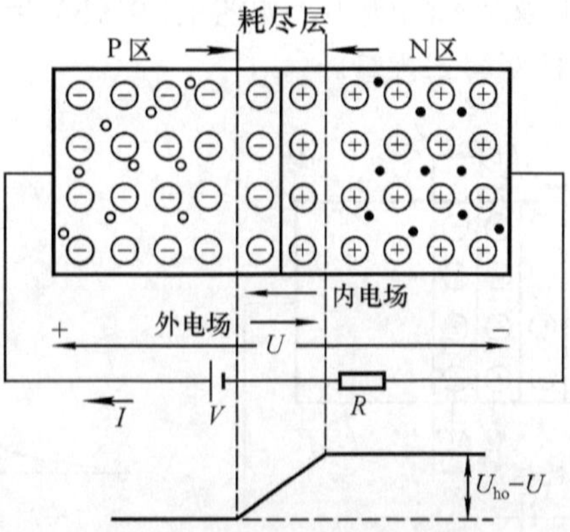

图 1.1.7　PN 结加正向电压

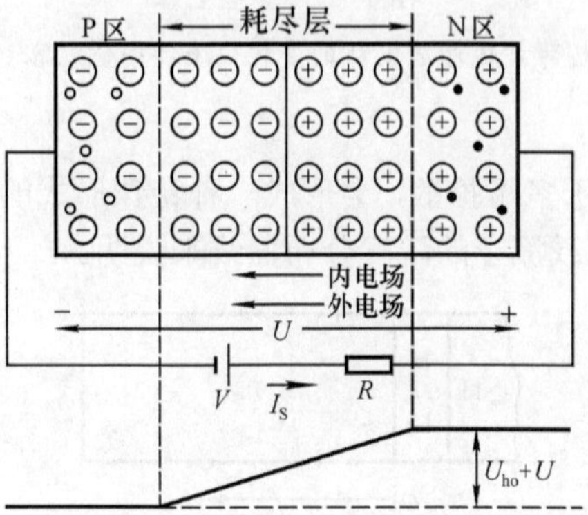

图 1.1.8　PN 结加反向电压

综上所述，PN 结外加正向电压，处于低电阻的导通状态；外加反向电压，处于高电阻的截止状态。这就是 PN 结的单向导电性。

三、PN 结的电容效应

在一定的条件下，PN 具有电容效应，称之为结电容。按产生的原因不同，结电容可分为势垒电容和扩散电容。

1. 势垒电容

从 PN 结的结构看，在导电性能较好的 P 区和 N 区之间，夹着一层高阻的耗尽区，这与平板电容器相似。当外加反向电压减小时，多子被推向耗尽区，使正、负离子减少，相当于存储的电荷量减少；当外加反向电压增大时，多子被推离耗尽区，使正、负离子增多，相当于存储的电荷量增加，如图 1.1.9（a）所示。因此，耗尽区中存储的电荷量将随外加电压的变化而改变。这一特性正是电容效应，并称为势垒电容（barrier capacitance），用 C_b 表示。

可以证明①，C_b 具有非线性，它与结面积、耗尽层宽度、半导体的介电常数及外加反向电压值有关，PN 结反向偏置电压越高，C_b 越小，如图 1.1.9（b）所示，其中 u 是 P 区对 N 区的电压。利用该特性可制作各种变容二极管。

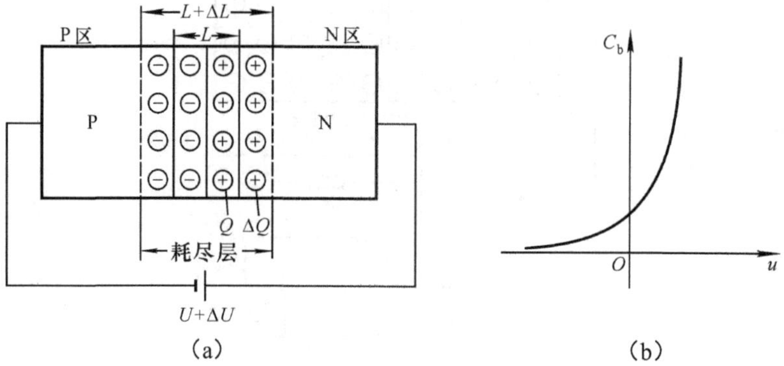

图 1.1.9　势垒电容

（a）耗尽层的电荷量随外加电压的变化；（b）势垒电容和外加电压的关系

2. 扩散电容

正向偏置的 PN 结，由于多子扩散，会形成一种特殊形式的电容效应，这就是扩散电容。可利用图 1.1.10 中 P 区一侧载流子的浓度分布曲线来说明。

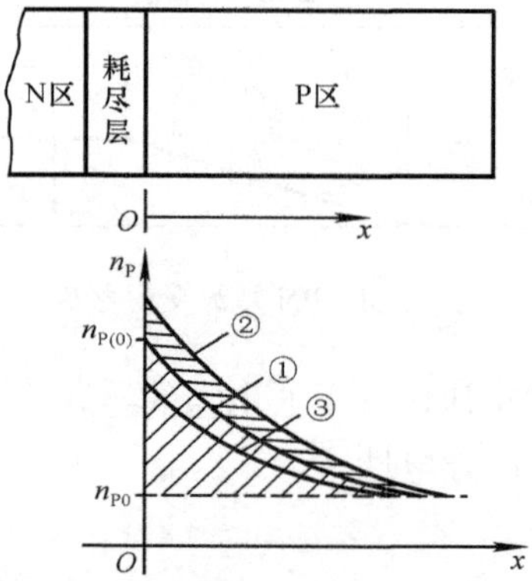

图 1.1.10　P 区少子浓度分布曲线

PN 结处于平衡状态时的少子称其为平衡少子。PN 结处于正偏时，从 P 区扩散到 N 区的空穴和从 N 区扩散到 P 区的自由电子均称为非平衡少子。当外加正向电压一定时，靠近耗尽层交界面的区域，非平衡少子的浓度高，远离交界面的区域浓度低，且浓度自高到低逐渐衰减，直到零，形成了一定的浓度差，从而形成扩散电流。当外加正向电压增大时，非平衡少子的浓度增大且浓度差也增大，从外部看扩散电流加大。当外加正向电压减小时，与上述变化相反。

图 1.1.10 所示的三条曲线是在不同正向电压下 P 区少子浓度的分布情况，各曲线与

①参见文献[1-2] 10-11 页。

$n_P = n_{P0}$ 所对应的水平线之间的面积代表了非平衡少子在扩散区域的数目。当外加正向电压增大时，曲线由①变为②，非平衡少子数目增多；当外加正向电压减小时，曲线由①变为③，非平衡少子数目减少。扩散区内的电荷积累和释放过程与电容器充、放电过程相同，这种电容效应称为扩散电容（diffusion capacitance），用 C_d 表示。

理论分析表明①，不对称结的扩散电容为

$$C_d = \frac{\tau \cdot I}{U_T} \tag{1.1.3}$$

式中，U_T 为温度的电压当量；τ 为非平衡少子的寿命；I 为扩散电流。

与 C_b 一样，C_d 亦与 PN 结面积成正比，亦具有非线性。由于 C_b 和 C_d 均等效地并接在 PN 结上，因而，PN 结上的总电容 C_j 为两者之和，即 $C_j = C_b + C_d$。正偏时以 C_d 为主，$C_j \approx C_d$，其值通常为几十至几百 pF；反偏时以 C_b 为主，$C_j \approx C_b$，其值通常为几至几十 pF。因为 C_d 和 C_b 并不大，所以在高频工作时，才考虑它们的影响。

1.2　半导体二极管

1.2.1　半导体二极管的结构及类型

将一个 PN 结用外壳封装起来，加上电极引线就构成了半导体二极管，简称为二极管（diode）。由 P 区引出的电极称为阳极，由 N 区引出的电极称为阴极，其结构示意图及其电路符号如图 1.2.1 所示。

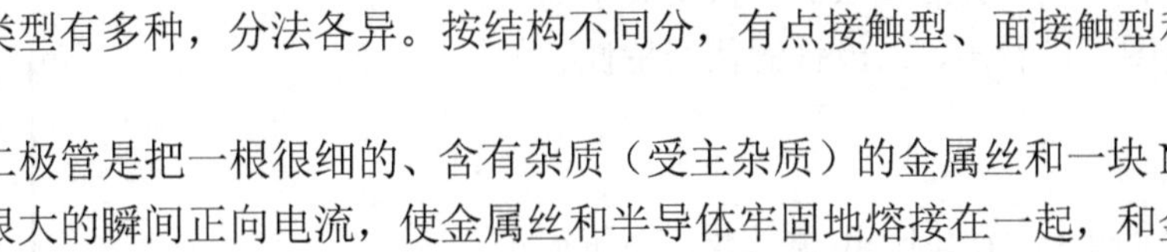

图 1.2.1　二极管的结构及符号

（a）结构；（b）符号

二极管的类型有多种，分法各异。按结构不同分，有点接触型、面接触型和平面型，如图 1.2.2 所示。

点接触型二极管是把一根很细的、含有杂质（受主杂质）的金属丝和一块 N 型半导体接触，然后通过很大的瞬间正向电流，使金属丝和半导体牢固地熔接在一起，和金属丝接触的地方由于掺入了大量受主原子，而成为 P 型半导体，从而形成一个面积很小的 PN 结，如图 1.2.2（a）所示②。因其结面积小、结电容小，故可用于工作电流小（几毫安到几十毫安）、频率高（200 MHz）的场合，因此适合高频电路和小功率整流电路。

面接触型二极管是在一块较大的 N 型半导体材料的一个面上掺入高浓度的受主杂质，使

①参见文献[1-1] 94-96 页。

②也可采用金属-半导体结构成点接触型二极管，频率可达 10 GHz，参见文献[1-3] 41-42 页。

其转化为P型半导体，从而形成面积较大的PN结，再在P区和N区分别引出电极，形成二极管，如图1.2.2（b）所示。这类二极管的管壳常涂成黑色，以易通过辐射散热。与底座相连的电极引线常采用金属螺栓，它把底座固定在外部的散热器上，以易通过热传导散热。因其结面积大、结电容大，故可用于工作电流较大（可达上千安）、工作频率较低的场合，仅用作整流管。

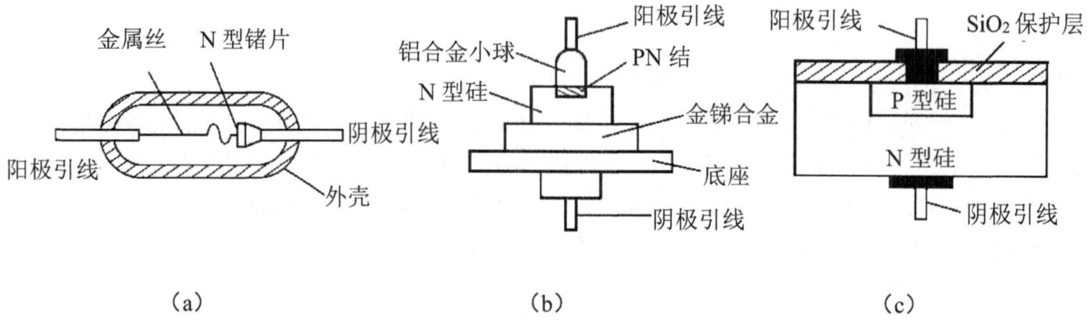

图1.2.2　二极管的结构

（a）点接触型；（b）面接触型；（c）平面型

平面型二极管是把N型硅片置于高温氧气中氧化，使其表面形成二氧化硅保护层，再用照相、腐蚀等一套光刻技术“刻”出一个窗口，然后进行高浓度受主杂质扩散，形成P型区，最后在P区、N区表面蒸发一层金属，作为接触电极，做出引线，并封在管壳中，如图1.2.2（c）所示。其结面积大的可用于大功率整流，其结面积小的可做数字电路中的开关管。

按材料的不同分，有硅二极管和锗二极管；按用途分，有普通二极管、整流二极管、检波二极管、混频二极管、开关二极管、光敏二极管、变容二极管等。

1.2.2　半导体二极管的主要特性

一、二极管的伏安特性

二极管所加的电压 u_D 与通过它的电流 i_D 的关系称为伏安关系，通过实验可测出二极管的伏安关系。图1.2.3是某硅二极管伏安关系曲线的示意图。由图可以看出，二极管的伏安特性有如下特点。

1. 正向特性

当所加正向电压为零时，电流为零；当所加正向电压较小时，由于外电场远不足以克服PN结内电场对多数载流子扩散运动所造成的阻力，正向电流很小，二极管呈现较大的电阻，如图1.2.3中 *OA* 段。此段常称为死区。

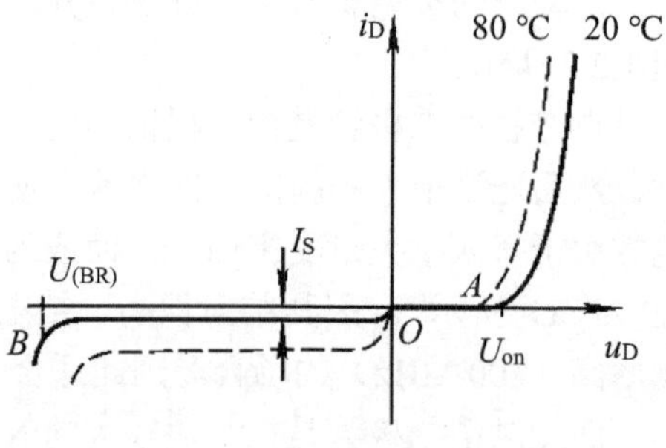

图1.2.3　二极管的伏安特性

当正向电压只有超过某一数值 U_{on} 时，内电场被显著削弱，才有明显的正向电流。这一电压 U_{on} 称为开启电压或阈值电压，用 U_{on} 表示。室温下，硅管的 $U_{on}\approx 0.5$ V，锗管的 $U_{on}\approx$ 0.1 V。

当正向电压大于 U_{on} 后，正向电流急剧增长，电压数值基本不变，此电压称为二极管的导通电压，用 U_D 表示。室温下，硅管的 $U_D\approx 0.7$ V，锗管的 $U_D\approx 0.2$ V。

2. 反向特性

当二极管加反向电压时，内电场被增强，多子的扩散截止，少子的定向漂移形成反向电流 I_S，在一定的电压范围内，与电压无关，故 I_S 为反向饱和电流，如图 1.2.3 中 *OB* 段。由于该电流是少子形成，其值很小，硅管一般小于 0.1 μA，锗管小于几十微安。

3. 击穿特性

当反向电压超过 $U_{(BR)}$ 时，二极管会出现电击穿，反向电流会急剧增加，如图 1.2.3 中 *B* 点以下部分。不同型号的二极管击穿电压差别很大，从几十伏到几千伏不等。

二、温度对二极管伏安特性的影响

PN 结特性对温度变化很敏感，反映在伏安特性上即为：温度升高，正向特性左移，反向特性下移，如图 1.2.3 中虚线所示。这是因为当二极管正偏电压一定时，温度越高，多子的扩散加剧，扩散电流必然加大；而当二极管反偏时，温度越高，少子数目会增大，漂移电流必然加大。具体变化规律是：保持正向电流不变时，温度每升高 1 ℃，结电压减小 2～2.5 mV；温度每升高 10 ℃，反向饱和电流 I_S 增大一倍。

三、二极管的伏安关系

通过理论分析，也可得到二极管的伏安关系[①]

$$i_D=I_S(e^{\frac{qu_D}{kT}}-1) \tag{1.2.1}$$

式中，I_S 为少数载流子形成的反向饱和电流；q 为电子电量；k 为玻尔兹曼常数；T 为热力学温度。若令 $U_T=kT/q$，称之为温度的电压当量，则式（1.2.1）变为

$$i_D=I_S(e^{\frac{u_D}{U_T}}-1) \tag{1.2.2}$$

常温下，$T=300$ K 时，$U_T\approx 26$ mV。

由式（1.2.2）知，当 PN 结正偏，且 $u_D\gg U_T$ 时，$i_D\approx I_S e^{\frac{u_D}{U_T}}$，即 i_D 随 u_D 按指数规律变化；当 PN 结反偏，且 $|u_D|\gg U_T$ 时，$i_D\approx -I_S$，由此画出 PN 结的伏安关系与图 1.2.2 相同。其中，$u_D>0$ 的部分称为正向特性，$u_D<0$ 的部分称为反向特性。

综上所述，二极管的伏安关系具有以下特点：①二极管具有单向导电性；②二极管的伏安关系具有非线性；③二极管的伏安关系与温度有关。

①参见文献[1-4] 7-10 页。

四、二极管的主要参数

参数是描述二极管特性的物理量，与伏安关系一样，参数也能反映出二极管的电性能，它们是正确选用二极管的依据。二极管的主要参数有以下几种：

1. 最大整流电流 I_F

I_F 指二极管允许通过的最大正向平均电流。实际应用时，流过二极管的平均电流不能超过此值；否则，会因结温过高而烧坏。对大功率二极管，为了降低结温，要求管子安装在规定散热面积的散热器上使用。

2. 最大反向工作电压 U_{RM}

U_{RM} 指二极管工作时所允许加的最大反向电压，超过此值容易发生反向击穿。常取 $U_{(BR)}$ 的一半作为 U_{RM}。

3. 反向电流 I_R

I_R 指二极管未击穿时的反向电流。理论上 $I_R=I_S$，但考虑表面漏电流等因素，I_R 比 I_S 略大一点。I_R 越小，单向导电性能越好。I_R 与温度密切相关，使用时应注意 I_R 的温度条件。

4. 最高工作频率 f_M

f_M 是与结电容有关的参数，它是二极管所允许通过的交流信号的最高频率，工作频率超过 f_M 时，二极管的单向导电性变坏。

5. 二极管的直流电阻

就伏安关系而言，二极管可等效成一个非线性电阻，其定义为二极管两端直流电压 U_D 与流过它的直流电流 I_D 之比，即

$$R_D=\frac{U_D}{I_D} \tag{1.2.3}$$

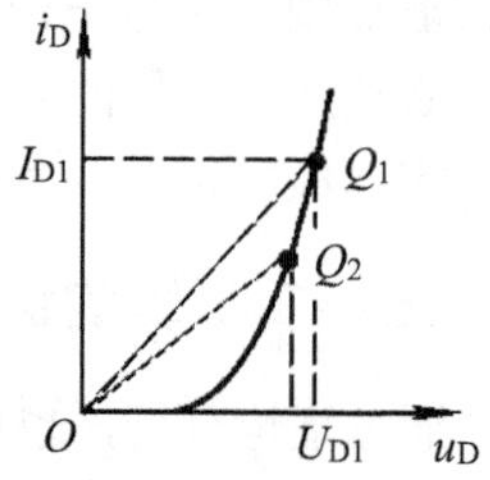

图 1.2.4　二极管的直流电阻

R_D 不是恒定值，它与二极管的工作点 Q（U_D、I_D 在特性曲线上的交点）有关。由图 1.2.4 知，R_D 的几何意义是 Q（I_D,U_D）点到原点直线斜率的倒数。显然，图中 Q_1 点处的 R_D 小于 Q_2 点处的 R_D，即 $R_{D1}<R_{D2}$。

读者应该明白，用万用表测出来的二极管电阻即是直流电阻。不仅如此，用不同欧姆挡测出来的直流电阻不同。其原因是不同欧姆挡对应不同的工作点。一般情况下，二极管的正向直流电阻在几十欧姆到几千欧姆之间，反向直流电阻在几十千到几百千欧姆之间，二者差距越大，说明单向导电性越好。

1.3　半导体二极管的应用

虽然二极管是最简单的半导体器件，但在实际中获得了广泛的应用。本节将介绍二极管的几种基本应用电路。大量的应用，读者可在实际电路中学习。

1.3.1　半导体二极管的等效电路模型

一、大信号电路模型

我们知道，二极管的伏安特性是非线性的，这就给二极管应用电路的分析带来一定困难。为了简化分析，在一定的条件下，常把二极管用某些线性元件组成的电路模型来等效，也称为二极管的等效模型。一般在大信号（直流或低频交流）情况下，二极管的几种电路模型如图 1.3.1 所示。图中粗实线为折线化的伏安特性，虚线表示实际伏安特性，下面是等效电路。

图 1.3.1（a）为理想二极管模型。其特点是：正偏时，直流电阻和交流电阻均为零；反偏时为无穷大，此种情况下，二极管就是一个理想开关，在数字电路中广泛采用。

图 1.3.1（b）为考虑了二极管导通电压时的电路模型。其特点是：当 $u>U_D$ 时，二极管导通，其电阻为零，其电压为 U_D，其电流由外电路决定；当 $u<U_D$ 时，二极管截止，其电阻为无穷大，其电流为零，其电压由外电路决定。这种模型被称为恒压降模型。

图 1.3.1（c）为考虑了二极管导通电压及交流电阻时的电路模型。其特点是：当 $u>U_D$ 时，二极管导通，其电阻为折线斜率的倒数，其电压 $u_D=U_{on}+r_Di_D$，其电流由外电路决定；当 $u<U_D$ 时，二极管截止，其电阻为无穷大，其电流为零，其电压由外电路决定。这种模型最精确。

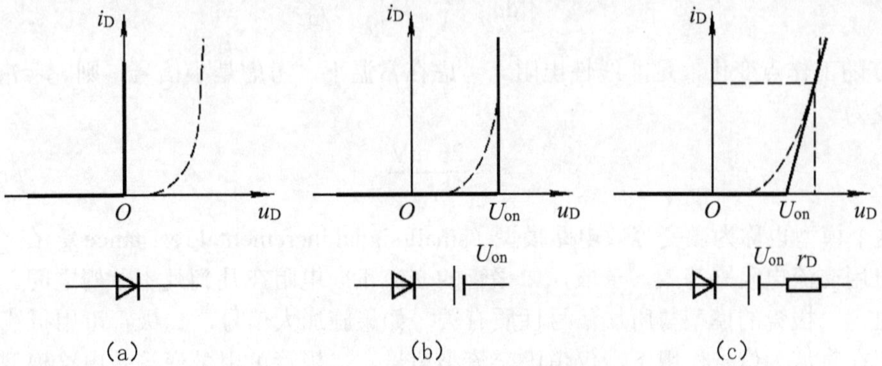

图 1.3.1　二极管的几种等效电路

(a) 理想二极管；(b) 考虑导通电压时的二极管；(c) 考虑导通电压及内阻时的二极管

可见在大信号作用下，二极管要么充分导通，要么截止，不会出现微导通状态。如果直流信号已使二极管充分导通，现有交流小信号作用，又该用什么模型描述二极管呢？

二、小信号电路模型

在 Q 点附近，如果交流小信号出现，则动态工作点将在 Q 点附近微变，其轨迹可用过 Q 点的一小段切线近似，如图 1.3.2 所示。因此，可定义交流电阻 r_d：二极管在其工作点处的电压微变量与电流微变量之比，即

$$r_d=\left.\frac{du_D}{di_D}\right|_Q \tag{1.3.1}$$

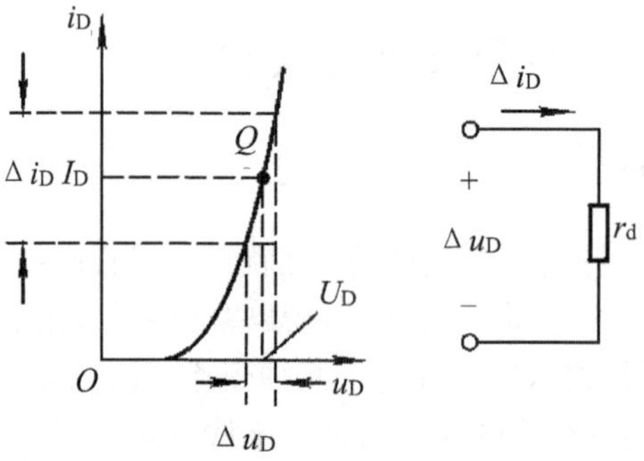

（a）　　　　　　　　（b）

图 1.3.2　二极管的小信号电路模型

（a）交流电阻的意义；（b）交流电阻

r_d不是恒定值，与二极管的工作点 Q 有关。由图 1.3.2 知，r_d的几何意义是过 Q（I_D,U_D）点切线的斜率的倒数。显然，Q 点越高，斜率越大，r_d越小。

将式（1.2.2）代入式（1.3.1）,可得到 r_d的计算式

$$r_d=\left[\frac{d}{du_D}(I_S e^{\frac{u_D}{U_T}})\right]_Q^{-1}=\frac{U_T}{i_D}$$

可见 r_d亦随工作点变化，是非线性电阻。考虑在常温下，考虑是小信号，则 $i_D=I_D+i_d\approx I_D$，上式将变为

$$r_d\approx\frac{26\ \text{mV}}{I_D} \tag{1.3.2}$$

因此，这个模型也称为微变等效电路模型（small-signal incremental resistance）。在 Q 点附近，二极管可用交流电阻来等效，一般，二极管的交流正向电阻在几到几十欧姆之间。

可见，二极管的模型与所加信号性质有关。如果施加大信号，二极管可用折线化模型描述；如果在直流大信号作用下，仅考虑交流小信号，二极管可用微变等效电路模型描述。使用各种模型时，切记使用条件。

今后为了便于区别各种电压、电流量，以二极管电压、电流为例，我们约定：静态量用 U_D、I_D 表示；交流瞬时值用 u_d、i_d 表示；交流量的有效值用 U_d、I_d 表示；交流量的幅值用 U_{dm}、I_{dm} 表示；信号总量用 u_D、i_D 表示。

例 1.3.1　电路如图 1.3.3 所示，设二极管导通电压 U_D=0.7 V。试分别估算开关断开和闭合时，输出电压为多少。

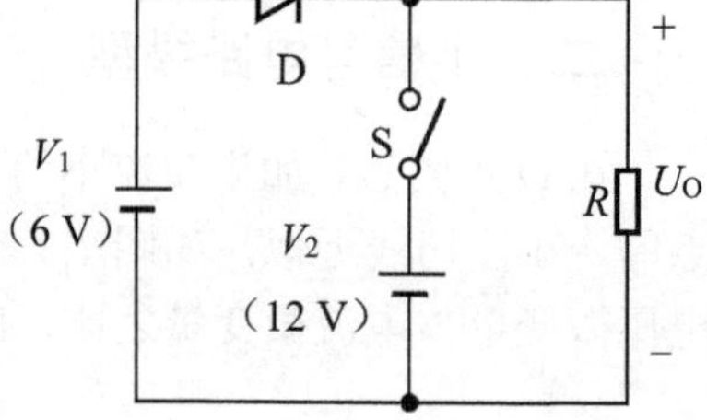

图 1.3.3　例 1.3.1 之电路

解　当开关断开时，因加正向电压，故二极管导通，输出电压为

$$U_O=V_1-U_D=6-0.7=5.3\ \text{V}$$

当开关闭合时，因加反向电压，故二极管截止，输出电压为

$$U_O = V_2 = 12\ \mathrm{V}$$

例 1.3.2　使用恒压降模型求图 1.3.4 所示硅二极管电路中电流 I_1、I_2、I_O 和输出电压 U_O 值。

解　对于复杂的二极管电路，二极管是否导通与截止有时不容易判断，此时可设想二极管断开，计算二极管正极和负极电位，然后依据 U_{PN} 判断二极管是导通还是截止，最后根据导通、截止的特点及电路定律、定理求解电路。

对本题，断开二极管后，容易看出

$$U_P = V_1 = 15\ \mathrm{V}$$

$$U_N = \frac{R_L}{R_L + R} \times V_2 = \frac{3}{3+1} \times 12\ \mathrm{V} = 9\ \mathrm{V}$$

可见 $U_{PN} = 6\ \mathrm{V} > 0.7\ \mathrm{V}$，二极管导通，则二极管可等效为 0.7 V 的恒压源，等效电路如图 1.3.5 所示。观察该图，可得

$$U_O = V_1 - U_{D(on)} = (15 - 0.7)\ \mathrm{V} = 14.3\ \mathrm{V}$$

$$I_O = U_O / R_L = 14.3\ \mathrm{V} / 3\ \mathrm{k\Omega} = 4.8\ \mathrm{mA}$$

$$I_2 = (U_O - V_2)/R = (14.3 - 12)\ \mathrm{V} / 1\ \mathrm{k\Omega} = 2.3\ \mathrm{mA}$$

$$I_1 = I_O + I_2 = (4.8 + 2.3)\ \mathrm{mA} = 7.1\ \mathrm{mA}$$

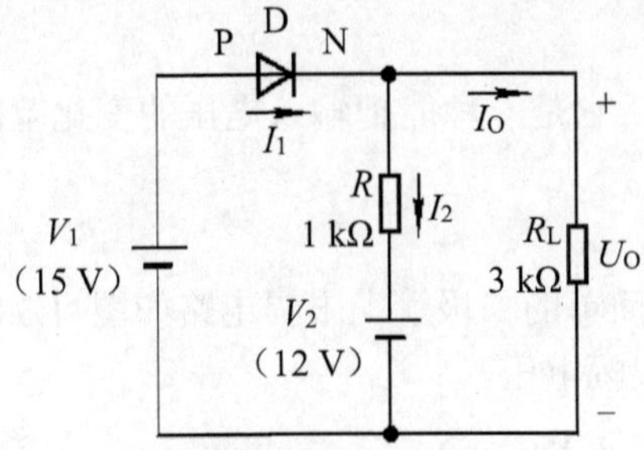

图 1.3.4　例 1.3.2 之电路

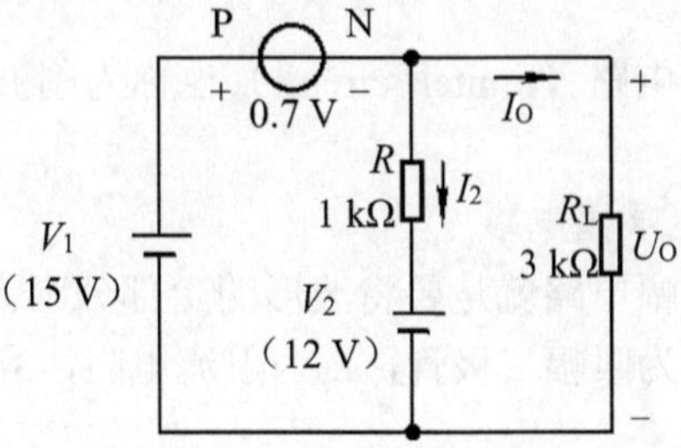

图 1.3.5　图 1.3.4 之等效电路

例 1.3.3　电路如图 1.3.6 所示，设二极管导通电压 $U_D = 0.7\ \mathrm{V}$，$R = 1\ \mathrm{k\Omega}$，直流电源电压 $V = 1.7\ \mathrm{V}$，$u_i = \sin\omega t$（V），试画出 u_R 波形。

解　该电路既有直流电源又有交流电源作用，一般应分开处理。

先考虑直流电源单独作用，以确定 Q 点。此时，二极管正偏导通，因此有

$$U_R = V - U_D = 1.7 - 0.7 = 1\ \mathrm{V}$$

$$I_R = \frac{V - U_D}{R} = \frac{1.7 - 0.7}{1} = 1\ \mathrm{mA}$$

在 Q 点附近，再考虑交流电源作用，此时二极管相当一个交流电阻 r_d，该电阻与 R 串联，因此有

$$r_d = \frac{26\,\mathrm{mV}}{I_D} = \frac{26}{1} = 26\,\Omega\ ,\quad \Delta u_R = \frac{R}{R + r_d} \cdot u_i \approx u_i$$

两电源共同作用的输出是二者的叠加，即 $u_R = U_R + \Delta u_R$，如图 1.3.7 所示。本例说明，含有交、直流的二极管电路分析步骤是："先静后动，再叠加"，即先单独考虑直流电源作用

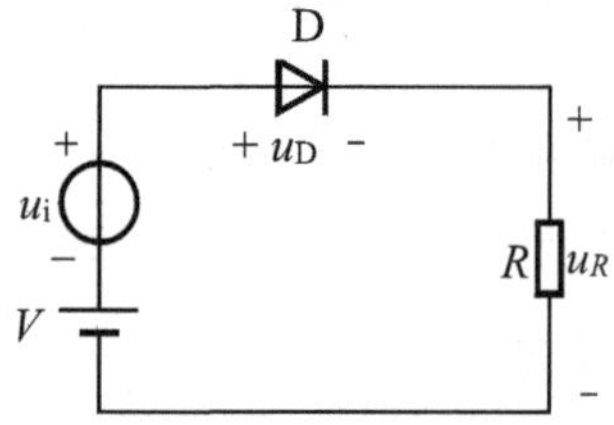

图 1.3.6　例 1.3.3 之电路

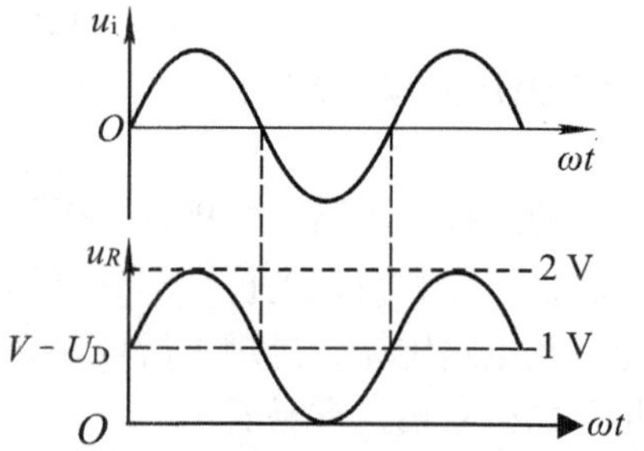

图 1.3.7　例 1.3.3 之电路的波形分析

下的输出，再在直流的基础上，隔离出交流并分析交流输出，最后叠加直流输出和交流输出得总输出。这种思想在第 2、3 章还要进一步贯彻。

1.3.2　半导体二极管的基本应用

利用二极管的单向导电特性，可实现限幅、钳位、整流及电平选择等功能。关于电平选择电路在数字电路中介绍，此处只介绍限幅、钳位和整流电路。

一、二极管限幅电路

限幅电路（limiter circuit）也称为削波电路，它是一种能把输入电压的变化范围加以限制的电路。

1. 上限幅电路

上限幅电路就是要将波形的上部分削去。最简单的二极管上限幅电路如图 1.3.8 所示。图中，D 为限幅二极管，*R* 为限流电阻，3 V 为限幅电压。

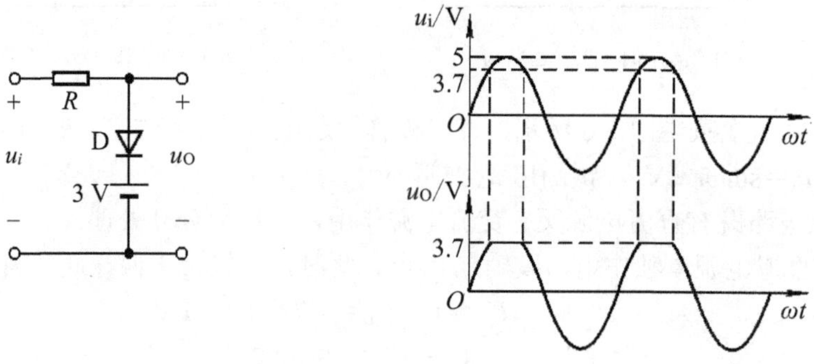

(a)　　(b)

图 1.3.8　二极管上限幅电路及波形

(a) 电路；(b) 输入、输出波形关系

当 $u_i \geq 3+U_D=3.7$ V 时，D 导通，$u_O=3.7$ V，即将 u_i 的最大电压限制在 3.7 V 上；当 $u_i<3.7$ V 时，D 截止，二极管支路开路，$u_O=u_i$。图 1.3.8（b）画出了输入 5 V 的正弦波时，该电路的输出波形。可见，限幅电路将输入信号中高出 3.7 V 的部分削平了，这种电路称为上限幅电路。

2. 下限幅电路

下限幅电路就是要将波形的下部分削去。只需将图 1.3.8（a）中的二极管、电源反向，即可得到下限幅电路，如图 1.3.9（a）所示。

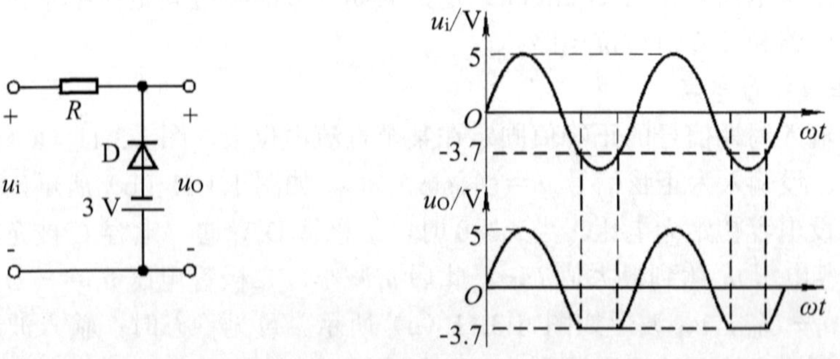

（a）　　　　（b）

图 1.3.9　二极管下限幅电路及波形

（a）电路；（b）输入、输出波形关系

当 $u_i \leqslant -3-U_D=-3.7$ V 时，D 导通，$u_O=-3.7$ V，即将 u_i 的最小电压限制在 -3.7 V 上；当 $u_i > -3.7$ V 时，D 截止，二极管支路开路，$u_O=u_i$。图 1.3.9（b）画出了输入 5 V 的正弦波时，该电路的输出波形。

3. 双向限幅电路

双向限幅电路就是要将波形的上、下部分削去，留下中间部分，如图 1.3.10（a）所示。显然，它是上限幅电路和下限幅电路的并联。

当 $u_i \geqslant 3+U_D=3.7$ V 时，D_1 导通，D_2 截止，$u_O=3.7$ V；当 $u_i \leqslant -3-U_D=-3.7$ V 时，D_2 导通，D_1 截止，$u_O=-3.7$ V；当 $-3.7\text{ V} \leqslant u_i \leqslant 3.7$ V，D_1 截止，D_2 截止，$u_O=u_i$。由此的输出波形如图 1.3.10（b）所示。

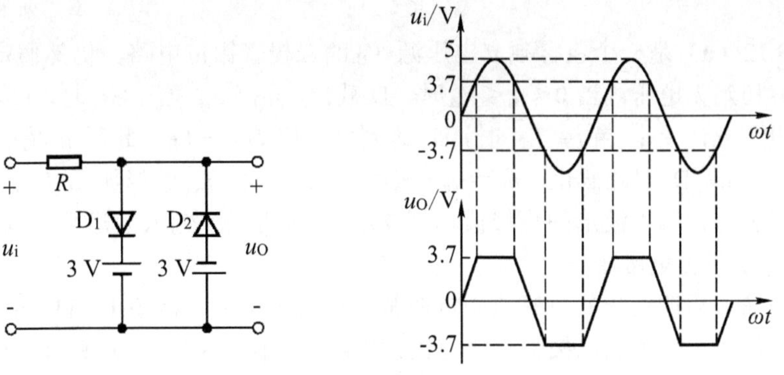

（a）　　　　（b）

图 1.3.10　二极管双向限幅电路及波形

（a）电路；（b）输入、输出波形关系

限幅电路常用于波形变换和整形，也用作保护电路，防止电子系统中的敏感器件或电路因电压过大而损坏。

二、二极管钳位电路

二极管钳位电路（clamper circuit）是把周期信号的峰值固定在某个直流电位上，可分为正峰值钳位电路和负峰值钳位电路。

1. 正峰值钳位电路

它是把输入周期信号的正峰值固定在某个直流电位上，图 1.3.11（a）是一个简单的二极管钳位电路。设输入为正弦信号 $u_i=U_{IM}\sin(\omega t)$，如图 1.3.11（b）所示，假定二极管为理想二极管，并设电容初始无电压。当 $u_i>0$ 时，二极管 D 导通，电容 C 被充电，$u_O=0$。当 $t=T/4$ 时，电容电压 u_C 达到最大值 U_{IM}，此后 u_i 减小，二极管电压 $u_D=-U_{IM}+u_i\leqslant 0$，D 因此截止，$u_O=u_i-U_{IM}$，$u_O$ 波形如图 1.3.11（c）所示。可见稳态时，输入波形的正峰值移到零电压处，也可以说输入波形平移到 $-U_{IM}$ 处。

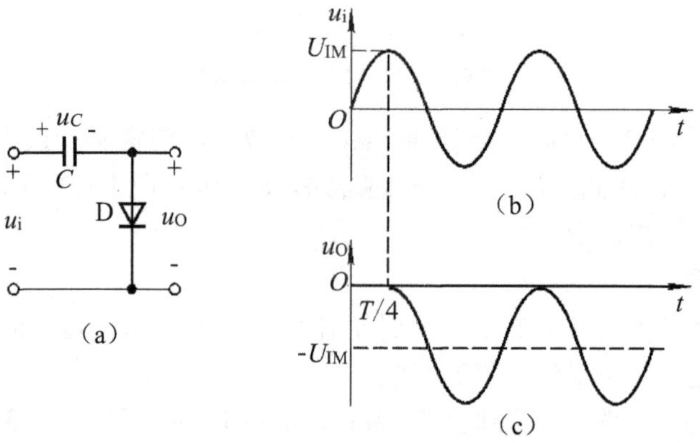

图 1.3.11　二极管正峰值钳位；
（a）电路；（b）输入波形；（c）输出波形

图 1.3.12（a）是一个包含独立电压源 V_B 的二极管钳位电路。仍然假定二极管为理想二极管，电容初始无电压。当 $0<u_i<V_B$ 时，D 截止，$u_O=u_i$；当 $t>t_1$ 时，$u_i>V_B$，D 导通，电容 C 被充电，$u_O=V_B$；当 $t=T/4$ 时，u_C 达到最大值 $U_{IM}-V_B$，此后 u_i 减小，二极管电压 $u_D=-U_{IM}+u_i\leqslant 0$，D 因此截止，$u_O=u_i-(U_{IM}-V_B)$，$u_i$、$u_O$ 波形如图 1.3.12（b）和（c）所示，可见稳态时，输入波形的正峰值移到 V_B 处，也可以说输入波形平移到 $-U_{IM}+V_B$ 处。

2. 负峰值钳位电路

它是把输入周期信号的负峰值固定在某个直流电位上。将图 1.3.11（a）中二极管正、负极对调，便是一个简单的二极管负峰值钳位电路，如图 1.3.13（a）所示。设输入为正弦信号 $u_i=U_{IM}\sin(\omega t)$，假定二极管为理想二极管，电容初始无电压。当 u_i 的第一个正半周出现时，D 截止，$u_O=u_i$；当 $T/2<t<3T/4$ 时，因 $u_i<0$ 时，D 导通，电容 C 被充电，$u_O=0$。当 $t=3T/4$ 时，电容电压 u_C 达到最大值 U_{IM}，此后 u_i 增加，二极管电压 $u_D=-U_{IM}-u_i\leqslant 0$，D 因此截止，$u_O=u_i+U_{IM}$，$u_i$、$u_O$ 波形如图 1.3.13（b）和（c）所示。

如果把图 1.3.12（a）二极管正、负极对调，将得到什么电路？请读者画出输入、输出波形。

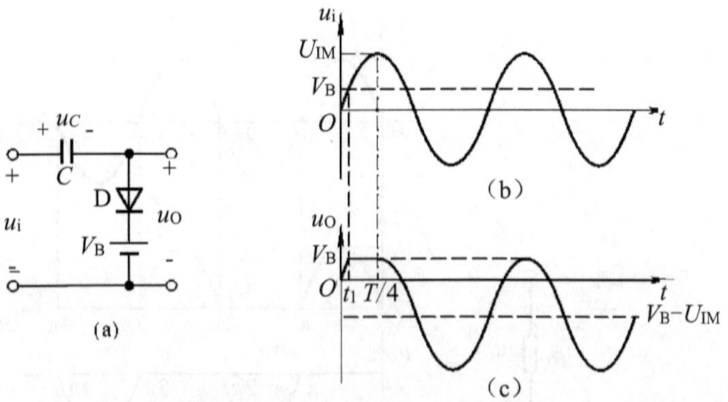

图 1.3.12　包含 V_B 二极管正峰值钳位

（a）电路；（b）输入波形；（c）输出波形

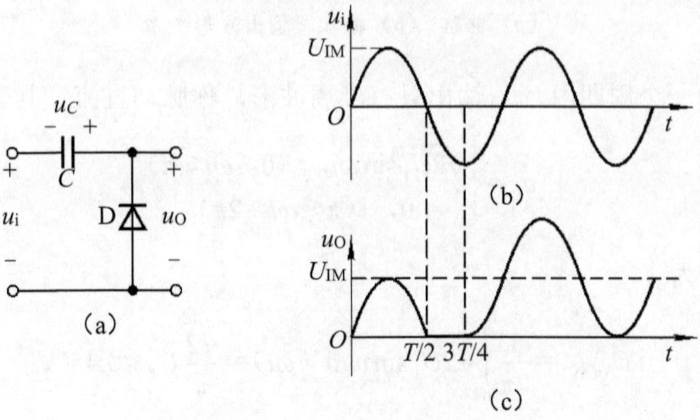

图 1.3.13　二极管负峰值钳位

（a）电路；（b）输入波形；（c）输出波形

通过上述分析，我们看到，在稳态，钳位电路的输出波形仅仅是输入波形的平移，波形未失真，而限幅电路是将输入波形的指定部分削去，输出失真了！两类电路的功能因此而不同。

钳位电路经常用于各种显示设备中。在示波器和雷达显示器中，用钳位电路使扫描信号的直流分量得到恢复，以解决扫描速度改变时所引起的屏幕上图像位置移动问题。在电视系统中，用钳位电路使全电视信号的同步脉冲顶端保持在固定的电压上，以克服由于失去直流分量或干扰等原因造成的电平波动，从而实现电视同步信号的分离。

三、二极管整流电路

把交流电变为直流电，称为整流（rectifier circuit）。一个简单的二极管半波整流电路如图 1.3.14（a）所示。若二极管为理想二极管，当输入一正弦波时，由图可知：正半周时，二极管导通（相当开关闭合），$u_O=u_i$；负半周时，二极管截止（相当开关打开），$u_O=0$。其输入、输出及二极管电压波形见图 1.3.14（b）。

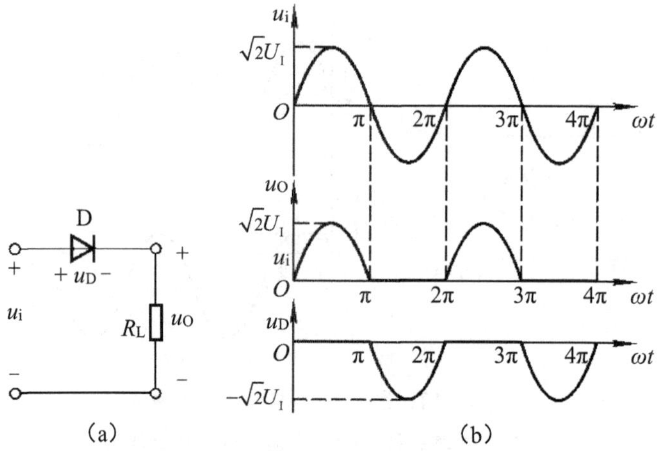

图 1.3.14　二极管半波整流电路及波形

(a) 电路; (b) 输入、输出波形关系

可见，在 u_i 的一个周期内，u_O 输出只有半周波形，称脉动直流。其表达式为

$$u_O=\begin{cases}\sqrt{2}U_I\sin\omega t, & (0\leqslant\omega t\leqslant\pi)\\ 0, & (\pi\leqslant\omega t\leqslant2\pi)\end{cases} \tag{1.3.3}$$

输出电压的平均值为

$$U_{O(AV)}=\frac{1}{2\pi}\int_0^{\pi}\sqrt{2}U_I\sin\omega t\mathrm{d}(\omega t)=\frac{\sqrt{2}}{\pi}U_I\approx0.45U_I \tag{1.3.4}$$

负载电流的平均值

$$I_{O(AV)}=\frac{U_{O(AV)}}{R_L}\approx\frac{0.45U_I}{R_L} \tag{1.3.5}$$

二极管的正向平均电流等于负载电流的平均值，即

$$I_{D(AV)}=I_{O(AV)}\approx\frac{0.45U_I}{R_L} \tag{1.3.6}$$

二极管截止时所承受的最高反偏电压为

$$U_{R\max}=\sqrt{2}U_I \tag{1.3.7}$$

式（1.3.6）、式（1.3.7）是我们选择整流二极管的依据，即 $I_F>I_{D(AV)}$、$U_{RM}>1.41U_I$ 的平面型二极管可满足要求。整流电路可用于信号检测，也是直流电源的一个组成部分。除了上述应用外，二极管还可用于检波①，也可构成门电路②等。

①参见文献[1-5] 191-199 页。
②参见文献[1-6] 68-72 页。

1.4　特殊二极管

1.4.1　稳压二极管

稳压二极管（zener diode）是利用 PN 结反向击穿后具有稳压特性制作的二极管，除了可以构成限幅电路之外，它主要用于稳压电路。

一、二极管的击穿现象

由二极管的伏安特性可知，当反偏电压超过击穿电压后，二极管将发生击穿现象，它包括齐纳击穿、雪崩击穿（二者又统称为电击穿）和热击穿。

1. 齐纳击穿

在高掺杂的情况下，耗尽层的宽度很小，内电场较强，不大的反向电压即可在耗尽层中产生强电场，直接破坏共价键，把价电子从共价键中“拉出来”，产生电子-空穴对，引起电流急剧增加，称其为齐纳击穿（zener breakdown）[①]。

2. 雪崩击穿

在低掺杂的情况下，耗尽层的宽度较宽，内电场较小。当反向电压较大时，少子在耗尽层中的漂移速度加快，与共价键中的价电子碰撞，便可将价电子“撞出来”，产生电子-空穴对。新的电子-空穴对被电场加速后，又会撞出其它价电子，这样载流子会雪崩式增加，致使电流急剧增加，称其为雪崩击穿（avalanche multiplication）。

一般来说，对硅管，$U_{(BR)}>7\,V$ 时为雪崩击穿，$U_{(BR)}<5\,V$ 时为齐纳击穿；$U_{(BR)}$ 介于 5～7 V 时，两种击穿都有。击穿特性的特点是反向电流急剧增加，但二极管的端电压却几乎不变，这一特点是制作稳压二极管的依据。

3. 热击穿

当二极管发生电击穿时，若反向电流过大，导致 PN 结功耗过大，结温升高，超过 PN 结允许的功耗，使二极管永久性损坏，这种现象叫热击穿。

二、稳压二极管的稳压原理

稳压管的伏安关系如图 1.4.1（a）所示，符号如图 1.4.1（b）所示。由图可看出，稳压管的正、反向特性与普通二极管相同，而击穿特性很陡峭，几乎平行于纵轴。因此，当反向电压达到 U_Z 后，管子将工作在击穿特性区，反向电流可在大范围内变化，而反向电压几乎不变，这就是稳压管稳压的原理。当反向电压撤销后，PN 结的性能又可得到恢复。需注意的是，稳压管的反向电流必须在一定的范围内，否则电击穿会导致热击穿，造成管子永久损坏。

①参见文献[1-7] 235-236 页。

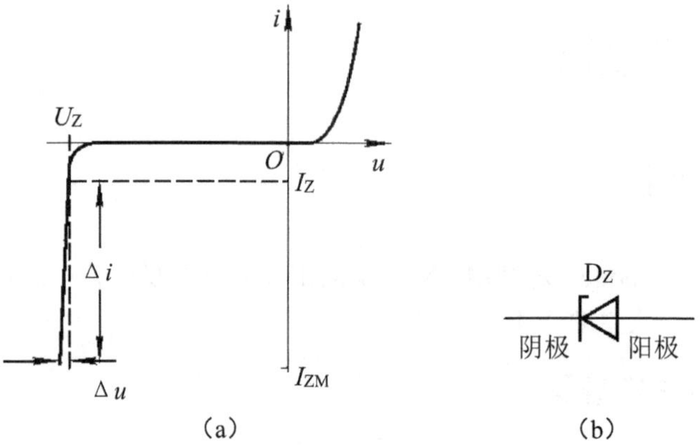

图 1.4.1 稳压管的伏安关系及符号
(a) 伏安关系；(b) 符号

三、稳压二极管的主要参数

1. 稳定电压 U_Z

U_Z 是指击穿后，在电流为规定值时，管子两端的电压值。由于制作工艺的原因，即使同型号的稳压二极管，U_Z 的分散性也较大。使用时可通过测量确定其准确值。

2. 稳定电流 I_Z

I_Z 是稳压二极管正常工作时的参考电流。电流小于此值时，稳压效果差，甚至不能稳压；大于此值时，稳压效果好。因此，也常将 I_Z 记为 I_{Zmin}。I_{Zmax} 为稳定电流的最大值，电流不允许超过此值，否则会因功耗过大而烧坏管子。一般要求 $I_{Zmin}<I_Z<I_{Zmax}$。

3. 额定功耗 P_{ZM}

P_{ZM} 是由管子结温限制所限定的参数。$P_{ZM}=U_Z I_{Zmax}$，它与 PN 结所用的材料、结构及工艺有关，使用时不允许超过此值，否则会烧坏管子。

4. 动态电阻 r_z

r_z 是稳压二极管在击穿状态下，两端电压变化量与其电流变化量的比值，即

$$r_z=\frac{dU_Z}{dI_Z} \tag{1.4.1}$$

反映在特性曲线上，是工作点处切线斜率的倒数。r_z 随工作电流增大而减小。r_z 越小，稳压效果越好。r_z 的数值一般为几欧姆到几十欧姆。

5. 温度系数 α

α 是反映稳定电压值受温度影响的参数，用单位温度变化引起稳压值的相对变化量表示：

$$\alpha=\frac{\Delta U_Z}{U_Z\Delta T} \tag{1.4.2}$$

通常，$U_Z<4$ V 的稳压管，$\alpha<0$（因齐纳击穿具有负温系数）；$U_Z>7$ V 的稳压管，$\alpha>0$（因雪崩击穿具有正温系数）；而 U_Z 在 4 V 到 7 V 之间时，α 可达最小。

四、稳压二极管稳压电路

稳压二极管稳压电路如图 1.4.2 所示。图中 U_I 为有波动的输入电压，并满足 $U_I > U_Z$；R 为限流电阻；R_L 为负载。

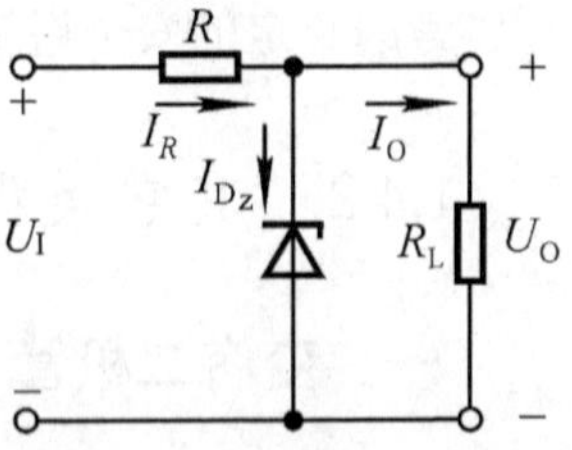

图 1.4.2　稳压管稳压电路

由图 1.4.2 可知，当 U_I、R_L 变化时，I_Z 应始终满足 $I_{Zmin} < I_Z < I_{Zmax}$，才能保证稳压。设 U_I 的最小值为 $U_{I\,min}$，最大值为 $U_{I\,max}$。R_L 最小时，I_L 的最大值为 $U_Z/R_{L\,min}$；R_L 最大时，I_L 的最小值为 $U_Z/R_{L\,max}$。由图 1.4.2 可知，当 $U_I = U_{I\,min}$，$R_L = R_{L\,min}$ 时，I_Z 最小。这时应满足

$$\frac{U_{I\min} - U_Z}{R} - \frac{U_Z}{R_{L\min}} \geqslant I_{Z\min}$$

即有

$$R \leqslant \frac{U_{I\min} - U_Z}{R_{L\min} \cdot I_{Z\min} + U_Z} \cdot R_{L\min} = \frac{U_{I\min} - U_Z}{I_{Z\min} + I_{O\max}} \tag{1.4.3}$$

当 $U_I = U_{I\,max}, R_L = R_{L\,max}$ 时，I_Z 最大。这时应满足

$$\frac{U_{I\max} - U_Z}{R} - \frac{U_Z}{R_{L\max}} \leqslant I_{Z\max}$$

即有

$$R \geqslant \frac{U_{I\max} - U_Z}{R_{L\max} \cdot I_{Z\max} + U_Z} \cdot R_{L\max} = \frac{U_{I\max} - U_Z}{I_{Z\max} + I_{O\min}} \tag{1.4.4}$$

式（1.4.3）和式（1.4.4）就是限流电阻的取值范围。如果 R 不在上述范围，比如 R 选择小了，会出现什么问题？R 选择大了，又会出现什么问题？请读者思考。

例 1.4.1　在图 1.4.2 的稳压电路中，已知稳压管参数为 $U_Z = 12\text{ V}$，$I_Z = 5\text{ mA}$，$I_{ZM} = 50\text{ mA}$。试分析：

（1）若 $U_I = 3\text{ V}$，$R_L = R$，求 U_O；

（2）若 $U_I = 20\text{ V}$，其允许变化量为 $\pm 2\text{ V}$，I_O 的变化范围为 0～15 mA，试选择限流电阻 R 的阻值与功率。

解　（1）当 $U_I = 3\text{ V}$ 时，稳压管反偏截止，因此

$$U_O = \frac{R_L}{R_L + R} U_I = \frac{3}{2}\text{ V} = 1.5\text{ V}$$

（2）当 $U_I = 20\text{ V}$ 时，只要 R 值合适，电路可稳压工作。由式（1.4.4）和式（1.4.3）知

$$R_{\min} = \frac{U_{I\max} - U_Z}{I_{Z\max} + I_{O\min}} = \frac{(20 + 2 - 12)\text{ V}}{50\text{ mA}} = 200\ \Omega$$

$$R_{\max} = \frac{U_{I\min} - U_Z}{I_{Z\min} + I_{O\max}} = \frac{(20 - 2 - 12)\text{ V}}{(5 + 15)\text{ mA}} = 300\ \Omega$$

应根据 200 Ω≤R≤300 Ω 选取 R 值。若取 R=270 Ω，则 R 上的最大功耗为

$$P_{\mathrm{R\,max}}=\frac{(U_{\mathrm{I\,max}}-U_{\mathrm{Z}})^2}{R}=\frac{(22-12)^2}{270}\approx 0.37\ \mathrm{W}$$

考虑一定的安全裕量，可选用 270 Ω、1 W 的电阻。

1.4.2 其它类型的二极管

一、变容二极管

如前所述，PN 结加反向电压时，结上呈现势垒电容，该电容随反向电压增大而减小。利用这一特性制作的二极管，称为变容二极管（varactor diode）。它的电路符号如图 1.4.3（a）所示。变容二极管的结电容与外加反向电压的关系如图 1.4.3（b）所示。可以证明[①]，结电容与反偏电压的关系为

$$C_{\mathrm{j}}=\frac{C_0}{\left(1+\dfrac{u}{U_{\mathrm{B}}}\right)^{\gamma}} \tag{1.4.5}$$

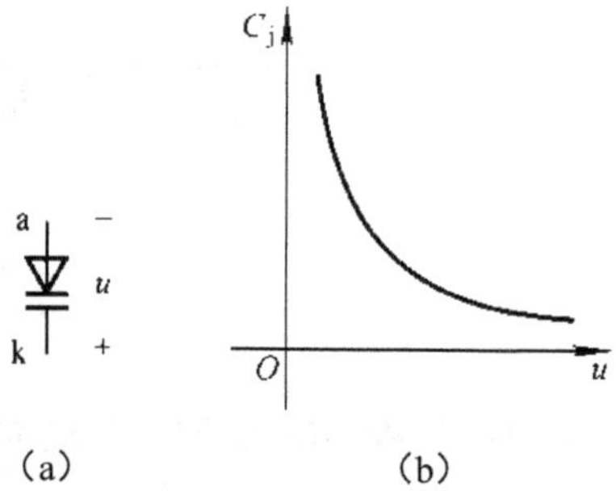

图 1.4.3 变容二极管的符号和变容特性

（a）符号；（b）变容特性

式中，C_0 是变容二极管的静电电容（即 u=0 时的电容）；U_{B} 是 PN 结的内建电位差；γ 是变容二极管的变容指数，它由 PN 结的结构及结附近杂质的浓度决定。

作为一种可控、可变电容，变容二极管广泛地应用在调频、调相、混频、倍频、分频等频率变换电路及电视机的高频调谐电路中。

二、发光二极管

发光二极管（light-emitting diode，LED）是一种将电能转换为光能的半导体器件，其结构与普通二极管相似，但它是由砷化镓、磷化镓或砷磷化镓制作。图 1.4.4 给出了发光二极管的外形和符号。发光二极管正偏时，导通发光，但导通电压不是 0.7 V，而是比它大，通常 U_{D}=2 V 左右，导通电流 I_{D} 为几毫安至几十毫安。发光颜色有可见光（红、黄、绿等）、不可见光和激光等。其优点是电压低、功耗小、寿命长、可靠性高、响应快，缺点是需加限流电阻。

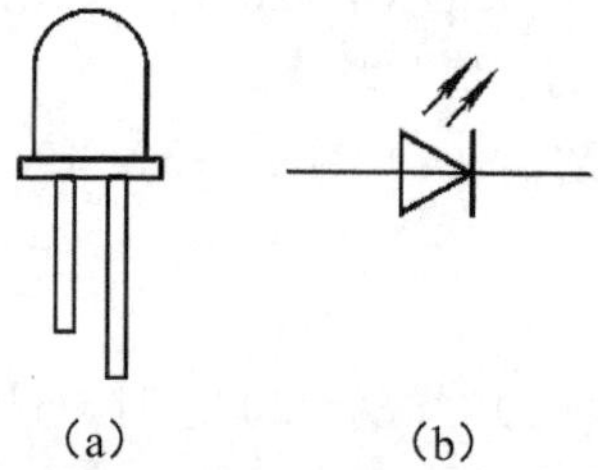

图 1.4.4 发光二极管的外形及符号

（a）外形；（b）符号

20 世纪 90 年代以来，LED 技术的长足进步，不仅是发光效率超过了白炽灯，光强达到了烛光级，而且颜色也从红色到蓝色，覆盖了整个可见光谱范围。这种从指示灯水平到超过通用光源水平的技术革命已经导致各种新的应用，诸如汽车信号灯、交通信号灯、室外全色

①参见文献[1-5] 231 页。

大型显示屏以及特殊的照明光源等①。

三、光电二极管

光电二极管（photo diode）是一种将光能转换为电能的半导体器件，其结构与普通二极管相似，只是管壳上留有一个能入射光线的窗口。图 1.4.5 示出了光电二极管的外形和符号。普通二极管在反向电压作用时处于截止状态，只能流过微弱的反向电流。光电二极管在设计和制作时尽量使 PN 结的面积相对较大，以便接收入射光。图 1.4.6 给出了光电二极管的伏安关系。

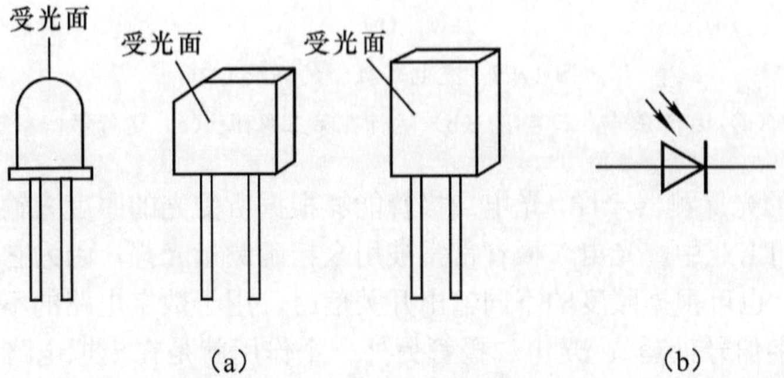

图 1.4.5　光电二极管的外形及符号
（a）外形；（b）符号

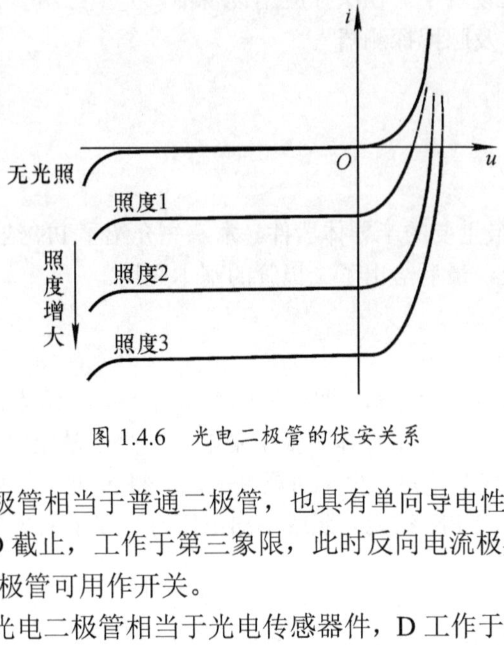

图 1.4.6　光电二极管的伏安关系

无光照时，光电二极管相当于普通二极管，也具有单向导电性。正偏时，D 导通，工作于第一象限；反偏时，D 截止，工作于第三象限，此时反向电流极其微弱，叫暗电流，如图 1.4.7（a）所示。光电二极管可用作开关。

有光照且反偏时，光电二极管相当于光电传感器件，D 工作于第三象限，此时反向电流迅速增大到几十微安，称为光电流，如图 1.4.7（b）所示，其中 i 的真实方向与图中参考方向相反。随着照度的增加，光电流线性增加。光电二极管可用于光电信息转换。

①参见文献[1-8]。

有光照且有小正偏时，光电二极管相当于光电池，D 工作于第四象限，如图 1.4.7（c）所示。随着照度的增加，光电流几乎线性增加。光电二极管可用作能量转换，例如做太阳能电池。

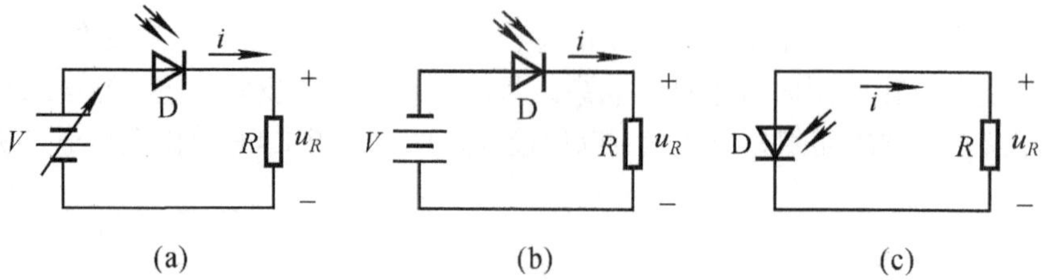

图 1.4.7　光电二极管的等效电路

（a）运行在一、三象限；（b）运行在第三象限；（c）运行第四象限

与其它类型的光探测器一样，光电二极管能够根据所受光的照度来输出相应的模拟电信号，在科学研究和工业中，光电二极管常常被用来精确测量光强，因为它比其它光导材料具有更良好的线性；也可根据照度的不同输出开关信号，用于数字电路的不同状态间切换（例如控制开关、数字信号处理）。光电二极管另外一个作用就是在模拟电路以及数字电路之间充当中介，这样两段电路就可以通过光信号耦合起来（光电耦合器），这可以提高电路的安全性，例如，光电二极管经常使用在 CD 播放器、烟雾探测器、照相机的测光器、路灯亮度自动调节以及红外线遥控设备中。在医疗应用设备中，光电二极管也有着广泛的应用，例如 X 射线计算机断层成像以及脉搏探测器①。

本章小结

PN 结是最简单也是最重要的半导体器件。本章先介绍了 PN 结的构成，再讨论 PN 结的导电特性和二极管的参数，最后给出了二极管的基本应用。

一、PN 结的构成

给本征半导体掺入少量五价元素，即可形成 N 型半导体；给本征半导体掺入少量三价元素，即可形成 P 型半导体。N 型半导体中多子是电子，少子是空穴；P 型半导体中多子是空穴，少子是电子。多子由掺杂决定，少子对温度敏感。将 N 型半导体和 P 型半导体有机地结合在一起即形成 PN 结。当 PN 结无光照或不加电压时，多子的扩散和少子的漂移达到了动态平衡，因此无电流。

二、PN 结的特性

1. 单向导电性

当 PN 结加正向电压时，扩散大于漂移，PN 结导通，呈低电阻状态，电流与电压呈指数

①参见文献[1-9]。

关系。当 PN 结加反向电压时，扩散小于漂移，PN 结截止，呈高电阻状态，反向电流很小，与反偏电压无关，但对温度很敏感。亦可用方程表示：$i_D = I_S(e^{\frac{u_D}{U_T}} - 1)$。

2. 击穿特性

当 PN 结的反向电压超过击穿电压时，PN 结处于击穿状态，电流可大范围变化，但电压几乎不变。

3. 电容效应

当 PN 结加反偏电压时，主要存在势垒电容 C_b，反向偏置电压越高，C_b 越小。当 PN 结加正偏电压时，主要存在扩散电容 C_d，正向电流越大，C_d 越大。

三、二极管的主要参数

1. I_F

I_F 指二极管允许通过的最大正向平均电流。

2. U_{RM}

U_{RM} 指二极管工作时所允许施加的最大反向电压。

这两个参数是我们选择二极管的依据，使用时正向电流、反向电压不要超过这两个极限参数。

3. R_D

定义 $R_D = U_D / I_D$。R_D 不是恒定值，它与二极管的工作点 Q 有关，Q 越高，R_D 越小。

4. r_d

定义 $r_d = \left.\frac{du_D}{di_D}\right|_Q$。$r_d$ 亦不是恒定值，它也与二极管的工作点 Q 有关，Q 点越高，r_d 越小。其计算式为 $r_d \approx 26\text{mV}/I_D$。定量分析二极管应用电路时，经常用 R_D、r_d 两参数。

四、二极管的基本应用

1. 限幅电路

限幅电路利用了二极管的单向导电性，把一个给定的波形的一部分削去。

2. 钳位电路

钳位电路利用了二极管的单向导电性，把一个给定波形的峰值固定在某个直流电位上。

3. 整流电路

整流电路主要利用了二极管的单向导电性，把交流电变换成单向脉动的直流电。

五、特殊二极管

1. 稳压二极管

利用二极管的击穿特性来稳压，只要电流在 $I_{Z\min} < I_Z < I_{Z\max}$ 范围，电击穿不会导致热击

穿，就可实现稳压。

2. 变容二极管

利用二极管反偏时具有势垒电容，反偏电压越大，势垒电容越小，从而实现用电压控制电容量。变容二极管主要用来实现电控调谐。

3. 发光二极管

发光二极管是由砷化镓、磷化镓或砷磷化镓材料制作的。正偏时，导通发光，通常导通电压 U_D＝2 V 左右，导通电流 I_D 为几毫安至几十毫安。发光二极管主要用在越限报警电路中。

4. 光电二极管

有光照且反偏时，光电二极管相当于光电传感器件，D 工作于第三象限，随着照度的增加，光电流线性增加。光电二极管可用于光电信息转换。有光照且有小正偏时，光电二极管相当于光电池，D 工作于第四象限。光电二极管可用作能量转换。

六、重点、难点

1. 重点

（1）PN 结的单向导电性和二极管的外特性，二极管、稳压二极管的参数；

（2）二极管、稳压二极管的应用。

2. 难点

（1）PN 结的击穿效应、电容效应机理；

（2）特殊二极管的工作原理。

参考文献

[1-1] 李素珍，丁辛芳. 半导体物理基础[M]. 北京：高等教育出版社，1984.

[1-2] 童诗白. 模拟电子技术基础[M]. 2 版. 北京：高等教育出版社，1988.

[1-3] 冯军，谢嘉奎. 电子线路：非线性部分[M]. 5 版. 北京:高等教育出版社，2010.

[1-4] 童诗白，华成英. 模拟电子技术基础[M]. 3 版. 北京：高等教育出版社，2001.

[1-5] 胡宴如，耿苏燕. 高频电子线路[M]. 2 版.北京：高等教育出版社，2015.

[1-6] 阎石. 数字电子技术基础[M]. 5 版. 北京：高等教育出版社，2006.

[1-7] 王楚、余道衡. 电路分析[M]. 北京：北京大学出版社，2000.

[1-8] 方志烈. 发光二极管材料与器件的历史、现状和展望[J]. 物理，2003，32（5）：295-301.

[1-9] 孙莉丹. 新时期光电子器件及其技术发展史研究[D]. 哈尔滨：哈尔滨工业大学，2015: 1-99.

自 测 题

一、判断下列说法是否正确，用“√”或“×”表示在括号内。

1. P 型半导体的多子是空穴，所以它带正电；　　（　）

空穴本质上是一种带正电的正离子。（　）

2. 在本征半导体中掺入 6 价元素，也可形成 N 型半导体。（　）

3. PN 结在无光照、无外加电压时，结电流为零。（　）

4. 可以将 1.5 V 的干电池，以正向接法接到二极管两端。（　）

5. 二极管电击穿后，只要不热击穿，就不会损坏。（　）

6. 与普通线性电容一样，二极管的结电容也是线性电容。（　）

7. 一个 PN 结就是一个二极管。（　）

8. 二极管的正极对应的是 PN 结的 P 区。（　）

9. PN 结正偏，多子的扩散与少子的漂移处于动态平衡。（　）

10. 硅二极管正偏时，其导通电压为 0.7 V，因此亦可用来稳压。（　）

二、选择合适的答案填入空内。

1. PN 结反偏时，空间电荷区将________。

A. 变窄　B. 变宽　C. 基本不变　D. 出现多子的扩散

2. PN 结正偏加大时，其等效电阻将________。

A. 变小　B. 变大　C. 基本不变　D. 与正偏电压无关

3. 二极管的电流方程是________。

A. $I_S e^{u_D}$　B. $I_S e^{\frac{u_D}{U_T}}$　C. $I_S(e^{\frac{u_D}{U_T}}-1)$　D. u_D/r_d

4. 当温度升高时，二极管的反向饱和电流将________。

A. 变小　B. 变大　C. 基本不变　D. 与反偏电压有关

5. 当温度升高时，二极管的正向电压将________。

A. 变小　B. 变大　C. 基本不变　D. 等于 0.7 V

6. 变容二极管工作在伏安特性曲线的________。

A. 正向特性部分　B. 反向特性部分　C. 击穿特性部分　D. 平方律部分

7. 稳压管工作在伏安特性曲线的________。

A. 正向特性部分　B. 反向特性部分　C. 击穿特性部分　D. 平方律部分

8. 二极管的正向直流电阻________。

A. 是常量　B. 与外加电压无关

C. 与工作点 Q 有关　D. 非常大

9. 二极管的正向交流电阻________。

A. 是常量　B. 与外加电压无关

C. 与直流电流有关　D. 与信号频率无关

10. 希望稳压管的________。

A. 动态电阻小　B. 温度系数大　C. 稳定电流大　D. 稳定电压大

三、有 A、B、C 三只二极管，测得它们的反向电流分别是 2 μA、0.5 μA、0.1 μA，外加正向电压相同时，其正向电流分别是 10 mA、20 mA、15 mA。请问：哪只二极管的性能最好？哪只最差？

四、选择普通二极管的主要依据是什么？应用稳压管应注意什么？

五、现有两只稳压管，它们的稳定电压分别为 6 V 和 8 V，正向导通电压为 0.7 V。试问：

（1）若将它们串联相接，则可得到几种稳压值？各为多少？

（2）若将它们并联相接，则又可得到几种稳压值？各为多少？

习 题

1.1 二极管的伏安特性如图 P1.1 所示，试求：

（1）I=4 mA 时的直流电阻和交流电阻。

（2）把一节电压为 1.5 V、内阻为 0.5 Ω 的干电池，正向加于二极管两端，会发生什么现象？

（3）把一个电压为 300 V 的电源，反向加于二极管两端，又会发生什么现象？

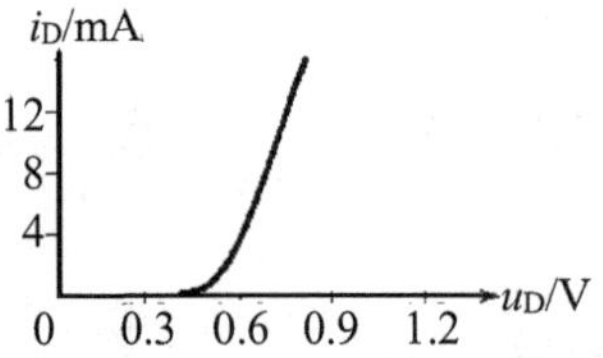

图 P1.1

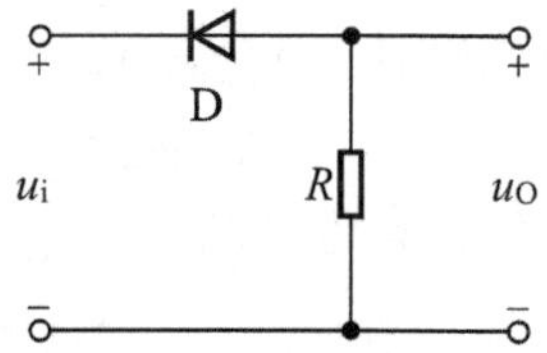

图 P1.2

1.2 电路如图 P1.2 所示，已知 $u_i=10\sin\omega t$（v），试画出 u_i 与 u_O 的波形。设二极管正向导通电压可忽略不计。

1.3 电路如图 P1.3（a）、（b）所示，若二极管导通电压 U_D=0.7 V，求二极管的电流 I_D。

1.4 二极管电路如图 P1.4 所示，设二极管正向导通电压可忽略不计，试判断各二极管是导通还是截止，并求电压 U_{AB}。

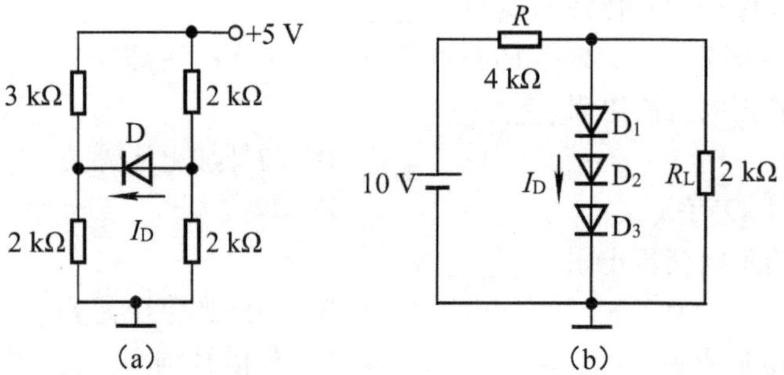

图 P1.3

1.5 电路如图 P1.5（a）、（b）所示，已知 $u_i=5\sin\omega t$（V），二极管导通电压 U_D=0.7 V。试画出 u_i 与 u_O 的波形，并标出幅值。

1.6 电路如图 P1.6 所示，二极管导通电压 U_D=0.7 V，常温下 $U_T\approx$26 mV，电容 C 对交流信号可视为短路；$u_i=10\sin\omega t$（mV）为正弦波，试求二极管的 u_D 和电流 i_D。

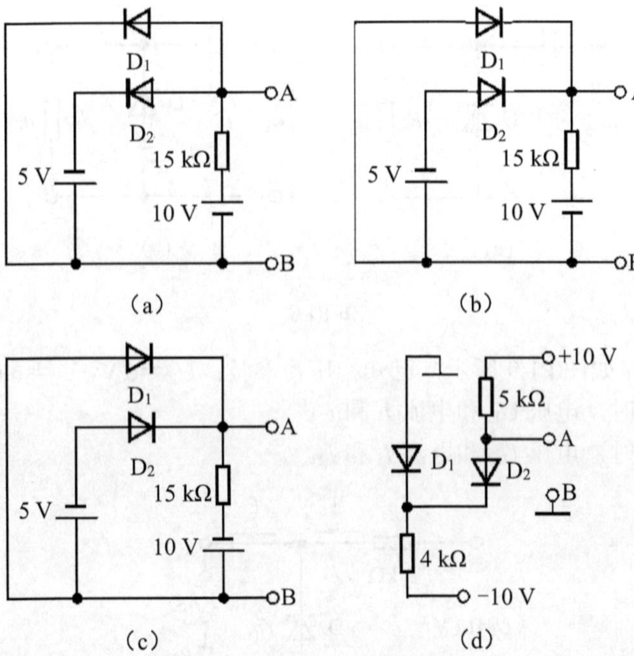

图 P1.4

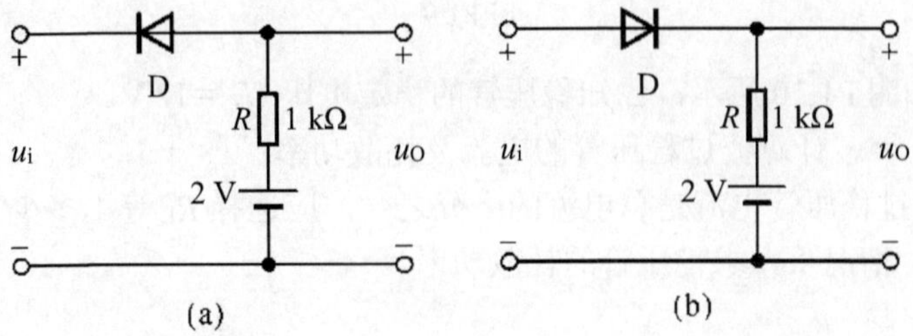

图 P1.5

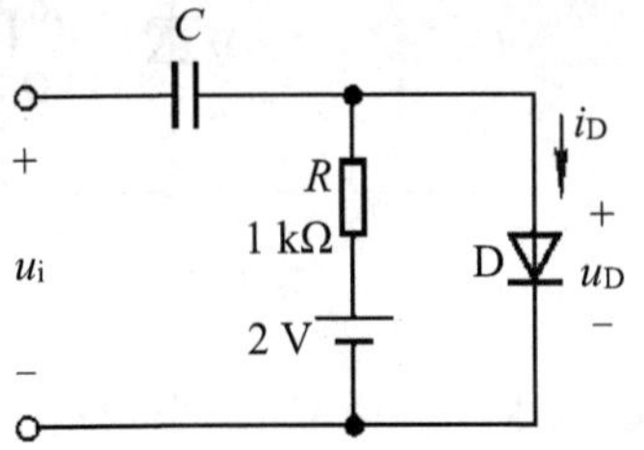

图 P1.6

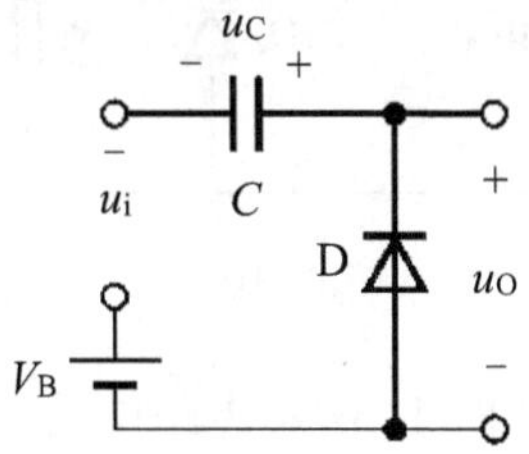

图 P1.7

1.7　电路如图 P1.7 所示，视二极管为理想，并设电容初始无电压，$u_i = U_{IM}\sin(\omega t)$，画出该电路的输入、输出电压波形。

1.8　电路如图 P1.8 所示，视二极管为理想，$V_B = 5$ V，$C = 1$ μF，$R_L = 100$ kΩ，输入是峰-峰值为 20 V、周期为 1 ms 的方波，画出稳态时两电路的输入、输出电压波形。

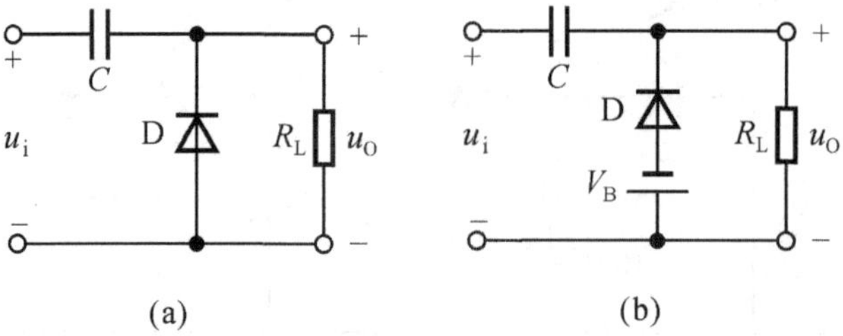

图 P1.8

1.9 稳压管电路如图 P1.9 所示，已知稳压管参数：$U_Z=6$ V，$I_Z=6$ mA。试求：

（1）开关断开时，电压 U_D 和电流 I_1 和 I_2；

（2）开关闭合时，电压 U_D 和电流 I_1 和 I_2。

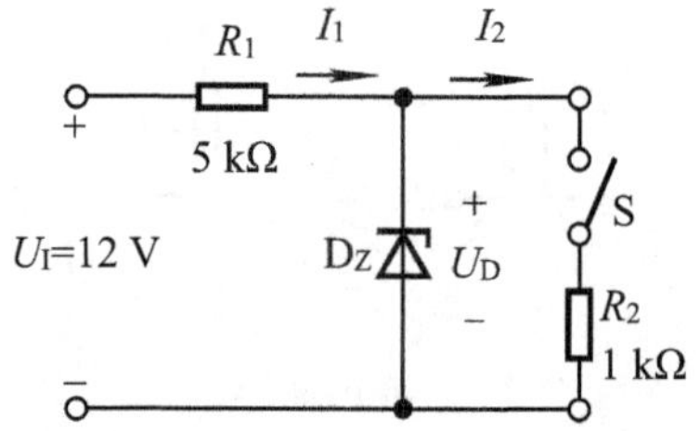

图 P1.9

1.10 电路如图 P1.10 所示，已知稳压管的稳定电压 $U_Z=12$ V。

（1）若 $R_L\to\infty$，计算流过稳压管的电流及耗散功率；

（2）若要流过稳压管电流是总电流的十分之一，应选择 R_L 等于多少?

（3）在（2）情况下，求稳压管的耗散功率。

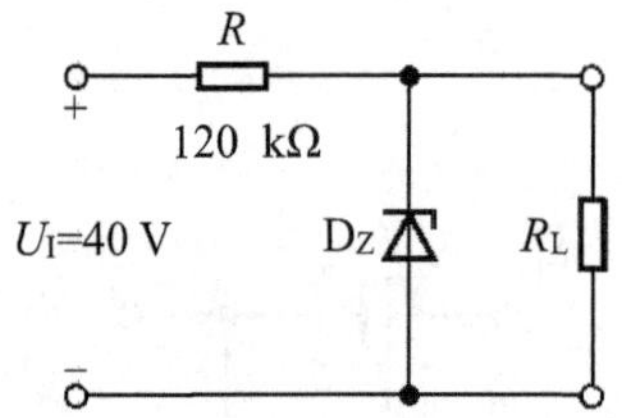

图 P1.10

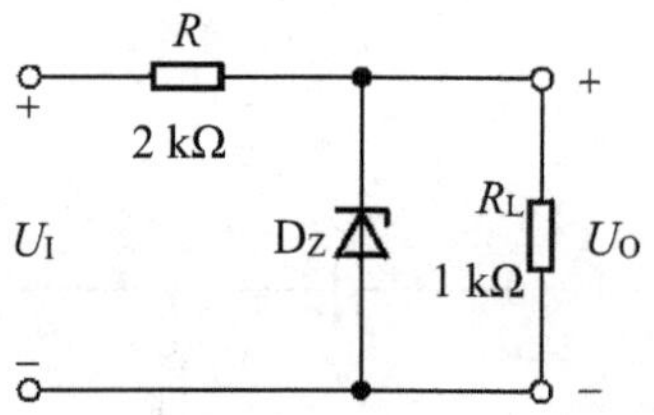

图 P1.11

1.11 已知图 P1.11 所示电路中稳压管的稳定电压 $U_Z=6$ V，最小稳定电流 $I_{Z\,min}=5$ mA，最大稳定电流 $I_{Z\,max}=25$ mA。

（1）分别计算 U_I 为 10 V、15 V、36 V 三种情况下输出电压 U_o 的值；

（2）若 $U_I=36$ V 时负载开路，则会出现什么现象?为什么？

1.12 稳压管电路如图 P1.12 所示，其中稳压管 D_{Z1}、D_{Z2} 的稳定电压分别是 7 V 和 13 V，稳定电流都是 5 mA，求各电路的输出电压。

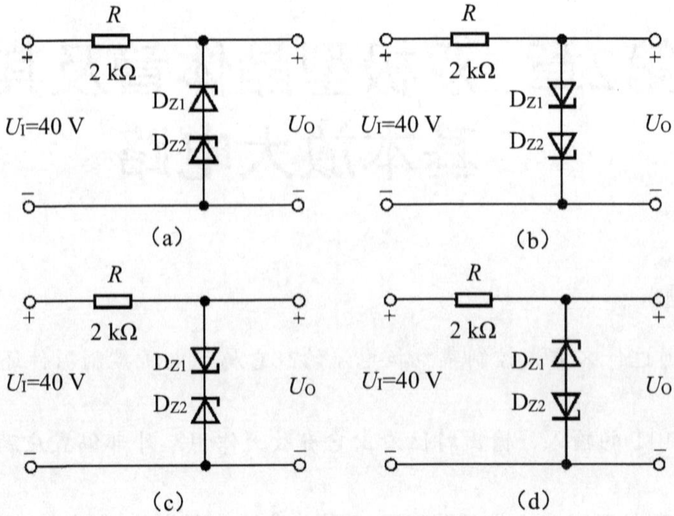

图 P1.12

1.13 电路如图 P1.13（a）、（b）所示，稳压管的稳定电压 U_Z=6 V，R 的取值合适，u_I 的波形如图 P1.13（c）所示。试分别画出 u_{O1} 和 u_{O2} 的波形。

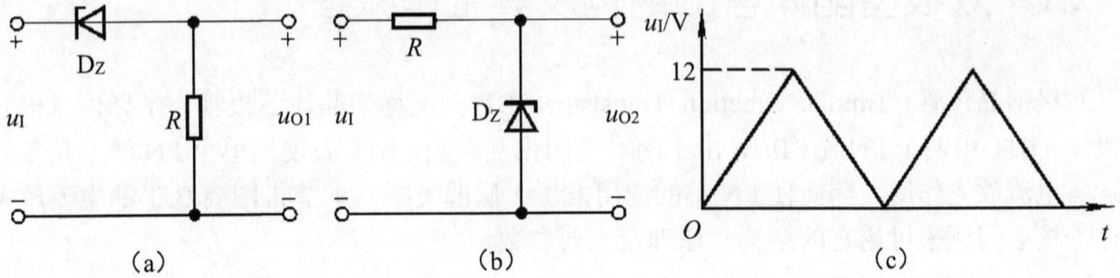

图 P1.13

1.14 电路如图 P1.14 所示，已知发光二极管的导通电压 U_D=2 V，正向电流为 3～15 mA。

（1）开关处于何种状态时发光二极管可能发光？

（2）为使发光二极管发光，确定限流电阻的范围。

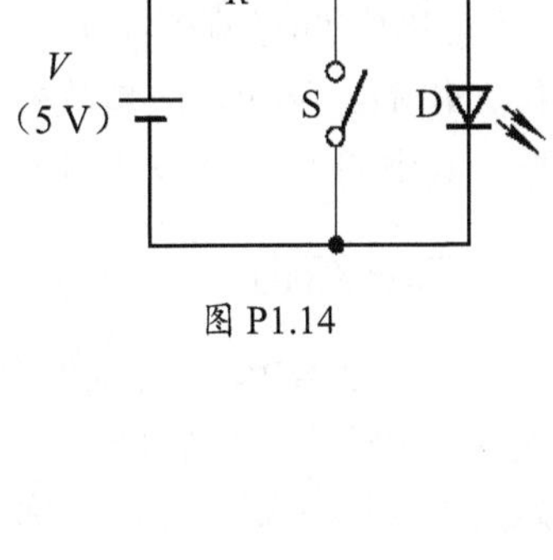

图 P1.14

第2章　双极型晶体管及其基本放大电路

◎本章讨论的问题

（1）BJT是通过什么方式控制集电极电流的？它属于电压控制器件还是电流控制器件？

（2）如何从BJT的输入、输出特性看出它有放大作用？外部偏置应满足什么条件，BJT才有放大作用？

（3）放大电路有哪些性能指标？BJT三种基本组态的特点是什么？其性能指标如何计算？如何根据它们各自的组态组成组合放大电路？

（4）不同场合，如何选用基本放大电路？

2.1　双极型晶体管的结构及其工作原理

双极型晶体管（Bipolar Junction Transistor，BJT）又称为晶体三极管、半导体三极管或三极管。BJT由两个PN结构成，由于两者之间相互影响，BJT表现出单个PN结不具备的功能——电流放大作用，因而使PN结的应用发生了质的飞跃。本节将围绕BJT的电流放大作用这一核心问题来讨论它的结构、原理及主要参数。

2.1.1　BJT的类型和结构

一、类型

BJT的种类很多，按功率的大小，可分为大、中功率管和小功率管；按工作频率的不同，分为高频管和低频管；按半导体材料的不同，分为硅管和锗管；按结构不同，分为NPN管和PNP管；等等。但是从外形上看，各种BJT都有三个电极，图2.1.1给出了BJT的常见外形。其中的图（d）大功率管的底壳就是管子的集电极。

二、结构

下面以NPN硅管为例介绍BJT的结构。在一块半导体硅片上，用特殊的半导体工艺生成两个PN结，两个PN结将基片分为三个区域：中间是P区，称为基区；上部是N区，称为集电区；下部是N区，称为发射区。每个区各引一个电极，分别是发射极（e）、基极（b）

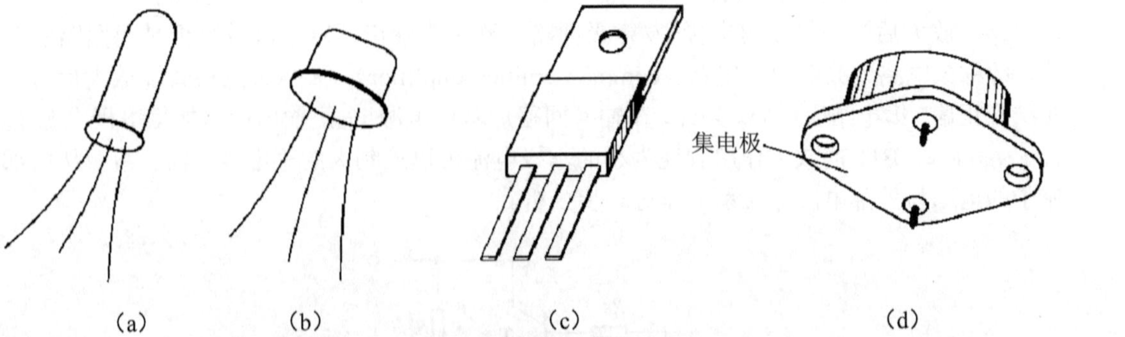

图 2.1.1 BJT 的几种常见外形
(a) 小功率管；(b) 小功率管；(c) 中功率管；(d) 大功率管

和集电极（c）。发射区和基区交界处的 PN 结称为发射结，集电区和基区交界处的 PN 结称为集电极结，如图 2.1.2（a）所示。图 2.1.2（b）为其符号，箭头表示发射结正偏时，发射极电流的实际流向。图 2.1.3 给出了 PNP 管的结构及符号。

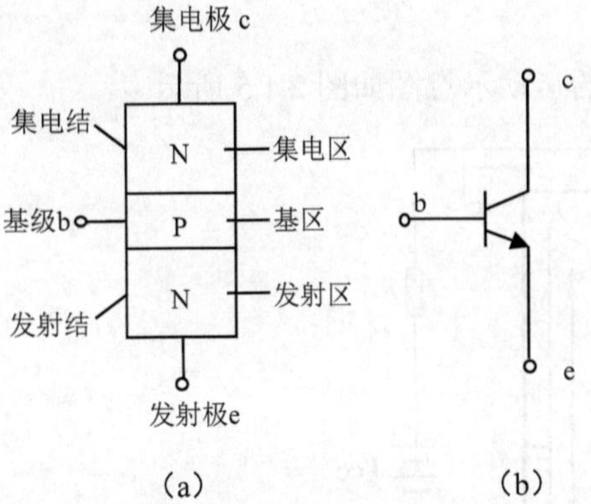

图 2.1.2 NPN 型 BJT 结构及符号
(a) 结构；(b) 符号

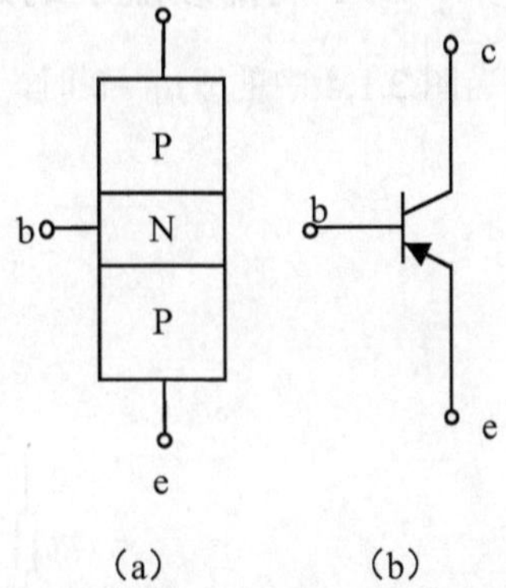

图 2.1.3 PNP 型 BJT 结构及符号
(a) 结构；(b) 符号

可见，BJT 犹如两个反向串联的 PN 结。孤立地看，这两个反向的 PN 结，是不可能有电流放大作用的。但是在制作三极管时，工艺上有其特殊性，这就是：①发射区浓度最高；②基区浓度最低，而且很薄；③集电区浓度较大，面积最大。这些特点是 BJT 具有电流放大作用的根本原因。

2.1.2 BJT 的工作原理

模拟电路的基本任务就是放大微弱信号，而放大电路的核心部件是 BJT，它能够控制能量的转换，将微弱信号不失真地放大，放大的对象是变化量。

图 2.1.4 为基本放大电路，Δu_I 为输入电压信号，它接在了基极-发射极回路，称之为输入回路。放大后的信号在集电极-发射极回路，称之为输出回路。因发射极是两回路的公共端，故称该电路为共射放大电路（common-emitter amplifier）。要保证三极管能放大信号，发射结应正偏，集电结应反偏。为此，在输入回路加基极电源 V_{BB}，输出回路加集电极电源 V_{CC}，且 $V_{CC}>V_{BB}$，BJT 的放大作用表现为小的基极电流可以控制大的集电极电流。下面从内部载流子的运动与外部电流的关系上作进一步分析。

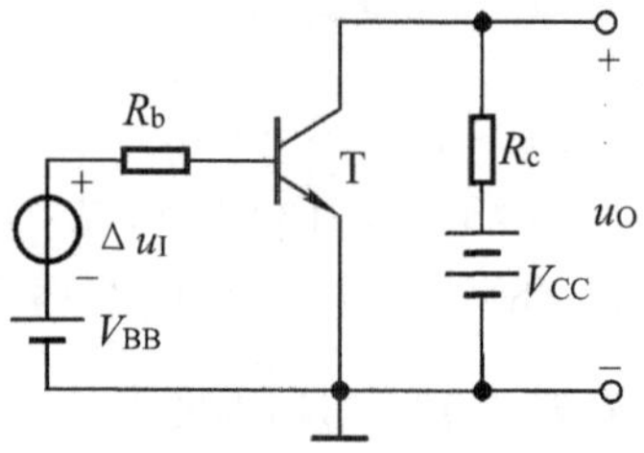

图 2.1.4　基本共射放大电路

一、BJT 内部载流子的运动规律

当图 2.1.4 中的 $\Delta u_I=0$ 时，BJT 内部载流子的运动示意图如图 2.1.5 所示。

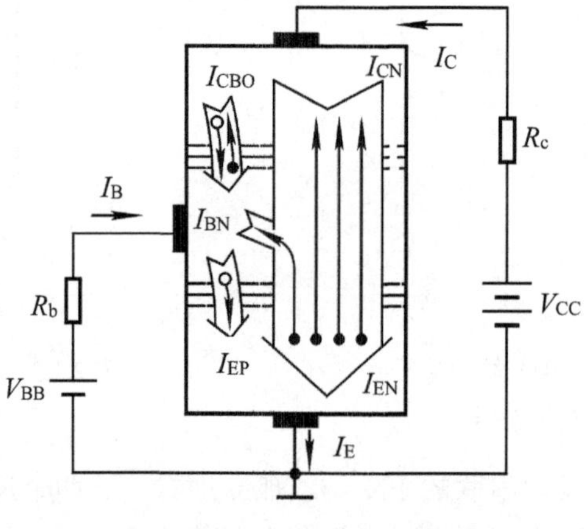

图 2.1.5　BJT 内部载流子运动与外部电流

1. 发射区向基区发射电子

因发射结正偏，发射区中的电子会源源不断地扩散到基区，形成扩散电流 I_{EN}；同时基区的空穴也会扩散到发射区，形成扩散电流 I_{EP}。这两电流之和就是发射极电流 I_E，$I_E=I_{EN}+I_{EP}$。由于基区多子的浓度远小于发射区多子的浓度，所以电子电流 I_{EN} 远大于空穴电流 I_{EP}。由此可见，扩散运动形成了发射极电流。

2. 电子在基区的扩散与复合

由于基区很薄，杂质浓度很低，集电结又加了反向电压，所以扩散到基区的电子只有极少部分与空穴复合，其余部分均作为基区的非平衡少子达到集电结。与空穴复合掉的电子电

流记为 I_{BN}。因基区的空穴是电源 V_{BB} 提供的，故 I_{BN} 将成为基极电流 I_B 的一部分。可见，扩散到基区的自由电子与空穴的复合形成了基极电流 I_B 的主要部分。

3. 电子被集电极收集

由于集电结反偏，所以基区中扩散到集电结边沿的电子，在电场的作用下，很容易漂移过集电结，到达集电区，形成集电极电流 I_C 的主要部分 I_{CN}。此外，在集电结反偏电压的作用下，集电区和基区的平衡少子定向漂移，形成反向饱和电流 I_{CBO}，成为 I_C 的次要部分。

综上所述，BJT 三个电极上的电流可以分别表示为

$$I_E = I_{EN} + I_{EP} = I_{CN} + I_{BN} + I_{EP} \tag{2.1.1}$$

$$I_C = I_{CN} + I_{CBO} \tag{2.1.2}$$

$$I_B = I_{BN} + I_{EP} - I_{CBO} \tag{2.1.3}$$

从外部看

$$I_E = I_C + I_B \tag{2.1.4}$$

二、BJT 的电流分配关系

对于一个高质量的 BJT 而言，我们希望 $I_{EN} \gg I_{EP}$，$I_{CN} \gg I_{BN}$，即 I_{CN} 在 I_E 中占有较高的比例。通常用 I_{CN} 和 I_E 的比值来衡量管子的质量，即

$$\bar{\alpha} = \frac{I_{CN}}{I_E} \tag{2.1.5}$$

称 $\bar{\alpha}$ 为共基极直流电流放大系数，其值恒小于 1，并与 I_E 有关，一般为 0.98~0.99。将式（2.1.5）代入式（2.1.2），可得

$$I_C = \bar{\alpha} \cdot I_E + I_{CBO} \tag{2.1.6}$$

若将 I_E 作为输入回路电流，I_C 作为输出回路电流，而以基极为公共端，上式给出的是共基极电路的电流传输关系。然而，在共射电路中，输入回路电流是 I_B，输出回路电流是 I_C，为得到 I_C 与 I_B 的关系，可联立式（2.1.4）、式（2.1.6）两式消去 I_E，得到

$$I_C = \frac{\bar{\alpha}}{1-\bar{\alpha}} I_B + \frac{1}{1-\bar{\alpha}} I_{CBO} \tag{2.1.7}$$

若定义

$$\bar{\beta} = \frac{\bar{\alpha}}{1-\bar{\alpha}} \tag{2.1.8}$$

将式（2.1.8）代回式（2.1.7），得

$$I_C = \bar{\beta} \cdot I_B + (1+\bar{\beta}) \cdot I_{CBO} \tag{2.1.9}$$

称$\overline{\beta}$为共发射极直流电流放大系数，其数值较大，并与I_C有关。式（2.1.9）即为共发射极电流传输关系。若将式（2.1.9）代入式（2.1.4），可得

$$I_E=(1+\overline{\beta})I_B+(1+\overline{\beta})I_{CBO} \tag{2.1.10}$$

令

$$I_{CEO}=(1+\overline{\beta})I_{CBO} \tag{2.1.11}$$

称I_{CEO}为穿透电流，一般情况下，$I_{CBO}\ll I_B$，$\overline{\beta}\gg 1$，忽略I_{CEO}的影响，则式（2.1.9）、式（2.1.10）可简化为

$$I_C\approx\overline{\beta}I_B \tag{2.1.12}$$

$$I_E\approx(1+\overline{\beta})I_B \tag{2.1.13}$$

以上两式是我们分析计算经常用到的近似关系。

三、BJT 的电流放大作用

在图 2.1.4 中，若$\Delta u_I\neq 0$，则$u_I=V_{BB}+\Delta u_I$，必引起 BJT 基极电流在I_B基础上叠加一个交流电流Δi_B，于是集电极电流发生一个变化量Δi_C。定义共发射极交流电流放大系数为

$$\beta=\frac{\Delta i_C}{\Delta i_B} \tag{2.1.14}$$

若认为，电流变化前后$\overline{\beta}$基本不变，则由式（2.1.9）可知

$$i_C=\overline{\beta}\cdot i_B+I_{CEO}$$

将式$i_B=I_B+\Delta i_B$、式（2.1.9）及式$i_C=I_C+\Delta i_C$代入上式，得

$$\overline{\beta}=\frac{\Delta i_C}{\Delta i_B}=\beta \tag{2.1.15}$$

由于β和$\overline{\beta}$相当接近，今后不再加以区分。β一般是几十倍，特殊的可达几千倍，因此共射接法下，BJT 有较大的电流放大作用。

在共基接法下，BJT 的交流电流放大系数定义为

$$\alpha=\frac{\Delta i_C}{\Delta i_E} \tag{2.1.16}$$

同理可证 $\alpha=\overline{\alpha}$

2.2　BJT 伏安特性曲线及参数

2.2.1　BJT 的共射特性曲线

BJT 的极间电压和各电极电流之间的关系称为 BJT 的伏安特性，它是 BJT 内部载流子运动规律在管子外部的必然表现。它包括输入特性曲线和输出特性曲线，并随 BJT 的不同接法而异，常用的是共射特性曲线。

一、输入特性曲线

输入特性是指输出电压 U_{CE} 为参考变量时，基极电流 i_B 与发射结电压 u_{BE} 之间的函数关系，即

$$i_B=f(u_{BE})\big|_{U_{CE}=\text{常数}} \tag{2.2.1}$$

输入特性曲线可以由实验测得，也可以由 BJT 图示仪直接显示出来。图 2.2.1 给出了某一型号 BJT 的输入特性曲线。

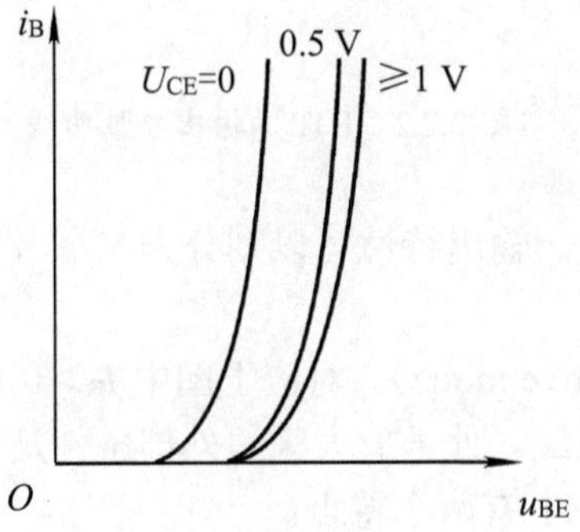

图 2.2.1　共射输入特性

由特性曲线可见：

（1）当 $u_{CE}=0$ 时，BJT 相当于两个并联的二极管，所以 b、e 间加正向电压时，i_B 很大，它是发射区和集电
区分别向基区扩散的电子电流之和（忽略了基区空穴的扩散电流），伏安关系与 PN 结的关系类似，呈指数关系。

（2）当 $u_{CE}=1$ V 时，特性曲线相对于 $u_{CE}=0$ 时右移了一段距离。这是因为集电结反偏，其吸引载流子的能力加强，使发射区注入基区的载流子更多地流入集电区，因此相同的 u_{BE} 下，i_B 势必比 $u_{CE}=0$ 时减小了，要维持相同的 i_B，自然要加大 u_{BE}，所以曲线右移。

（3）当 $u_{CE}>1$ V 之后，各条曲线几乎重合。较大的集电结反偏电压已足以将注入基区的载流子绝大部分拉向集电区，致使 u_{CE} 增大，$i_B \approx I_{EP}-I_{CBO}$，已不再明显减小，故各条曲

线几乎重合。使用中总是选 $u_{CE}\geq 1\text{ V}$ 以后的其中一条曲线代表输入特性曲线。

总之，因为 BJT 的发射结是正向偏置的 PN 结，所以其输入特性与二极管的正向特性相似。

二、输出特性曲线

输出特性是以输入电流 I_B 为参考变量，集电极电流 i_C 与管压降 u_{CE} 之间的函数关系，即

$$i_C=f(u_{CE})\big|_{I_B=\text{常量}} \tag{2.2.2}$$

输出特性曲线亦可由实验测得，也可以由 BJT 图示仪直接显示出来。图 2.2.2 给出了某一型号 BJT 的输出特性曲线。

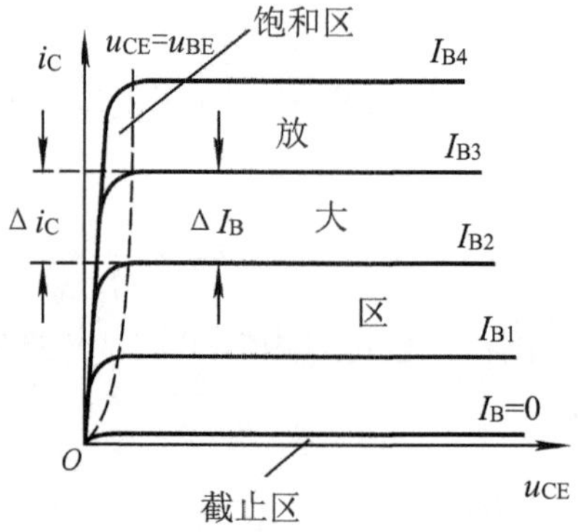

图 2.2.2 BJT 的输出特性曲线

由图 2.2.2 特性曲线可见，输出特性可以划分为三个区域，分别是放大区、饱和区和截止区。现分别讨论如下。

（1）放大区（forward-active mode）。对应于图中 $I_B>0$ 且 $u_{CE}>u_{BE}$ 的区域。为一族几乎与横轴平行的、间隔均匀的直线。处于放大区的外部条件是发射结正偏，集电结反偏。由图 2.2.2 可以看出，在放大区，BJT 有两个特点：

一是基极电流 i_B 对集电极电流 i_C 有很强的控制作用，即 i_B 有很小的变化量 Δi_B 时，i_C 就会有很大的变化量 Δi_C。这是因为在 u_{CE} 一定时，若发射结正偏加大，来自发射区的扩散电子数目必然加大，一方面在基区的复合加大（i_B 增加），另一方面，被集电极收集的电子数目随之增加（i_C 增加），i_C 随 i_B 线性增加。可用共发射极交流电流放大系数 β 来表示 i_B 对 i_C 控制能力。β 定义为

$$\beta=\frac{\Delta i_C}{\Delta i_B}\bigg|_{u_{CE}=U_{CE}} \tag{2.2.3}$$

反映在特性曲线上，为两条不同 I_B 曲线的间隔。在 Δi_B 一定时，曲线间隔越宽，则 β 值越大，说明放大能力越强；反之，则越弱。利用该特性可以实现放大电路。

第二个特点是 u_{CE} 变化对 i_C 的影响很小。在特性曲线上表现为，I_B 一定而 u_{CE} 增大时，曲线略有上翘（i_C 略有增大）。这是因为 u_{CE} 增大，集电结反向电压增大，集电结展宽，所以

基区有效宽度变窄，这样基区中电子与空穴复合的机会减少，即 i_B 要减小。而要保持 i_B 不变，要求来自发射区的扩散电子数目必须增大，所以 i_C 将略有增大。这种现象称为基区宽度调制效应（early effect），或简称基调效应。从另一方面看，由于基调效应很微弱， u_{CE} 在很大范围内变化时 i_C 基本不变。因此，当 I_B 一定时，集电极电流具有恒流特性。利用该特性可以实现恒流源。

（2）饱和区（saturation）。对应于图中 $I_B>0$ 且 $u_{CE}\leqslant u_{BE}$ 的区域，为一族紧靠纵轴的很陡曲线。处于饱和区的外部条件是发射结正偏，集电结正偏。由图 2.2.2 可以看出，在饱和区，BJT 也有两个特点：

一是当 i_B 变化 Δi_B 时，i_C 的变化量 $\Delta i_C<\beta\Delta i_B$，BJT 逐渐失去放大作用。这是因为 $u_{CE}\leqslant u_{BE}$，集电结内合电场减弱，不利于收集从发射区扩散到基区的电子，因此 i_C 会下降。通常把 $u_{CE}=u_{BE}$ 称为临界饱和。观察图 2.2.2，可以发现临界饱和与 I_B 有关，I_B 越大，则说明 u_{BE} 越大，为保证 $u_{CE}=u_{BE}$，必然要求 u_{CE} 加大，因此由临界饱和点形成了非线性的临界饱和线。在临界饱和状态下，对应的集、射电压记为 U_{CES}，基极、集电极电流分别记为 I_{BS} 和 I_{CS}。理论上 $U_{CES}=U_{BES}=0.7\text{ V}$，但工程上，常取 $U_{CES}=0.3\text{ V}$①。

第二个特点是 u_{CE} 很小。特别是深度饱和时，$u_{CE}<0.3\text{ V}$。这相当于集、射之间短路！

（3）截止区（cutoff）。对应于图中 $I_B<0$ 且 $u_{CE}>u_{BE}$ 的区域，为 $I_B=0$ 对应曲线与横轴所夹的区域。处于截止区的外部条件是发射结反偏，集电结反偏。由图 2.2.2 可以看出，在截止区，BJT 的特点：$i_B\approx 0$，$i_C=I_{CEO}\approx 0$，$i_E\approx 0$。这是因为发射结和集电结都反偏的缘故。因此，在截止区，集、射之间相当于开路！

综上所述，工作在放大区的 BJT 具有放大特性和恒流特性，因此可实现放大电路和恒流源电路；工作在饱和区和截止区的 BJT 具有开关特性，即饱和时，c、e 间相当于开关闭合，截止时，c、e 间相当于开关断开，因此可实现电子开关。

2.2.2　BJT 的主要参数

实际应用中，选择 BJT 的依据是它的技术参数。BJT 的主要参数有电流放大系数、极间反向电流以及极限参数等，其中，前两者反映管子性能的优劣，后者反映管子的安全工作范围。

一、电流放大系数

电流放大系数描述的是 BJT 对输入电流放大能力的物理量，主要有：

1. 共发射极直流电流放大系数 $\overline{\beta}$ 和交流电流放大系数 β

共发射极直流电流放大系数的定义为

$$\overline{\beta}=\frac{I_C}{I_B} \tag{2.2.4}$$

①参见文献[2-1] 54-61 页。

$\overline{\beta}$ 反映的是 BJT 在共射接法下对直流电流的放大能力。

共发射极交流电流放大系数的定义为

$$\beta=\left.\frac{\Delta i_C}{\Delta i_B}\right|_Q \tag{2.2.5}$$

β反映的是 BJT 在共射接法下，静态工作点附近的交流电流之比，反映了 Δi_B 对 Δi_C 的控制能力。由于在放大区，$\overline{\beta}\approx\beta$且为常数，今后不再区分，统一用$\beta$表示。其值在 20～100 之间。太小则放大作用差，太大则热稳定性差。一个 BJT 的β可以通过 BJT 手册查到，也可以分别由式（2.2.4）和式（2.2.5），从输出特性曲线上求出。

2. 共基极直流电流放大系数$\overline{\alpha}$和交流电流放大系数 α

共基极直流电流放大系数的定义为

$$\alpha=\frac{I_C}{I_E} \tag{2.2.6}$$

α 反映的是 BJT 在共基极接法下对直流电流的放大能力。

共基极交流电流放大系数的定义为

$$\alpha=\left.\frac{\Delta i_C}{\Delta i_E}\right|_Q \tag{2.2.7}$$

α 反映的是 BJT 在共基接法下，静态工作点附近的交流电流之比，反映了 Δi_E 对 Δi_C 的控制能力。由于在放大区，$\overline{\alpha}\approx\alpha$ 且为常数，今后不再区分，统一用 α 表示。可以证明①

$$\alpha=\frac{\beta}{1+\beta}，\quad \beta=\frac{\alpha}{1-\alpha} \tag{2.2.8}$$

因此，其值小于 1 而接近于 1，一般大于 0.98。

二、极间反向电流

极间反向电流反映的是 BJT 的温度稳定性，主要有：

1. I_{CBO}

I_{CBO} 指发射极开路时，集电极、基极间的反向电流，称为集电极反向饱和电流。室温下，小功率硅管的 I_{CBO} 小于 1 μA，小功率锗管的 I_{CBO} 为几微安至几十微安。在实验室中，可用图 2.2.3 测量 I_{CBO}。

2. I_{CEO}

I_{CEO} 指基极开路时，集电极、发射极间的反向电流，称为集电极穿透电流。可以证明②

①参见文献[2-2] 23 页。

②参见文献[2-3] 116-117 页。

$$I_{CEO} = (1+\beta) I_{CBO} \tag{2.2.9}$$

集电极穿透电流可以用图 2.2.4 电路测量。

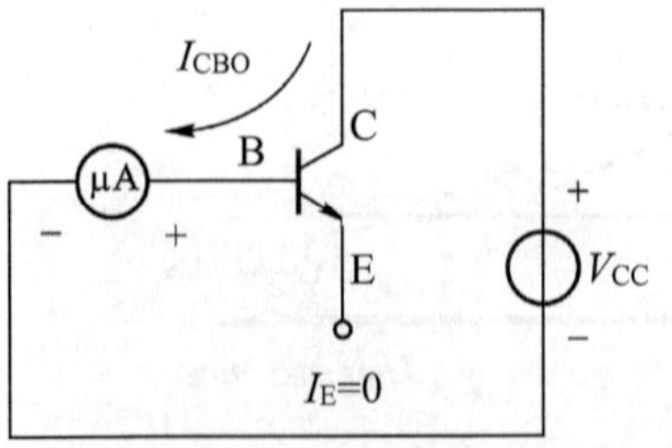

图 2.2.3　I_{CBO}的测量电路

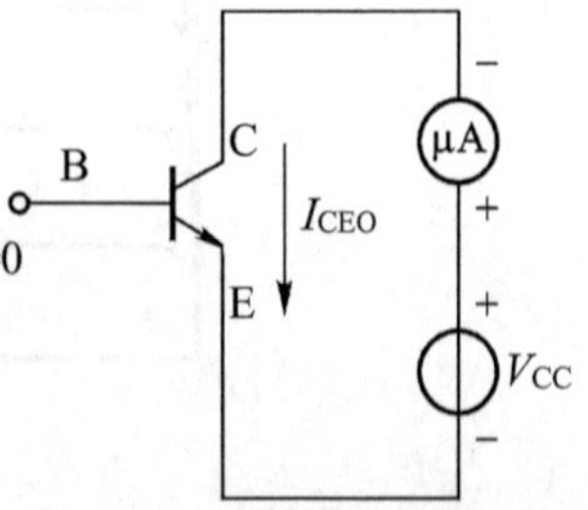

图 2.2.4　I_{CEO}的测量电路

由于极间反向电流是少数载流子定向漂移形成的，因此与温度关系很大。当温度升高时，I_{CBO}、I_{CEO}会急剧增加，根据式（2.1.9）和式（2.1.10）可见，会引起I_C、I_E热稳定性差，引起工作点漂移。因此，I_{CBO}、I_{CEO}的数值越小越好。与锗管相比，硅管的反向电流小 2～3 个数量级，故实用中多用硅管。

三、极间参数

极限参数决定管子的安全工作范围，主要包括最大工作电流、最高极间电压和最大管耗。

1. 集电极最大允许电流 I_{CM}

集电极最大允许电流 I_{CM} 一般指 β 下降到正常值的 2/3 时所对应的集电极电流。当 $i_C > I_{CM}$时，虽然管子不致于损坏，但 β 值已经明显减小。因此，BJT 线性运用时，$i_C < I_{CM}$，否则，管子进入过流区。

2. 反向击穿电压 $U_{(BR)CBO}$、$U_{(BR)CEO}$、$U_{(BR)EBO}$

$U_{(BR)CBO}$指发射极开路时，集电极、基极间的反向击穿电压。

$U_{(BR)CEO}$指基极开路时，集电极、发射极间的反向击穿电压。

$U_{(BR)EBO}$指集电极开路时，发射极、基极间的反向击穿电压。

一般 $U_{(BR)EBO} < U_{(BR)CEO} < U_{(BR)CBO}$。普通 BJT 的 $U_{(BR)CEO}$约为几十伏。若 $u_{CE} > U_{(BR)CEO}$，管子将工作在过压区，i_C会随 u_{CE}的增长急剧增长。

3. 集电极最大允许功率损耗 P_{CM}

BJT 工作在放大状态时，集电结承受着较高的反向电压，同时流过较大的电流。因此，在集电结上要消耗一定的功率，从而导致集电结发热，结温升高。当结温过高时，管子的性能下降，甚至会烧坏管子，因此需要规定一个功耗限定。

P_{CM}与管芯的材料、大小、散热条件及环境温度等因素有关。一个管子的 P_{CM}如已确定，则由 $P_{CM} = i_C \cdot u_{CE}$ 可知，P_{CM}在输出特性上为一条 i_C 与 u_{CE}乘积为定值 P_{CM}的双曲线，称为 P_{CM}功耗线，如图 2.2.5 所示。

可见，当 $i_C < I_{CM}$，$u_{CE} < U_{(BR)CEO}$，$P_C < P_{CM}$时，管子能安全工作，对应的区域即为安全区（safe operating area）。

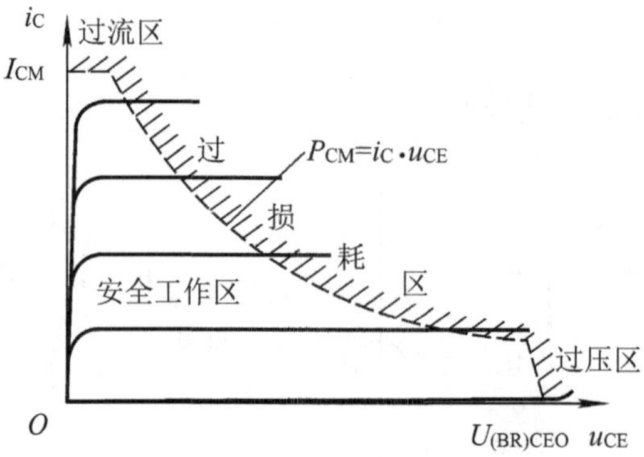

图 2.2.5 晶体管的安全区

2.2.3 温度对 BJT 特性的影响

与二极管类似，温度会影响 BJT 的所有参数，主要影响集电极反向饱和电流 I_{CBO}、导通电压 U_{BE} 和共发射极交流电流放大系数 β。

一、温度对 I_{CBO} 的影响

I_{CBO} 随温度变化的规律与 PN 结相同，即温度每升高 10 ℃，I_{CBO} 增大一倍。可表示为[①]

$$\frac{\Delta I_{CBO}}{\Delta T}=\frac{1}{10\ ℃} \tag{2.2.10}$$

这是由于温度升高，少数载流子的数目会急剧增加，I_{CBO}、I_{CEO} 因此而增加。根据式（2.1.9）

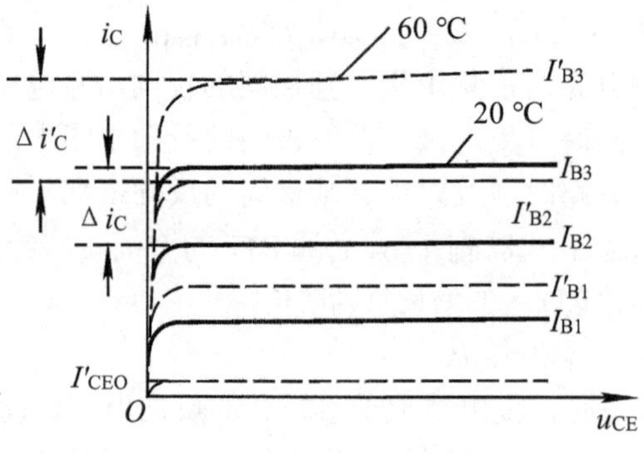

图 2.2.6 温度对 i_C 的影响

和式（2.1.10）知，即使 I_B、β 不变，i_C 也会增加，如图 2.2.6 所示。

二、温度对 U_{BE} 的影响

U_{BE} 随温度变化的规律与 PN 结相同，即温度每升高 1 ℃，U_{BE} 减小 2～2.5 mV。可表示为

①参见文献[2-2] 72-73 页。

$$\frac{\Delta U_{BE}}{\Delta T} = -(2\sim2.5)\ \text{mV}/^{\circ}\text{C} \tag{2.2.11}$$

这是因为温度升高，越过 PN 结的多数载流子扩散会加剧，相当于 PN 结内合电场减弱。若维持 u_{BE} 不变，则 i_B 会增加，因此特性曲线将左移，如图 2.2.7 所示。

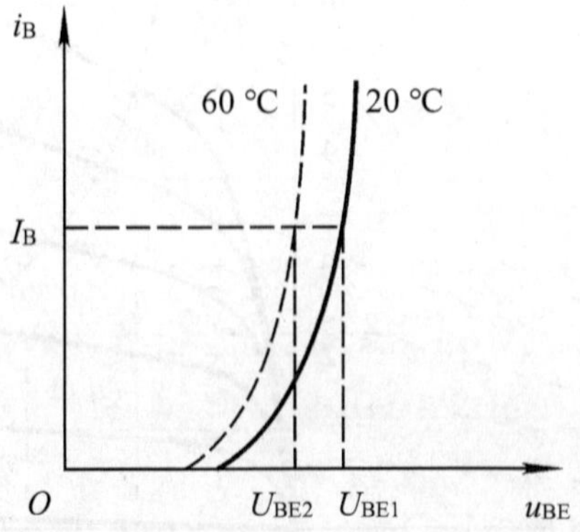

图 2.2.7　温度对 u_{BE} 的影响

三、温度对 β 的影响

温度对 β 的影响表现为，β 随温度的升高而增大。变化规律是：温度每升高 1 ℃，β 值增大 0.5%～1%。可表示为

$$\frac{1}{\beta}\frac{\Delta\beta}{\Delta T} = (0.5\sim1)\%/^{\circ}\text{C} \tag{2.2.12}$$

这是因为温度升高，加快了由发射区到基区的多数载流子的扩散速度，因此集电极收集的电子数将增加（即 I_C 增大），从而使电流放大系数增大。

例 2.2.1　填空题：若某 BJT 的参数 $I_{CM}=20$ mA，$P_{CM}=100$ mW，$U_{(BR)CEO}=20$ V，则当 $U_{CE}=10$ V 时，I_C 应<______mA；$U_{CE}=1$ V 时，I_C 应<______mA；$I_C=2$ mA 时，U_{CE} 应<______V。

解　当 $U_{CE}=10$ V 时，一方面 $U_{CE}I_C<P_{CM}$，另一方面 $I_C<I_{CM}$，两者同时满足，则需 $I_{CM}=10$ mA。同理，当 $U_{CE}=1$ V 时，则需 $I_{CM}=20$ mA。当 $I_C=2$ mA 时，一方面 $U_{CE}I_C<P_{CM}$，另一方面 $U_C<U_{(BR)CEO}$，两者同时满足，则需 $U_C<20$ V。

例 2.2.2　某 BJT 的输出特性曲线如图 2.2.8 所示。试求：

（1）I_{CM}、$U_{(BR)CEO}$、P_{CM} 和 U_A 值；

（2）计算 Q_1（6 V，2 mA）处的 $\overline{\beta}$、β 和 α。

解　（1）由图可知，$I_{CM}=20$ mA，$U_{(BR)CEO}=20$ V。在过损耗线上 $P_{CM}=U_{CE}I_C=30$ mW。由于基区宽度调制效应，输出特性曲线是一族略微上翘的曲线，其反向延长线与横轴相交在 A 点，该点坐标的绝对值称为厄利电压。由图可知，$U_A=50$ V。

（2）由图可知，在 Q_1 处，$I_B=40$ μA，$I_C=2$ mA，$\overline{\beta}=I_C/I_B=50$。令 I_B 由 40 μA 增加到

60 μA，则 I_C 由 2 mA 增加到 3 mA，β=（3−2）×1000/（60−40）=50。而 $\alpha=\beta/(1+\beta)$ =0.98。

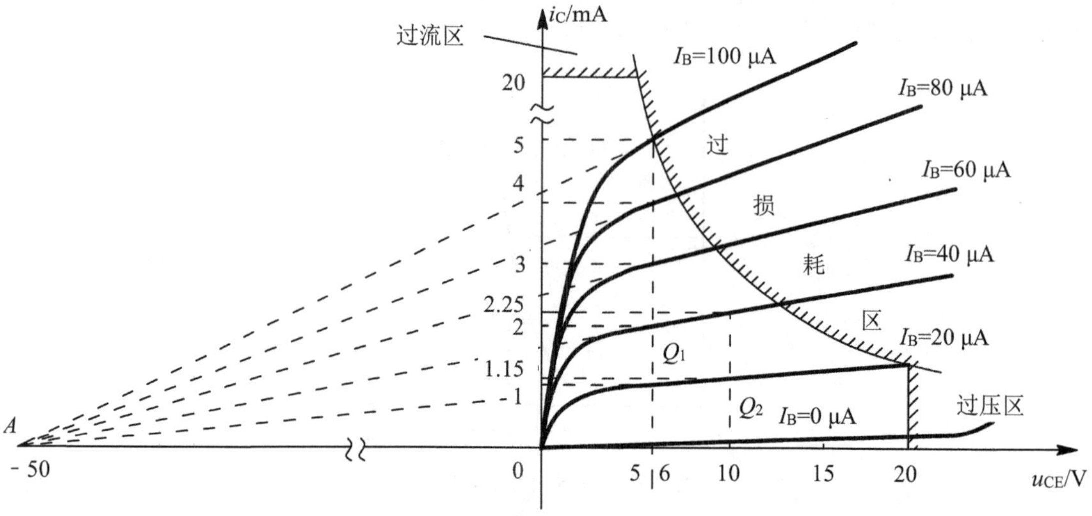

图 2.2.8　某 BJT 的输出特性曲线

2.3　BJT 工作状态分析

由 BJT 的伏安特性曲线可知，BJT 显然是非线性器件。在直流工作时，其非线性主要表现为三种截然不同的工作状态，即放大、截止和饱和状态。在模拟电路中，BJT 必须偏置在放大状态。因此，模拟电路分析的首要问题是 BJT 工作状态判断以及直流电路的分析计算。

2.3.1　BJT 的直流模型

在通常情况下，由外电路偏置的 BJT，其各极直流电流和极间直流电压将对应于伏安特性曲线上一个点的坐标，这个点称为直流（或静态）工作点，简称 Q 点。在直流工作时，可将 BJT 输入、输出特性曲线分别用折线近似，如图 2.3.1（a）、（b）所示。由图可知，当外电路使 $u_{BE}<U_{on}$（对硅管约为 0.7 V，锗管约为 0.2 V）时，$I_B=0$，$I_C=0$，即 BJT 截止。此时，相当于 b、e 极间和 c、e 极间均开路；当外电路使 $u_{BE}\geqslant U_{on}$ 时，$I_C=\beta I_B$，c、e 极间相当于一个受控电流源，即 BJT 处于放大状态。因此，BJT 的直流模型可用图 2.3.1（c）等效，其中二极管是理想二极管。

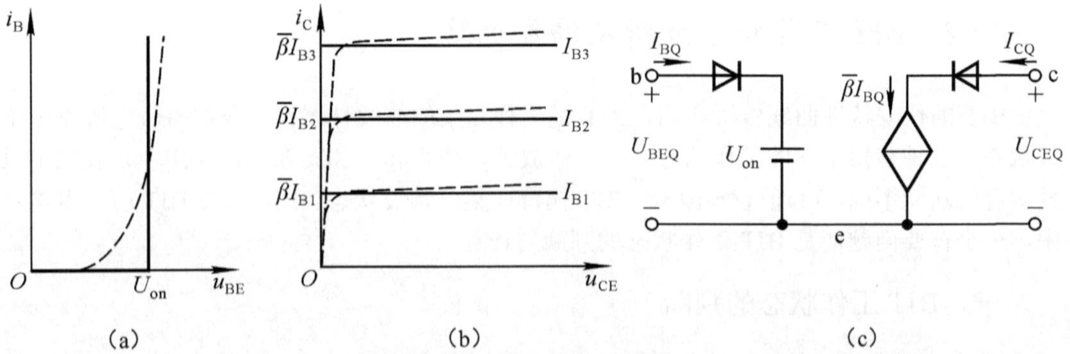

图 2.3.1　BJT 的直流模型

(a) 输入特性折线近似；(b) 输出特性折线近似；(c) BJT 的直流模型

例 2.3.1　BJT 电路如图 2.3.2 所示。若已知 BJT 工作在放大状态，$\beta=100$，试计算 BJT 的 I_{BQ}、I_{CQ} 和 U_{CEQ}。

解　因为 V_{BB} 使发射结正偏，V_{CC} 使集电结反偏，所以 BJT 可以工作在放大状态。这时用图 2.3.1（c）的模型代替 BJT，便得到图 2.3.3 所示的直流等效电路。由图可知

$$U_{BEQ}\approx 0.7\ \text{V}$$

$$I_{BQ}=\frac{V_{BB}-U_{BEQ}}{R_B}=30\ \mu\text{A}$$

$$I_{CQ}=\beta I_{BQ}=3\ \text{mA}$$

$$U_{CEQ}=V_{CC}-R_C I_{CQ}=3\ \text{V}>0.3\ \text{V}$$

可见，BJT 确实工作在放大状态，其基极电流、集电极电流、发射结电压和集-射极电压分别为 $I_{BQ}=30\ \mu\text{A}$，$I_{CQ}=3\ \text{mA}$，$U_{BEQ}\approx 0.7\ \text{V}$，$U_{CEQ}=3\ \text{V}$。

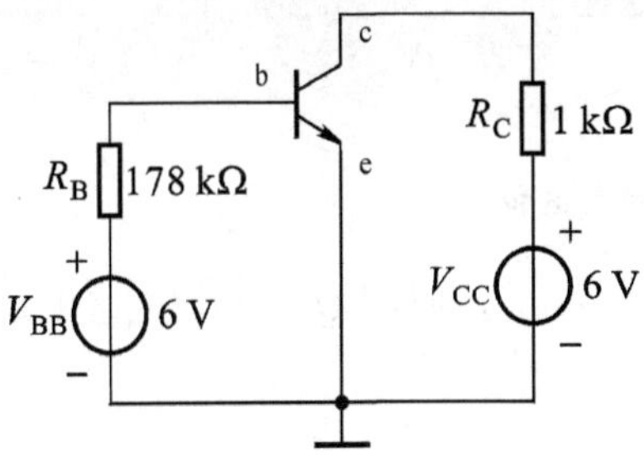

图 2.3.2　BJT 直流电路分析电路

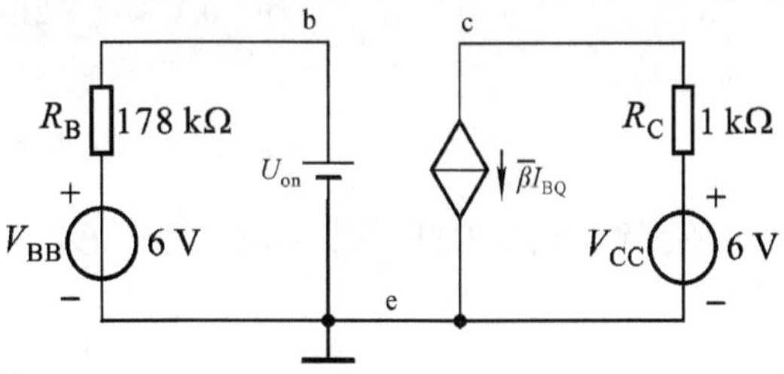

图 2.3.3　图 2.3.2 的直流等效电路

通过本例题可以看出，在实际电路分析中，由于 BJT 的直流模型很简单，一旦其工作状态确定，则直流等效电路可不必画出，而等效的含义将在计算式中直接反映出来。

2.3.2 BJT 工作状态分析及偏置电路

BJT 的伏安特性曲线告诉我们，BJT 是一种复杂的非线性器件。仅在直流电源作用下，其状态为三种截然不同的工作状态之一，即放大、截止和饱和。在实际应用中，我们可以根据实现的功能不同，可通过外电路将 BJT 偏置在某一预设状态。因此，在 BJT 应用电路分析中，一个首要问题便是 BJT 工作状态的判断与计算。

一、BJT 工作状态的判断

首先判断发射结是否正偏，若不能正偏导通，且集电结反偏，则 BJT 一定截止。若发射结正偏导通，则 BJT 要么在放大状态（此时集电结一定反偏），要么在饱和状态（此时集电结一定正偏），因此可假设 BJT 在放大状态。通过计算，若 $U_{CEQ}>U_{on}$，则假设正确，计算结果有效；若 $U_{CEQ}<U_{on}$，则假设错误，计算结果无效，BJT 在饱和状态，应根据饱和状态的特点计算相关电压和电流。当然，也可以通过计算 I_{BQ} 来判断。若 $I_{BQ}>I_{BS}$（I_{BS} 为临界饱和时的基极电流），则 BJT 在饱和状态；若 $I_{BQ}<I_{BS}$，则 BJT 在放大状态，如图 2.3.4 所示。

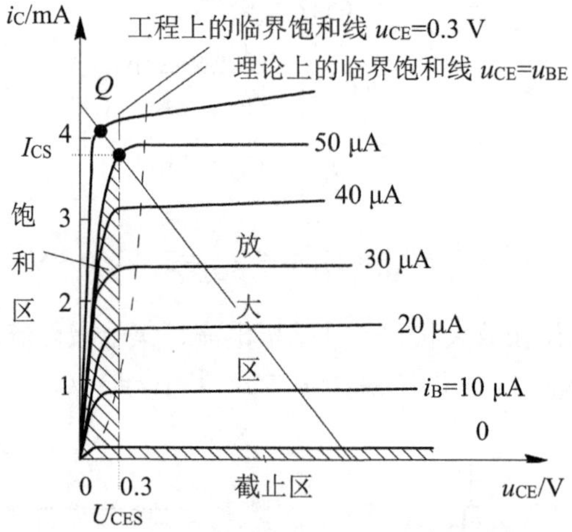

图 2.3.4 I_{BQ} 增大时，Q 点移向饱和区

在临界饱和点，BJT 各极电流、电压记为 I_{BS}、I_{CS} 和 U_{CES}，此时因 Q 点在放大区的边沿，故有

$$I_{BS}=\frac{I_{CS}}{\beta} \tag{2.3.1}$$

通常 I_{CS} 可由 U_{CES} 和 BJT 外部电路计算。若实际注入基极的电流 $I_B>I_{BS}$，Q 点向左上方移动，表明 BJT 深度饱和；若 $I_B<I_{BS}$，Q 点向右下方移动，表明 BJT 进入放大区。因此，判断了 BJT 的工作区域。

例 2.3.2　图 2.3.5（a）所示硅三极管电路中，$\beta=50$，$V_{CC}=5\text{ V}$，$R_b=20\text{ k}\Omega$，$R_c=1\text{ k}\Omega$ 输入电压为一方波，如图 2.3.5（b）所示，试画出输出电压波形。

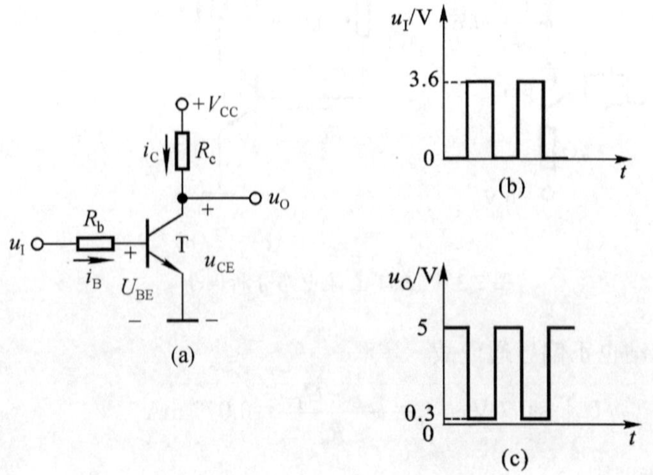

图 2.3.5　BJT 反相器

（a）电路；（b）输入波形；（c）输出波形

解　当 $u_I=0$ 时，显然 $U_{BE}=0$，发射结零偏，集电结反偏，因此 BJT 截止。$i_C=0$，$u_O=V_{CC}-R_c i_C=5\text{ V}$。

当 $u_I=3.6\text{ V}$ 时，发射结必导通，则

$$i_B=\frac{u_I-U_{BE}}{R_b}=0.145\text{ mA}$$

而

$$I_{BS}=\frac{I_{CS}}{\beta}=\frac{1}{\beta}\frac{V_{CC}-U_{CES}}{R_c}=0.094\text{ mA}<i_B$$

因此 BJT 饱和，$u_O=U_{CES}=0.3\text{ V}$。对应输入波形可画出输出波形，如图 2.3.5（c）所示。可见，输出电压与输入电压波形相位相反，因此该电路被称为反相器，它是数字电路中的基本电路。

例 2.3.3　图 2.3.6 所示电路中 BJT 均为硅管，$\beta=100$，试求各电路的 I_C、U_{CE}、U_O。

解　图（a）中，发射结正偏导通，故

$$U_{BE}\approx 0.7\text{ V},\quad I_E=\frac{6-0.7}{3}=1.77\text{ mA}$$

设 BJT 工作在放大状态，则

$$I_C\approx I_E\approx 1.77\text{ mA}$$
$$U_O=U_C=10\text{ V}-1.77\times 5.1\text{ V}=0.97\text{ V}$$
$$U_{CE}=U_C-U_E=0.97\text{ V}+0.7\text{ V}=1.67\text{ V}$$

由于 $U_{CE}>0.3\text{ V}$，因此上述假设、计算结果正确。

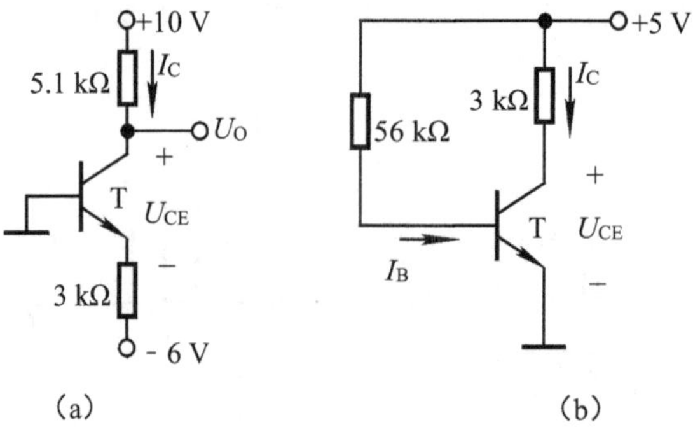

图 2.3.6　BJT 直流电路分析例子

图（b）中，发射结也正偏导通，故

$$U_{BE} \approx 0.7\text{ V}，\quad I_B = \frac{V_{CC} - U_{BE}}{R_b} = 0.077\text{ mA}$$

设 BJT 工作在放大状态，则

$$I_C = \beta I_B = 7.7\text{ mA}$$

$$U_{CE} = V_{CC} - R_c I_C = 5 - 3\times 7.7 = -18.1\text{ V} < 0.3\text{ V}$$

所以 BJT 不在放大状态而在饱和状态。实际上

$$I_C = I_{CS} = \frac{V_{CC} - U_{CES}}{R_c} = \frac{5-0.3}{3} = 1.57\text{ mA}，\quad U_{CE} = 0.3\text{ V}$$

二、BJT 工作状态分析及偏置电路

模拟电路主要研究小信号的放大，要求 BJT 运行在放大区，为此要求外电路将 BJT 偏置在放大区，而且在信号的变化范围内，管子始终工作在放大状态。此时，对偏置电路的要求：一是电路形式要简单，例如采用单电源，尽可能少用电阻等；二是工作点要稳定，即在环境温度变化或更换管子时 Q 点基本不变；三是对信号的传输损耗应尽可能小，保证电路的效率较高。下面讨论几种常见的偏置电路（biasing circuits）。

1. 定基流偏置电路

电路如图 2.3.7 所示。由图可知，V_{CC} 通过 R_b 使发射结正偏，则基极偏流为

$$I_{BQ} = \frac{V_{CC} - U_{BEQ}}{R_b} \qquad (2.3.2)$$

只要合理选择 R_b、R_c 的阻值，BJT 将处于放大状态，此时有

$$I_{CQ} = \beta I_{BQ} \qquad (2.3.3)$$

$$U_{CEQ} = V_{CC} - I_{CQ}R_c \qquad (2.3.4)$$

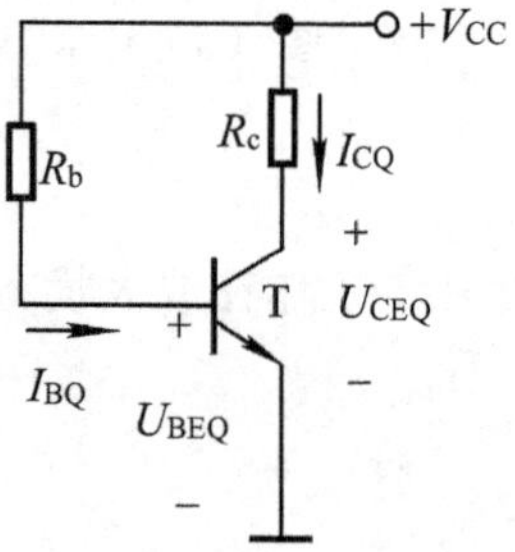

图 2.3.7　定基流偏置电路

可见当 R_b 设定后，I_{BQ} 即被确定，I_{CQ} 和 U_{CEQ} 随之确定，

所以叫定基流偏置电路。这种偏置电路的优点是电路简单，缺点是工作点的稳定性差。由式（2.3.3）和式（2.3.4）可知，当温度变化或更换管子引起 U_{BEQ}、β、I_{CBO} 改变时，会导致 I_{CQ}、U_{CEQ} 变化，结果会造成工作点有较大的漂移，甚至使管子进入饱和或截止区。例如当温度升高时，有

$$T\uparrow\rightarrow\left\{\begin{array}{l}U_{BEQ}\downarrow\rightarrow I_{BQ}\uparrow\\ \qquad\beta\uparrow\\ \quad I_{CBO}\uparrow\end{array}\right.\Rightarrow I_{CQ}\uparrow\rightarrow U_{CEQ}\downarrow\Rightarrow Q\text{移向饱和区}$$

反之，当温度下降时，Q 点会移向截止区，因此定基流偏置电路无实用价值，于是出现了电流负反馈型偏置电路。

2. 电流负反馈型偏置电路

它是在电路中引入自动调节机制，用 I_{BQ} 的相反变化去自动抑制 I_{CQ} 的变化，从而使 I_{CQ} 稳定。这种机制通常称为负反馈。实现方法是在管子的发射极串接电阻 R_e，如图 2.3.8 所示。由图可知，不管何种原因，如果使 I_{CQ} 有增大趋向，电路会产生如下自我调节过程：

$$\begin{array}{l}I_{CQ}\uparrow\rightarrow I_{EQ}\uparrow\rightarrow U_{EQ}(=R_eI_{EQ})\uparrow\\ \qquad\qquad\qquad\qquad\qquad\downarrow\\ I_{CQ}\downarrow\leftarrow I_{BQ}\downarrow\leftarrow U_{BEQ}(=U_{BQ}-U_{EQ})\downarrow\end{array}$$

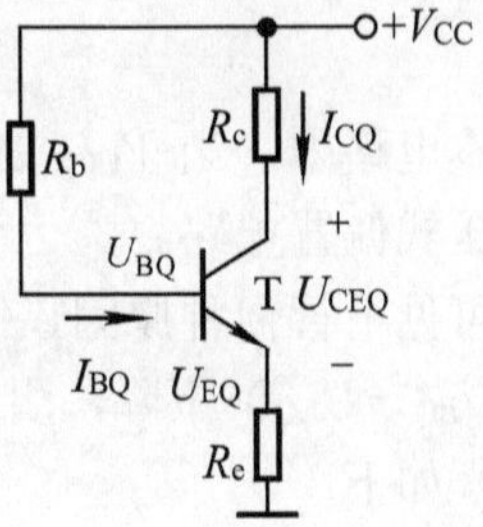

图 2.3.8　电流负反馈型偏置电路

可见，因 I_{BQ} 的减小而阻止了 I_{CQ} 的增大；反之亦然。通过 R_e 对 I_{CQ} 的取样和调节，实现了工作点的稳定。显然，R_e 的阻值越大，调节作用越强，则工作点越稳定。但 R_e 过大时，U_{CEQ} 过小会使 Q 点靠近饱和区。因此，要二者兼顾，合理选择 R_e 的阻值。

对图 2.3.8 中左边回路，KVL 方程为

$$V_{CC}=R_bI_{BQ}+U_{BEQ}+R_e(1+\beta)I_{BQ}$$

因此可得

$$I_{BQ}=\frac{V_{CC}-U_{BEQ}}{R_b+(1+\beta)R_e} \tag{2.3.5}$$

其中，$(1+\beta)R_e$ 为发射极折合到基极的等效电阻，简称为折合电阻。而

$$I_{CQ}=\beta I_{BQ} \tag{2.3.6}$$

$$U_{CEQ}=V_{CC}-I_{CQ}(R_c+R_e) \tag{2.3.7}$$

电流负反馈型偏置电路的优点是工作点比较稳定，缺点是需要较大数值的 R_b。为了解决这个问题，可采用分压式偏置电路。

3. 分压式偏置电路

分压式偏置电路如图 2.3.9 所示，它是电流负反馈型偏置电路的改进电路。由图可知，通过增加一个电阻 R_{b2}，可将基极电位 U_{BQ} 固定。这样由 I_{CQ} 引起的 U_E 变化就是 U_{BE} 的变化，因而增强了 U_{BE} 对 I_{CQ} 的调节作用，有利于 Q 点的近一步稳定。

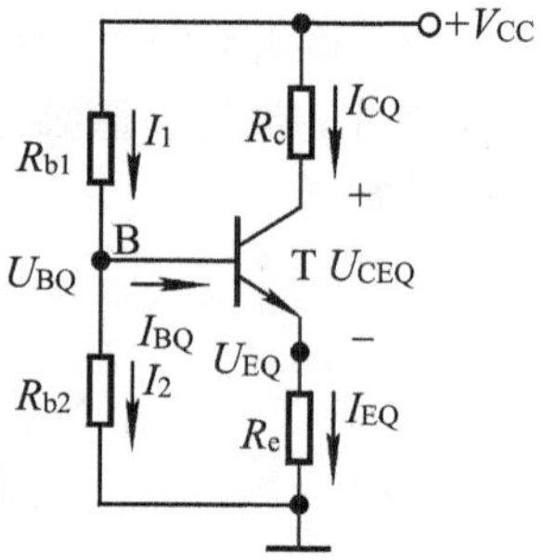

图 2.3.9 分压式偏置电路

通常 $I_2 \gg I_{BQ}$ 时，基极电位基本上由 V_{CC} 通过 R_{b1} 在 R_{b2} 上的分压决定，即

$$U_{BQ}=\frac{R_{b2}}{R_{b1}+R_{b2}}V_{CC} \tag{2.3.8}$$

只要 $U_{BQ} > U_{on}$，发射结导通，则有

$$I_{CQ}\approx I_{EQ}=\frac{U_{BQ}-U_{BEQ}}{R_e} \tag{2.3.9}$$

$$U_{CEQ}=V_{CC}-(R_c+R_e)I_{CQ} \tag{2.3.10}$$

$$I_{BQ}=\frac{I_{EQ}}{1+\beta} \tag{2.3.11}$$

可见本电路中，当 V_{CC}、R_{b2}、R_{b1} 给定时，U_{BQ} 就被确定了，I_C、I_B、U_{CE} 随之被确定，所以叫分压式偏置电路。

可见不管何种原因，使 I_{CQ} 增大，I_{EQ} 也必然增大，导致 U_{EQ}（$=R_eI_{EQ}$）升高，于是 U_{BEQ}（$=U_{BQ}-U_{EQ}$）下降，引起 I_{BQ} 下降，I_{CQ} 随之下降，从而阻止了 I_{CQ} 的增大。电路的自动调节过程如下：

$$I_{CQ}\uparrow\rightarrow I_{EQ}\rightarrow U_{EQ}\uparrow\rightarrow U_{BEQ}\downarrow\rightarrow I_{BQ}\downarrow\rightarrow I_{CQ}\downarrow$$

若 I_{CQ} 减小，则调节过程与上述过程相反。

与电流负反馈型偏置电路类似，应合理选择 R_e 的阻值。

若 $I_2 \gg I_{BQ}$ 不成立，则需用戴维南定理。此时图 2.3.9 可等效为图 2.3.10，其中戴维南等效电源和内阻分别为

$$V_{BB}=\frac{R_{b2}}{R_{b1}+R_{b2}}V_{CC} \tag{2.3.12}$$

$$R_b=R_{b1} /\!/ R_{b2} \tag{2.3.13}$$

对图 2.3.10 中左边回路，KVL 方程为

$$V_{BB}=\frac{R_b}{1+\beta}I_{EQ}+U_{BEQ}+R_eI_{EQ} \tag{2.3.14}$$

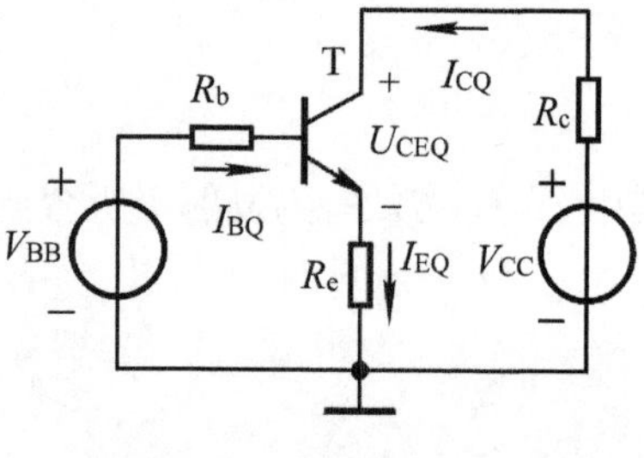

图 2.3.10 图 2.3.9 的等效电路

其中，R_b/（$1+\beta$）为基极折合到发射极的等效电阻。由式（2.3.14）得

$$I_{EQ}=\frac{V_{BB}-U_{BEQ}}{R_e+R_b/(1+\beta)} \tag{2.3.15}$$

然后再求 U_{CEQ} 和 I_{BQ}。应该注意，此时 R_e 仍有负反馈作用，但因 U_{BQ} 不稳，效果不好。由式（2.3.15）知，若 $R_e \gg R_b/(1+\beta)$，即 $(1+\beta)R_e \gg R_b$，则式（2.3.15）与式（2.3.9）相同。条件 $(1+\beta)R_e \gg R_b$ 即意味着 $I_2 \gg I_{BQ}$。但是，R_{b1}、R_{b2} 过小，将增大电源 V_{CC} 的无谓损耗，因此二者要兼顾①。

4. 补偿式偏置电路

图 2.3.11（a）利用二极管的反向特性进行温度补偿。因为

$$I_R=I_D+I_{BQ},\quad I_R=(V_{CC}-U_{BEQ})/R_b \approx V_{CC}/R_b$$

若温度升高引起 I_{CQ} 增大，则由于温度升高会引起二极管反向饱和电流 I_D 升高，而 I_R 基本不变，则必然导致 I_{BQ} 减小，I_{CQ} 减小，结果抵消了 I_{CQ} 增大，所以 I_{CQ} 比较稳定。这个过程可描述为

$$T\uparrow\rightarrow\begin{cases} I_{CQ}\uparrow \\ I_D\uparrow \xrightarrow{I_R\text{不变}} I_{BQ}\downarrow\rightarrow I_{CQ}\downarrow \end{cases}$$

图 2.3.11（b）利用二极管的正向特性及负反馈进行温度补偿。若温度升高，一方面引起 I_{CQ} 增大，导致 U_E 升高，另一方面二极管的导通电压 U_D 会下降，引起 U_B 下降，结果造成 U_{BEQ} 下降，I_B 下降，I_{CQ} 随之下降，结果抵消了 I_{CQ} 增大，因此 I_{CQ} 比较稳定。这个过程可描述为

$$T\uparrow\rightarrow\begin{cases} I_{CQ}\uparrow\rightarrow U_{EQ}\uparrow \\ U_D\downarrow\rightarrow U_{BQ}\downarrow \end{cases}\Rightarrow U_{BEQ}\downarrow\rightarrow I_{CQ}\downarrow$$

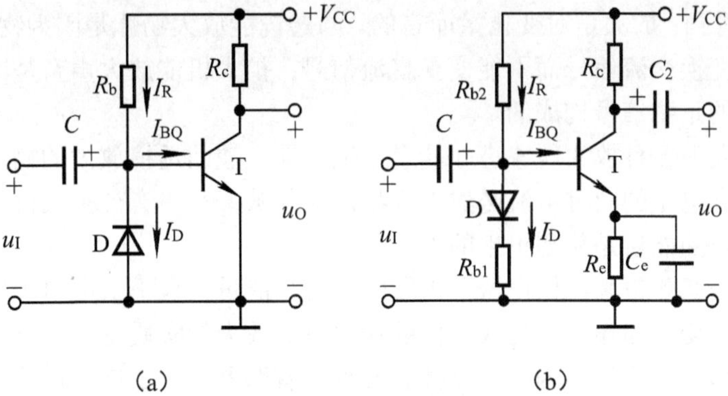

图 2.3.11　补偿式偏置电路

（a）利用二极管的反向特性；（b）利用二极管的正向特性

除了上述 4 种偏置电路外，还有电压反馈式偏置电路，例如习题图 P2.2（a）所示电路，

①参见文献[2-4] 125-138 页。

其调节原理请读者自行分析。然而，在集成电路中，却广泛采用恒流源作偏置电路。有关恒流源问题将在第 5 章详细讨论。

2.4 放大电路的组成及其性能指标

BJT 的一个最重要应用就是构成放大电路。所谓放大，是在保持信号不失真的前提下，使其由小变大、由弱变强。因此，放大电路在电子技术中有着广泛的应用，是现代通信、自动控制、电子测量、生物电子等设备中不可缺少的组成部分。放大器涉及的问题很多，这些问题将在后续章节中逐一讨论。本节主要说明小信号放大器的组成原理，简要介绍放大器的性能指标，然后给出其二端口网络的一般模型。

2.4.1 放大的概念

在日常生活中，我们对放大这个词并不陌生。利用凸透镜能放大一个小物体，这就是光学中的放大；利用变压器能将低电压升为高电压，这是电工学中的放大；利用扩大机能把小声音放大为大声音，如图 2.4.1 所示，这就是我们将关注的放大。所有这些放大现象有什么共同规律呢？

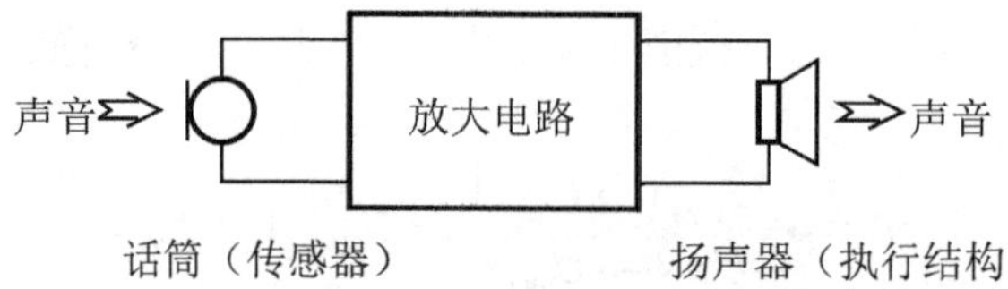

图 2.4.1 一个扩大机等效电路

首先，我们看到：放大是对变化量而言的。凸透镜能放大物体是因为物体表面亮度不同；实际变压器只能变换交流信号而不能变换直流信号；扩大机能放大声音是因为声音是由不同频率、不同幅度的正弦信号构成的。

其次，我们发现各种放大现象遵守能量守恒定律。被凸透镜放大的物体，其亮度必然下降；低电压升为高电压的同时电流必然下降相同的倍数；小声音被扩大机放大后，能量的确增加了，那么多出的能量是从哪里来的？

众所周知，若切断电源，扬声器不再发生。可见能量来自于供电电源。放大电路的作用是把电源的能量转变为与输入变化成比例的输出量。放大的实质是一种能量控制作用。我们把具有能量控制作用的器件称为有源器件。常见的有源器件有 BJT、场效应管以及集成运算放大器等。任何电路，如果不含有源器件，一定不能实现放大。所以，放大电路中必须有有源器件。

2.4.2 放大电路组成

放大电路的作用是不失真地放大信号。放大电路的一般框图如图 2.4.2 所示。图中的信号源是被放大的信号，它可能来自于一个传感器，这个传感器通常是将非电信号的物理量转换为电信号，也可能来自于前级电路的输出信号。根据信号源特点不同，它既可以等效为戴维南信号源，也可等效为诺顿信号源。

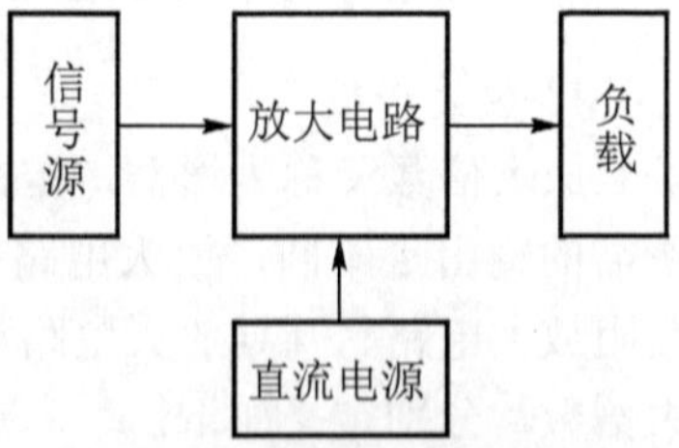

图 2.4.2 放大电路的方框图

负载是接收放大电路输出信号的元件或电路，其作用是将电信号转换为非电信号，比如扬声器等。当然，负载也可能是下级电路的输入级。一般情况，负载可等效成纯电阻 R_L。

放大电路是主体。它一定包含有源器件，而且有源器件要被直流偏置在放大区。另外，输入信号要能输入到放大电路，被放大的信号也要能送给负载，即信号耦合电路要正常。必须注意：信号源和负载不是放大电路的主体，但也会对放大电路的工作和性能产生影响。

直流电源的作用：一方面偏置有源器件，使其工作在放大区；另一方面，提供放大电路所需的能量，大部分能量转换为输出信号能量，小部分消耗在电路本身。

可见，基本放大电路有 4 个组成部分，在构成具体放大电路时，应遵从下列原则：

（1）必须保证 BJT 工作在放大区，以实现能量控制作用；

（2）耦合电路要正常，应保证信号能有效地传输；

（3）元件参数的选择应保证输入信号能得到不失真的放大，否则，放大将失去意义。

以上 3 条原则也是判断一个电路是否具有放大作用的依据。当放大电路能正常放大信号好时，其性能是优还是劣？又如何去衡量呢？

2.4.3 放大电路的主要性能指标

一、放大电路的二端口网络表示

放大电路有一个输入端口，一个输出端口，所以从整体上看，可以把它当作一个有源二端口网络（也叫双口网络），如图 2.4.3 所示。

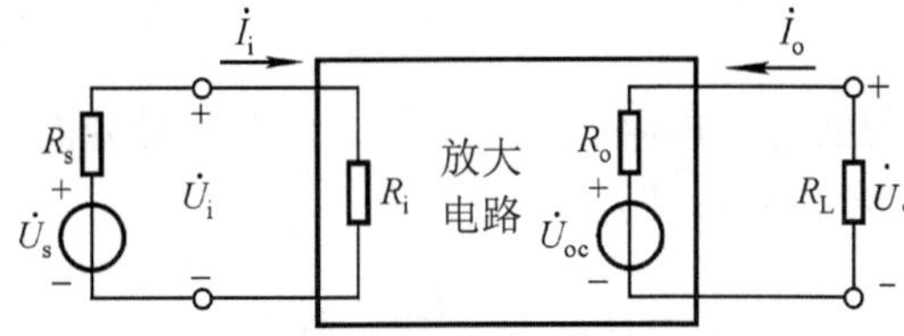

图 2.4.3 放大电路双口网络表示

通常认为信号源为正弦信号源。这是因为，一是正弦信号容易获得，也容易测量；二是比较接近实际。虽然实际信号源不一定是正弦信号，但总可以分解为多个不同频率的正弦信号叠加。既然认为信号源为正弦信号，那么图中的电压、电流均表示相量，并按二端口网络的约定标出了电流的方向和电压的极性。这样，放大电路的性能指标可以用该网络的端口特性来描述。

二、放大电路的主要性能指标

1. 放大倍数

放大倍数又称为增益，定义为放大电路的输出量与输入量的比值。根据处理的输入量和所需的输出量不同，放大电路有五种形式（组态），分别是电压放大电路、电流放大电路、互阻放大电路、互导放大电路和功率放大电路，相应地有电压、电流、互阻、互导和功率放大倍数，分别定义如下：

$$A_u=\frac{U_o}{U_i},\quad A_i=\frac{I_o}{I_i},\quad A_r=\frac{U_o}{I_i},\quad A_g=\frac{I_o}{U_i},\quad A_p=\frac{P_o}{P_i} \tag{2.4.1}$$

式中，A_u、A_i、A_p无单位，但是A_r的单位是欧姆（Ω），而A_g的单位是西门子（S）。电压放大电路最常用，但要注意：

（1）对交流放大电路，放大倍数是交流有效值或幅值或瞬时值之比，不含直流成分。因此有下面写法：

$$A_u=\frac{U_o}{U_i}=\frac{U_{op}}{U_{ip}}=\frac{\Delta u_O}{\Delta u_I}=\frac{u_o}{u_i}\neq\frac{u_O}{u_I}\neq\frac{U_O}{U_I} \tag{2.4.2}$$

而对于直流放大电路，仅有下面写法：

$$A_u=\frac{U_O}{U_I} \tag{2.4.3}$$

这是因为直流放大电路中，不存在交流信号！

（2）放大的前提是u_o不能失真。若u_o失真，放大就没有意义。

（3）由于人耳对信号的响应与信号功率的分贝成线性关系，因此工程上常用分贝表示电压、电流和功率放大倍数，其定义如下：

$$A_u(\text{dB})=20\lg A_u,\quad A_i(\text{dB})=20\lg A_i,\quad A_p(\text{dB})=10\lg A_p \tag{2.4.4}$$

因此，若A_u（dB）>0，则说明$A_u>1$；若A_u（dB）<0，则说明$A_u<1$；若A_u（dB）=0，则说明$A_u=1$。

2. 输入电阻

放大电路输入端所呈现的等效电阻叫输入电阻R_i。对信号源而言，放大电路输入端相当于它的负载，如图 2.4.4 所示。R_i定义为

$$R_i=\frac{U_i}{I_i}=\frac{U_{ip}}{I_{ip}}=\frac{u_i}{i_i} \tag{2.4.5}$$

即R_i数值上等于输入电压、电流有效值或幅值或瞬时值之比。

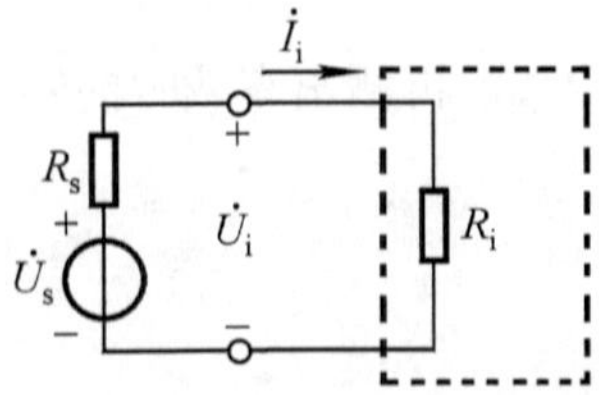

图 2.4.4　电压输入，输入端口等效电路

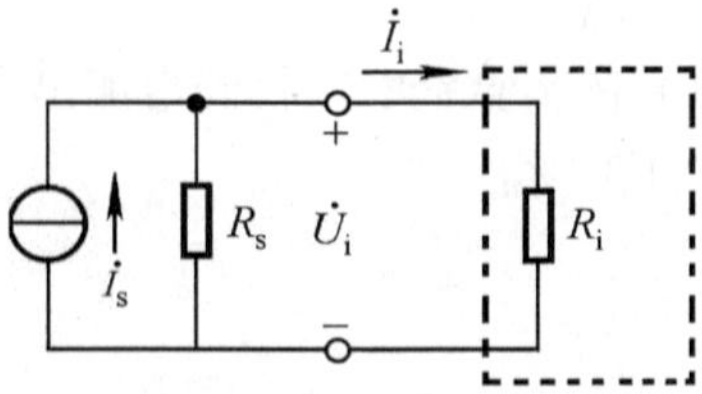

图 2.4.5　电流输入，输入端口等效电路

应该注意：不同场合对 R_i 要求不同。

（1）若为电压输入，则 R_i 表征能从信号源获取多大电压信号能力的物理量。我们希望 $R_i \gg R_s$，因为

$$U_i = U_s \frac{R_i}{R_s + R_i} \tag{2.4.6}$$

常把 U_i 叫有效输入，显然信号源一定时，R_i 越大，U_i 越大。

（2）若为电流输入，如图 2.4.5 所示，则 R_i 表征能从信号源获取多大电流信号能力的物理量。我们希望 $R_i \ll R_s$，因为

$$I_i = I_s \frac{R_s}{R_s + R_i} \tag{2.4.7}$$

常把 I_i 叫有效输入，显然信号源一定时，R_i 越小，I_i 越大。

（3）若要求匹配输入，则根据最大功率传输定理，要求 $R_i = R_s$。

3. 输出电阻

从放大电路输出端看进去的等效电阻叫输出电阻 R_o。对负载而言，放大电路相当于它的信号源，而 R_o 正是该信号源的内阻，如图 2.4.3 所示。根据二端口网络等效电阻的定义，由图 2.4.6 可得

$$R_o = \left.\frac{U_o}{I_o}\right|_{\substack{R_L \to \infty \\ U_s = 0}} \tag{2.4.8}$$

由于 R_o 的存在，放大电路的实际输出是

$$U_o = U_{oc} \frac{R_L}{R_o + R_L} \tag{2.4.9}$$

R_o 反映了放大电路带负载能力。R_o 越小，U_o 越大，带负载能力越强。

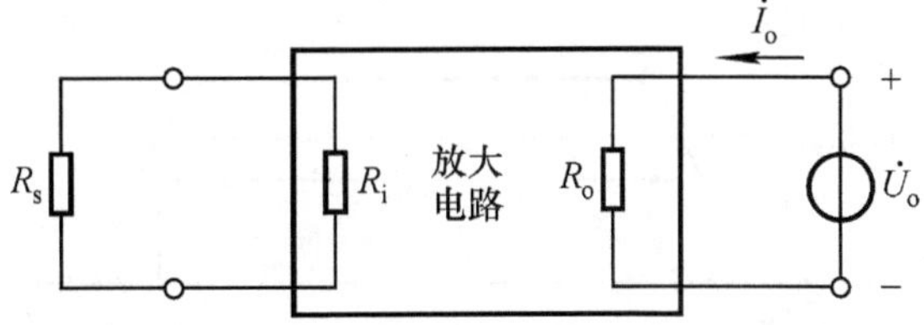

图 2.4.6　输出电阻的求法

应该注意：

（1）在实验室中，我们常测出空载时的输出电压 U_{oc}，再测出有载时的输出电压 U_o，由式（2.4.9）得

$$R_o=\left(\frac{U_{oc}}{U_o}-1\right)R_L \qquad (2.4.10)$$

（2）若为电流输出，则输出端应等效为诺顿等效电路，如图 2.4.7 所示，则 R_o 表征负载能从电路输出端获取多大电流信号能力的物理量。我们希望 $R_o \gg R_L$，因为

$$I_o=-I_{sc}\frac{R_o}{R_L+R_o} \qquad (2.4.11)$$

其中，I_{sc} 是输出短路电流。显然负载一定时，R_o 越大，I_o 越大，带负载能力越强。

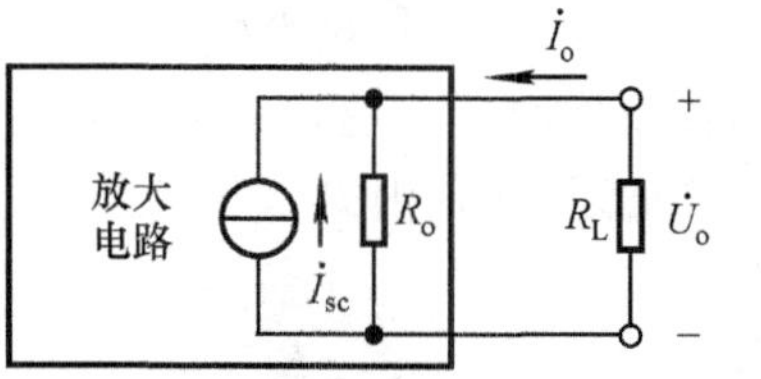

图 2.4.7　电流输出，输出端口等效电路

（3）若要求匹配输出，则根据最大功率传输定理，要求 $R_o=R_L$。

4. 通频带

由于放大电路中含有电抗元件（主要是电容），因而放大电路对信号中的不同频率分量具有不同的放大倍数和相移。一般情况下，放大倍数是复数，而且与频率有关，即

$$\dot{A}(f)=|\dot{A}|(f)\angle\varphi(f) \qquad (2.4.12)$$

其中 $|\dot{A}|(f)-f$，称为幅频特性；而 $\varphi(f)\quad f$，称为相频特性。

图 2.4.8 是一个放大电路的典型幅频特性曲线，其中中频段的放大倍数为常数 A_m。随着信号频率的下降，放大倍数将下降，当放大倍数下降到 A_m 的 0.707 倍时，对应的信号频率 f_L 称为下限截止频率。随着信号频率的升高，放大倍数也将下降，当放大倍数下降到 A_m 的 0.707 倍时，对应的信号频率 f_H 称为上限截止频率。如果信号的频率满足 $f_L<f<f_H$，即可认为信号

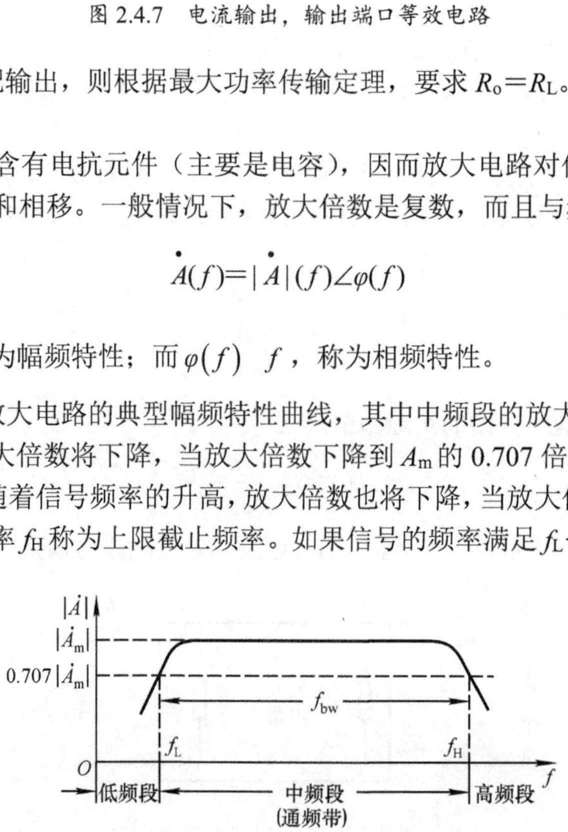

图 2.4.8　放大电路的幅频特性曲线

顺利地通过，且被均等地放大了 A_m 倍。而信号的频率满足 $f<f_L$ 或 $f>f_H$，由于放大倍数会迅速下降，因此认为输入信号不能通过放大电路。信号能通过的频率范围，称为电路的通频带，可表示为

$$f_{bw}=f_H-f_L \tag{2.4.13}$$

通频带由电路结构和元件的参数决定。通频带越宽，表明放大电路对不同频率的信号适应能力越强。对音响电路，为了不失真放大音频信号，电路的通频带应大于 20 kHz－20 Hz ≈20 kHz；而高频电子线路中的选频放大电路，则需要电路的通频带尽可能地窄，以避免干扰和噪声的影响。另一方面，若信号频率范围很宽，大于电路的通频带，那么会造成输出信号中各频率分量间大小比例和相位关系发生变化，从而导致输出波形相对于输入波形产生畸变。通常将这种输出波形的畸变称为放大电路的频率失真。造成电路通频带有限的原因主要是电路中存在电抗元件（例如电容），而这种电抗元件是线性元件，因线性元件造成的失真也称为线性失真，其特征是输出信号中未出现新的频率成分。有关描述线性失真的一些具体指标，如截止频率、通频带等将在第 4 章中详细说明。

5. 非线性失真系数 *THD*

由于晶体管输入、输出特性的非线性，因而放大电路输出波形不可避免地会产生或大或小的失真，这种失真称为非线性失真。具体表现为，当输入某一频率的正弦信号时，其输出波形中除基波成分之外，还包含有一定数量的谐波。为此，定义放大器非线性失真系数为输出谐波总量与基波成分之比，即

$$THD=\frac{\sqrt{A_2^2+A_3^2+\cdots}}{A_1} \tag{2.4.14}$$

式中，A_1 为输出基波幅值，A_n（$n\geqslant 2$）为二次谐波以上的各谐波分量幅值。由于小信号放大时非线性失真很小，所以只有在大信号工作时才考虑 *THD* 指标。非线性失真的特征是输出信号中出现了新的频率成分。

6. 最大不失真输出电压 U_{om}

在 *THD* 小于额定值的条件下，放大电路的最大输出电压的有效值被称为最大不失真输出电压。若输出再增大，输出信号的非线性失真将加大，这应该避免。

7. 最大输出功率 P_{om} 与效率 η

在输出信号基本不失真的前提下，放大电路能够输出的最大功率称为最大输出功率 P_{om}，而此时最大输出电压必然达到最大不失真输出电压 U_{om}。在放大电路中，输入信号功率很小，经放大后，输出信号功率较大，多余的功率必然来自于直流电源。若直流电源产生的功率为 P_V，则效率定义为

$$\eta=\frac{P_{om}}{P_V} \tag{2.4.15}$$

η 越大，效率越高，说明放大电路中直流电源的利用率就越高。

应该注意：要测试放大电路的参数，不同参数测试条件是不同的。要测试 A、R_i、R_o，在电路的输入端应加中频信号小信号；要测试 f_L、f_H、f_{bw}，则应加宽频带的小信号；那么要

测试 THD、U_{om}、P_{om} 和 η，应该加什么信号？请读者思考。

2.5 放大电路图解分析法

在已知 BJT 输入、输出特性曲线以及放大电路中各元件参数的情况下，利用作图的方法求解放大电路，称之为图解法。它包括直流图解法和交流图解法。前者用来求静态工作点，后者用来观察非线性失真，求放大倍数和最大不失真输出电压。直流图解法和交流图解法是以直流通路和交流通路为基础的，那么什么是直流通路，什么又是交流通路呢？

2.5.1 直流通路和交流通路

一般情况下，在放大电路中，直流信号和交流信号共存，但二者的作用又不相同。为了便于分析，经常将二者分开处理。

一、直流通路

仅仅考虑直流电源作用下电流流经的路径被称为直流通路（dc equivalent circuit）。

如何画出一个放大电路的直流通路？一是令信号源为零，但其内阻保留。若信号源是电压源则短路；若是电流源则开路。二是遇到电容则开路。因为电容对直流信号，其阻抗为无穷大。三是遇到电感则短路。因为电感对直流信号，其阻抗为零。

画直流通路的目的是为求解静态工作点做准备。

图 2.5.1 是一个阻容耦合双电源供电的交流放大电路，因为信号源与放大电路输入端、负载与放大电路输出端分别通过电容 C_1、C_2 耦合。按照上述方法，首先令 $u_i=0$，即短路，再将电路中的电容 C_1、C_2 开路，得直流通路，如图 2.5.2 所示。

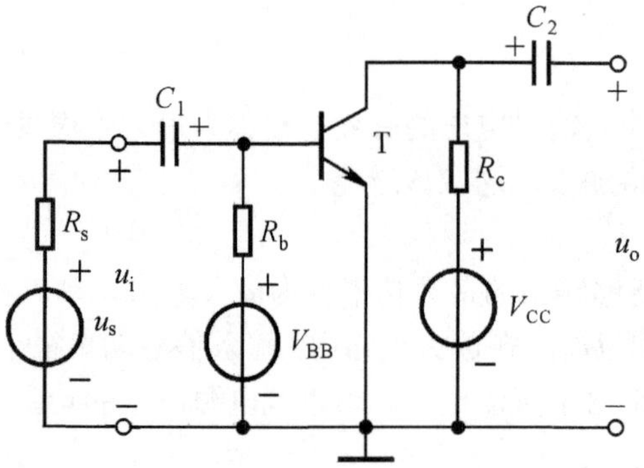

图 2.5.1　阻容耦合双电源供电的交流放大电路

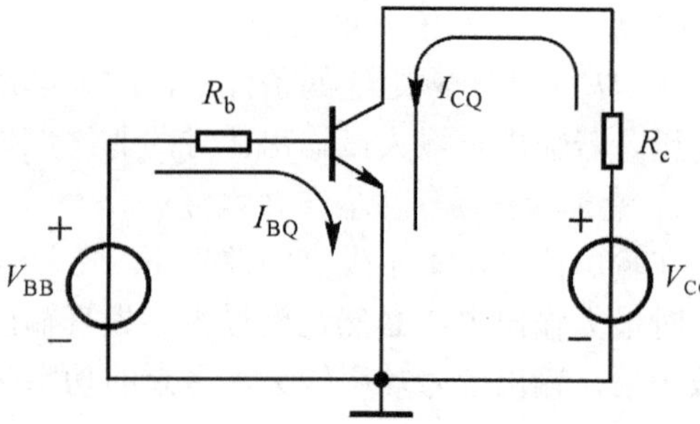

图 2.5.2　图 2.5.1 的直流通路

二、交流通路

放大电路中，交流信号源作用下电流流经的路径被称为交流通路（ac equivalent circuit）。

如何画出一个放大电路的交流通路？类似于力学中物体受力分析中的隔离法，将交流通路单独画出即可。一是令直流电源为零。若直流电源是电压源则短路；若是电流源则开路。二是遇到大容量电容则短路，小容量电容则保留。因为大电容对交流信号，其阻抗为零。三是遇到大电感则开路，小电感则保留。因为大电感对交流信号，其阻抗为无穷大。

画交流通路的目的是为动态分析做准备。

按照上述方法，可得图 2.5.1 的交流通路，如图 2.5.3 所示。注意在这里输入、输出电压用正弦信号的相量表示，当然也可用交流信号的瞬时值表示。应该注意，不可混淆两种通路，分析放大电路，应“先静、后动”，即求解静态工作点时应从直流通路出发，求解动态参数时应基于交流通路。

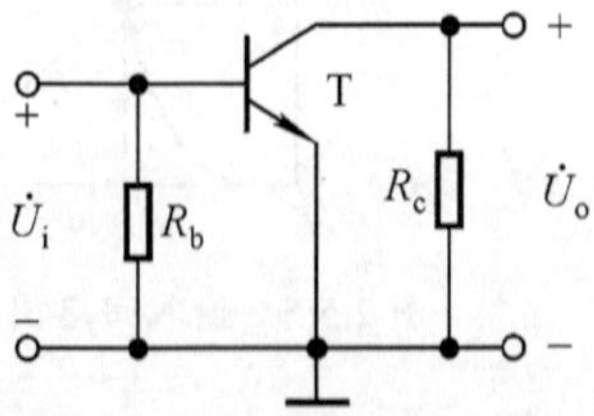

图 2.5.3　图 2.5.1 的交流通路

2.5.2　直流图解分析法

直流图解分析法（graphical analysis）是在晶体管特性曲线上，做出外特性直线，其交点即为静态工作点。

对于图 2.5.2 所示直流通路，现重画于图 2.5.4 中。如果用虚线将晶体管与外电路分开，那么两条虚线之间为晶体管，两虚线之外是电路的其它元件。因此，i_B、u_{BE} 必然满足晶体管输入特性方程，i_C、u_{CE} 必然满足晶体管输出特性方程，这两个方程是非线性方程，然而我们却容易得到其特性曲线，如图 2.5.5 和图 2.5.6 所示。另外，i_B、u_{BE} 也满足外电路的 KVL 方程，它也被称为输入回路负载线方程（load line equation），即

$$u_{BE}=V_{BB}-R_b i_B \tag{2.5.1}$$

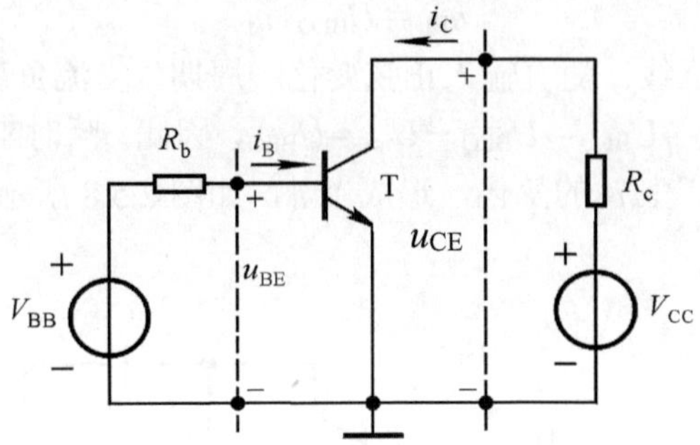

图 2.5.4　直流图解分析

在输入特性曲线上画出输入回路负载线，两条曲线的交点就是输入回路静态工作点 Q，对应的纵横坐标即为 I_{BQ} 和 U_{BEQ}，如图 2.5.5 所示。

类似地，i_C、u_{CE} 也满足外电路的 KVL 方程，它也被称为输出回路负载线方程，即

$$u_{CE}=V_{CC}-R_c i_C \tag{2.5.2}$$

在输出特性曲线上画出输出回路负载线，它与 $I_B=I_{BQ}$ 对应的输出曲线的交点就是输出回路静态工作点 Q，对应的纵横坐标即为 I_{CQ} 和 U_{CEQ}，如图 2.5.6 所示。

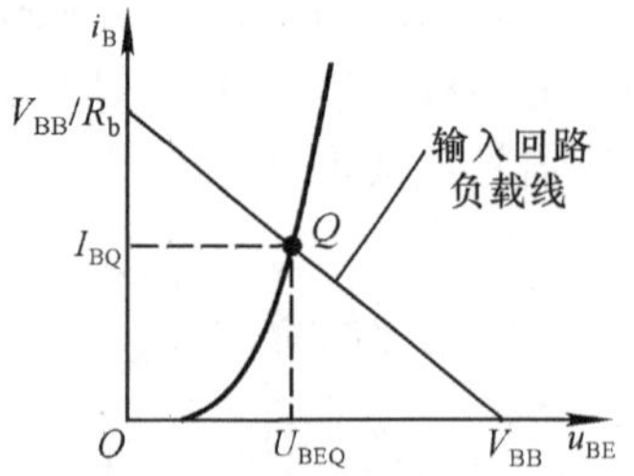

图 2.5.5 输入回路图解分析

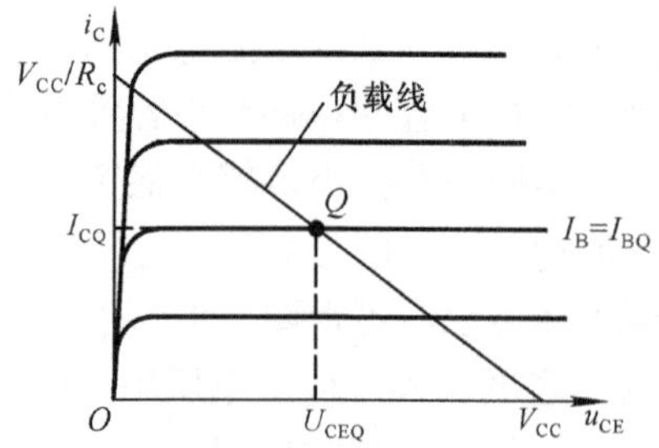

图 2.5.6 输出回路图解分析

读者应该明白：如果输出特性曲线中没有 $I_B=I_{BQ}$ 对应那条曲线，则应该按照 I_B 等距离分布来补画该曲线。另外，为了简便，分析时可不必做出输入回路负载线，而采用近似估算法求 I_{BQ} 和 U_{BEQ}。

2.5.3 交流图解分析法

交流图解分析是以直流为基础，在交流输入信号作用下，通过作图来确定 BJT 各级电流和极间电压的变化量。它包括输入回路图解分析和输出回路图解分析。

一、输入回路图解分析

对于图 2.5.1 所示放大电路，现重画于图 2.5.7 中。对输入回路，在静态时，C_1 上的电压为 U_{BEQ}；动态时，其上电压仍近似为 U_{BEQ}。因此，考虑了交流后的负载线方程为

$$u_{BE}=U_{BEQ}+u_i \tag{2.5.3}$$

该负载线是平行于纵轴的直线，随着输入正弦变化一周期，交流负载线与水平轴截距也变化一周期：$U_{BEQ}\rightarrow U_{BEQ}+U_{im}\rightarrow U_{BEQ}\rightarrow U_{BEQ}-U_{im}\rightarrow U_{BEQ}$，因此，瞬时工作点将围绕 Q 点沿输入特性曲线上下移动，从而产生 i_B 的变化，形成了 i_b，如图 2.5.8 所示。

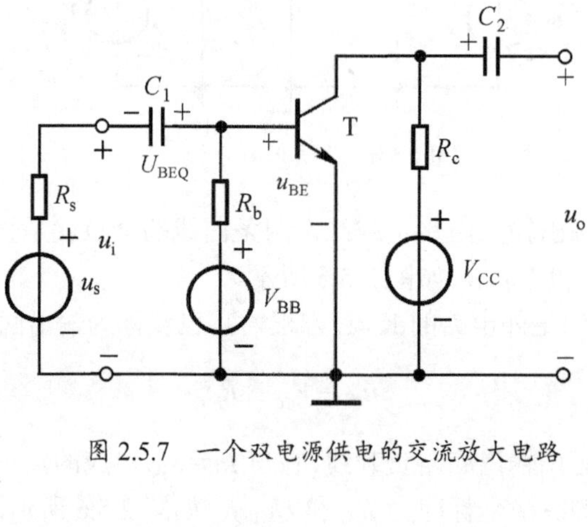

图 2.5.7 一个双电源供电的交流放大电路

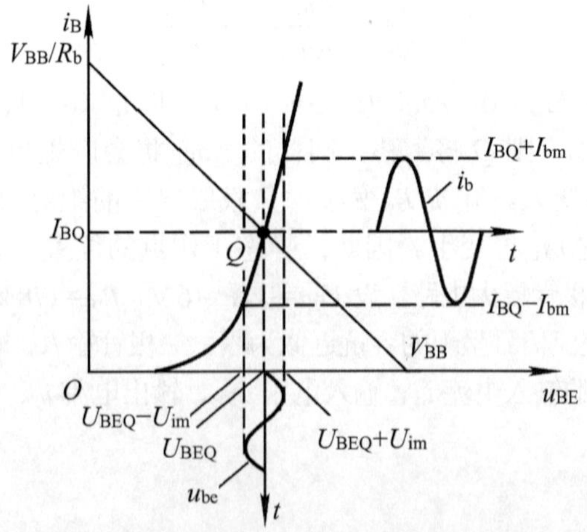

图 2.5.8　输入回路图解分析

二、输出回路图解分析

观察图 2.5.7，容易发现，考虑了交流后的输出回路负载线方程与式（2.5.2）相同。因此，随着 i_b 正弦变化一周期，i_C 的数值也变化一周期：$I_{CQ}\rightarrow I_{CQ}+I_{cm}\rightarrow I_{CQ}\rightarrow I_{CQ}-I_{bm}\rightarrow I_{CQ}$，于是瞬时工作点 Q 将沿着负载线上下移动，从而产生 i_C、u_{CE} 的变化，形成了 i_c 和 u_{ce}，如图 2.5.9 所示。

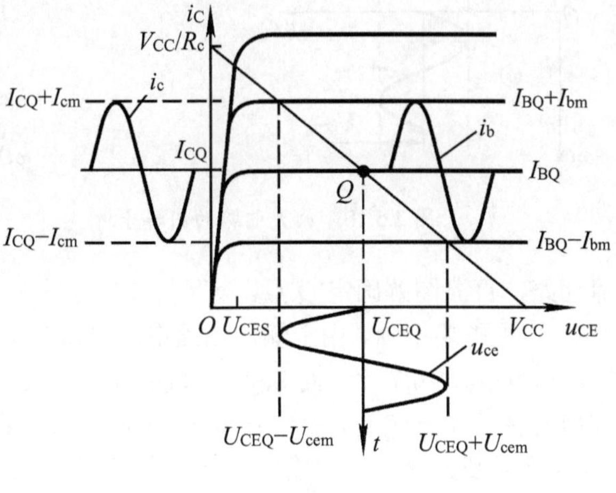

图 2.5.9　输出回路图解分析

三、电压放大倍数分析

由于 $u_{CE}=U_{CEQ}+u_{ce}$，利用电容 C_2 的“隔直”作用，即可将其交流成分取出：$u_o=u_{ce}$。由图 2.5.8 和图 2.5.9 可以看出，若取 $\Delta u_{BE}=U_{im}$，经过输入回路图解可得 $\Delta i_B=I_{bm}$，而 Δi_B 经过输出回路图解可得 $\Delta i_C=I_{cm}$，$u_o=\Delta u_{CE}=-U_{cem}$，因此电压放大倍数是

$$A_u = \frac{\Delta u_O}{\Delta u_I} = \frac{\Delta u_{CE}}{\Delta u_{BE}} = -\frac{U_{cem}}{U_{im}} \tag{2.5.4}$$

可见：①当 $\Delta u_{BE}>0$，有 $\Delta i_B>0$，$\Delta i_C>0$，$\Delta u_{CE}<0$，即 $A_u<0$，说明输出与输入相位相反。②若 R_b 不变，而 V_{BB} 增加，则 Q 将上移，同样的 Δu_{BE} 将会产生更大的 Δi_B，引起更大的 Δi_C 和 Δu_{CE}，这意味着 $|A_u|$ 将变大。③若 R_c 变小，负载线斜率的绝对值变大，同样的 Δi_C 将会产生更小的 Δu_{CE}，这意味着 $|A_u|$ 将变小。因此，静态工作点的位置会影响放大倍数的数值。

例 2.5.1 图 2.5.7 三极管放大电路，设 $V_{BB}=V_{CC}=6\text{ V}$，$R_b=178\text{ k}\Omega$，$R_c=1\text{ k}\Omega$，$u_i=10\sin\omega t$（mV）。电容 C_1、C_2 对交流信号呈现的容抗近似为零。三极管输入、输出特性曲线如图 2.5.10 所示，试用图解法求三极管的输入电流 i_B、输入电压 u_{BE}、输出电流 i_C、输出电压 u_{CE} 和放大电路的电压放大倍数 A_u。

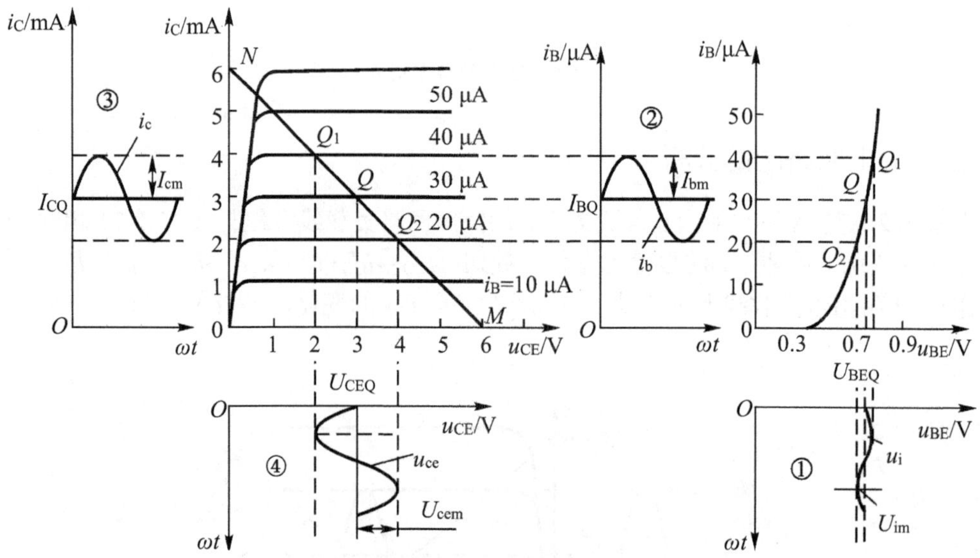

图 2.5.10 放大电路的图解分析

解 （1）画直流通路，直流图解确定 Q 点。

因为直流通路简单，这里省略不画。由于输入回路电源电压是 $V_{BB}=6\text{ V}>0.5\text{ V}$，发射结必导通，根据近似估算法，$U_{BEQ}\approx0.7\text{ V}$，而 $I_{BQ}=(V_{BB}-0.7)/R_b=30\ \mu\text{A}$。然后根据输出回路负载线方程，可得 $u_{CE}=(V_{CC}-R_ci_C)=(6-i_C)$。在输出回路曲线上做出输出回路负载线 MN，它与 $I_{BQ}=30\ \mu\text{A}$ 那条线的交点即为输出回路静态工作点 Q。因此，得到 $I_{CQ}=3\text{ mA}$，$U_{CEQ}=3\text{ V}$。

（2）输入回路交流图解求 i_b。

当输入交流信号 u_i 时，则有

$$u_{BE}=U_{BEQ}+u_i=U_{BEQ}+U_{im}\sin\omega t=0.7+0.01\sin\omega t \quad \text{(V)}$$

正如图 2.5.10 中①所示。根据输入特性可画出 i_B 所对应的波形，正如图 2.5.10 中②所示。可见随着输入信号变化一个周期，输入回路工作点沿 $Q\rightarrow Q_1\rightarrow Q\rightarrow Q_2\rightarrow Q$ 变化。但是，只要输入的是小信号，对应的曲线可认为是直线，因此，因 u_i 而产生的 i_b，其幅值是 10 μA 且是不失真的正弦信号，于是得到

$$i_B=I_{BQ}+i_b=I_{BQ}+I_{bm}\sin\omega t=30+10\sin\omega t\quad(\mu A)$$

（3）输出回路交流图解求 i_c 和 u_{ce}。

当有交流信号后，根据输出回路，我们仍可写出与式（2.5.2）一样的负载线方程，这说明在这种情况下，交流负载线与直流负载线相同。由于交流负载线是交流信号变化的轨迹，因此当 i_b 变化一个周期时，i_c 将沿着 MN 线变化一个周期：$Q\to Q_1\to Q\to Q_2\to Q$，正如图 2.5.10 中③所示。我们得到

$$i_C=I_{CQ}+i_c=I_{CQ}+I_{cm}\sin\omega t=3+\sin\omega t\quad(mA)$$

根据输出特性曲线，容易看到：因 i_c 而产生的 u_{ce}，其幅值是 1 V 且是不失真的正弦电压信号，正如图 2.5.10 中④所示。于是我们得到

$$u_{CE}=U_{CEQ}+u_{ce}=U_{CEQ}-U_{cem}\sin\omega t=3-\sin\omega t\quad(V)$$

（4）求 A_u。

由于 C_2 的“隔直通交”作用，输出电压只有交流成分，即

$$u_o=u_{ce}=-\sin\omega t\ V$$

如图 2.5.11 所示。根据电压放大倍数的定义，有

$$A_u=\frac{u_o}{u_i}=\frac{-\sin\omega t\ (V)}{10\sin\omega t\ (mV)}=-100$$

可见，该电路实现了交流电压放大作用。负号表明输出电压与输入电压相位相反。

通过上述分析，可以得出以下几点结论：

（1）直流是放大的基础，交流是放大的对象，交流“浮”在直流上被放大。

（2）R_c 的作用是将电流的变化转换为电压的变化。若 $R_c=0$，容易看 $u_{ce}=0$。

（3）相位关系：i_b、i_c 与 u_{be} 同相，u_{ce} 与它们反相。为了更清楚，将它们的波形重画于图 2.5.11。

（4）BJT 各极电流、电压的大小随信号的变化而变化，但其极性始终不变，极性由静态量决定。

（5）只要信号很小，管子便始终线性工作，因此电流得到不失真放大，电压得到不失真放大。如果信号过大或 Q 点不合适，那么会出现什么现象呢？

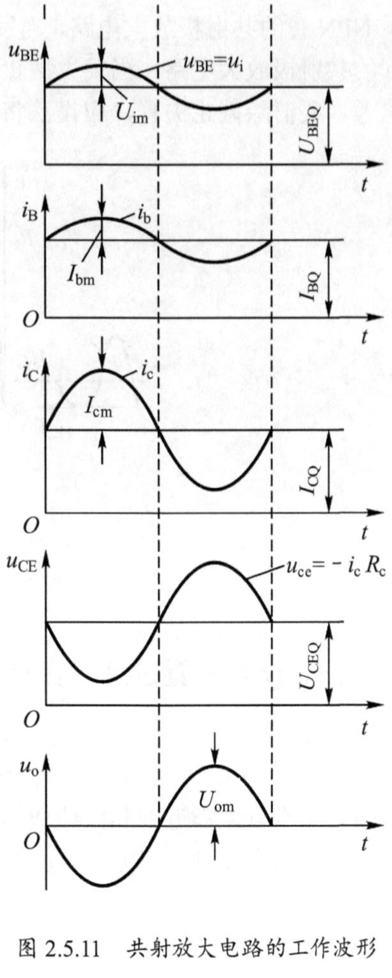

图 2.5.11　共射放大电路的工作波形

2.5.4 直流工作点与放大电路非线性失真的关系

BJT 是非线性器件，它对输入信号产生非线性失真的大小既与 Q 点的位置有关，也与输入信号的大小有关。

一、Q 点合适，u_i 较小，不失真

若静态工作点位于放大区的中央，而且输入信号幅度很小，则晶体管 b、e 间的电压将被线性地转换为基极电流，而基极电流又被晶体管线性地放大β倍，最后通过 R_c 转换为被放大的、反相的输出信号。正如图 2.5.11 所示，输出信号基本不失真。

二、Q 点设置过低，容易产生截止失真

在图 2.5.12 中，Q 点设置过低，在输入电压负半周的部分时间内，动态工作点进入截止区，使 i_B、i_C 不能跟随输入变化而恒为零，从而引起 i_B，i_C 和 u_{CE} 的波形发生失真，这种失真是因为工作点太靠近截止区造成的，所以称为截止失真（cutoff distortion）。由图可知，对于 NPN 管的共射极放大电路，当发生截止失真时，其输出电压波形的顶部被削掉。对于 PNP 管的共射极放大电路，当发生截止失真时，其输出电压波形的顶部还是底部被削掉？请读者思考。要消除截止失真，应设法将 Q 点升高，因此可以降低 R_b，或者升高 V_{BB}。

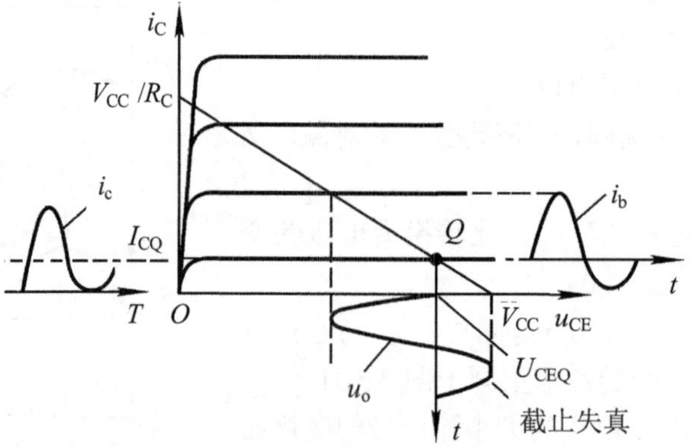

图 2.5.12 共射放大电路产生的截止失真

三、Q 点设置过高，容易产生饱和失真

在图 2.5.13 中，Q 点设置过高，在输入电压正半周的部分时间内，动态工作点进入饱和区，此时，当 i_B 增大时，i_C 则不能随之增大，因而也将引起 i_C 和 u_{CE} 波形的失真，这种失真是因为工作点太靠近饱和区造成的，所以称为饱和失真（saturation distortion）。由图可见，当发生饱和失真时，其输出电压波形的底部将被削掉。请读者思考，如何消除饱和失真呢？

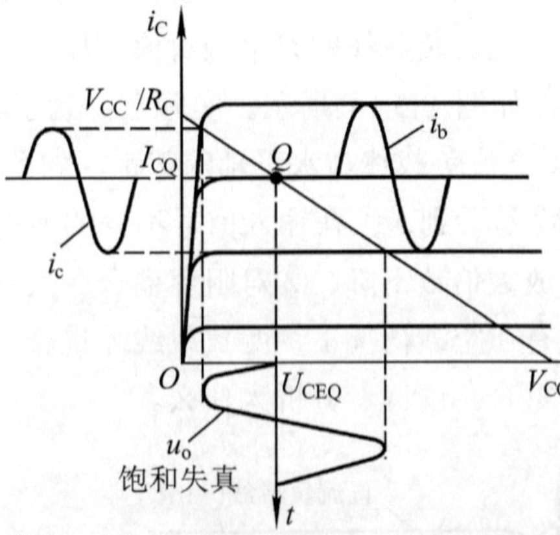

图 2.5.13　共射放大电路产生的饱和失真

四、最大不失真输出电压 U_{om}

通过以上分析可知，由于受 BJT 截止和饱和的限制，放大电路的不失真输出电压有一个范围，其最大值称为放大电路输出动态范围。由图 2.5.9 可知，因受截止失真限制，其最大不失真输出电压的幅度为

$$U_{om(cut)}=V_{CC}-U_{CEQ}=I_{CQ}R_c$$

而因饱和失真的限制，最大不失真输出电压的幅度则为

$$U_{om(sat)}=U_{CEQ}-U_{CES}$$

式中，U_{CES} 表示 BJT 的临界饱和压降。比较以上二式所确定的数值，其中较小的即为放大电路最大不失真输出电压的幅度，而最大不失真输出电压有效值 U_{om} 为

$$U_{om}=(U_{om(cut)},\ U_{om(sat)})_{min}\times\frac{1}{\sqrt{2}} \tag{2.5.5}$$

显然，为了充分利用 BJT 的放大区，使输出动态范围最大，直流工作点应选在交流负载线的中点处。

2.5.5　直流负载线与交流负载线

在图 2.5.7 阻容耦合双电源供电的交流放大电路中，由其直流通路（图 2.5.2）可写出输出回路直流负载线方程 $u_{CE}=V_{CC}-R_ci_C$，因此其直流负载线的斜率是 $K=-1/R_c$。由其交流通路（假定接有负载 R_L）可写出输出回路交流负载线方程 $\Delta u_O=-R_L'\cdot\Delta i_C$，因此其交流负载线的斜率是 $K'=-1/R_L'$，其中 $R_L'=R_L\ /\!/\ R_c$。由此可见两负载线并不重合。对于交流负载线，当输入交流信号为零时，必有 $i_C=I_{CQ}$，$u_{CE}=U_{CEQ}$，因此交流负载线必经过 Q 点。另外，交流负载线的斜率绝对值一定大于直流负载线的斜率绝对值，因此只要过 Q 点做一条斜率等于 K'的直线，便得到交流负载线，如图 2.5.14 所示。实际上，为了方便可先计算出 $R_L' I_{CQ}$，然后再计算 $U_{CEQ}+R_L' I_{CQ}$，即可得交流负载线与水平轴的截距，如图 2.5.14 中 B 点所示，连接 Q、B 两点即得交流负载线。容易看到，①在输入信号不变的前提下，与空载相比，带负载后输出电压幅值下降，或者说放大倍数下降。②对阻容耦合放大电路，一般情况下，交流负载线与直流负载线不重合，只有在空载情况下，两负载线才重合。③对直接耦合放大电路，交流负载线与直流负载线一定重合。请读者分析为什么。

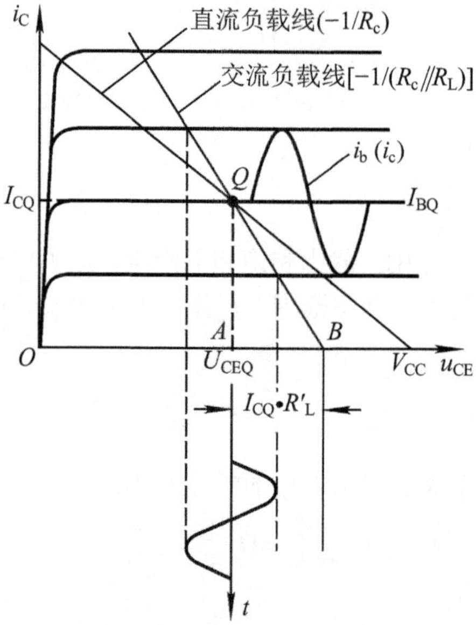

图 2.5.14　直流负载线与交流负载线

2.5.6　图解法的适用范围

图解法的优点是直观，概念清楚，能全面反映放大电路的工作状态及变化趋势，能求 U_{om}、A_u 以及各电极电流和电压，还能分析非线性失真、元件参数对 Q 的影响以及 Q 对 A_u 的影响。但是，图解法的前提是必须得到 BJT 的特性曲线。

由于 BJT 的特性曲线反映的是低频信号下电流、电压关系，因此图解法只适用低频信号。又因为输出信号太小时，作图求解误差大，因此图解法要求输出信号大。总之，图解法只适用输出幅度较大的低频信号。如果输出属于低频且幅度较小信号，则应该用微变等效电路法。

2.6 放大电路的交流等效电路分析法

由于 BJT 是非线性元件，因此严格求解 BJT 电路需要建立并求解非线性方程，对手工分析而言，这将是一件十分困难的事。如果能在一定条件下将 BJT 的特性曲线线性化，就可建立 BJT 的线性模型，从而用线性电路的分析方法分析 BJT 放大电路。

2.6.1 BJT 交流小信号电路模型

根据导出的方法不同，BJT 交流小信号电路模型可分为两类：一类是物理型电路模型，它是模拟 BJT 结构及放大过程导出的电路模型，它有多种形式，其中较为通用的是混合 π 型电路模型；另一类是网络参数模型，它是将 BJT 看成一个双端口网络，根据端口的电压、电流关系导出的电路模型，其中应用最广的是 *h* 参数电路模型（*h*-parameter model）。不论按哪种方法导出的电路模型，它们都应当是等价的，因而相互间可以进行转换。

一、*h* 参数等效模型的导出

对于图 2.6.1 所示的共发射极 BJT，在低频工作条件下，当把它看成一个双端口网络时，因为 $i_B=f(u_{BE})|_{U_{CE}}, i_C=f(u_{CE})|_{I_B}$，则有

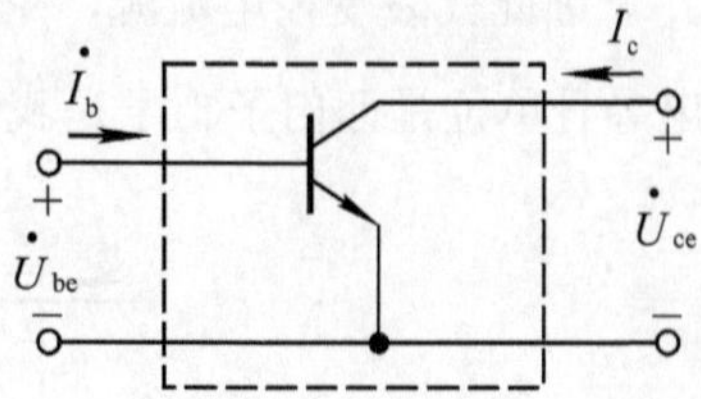

图 2.6.1 BJT 等效为双口网络

$$u_{BE}=f(i_B,u_{CE}) \tag{2.6.1}$$

$$i_C=f(i_B,u_{CE}) \tag{2.6.2}$$

为了研究低频信号下各变化量之间的关系，我们对上两式求全微分，则有

$$\mathrm{d}u_{BE}=\left.\frac{\partial u_{BE}}{\partial i_B}\right|_{U_{CE}}\mathrm{d}i_B+\left.\frac{\partial u_{BE}}{\partial u_{CE}}\right|_{I_B}\mathrm{d}u_{CE} \tag{2.6.3}$$

$$\mathrm{d}i_C=\left.\frac{\partial i_C}{\partial i_B}\right|_{U_{CE}}\mathrm{d}i_B+\left.\frac{\partial i_C}{\partial u_{CE}}\right|_{I_B}\mathrm{d}u_{CE} \tag{2.6.4}$$

由于 $\mathrm{d}u_{BE}$ 代表 u_{BE} 的变化量，因此可以用 $\dot{U}_{be}$ 表示。类似地，$\mathrm{d}i_B$ 可以用表示，$\mathrm{d}u_{CE}$ 可以用 $\dot{U}_{ce}$，$\mathrm{d}i_C$ 可以用 $\dot{I}_c$ 表示。于是式（2.6.3）、式（2.6.4）变成

$$\dot{U}_{be}=h_{11}\dot{I}_b+h_{12}\dot{U}_{ce} \tag{2.6.5}$$

$$\dot{I}_c=h_{21}\dot{I}_b+h_{22}\dot{U}_{ce} \tag{2.6.6}$$

其中

$$h_{11}=\left.\frac{\partial u_{BE}}{\partial i_B}\right|_{U_{CE}} \tag{2.6.7a}$$

$$h_{12}=\left.\frac{\partial u_{BE}}{\partial u_{CE}}\right|_{I_B} \tag{2.6.7b}$$

$$h_{21}=\left.\frac{\partial i_C}{\partial i_B}\right|_{U_{CE}} \tag{2.6.7c}$$

$$h_{22}=\left.\frac{\partial i_C}{\partial u_{CE}}\right|_{I_B} \tag{2.6.7d}$$

式（2.6.5）表明，$\dot{U}_{be}$ 由两部分组成：第一项正比于 $\dot{I}_b$，因此 h_{11} 一定代表电阻；第二项受控于 $\dot{U}_{ce}$，因此它代表一个受控电压源，控制量是 $\dot{U}_{ce}$ 且 h_{12} 无单位。于是我们建立 BJT 输入端口的物理模型，如图 2.6.2 左半边所示。式（2.6.6）表明，$\dot{I}_c$ 由两部分组成：第一项受控于 $\dot{I}_b$，因此代表受控电流源，控制量是 $\dot{I}_b$ 且 h_{21} 无单位；第二项正比于 $\dot{U}_{ce}$，因此 h_{22} 一定代表电导且单位是西门子。于是我们建立 BJT 输出端口的物理模型，如图 2.6.2 右半边所示。

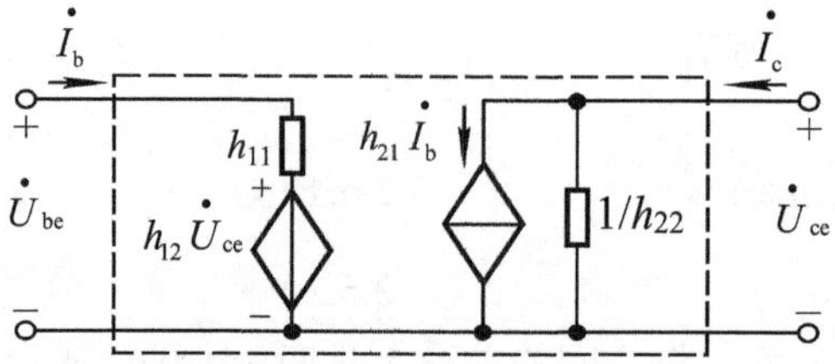

图 2.6.2　BJT 的共射 h 参数等效模型

二、h 参数的物理意义

1. h_{11}

h_{11} 代表 BJT 输入电阻。由式（2.6.7a）知

$$h_{11}=r_{be}=\left.\frac{\partial u_{BE}}{\partial i_B}\right|_{U_{CE}}=\frac{\Delta u_{BE}}{\Delta i_B}=\frac{1}{K_Q}$$

其物理意义是：反映了输出交流短路时，u_{be} 对 i_b 的控制能力，因此也称其为短路输入电阻，常记为 r_{be}。其几何意义是过 Q 点切线斜率的倒数，Q 点越高，其值越小，如图 2.6.3 所示。通过做一条过 Q 点的切线，以保证输出端交流短路；再在切线的 Q 点附近取 Δu_{BE} 和

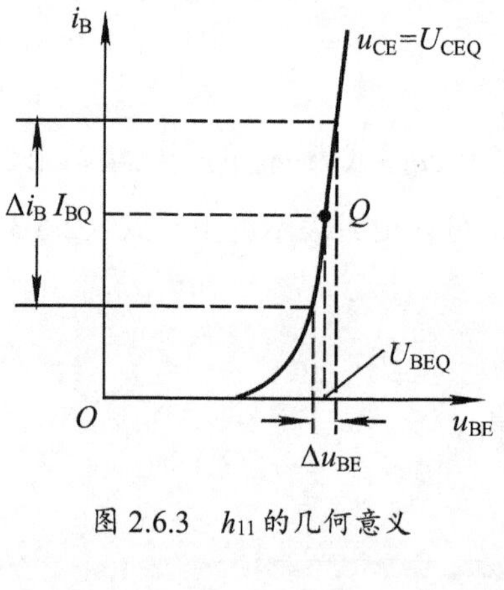

图 2.6.3　h_{11} 的几何意义

对应的 Δi_B，则二者的比值即为 h_{11}。

2. h_{12}

h_{12} 代表 BJT 内反馈系数，由式（2.6.7b）知

$$h_{12}=\left.\frac{\partial u_{BE}}{\partial u_{CE}}\right|_{I_B}=\frac{\Delta u_{BE}}{\Delta u_{CE}}=h_{re}$$

其物理意义是：反映输入交流开路时 BJT 的反向电压传输系数，因此也称其为开路电压反馈系数，常记为 h_{re}。h_{12} 越大，BJT 的输出电压对输入电压的影响也就越大。其几何意义是曲线越分散，h_{12} 越大，如图 2.6.4 所示。由于我们希望 BJT 正向传输并放大信号，因此 h_{12} 越小越好。一般情况下，$h_{12}<10^{-2}$。通过做一条过 Q 点的水平线，以保证输入交流开路；再取其与两条曲线的交点所对应的 Δu_{BE} 和 Δu_{CE}，则二者的比值即为 h_{12}。

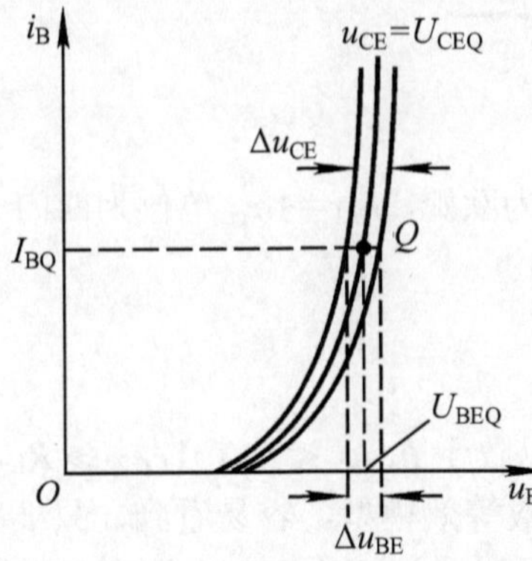

图 2.6.4　h_{12} 的几何意义

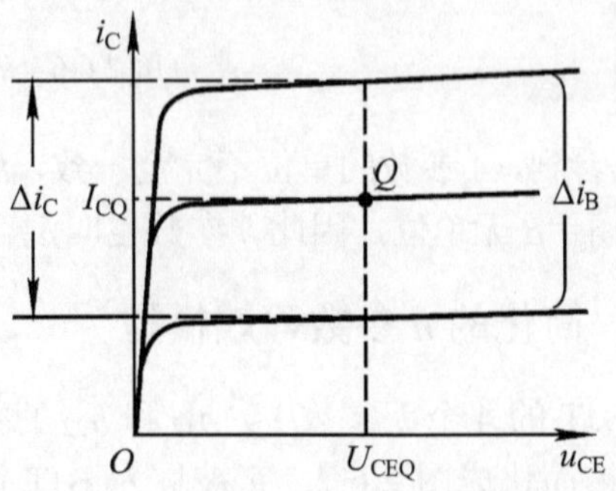

图 2.6.5　h_{21} 的几何意义

3. h_{21}

h_{21} 代表 BJT 电流放大系数，由式（2.6.7c）知

$$h_{21}=\beta=\left.\frac{\partial i_C}{\partial i_B}\right|_{U_{CE}}=\frac{\Delta i_C}{\Delta i_B}$$

其物理意义是：反映了输出交流短路时，i_b 对 i_c 的控制能力，因此也称其为短路电流放大系数，常记为β。h_{21} 越大，i_b 对 i_c 的控制能力就越强。其几何意义是曲线间隔越大，h_{21} 越大，如图 2.6.5 所示。通过做一条过 Q 点的垂线，以保证输出端交流短路；再取其与两条曲线的交点所对应的 Δi_C 和 Δi_B，则二者的比值即为 h_{21}。

4. h_{22}

h_{22} 代表 BJT 输出导纳。由式（2.6.7d）知

$$h_{22}=\left.\frac{\partial i_C}{\partial u_{CE}}\right|_{I_B}=\frac{\Delta i_C}{\Delta u_{CE}}=\frac{1}{r_{ce}}=K_Q$$

其物理意义是：反映输入交流开路时，u_{ce} 对 i_c 的控制能力，因此也称其为开路输出导纳，常

记为 h_{oe}。其几何意义是过 Q 点切线斜率，曲线越倾斜，其值越大，如图 2.6.6 所示。通过做一条过 Q 的切线，以保证输入端交流开路，再在切线的 Q 点附近取 Δi_C 和对应的 Δu_{CE}，则二者的比值即为 h_{22}。

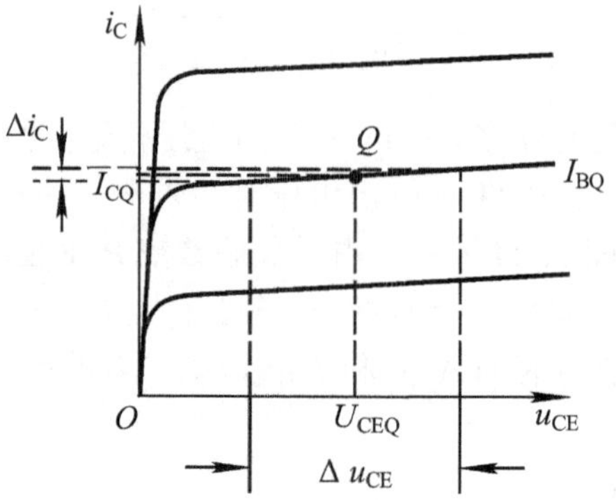

图 2.6.6　h_{22} 的几何意义

可以看到，4 参数的单位不完全一致，$h_{11}=r_{be}$ 单位为欧姆，$h_{22}=1/r_{ce}$ 单位为西门子，$h_{12}=h_{re}$ 和 $h_{21}=\beta$ 无单位，因此 h 参数也叫混合参数[①]。

三、简化的 h 参数等效模型

在 BJT 的 4 个 h 参数中，h_{12} 和 h_{22} 的数值较小，以致于 $h_{12}u_{ce} \ll u_{be}$，$1/h_{22} \gg R_L$。于是图 2.6.2 被简化成图 2.6.7，它被称为 BJT 简化的 h 参数等效模型。容易看到，只要知道 β 和 r_{be}，等效模型便被确定。β 是一个基本参数，BJT 手册通常都给出，当然也可以通过实验的方法测出，或者利用 BJT 输出特性曲线求出。然而 r_{be} 则是一个不容易测出的物理量，下面我们将根据 BJT 结构导出 r_{be} 的近似估算式。

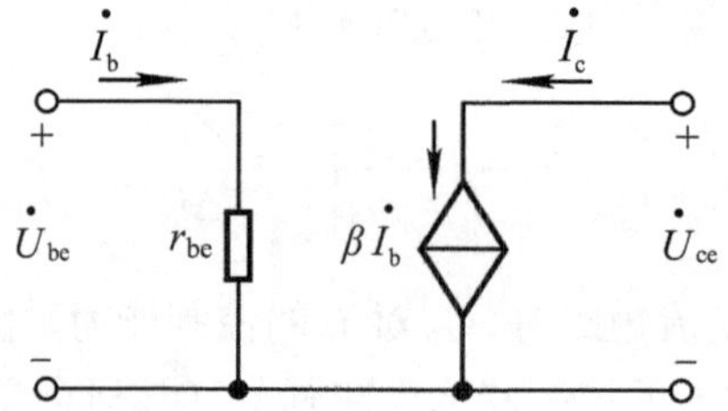

图 2.6.7　简化的 h 参数等效模型

四、r_{be} 的近似估算式

图 2.6.8 给出了 BJT 的结构示意图[②]。$r_{bb'}$ 是基区的体电阻，因基区掺杂浓度低，故 $r_{bb'}$ 较大。$r_{e'}$ 是发射区的体电阻，因发射区掺杂浓度较高，故 $r_{e'}$ 较小，通常仅有几个欧姆。$r_{c'}$

①h 是英文 hybrid 的词头。

②参见文献[2-6] 95-97 页。

是集电区的体电阻，因发射区面积较大，故 $r_{c'}$ 很小。处在放大状态的BJT，发射结正偏，集电结反偏，发射结电阻 $r_{b'e'} \gg r_{e'}$，因此可忽略 $r_{e'}$，而集电结可等效成受控电流源，其内阻（是反偏的集电结内阻与 $r_{c'}$ 的串联）很大，也可忽略。于是我们得到BJT的输入回路等效电路，如图2.6.9所示。

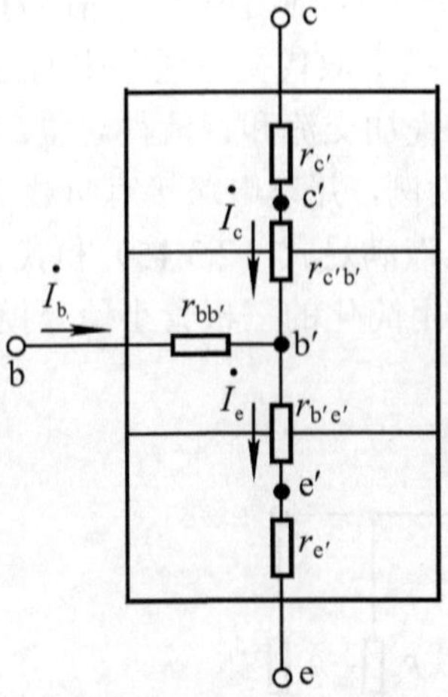

图2.6.8　BJT的结构示意图

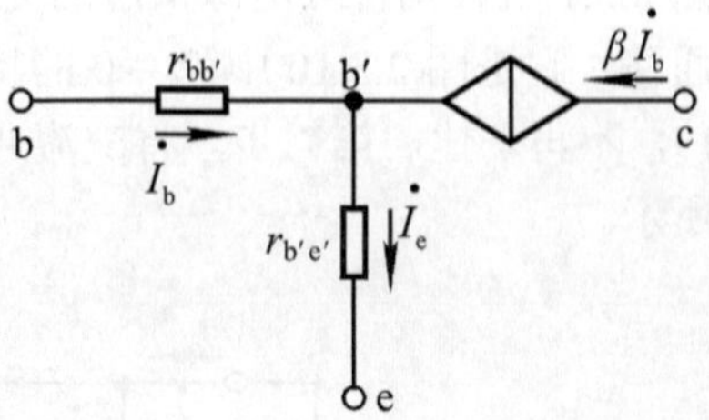

图2.6.9　BJT的输入回路等效电路

在输入回路列写KVL方程

$$\dot{U}_{be} = r_{bb'}\dot{I}_b + r_{b'e'}\dot{I}_e = \dot{I}_b[r_{bb'} + (1+\beta)r_{b'e'}]$$

对于发射结，根据PN结电流方程可得

$$i_E = I_S(e^{u_{B'E'}/U_T} - 1)$$

对上式求导数，并注意到 $i_E \approx I_S e^{u_{B'E'}/U_T}$，因此有

$$\frac{1}{r_{b'e'}} = \frac{di_E}{du_{B'E'}} = I_S e^{u_{B'E'}/U_T} \cdot \frac{1}{U_T} = \frac{i_E}{U_T}$$

由于考虑的是小信号，则 $i_E = I_{EQ} + i_e \approx I_{EQ}$。结合上述公式，我们得到

$$r_{be} = \frac{\dot{U}_{be}}{\dot{I}_b} = r_{bb'} + (1+\beta)\frac{U_T}{I_{EQ}} = r_{bb'} + \frac{U_T}{I_{BQ}} \tag{2.6.8}$$

对于低频小功率管，$r_{bb'}$ 为200～300 Ω；对高频管，$r_{bb'}$ 约为100 Ω。应该注意：①h 参数是交流参数，只适合于交流分析，不能用于直流分析。②式（2.6.8）表明，Q 点越高，r_{be} 越小。这说明 h 参数与静态工作点有关。③因为4个参数都是 Q 点处导数值，所以 h 参数模型只适用低频小信号。那么请读者思考，可否用万用表测 r_{be} 的数值？有了BJT小信号等效电路，我们就可以定量分析BJT放大电路。

2.6.2　共射放大电路的交流等效电路分析法

在低频小信号条件下，利用 h 参数模型可以求解放大电路性能指标，主要包括电压放大倍数、输入电阻、输出电阻和动态电流、电压。具体步骤：①画出放大电路的直流通路，求 Q 点。②画出放大电路的交流通路，然后用 BJT 小信号模型取代交流通路中的 BJT，得 BJT 放大电路的小信号等效电路，求性能参数和交流量。③叠加交流和直流得总量。

现以图 2.5.1 阻容耦合双电源供电的交流放大电路为例，并设电路接有负载 R_L。第一步，画出直流通路，它是图 2.3.10 中 $R_e=0$ 的特例，因此 Q 点满足式（2.3.15）和式（2.3.10）及式（2.3.11），不再赘述。第二步，将交流通路中的 BJT 用简化的三极管小信号模型替代，如图 2.6.10 所示。

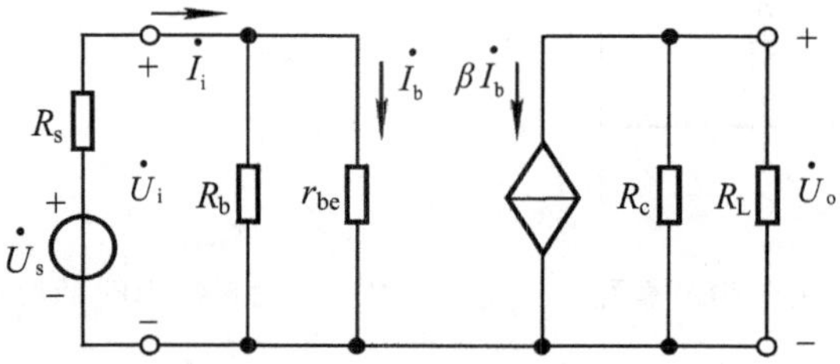

图 2.6.10　图 2.5.1 电路的交流等效电路

由图 2.6.10 可得

$$\dot{U}_i=r_{be}\dot{I}_b\text{，}\ \dot{U}_o=-\beta\dot{I}_bR'_L\text{，}\ R'_L=R_c//R_L$$

因此可得放大倍数是

$$\dot{A}_u=\frac{\dot{U}_o}{\dot{U}_i}=-\frac{\beta R'_L}{r_{be}} \tag{2.6.9}$$

公式中的负号说明输出电压与输入电压的相位相反。根据输入电阻的定义可得

$$R_i=\frac{\dot{U}_i}{\dot{I}_i}=R_b//r_{be} \tag{2.6.10}$$

根据输出电阻的定义，令 $u_s=0$，但 R_s 保留（此时 $i_b=0$），然后将 R_L 移去，外加测试电压 u_o，产生测试电流 i_o。注意此时 $\beta i_b=0$，因此有

$$R_o=\left.\frac{\dot{U}_o}{\dot{I}_o}\right|_{\substack{\dot{U}_s=0\\R_L\to\infty}}=R_c \tag{2.6.11}$$

例 2.6.1　图 2.6.11 所示硅 BJT 放大电路中，R_s 为信号源内阻，R_L 为负载电阻，C_1、C_2

为隔直耦合电容，$\beta=100$，$u_s=10\sin\omega t$（mV），试求放大倍数，输入、输出电阻以及 i_B、u_{BE}、i_C、u_{CE}。

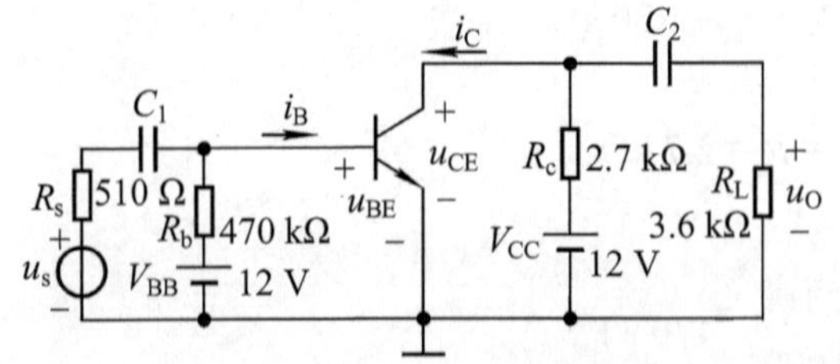

图 2.6.11　一个共射放大电路

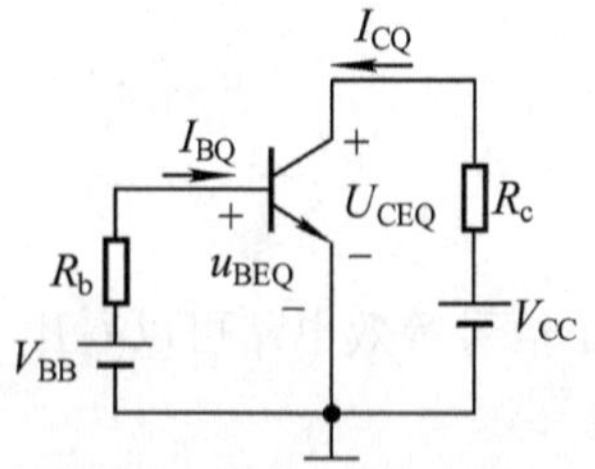

图 2.6.12　图 2.6.11 的直流通路

解　（1）画直流通路，如图 2.6.12 所示，估算 Q 点。

在直流通路中，因为 $V_{BB}=12\text{ V}>0.5\text{ V}$，所以发射结导通，则有

$$U_{BEQ}=0.7\text{ V}$$

$$I_{BQ}=\frac{V_{BB}-U_{BEQ}}{R_B}=\frac{12-0.7}{470}=0.024\text{ mA}$$

$$I_{CQ}=\beta I_{BQ}=100\times0.024=2.4\text{ mA}$$

$$U_{CEQ}=V_{CC}-I_{EQ}R_C=12-2.4\times2.7=5.5\text{ V}$$

$U_{CEQ}=5.5\text{ V}>0.7\text{ V}$，说明 BJT 在放大区。

（2）画交流通路和小信号等效电路，如图 2.6.13 和图 2.6.14 所示，再求性能参数和交流量。

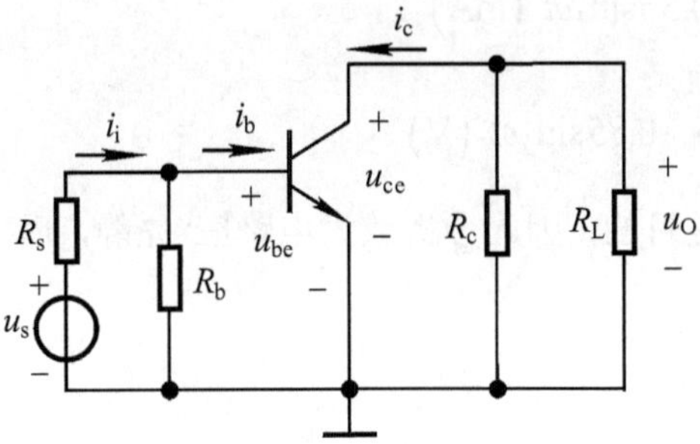

图 2.6.13 图 2.6.11 的交流通路

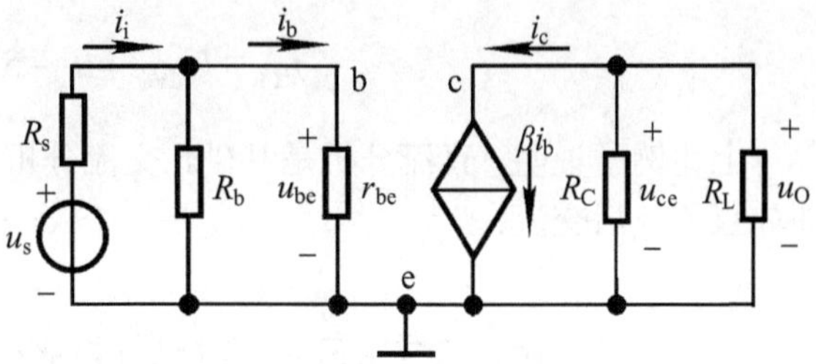

图 2.6.14　图 2.6.11 的小信号等效通路

应该注意，受控电流源的参考方向应与控制量 i_b 的参考方向相一致，若 i_b 参考方向从基极流出，则受控电流源参考方向应由发射极指向集电极。

先求 BJT 的输入电阻，再根据小信号等效电路，求解动态指标。

$$r_{be}=r_{bb'}+(1+\beta)\frac{U_T}{I_{EQ}}=200\,\Omega+(1+100)\frac{26}{2.4}\,\Omega\approx1.3\text{ k}\Omega$$

$$\dot{A}_u = -\frac{\beta R_L'}{r_{be}} = -119$$

$$R_i = R_b \,//\, r_{be} = 1.30\ \text{k}\Omega$$

$$R_o = R_c = 2.7\ \text{k}\Omega$$

由小信号等效电路可以看出

$$u_{be} = \frac{R_b \,//\, r_{be}}{R_s + R_b \,//\, r_{be}} u_s = \frac{10\sin\omega t \times \dfrac{470\times1.3}{470+1.3}}{0.51+\dfrac{470\times1.3}{470+1.3}}\ \text{mV} = 7.2\sin\omega t\ \ (\text{mV})$$

$$i_b = \frac{u_{be}}{r_{be}} = \frac{7.2\sin\omega t}{1.3}\ \mu\text{A} = 5.5\sin\omega t\ \ (\mu\text{A})$$

$$i_c = \beta\, i_b = 100\times5.5\sin\omega t\ \ \mu\text{A} = 0.55\sin\omega t\ \ (\text{mA})$$

$$u_{ce} = -i_c(R_C \,//\, R_L) = -0.55\sin\omega t \times \frac{2.7\times3.6}{2.7+3.6}\ \text{V} = -0.85\sin\omega t\ \ (\text{V})$$

（3）叠加交流和直流，求电压、电流的总量。

$$u_{BE} = U_{BEQ} + u_{be} = 0.7 + 7.2\times10^{-3}\sin\omega t\ \ (\text{V})$$

$$i_B = I_{BQ} + i_b = 24 + 5.5\sin\omega t\ \ (\mu\text{A})$$

$$i_C = I_{CQ} + i_c = 2.4 + 0.55\sin\omega t\ \ (\text{mA})$$

$$u_{CE} = U_{CEQ} + u_{ce} = 5.5 - 0.85\sin\omega t\ \ (\text{V})$$

上述例子说明，直流分析是基础，交流分析是目的，因此分析放大电路应“先静，后动”，即先直流，后交流。

2.7 三种基本组态放大电路

由于 BJT 有三个电极，根据输入、输出信号公共端的不同，应该有三种形式的放大电路，分别是共射极、共集极和共基极放大电路，现分别讨论如下。

2.7.1 共射放大电路

上节已经学习了共射放大电路（common-emitter amplifier），但这个放大电路存在着严重缺陷。即：当温度升高时，因晶体管的 β 会升高，I_{CBO} 也会升高，导致 i_C 升高，u_{CE} 下降，于是 Q 点移向饱和区；相反，当温度下降时，Q 点移向截止区。因此，放大电路的 Q 点不稳定，可能会产生非线性失真。基于这个原因，前述放大电路被称为简单的放大电路，它没有实用价值。下面的电路能稳定 Q 点，从而消除非线性失真。

一、电路的组成

图 2.7.1 是 Q 稳定的共射放大电路。直流电源 V_{CC} 和上、下偏置电阻 R_{b1}、R_{b2} 为基极提供合适电压（应大于 0.5 V），以保证发射结正偏。直流电源 V_{CC} 和集电极电阻 R_c 的作用是保证集电结反偏，从而保证 BJT 处于放大状态。发射极电阻 R_e 的作用在于稳定静态工作点。

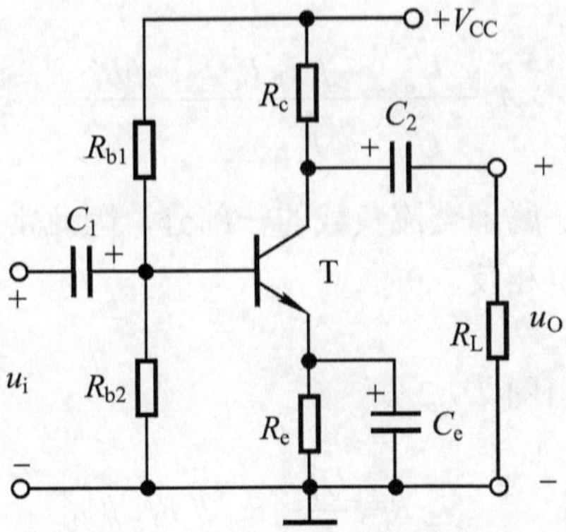

图 2.7.1 Q 稳定的共射放大电路

待放大的信号源和放大电路输入端通过电容 C_1 耦合，放大电路输出端和负载通过电容 C_2 耦合，而电容 C_e 把射极交流接地。上述 3 个电容的作用是“隔直通交”。所谓“隔直”，即把直流通路和信号源，直流通路和负载的直流隔断，因为在交流放大电路中，不允许直流电流流经信号源，负载也不需要直流。所谓“通交”，是指对放大的交流信号频率而言，因电容容抗太小，故而可视为短路。为实现“隔直通交”，耦合电容、旁路电容采用大容量电容，故选则电解电容。应该注意，电解电容有极性，必需保证正极接高电位端，负极接低电位端。因此，C_1 极性应“左负右正”，C_2 极性应“左正右负”，C_e 极性应“上正下负”。

因为发射极交流接地，等效输入、输出信号的公共端也接发射极，所以称之为共射放大电路。

二、静态分析

由于图 2.7.1 的直流通路与图 2.3.9 完全相同，因此静态分析与 2.3 节的式（2.3.8）～式（2.3.11）也完全相同，不再赘述。

三、动态分析

先画出图 2.7.1 的交流通路，再将 BJT 用小信号等效电路替换，可得小信号交流等效电路，如图 2.7.2 所示。根据该等效电路，共射极放大器的交流指标分析如下：

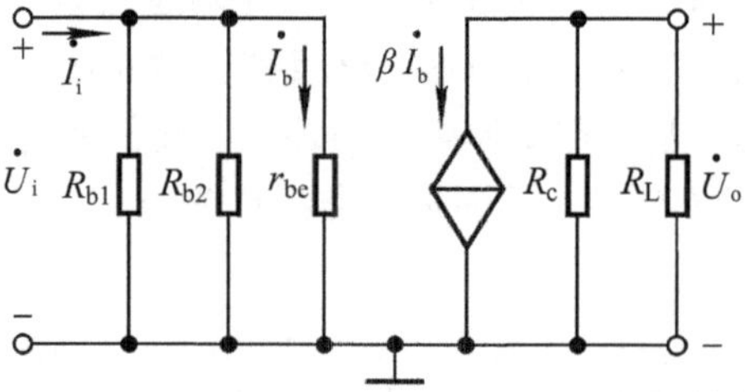

图 2.7.2　图 2.7.1 的小信号等效电路

1. A_u

根据放大倍数的定义，由图 2.7.2 知

$$\dot{A}_u=\frac{\dot{U}_o}{\dot{U}_i}=\frac{-\beta\dot{I}_b R_L'}{\dot{I}_b r_{be}}=-\frac{\beta R_L'}{r_{be}} \tag{2.7.1}$$

其中，$R_L'=R_c /\!/ R_L$，可见 R_c 属于交流负载的一部分，因此常称其为集电极负载电阻。负号表示输出电压与输入电压相位相反。

2. R_i

根据输入电阻的定义，由图 2.7.2 知

$$R_i=\frac{\dot{U}_i}{\dot{I}_i}=R_{b1} /\!/ R_{b2} /\!/ r_{be} \tag{2.7.2}$$

3. R_o

根据输出电阻的定义，由图 2.7.2 知，当 $u_i=0$ 时，$i_b=0$，受控电流源为零相当于开路，因此有

$$R_o=R_c \tag{2.7.3}$$

4. A_{us}

有时我们需要考虑信号源内阻对放大倍数的影响，于是定义源电压放大倍数

$$\dot{A}_{us}=\frac{\dot{U}_o}{\dot{U}_s}=\frac{\dot{U}_i}{\dot{U}_s}\times\frac{\dot{U}_o}{\dot{U}_i}=\frac{R_i}{R_s+R_i}A_u \tag{2.7.4}$$

共射放大电路的特点：u_o 与 u_i 反相，A_u 大；R_i、R_o 大小适中。共射放大电路用作多级放大电路中间级。

例 2.7.1　在图 2.7.1 所示的放大电路中，$\beta=50$，$U_{BEQ}=0.7$ V，$r_{bb'}=200\ \Omega$，$R_s=1$ kΩ，$R_{b1}=80$ kΩ，$R_{b2}=20$ kΩ，$R_c=$ 4.6 kΩ，$R_e=1.4$ kΩ，$R_L=4.6$ kΩ，$V_{CC}=12$ V。求：

（1）Q 点；

（2）A_u、R_i 、R_o 、A_{us};

（3）若 C_e 开路，画小信号等效电路，并求 A_u、R_i、R_o、A_{us}。

解　（1）求 Q 点。根据式（2.3.8）～式（2.3.11），得

$$U_{BQ}=\frac{R_{b2}}{R_{b1}+R_{b2}}V_{CC}=\frac{20}{80+20}\times 12=2.4\ \text{V}$$

$$I_{CQ}\approx I_{EQ}=\frac{U_{BQ}-U_{BEQ}}{R_e}=\frac{2.4-0.7}{1.4}=1\ \text{mA}$$

$$U_{CEQ}=V_{CC}-(R_c+R_e)I_{CQ}=12-(4.6+1.4)\times 1=6\ \text{V}$$

$$I_{BQ}=\frac{I_{CQ}}{\beta}=20\ \mu\text{A}$$

（2）求 A_u、R_i、R_o、A_{us}。先计算

$$r_{be}=r_{bb'}+(1+\beta)\frac{U_T}{I_{EQ}}=200\ \Omega+(1+50)\frac{26}{1}\ \Omega\approx 1.53\ \text{k}\Omega$$

根据式（2.7.1）～式（2.7.4），得

$$\dot{A}_u=-\frac{\beta R_L'}{r_{be}}=-\frac{100\times 2.3}{1.53}\approx -150$$

$$R_i=R_{b1}\ /\!/\ R_{b2}\ /\!/\ r_{be}=80\ /\!/\ 20\ /\!/\ 1.53\approx 1.40\ \text{k}\Omega$$

$$R_o=R_c=4.6\ \text{k}\Omega$$

$$\dot{A}_{us}=\frac{R_i}{R_s+R_i}A_u=\frac{1.40}{1+1.40}\times(-150)=-87.5$$

（3）若 C_e 开路，先画小信号等效电路，如图 2.7.3 所示。此时因为

$$\dot{U}_i=r_{be}\dot{I}_b+(1+\beta)R_e\dot{I}_b$$

所以输入电阻为

$$R_i=R_{b1}\ /\!/\ R_{b2}\ /\!/\ (\dot{U}_i/\dot{I}_b)$$

即

$$R_i=R_{b1}\ /\!/\ R_{b2}\ /\!/\ [r_{be}+(1+\beta)R_e] \qquad (2.7.5)$$

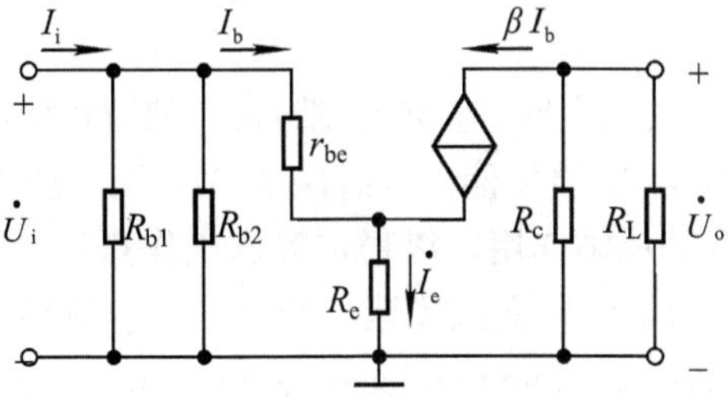

图 2.7.3　C_e 开路时图 2.7.1 电路的小信号等效电路

则放大倍数为

$$\dot{A}_u=\frac{\dot{U}_o}{\dot{U}_i}=\frac{-\beta\dot{I}_b R'_L}{r_{be}\dot{I}_b+(1+\beta)\ R_e\dot{I}_b}$$

即

$$\dot{A}_u=-\frac{\beta R'_L}{r_{be}+(1+\beta)R_e} \tag{2.7.6}$$

代入数据，得 R_i＝13.1 kΩ，A_u＝－1.58。

源电压放大倍数为

$$\dot{A}_{us}=\frac{R_i}{R_s+R_i}\dot{A}_u=\frac{13.1}{1+13.1}\times(-1.58)=-1.47$$

可见，此时输入电阻增大，放大倍数的数值大大下降。

输出电阻变化吗？按照输出电阻的定义，先画出求解输出电阻的等效电路，如图 2.7.4 所示。应注意，令信号源为零，但其内阻保留。对左边回路，可列写 KVL 方程

$$(r_{be}+R_s\,/\!/\,R_{b1}\,/\!/\,R_{b2})\dot{I}_b+R_e(1+\beta)\dot{I}_b=0$$

因此 i_b＝0，受控电流源为零相当于开路，故仍有 R_o＝R_c＝4.6 kΩ 。

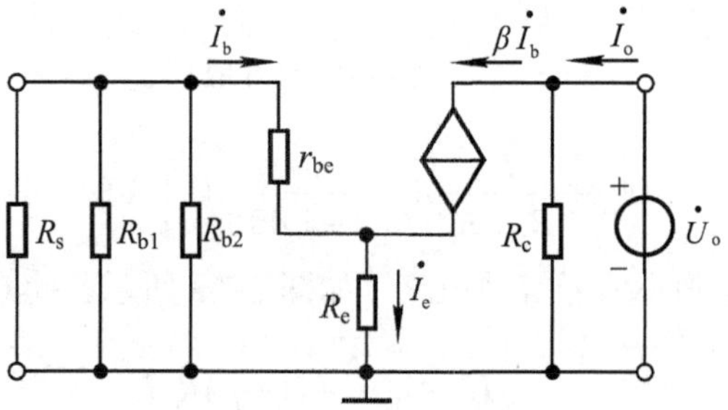

图 2.7.4　求解图 2.7.3 输出电阻的等效电路

若 C_e 开路时，静态工作点 Q 会变化吗？请读者思考。

2.7.2　共集放大电路

一、电路的组成

图 2.7.5 是 Q 稳定的共集放大电路。直流电源 V_{CC}、偏置电阻 R_b 和发射极电阻 R_e 提供合适电压，以保证发射结正偏，集电结反偏，从而保证 BJT 处于放大状态。类似于共射放大电路，发射极电阻 R_e 对直流有负反馈作用，以稳定静态工作点。

C_1、C_2 为耦合电容，因为集电极交流接地，等效输入、输出信号的公共端也接集电极，所以称之为共集电极放大电路（common-collector amplifier）。又因为输出信号是从发射极取出，所以又称之为射极输出器（emitter follower）。

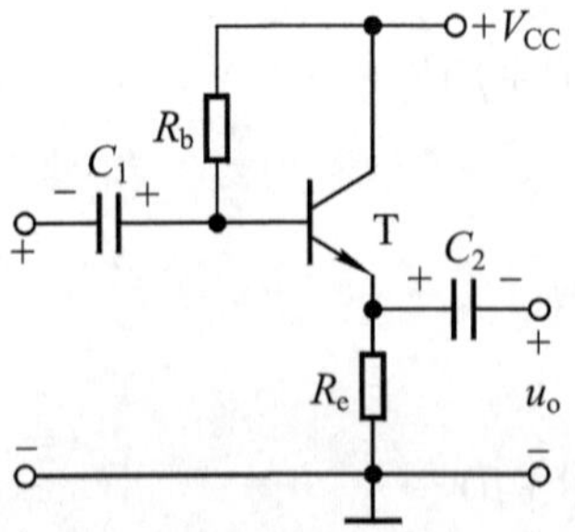

图 2.7.5　Q 稳定的共集电极放大电路

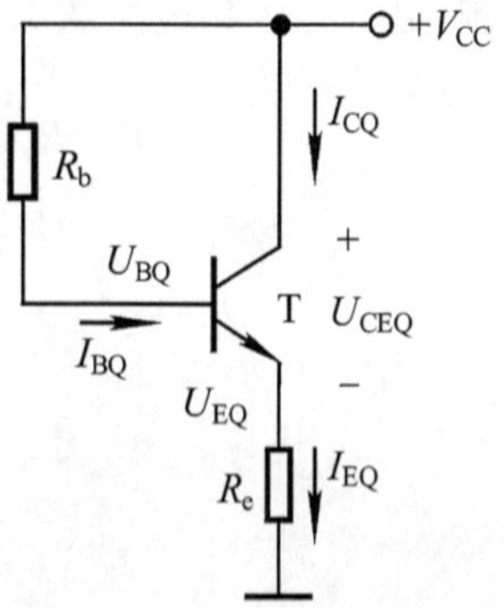

图 2.7.6　图 2.7.5 电路的直流通路

二、静态分析

首先根据图 2.7.5 画出该放大电路的直流通路，如图 2.7.6 所示，它与图 2.3.8 相比少了一个集电极电阻 R_c。类似的分析有

$$I_{BQ}=\frac{V_{BB}-U_{BEQ}}{R_b+(1+\beta)R_e}$$

$$I_{CQ}=\beta I_{BQ}$$

$$U_{CEQ}=V_{CC}-I_{CQ}R_e \tag{2.7.7}$$

通常，也把（1＋β）R_e 看作是折合电阻。显然，折合电阻（1＋β）R_e 和 R_b 是串联关系，因此利用折合电阻的概念可直接写出上面公式的第一式。

三、动态分析

先画出图 2.7.5 的交流通路，再将 BJT 用小信号等效电路替换，可得小信号交流等效电路，如图 2.7.7 所示。

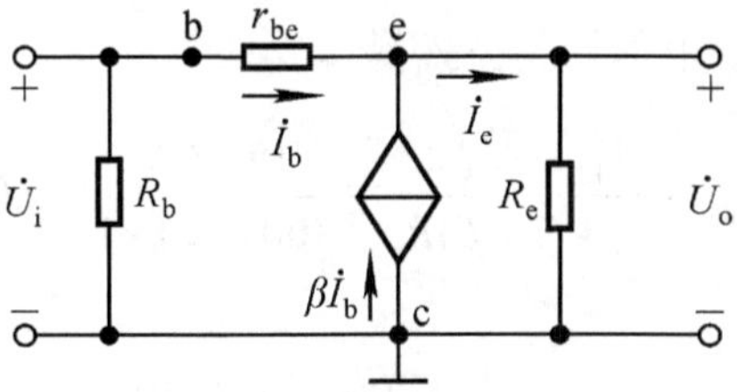

图 2.7.7　图 2.7.5 的小信号等效电路

根据该等效电路，可写出 KVL 方程

$$\dot{U}_i=r_{be}\dot{I}_b+(1+\beta)\dot{I}_b R_e$$

因此输入电阻、电压和电流放大倍数分别为

$$R_i=R_b \,/\!/\, (\dot{U}_i/\dot{I}_b) =R_b \,/\!/\, [r_{be}+(1+\beta)R_e] \tag{2.7.8}$$

$$\dot{A}_u=\frac{\dot{U}_o}{\dot{U}_i}=\frac{(1+\beta)R_e}{r_{be}+(1+\beta)R_e} \tag{2.7.9}$$

$$\dot{A}_i=\frac{\dot{I}_o}{\dot{I}_i}=\frac{-(1+\beta)I_b}{I_b}=-(1+\beta) \tag{2.7.10}$$

输出电阻如何计算？按照输出电阻的定义，先画出求解输出电阻的等效电路，如图 2.7.8 所示。直接利用折合电阻的概念一步写出

$$R_o=\frac{R_b \,/\!/\, R_s+r_{be}}{1+\beta} \,/\!/\, R_e \tag{2.7.11}$$

容易发现，与共射电路不同，共集电路输出电阻小。根据上述公式可知，共集电极放大电路的 R_i 很大，R_o 很小。由于（$1+\beta$）$R_e \gg r_{be}$，因此 $A_u\approx 1$（因此也叫射极跟随器），没有电压放大能力，但有很强的电流放大能力。共集放大电路多用于多级放大电路的输入级、输出级和缓冲级。

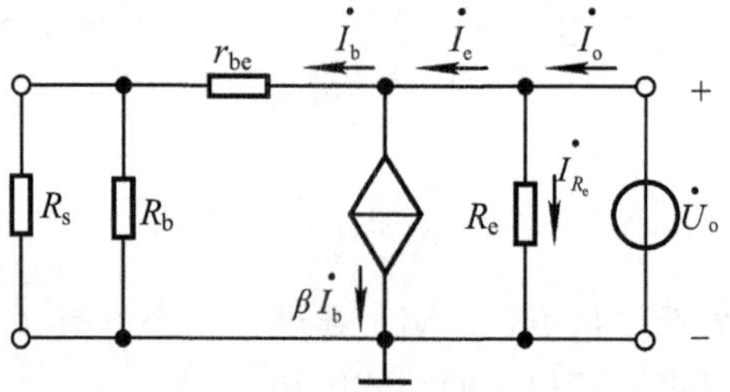

图 2.7.8　求解图 2.7.7 电路输出电阻的等效电路

请读者思考，共射放大电路，电流放大倍数如何计算？

例 2.7.2　在图 2.7.5 电路中，$\beta=100$，$R_b=300\ \text{k}\Omega$，$r_{bb'}=200\ \Omega$，$U_{BEQ}=0.7\ \text{V}$，$R_e=R_L=R_s=1\ \text{k}\Omega$，$V_{CC}=12\ \text{V}$。求：$Q$ 点，A_u、A_i、R_i、R_o。

解　（1）求 Q 点和 r_{be}。根据相关公式得

$$I_{BQ}=\frac{V_{BB}-U_{BEQ}}{R_b+(1+\beta)R_e}=\frac{12-0.7}{300+101\times 1}\approx 0.028\ \text{mA}$$

$$I_{CQ}=\beta I_{BQ}=2.8\ \text{mA}$$

$$U_{CEQ}=V_{CC}-I_{CQ}R_e=12-2.8\times 1=9.2\ \text{V}$$

BJT 交流电阻是

$$r_{be}=r_{bb'}+(1+\beta)\frac{U_T}{I_{EQ}}=200\ \Omega+(1+100)\frac{26}{2.8}\ \Omega\approx 1.14\ \text{k}\Omega$$

（2）求 A_u、A_i、R_i、R_o。根据式（2.7.8）～式（2.7.11），可得

$$R_i=R_b//[r_{be}+(1+\beta)R_e]=300//[1.14+101\times 1]\approx 76.20\ \text{k}\Omega$$

$$\dot{A}_u=\frac{(1+\beta)R_e}{r_{be}+(1+\beta)R_e}=\frac{101\times 1}{1.14+101\times 1}\approx 0.989$$

$$\dot{A}_i=-(1+\beta)=-101$$

$$R_o=\frac{R_b\ //\ R_s+r_{be}}{1+\beta}\ //\ R_e=\frac{300//1+1.14}{101}\ //\ 1\approx 20.7\ \Omega$$

2.7.3　共基放大电路

一、电路的组成与静态分析

图 2.7.9 是 Q 稳定的共基放大电路。其中 C_1、C_3 为输入、输出耦合电容，而 C_2 为基极旁路电容，以实现基极交流接地，等效输入、输出信号的公共端也接基极，所以称之为共基极放大电路（common-base amplifier）。容易看到其直流通路与前述共射级放大电路的直流通路完全相同，静态分析也完全相同，不再赘述。

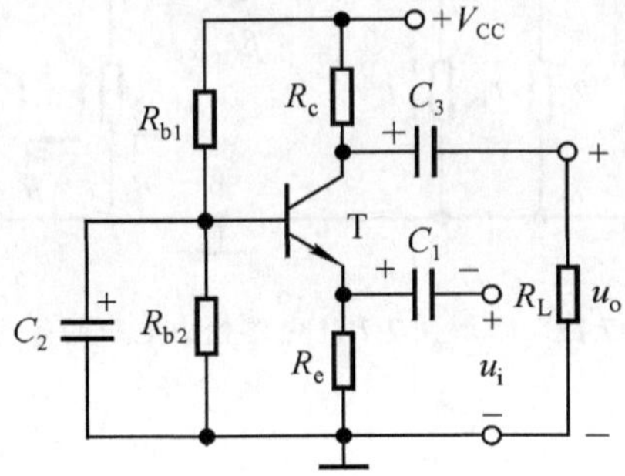

图 2.7.9　Q 稳定的共基极放大电路

二、动态分析

先画出图 2.7.9 的交流通路，如图 2.7.10 所示，再将图 2.7.10 中 BJT 用小信号等效电路替换，可得小信号交流等效电路，如图 2.7.11 所示。根据该等效电路，可写出

$$\dot{U}_i=-r_{be}\dot{I}_b\ ,\ \ \dot{U}_o=-R'_L\beta\dot{I}_b\ ,\ \ R'_L=R_c\ //\ R_L$$

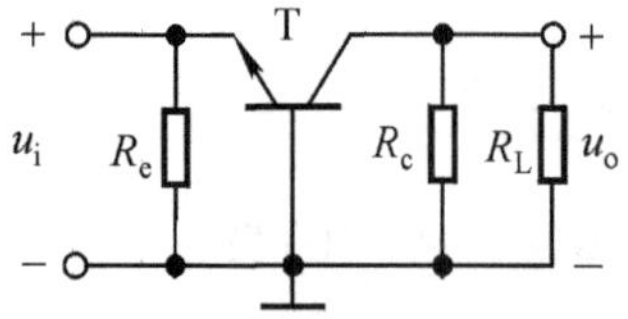

图 2.7.10　图 2.7.9 电路的交流通路

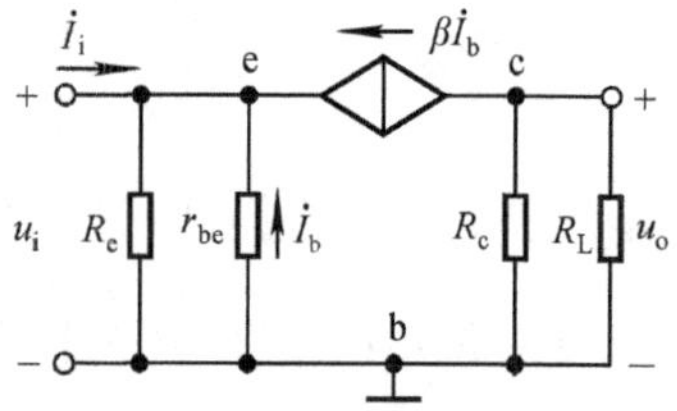

图 2.7.11　图 2.7.9 电路的小信号等效电路

因此有

$$\dot{A}_u = \frac{\dot{U}_o}{\dot{U}_i} = \frac{\beta R_L'}{r_{be}} \tag{2.7.12}$$

与共射电路不同，与共集电路类似，共基电路电压放大倍数为正，说明输出与输入相位相同。利用折合电阻概念，可直接写出输入电阻

$$R_i = R_e \,/\!/\, [r_{be}/(1+\beta)] \tag{2.7.13}$$

容易发现，与共集电路相反，共基电路输入电阻小。那么输出电阻如何计算？按照输出电阻的定义，先画出求解输出电阻的等效电路，如图 2.7.12 所示，其中受控电流源的内阻 r_{ce} 已考虑在内，并且受控电流源已被转换成受控电压源。

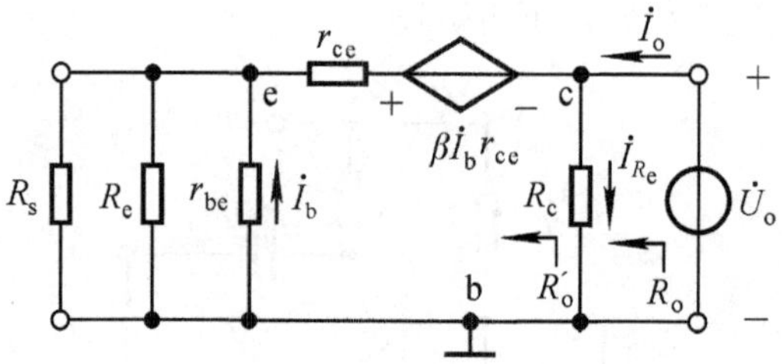

图 2.7.12　求解图 2.7.11 电路输出电阻的等效电路

由图 2.7.12 可知

$$R_s' = R_s \,/\!/\, R_e,\quad \dot{I}_b = -R_s'\dot{I}_c/(R_s' + r_{be})$$

因此由 R_c 左侧看的输出电阻为

$$R_o' = \frac{\dot{U}_o}{\dot{I}_c} = \frac{[r_{ce} + (R_s \,/\!/\, R_e \,/\!/\, r_{be})]\dot{I}_c - \beta\dot{I}_b r_{ce}}{\dot{I}_c} = r_{ce} + (R_s' \,/\!/\, r_{be})(1 + \beta r_{ce}/r_{be})$$

输出电阻为

$$R_o = R_c \,/\!/\, R_o' \approx R_c \tag{2.7.14}$$

容易发现，与共集电路相反，共基电路输出电阻大。

综上所述，三种形式的放大电路各有特点，如表 2.7.1 所示。共射电路既有电压放大能力，又有电流放大能力，输入、输出电阻适中，常作为多级放大电路的中间级；共集电极电路无电压放大能力，但有较强的电流放大能力，输入电阻大，输出电阻小，常作为多级放大电路的输入级和输出级；共基极电路无电流放大能力，但有电压放大能力，输入电阻小，输出电阻大，因通频带很宽[①]，常作为宽带放大器的单元电路。

表 2.7.1　BJT 放大电路三种组态的主要性能

	CE	CC	CB
电路	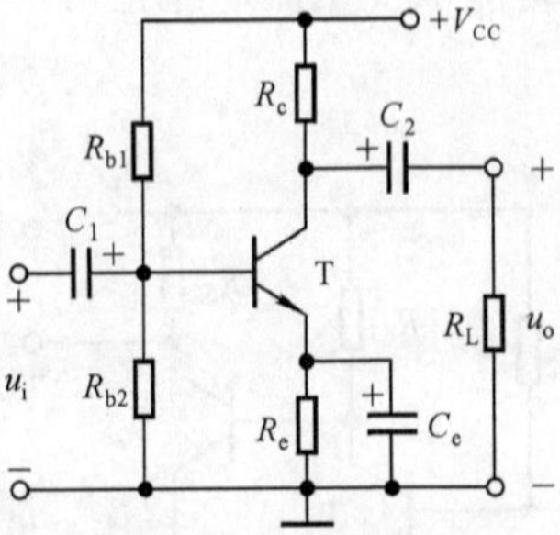	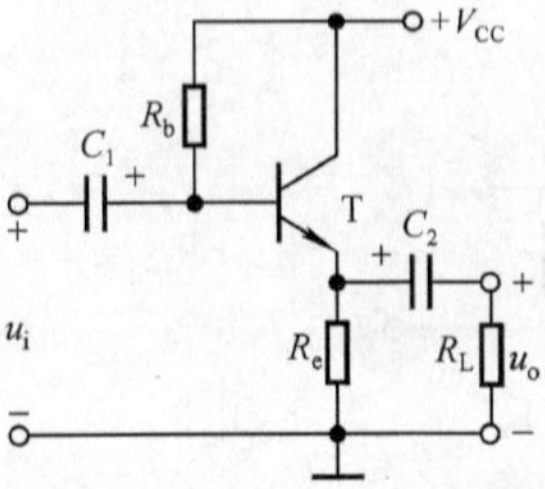	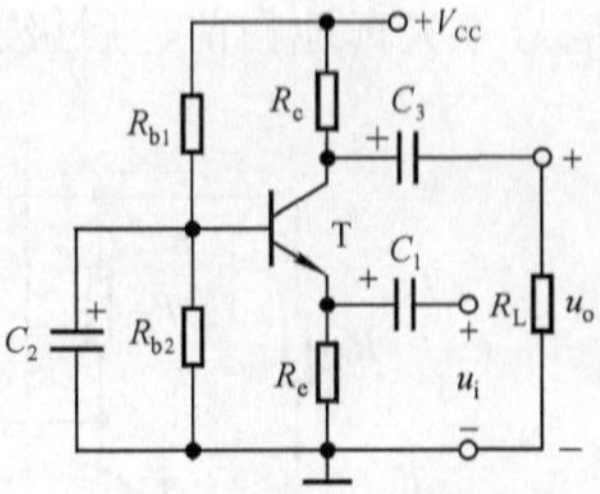
A_v	$\frac{-\beta R_L'}{r_{be}}$，$R_L'=R_c \,/\!/\, R_L$	$\frac{(1+\beta)R_L'}{r_{be}+(1+\beta)R_L'}$，$R_L'=R_e \,/\!/\, R_L$	$\frac{\beta R_L'}{r_{be}}$，$R_L'=R_c \,/\!/\, R_L$
A_i	β	$-(1+\beta)$	$-\alpha$
R_i	$R_{b1} \,/\!/\, R_{b2} \,/\!/\, r_{be}$	$R_b \,/\!/\, [r_{be}+(1+\beta)R_e]$	$R_b \,/\!/\, [r_{be}/(1+\beta)]$
R_o	R_c	$[(R_b \,/\!/\, R_s + r_{be})/(1+\beta)] \,/\!/\, R_L'$	R_c
用途	多级放大电路的中间级	输入级、中间级、输出级	高频或宽带放大电路

2.8　多级放大电路

由单个 BJT 所构成的放大电路称为单级放大电路，其电压放大倍数通常为几十倍。而实际需放大的信号一般很弱，单级放大电路不能胜任，这就需要放大能力更强的多级放大电路。而所谓多级放大电路就是将若干个单级放大电路级联在一起，那么各级之间如何连接？

①参见本书第 4 章相关内容。

2.8.1 级间耦合方式

在多级放大电路中，级间连接方式被称为耦合方式。常见的耦合方式有 4 种，分别是直接耦合、阻容耦合、变压器耦合和光电耦合。

一、直接耦合

所谓直接耦合就是级间以短路线或电阻相连。连接时遵循的原则：在连接后，一是保证前、后级静态工作点正常，以保证各自的 BJT 在放大区；二是能保证交流通路正常，以保证信号不失真地在前、后级放大。

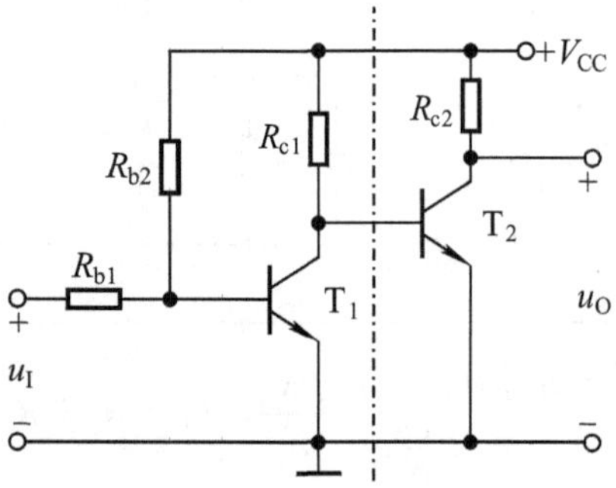

图 2.8.1 违反原则的两级直接耦合放大电路

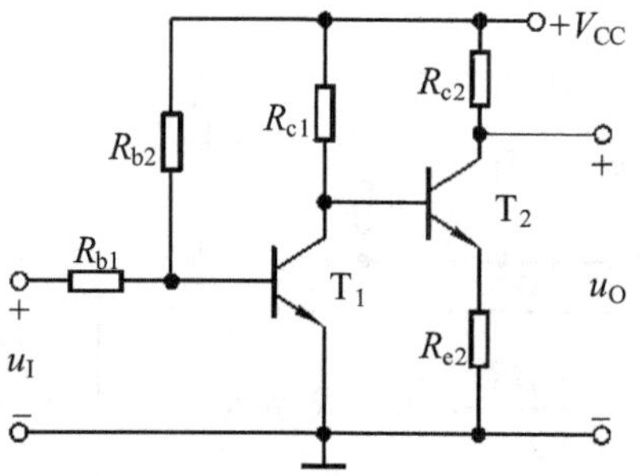

图 2.8.2 两级直接耦合放大电路，后级加 R_{e2}

图 2.8.1 所示两级直接耦合放大电路违反了连接原则。因为 $U_{CE1}=U_{BE2}$，所以 T_1 接近饱和。要使 T_1 在放大区，需要抬高 U_{B2}，为此，最简单的方法是在 T_2 的发射极串一个电阻 R_{e2}，如图 2.8.2 所示。其中 R_{c1} 既是 T_1 的 c 极电阻，又是 T_2 的 b 极电阻。然而，R_{e2} 的增加使第二级放大电路的有效输入减小，导致第二级放大倍数大大下降。为使第二级放大倍数不至于下降过多，可用二极管代替电阻。

由于二极管的直流电阻大，交流电阻小，因此二极管的接入既可使 T_1 在放大区，又可使第二级放大倍数下降不多。与普通二极管相比，运行在稳压区的稳压二极管，其直流电阻更大，交流电阻更小，故图 2.8.3 中使用了稳压二极管，图中 R 为限流电阻。然而旧的问题解决了，新的问题又出现了。由于 T_1、T_2 都运行在放大区，必有 $U_{C2}>U_{B2}=U_{C1}$，即第二级比第一级输出直流电位抬高。如果级数较多，最后一级输出直流电位会更高，最终因 V_{CC} 有限而无法应用。为了解决这个难题，人们使用了 NPN 和 PNP 管混用方法，如图 2.8.4 所示。当 T_1、T_2 都运行在放大区时，必有 $U_{C2}<U_{B2}=U_{C1}>U_{B1}$，即 NPN 会抬高输出直流电位，而 PNP 管则会降低输出直流电位，从而解决了因级数较多时直流电位抬高问题。容易发现，在直接耦合方式中，各级 Q 点相互影响，一般需联立方程求 Q，还有一个缺点：不能阻断零点漂移。然而，因为是直接耦合，所以电路的低频特性好；因不需要电容或变压器耦合，故有利于电路集成。因此，直接耦合放大电路主要用于直流放大以及集成电路中。

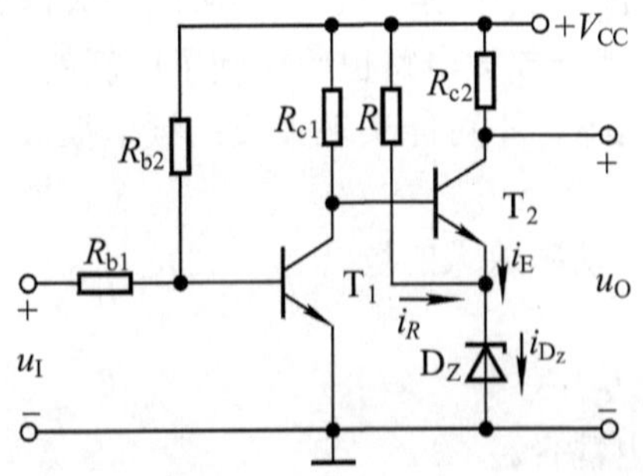

图 2.8.3　两级直接耦合放大电路，后级加稳压管

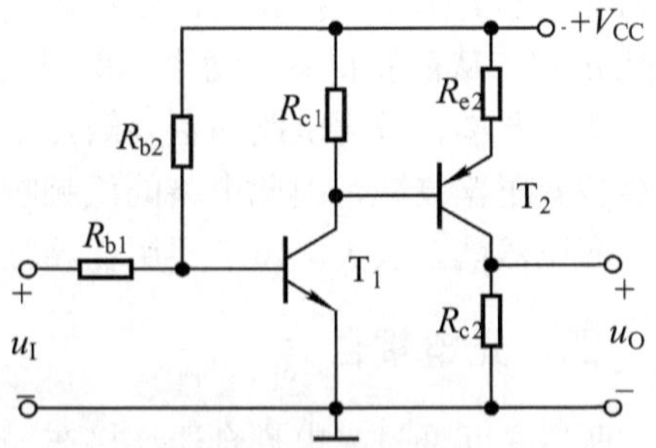

图 2.8.4　两级直接耦合放大电路，NPN 和 PNP 管混用

二、阻容耦合

将两级放大电路之间用电容连接在一起，称之为阻容耦合或电容耦合。由于电容的“隔直通交”作用，自然遵循连接时的两条原则，即连接前、后，各级静态工作点不变，交流通路正常，第二级的输入电阻作为第一级的交流负载，如图 2.8.5 所示。

容易发现，阻容耦合放大电路的优点是各级 Q 相互独立，因此电路设计、调试方便；因耦合电容的容量有限，频率高的信号容易被放大，故高频特性好。正因为如此，阻容耦合放大电路曾得到了广泛的应用。

阻容耦合放大电路的主要缺点是电路使用了大电容，使集成电路困难，因此不适合集成电路；频率低的信号会被耦合电容衰减，因此电路的低频响应差。

阻容耦合放大电路主要用在分立元件放大且信号频率较高、输出功率较大的场合。

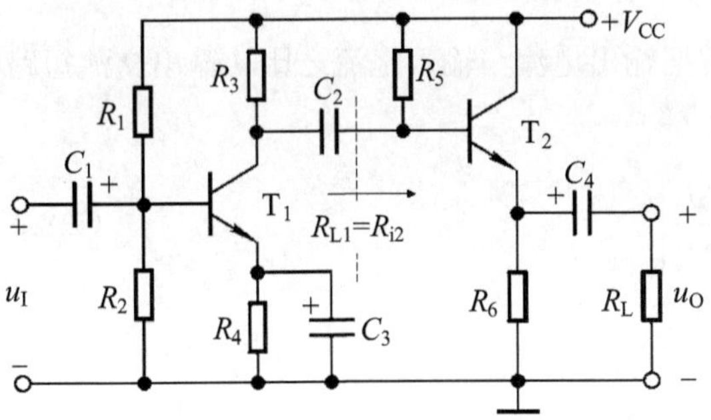

图 2.8.5　两级阻容耦合放大电路

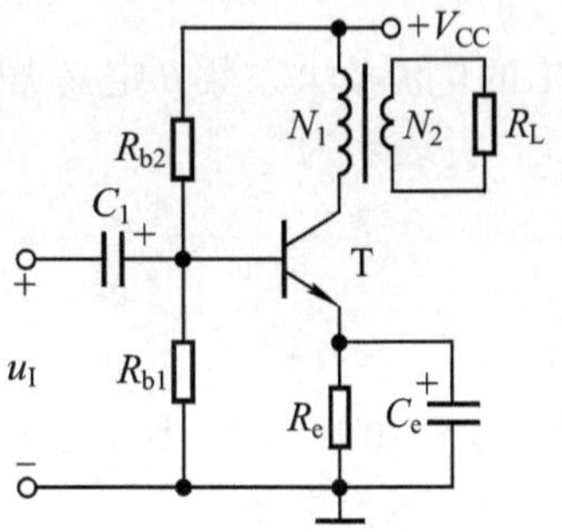

图 2.8.6　变压器耦合放大电路

三、变压器耦合

将两级放大电路之间用变压器连接在一起，称之为变压器耦合。由于实际变压器的“隔直通交”作用，必然遵循连接时的两条原则，即连接前、后，各级静态工作点不变，交流通路正常，如图 2.8.6 所示。其中 R_L 代表下一级的输入电阻，也可表示实际的负载。

容易发现，变压器耦合放大电路的优点是各级 Q 相互独立，因此电路设计、调试方便；

因为变压器的阻抗变换作用，集电极交流负载 $R_L'=n^2R_L$，其中 $n=N_1/N_2$，所以放大倍数将提高 n^2 倍，从而获得更大功率。正因为如此，，变压器耦合放大电路也曾得到了广泛的应用。

变压器耦合放大电路的主要缺点是电路使用了变压器，不可能实现集成；频率很低的信号会被变压器衰减，因此电路的低频响应差。

变压器耦合放大电路主要用在高频功率放大、特大功率放大的场合。

四、光电耦合

两级之间通过光电耦合器连接在一起，称之为光电耦合。

1. 光电耦合器

光电耦合器是实现光电耦合的基本器件，如图 2.8.7 所示。它的输入级是一个发光二极管，其作用是将输入的电信号转换为光信号。输出级是一个光电三极管，其作用是将光信号再转换为电信号。

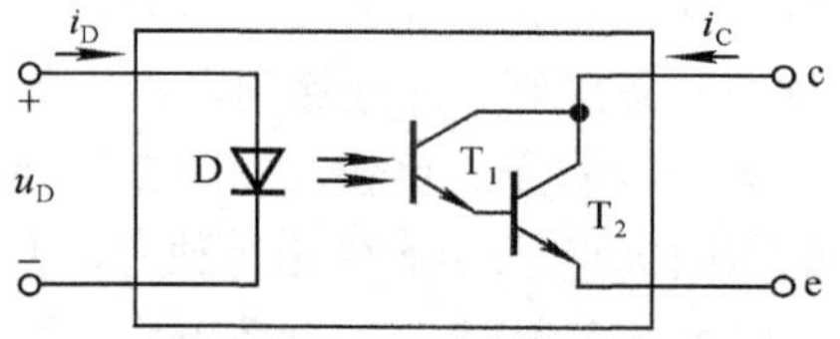

图 2.8.7　光电耦合器

与 BJT 的输出特性类似，通常把输出电流与输出电压之间的关系（输入交流开路）叫做传输特性，并表示为

$$i_C=f(u_{CE})\big|_{I_D} \tag{2.8.1}$$

与 BJT 的电流放大系数 β 定义类似，通常把输出电流与输入电流之比（输出交流短路）叫做传输比，并表示为

$$CTR=\left.\frac{\Delta i_C}{\Delta i_D}\right|_{U_{CE}} \tag{2.8.2}$$

然而，通常 $CTR=0.1\sim1.5$，比 β 小得多。

2. 光电耦合放大电路

图 2.8.8 给出了一个光电耦合放大电路。静态时，$u_s=0$，$i_D=I_{DQ}$，$u_O=U_{CEQ}$，$i_C=I_{CQ}$，故输出交流电压为零。动态时，$u_s\neq0$，$\Delta u_O=-R_c\Delta i_C$，故输出端有了已放大的信号。$CTR$ 较小，尽管已有 CTR 较大的光电耦合器，但是，使用光电耦合放大电路的目的不是放大信号，而是实现输入、输出级的电气隔离。在控制系统中，输出级是强电，往往包含像继电器之类的电感元件，这类元件在导通与截止时会产生很大的感应电压，如果用单片机直接控制继电器，大的感应电压会击穿单片机。相反，在控制对象和单片机之间通过光电耦合，无论如何感应电压都不可能影响单片机。这种作用被称为“隔离高低电压”。同样的原因，光电耦合也被用在开关电源、汽车电子电路、手机充电器等中。

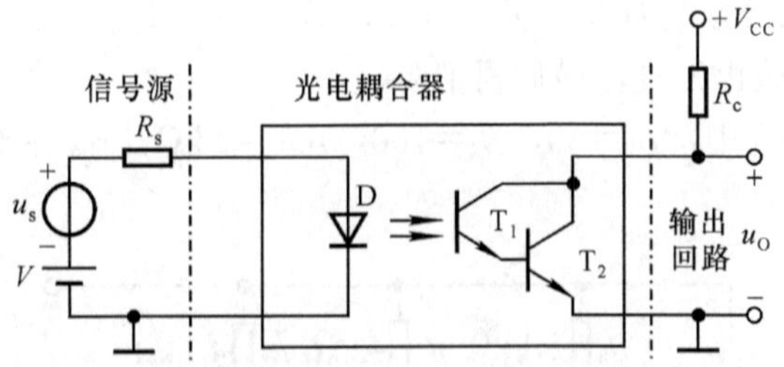

图 2.8.8　光电耦合放大器

2.8.2　多级放大电路的性能指标计算

一个两级放大电路的交流通路可以用图 2.8.9 所示方框图表示。容易看出，第一级的输入即为总的输入，第二级的输入电阻为第一级的负载，而第一级的输出电阻为第二级的信号源内阻，第二级的输出即为总的输出。因此，总的放大倍数为

$$\dot{A}_u=\frac{\dot{U}_o}{\dot{U}_i}=\frac{\dot{U}_{o1}}{\dot{U}_i}\times\frac{\dot{U}_o}{\dot{U}_{i2}}=\dot{A}_{u1}\times\dot{A}_{u2} \tag{2.8.3}$$

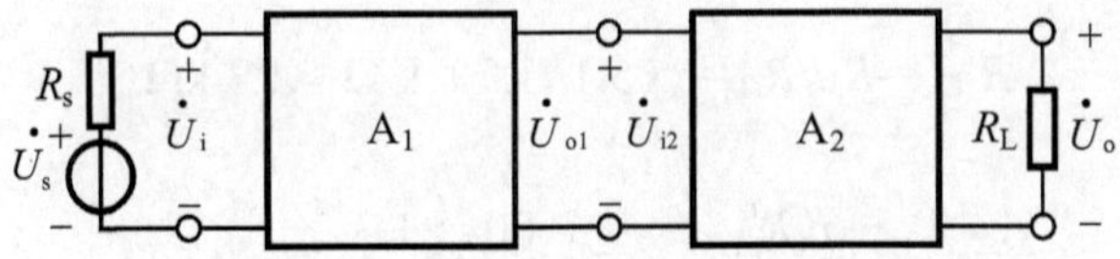

图 2.8.9　两级放大电路的方框图

若多级放大电路是由 n 个单级放大电路组成，则可将式（2.8.3）推广为

$$\dot{A}_u=\prod_{j=1}^{n}\dot{A}_{uj} \tag{2.8.4}$$

由放大电路输入电阻的定义可知，多级放大电路的输入电阻就是第一级的输入电阻，即

$$R_i=R_{i1} \tag{2.8.5}$$

由放大电路输出电阻的定义可知，多级放大电路的输出电阻就是最后一级的输出电阻，即

$$R_o=R_{on} \tag{2.8.6}$$

必须明确，若第一级是共射电路，则 R_i 仅取决于第一级参数，而与第二级参数无关。若最后一级是共射电路，则 R_o 仅取决于最后一级参数，而与倒数第二级参数无关。然而，对共集电路作为第一级，R_i 不仅与第一级参数有关，而且与第二级参数有关；以共集级作为最后

一级，则 R_o 与倒数第二级参数有关。另一方面，若电路产生了失真，应先确定哪一级失真，再判断是饱和失真还是截止失真，最后再消除。

例 2.8.1 在图 2.8.10 中，$\beta_1=60$，$\beta_2=100$，$r_{be1}=2\ \text{k}\Omega$，$r_{be2}=2.2\ \text{k}\Omega$ $R_s=1\ \text{k}\Omega$。求 A_u、R_i、R_o、A_{us}。

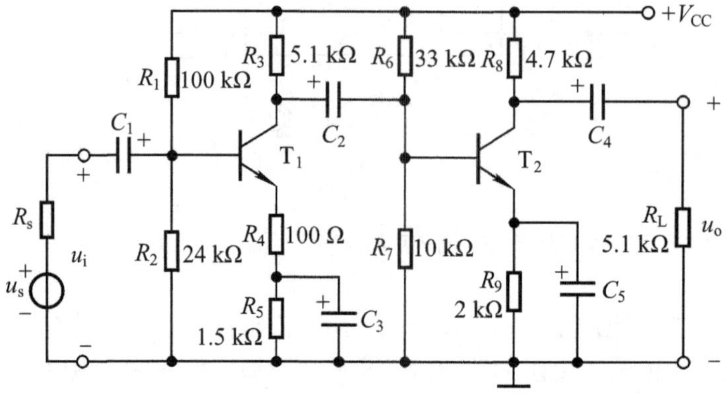

图 2.8.10 一个两级阻容耦合放大电路

解 首先计算第二级输入电阻

$$R_{i2}=R_6//R_7//r_{be2}=（33//10//2.2）\text{k}\Omega\approx1.7\ \text{k}\Omega$$

第一级的负载电阻因此为

$$R'_{L1}=R_3//R_{i2}=（5.1//1.7）\text{k}\Omega\approx1.3\ \text{k}\Omega$$

第一级的放大倍数为

$$A_{u1}=\frac{-\beta_1R'_{L1}}{r_{be1}+(1+\beta_1)R_4}=\frac{-60\times1.3}{2+61\times0.1}\approx-9.6$$

第二级的放大倍数

$$A_{u2}=\frac{-\beta_2R'_L}{r_{be2}}=\frac{-100\times(4.7//5.1)}{2.2}\approx-111$$

总的放大倍数为

$$A_u=A_{u1}\cdot A_{u2}=-9.6\times(-111)=1066$$

总的输入电阻就是第一级的输入电阻，即

$$R_i=R_{i1}=R_1//R_2//[r_{be1}+(1+\beta_1)R_4]\approx5.7\ \text{k}\Omega$$

总的输出电阻就是第二级的输出电阻，即

$$R_o=R_{o2}=R_8=4.7\ \text{k}\Omega$$

源电压放大倍数为

$$A_{us}=A_u\frac{R_i}{R_i+R_s}=1066\times\frac{5.7}{5.7+1}\approx907$$

2.8.3　组合放大电路

实际应用的放大电路，除了要有较高的放大倍数之外，往往还对输入、输出电阻及其它性能提出要求。根据三种基本放大电路的特性，将它们适当组合，取长补短，可以获得各具特点的组合放大器（combination amplifier）。

一、共集-共基组合放大电路

图 2.8.11 表明了共集–共基组合放大电路（CC-CB amplifier）①。各级之间采用阻容耦合，静态分析可分开进行，不再赘述。图 2.8.12 表明了其交流通路，无需画出其低频小信号等效电路，直接根据基本放大电路的输出、输入电阻公式并利用折合电阻的概念，可得输出、输入电阻分别为

$$R_o = R_{o2} \approx R_c \tag{2.8.7}$$

$$R_i = R_{i1} = R_{b1} \,/\!/ \left[r_{be1} + \frac{1+\beta_1}{1+\beta_2} r_{be2} \right] \tag{2.8.8}$$

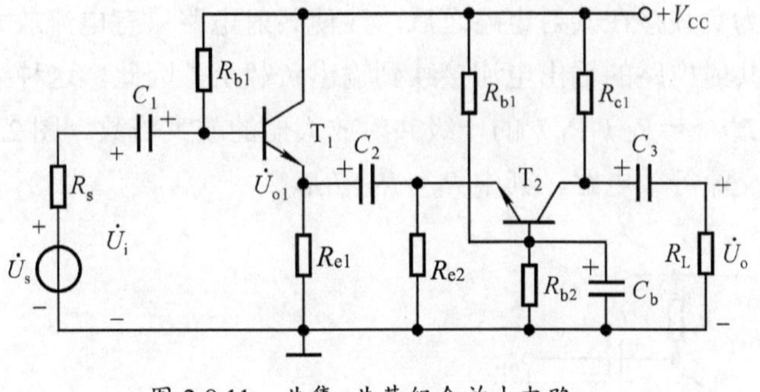

图 2.8.11　共集–共基组合放大电路

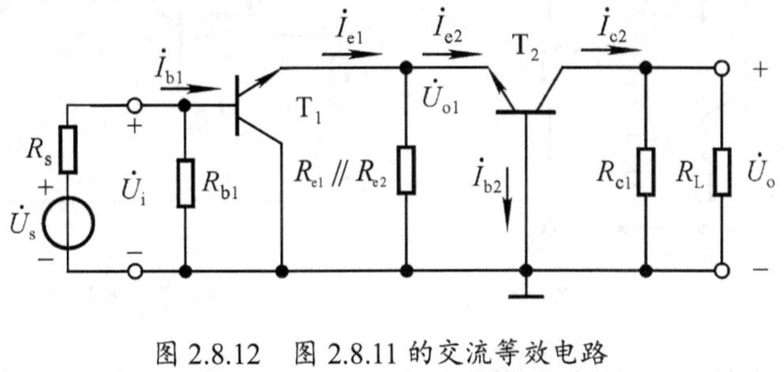

图 2.8.12　图 2.8.11 的交流等效电路

根据基本放大电路的放大倍数公式并利用折合电阻的概念，可得电压、电流放大倍数分别为

①参见文献[2-7] 77-78 页。

$$\begin{aligned}\dot{A}_u&=\frac{\dot{U}_o}{\dot{U}_i}=\frac{\dot{U}_o}{\dot{U}_{o1}}\cdot\frac{\dot{U}_{o1}}{\dot{U}_i}\\&=\frac{\beta_2 R_L'}{r_{be2}}\cdot\frac{(1+\beta_1)[R_{e1}\,/\!/\,R_{e2}\,/\!/\,r_{be2}/(1+\beta_2)]}{r_{be1}+(1+\beta_1)[R_{e1}\,/\!/\,R_{e2}\,/\!/\,r_{be2}/(1+\beta_2)]}\approx\frac{\beta_2 R_L'}{r_{be2}}\end{aligned} \tag{2.8.9}$$

$$\dot{A}_i=\frac{\dot{I}_o}{\dot{I}_i}\approx\frac{-\dot{I}_{c2}}{\dot{I}_{e2}}\cdot\frac{\dot{I}_{e1}}{\dot{I}_{b1}}=-\alpha_2\left(1+\beta_1\right)\approx-\left(1+\beta_1\right) \tag{2.8.10}$$

式中，$R_L'=R_{c1}\,/\!/\,R_L$，并且在计算 A_i 时忽略 R_{b1} 和 $R_{e1}\,/\!/\,R_{e2}$ 的分流。可以看到共集–共基组合放大电路的输入电阻大，电压放大倍数与单管共基极电路相同，电流放大倍数与单管共集电极电路相同。由于共集电路和共基电路的上限频率较高①，因此电路的通频带也较宽。两种基本接法的优点同时被体现。

二、共射–共基组合放大电路

图 2.8.13 表明了共射–共基组合放大电路②，它也被称为 cascode configuration③，输入级与信号源、输出级与负载均采用阻容耦合，而两极之间采用直接耦合。由于共基电路的输入电阻很小，将它作为负载接在共射电路之后，致使共射电路只有电流放大而没有电压放大。而共基电路只是将共射电路的输出电流接续到输出负载上。因此，这种组合放大电路的放大倍数相当于负载为 R_L'（$=R_C\,/\!/\,R_L$）的一级共射放大器的放大倍数。图 2.8.14 给出了共射–共基组合放大电路的交流等效电路，其中 $R_b=R_{b2}\,/\!/\,R_{b3}$。

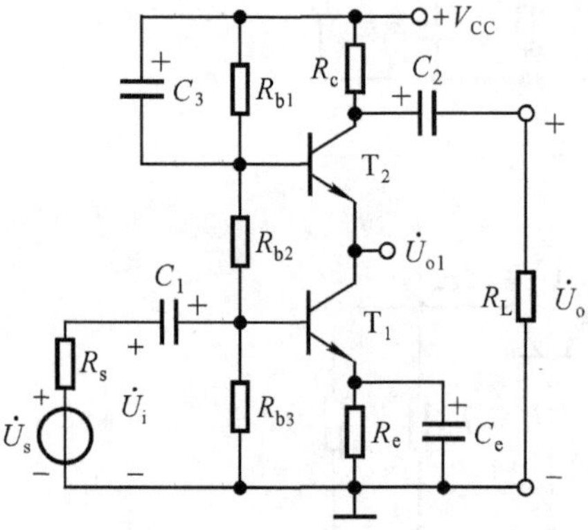

图 2.8.13 共射–共基组合放大电路

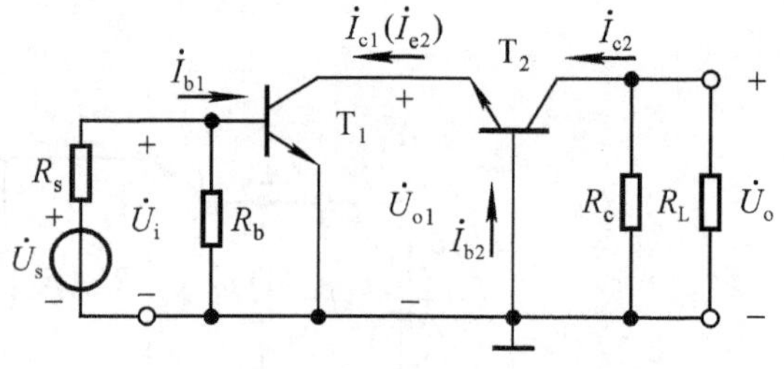

图 2.8.14 图 2.8.13 的交流等效电路

观察电路容易得到输出、输入电阻各为

①参见本书第 4 章相关内容。
②参见文献[2-8] 75 页。
③参见文献[2-9] 445 页。

$$R_o = R_{o2} \approx R_c \tag{2.8.11}$$

$$R_i = R_{i1} = r_{be1} \tag{2.8.12}$$

电流、电压放大倍数分别为

$$\dot{A}_i = \frac{\dot{I}_o}{\dot{I}_i} = \frac{\dot{I}_{c2}}{\dot{I}_{e2}} \cdot \frac{\dot{I}_{c1}}{\dot{I}_{b1}} = \alpha_2 \beta_1 \approx \beta_1 \tag{2.8.13}$$

$$\dot{A}_u = \frac{\dot{U}_o}{\dot{U}_i} = \frac{\dot{U}_o}{\dot{U}_{o1}} \cdot \frac{\dot{U}_{o1}}{\dot{U}_i} = \frac{\beta_2 R_L'}{r_{be2}} \cdot \frac{-\beta_1 \cdot [r_{be2} / (1+\beta_2)]}{r_{be1}} \approx -\frac{\beta_1 R_L'}{r_{be1}} \tag{2.8.14}$$

式中，$R_L' = R_c // R_L$，并且在计算 A_i 时忽略 R_b 的分流。可以看到共射–共基组合放大电路的电压放大倍数与单管共射电路相同，电流放大倍数也与单管共射极电路相同。然而，接入低阻共基电路使得共射电路电压放大倍数减小的同时，也大大减弱了共射放大管内部的反向传输效应。其结果，一方面提高了电路高频工作时的稳定性，另一方面明显改善了放大电路的频率特性。正是这一优点，使得共射–共基组合放大电路在高频电路中获得了广泛的应用。

例 2.8.2　试根据下列要求分别选用合适的基本放大电路构成两级放大电路，可用基本电路有：共射电路，共集电路，共基电路。

（1）$R_i = 100\ \text{k}\Omega$，$A_u = -100$；

（2）$R_i = 5\ \text{k}\Omega$，$A_u = 10000$；

（3）$R_i = 10\ \text{k}\Omega$，$A_u = -10$，$R_o = 30\ \Omega$。

解　（1）由于 $R_i = 100\ \text{k}\Omega$，因此第一级可采用共集电路，以满足 R_i 要求。由于 $A_u = -100$，第二级采用共射电路以满足 $A_u = -100$ 的要求。

（2）由于 $R_i = 5\ \text{k}\Omega$，即要求 R_i 大小适中，而 $A_u = 10000$，两级电路都应有较大电压增益，且总输出电压与输入电压同相，因此两级电路都选用共射电路。

（3）由于 $R_o = 30\ \Omega$，输出电阻非常小，因此第二级选用共集电路。而 $R_i = 10\ \text{k}\Omega$，$A_u = -10$，故第一级采用共射电路以满足要求。

本章小结

BJT 是重要的半导体器件。本章先介绍了 BJT 的结构、工作原理、外特性和主要参数，再讨论三种形式 BJT 放大电路的分析，最后给出基本的组合放大电路分析。

一、BJT 原理

（1）BJT 分为 NPN 管和 PNP 管两大类。每类都有硅管和锗管之分，故共有 4 种类型。

（2）BJT 各极电流既有多子参与导电，也有少子参与导电，因此热稳定性较差。

（3）BJT 输出特性曲线反映 i_B 为参变量 i_C 与 u_{CE} 的关系，该曲线将伏安平面分为饱和区、放大区和截止区。运行在不同区域的条件和特点参见下表所示：

伏安平面	条 件	特 点
截止区	NPN 管：$u_{BE}<U_{on}$，$u_{CE}>u_{BE}$	$i_B\approx0$，$i_C\approx0$，$i_E\approx0$
	PNP 管：$u_{EB}<U_{on}$，$u_{EC}>u_{EB}$	
放大区	NPN 管：$u_{BE}>U_{on}$，$u_{CE}>u_{BE}$	$i_C=\beta i_B$，i_C 几乎与 u_{CE} 无关
	PNP 管：$u_{EB}>U_{on}$，$u_{EC}>u_{EB}$	$i_C=\beta i_B$，i_C 几乎与 u_{EC} 无关
饱和区	NPN 管：$u_{BE}>U_{on}$，$u_{CE}<u_{BE}$	$i_C<\beta i_B$，$u_{CE}<0.3$ V
	PNP 管：$u_{EB}>U_{on}$，$u_{EC}<u_{EB}$	$i_C<\beta i_B$，$u_{EC}<0.3$ V

（4）在临界饱和点，u_{CE} 与 u_{BE} 满足的方程：

$$u_{CE}=u_{CE(sat)}=u_{BE}\text{，对 NPN 管}$$

$$u_{EC}=u_{EC(sat)}=u_{EB}\text{，对 PNP 管}$$

二、放大的概念和放大电路的性能指标

（1）放大是对变化量而言，放大的本质是能量控制作用，放大的核心是电路中有有源器件，放大的前提是信号基本不失真。

（2）衡量放大电路性能优劣是用性能指标描述的，主要有放大倍数、输入电阻、输出电阻、通频带、非线性失真系数 *THD*、最大不失真输出电压、最大不失真输出功率和效率等。

三、BJT 放大偏置电路

（1）定基流偏置电路和电流负反馈型偏置电路。求解该电路工作点的方法是根据 KVL 先求 I_B，再利用 $I_C=\beta I_B$ 求 I_C，最后根据 KVL 求 U_{CE}。

（2）分压式偏压电路。求解该电路工作点的方法是先根据分压公式 U_B，再利用 OL 求 I_C，最后根据 KVL 求 U_{CE}。

四、BJT 小信号模型及参数

叠加在工作点上的小信号间关系满足一个近似的线性模型，即基极相当于一个小电阻 r_{be}，集射之间相当于 ib 控制的线性受控电流源，其控制系数为 BJT 的电流放大系数β，在放大区β几乎是常数。r_{be} 与静态工作点 Q 有关：

$$r_{be}=r_{bb'}+(1+\beta)\frac{U_T}{I_{EQ}}=r_{bb'}+\frac{U_T}{I_{BQ}}$$

BJT 的输出电阻

$$r_{ce}=\frac{U_A}{I_{CQ}}$$

五、BJT 放大电路的分析方法

（1）直流分析：包括图解法和近似估算法。

（2）交流分析：包括图解法和微变等效电路法。两种方法只适合低频信号，图解法适合大输出信号，微变等效电路法适合小信号。微变等效电路法的具体步骤：①画出放大电路的直流通路，求 Q 点。②画出放大电路的的小信号等效电路，求性能参数和交流量。③叠加交流和直流得总量。

六、BJT 放大电路的基本组态

（1）BJT 放大电路有共射、共集和共基三种放大组态。

（2）共射放大电路既有电压放大能力，又有电流放大能力，其输入电阻和输出电阻适中，常作为多级放大电路的中间级。

（3）共集放大电路无电压放大能力，但有电流放大能力，其输入电阻大，输出电阻小，常作为多级放大电路的输入级和输出级。

（4）共基放大电路无电流放大能力，但有电压放大能力，其输入电阻小，输出电阻大，高频响应好，常作为宽带放大电路。

七、重点、难点

1. 重点

（1）BJT 的外特性和参数；

（2）BJT 的小信号模型；

（3）BJT 基本放大电路的组成、工作原理及性能特点；

（4）静态工作点的基本概念和偏置电路的估算；

（5）小信号等效电路分析方法。

2. 难点

（1）BJT 的工作原理；

（2）多级放大电路动态参数的分析。

参考文献

[2-1] 王志刚，龚杰星. 现代电子线路（上册）[M]. 北京：清华大学出版社，北方交通大学出版社，2003.

[2-2] 梁明理，朱俊，孙尽尧. 电子线路[M]. 5 版. 北京：高等教育出版社，2008.

[2-3] 武汉大学《电子线路》教材编写组. 电子线路（上册第 1 分册）[M]. 北京：人民教育出版社，1979.

[2-4] 孙肖子，谢松云，李会方. 模拟电子技术基础[M]. 西安：西安电子科技大学出版社，2012.

[2-5] 阎石. 数子电子技术基础[M]. 5 版. 北京：高等教育出版社，2006.

[2-6] 童诗白，华成英. 模拟电子技术基础[M]. 3 版. 北京：高等教育出版社，2001.

[2-7] 唐竞新. 模拟电子技术基础解题指南[M]. 北京：清华大学出版社，1998.

[2-8] 傅丰林. 模拟电子技术基础[M]. 北京：人民邮电出版社，2008.

[2-9] Neamen D A. 电子电路分析与设计——半导体器件及其基本应用[M]. 3 版. 北京：清华大学出版社，2007.

自 测 题

一、判断下列说法是否正确，正确的用“√”表示，错误的用“×”表示。

1. 信号被放大电路放大了，一定是功率被放大。（　）

2. 放大电路中必须有有源元件，否则不能放大。（　）

3. 当温度升高时，半导体三极管的 I_{CBO} 升高，发射结电压 U_{BE} 不变。（　）

4. 在放大电路的三种基本组态中，因共射放大电路能放大电压和电流，因此带负载能力最强。（　）

5. 放大电路必须加上合适的直流电源才能正常工作。（　）

6. 由于放大的对象是变化量，所以当输入信号为直流信号时，电路不能进行放大。（　）

7. 阻容耦合和变压器耦合放大电路能够放大交流信号，但是不能放大缓慢变化信号和直流信号。（　）

二、选择正确答案填入空内。

1. 测得晶体管三个电极对地的电压分别为 2 V、6 V、−2.2 V，则该管________。

A. 处于饱和状态　B. 放大状态　C. 截止状态　D. 已损坏

2. 处于放大状态的 NPN 三极管各极电位分别为________。

A. $U_C > U_B > U_E$　B. $U_C < U_B < U_E$　C. $U_B > U_E > U_C$　D. $U_B > U_C > U_E$

3. 一个晶体管的极限参数为 $P_{CM}=100$ mW，$I_{CM}=20$ mA，$U_{(BR)CEO}=15$ V，则下列哪种是正常工作状态________。

A. $U_{CE}=3$ V，$I_C=10$ mA　　B. $U_{CE}=2$ V，$I_C=40$ mA

C. $U_{CE}=6$ V，$I_C=20$ mA　　D. $U_{CE}=16$ V，$I_C=30$ mA

4. 测得某放大电路开路输出电压为 4 V，接上 5.1 kΩ 的负载后，测得电压为 2 V，则该放大电路的输出电阻为________。

A. 5.1 kΩ　　B. 10.2 kΩ　　C. 2.55 kΩ　　D. 0 kΩ

5. 为了使高内阻信号源和低阻负载匹配，可在二者之间插入________。

A. 共射电路　　B. 共集电路

C. 共基电路　　D. 共射–共基组合放大电路

6. 微变等效电路法适合于________。

A. 高频信号　　B. 大信号　　C. 求静态工作点　　D. 低频小信号

三、试分析图 T2.3 所示各电路是否能够放大正弦交流信号，简述理由。设图中所有电容对交流信号均可视为短路。

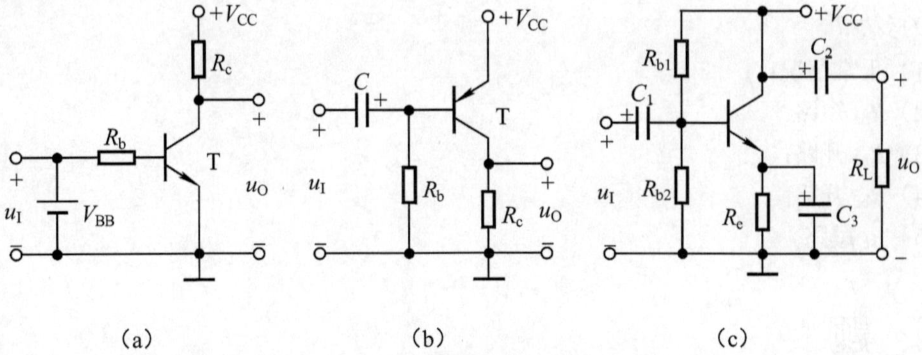

图 T2.3

四、在图 T2.4 所示电路中，若输入不失真的正弦信号，但输出波形失真了，这是什么类型的失真？如何消除失真？该电路的静态工作点是否稳定？

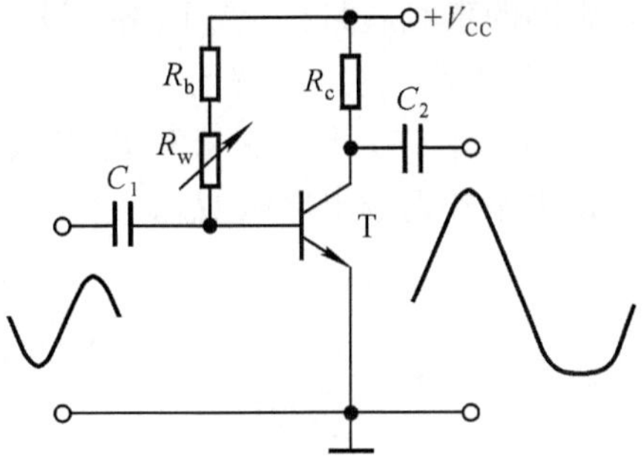

图 T2.4

五、图 T2.5 所示电路中的三极管为硅管，试判断其工作状态。

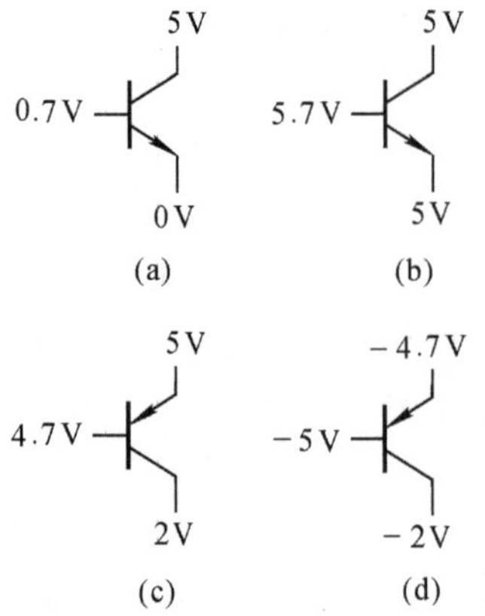

图 T2.5

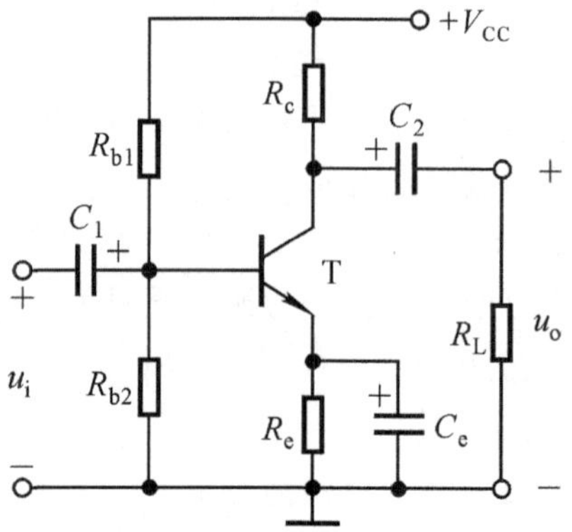

图 T2.6

六、电路如图 T2.6 所示，已知晶体管β=50，V_{CC}=12 V，U_{CES}=0.5 V，R_{b1}=50 kΩ，R_{b2}=20 kΩ，R_c=R_L=5 kΩ，R_e=2.7 kΩ。在下列情况下，用直流电压表测晶体管的集电极电位，应分别为多少？

（1）正常情况；

（2）R_{b1} 短路；

（3）R_{b1} 开路；

（4）R_{b2} 开路；

（5）R_c 短路。

习 题

2.1 测得某放大电路的输入正弦电压和电流的峰值分别为 10 mV 和 10 μA，在负载电阻为 2 kΩ 时，测得输出正弦电压信号的峰值为 2 V。试计算该放大电路的电压放大倍数、电流放大倍数和功率放大倍数，并分别用分贝（dB）表示。

2.2 画出图 P2.2 所示各电路的直流通路和交流通路。设所有电容对交流信号均可视为短路。

2.3 电路如图 P2.3（a）所示，图（b）是 $R_L\to\infty$和 R_L 有限时的直流负载线，设 U_{BEQ}=0.7 V，求 V_{CC}、R_c、R_L、R_b 和最大不失真输出电压 U_{om}。

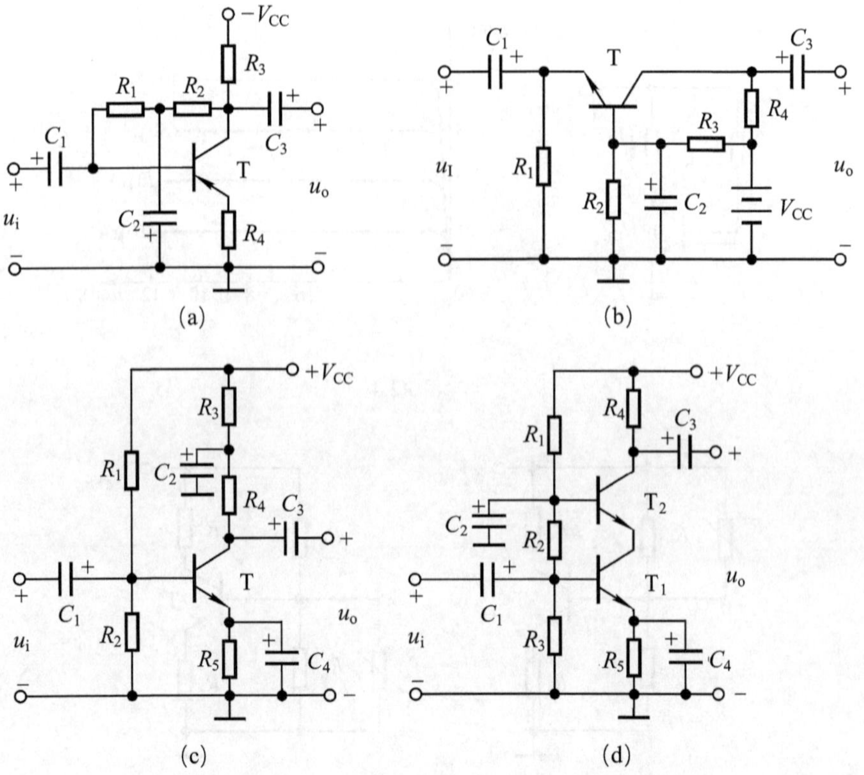

图 P2.2

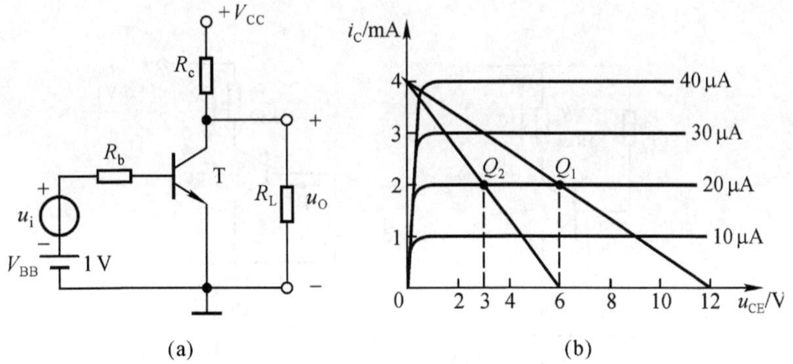

图 P2.3

2.4 图 P2.4（a）所示电路中，三极管的输出伏安特性曲线如图 P2.4（b）所示。设 $U_{BEQ}=0$，当 R_b 分别为 300 kΩ、150 kΩ 时，试用图解法求 I_C、U_{CE}。

2.5 图 P2.5 所示分压式偏置电路中的热敏电阻具有负温度系数，试判断这两个偏置电路能否起到稳定静态工作点的作用。

2.6 设图 P2.6 所示电路中各 BJT 均为硅管且 $\beta=100$，判断各 BJT 的运行状态，并求管的 I_B、I_C 和 U_{CE}。

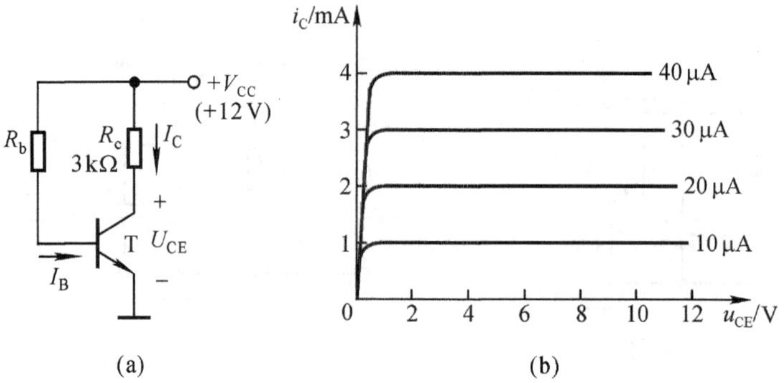

图 P2.4

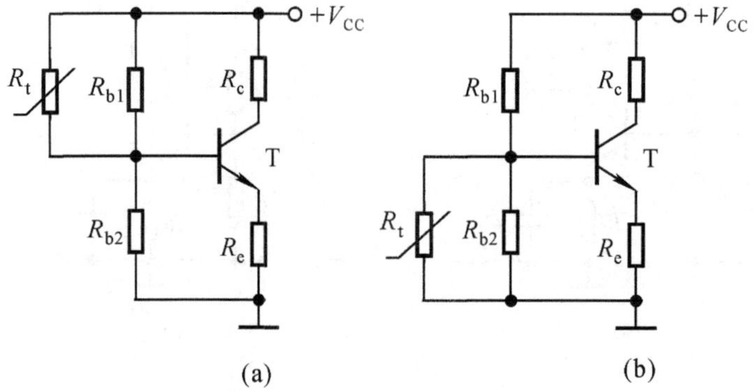

图 P2.5

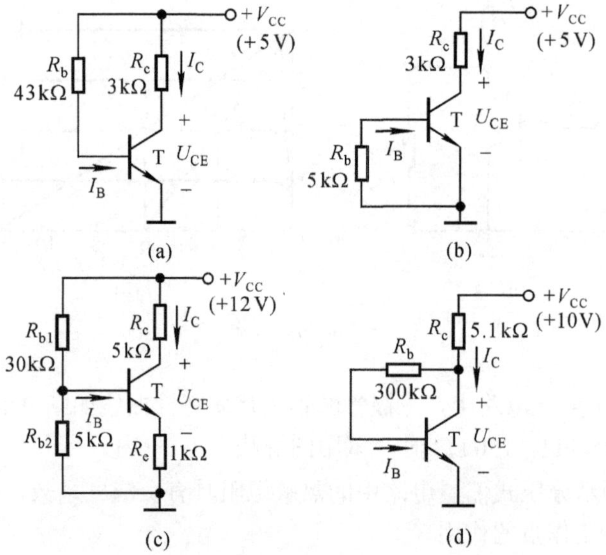

图 P2.6

2.7　三极管放大电路如图 P2.7 所示，$V_{CC}=12$ V，$U_{BEQ}=0.6$ V，$\beta=50$，$R_b=200$ kΩ。试分析：（1）为使静态参数 $I_{CQ}=1.5$ mA，$U_{CEQ}=6$ V，则 R_w、R_c 阻值应取多少？

（2）欲将 U_{CEQ} 改为 3.3 V，R_c 值不变，则 R_w 阻值应改为多少？

（3）能否不用 R_b 而只用 R_w？为什么？

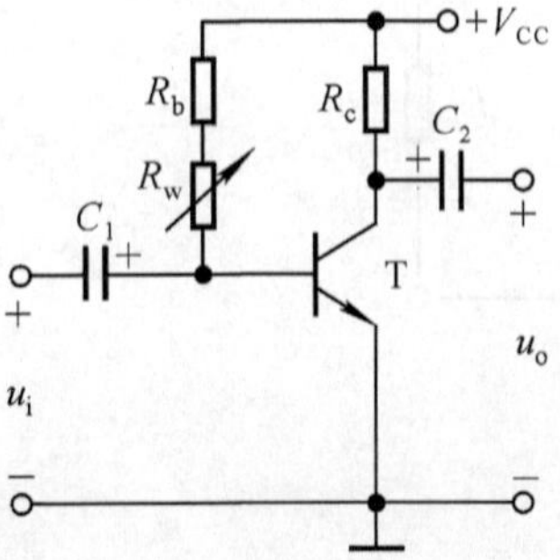

图 P2.7

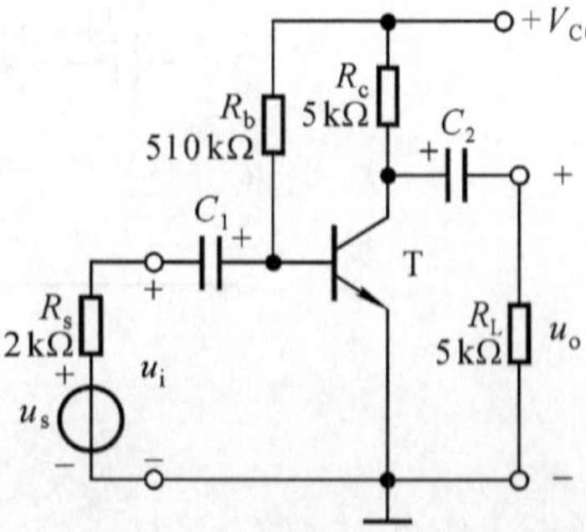

图 P2.8

2.8　在图 P2.8 所示电路中，已知晶体管的$\beta=80$，$r_{be}=1$ kΩ，$U_i=20$ mV；静态时 $U_{BEQ}=0.7$ V，$U_{CEQ}=4$ V，$I_{BQ}=20$ μA。判断下列结论是否正确，凡对的在括号内打“√”，否则打“×”。

（1）$\dot{A}_u=-\dfrac{4}{20\times10^{-3}}=-200$；（　）　　（2）$\dot{A}_u=-\dfrac{4}{0.7}\approx-5.71$；（　）

（3）$\dot{A}_u=-\dfrac{80\times5}{1}=-400$；（　）　　（4）$\dot{A}_u=-\dfrac{80\times2.5}{1}=-200$；（　）

（5）$R_i=\left(\dfrac{20}{20}\right)$ kΩ$=1$ kΩ；（　）　　（6）$R_i=\left(\dfrac{0.7}{0.02}\right)$ kΩ$=35$ kΩ；（　）

（7）$R_i\approx3$ kΩ；（　）　　（8）$R_i\approx1$ kΩ；（　）

（9）$R_o\approx5$ kΩ；（　）　　（10）$R_o\approx2.5$ kΩ；（　）

（11）$\dot{U}_s\approx20$ mV；（　）　　（12）$\dot{U}_s\approx60$ mV。（　）

2.9　基本共射放大电路如图 P2.9 所示，已知 $V_{CC}=12$ V，$R_b=400$ kΩ，$R_c=2$ kΩ，$R_L=6$ kΩ，$\beta=100$，$U_{BEQ}=0.7$ V，$r_{bb'}=300$ Ω，C_1 和 C_2 的容量足够大。试求：

（1）画出电路的直流通路、交流通路和微变等效电路；

（2）求电路的 A_u、R_i、R_o；

（3）设 $u_i=10\sin\omega t$（mV），计算交流量 u_{be}、i_b、i_c、u_{ce} 并求 u_{BE}、i_B、i_C、u_{CE}。

2.10　分压式工作点稳定电路如图 P2.10，已知 $V_{CC}=12$ V，$R_{b2}=15$ kΩ，$R_{b1}=30$ kΩ，$R_c=R_L=2$ kΩ，$R_e=2$ kΩ，三极管 $\beta=50$，$U_{BEQ}=0.7$ V，$r_{bb'}=300$ Ω，C_1、C_2、C_e 的容量足够大。试求：

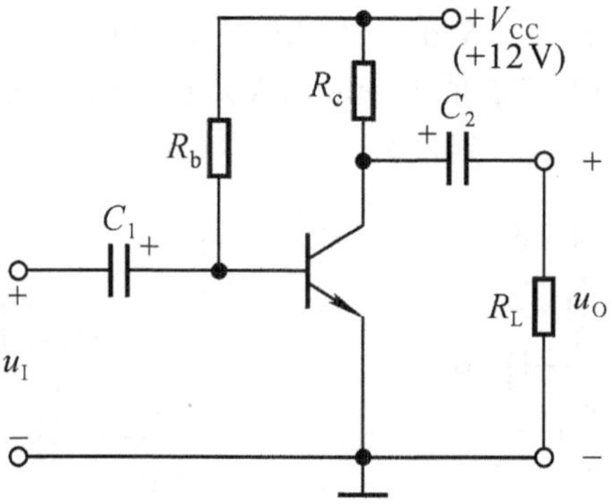

图 P2.9

（1）静态工作点 I_{CQ}、I_{BQ}、U_{CEQ}；

（2）电路的 A_u、R_i 和 R_o；

（3）如果去掉旁路电容 C_e，估算此时放大电路的 A_u、R_i 和 R_o。

（4）如果信号源内阻为 $R_s=1\ \text{k}\Omega$，估算此时放大电路的 A_{us}。

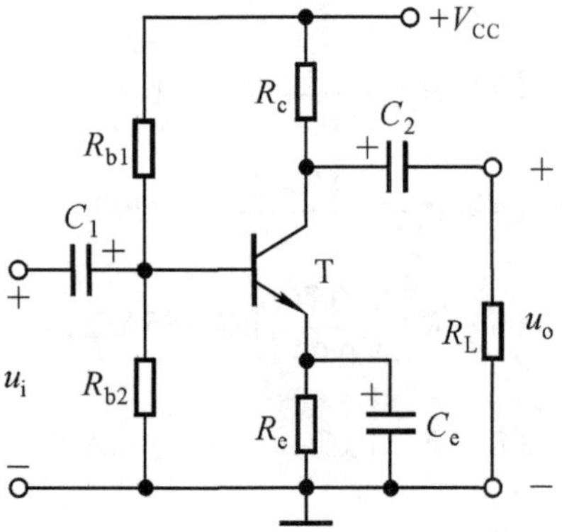

图 P2.10

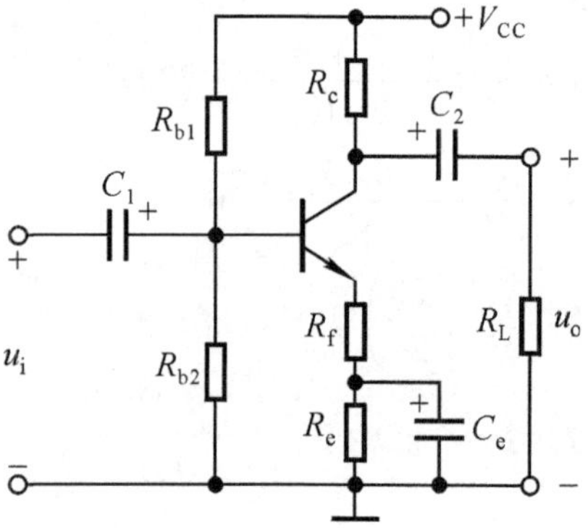

图 P2.11

2.11 分压式工作点稳定电路如图 P2.11，已知：$V_{CC}=20\ \text{V}$，$R_{b2}=20\ \text{k}\Omega$，$R_{b1}=100\ \text{k}\Omega$，$R_L=R_c=6.8\ \text{k}\Omega$，$R_e=2\ \text{k}\Omega$，$R_f=150\ \Omega$，三极管 $\beta=100$，$U_{BEQ}=0.7\ \text{V}$，$r_{bb'}=200\ \Omega$，C_1、C_2、C_e 的容量足够大。试求：

（1）静态工作点 I_{CQ}、I_{BQ}、U_{CEQ}；

（2）电路的 A_u、R_i 和 R_o；

（3）如果 R_{b1} 数值逐渐减小，则会出现什么现象？

2.12 在图 P2.12 所示电路中，已知：$V_{CC}=12\ \text{V}$，$R_{b1}=15\ \text{k}\Omega$，$R_{b2}=85\ \text{k}\Omega$，$R_c=4\ \text{k}\Omega$，$R_e=0.5\ \text{k}\Omega$，$R_L=2\ \text{k}\Omega$，三极管 $\beta=100$，$U_{EBQ}=0.7\ \text{V}$，$r_{bb'}=300\ \Omega$，C_1、C_2、C_e 的容量足够大。试求：

（1）静态工作点 I_{CQ}、I_{BQ}、U_{ECQ}；

（2）电路的 A_u、R_i 和 R_o。

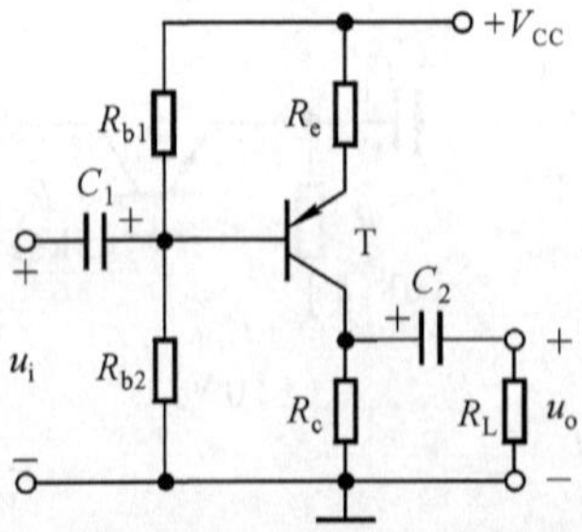

图 P2.12

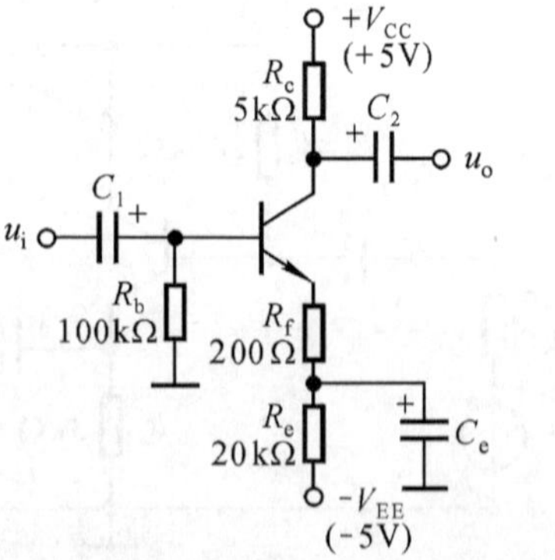

图 P2.13

2.13　电路如图 P2.13 所示，晶体管的$\beta=100$，$r_{bb'}=100\ \Omega$。

（1）求静态工作点 I_{CQ}、I_{BQ}、U_{CEQ}；

（2）求电路的 A_u、R_i 和 R_o。

（3）若电容 C_e 开路，则将引起电路的哪些动态参数发生变化？如何变化？

2.14　电路如图 P2.14 所示，晶体管的$\beta=100$，$r_{bb'}=100\ \Omega$。求：

（1）静态工作点 I_{CQ}、I_{BQ}、U_{CEQ}；

（2）电路的 A_u、R_i 和 R_o。

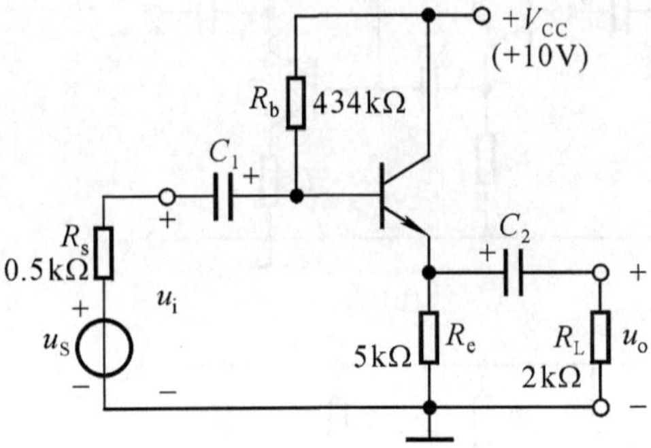

图 P2.14

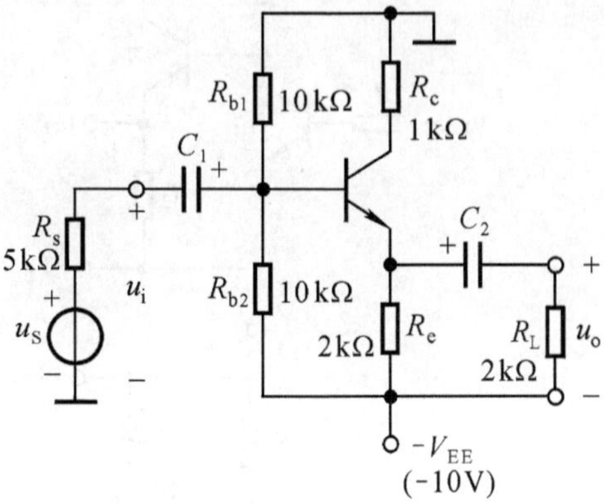

图 P2.15

2.15　电路如图 P2.15 所示，晶体管的$\beta=100$，$r_{bb'}=100\ \Omega$。求：

（1）静态工作点 I_{CQ}、I_{BQ}、U_{CEQ}；

（2）电路的 A_u、R_i 和 R_o。

2.16　电路如图 P2.16 所示，BJT 的$\beta=80$，$r_{bb'}=100\ \Omega$。

（1）求 Q 点；

（2）分别求出 $R_L\to\infty$ 和 $R_L=2\ \text{k}\Omega$ 时电路的 A_u、A_{us} 和 R_i；

（3）求 R_o。

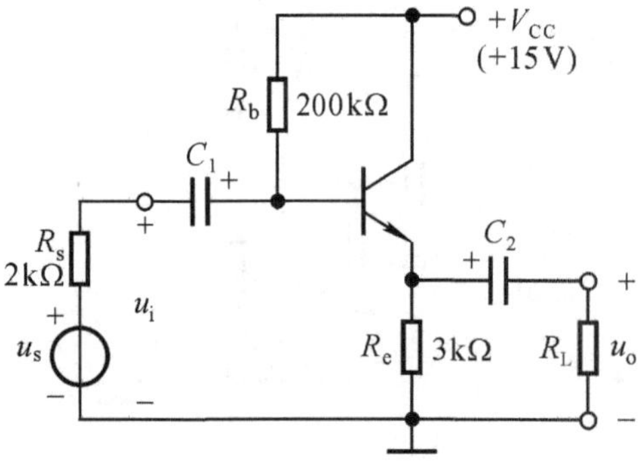

图 P2.16

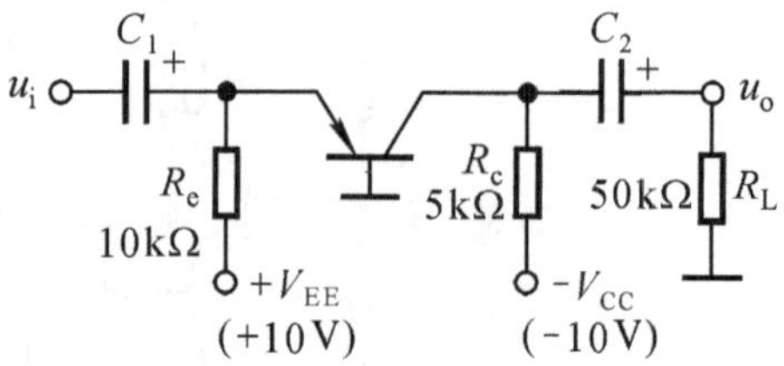

图 P2.17

2.17 电路如图 P2.17 所示，BJT 的$\beta=80$，$r_{bb'}=100\ \Omega$。

（1）求 Q 点；

（2）求电路的 A_u、R_i和 R_o。

2.18 设图 P2.18 所示各电路的静态工作点均合适，分别画出它们的交流等效电路，并写出 A_i、R_i和 R_o的表达式。

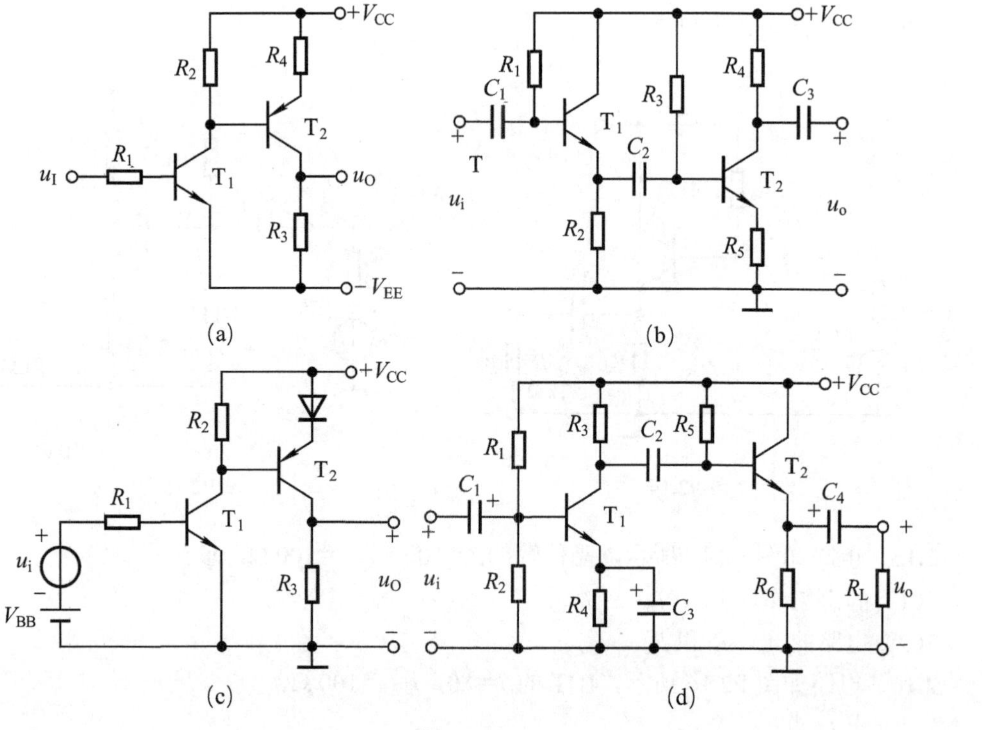

图 P2.18

第3章 单极型晶体管及其基本放大电路

◎本章讨论的问题

（1）单极型晶体管是通过什么方式控制漏极电流的？它属于电压控制器件还是电流控制器件？

（2）如何从单极型晶体管的输出特性和转移特性看出它有放大作用？外部偏置应满足什么条件，单极型晶体管才有放大作用？

（3）单极型晶体管三种基本组态的性能指标如何计算？

（4）单极型晶体管与双极型晶体管放大电路的区别是什么？

3.1 结型场效应管

单极型晶体管又称为场效应管（field effect transistor，FET）。它是利用电场效应来控制电流的一种半导体器件，其特点是输入端不需要电流。根据工作原理的不同，FET又分为结型场效应管（junction FET，JFET）和绝缘栅场效应管（insulated gate FET，IGFET），后者又称为MOS管（metal oxide semiconductor FET，MOSFET），无论哪种都是依靠多子导电，所以又称为单极型晶体管。

与双极型晶体管不同，单极型晶体管不仅具有输入电阻高、噪声低、热稳定性好、抗辐射能力强、功耗小等优点，而且易于控制、容易制造、集成度高，因此已在大规模和超大规模集成电路中得到了极其广泛的应用。本节将围绕FET的放大作用这一核心问题来讨论它的结构、原理及主要参数。

3.1.1 JFET的类型和结构

有两种类型的JFET，一种是金属半导体场效应管（metal-semiconductor FET，MESFET）[①]，另一种是pn结场效应管（pn JFET），也可简称为JFET。我们仅研究JFET，它有N沟道和P沟道之分，分别称为NJFET和PJFET。图3.1.1给出了JFET的结构示意图及其符号。

下面以NJFET管为例介绍JFET的结构。图3.1.1（a）是NJFET的结构，它是在一块N型半导体硅片上，用特殊的半导体工艺生成两个高掺杂的P型区，结果形成两个PN结。将这两个P型区各自蒸覆一层铝（以减小欧姆接触电阻），再连在一起，引出一个电极，就是

①参见文献[3-1] 119页。

所谓的栅极（g）。在 N 型区的两头，各自蒸覆一层铝，引出两个极，分别称为漏极（d）和源极（s），漏、源之间狭长的 N 型区被称为 N 沟道，这种 FET 因此被称为 NJFET。图 3.1.1（b）是 NJFET 的结构和符号。图 3.1.1（c）和（d）是 PJFET 的结构和符号。显然，在结构上它与 NJFET 对偶。

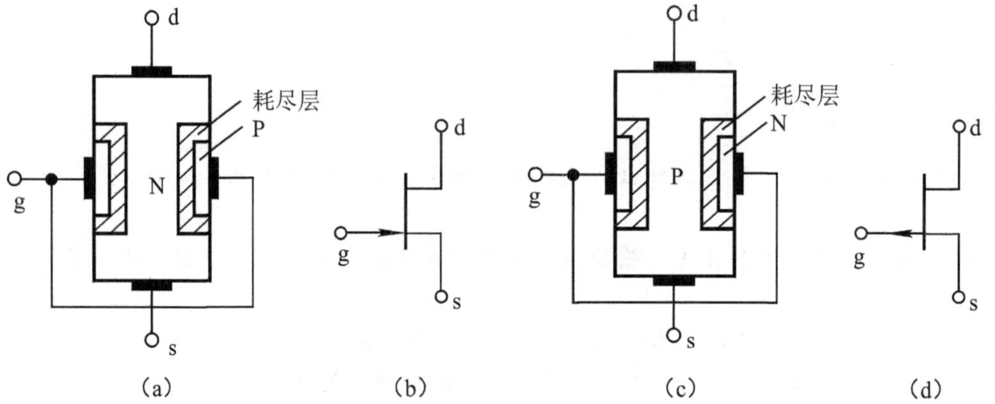

图 3.1.1　JFET 的结构和符号

（a）NJFET 的结构；（b）NJFET 的符号；（c）PJFET 的结构；（d）PJFET 的符号

应该注意，①图 3.1.1（a）、（c）所示的 JFET 结构是截面图，实际上它是三维图；②在图 3.1.1（b）和（d）所示的 JFET 符号中，“→”可理解为一个二极管，由此可知是 P 沟道还是 N 沟道；③从 JFET 结构可以看到：结构对称，因此 s、d 可互换。然而，对双极型晶体管而言，c 和 e 不可互换。那么对 JFET，输入电压是如何控制漏极电流呢？

3.1.2　JFET 的工作原理

我们以 NJFET 为例说明 JFET 的工作原理。

一、$u_{DS}=0$ 时，u_{GS} 对导电沟道的控制作用

当 $u_{GS}=0$ 时，左、右两 PN 结无偏压，因此耗尽层很窄，d、s 之间的 N 沟道很宽，沟道等效电阻最小，如图 3.1.2（a）所示；

当 $U_{GS(off)}<u_{GS}<0$ 时，左、右两 PN 结有反偏压，因此耗尽层较宽，d、s 之间的 N 沟道较窄，沟道等效电阻变大，如图 3.1.2（b）所示；

当 $u_{GS}\leqslant U_{GS(off)}$ 时，左、右两 PN 结反偏压加大，因此耗尽层很宽，d、s 之间的 N 沟道消失，沟道等效电阻变成无穷大，如图 3.1.2（c）所示。

通常把沟道刚消失（夹断）的栅、源电压 $U_{GS(off)}$ 叫夹断电压（pinch-off voltage）。可见对 NJFET 而言，栅、源之间电压越负，越不利于导通。

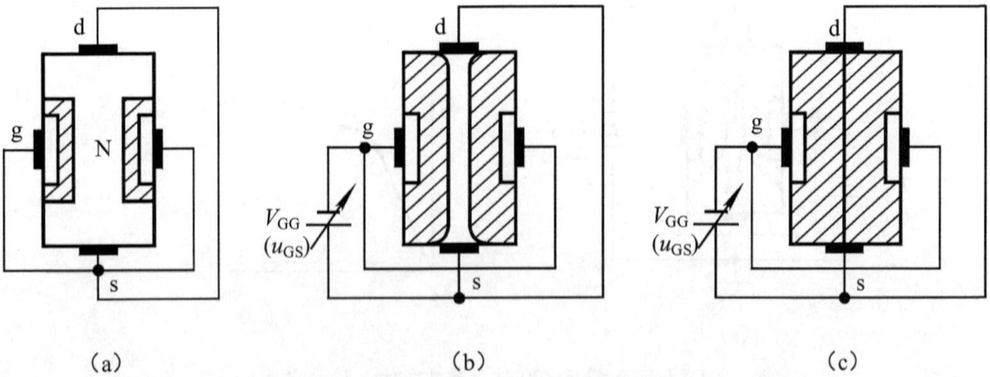

图 3.1.2　$u_{DS}=0$ 时，u_{GS} 对导电沟道的控制作用

（a）$u_{GS}=0$；（b）$U_{GS(off)}<u_{GS}<0$；（c）$u_{GS}\leqslant U_{GS(off)}$

二、$U_{GS\,(off)}<u_{GS}<0$ 时，u_{DS} 对 i_D 的影响

设 $U_{GS\,(off)}=-4\text{ V}$，$u_{GS}=-1\text{ V}$，由于 $U_{GS\,(off)}<u_{GS}<0$，N 沟道没有被夹断，当 u_{DS} 刚开始增加时，栅、漏之间的反偏电压不大，而栅、源之间的反偏电压不变，因此左、右两耗尽层上、下宽度基本相同，从而使 N 沟道宽度上、下相同，如图 3.1.3（a）所示。此时随着 u_{DS} 的增长，i_D 将线性增长，其伏安关系如图 3.1.3（b）所示。这是因为 N 沟道等效电阻基本不变，所以其伏安关系是直线。这个区域也被称为深度线性区（deep triode region）[①]。

当 u_{DS} 进一步增长时，栅、漏之间的反偏电压增大，而栅、源之间的反偏电压不变，因

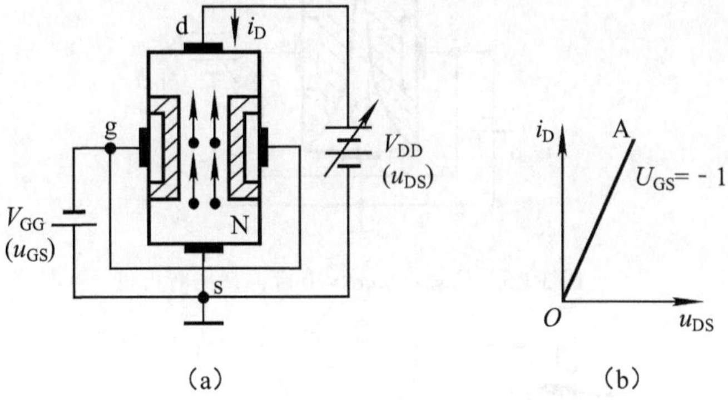

图 3.1.3　$U_{GS(off)}<u_{GS}<0$ 时，较小的 u_{DS} 对 i_D 的影响

（a）结构示意；（b）伏安关系

此左、右两耗尽层上宽、下窄，从而使 N 沟道变成上窄、下宽，如图 3.1.4（a）所示。此时随着 u_{DS} 的增长，i_D 的增长速度变缓，其伏安关系如图 3.1.4（b）所示的 AB 段曲线所示。这是因为 N 沟道上窄、下宽，等效电阻变大，同样漏、源电压引起的电流必然变小。

①参见文献[3-2] 18-19 页。

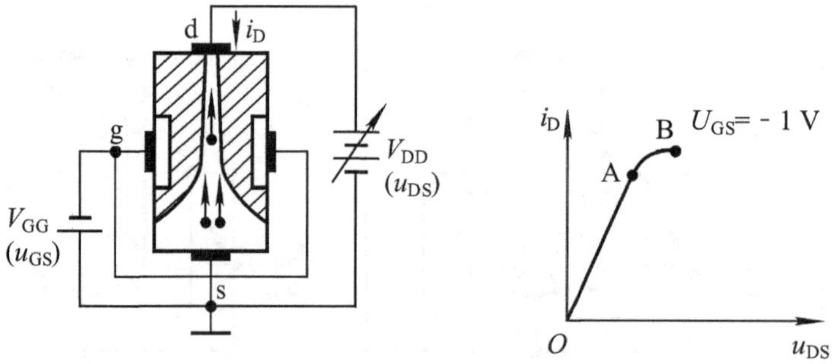

(a) (b)

图 3.1.4 $U_{GS(off)}<u_{GS}<0$ 时，较大的 u_{DS} 对 i_D 的影响

(a) 结构示意；(b) 伏安关系

当 u_{DS} 再增长时，栅、漏之间的反偏电压更大，以致于 $u_{GD}=U_{GS(off)}$，则 N 沟道在漏极附近的一点夹断，称之为预夹断，如图 3.1.5 所示。此后随着 u_{DS} 的增长，$u_{GD}<U_{GS(off)}$，夹断区不断扩大，如图 3.1.6（a）所示。但是，i_D 增长非常缓慢。这是因为夹断区会随着 u_{DS} 增长而扩大，但夹断区等效电阻远大于沟道区的等效电阻，u_{DS} 增长主要使夹断区电压加大，而沟道区的纵向电压（电场）增加很少，所以多子（电子）的定向移动速度几乎不变，i_D 几乎不变（恒流特性），其伏安关系如图 3.1.6（b）所示的 BC 段，其中 B 点对应预夹断。

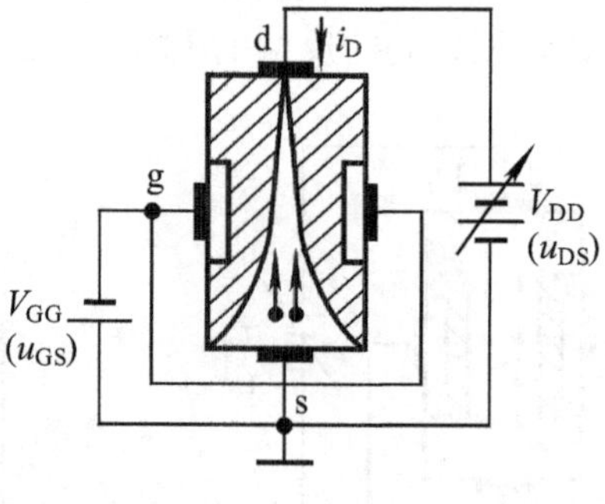

图 3.1.5 $U_{GS(off)}<u_{GS}<0$ 时，预夹断出现

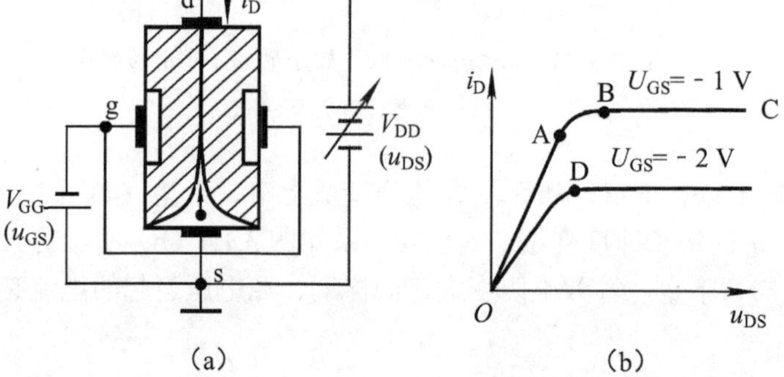

(a) (b)

图 3.1.6 $U_{GS(off)}<u_{GS}<0$ 时，u_{DS} 对 i_D 的影响（预夹断后）

(a) 结构示意；(b) 伏安关系

通过上述分析可知，预夹断满足的条件是 $u_{GD}=U_{GS(off)}$，也即 $u_{DS}=u_{GS}-U_{GS(off)}$。可见预夹断前，$u_{DS}<u_{GS}-U_{GS(off)}$。若 u_{DS} 较小，i_D 与 u_{DS} 成线性关系；若 u_{DS} 较大，i_D 与 u_{DS} 成非线性关系。预夹断后，$u_{DS}>u_{GS}-U_{GS(off)}$，$i_D$ 饱和，几乎与 u_{DS} 无关。

三、$u_{DS}>u_{GS}-U_{GS(off)}$ 时，u_{GS} 对 i_D 的影响

条件 $u_{DS}>u_{GS}-U_{GS(off)}$ 意味着漏极附近已经出现了夹断，而且是预夹断后。若 u_{DS} 是常量，u_{GS} 越小（比如为 −2 V），沟道宽度变窄，等效电阻变大，i_D 将减小，如图 3.1.6（b）所示；反之，i_D 将增大。因此，漏、源之间相当于一个电压控制的电流源，而控制量即是栅、源电压。我们因此看到 FET 是电压控制器件。与双极型三极管的 β 类似，可以用所谓的低频跨导来描述：

$$g_m=\frac{\Delta i_D}{\Delta u_{GS}} \tag{3.1.1}$$

显然，g_m 的单位是西门子（S）。由于未考虑寄生电容的影响，因此称其为低频跨导。

3.1.3　特性曲线

FET 的极间电压和各电极电流之间的关系称为 FET 的伏安特性，它是 FET 内部多数载流子运动规律在管子外部的必然表现。它包括输出特性曲线和转移特性曲线，并随 FET 的不同接法而异，常用的是共源特性曲线。

一、输出特性

一般情况下，漏极电流不仅与栅源电压有关，而且还与漏源电压有关，因此 i_D 与 u_{DS} 和 u_{GS} 的关系是一个曲面。为了便于观察，可固定其中一个变量，观察 i_D 与另一个变量之间的关系。若固定 u_{GS}，仅考虑 i_D 与 u_{DS} 的关系，即

$$i_D=f(u_{DS})\big|_{U_{GS}} \tag{3.1.2}$$

上述关系被称为FET的输出特性。根据 3.1.2 节的分析，不难得到图 3.1.7 所示的输出特性曲线。

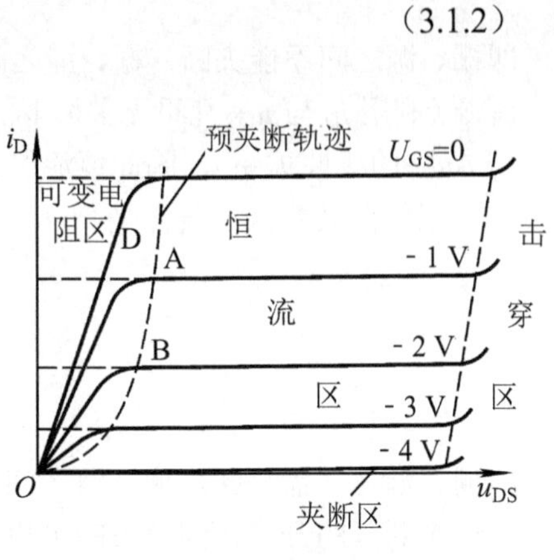

图 3.1.7　JFET 的输出特性曲线

在图 3.1.7 中，假定 $U_{GS(off)}=-4$ V，若 $u_{GS}=-1$ V，当 u_{DS} 增加时，i_D 将线性增大，直至 $u_{DS}=u_{GS}-U_{GS(off)}=3$ V 为止（预夹断）。若 u_{DS} 进一步增加，则 $u_{DS}>u_{GS}-U_{GS(off)}=3$ V（预夹断后），i_D 几乎不再增加（恒流）。当然，若 u_{DS} 很大，则 FET 将会被击穿。

若 $u_{GS}=-2$ V，当 u_{DS} 增加时，i_D 将线性增大，直至 $u_{DS}=u_{GS}-U_{GS(off)}=2$ V 为止（预夹断）。若 u_{DS} 进一步增加，则 $u_{DS}>u_{GS}-U_{GS(off)}=2$ V（预夹断后），i_D 几乎不再增加（恒流）。但是，因为此时的沟道宽度变窄，同样的 u_{DS} 对应 i_D 将变小，所以对应的曲线下移。可见输出特性曲线是一族曲线，

u_{GS}是参变量，u_{DS}是变量。对 NJFET，$u_{GS}>0$ 是否可以被使用？请读者思考。

观察图 3.1.7 不难发现，输出特性曲线可分为三个区域，可变电阻区（nonsaturation region）、恒流区（saturation region）和夹断区（pinch-off region）。可变电阻区和恒流区的交界线叫预夹断轨迹，若设 $u_{DS(sat)}=u_{GS}-U_{GS(off)}$，称其为饱和或过驱动电压（overdrive voltage），则预夹断轨迹方程为

$$u_{DS}=u_{DS(sat)}=u_{GS}-U_{GS(off)} \tag{3.1.3}$$

因此，工作在可变电阻区的条件可表述为

$$u_{GS}>U_{GS(off)} \tag{3.1.4a}$$

$$u_{DS}<u_{DS(sat)} \tag{3.1.4b}$$

即栅、源之间不能夹断，栅、漏之间也不能夹断。工作在可变电阻区的 FET，在 u_{GS}给定时，i_D与 u_{DS}成直线关系，直线的斜率是

$$K=\left.\frac{\partial i_D}{\partial u_{DS}}\right|_{U_{GS}}=\frac{1}{r_{ds}} \tag{3.1.5}$$

因此，工作在可变电阻区的 JFET 特点：一是其漏、源之间相当于一个由栅源电压控制的电阻，而且 U_{GS}越大，斜率越大，等效电阻越小。二是由于 u_{DS}很小，因此漏、源之间相当于一个闭合的开关。那么请读者思考，工作在饱和区的晶体管能否也作为压控电阻？

工作在恒流区的条件是

$$u_{GS}>U_{GS(off)} \tag{3.1.6a}$$

$$u_{DS}>u_{DS(sat)} \tag{3.1.6b}$$

即栅、源之间不能夹断，栅、漏之间必须夹断。工作在恒流区的 FET 特点：一是可以用作恒流源（利用 i_D与 u_{DS}几乎无关），因此恒流区也被称为饱和区；二是可以用放大信号（利用 Δi_D与 Δu_{GS}的线性关系），因此恒流区也被称为放大区。

工作在夹断区的条件是

$$u_{GS}<U_{GS(off)} \tag{3.1.7a}$$

$$u_{DS}>u_{DS(sat)} \tag{3.1.7b}$$

即栅、源之间需夹断，栅、漏之间也需夹断。工作在夹断区的 JFET 特点：漏、源之间相当于一个断开的开关，因此夹断区也被称为截止区。

二、转移特性

JFET 的栅极几乎不从信号源索取电流，因此不存在输入伏安关系。我们往往关心恒流区

的漏极电流与栅、源电压之间的关系，这个关系被称为漏极转移特性。在输出特性曲线的恒流区，做一垂直虚线，它与输出特性曲线有一组交点，这组交点必然对应一组 u_{GS} 和 i_D 数值，根据这组数据，即可画出恒流区的转移特性曲线，如图 3.1.8（b）所示。

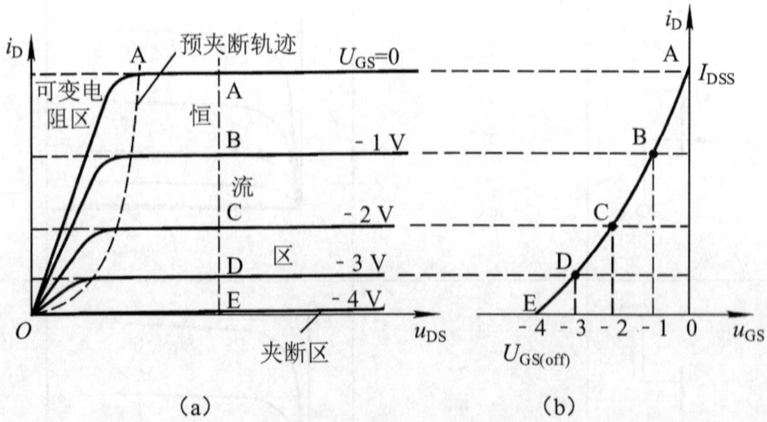

图 3.1.8 由 JFET 输出特性画恒流区的转移特性

可以证明，处在恒流区 JFET，不考虑沟道长度调制效应（channel length modulation），其漏极电流为①

$$i_D = I_{DSS}\left(1 - \frac{u_{GS}}{U_{GS(off)}}\right)^2 \qquad (3.1.8)$$

其中，I_{DSS} 叫漏极饱和电流（saturation current），它代表 u_{GS}=0 时的漏极电流；$U_{GS(off)}$ 叫夹断电压。对 NJET，$U_{GS(off)}<0$，$U_{GS(off)}<u_{GS}<0$；对 PJET，$U_{GS(off)}>0$，$0<u_{GS}<U_{GS(off)}$。

可以证明，处在可变电阻区 JFET，其漏极电流为②

$$i_D = \frac{I_{DSS}}{U_{GS(off)}^2}\left[2(u_{GS} - U_{GS(off)})u_{DS} - (u_{DS})^2\right] \qquad (3.1.9)$$

两种 JFET 的偏压特性和特性曲线已表明在表 3.1.1 中。

由表 3.1.1 可以看出：①对 JFET 而言，栅极与漏极电压有相反的极性。这与双极型三极管一致。②就基本原理而言，JFET 的源极和漏极可互易，但是若几何结构不对称，尤其是使用者不知道是否不对称时，则不可互易。③对 PJFET，预夹断轨迹方程为

$$u_{SD} = u_{SD(sat)} = U_{GS(off)} - u_{GS} \qquad (3.1.10)$$

据此，读者不难得到 PJFET 工作区域的判断方法。

①参见文献[3-3] 71 页。
②参见文献[3-4] 354-355 页。

表 3.1.1　两种 JFET 的偏压特性和特性曲线

类型	符号	u_{GS}　u_D　$U_{GS(off)}$	输出特性	转移特性
NJFET	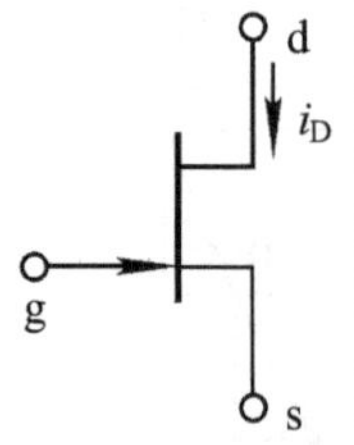	−　+　−	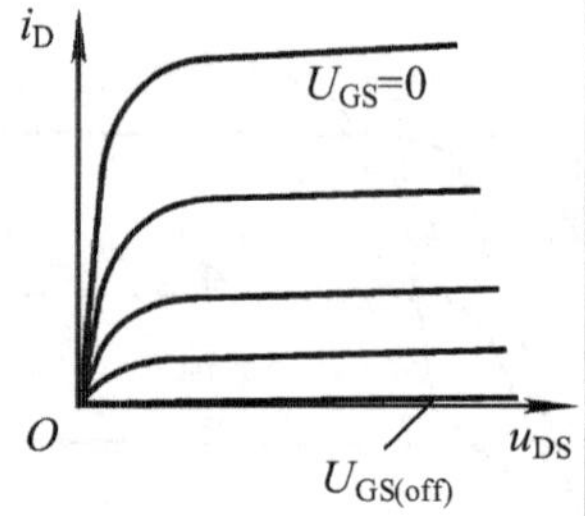	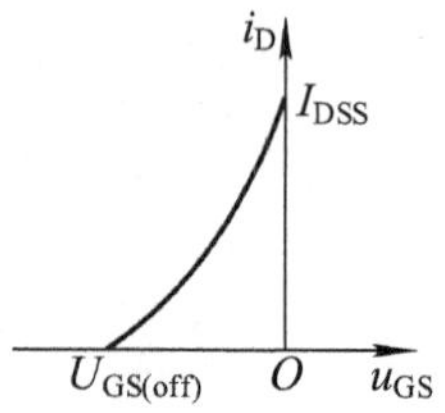
PJFET	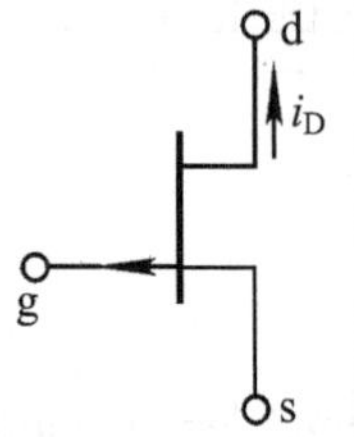	+　−　+	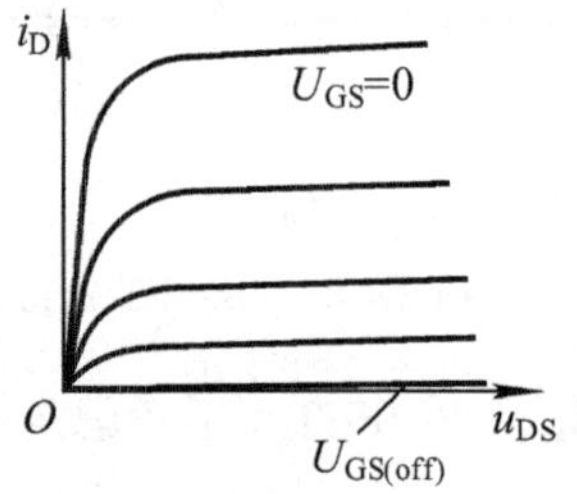	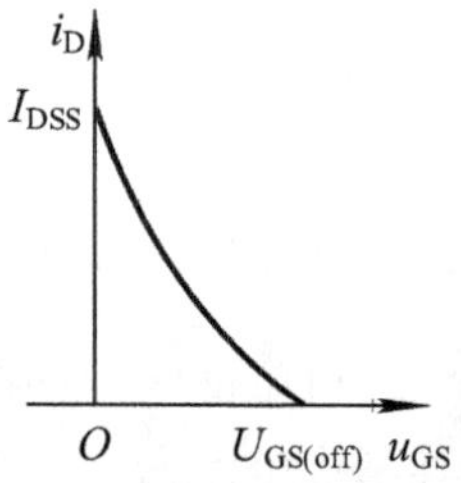

例 3.1.1　已知图 3.1.9 所示的 JFET 的参数为：(a) $U_{GS(off)}=-2$ V；(b) $U_{GS(off)}=-4$ V；(c) $U_{GS(off)}=4$ V。试问三种情况下，JFET 各运行在什么区？

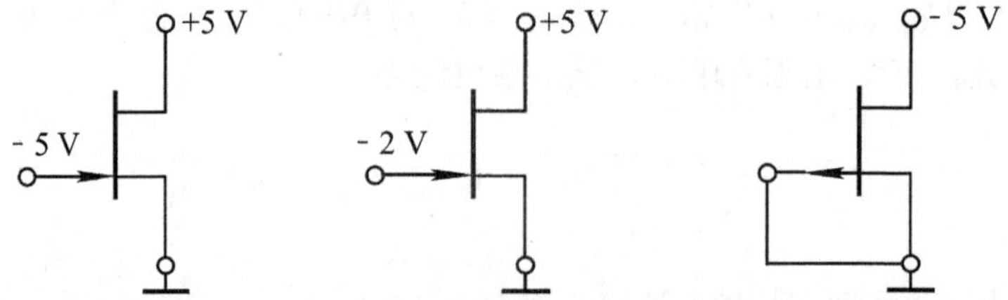

图 3.1.9　例 3.1.1 电路

解　(a) 该管属于 NJFET。因为 $u_{GS}=-5\text{ V}<U_{GS(off)}=-2$ V，说明栅、源之间夹断。又因为 $u_{DS}=5\text{ V}>u_{GS}-U_{GS(off)}=-5+2=-3$ V，说明栅、漏之间也夹断。沟道全夹断，所以该管在夹断区。

(b) 该管属于 NJFET。因为 $u_{GS}=-2\text{ V}>U_{GS(off)}=-4$ V，说明栅、源之间无夹断。又因为 $u_{DS}=5\text{V}>u_{GS}-U_{GS(off)}=-2+4=2$ V，说明栅、漏之间夹断。所以，该管运行在恒流区。

(c) 该管属于 PJFET。因为 $u_{GS}=0<U_{GS(off)}=4$ V，说明栅、源之间无夹断。又因为 $u_{SD}=5\text{ V}>U_{GS(off)}-u_{GS}=4$ V，说明栅、漏之间夹断。所以，该管也运行在恒流区。

例 3.1.2　图 3.1.10 所示为一恒流源电路，假定 NJET 的 $U_{GS(off)}=-4\ \text{V}$，$I_{DSS}=4\ \text{mA}$，为保证负载电阻 R_L 上的电流为恒流值，估算 R_L 的范围。

解　因为 $u_{GS}=0$，所以 $i_D=I_{DSS}=4\ \text{mA}$。为使负载电流 I_L 为恒值，JFET 必须在恒流区。

$u_{DS}\geqslant u_{GS}-U_{GS(off)}=4\ \text{V}$，另一方面，$u_{DS}=V_{DD}-I_L R_L\geqslant 4\ \text{V}$，因此 $R_L\leqslant\dfrac{V_{DD}-4}{I_L}=2\ \text{k}\Omega$。

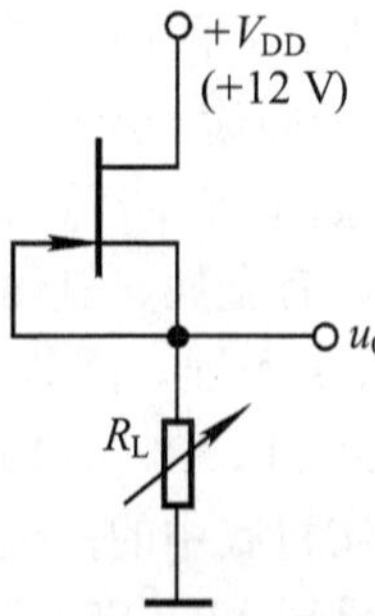

图 3.1.10　NJFET 恒流源电路

3.2　绝缘栅场效应管

虽然 JFET 在 MOSFET 之前被发现，但就用途和应用而言，MOSFET 远远胜过 JFET。主要原因：一是 MOSFET 制造工艺简单，它可以被做得很小，仅占用非常小的芯片面积，因此特别适宜大规模和超大规模集成电路。二是 MOSFET 的输入电阻比 JFET 要高出两个数量级。三是 MOSFET 的栅、漏电压可以有相同的极性（二者同为正或负），而大多数 JFET 的栅、漏电压有相反的极性。

3.2.1　MOSFET 的类型和结构

与 JFET 类似，MOSFET 也有 N 沟道和 P 沟道两大类。无论是 N 沟道还是 P 沟道，又可分为增强型（enhancement mode）和耗尽型（depletion mode），简称为 E 型和 D 型。因此，MOSFET 共有四种类型，分别是 N 沟道增强型（ENMOSFET）、N 沟道耗尽型（DNMOSFET）、P 沟道增强型（EPMOSFET）和 P 沟道耗尽型（DPMOSFET）。图 3.2.1 给出了 ENMOSFET 的结构示意图及其表示符号。它以一个低掺杂的 P 型半导体作为衬底，先利用扩散工艺在左右两边制作两个高掺杂的 N^+区，然后在半导体上面涂上一层 SiO_2 绝缘层。最后，利用光刻

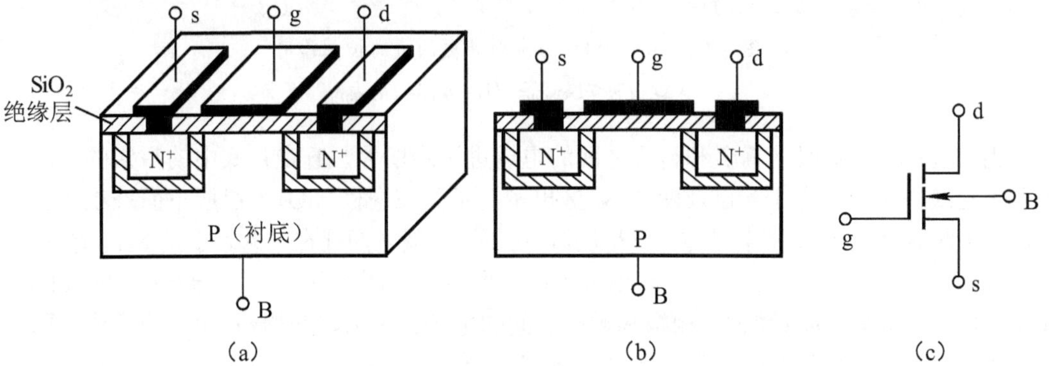

图 3.2.1　ENMOSFET 结构示意图

（a）立体图；（b）剖面图；（c）符号

技术在左、右两侧各制作一层铝，并引出两个电极，分别称为源极（s）和漏极（d）；在中间的 SiO_2 表面涂一层铝，并引出一个电极，称之为栅极（g）。

观察图 3.2.1 容易发现：①栅极是绝缘的，因此称其为绝缘栅 FET（IGFET）；在 ENMOSFET 结构中，有金属、氧化物和半导体，所以又称其为金属＋氧化物＋半导体 FET（MOSFET）。②若 B、s 不连，因其结构对称，故 s、d 可互换；B、s 若连，则 s、d 不可互换。③单独使用 MOSFET，B、s 要连，但在集成电路中，B、s 不连，且 $U_{SB}>0$，以保证 MOSFET 正常运行。④衬底中的箭头“←”，可理解为一个二极管，由此可知是 P 沟道还是 N 沟道。

那么对 MOSFET，输入电压是如何控制漏极电流呢？

3.2.2　MOSFET 的工作原理

一、ENMOSFET

1. $u_{DS}=0$ 时，u_{GS} 对导电沟道的控制作用

当 $u_{GS}=0$ 时，源、漏之间是两个背靠背的 PN 结，因此 d、s 之间无导电沟道，如图 3.2.1（b）所示。

当 $0<u_{GS}<U_{GS(th)}$ 时，栅极和衬底之间的电场将衬底中的多子（空穴）赶走，于是在栅极下面形成了新的耗尽层，并与原来左、右两边的耗尽层连成一片，如图 3.2.2（a）所示。

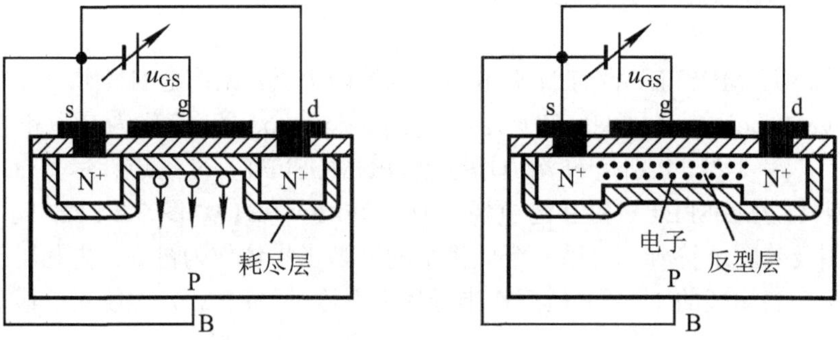

图 3.2.2　$u_{DS}=0$ 时，u_{GS} 对导电沟道的控制作用

（a）$u_{GS}<U_{GS(th)}$；（b）$u_{GS}>U_{GS(th)}$

当 $u_{GS}\geqslant U_{GS(th)}$ 时，栅极和衬底之间的电场进一步增大，赶走衬底中的空穴的同时，还吸引了衬底中少子（电子）以及两个 N^+ 区电子，于是在栅极 SiO_2 绝缘层下面堆积了自由电子，这个区域变成了 N 型半导体（反型层），它将源、漏之间连在一起，于是 N 沟道出现了，如图 3.2.2（b）所示。使得沟道刚形成的栅源电压 $U_{GS(th)}$ 叫作开启电压（threshold voltage）。在 $u_{GS}>U_{GS(th)}$ 后，u_{GS} 越大，栅极和衬底之间的电场就越大，在栅极 SiO_2 绝缘层下面堆积的自由电子越多，沟道越宽，漏、源之间越容易导电。因为只有当 $u_{GS}\geqslant U_{GS(th)}$ 时沟道才形成，所以叫增强型。

可见对 ENMOSFET 而言，栅、源之间电压越正，越利于漏、源之间导通。

2. $u_{GS}>U_{GS(th)}$ 时，u_{DS} 对 i_D 的影响

设 $U_{GS(th)}=2$ V，$u_{GS}=3$ V，由于 $u_{GS}>U_{GS(th)}$，N 沟道已经形成，当 u_{DS} 刚开始增加时，漏、源之间的电压不大，而栅、源之间的电压不变，因此耗尽层左、右宽度基本相同，从而使 N 沟道宽度左、右相同，如图 3.2.3（a）所示。此时随着 u_{DS} 的增长，i_D 将线性增长，其伏安关系如图 3. 2.3（b）所示。这是因为 N 沟道等效电阻基本不变，所以其伏安关系是直线。

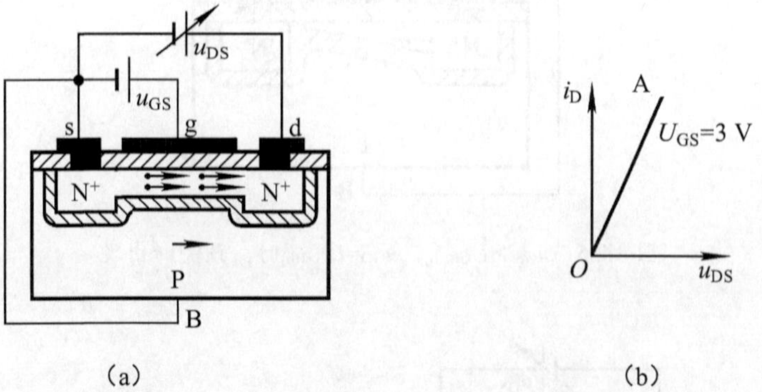

图 3.2.3　$u_{GS}>U_{GS(th)}$时，较小的 u_{DS} 对 i_D 的影响

（a）结构示意；（b）伏安关系

当 u_{DS} 进一步增长时，漏、源之间的电压增大，而栅、源之间的电压不变，造成 u_{GD} 减小，但仍大于 $U_{GS(th)}$，因此耗尽层左窄、右宽，从而使 N 沟道变成左宽、右窄，如图 3.2.4（a）所示。此时随着 u_{DS} 的增长，i_D 的增长速度变缓，其伏安关系如图 3.2.4（b）的 AB 段曲线所示。这是因为左宽、右窄的 N 沟道等效电阻变大，同样漏源电压引起的电流必然变小。

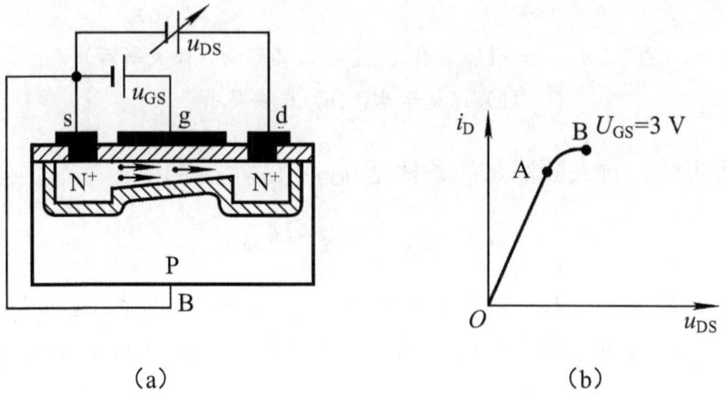

图 3.2.4　$u_{GS}>U_{GS(th)}$时，较大的 u_{DS} 对 i_D 的影响

（a）结构示意；（b）伏安关系

当 u_{DS} 再增长时，漏、源之间的电压更大，以致于 $u_{GD}=U_{GS(th)}$，则 N 沟道在漏极附近的一点夹断，称之为预夹断，如图 3.2.5 所示。此后随着 u_{DS} 的增长，$u_{GD}<U_{GS(th)}$，夹断区不断扩大，如图 3.2.6（a）所示。但是，i_D 增长非常缓慢。这是因为夹断区会随着 u_{DS} 增长而扩大，但夹断区等效电阻远大于沟道区的等效电阻，u_{DS} 增长主要使夹断区电压加大，而沟道区的横向电压（电场）增加很少，所以电子的定向移动速度几乎不变，i_D 几乎不变（恒流

特性），其伏安关系如图 3.2.6（b）所示的 BC 段，其中 B 点对应预夹断。

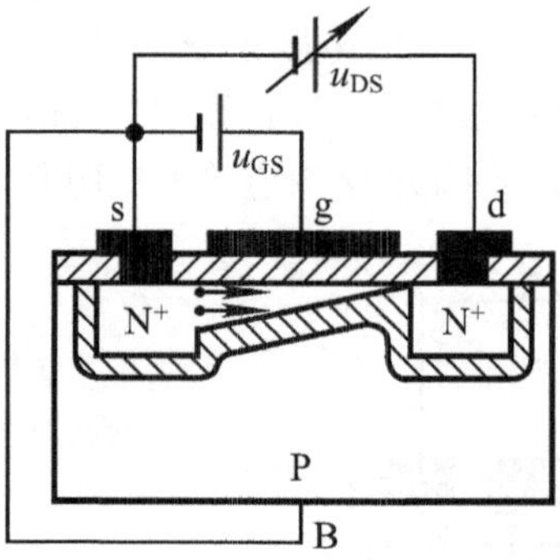

图 3.2.5　$u_{GS} > U_{GS(th)}$，$u_{GD}=U_{GS(th)}$时，预夹断出现

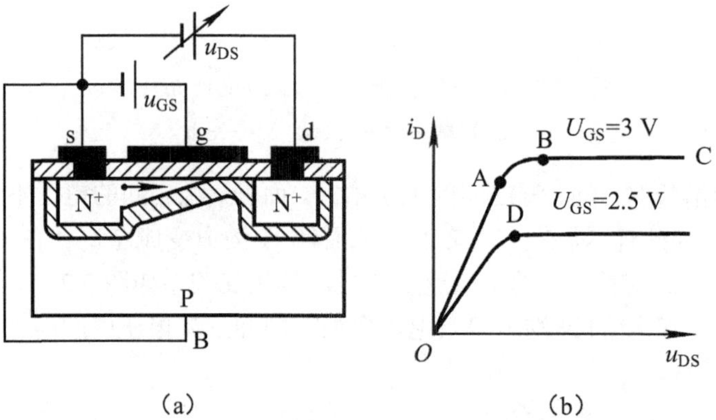

图 3.2.6　$u_{GS} > U_{GS(th)}$时，u_{DS}对 i_D 的影响（预夹断后）

（a）结构示意；（b）伏安关系

通过上述分析可知，预夹断满足的条件是 $u_{GD}=U_{GS(th)}$，也即

$$u_{DS}=u_{DS(sat)}=u_{GS}-U_{GS(th)} \tag{3.2.1}$$

$u_{DS(sat)}$为饱和电压或过驱动电压。可见预夹断前，$u_{DS}<u_{DS(sat)}$。若 u_{DS} 较小，i_D 与 u_{DS} 成线性关系；若 u_{DS} 较大，i_D 与 u_{DS} 成非线性关系。预夹断后，$u_{DS}>u_{DS(sat)}$，i_D 饱和，几乎与 u_{DS} 无关。

3. $u_{DS}>u_{GS}-U_{GS(th)}$ 时，u_{GS} 对 i_D 的影响

条件 $u_{DS}>u_{DS(sat)}$ 意味着漏极附近已经出现了夹断，而且是预夹断后。若 u_{DS} 是常量，u_{GS} 减小（比如为 2.5 V），沟道宽度变窄，等效电阻变大，i_D 将减小，如图 3.2.6（b）所示，反之，i_D 将增大。因此，漏、源之间相当于一个电压控制的电流源，而控制量即是栅源电压。也可以用低频跨导 g_m 来描述，如式（3.1.1）所示。

4. 特性曲线

（1）输出特性。与 JFET 类似，i_D 与 u_{DS} 和 u_{GS} 的关系是一个曲面。为了便于观察，可

固定 u_{GS}，观察 i_D 与 u_{DS} 的关系，即

$$i_D = f(u_{DS})\big|_{U_{GS}} \tag{3.2.2}$$

上述关系被称为 MOSFET 的输出特性。根据前节的分析不难得到图 3.2.7 所示的输出特性曲线，因此输出特性是一族曲线。

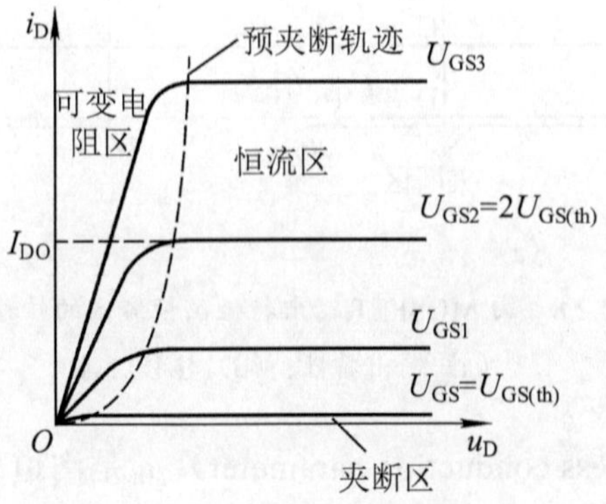

图 3.2.7　MOSFET 的输出特性曲线

在图 3.2.7 中，假定 $U_{GS(th)}=2$ V。若 $u_{GS}=3$ V，当 u_{DS} 增加时，i_D 将线性增大，直至 $u_{DS}=u_{GS}-U_{GS(th)}=1$ V 为止（预夹断）。若 u_{DS} 进一步增加，则 $u_{DS}>u_{GS}-U_{GS(th)}=1$ V（预夹断后），i_D 几乎不再增加（恒流）。当然，若 u_{DS} 很大，则 MOSFET 将会被击穿。

若 $u_{GS}=4$ V，当 u_{DS} 增加时，i_D 将线性增大，直至 $u_{DS}=u_{GS}-U_{GS(th)}=2$ V 为止（预夹断）。若 u_{DS} 进一步增加，则 $u_{DS}>u_{GS}-U_{GS(th)}=2$ V（预夹断后），i_D 几乎不再增加（恒流）。但是，因为此时的沟道宽度变宽，同样的 u_{DS} 对应 i_D 将变大，所以对应的曲线上移。可见输出特性曲线是一族曲线，u_{GS} 是参变量，u_{DS} 是变量。

观察图 3.2.7 不难发现，输出特性曲线可分为三个区域，可变电阻区（非饱和区）、恒流区（饱和区）和夹断区。工作在三个区域的条件和特点与 JFET 相同，唯一的区别是饱和电压的定义不同，因此不再赘述。

（2）转移特性。与 JFET 类似。我们只关心运行在恒流区的 MOSFET 漏极电流与栅源电压之间的关系，这个关系即为漏极转移特性。由输出特性曲线可画出恒流区的转移特性曲线，如图 3.2.8（b）所示。

可以证明，处在恒流区 ENMOSFET，在不考虑沟道长度调制效应后，其漏极电流为①

$$i_D = K_n(u_{GS} - U_{GS(th)})^2 \tag{3.2.3}$$

其中，K_n 叫做传导参数（conduction parameter），它由下式决定：

$$K_n = \frac{k_n'}{2}\cdot\frac{W}{L} = \frac{1}{2}\mu_n C_{ox}\cdot\frac{W}{L} \tag{3.2.4}$$

①参见文献[3-1] 127-128 页。

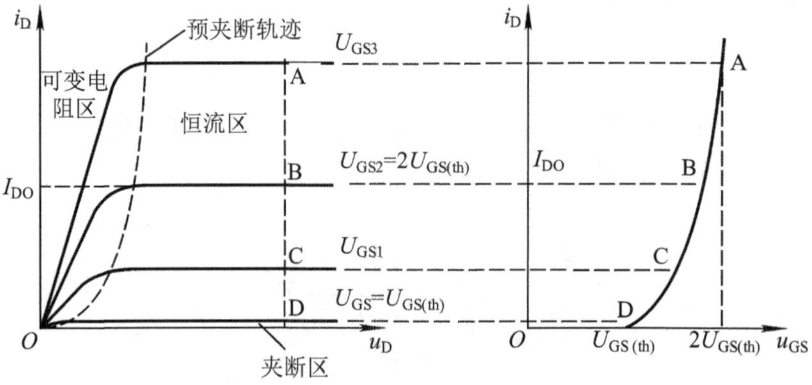

图 3.2.8 由 MOSFET 输出特性画恒流区的转移特性

(a) 输出特性；(b) 转移特性

其中，k'_n 叫跨导参数（process conduction parameter）；μ_n 是沟道载流子的迁移率（mobility）；C_{ox} 是单位面积的栅电容（oxide capacitance per unit area）；W/L 是沟道的宽长比。

当 $u_{GS}=2U_{GS(th)}$ 时，如果令 $i_D=K_nU_{GS(th)}^2=I_{DO}$，则式（3.2.3）可变为

$$i_D=I_{DO}\left(\frac{u_{GS}}{U_{GS(th)}}-1\right)^2 \tag{3.2.5}$$

还可以证明，处在可变电阻区的 ENMOSFET，其漏极电流方程为①

$$i_D=K_n\left[2(u_{GS}-U_{GS(th)})u_{DS}-(u_{DS})^2\right]=\frac{I_{DO}}{U_{GS(th)}^2}\left[2(u_{GS}-U_{GS(th)})u_{DS}-(u_{DS})^2\right] \quad 0<u_{DS}\leqslant u_{DS(sat)} \tag{3.2.6}$$

如果管子处在深度线性区，则 u_{DS} 很小，于是式（3.2.6）可简化为

$$i_D=K_n\left[2(u_{GS}-U_{GS(th)})u_{DS}\right]=\frac{I_{DO}}{U_{GS(th)}^2}\left[2(u_{GS}-U_{GS(th)})u_{DS}\right] \quad 0<u_{DS}<u_{DS(sat)} \tag{3.2.7}$$

二、DNMOSFET

ENMOSFET 在 $u_{GS}=0$ 时，漏、源之间没有导电沟道。而耗尽型则不同，它在 $u_{GS}=0$ 时就存在导电沟道。因为这种器件在制造过程中，在栅极下面的 SiO_2 绝缘层中掺入了大量的正离子（如 Na^+或 K^+）。这些正电荷的作用如同加正栅压一样，在 P 型衬底表面产生垂直于衬底的自建电场，排斥空穴，吸引电子，从而形成导电沟道，称为原始导电沟道。图 3.2.9 给

①参见文献[3-4] 354-355 页。

出了 DNMOSFET 的结构和符号。应该注意，由于有原始导电沟道，所以 DNMOSFET 符号中，漏、源之间是实线；由于沟道是 N 类型，所以衬底的箭头向内。

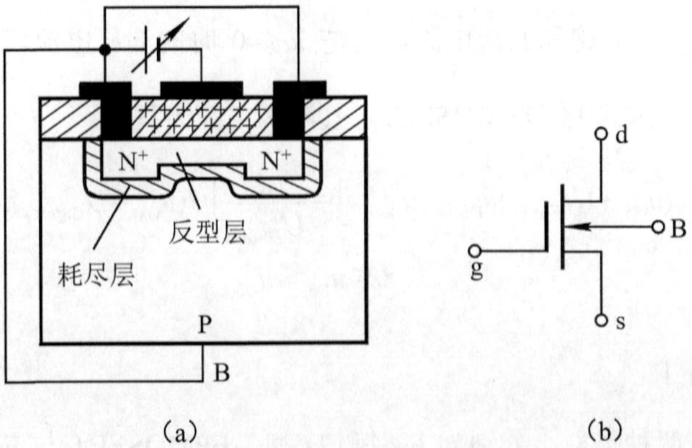

图 3.2.9　DNMOSFET

（a）结构；（b）符号

对 DNMOSFET，由于存在原始沟道，即使 $u_{GS}=0$，只要 $u_{DS}>0$，就有漏极电流。如果 $u_{GS}>0$，指向衬底的电场加强，沟道变宽，漏极电流 i_D 将会增大。反之，若 $u_{GS}<0$，则栅压产生的电场与正离子产生的自建电场方向相反，总电场减弱，沟道变窄，沟道电阻变大，i_D 减小。特别是当 u_{GS} 继续变负，等于某一特殊电压时，沟道将全部消失，$i_D=0$，管子进入截止状态。使得沟道刚好消失的栅源电压叫夹断电压。因此，DNMOSFET 的转移特性和输出特性如图 3.2.10（a）和（b）所示。

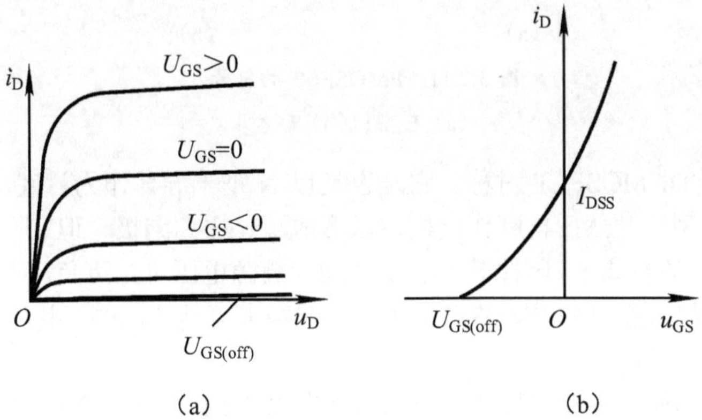

图 3.2.10　DNMOSFET 的伏安关系

（a）输出特性；（b）转移特性

DNMOSFET 管的电流方程与增强型管是一样的，不过其中的开启电压应换成夹断电压 $U_{GS(off)}$。处在恒流区 DNMOSFET，在不考虑沟道长度调制效应后，其漏极电流方程为[①]

①参见文献[3-4] 352-353 页。

$$i_D = I_{DSS}\left(\frac{u_{GS}}{U_{GS(off)}} - 1\right)^2 \qquad (3.2.8)$$

其中，$I_{DSS} = K_n U^2_{GS(off)}$，叫饱和漏极电流，它是 $u_{GS}=0$ 时的漏极电流。$u_{DS(sat)} = u_{GS} - U_{GS(off)}$，叫饱和电压。处在可变电阻区 DNMOSFET，其漏极电流方程为

$$i_D = K_n\left[2(u_{GS} - U_{GS(off)})u_{DS} - (u_{DS})^2\right] = \frac{I_{DSS}}{U^2_{GS(off)}}\left[2(u_{GS} - U_{GS(off)})u_{DS} - (u_{DS})^2\right] \qquad (3.2.9)$$

$$0 < u_{DS} \leqslant u_{DS(sat)}$$

三、PMOSFET

PMOSFET 也有两种类型，分别为 E 型和 D 型。EPMOSFET 与 ENMOSFET 对称，它是以 N 型半导体作为衬底，利用扩散工艺制作两个高掺杂的 P 型区，然后再制作电极，以形成源、栅和漏极，其符号如图 3.2.11（a）所示。显然其 $U_{GS(th)}$ 为负，源栅电压必须为正，且大于 $|U_{GS(th)}|$，越正越容易导通，漏极电流是流出的。

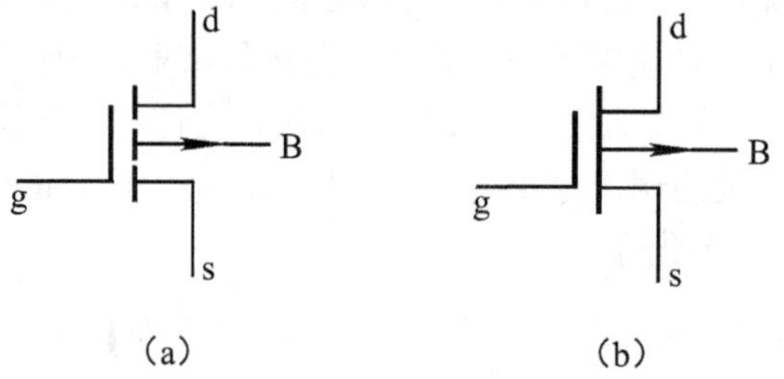

图 3.2.11　PMOSFET 的符号

（a）E 型；（b）D 型

DPMOSFET 与 DNMOSFET 对称，它是也是以 N 型半导体作为衬底，利用扩散工艺制作两个高掺杂的 P 型区，然后再制作电极，以形成源、栅和漏极，但它在栅极下面的 SiO_2 绝缘层中掺入了大量的负离子，因此其 $U_{GS(off)}$ 为正，栅源电压可正可负，但必须小于 $U_{GS(off)}$，栅源电压越小越容易导通。与 EPMOSFET 类似，漏极电流是流出的。其符号如图 3.2.11（b）所示。

四种 MOSFET 的偏压特性和特性曲线已总结在表 3.2.1。由表 3.2.1 可以看出：①与 JFET 不同，MOSFET 的栅、漏电压可有相反的极性，也可有相同的极性（二者同为正或同为负），这与双极型三极管不同。②单独使用 MOSFET，衬底要与源极相连，因此源极和漏极不可互易。然而在集成电路中，通常衬底单独引出，并接电路的最低电位或最高电位，以保证源极和衬底之间的 PN 结反偏。在这种情况下，若几何结构对称，则源、漏极可互易。③对 EPMOSFET 和 DPMOSFET，预夹断轨迹方程分别为

$$u_{SD} = u_{SD(sat)} = U_{GS(th)} - u_{GS} \qquad (3.2.10)$$

$$u_{SD}=u_{SD(sat)}=U_{GS(off)}-u_{GS} \tag{3.2.11}$$

据此，读者不难得到 PMOSFET 工作区域的判断方法。

表 3.2.1　四种 MOSFET 的偏压特性和特性曲线

类型	符号	u_{GS} u_{DS} $U_{GS(th)}/U_{GS(off)}$	输出特性	转移特性
ENMOSFET	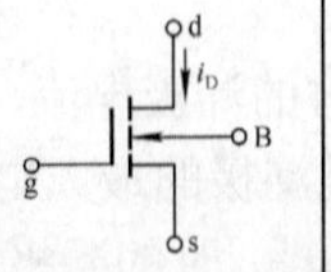	+ + +	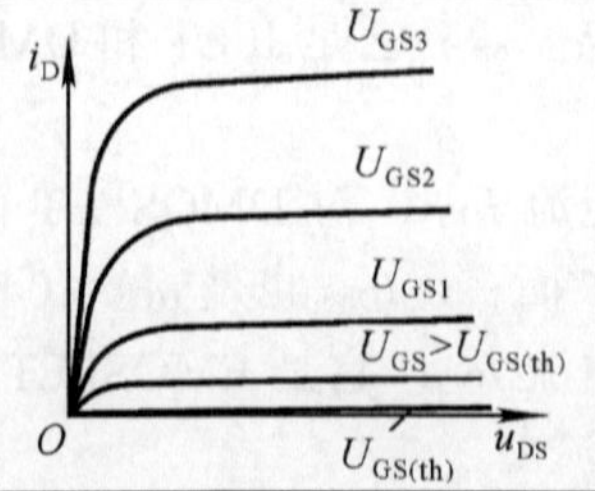	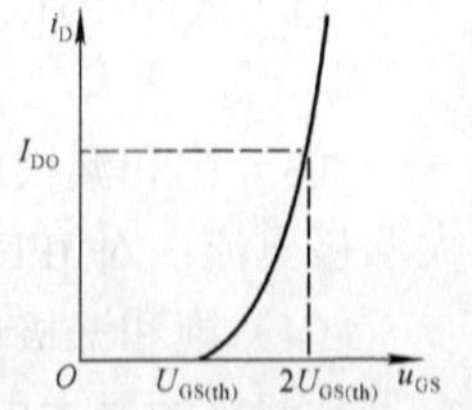
DNMOSFET	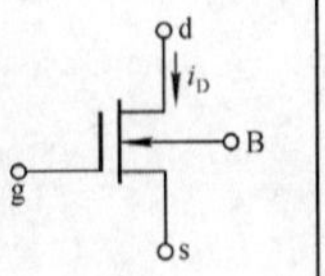	± + -	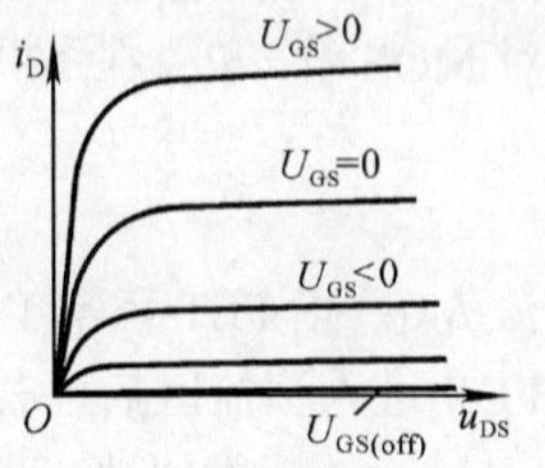	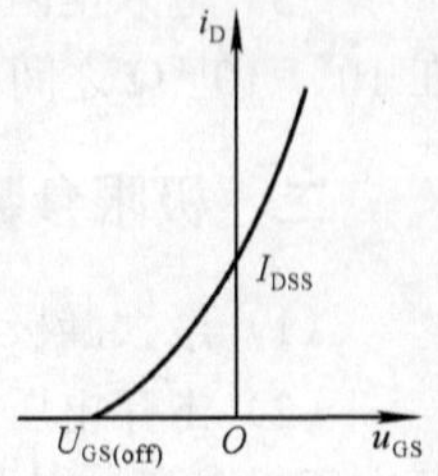
EPMOSFET	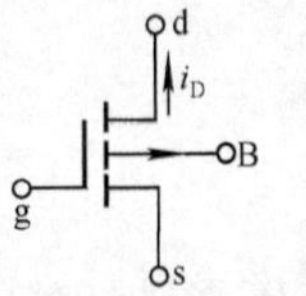	- - -	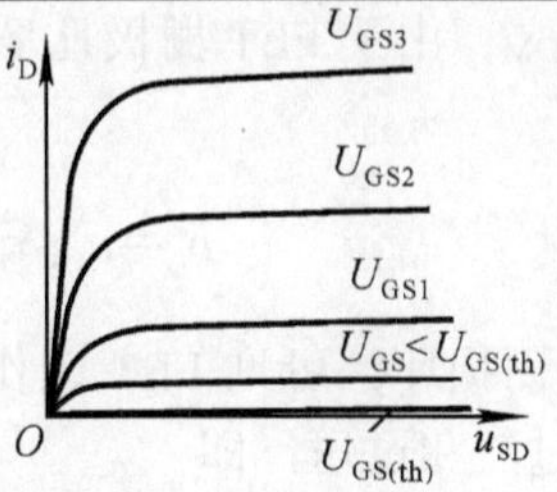	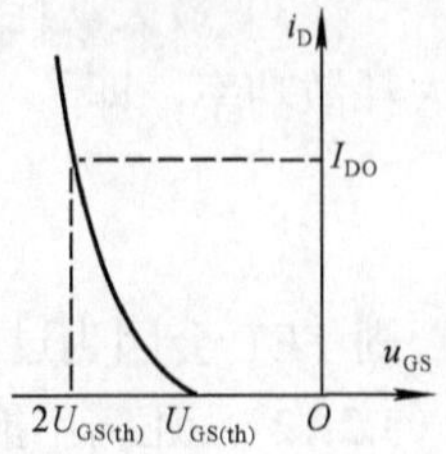
DPMOSFET	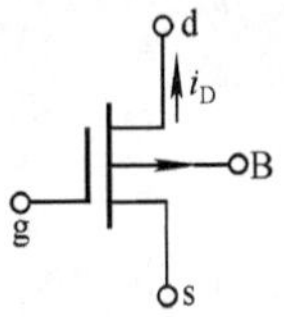	± - +	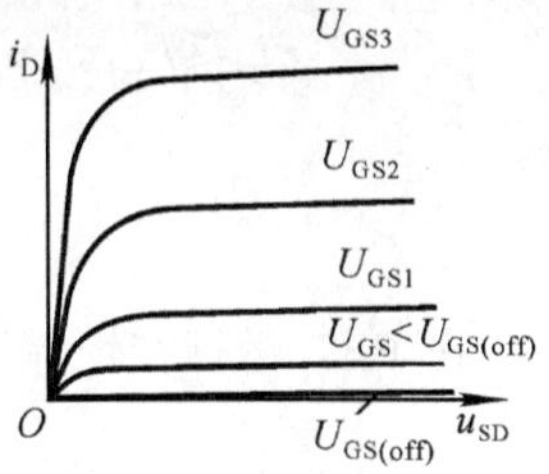	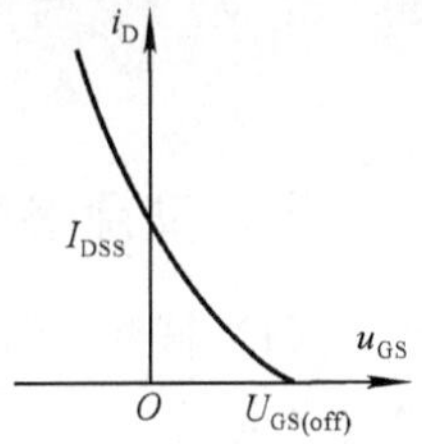

3.2.3 MOSFET 的主要参数

一、直流参数

（1）开启电压 $U_{GS(th)}$：它是 EMOSFET 的参数，即当 $u_{GS}>U_{GS(th)}$ 时，导电沟道才形成，$i_D\neq 0$。

（2）夹断电压 $U_{GS(off)}$：它是 JFET 和 DMOSFET 的参数，当栅源电压 $u_{GS}=U_{GS(off)}$ 时，$i_D=0$。

（3）饱和漏极电流 I_{DSS}：对 DMOSFET 而言，I_{DSS} 是 $u_{GS}=0$ 时的漏极电流，它不是最大漏极电流；对 JFET 而言，I_{DSS} 也是 $u_{GS}=0$ 时的漏极电流，但它是漏极的最大电流。

（4）饱和漏极电流 I_{DO}：它是 EMOSFET 的参数，是 $u_{GS}=2U_{GS(th)}$ 时的漏极电流， 但它不是漏极的最大电流。

（5）输入电阻 R_{GS}：仅加直流电时，FET 栅源之间呈现的电阻。对结型场效应管，R_{GS} 在 $10^8\sim10^{12}\,\Omega$ 之间；对 MOS 管，R_{GS} 在 $10^{10}\sim10^{15}\,\Omega$ 之间。通常可认为 R_{GS} 为无穷大。

二、极限参数

（1）最大漏极电流 I_{DM}：指 FET 正常工作时漏极电流的最大值。

（2）击穿电压：FET 进入恒流区后，若 u_{DS} 进一步加大，会导致 i_D 骤然加大，此时漏源电压叫漏源击穿电压 $U_{(BR)DS}$。类似地，也有栅源击穿电压 $U_{(BR)GS}$。

（3）最大功耗 P_{DM}：由于 FET 栅极几乎不索取电流，因此 FET 耗散功率一定要小于最大耗散功率，即

$$p_D=u_{DS}\times i_D\leqslant P_{DM} \tag{3.2.12}$$

否则 FET 会因为过热而损坏。可见 FET 工作在安全区的条件是除了不能过耗外（即满足式（3.2.12），还需不能过流和过压，即

$$i_D\leqslant I_{DM},\quad u_{DS}\leqslant U_{(BR)DS} \tag{3.2.13}$$

三、交流参数

（1）低频跨导 g_m：在 FET 运行在恒流区且 u_{DS} 为常量的条件下，单位栅源电压所产生的漏极电流，即

$$g_m=\left.\frac{\Delta i_D}{\Delta u_{GS}}\right|_{U_{DS}} \tag{3.2.14}$$

g_m 可以从转移特性或输出特性中求得，也可以用公式计算出来。对 JFET 和 DMOSFET，根据式（3.1.8）或式（3.2.8），由式（3.2.14）得对应工作点 Q 的 g_m 为

$$g_m=\left.\frac{\mathrm{d}i_D}{\mathrm{d}u_{GS}}\right|_{U_{DS}}=\frac{-2I_{DSS}}{U_{GS(off)}}(1-\frac{u_{GS}}{U_{GS(off)}})=-\frac{2}{U_{GS(off)}}\sqrt{I_{DSS}I_{DQ}}=2\sqrt{K_nI_{DQ}} \tag{3.2.15}$$

式中利用了 $i_D=I_{DQ}+i_d\approx I_{DQ}$，即仅考虑小信号。

对增强型 MOSFET，根据式（3.2.5），由式（3.2.14）得对应工作点 Q 的 g_m 为

$$g_m=\left.\frac{\mathrm{d}i_D}{\mathrm{d}u_{GS}}\right|_{U_{DS}}=2I_{DO}(\frac{u_{GS}}{U_{GS(th)}}-1)\frac{1}{U_{GS(th)}}=\frac{2}{U_{GS(th)}}\sqrt{I_{DO}I_{DQ}}=2\sqrt{K_nI_{DQ}} \tag{3.2.16}$$

可见，交流参数与静态工作点有关，工作点电流增大，跨导也将增大。

（2）输出电阻 r_{ds}：在 FET 运行在恒流区且 u_{GS} 为常量的条件下，单位漏极电流所产生的漏源电压，即

$$r_{ds}=\left.\frac{\Delta u_{DS}}{\Delta i_D}\right|_{U_{GS}} \tag{3.2.17}$$

运行在恒流区 ENMOSFET，在考虑沟道长度调制效应后，式（3.2.5）要被修饰为[①]

$$i_D=I_{DO}\left(\frac{u_{GS}}{U_{GS(th)}}-1\right)^2(1+\lambda u_{DS}) \tag{3.2.18}$$

其中，$\lambda=1/U_A$ 叫做沟道长度调制系数，U_A 叫厄利电压（early voltage）。将式（3.2.18）代入式（3.2.17），并利用式（3.2.5），可以得到

$$r_{ds}=\frac{U_A}{I_{DQ}} \tag{3.2.19}$$

可见，FET 的输出电阻也与静态工作点有关，工作点电流越大，输出电阻将越小。然而，理想情况下，因 $U_A\to\infty$，所以输出电阻也将为无穷大。虽然式是由 ENMOSFET 导出的，读者可以证明，对其它类型 FET，式（3.2.19）仍然成立。

（3）极间电容:主要考虑栅源电容 C_{gs} 和栅漏电容 C_{gd}，通常在 1～3 pF；还包括漏源电容 C_{ds}，通常在 0.1～1 pF。在高频场合，应该考虑极间电容的影响，它们决定了最高工作频率 f_M。

应该强调，因为 C_{gs} 很小，不大的电量 q 就可产生大的 $u_{GS}=q/C$，很容易击穿 MOSFET。为了防止 MOSFET 被击穿，栅源间必须提供直流通路，换言之，栅极不能悬空。不仅如此，MOSFET 在运输、存放、安装和焊接过程中都要防止静电感应。

例 3.2.1　电路如图 3.2.12 所示，已知 $|U_{GS(th)}|=|U_{GS(off)}|=1$ V，试判断各 MOS 管工作在什么区域。

解　对图 3.2.12（a）而言，$u_{GS}=2\text{ V}>U_{GS(th)}=1\text{ V}$，$u_{DS}=5\text{ V}>u_{DS(sat)}=u_{GS}-U_{GS(th)}=1\text{ V}$，因此管子运行在恒流区。

①参见文献[3-1] 136-137 页。

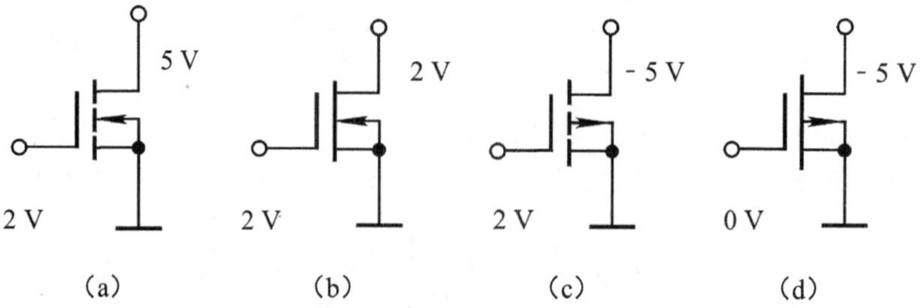

图 3.2.12　例 3.2.1 电路

对图 3.2.12（b）而言，$u_{GS}=2\text{ V}>U_{GS(off)}=-1\text{ V}$，$u_{DS}=2\text{ V}<u_{DS(sat)}=u_{GS}-U_{GS(off)}=3\text{ V}$，因此管子运行在可变电阻区。

对图 3.2.12（c）而言，$u_{GS}=2\text{ V}>U_{GS(th)}=-1\text{V}$，$u_{SD}=5\text{ V}>u_{SD(sat)}=U_{GS(th)}-u_{GS}=-3\text{ V}$，因此管子工作在夹断区。

对图 3.2.12（d）而言，$u_{GS}=0<U_{GS(off)}=1\text{ V}$，$u_{SD}=5\text{ V}>u_{SD(sat)}=U_{GS(off)}-u_{GS}=1\text{ V}$，因此管子也运行在恒流区。

例 3.2.2　电路如图 3.2.13 所示，其中 MOS 管的参数为 $U_{GS(th)}=2\text{ V}$，$I_{DO}=2\text{ mA}$，当 $u_I=0$、4 V 和 5 V 时，试分析管子的运行状态及相应的 u_O 是多少。

解　（1）当 $u_I=0<U_{GS(th)}=2\text{V}$ 时，$u_{DS}>u_{DS(sat)}=u_{GS}-U_{GS(th)}=-2\text{ V}$，因此管子运行在夹断区，$i_D=0$，$u_O=u_{DS}=V_{DD}-R_d i_D=5\text{ V}$。

（2）当 $u_I=4\text{ V}>U_{GS(th)}=2\text{ V}$ 时，管子要么运行在恒流区，要么运行在可变电阻区，因此可设它运行在恒流区，则有

$$i_D=I_{DO}(\frac{u_{GS}}{U_{GS(th)}}-1)^2=2\text{ mA}$$

于是 $u_O=V_{DD}-R_d i_D=6\text{ V}$。此时 $u_O=6\text{ V}>u_{DS(sat)}=2\text{ V}$，管子的确在恒流区，假设正确，计算有效。

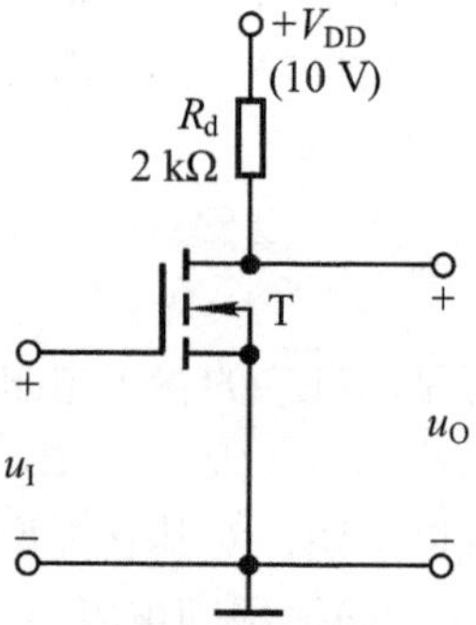

图 3.2.13　例 3.2.2 电路

（3）当 $u_I=5\text{ V}>U_{GS(th)}=2\text{ V}$ 时，管子要么运行在恒流区，要么运行在可变电阻区，因此仍可设它运行在恒流区，则有

$$i_D=I_{DO}\left(\frac{u_{GS}}{U_{GS(th)}}-1\right)^2=4.5\text{ mA}$$

于是 $u_O=V_{DD}-R_d i_D=1\text{ V}$。此时 $u_O=1\text{ V}<u_{DS(sat)}=3\text{ V}$，管子不在恒流区而在可变电阻区，假设错误，$i_D$ 的计算无效。根据式（3.2.6）和管子外电路方程，分别有

$$i_D=\frac{I_{DO}}{U_{GS(th)}^2}\left[2(u_{GS}-U_{GS(th)})u_{DS}-(u_{DS})^2\right]=\frac{1}{2}\left[6u_{DS}-(u_{DS})^2\right]$$

$$u_{DS}=V_{DD}-R_d i_D=10-2i_D$$

联立两方程得到两个解，一个是 $u_O=u_{DS}=2$ V，$i_D=4$ mA，另一个解是 $u_O=u_{DS}=5$ V，$i_D=2.5$ mA，后一个解应舍去，因为 $u_{DS}=5\text{ V}>u_{DS(sat)}=3$ V，管子不在可变电阻区！

3.2.4　MOSFET 的主要特点

（1）与 BJT 相反，场效应管温度性能较好，并具有零温度系数工作点。这是因为当温度升高时，一方面沟道内的载流子数目增长，另一方面载流子的迁移率却下降，从而使电流不变。

（2）与 BJT 相反，场效应管是电压控制器件，输入电阻很高。

（3）与 BJT 相比，MOSFET 的噪声低，JFET 的噪声比 MOSFET 的噪声还要低。

（4）正常工作时，耗尽型 MOSFET 的栅压可正可负，灵活性较大，而增强型 MOSFET、JFET 的栅极电压和 BJT 的基极偏压只能是一种极性。

（5）正常工作时，BJT 的发射极和集电极不能互换；而 JFET 和衬底单独引出的 MOSFET，其漏、源极可以互换。

（6）与 BJT、JFET 相比，MOSFET 工艺最简单，功率又小，封装密度极高，适合于制造大规模、超大规模集成电路。但是，BJT 具有跨导大、电压增益高、非线性失真小、性能稳定等优点，因而在分立元件电路和中、小规模模拟集成电路中，BJT 电路仍占优势。

（7）与 BJT 不同，FET 在小电流、小电压工作时，漏源极间可以等效为一受栅压控制的可变电阻器，因此被广泛应用于自动增益控制、电压控制衰减器等中。

3.3　场效应管放大电路

与 BJT 放大电路类似，FET 放大电路也有三种形式，分别是共源极、共漏极和共栅极放大电路。图 3.3.1 给出了 MOSFET 放大电路的三种形式。分析 FET 放大电路的思路也是“先静、后动”。

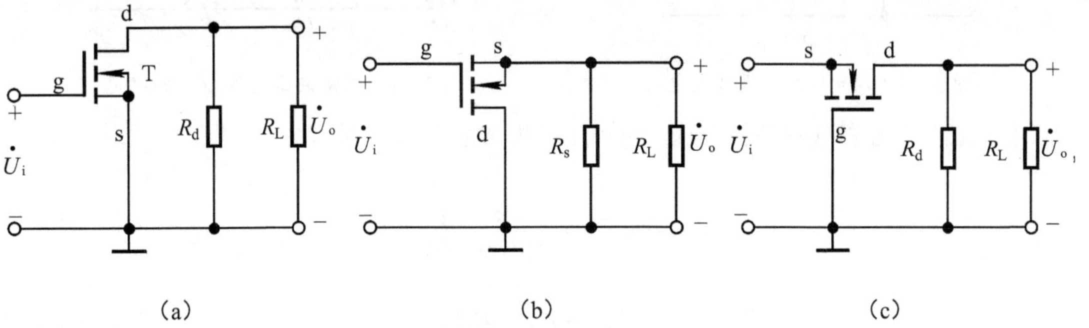

图 3.3.1　MOSFET 放大电路的三种组态

（a）共源极；（b）共漏极；（c）共栅极

3.3.1　直流偏置电路与静态分析

与 BJT 放大电路相似，静态工作点的设置对放大电路的性能至关重要。在场效应管放大器中，由于结型场效应管与耗尽型 MOS 场效应管 $u_{GS}=0$ 时，$i_D\neq0$，因此可采用自偏压方式。而对于增强型 MOSFET，则一定要采用分压式偏置或混合偏置方式。

一、固定偏压电路

图 3.3.2 所示的场效应管放大电路采用了固定偏压电路，其中 V_{GG} 的作用是保证 $u_{GS}>U_{GS(th)}$，V_{DD} 的作用是保证 $u_{DS}>u_{DS(sat)}=u_{GS}-U_{GS(th)}$，从而确保 ENMOSFET 运行在恒流区。$C_1$、$C_2$ 的作用依然是“隔直通交”。R_g 的作用是防止输入交流短路。R_d 是交流负载的一部分。如果知道管子的输出特性曲线，即可用图解法求出静态工作点 Q。由图 3.3.2 很容易得出栅、源之间以及漏、源之间的静态电压分别为

$$u_{GS}=V_{GG} \tag{3.3.1}$$

$$u_{DS}=V_{DD}-R_d i_D \tag{3.3.2}$$

在输出特性曲线上做出负载线方程，它与 $u_{GS}=V_{GG}$ 对应曲线的交点即为 Q 点，因此可以得到 I_{DQ}、U_{DSQ} 和 U_{GSQ}，如图 3.3.3 所示。

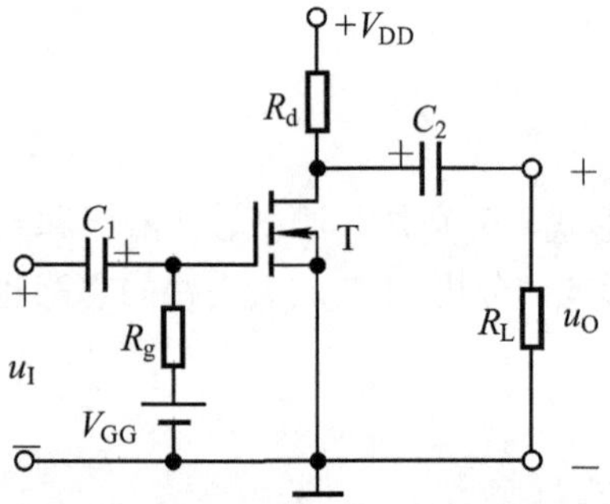

图 3.3.2　固定偏压共源放大电路

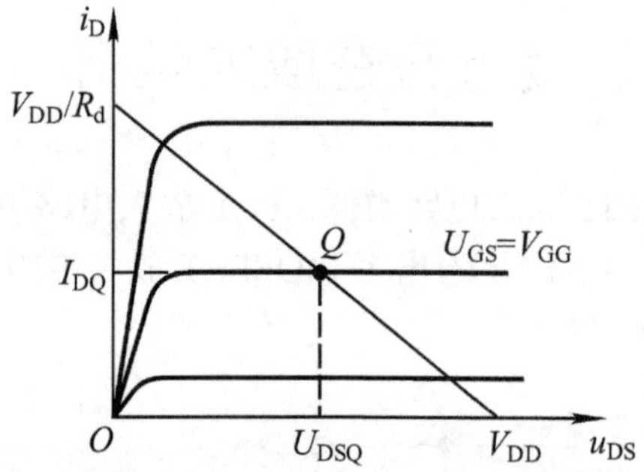

图 3.3.3　固定偏压电路 Q 点的确定

如果已知管子的转移特性方程，也可用解析法求 Q 点。对于图 3.3.2 有

$$I_{DQ}=I_{DO}\left(\frac{U_{GSQ}}{U_{GS(th)}}-1\right)^2 \tag{3.3.3}$$

$$U_{DSQ}=V_{DD}-R_d I_{DQ} \tag{3.3.4}$$

$$U_{GSQ}=V_{GG} \tag{3.3.5}$$

将式（3.3.5）代入式（3.3.3），解一个 I_{DQ} 的二次方程，有两个根，舍去不合理的一个根，

留下合理的一个根便是 I_{DQ}，再把 I_{DQ} 代入式（3.3.4）可得 U_{DSQ}，并据此判断管子是否在恒流区。

固定偏压电路可提供正偏压，也可提供负偏压，因此适合任何形式的 FET。但是，固定偏压电路需要双电源。实用中，常采用单电源供电，因此多用自给偏压和分压式偏置电路。

二、自给偏压电路

自给偏压电路利用漏极直流电流在源极电阻 R_s 上产生的压降形成偏压，如图 3.3.4 所示。

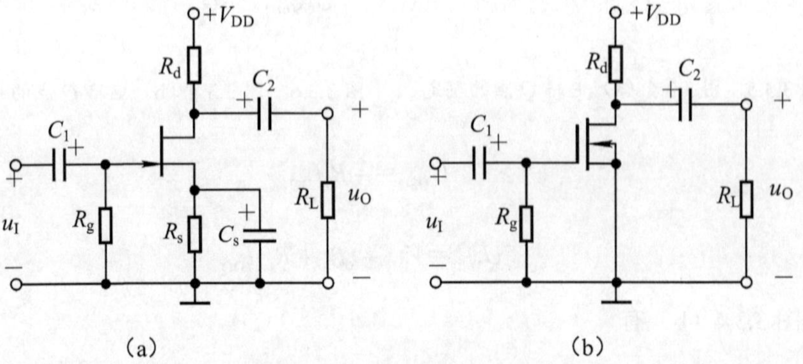

图 3.3.4 自偏压共源放大电路

（a）基于 NJFET；（b）基于 DNMOSFET

对于图 3.3.4（a），由图可知，输入回路和输出回路的负载线方程分别为

$$u_{GS} = -R_s i_D \tag{3.3.6}$$

$$u_{DS} = V_{DD} - (R_d + R_s) i_D \tag{3.3.7}$$

在 NJFET 的转移特性曲线上作出输入回路负载线方程，其交点即为 Q 点，如图 3.3.5 所示，由此可以得到 I_{DQ}、U_{GSQ}，再代入式（3.3.7）即可得 U_{DSQ}。

对于图 3.3.4（b），由图可知，输入回路和输出回路的负载线方程分别为

$$u_{GS} = 0 \tag{3.3.8}$$

$$u_{DS} = V_{DD} - R_d i_D \tag{3.3.9}$$

在 DNMOSFET 的转移特性曲线上做出输入回路负载线方程，其交点即为 Q 点，如图 3.3.6 所示，由此可以得到 I_{DQ}、U_{GSQ}，再代入式（3.3.9）即可得 U_{DSQ}。

如果已知管子的转移特性电流方程，也可用解析法求 Q 点。对于图 3.3.4（a）有

$$I_{DQ} = I_{DSS}\left(1 - \frac{U_{GSQ}}{U_{GS(off)}}\right)^2 \tag{3.3.10}$$

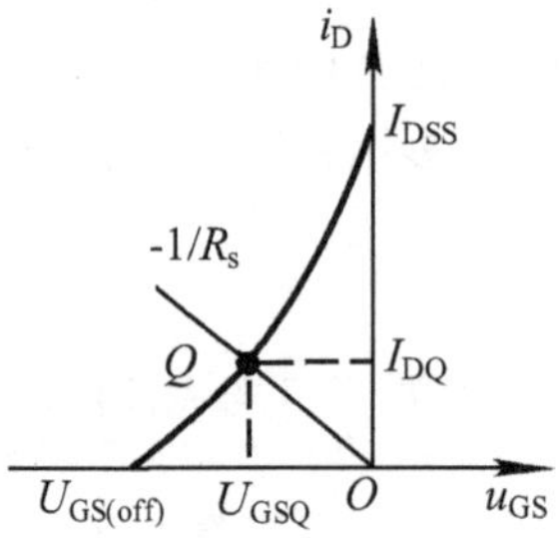

图 3.3.5　图 3.3.4（a）电路 Q 点的确定

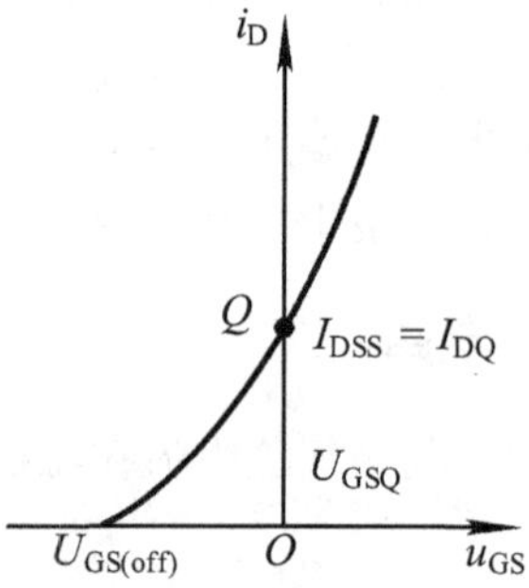

图 3.3.6　图 3.3.4（b）电路 Q 点的确定

$$U_{GSQ}=-R_sI_{DQ} \tag{3.3.11}$$

$$U_{DSQ}=V_{DD}-(R_d+R_s)I_{DQ} \tag{3.3.12}$$

而对于图 3.3.4（b）有

$$U_{GSQ}=0 \tag{3.3.13}$$

$$I_{DQ}=I_{DSS}\left(\frac{U_{GSQ}}{U_{GS(off)}}-1\right)^2=I_{DSS} \tag{3.3.14}$$

$$U_{DSQ}=V_{DD}-R_dI_{DQ} \tag{3.3.15}$$

各自联立方程求解即可。对图 3.3.4（b）所示电路，也可在输出特性曲线上做输出回路负载线求解 Q。那么对图 3.3.4（a）所示电路，能否在输出特性曲线上作输出回路负载线求解 Q？请读者思考。

自给偏压电路适合于 JFET 和 DMOSFET，但不适合 EMOSFET，因此出现了混合偏置电路。

三、混合偏置电路

混合偏置电路是把自给偏压电路和分压式偏置电路集合在一起的偏置方式，如图 3.3.7 所示。

图中的 FET 是 ENMOS 管，由于穿过 R_{g3} 的直流电流近似为零，因此可得输入及输出负载线方程分别为

$$u_{GS}=V_{GG}-R_si_D \tag{3.3.16}$$

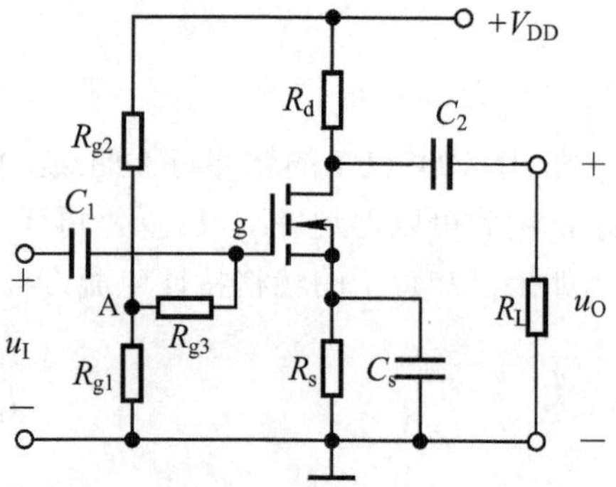

图 3.3.7　混合偏置共源极放大电路

$$V_{GG}=\frac{R_{g1}}{R_{g1}+R_{g2}}V_{DD} \tag{3.3.17}$$

$$u_{DS}=V_{DD}-(R_d+R_s)i_D \tag{3.3.18}$$

在转移特性曲线上做输入回路负载线即可求解 Q，如图 3.3.8 所示。

如果已知管子的转移特性方程，也可用解析法求 Q 点。对于图 3.3.7 有

$$I_{DQ}=I_{DO}\left(\frac{U_{GSQ}}{U_{GS(th)}}-1\right)^2 \tag{3.3.19}$$

$$U_{GSQ}=\frac{R_{g1}}{R_{g1}+R_{g2}}V_{DD}-R_sI_{DQ} \tag{3.3.20}$$

$$U_{DSQ}=V_{DD}-(R_d+R_s)I_{DQ} \tag{3.3.21}$$

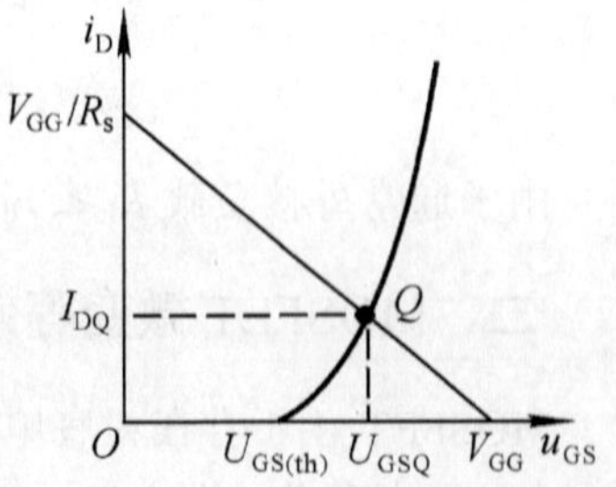

图 3.3.8　图 3.3.7 电路 Q 点的确定

联立方程求解即可。

混合偏置电路适合于任何形式的 FET，而且 R_{g3} 不影响直流参数，并可提高交流输入电阻，因此应用广泛。

3.3.2　FET 的微变等效电路

与 BJT 类似，FET 也是非线性器件。然而，只要 Q 点位于恒流区的中央，输入为低频小信号，就可近似认为 FET 运行在线性区，从而将它等效为线性电路。

一、JFET 微变等效电路

先前我们已经知道，运行在恒流区的 JFET，其漏极电流是栅源电压和漏源电压的二元函数，即

$$i_D=f(u_{GS},u_{DS}) \tag{3.3.22}$$

由于是小信号运行，因此可对式（3.3.22）求全微分：

$$\mathrm{d}i_D=\left.\frac{\partial i_D}{\partial u_{GS}}\right|_{U_{DS}}\mathrm{d}u_{GS}+\left.\frac{\partial i_D}{\partial u_{DS}}\right|_{U_{DS}}\mathrm{d}u_{DS} \tag{3.3.23}$$

考虑到式（3.2.14）和式（3.2.17），并认为 g_m 和 r_{ds} 是常数，信号是正弦信号，则式（3.3.23）可改写为

$$\dot{I}_d=g_m\dot{U}_{gs}+\frac{1}{r_{ds}}\dot{U}_{ds} \tag{3.3.24}$$

由此构造出物理模型如图 3.3.9 所示。

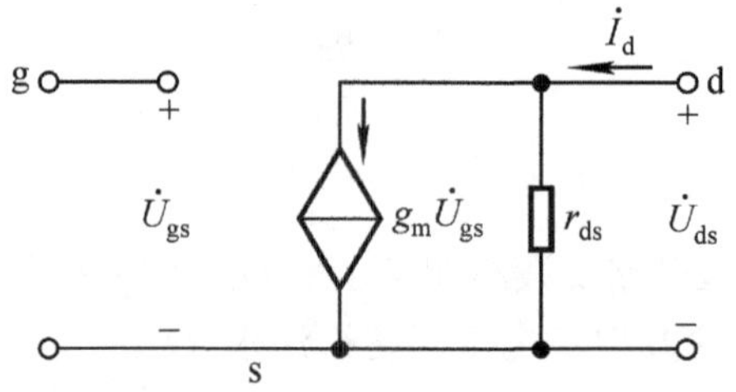

图 3.3.9 JFET 的低频小信号等效电路

由于通常外接负载 $R_L \ll r_{ds}$，因此可认为 r_{ds} 开路，从而可得简化的低频小信号等效电路。

二、MOSFET 微变等效电路

MOSFET 由于存在衬底电压 u_{BS} 对 i_D 的作用，所以其漏极电流不仅与 u_{GS} 和 u_{DS} 有关，而且与 u_{BS} 也有关，即

$$i_D=f(u_{GS},u_{BS},u_{DS}) \tag{3.3.25}$$

考虑小信号运行，对式（3.3.25）求全微分，得

$$di_D=\left.\frac{\partial i_D}{\partial u_{GS}}\right|_{U_{DS},U_{BS}} du_{GS}+\left.\frac{\partial i_D}{\partial u_{BS}}\right|_{U_{GS},U_{DS}} du_{BS}+\left.\frac{\partial i_D}{\partial u_{DS}}\right|_{U_{GS},U_{BS}} du_{DS} \tag{3.3.26}$$

考虑到式（3.2.14）和式（3.2.17），并定义参数

$$g_{mb}=\left.\frac{\partial i_D}{\partial u_{BS}}\right|_{U_{GS},U_{DS}} \tag{3.3.27}$$

为背栅跨导（body transconductance）。若信号是正弦信号，则式（3.3.26）可改写为

$$\dot{I}_d=g_m\dot{U}_{gs}+g_{mb}\dot{U}_{bs}+\frac{1}{r_{ds}}\dot{U}_{ds} \tag{3.3.28}$$

由此构造出物理模型如图 3.3.10 所示。

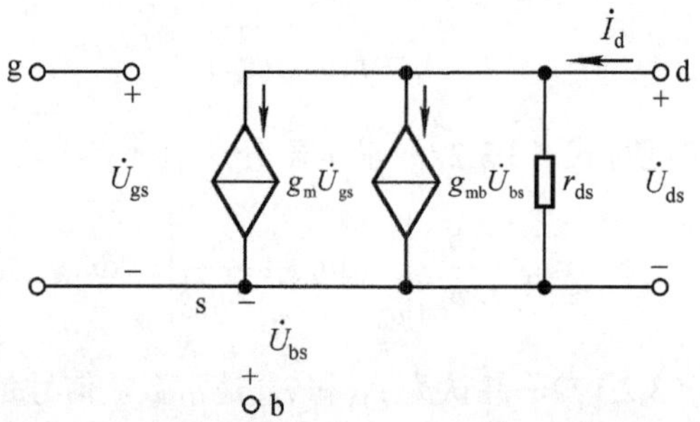

图 3.3.10 MOSFET 的低频小信号等效电路

单独使用 MOSFET，因为源极和衬底连在一起，$u_{bs}=0$，所以可不考虑背栅效应，相应

的受控源开路，此时，等效电路与 JFET 的低频小信号等效电路相同。如果负载电阻 $R_L \ll r_{ds}$，也可认为 r_{ds} 开路，从而可得简化的低频小信号等效电路。

3.3.3 FET 的基本应用电路及其分析方法

在模拟电路中，FET 的基本应用包括放大电路、电流源电路和压控电阻。作为放大电路，与 BJT 放大电路类似，场效应管放大电路也有共源、共漏和共栅三种基本组态电路。分析方法是先用解析法计算 Q 点，再用小信号模型法进行动态分析。

一、共源放大电路

共源放大电路（common-source circuit）如图 3.3.11（a）所示。先画出直流通路，如图 3.3.11（b）所示，然后用解析法求 Q 点；其次画出交流通路，如图 3.3.11（c）所示，再将 FET 用其微变等效电路代替可得低频小信号等效电路，如图 3.3.11（d）所示。最后根据普通的电路理论求电路性能指标，也可叠加直流与交流求总量。

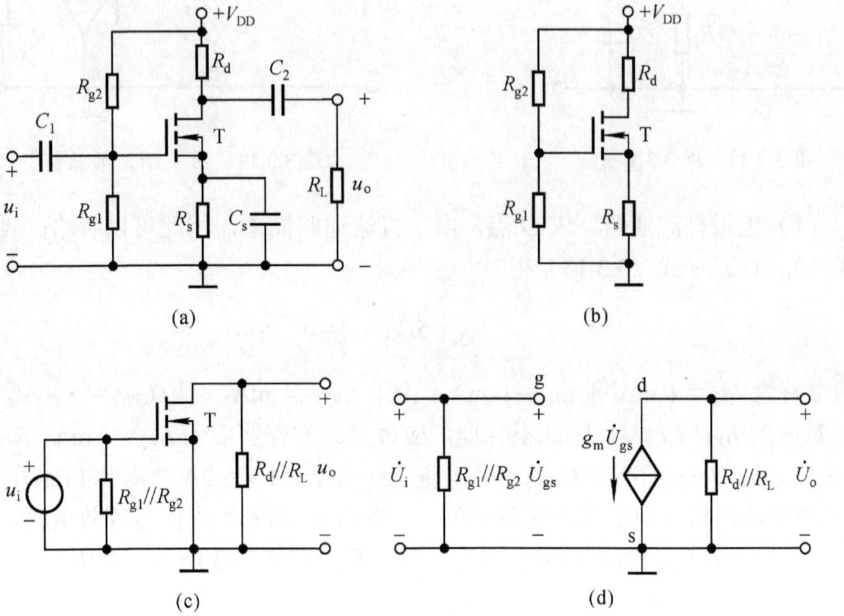

图 3.3.11 基本共源极放大电路

（a）原电路；（b）直流通路；（c）交流通路；（d）低频小信号等效电路

直流分析与式（3.3.19）～式（3.3.21）完全相同。由图 3.3.11（d）可知，放大电路电压放大倍数、输入电阻和输出电阻分别为

$$\dot{A}_u = \frac{\dot{U}_o}{\dot{U}_i} = \frac{-(R_d \,/\!/\, R_L) g_m \dot{U}_{gs}}{\dot{U}_{gs}} = -g_m (R_d \,/\!/\, R_L) \tag{3.3.29}$$

$$R_i = R_{g1} /\!/ R_{g2} \tag{3.3.30}$$

$$R_o = R_d \tag{3.3.31}$$

可以看出，与 BJT 共射电路相比，共源放大电路输出也与输入电压相位相反，输入电阻很大，但放大能力却不及 BJT 共射电路。

例 3.3.1 图 3.3.12 所示场效应管放大电路中，$R_g=1\ \text{M}\Omega$，$R_s=2\ \text{k}\Omega$，$R_d=12\ \text{k}\Omega$，$V_{DD}=20\ \text{V}$，$u_s=20\sin\omega t$（mV），场效应管的 $I_{DSS}=4\ \text{mA}$，$U_{GS(off)}=-4\ \text{V}$，电容 C_s 对输入交流信号可视为短路，试求电压放大倍数、输入电阻和输出电阻以及输出电压 u_O 的表达式。

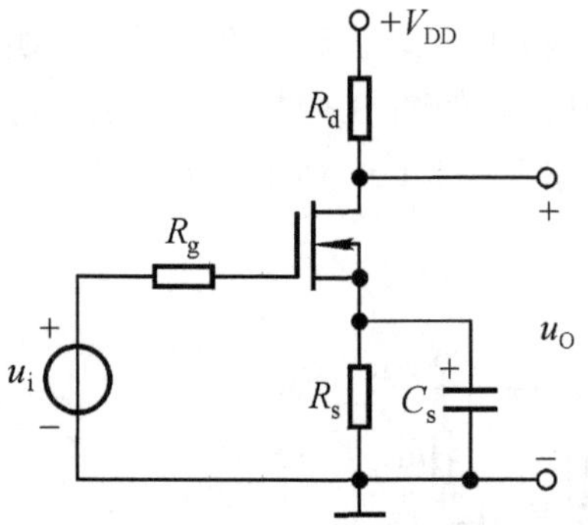

图 3.3.12　例 3.3.1 电路

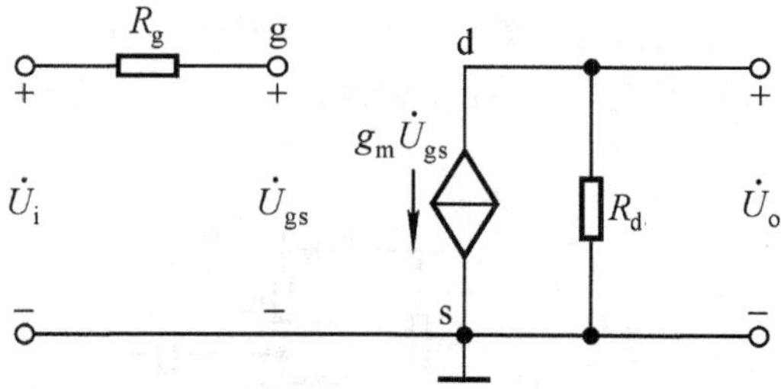

图 3.3.13　图 3.3.12 的低频小信号等效电路

解　(1) 先画直流通路，求 Q 点。由于直流通路简单，因此可以省略。设 FET 在恒流区，由式（3.3.11）～式（3.3.13）得

$$I_{DQ}^2 - 5I_{DQ} + 4 = 0$$

求解得两个解为 $I_{DQ}=4\ \text{mA}$ 和 $I_{DQ}=1\ \text{mA}$。由于 $I_{DQ}=4\ \text{mA}$，得 $U_{GSQ}=-8\ \text{V}$，其值已小于 $U_{GS(off)}$，对应的 I_{DQ} 应为零，因此不合理，应舍弃。方程解应为 $I_{DQ}=1\ \text{mA}$，$U_{GSQ}=-2\ \text{V}$。由式（3.3.12）得 $U_{DSQ}=6\ \text{V}>U_{GSQ}-U_{GS(off)}=-2\ \text{V}+4\ \text{V}=2\ \text{V}$，因此 FET 在恒流区。

(2) 画交流通路（由于交流通路简单，可省略），画低频小信号等效电路。由于 C_s 对输入交流信号可视为短路，因此低频小信号等效电路如图 3.3.13 所示，其中

$$g_m = \frac{-2}{U_{GS(off)}}\sqrt{I_{DSS}I_{DQ}} = 1\ \text{mS}$$

(3) 对低频小信号等效电路分析。由于 $u_{gs}=u_i$，因此借鉴式（3.3.29）～式（3.3.31），得

$$\dot{A}_u = -g_m R_d = -12$$

$$R_i \to \infty$$

$$R_o = R_d = 12\ \text{k}\Omega$$

由图 3.3.13 得

$$u_o = -R_d g_m u_{gs} = -R_d g_m u_i = -240\sin\omega t \quad (\text{mV})$$

总的输出电压为

$$u_O = U_{DQ} + u_{ds} = V_{DD} - R_d I_{DQ} + u_o = 8 - 0.240\sin\omega t \quad (\text{V})$$

例 3.3.2　图 3.3.14 所示电路中，$V_{DD}=10\ \text{V}$，$R_{g1}=200\ \text{k}\Omega$，$R_{g2}=100\ \text{k}\Omega$，$R_{g3}=1\ \text{M}\Omega$，$R_s=1\ \text{k}\Omega$，$R_L=R_d=5\ \text{k}\Omega$，$I_{DO}=0.8\ \text{mA}$，$U_{GS(th)}=2\ \text{V}$。试求电压放大倍数、输入电阻和输出电阻。

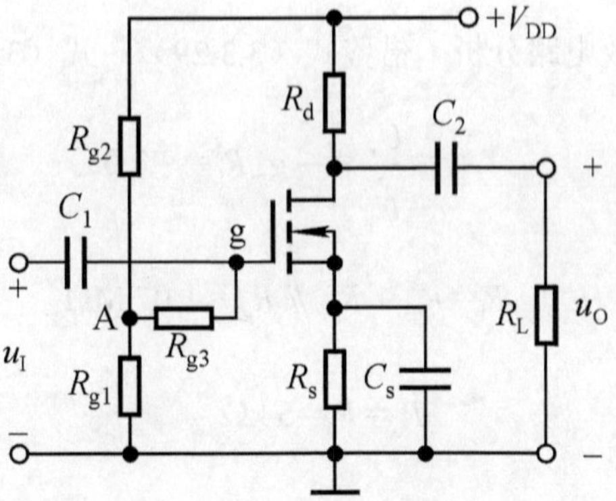

图 3.3.14　例 3.3.2 电路

解　（1）设 FET 在恒流区，把有关参数代入式（3.3.19）～式（3.3.21）得

$$U_{GSQ} = \frac{R_{g1}}{R_{g1}+R_{g2}}V_{DD} - R_s I_{DQ} = \frac{10}{3} - I_{DQ}$$

$$I_{DQ} = I_{DO}\left(\frac{U_{GSQ}}{U_{GS(th)}} - 1\right)^2 = 0.8\left(\frac{U_{GSQ}}{2} - 1\right)^2$$

$$U_{DSQ} = V_{DD} - (R_d + R_s)I_{DQ} = 10 - 6I_{DQ}$$

因此有

$$9I_{DQ}^2 - 69I_{DQ} + 16 = 0$$

解方程得 $I_{DQ}=7.44\ \text{mA}$（舍），0.22 mA，代入第 1 式得 $U_{GSQ}=3.11\ \text{V}$，代入第 3 式得 $U_{DSQ}=8.68\ \text{V} > U_{GSQ}-U_{GS(th)}=1.11\ \text{V}$，FET 在恒流区。

（2）画低频小信号等效电路，如图 3.3.15 所示，其中

$$g_m = \frac{2}{U_{GS(th)}}\sqrt{I_{DO}I_{DQ}} = 0.42\ \text{mS}$$

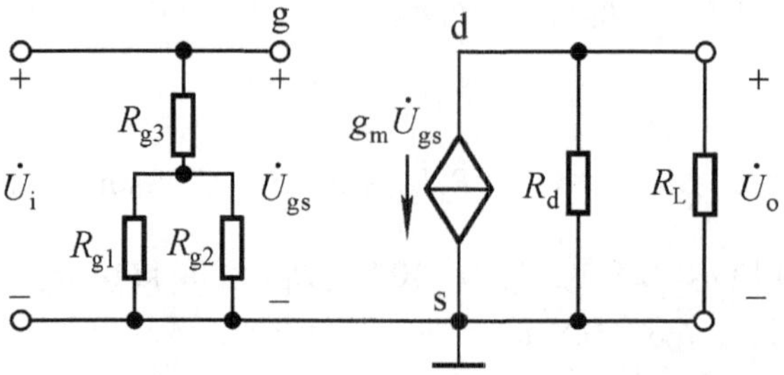

图 3.3.15 图 3.3.14 的低频小信号等效电路

（3）对低频小信号等效电路分析。借鉴式（3.3.29）～式（3.3.31）得

$$\dot{A}_u=\frac{\dot{U}_o}{\dot{U}_i}=-g_m R_L'=-1.05$$

$$R_i=R_{g3}+R_{g1}\,/\!/\,R_{g2}\approx 1.07\ \text{M}\Omega$$

$$R_o=R_d=5\ \text{k}\Omega$$

二、共漏放大电路

共漏放大电路（common-drain circuit）如图 3.3.16（a）所示。漏极交流接地，输出信号从源极取出，因此也称为源极跟随器（source follower），容易画出低频小信号等效电路，如图 3.3.16（b）所示。

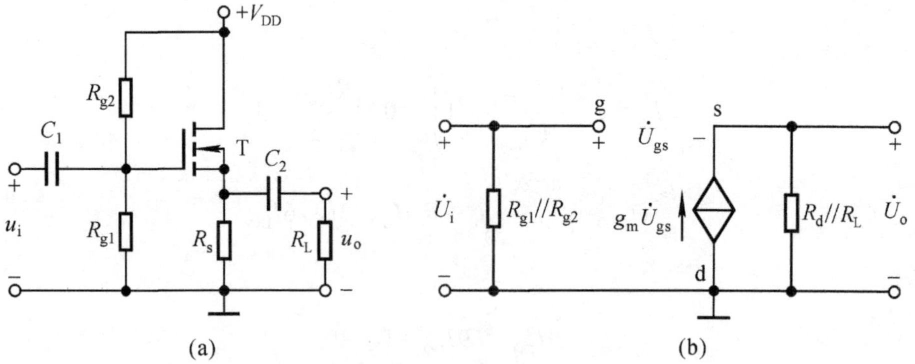

图 3.3.16 共漏放大电路

（a）原电路；（b）低频小信号等效电路

对图 3.3.16（b）进行分析，容易得到放大倍数是

$$\dot{A}_u=\frac{\dot{U}_o}{\dot{U}_i}=\frac{(R_s\,/\!/\,R_L)g_m\dot{U}_{gs}}{\dot{U}_{gs}+(R_s\,/\!/\,R_L)g_m\dot{U}_{gs}}=\frac{g_m(R_s\,/\!/\,R_L)}{1+g_m(R_s\,/\!/\,R_L)} \tag{3.3.32}$$

输入电阻与式（3.3.30）相同。为求输出电阻，可用外加电源法，如图 3.3.17 所示。容易看出

$$\dot{U}_o = \dot{U}_{sg} = -\dot{U}_{gs}$$

$$\dot{I}_o = \dot{I}_{R_s} + g_m \dot{U}_{sg} = \frac{\dot{U}_o}{R_s} + g_m \dot{U}_o$$

因此有

$$R_o = \frac{\dot{U}_o}{\dot{I}_o} = \frac{1}{g_m + \dfrac{1}{R_s}} = R_s \parallel (1/g_m) \tag{3.3.33}$$

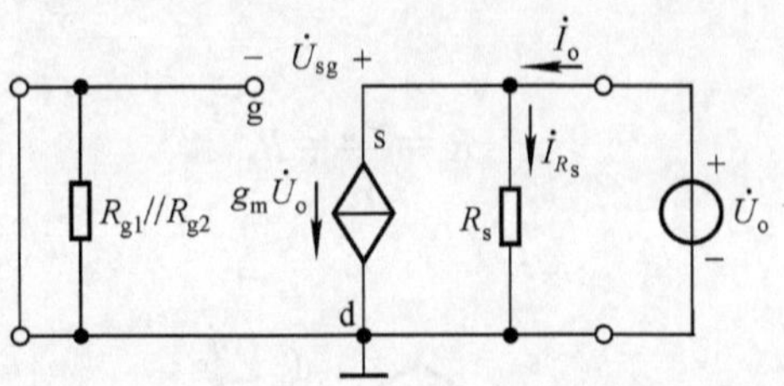

图 3.3.17　共漏放大电路输出电阻的计算

可以看出，与 BJT 共集电路类似，共漏放大电路输出也与输入电压相位相同，但输出电阻很小。

三、共栅放大电路

共栅放大电路（common-gate circuit）如图 3.3.18（a）所示。栅极接旁路电容 C_g，因此交流接地，输入信号通过耦合电容 C_1 和旁路电容 C_g 加在了栅、源之间，输出信号通过耦合电容 C_2 从漏极取出，容易画出低频小信号等效电路，如图 3.3.18（b）所示。

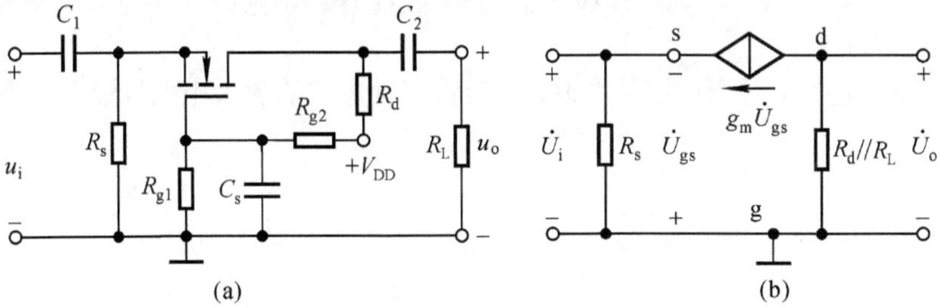

图 3.3.18 共栅放大电路

（a）原电路；（b）低频小信号等效电路

对图 3.3.18（b）进行分析，容易得到放大倍数

$$\dot{A}_u=\frac{\dot{U}_o}{\dot{U}_i}=\frac{-(R_d /\!/ R_L)g_m\dot{U}_{gs}}{-\dot{U}_{gs}}=g_m(R_d /\!/ R_L) \tag{3.3.34}$$

输入电阻

$$R_i=\frac{\dot{U}_i}{\dot{I}_i}=\frac{-\dot{U}_{gs}}{-\dot{U}_{gs}/R_s-g_m\dot{U}_{gs}}=R_s /\!/ (1/g_m) \tag{3.3.35}$$

为求输出电阻，可用外加电源法，如图 3.3.19 所示。容易看出

$$\dot{I}_o=\frac{\dot{U}_o}{R_d}+g_m\dot{U}_{gs}，\quad \dot{U}_{gs}=0$$

因此有

$$R_o=\frac{\dot{U}_o}{\dot{I}_o}=R_d \tag{3.3.36}$$

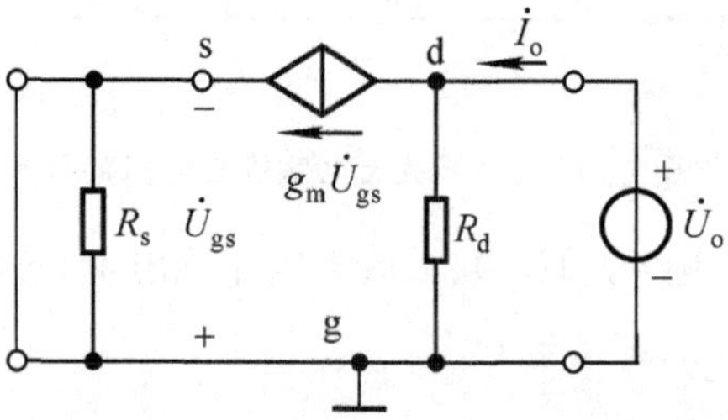

图 3.3.19　共漏放大电路输出电阻的计算

可以看出，与 BJT 共基电路类似，共栅放大电路输出也与输入电压相位相同，但输入电阻很小。如果不考虑 R_d 而考虑漏源电阻 r_{ds}，可以证明输出电阻很大，并且可表示为①

$$R_o=r_{ds}+\left(1+g_m r_{ds}\right)R_s' \tag{3.3.37}$$

其中，R_s' 是源极电阻和信号源内阻的并联。最后将三种形式的放大电路性能总结在表 3.3.1 中。

①参见文献[3-5] 17-19 页。

表 3.3.1　三种形式的 FET 放大电路性能

	共源放大电路	共漏放大电路	共栅放大电路
电路	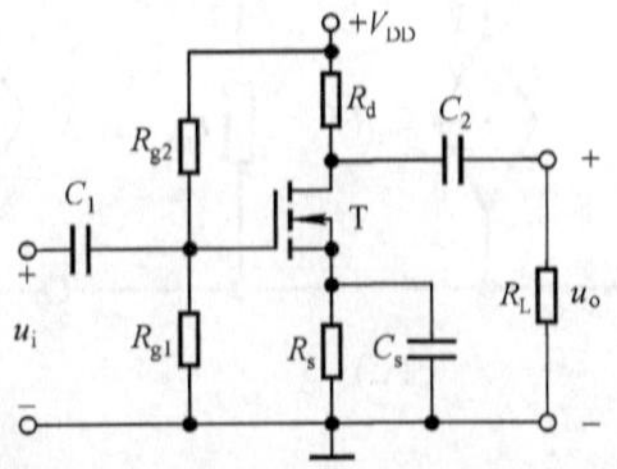	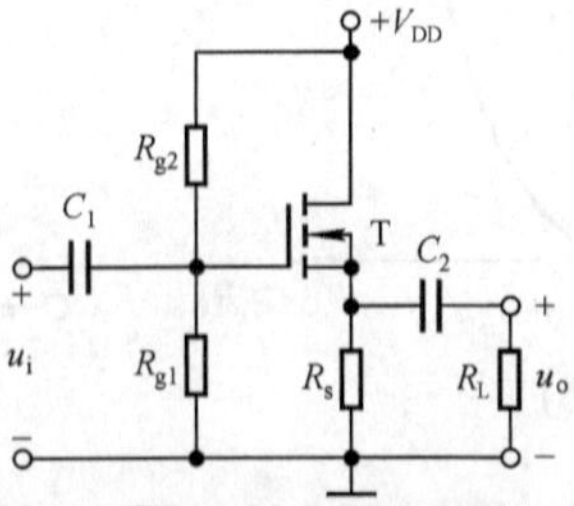	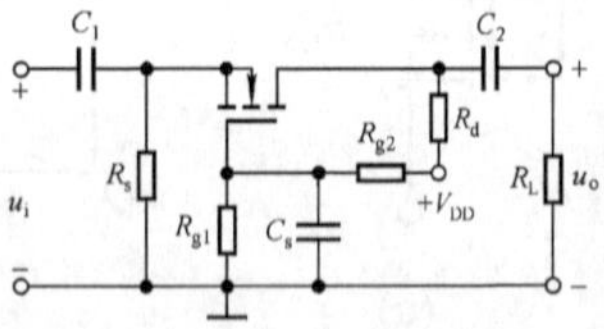
A_u	$-g_m(R_s \mathbin{/\!/} R_L)$	$\dfrac{g_m(R_s \mathbin{/\!/} R_L)}{1+g_m(R_s \mathbin{/\!/} R_L)}$	$g_m(R_s \mathbin{/\!/} R_L)$
R_i	$R_{g1} \mathbin{/\!/} R_{g2}$	$R_{g1} \mathbin{/\!/} R_{g2}$	$R_s \mathbin{/\!/} (1/g_m)$
R_o	$R_o=R_d$	$R_s \mathbin{/\!/} (1/g_m)$	$r_{ds}+[1+g_m r_{ds}]R_s'$

3.3.4　有源负载放大电路

在模拟集成电路中，经常用有源器件代替无源电阻，因为有源负载的直流电阻小、交流电阻大，不仅降低了电源电压而且提高了电压增益。在全 MOSFET 电路中，经常用到 EMOSFET 有源负载、DMOSFET 有源负载以及各种电流源电路。本小节仅介绍 EMOSFET 和 DMOSFET 有源负载。

一、MOSFET 有源负载

1. EMOSFET 有源负载

图 3.3.20（a）给出了一个 EMOSFET 有源负载，它也被称为增强型负载（enhancement load device）。图 3.3.20（b）是其伏安关系，其伏安关系类似于二极管，因此这种方式也称为二极管连接方式。由于 $u_{DS}=u_{GS}$，必有 $u_{DS}>u_{GS}-U_{GS(th)}$，因此 MOSFET 一定工作在恒流区而不是在可变电阻区，MOSFET 相当于一个非线性电阻。图 3.3.20（c）给出了低频小信号等效电路。

观察电路容易写出

$$R_e=\frac{\dot{U}_o}{\dot{I}_o}=\frac{\dot{U}_{gs}}{\dot{U}_{gs}/r_{ds}+g_m\dot{U}_{gs}}=r_{ds} \mathbin{/\!/} (1/g_m) \tag{3.3.38}$$

由于 r_{ds} 和 g_m 都与静态工作点 Q 有关，所以有源电阻 R_e 实际上是非线性电阻。然而，如果仅考虑低频小信号，可近似认为 R_e 是线性电阻。

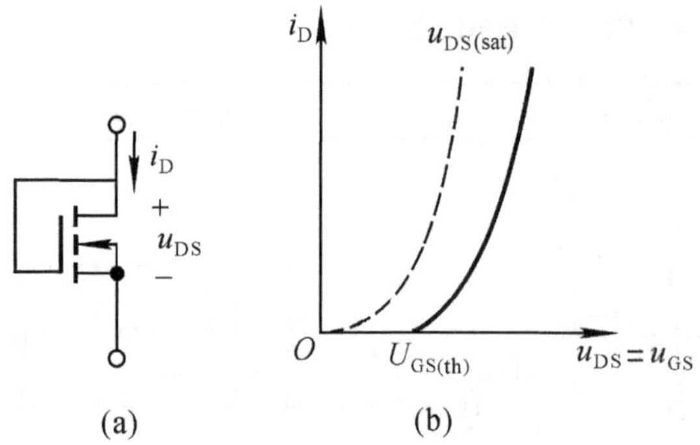

图 3.3.20　EMOSFET 有源负载

（a）电路；（b）伏安关系；（c）低频小信号等效电路

2. DMOSFET 有源负载

图 3.3.21（a）给出了一个 DMOSFET 有源负载，它也被称为耗尽型负载（depletion load device）。图 3.3.21（b）是其伏安关系。由于 $u_{GS}=0$，必有 u_{DS} 可能大于 $u_{DS(sat)}=u_{GS}-U_{GS(off)}$，也可能小于 $u_{DS(sat)}$，因此 DMOSFET 可能工作在恒流区也可能工作在可变电阻区，这个 MOSFET 也相当于一个非线性电阻。图 3.3.21（c）给出了管子在恒流区的低频小信号等效电路。

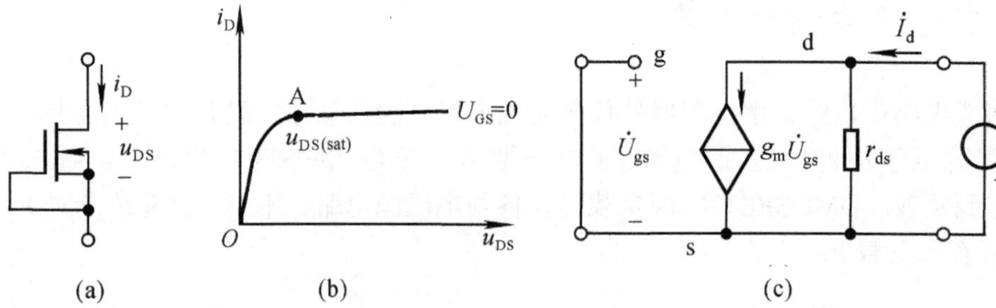

图 3.3.21　DMOSFET 有源负载

（a）电路；（b）伏安关系；（c）低频小信号等效电路

观察电路容易写出

$$R_e=\frac{\dot{U}_o}{\dot{I}_o}=r_{ds} \tag{3.3.39}$$

由于 r_{ds} 也静态工作点 Q 有关，所以有源电阻 R_e 实际上也是非线性电阻。同样，仅考虑低频小信号，仍可近似认为 R_e 是线性电阻。

二、有源负载单级放大电路

1. 带有增强型负载的 NMOS 放大电路

图 3.3.22 给出了一个带有增强型负载的 NMOS 放大电路，其中 T_D 称为驱动管，T_L 称为负载管。先考虑静态分析。注意到负载是非线性电阻，T_L 始终在饱和区，因此在 T_D 的输出特性上的负载线是曲线。它实际上是 T_L 的伏安关系曲线先关于纵轴对折，再向右平移 V_{DD} 的结果，如图 3.3.23（a）所示。当 $u_{GSD}<U_{GS(th)D}$ 时，T_D 夹断，$i_{DD}=i_{DL}=0$，则 $u_{DSL}=U_{GS(th)L}$，$u_{DSD}=V_{DD}-U_{GS(th)L}$，对应于图中 B 点；随着 u_{GSD} 增大，i_{DD} 增加，T_D 进入饱和区；u_{GSD} 进一步增大，i_{DD} 再增加，T_D 进入可变电阻区与饱和区的交界线上（预夹断 A 点）。Q 点可设置在传输特性中 AB 直线的中点，如图 3.3.23（b）所示。

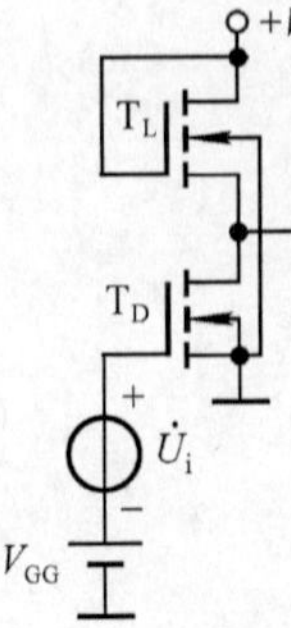

图 3.3.22　带有增强型负载的 NMOS 放大电路

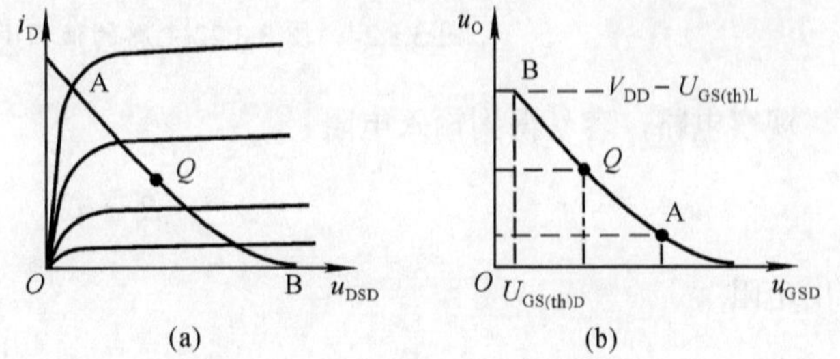

图 3.3.23　图 3.3.22 的直流图解
（a）输出回路图解；（b）传输特性

因为

$$i_{DD}=K_{nD}(u_{GSD}-U_{GS(th)D})^2=i_{DL}=K_{nL}(u_{GSL}-U_{GS(th)L})^2$$

而 $u_{GSL}=V_{DD}-u_O$，代入上式可解出

$$u_O=(V_{DD}-U_{GS(th)L})-\sqrt{\frac{K_{nD}}{K_{nL}}}(u_{GSD}-U_{GS(th)D})$$

在 A 点，有

$$u_{DSD(sat)}=u_{GSD(sat)}-U_{GS(th)D} \tag{3.3.40}$$

代入上式可解出

$$u_{GSD(sat)}=\frac{(V_{DD}-U_{GS(th)L})+U_{GS(th)D}(1+\sqrt{K_{nD}/K_{nL}})}{1+\sqrt{K_{nD}/K_{nL}}} \tag{3.3.41}$$

于是 Q 点的坐标是

$$U_{GSDQ}=\frac{(u_{GSD(sat)}-U_{GS(th)D})}{2}+U_{GS(th)D} \tag{3.3.42}$$

$$U_{DSDQ}=\frac{(V_{DD}-U_{GS(th)L})-U_{DSD(sat)}}{2}+U_{DSD(sat)} \tag{3.3.43}$$

通过上面 4 式即可保证静态工作点在负载线的中点。

现在我们考虑动态分析，为此需画出图 3.3.22 电路的低频小信号等效电路，如图 3.3.24 所示。

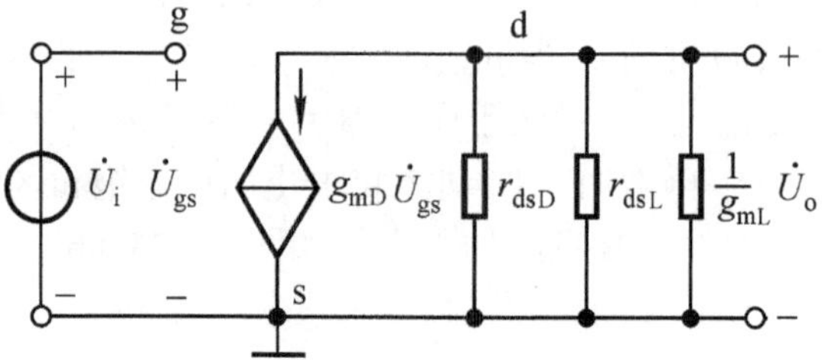

图 3.3.24　图 3.3.22 电路的低频小信号等效电路

观察电路，容易得到输入电阻

$$R_i \to \infty \tag{3.3.44}$$

输出电阻

$$R_o=r_{dsD} /\!/ r_{dsL} /\!/ \frac{1}{g_{mL}} \tag{3.3.45}$$

电压放大倍数为

$$A_u=-g_{mD}(r_{dsD} /\!/ r_{dsL} /\!/ \frac{1}{g_{mL}}) \tag{3.3.46}$$

一般情况下，$r_{dsL}>>1/g_{mL}$，$r_{dsD}>>1/g_{mL}$，利用式（3.2.16），式（3.3.46）可简化为

$$A_u=-\frac{g_{mD}}{g_{mL}}=-\sqrt{\frac{K_{nD}}{K_{nL}}}=-\sqrt{\frac{(W/L)_D}{(W/L)_L}} \tag{3.3.47}$$

可见，放大倍数与两管的几何尺寸有关，即正比于两管宽长比的平方根。

应该注意：①上述分析中已经忽略了 T_L 的衬底调制效应，因为 T_L 的衬底是接地的，而它的源极未接地，所以 $u_{bsL}\neq 0$。若考虑 T_L 的衬底调制效应，则输出电阻和电压增益各自应修改为①

$$R_o=r_{dsD} /\!/ r_{dsL} /\!/ \frac{1}{g_{mL}+g_{mbL}} \tag{3.3.48}$$

$$A_u=-g_{mD}(r_{dsD} /\!/ r_{dsL} /\!/ \frac{1}{g_{mL}+g_{mbL}}) \tag{3.3.49}$$

②在集成电路中，由于两管的宽长比最多是 100，因此该放大电路最多可获 10 倍的增益。为了获得较大增益，可以使用带有耗尽型负载的 NMOS 放大电路。

①参见文献[3-6] 95-97 页。

2. 带有耗尽型负载的 NMOS 放大电路

图 3.3.25 给出了一个带有耗尽型负载的 NMOS 放大电路。静态分析可参见有关文献①。现在我们考虑动态分析，为此需画出图 3.3.25 电路的低频小信号等效电路，如图 3.3.26 所示。

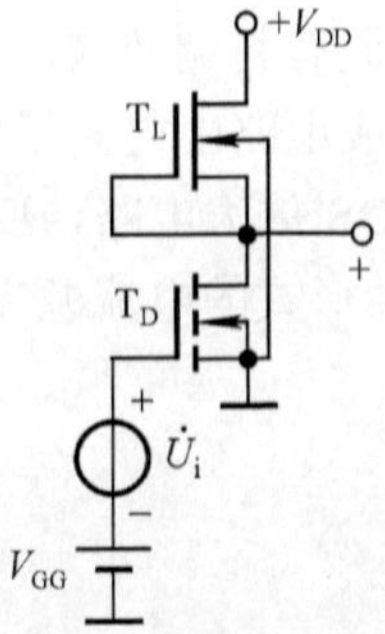

图 3.3.25　带有耗尽型负载的 NMOS 放大电路

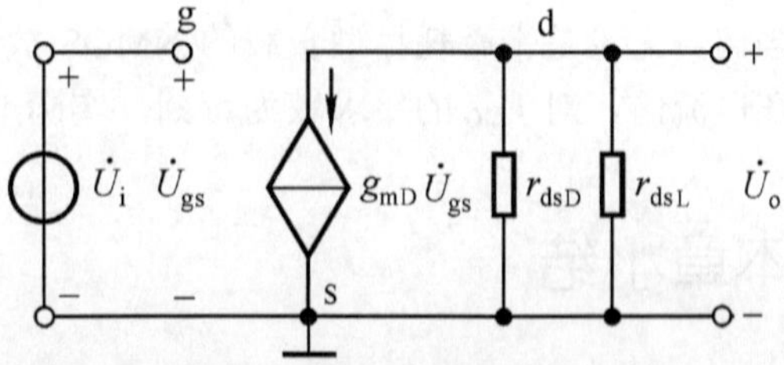

图 3.3.26　图 3.3.25 电路的低频小信号等效电路

观察电路，容易得到输入电阻

$$R_i \to \infty \tag{3.3.50}$$

输出电阻

$$R_o = r_{dsD} \,/\!/\, r_{dsL} \tag{3.3.51}$$

电压放大倍数

$$A_u = -g_{mD}(r_{dsD} \,/\!/\, r_{dsL}) \tag{3.3.52}$$

可见，放大倍数与两管的输出电阻成正比。

应该注意：①上述分析中已经忽略了 T_L 的衬底调制效应。若考虑 T_L 的衬底调制效应，则输出电阻和电压增益各自应修改为②

$$R_o = r_{dsD} \,/\!/\, r_{dsL} \,/\!/\, \frac{1}{g_{mbL}} \tag{3.3.53}$$

$$A_u = -g_{mD}\left(r_{dsD} \,/\!/\, r_{dsL} \,/\!/\, \frac{1}{g_{mbL}}\right) \tag{3.3.54}$$

②将式(3.3.52)与式(3.3.46)比较，因 $r_{dsL} \gg 1/g_{mL}$，$r_{dsD} \gg 1/g_{mL}$，故该电路增益大了，但也只有几十至上百，为了获得更大增益，需要 CMOS 单级放大电路。

3. CMOS 放大电路

图 3.3.27 给出了一个互补对称的 MOS（CMOS）放大电路

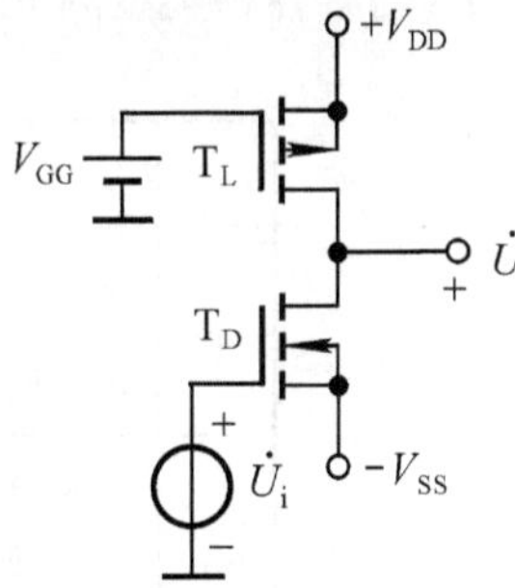

图 3.3.27　CMOS 放大电路

---

①参见文献[3-1] 251 页。

②参见文献[3-6] 95-97 页。

(complementary MOS(CMOS)circuit),其中的 T_D 为 ENMOS 管,T_L 为 EPMOS 管,要求两管参数对称。静态分析可参阅有关文献①。

现在我们考虑动态分析,为此需画出图 3.3.27 电路的低频小信号等效电路,它与图 3.3.26 完全相同,因此输入电阻、输出电阻和放大倍数与式(3.3.50)~式(3.3.52)完全相同,不再赘述。然而,CMOS 放大电路中两管的衬底都交流接地,因此没有衬调效应。另外,CMOS 放大电路功耗低、增益高、线性和温度稳定性都很好,因此在集成电路中得到了广泛的应用。最后强调,无论是带有耗尽型负载的 NMOS 放大电路还是 CMOS 放大电路,要想精确偏置两管在恒流区,对 V_{GG} 的要求较为苛刻,实际上偏置是通过各种形式的电流源完成的②。

本章小结

FET 是最重要的半导体器件。本章先介绍了 JFET 和 MOSFET 的结构和工作原理,再讨论三种形式 FET 放大电路的分析,最后给出基本的有源负载放大电路分析。

一、FET 原理

(1)FET 分为 JFET 和 MOSFET 两大类。每类都有两种沟道类型,而 MOSFET 又分为增强型和耗尽型(JFET 属耗尽型),故共有六种类型。

(2)JFET 和 MOSFET 内部结构有较大差别,但内部的沟道电流都是多子漂移电流。一般情况下,该电流与 u_{GS}、u_{DS} 都有关。

(3)沟道未夹断时,FET 的 d、s 口等效为一个压控电阻(u_{GS} 控制电阻的大小);沟道全夹断时,沟道电流 i_D 为零;沟道在靠近漏端局部夹断时称部分夹断,此时 i_D 主要受控于 u_{GS},而 u_{DS} 影响较小。这就是 FET 放大偏置状态。部分夹断与未夹断的临界点为预夹断。

(4)在预夹断点,u_{GS} 与 u_{DS} 满足预夹断方程:

耗尽型 FET 的预夹断方程:$u_{DS}=u_{DS(sat)}=u_{GS}-U_{GS(off)}$($U_{GS(off)}$——夹断电压);

增强型 FET 的预夹断方程:$u_{DS}=u_{DS(sat)}=u_{GS}-U_{GS(th)}$($U_{GS(th)}$——开启电压)。

(5)各种类型的 FET,偏置在恒流区(沟道部分夹断)的条件由下表总结。

	极性	恒流区条件
u_{DS}	N 沟道管:正极性($u_{DS}>0$)	$u_{DS}>u_{DS(sat)}$
	P 沟道管:负极性($u_{DS}<0$)	$u_{SD}>u_{SD(sat)}$
u_{GS}	结型管:同极性 增强型 MOS 管:同极性 耗尽型 MOS 管:双极型	N 沟道管:$u_{GS}>U_{GS(th)}$(或 $U_{GS(off)}$)
		P 沟道管:$u_{GS}<U_{GS(th)}$(或 $U_{GS(off)}$)

①参见文献[3-7] 221-222 页。

②参见文献[3-8] 180-182 页。

（6）偏置在恒流区的 FET，i_D-u_{GS} 满足平方律关系：

耗尽型：$i_D=I_{DSS}\left(1-\dfrac{u_{GS}}{U_{GS(off)}}\right)^2$（$I_{DSS}$——零偏饱和漏电流）；

增强型：$i_D=I_{DO}\left(\dfrac{U_{GS}}{U_{GS(th)}}-1\right)^2$。

（7）FET 输出特性曲线反映 u_{GS} 为参变量 i_D 与 u_{DS} 的关系，该曲线将伏安平面分为可变电阻区（沟道未夹断）、放大区（沟道部分夹断）和截止区（沟道全夹断）。

二、FET 放大偏置电路

（1）固定偏压电路。可提供正偏压，也可提供负偏压，因此适合任何形式的 FET。求解该电路工作点的方法是解方程组：

$$平方律关系，\ U_{DSQ}=V_{DD}-R_dI_{DQ}，\ U_{GSQ}=V_{GG}$$

（2）源极自给偏压电路。该电路仅适用于耗尽型 FET，有一定稳 Q 的能力。求解该电路工作点的方法是解方程组：

$$平方律关系，U_{GSQ}=-R_sI_{DQ}$$

（3）混合偏压电路。该电路能用于任何 FET，在兼顾较大的工作电流时，稳 Q 的效果更好。求解该电路工作点的方法是解方程组：

$$平方律关系，\ U_{GSQ}=\frac{R_{g1}}{R_{g1}+R_{g2}}V_{DD}-R_sI_{DQ}$$

以上三个偏置电路都不可能使 FET 全夹断，故应舍去方程解中使沟道全夹断的根。

三、FET 小信号模型及参数

叠加在放大偏置工作点上的小信号间关系满足一个近似的线性模型，即栅极相当于开路，漏、源之间相当于 u_{gs} 控制的线性受控电流源，其控制系数为 FET 的低频跨导。

对 JFET 和 DMOSFET

$$g_m=-\frac{2}{U_{GS(off)}}\sqrt{I_{DSS}I_{DQ}}=2\sqrt{K_nI_{DQ}}$$

对增强型 MOSFET

$$g_m=\frac{2}{U_{GS(th)}}\sqrt{I_{DO}I_{DQ}}=2\sqrt{K_nI_{DQ}}$$

FET 的输出电阻

$$r_{ds}=\frac{U_A}{I_{DQ}}$$

四、基本组态 FET 小信号放大电路的性能

（1）FET 有共源（CS）、共漏（CD）和共栅（CG）三种放大组态。

（2）CS 和 CD 组态从栅极输入信号，其输入电阻由外电路偏置电阻决定，可以很大。

（3）与 CE 放大电路相比，CS 放大电路，因其 g_m 较小，A_u 可能较小，但其功率增益仍可能很大。

（4）与 CC 放大电路类似，CD 组态又称源极输出器，其 $A_u<1$。CD 组态输入电阻很大，而输出电阻较小，因此带负载能力较强。

（5）与 CB 放大电路类似，CG 组态输入电阻很小，而输出电阻较大，频率响应好。

（6）由于 FET 的电压电流为平方关系，其非线性程度较 BJT 的指数关系弱，因此，FET 放大电路的输入小信号范围会远大于 BJT 放大电路。

（7）CS、CD 和 CG 组态小信号指标可参见表 3.3.1。

五、重点、难点

1. 重点

（1）JFET 和 MOSFET 的外特性；

（2）CS、CG、CD 三种组态放大器的分析方法及性能比较。

2. 难点

（1）JFET 和 MOSFET 的结构和工作原理；

（2）有源负载放大电路的分析。

参考文献

[3-1] Neamen D A. 电子电路分析与设计——半导体器件及其基本应用[M]. 3 版. 北京：清华大学出版社，2007.

[3-2] Razavi B. 模拟 CMOS 集成电路设计[M]. 王志华，注释. 北京：机械工业出版社，2013.

[3-3] 胡宴如，耿苏燕. 模拟电子技术基础[M]. 2 版. 北京：高等教育出版社，2004.

[3-4] 王楚，余道衡. 电路分析[M]. 北京：北京大学出版社，2000.

[3-5] 董在望，李冬梅，王志华，李永明. 高等模拟集成电路[M]. 北京：清华大学出版社，2006.

[3-6] 傅丰林. 模拟电子技术基础[M]. 北京：人民邮电出版社，2008.

[3-7] 孙肖子. 模拟电子电路及技术基础[M]. 2 版. 西安：西安电子科技大学出版社，2008.

[3-8] 童诗白，华成英. 模拟电子技术基础[M]. 3 版. 北京：高等教育出版社，2001.

自 测 题

一、判断下列说法是否正确，正确的用“√”表示，错误的用“×”表示。

1. FET 的交流参数 g_m 与静态工作点无关。（　）

2. MOSFET 输入电阻高，噪声低，热稳定性好。（　）

3. EMOSFET 运行在恒流区，栅源电压一定大于零。（　）

4. PJEFT 运行在恒流区，栅源电压一定小于零。（　）

5. 自给偏压电路，适合于 JFET 和 DMOSFET，但不适合 EMOSFET，而不管是 N 还是 P 沟道。（　）

6. FET 放大电路的分析方法与 BJT 放大电路的分析方法类似。（　）

7. FET 的栅极必须有直流通路。（　）

8. MOSFET 主要用在数字电路中，但也可用在模拟电路中。（　）

9. 要放大模拟信号，FET 应该工作在非饱和区。（　）

10. 要作为模拟电阻，FET 应该工作在非饱和区。（　）

二、选择正确答案填入空内。

1. $U_{GS}=0$ V 时，不能够工作在恒流区的场效应管有________。

A. 结型管　B. 增强型 MOS 管　C. 耗尽型 MOS 管　D. DNMOSFET

2. 当场效应管的漏极直流电流 I_D 从 2 mA 变为 4 mA 时，它的低频跨导 g_m 将________。

A. 增大　B. 不变　C. 减小　D. 增大 2 倍

3. ________具有不同的低频小信号模型。

A. NPN 管和 PNP 管　B. BJT 和 FET

C. NMOSFET 和 PMOSFET　D. EMOSFET 和 DMOSFET

4. 无原始沟道的 FET 是________。

A. NJFET　B. EPMOSFET　C. DNMOSFET　D. DPMOSFET

5. 基本放大电路既有电压放大作用，又有电流放大作用的是________。

A. 共集电路　B. 共基电路　C. 共漏电路　D. 共源电路

6. 基本放大电路输出电阻最小的电路是________。

A. 共基电路　B. 共栅电路　C. 共漏电路　D. 共源电路

三、试分析图 T3.3 所示各电路是否能够放大正弦交流信号，简述理由。设图中所有电容对交流信号均可视为短路。

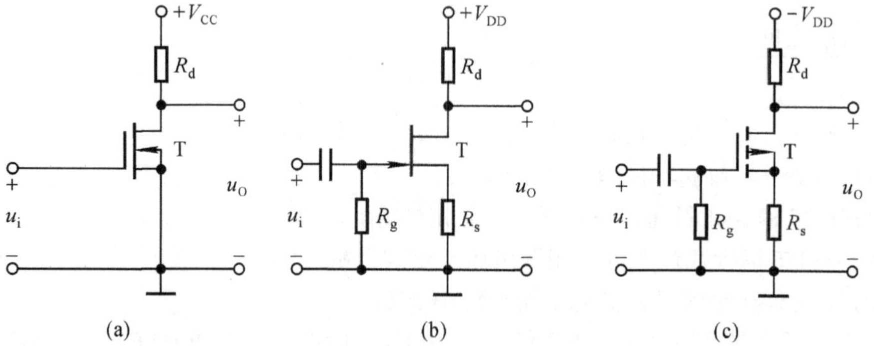

图 T3.3

四、图 T3.4 是 4 个 FET 的特性曲线，试判断各 FET 的类型。

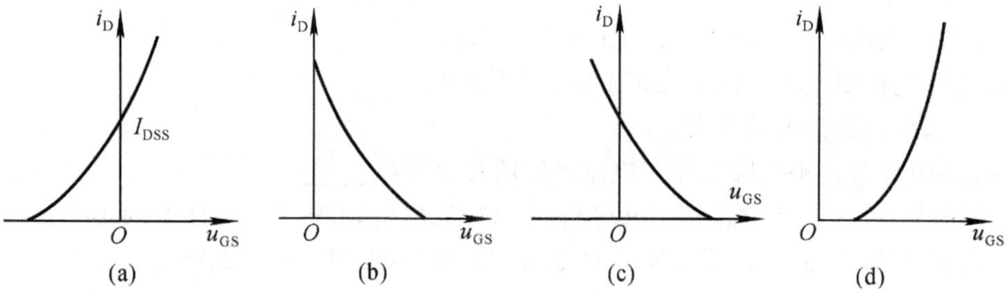

图 T3.4

五、未画完的场效应管放大电路如图 T3.5 所示，试将合适的场效应管接入电路，使之能够正常放大。要求给出两种方案。

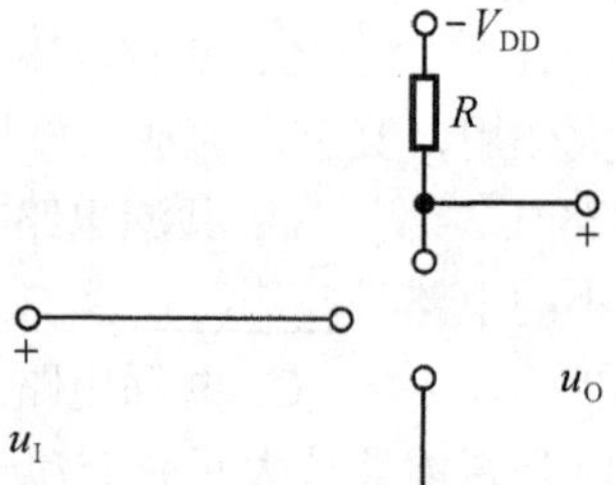

图 T3.5

习　题

3.1　改正图 P3.1 所示各电路中的错误，使它们有可能放大正弦波电压。要求保留电路的共源接法。

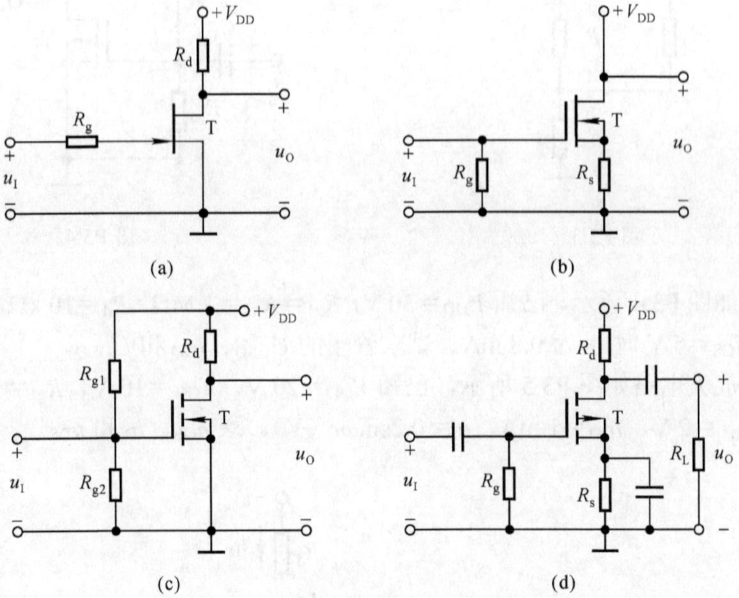

图 P3.1

3.2　已知图 P3.2 所示电路中，R_g=100 kΩ，R_d=3.3 kΩ，V_{DD}=10 V，V_{GG}=2 V。T_1 的参数：$U_{GS(off)}$=−5 V，I_{DSS}=3 mA；T_2 的参数：$U_{GS(th)}$=3 V；T_3 的参数：$U_{GS(off)}$=4 V，I_{DSS}=−6 mA；T_4 的参数：$U_{GS(off)}$=2 V，I_{DSS}=−2 mA。判断 FET 的运行区域。

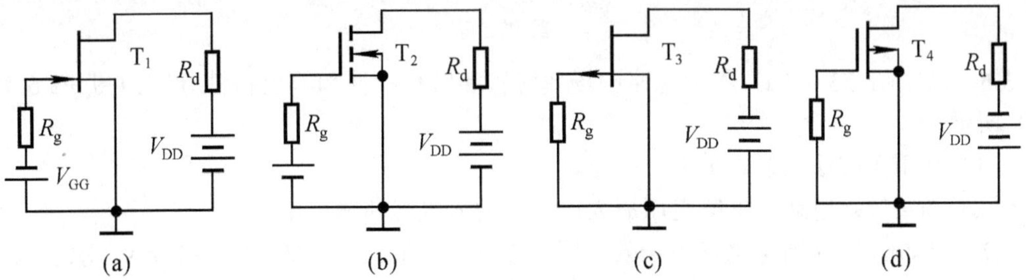

图 P3.2

3.3　电路如图 P3.3 所示。其中 V_{DD}=20 V，R_g=1 MΩ，R_d=10 kΩ，U_{GSQ}=2 V，管子的 I_{DSS}=−2 mA，$U_{GS(off)}$=4 V。试求：

（1）I_{DQ} 及 R_{s1} 的数值；

（2）为使管子能工作于恒流区，R_{s2}不能超过什么值？

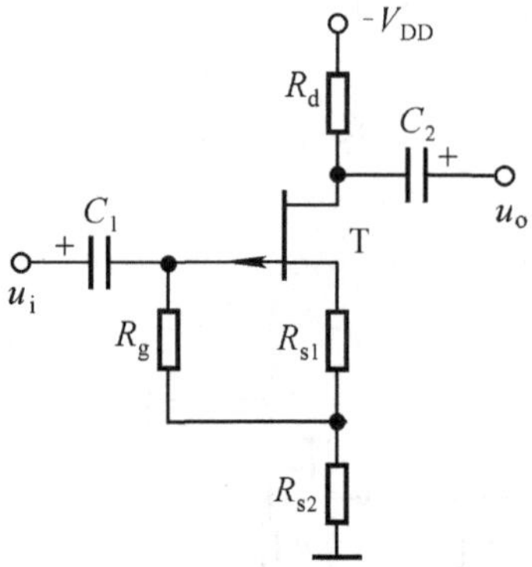

图 P3.3

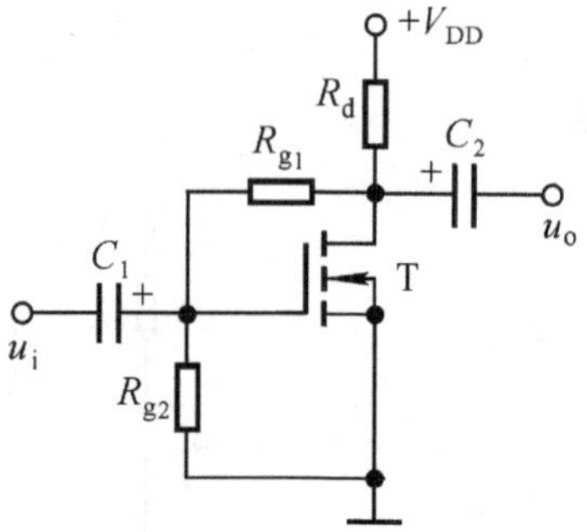

图 P3.4

3.4 电路如图 P3.4 所示。已知 V_{DD}=30 V，R_{g1}=R_{g2}=1 MΩ，R_d=10 kΩ，管子的 $U_{GS(th)}$=3 V，且当 U_{GS}=5 V 时 I_D 为 0.8 mA。试求管子的 U_{GSQ}、I_{DQ} 和 U_{DSQ}。

3.5 FET 放大电路如图 P3.5 所示，已知 V_{DD}=20 V，V_{GG}=10 V，R_{g1}=R_{g2}=1 MΩ，R_d=5 kΩ，$U_{GS(th)}$=2 V，I_{DO}=1 mA，u_i=0.2sinωt（V），求 u_{GS}、i_D 和 u_{DS}。

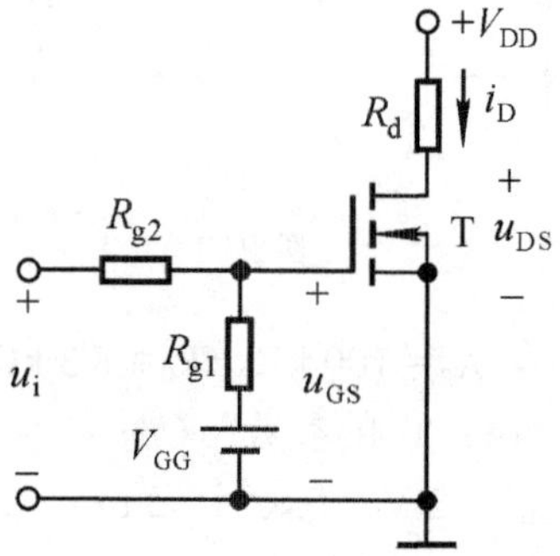

图 P3.5

3.6 已知图 P3.6（a）所示电路中场效应管的转移特性和输出特性分别如图 P3.6（b）、（c）所示。

（1）利用图解法求解 Q 点；

（2）利用等效电路法求解电压放大倍数、输入电阻和输出电阻。

3.7 已知图 P3.7 所示电路中场效应管的参数：$U_{GS(th)}$=2 V，I_{DO}=4 mA。求解电路的 Q 点、电压放大倍数、输入电阻和输出电阻。

3.8 电路如图 P3.8 所示，已知电路参数：$U_{GS(off)}$=−4 V，I_{DSS}=1 mA，V_{DD}=16 V，R_1=160 kΩ，R_2=40 kΩ，R_3=1 MΩ，R_d=10 kΩ，R_s=8 kΩ，R_L=1 MΩ。

（1）求静态工作点 Q；

（2）求 R_i 和 R_o；

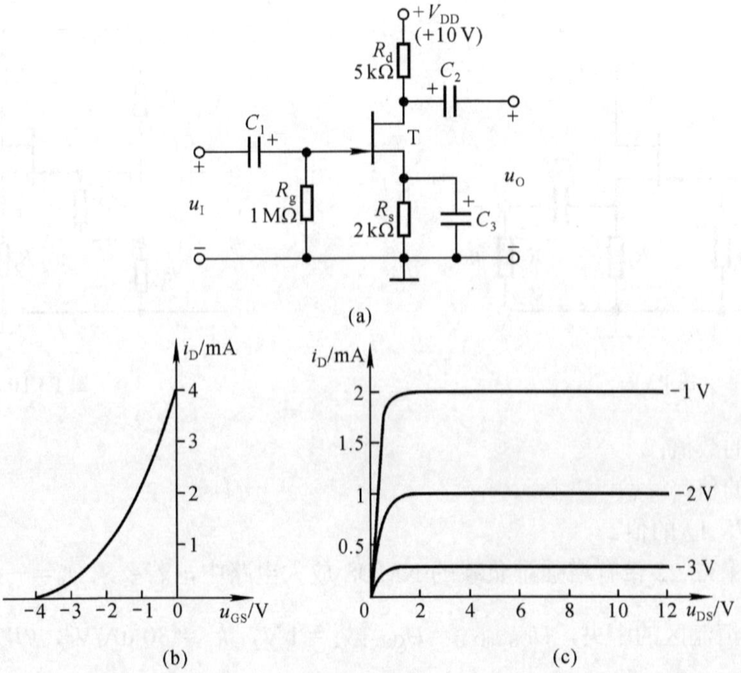

图 P3.6

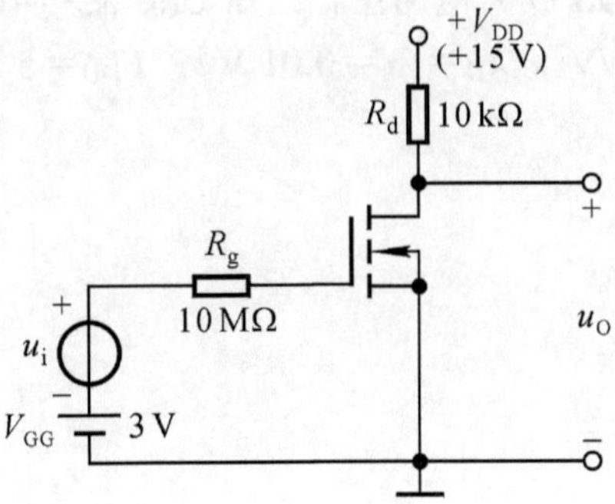

图 P3.7

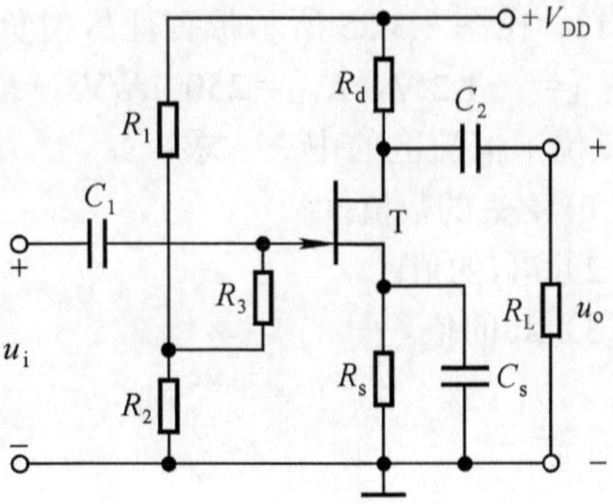

图 P3.8

（3）求 A_u。

3.9　电路如图 P3.9 所示，已知电路参数：$U_{GS(off)}=-4$ V，$I_{DSS}=1$ mA，$V_{DD}=15$ V，$R_g=R_L=1$ MΩ，$R_s=8$ kΩ。

（1）求静态工作点 Q；

（2）求 R_i 和 R_o；

（3）求 A_u。

3.10　在图 P3.10 所示的电路中，$R_d=R_s=5.1$ kΩ，$R_{g2}=1$ MΩ，$V_{DD}=24$ V，场效应管的 $I_{DSS}=2.4$ mA，$U_{GS(off)}=-6$ V，各电容器的电容量均足够大。若要求管子的 $U_{GSQ}=1.8$ V，求：

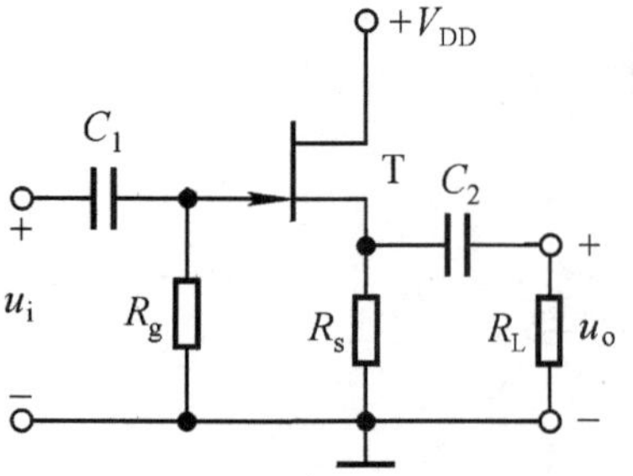

图 P3.9

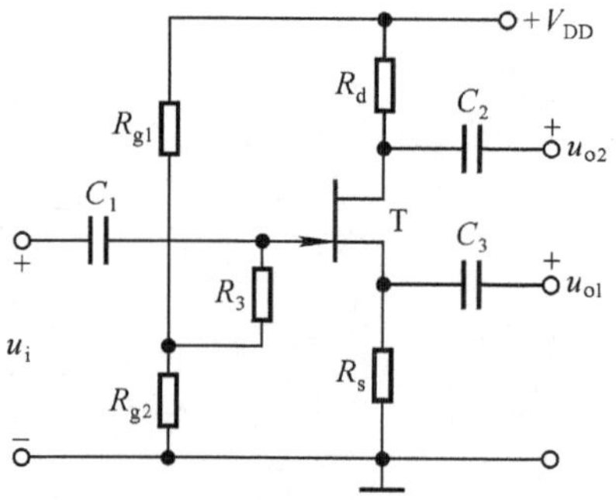

图 P3.10

（1）R_{g1} 的数值；

（2）I_{DQ} 的值；

（3）A_{u1} 及 A_{u2} 的值。

3.11 在图 3.3.22 带有增强型负载的 NMOS 放大电路中，若要求 $A_u=-6$，$V_{DD}=10$ V，假定 Q 点位于恒流区的中央，$U_{GS(th)D}=U_{GS(th)L}=1$ V，$k_n'=30$ μA/V²，$(W/L)_L=2$。求

（1）$(W/L)_D$ 的值；

（2）V_{GG} 的值。

3.12 在图 3.3.25 所示带有耗尽型负载的 NMOS 放大电路中，已知 $U_{GS(th)D}=0.8$ V，$U_{GS(off)L}=-1.2$ V，$K_{nD}=250$ μA/V²，$K_{nL}=25$ μA/V²，$\lambda_D=\lambda_L=0.01$ V^{-1}，$V_{DD}=5$ V，假定 Q 点位于恒流区的中央。求：

（1）V_{GG} 的数值；

（2）I_{DQ} 的值；

（3）A_u 的值。

第4章　放大电路的频率响应

◎本章讨论的问题

(1) 什么是频率响应？如何计算 RC 电路的频率响应？什么是波特图？如何画出电路的波特图？

(2) 什么是 BJT 的混合 π 模型？什么是 FET 的高频小信号模型？

(3) 什么是放大电路的通频带？影响通频带的因素主要有哪些？如何计算电路的通频带？

(4) 什么是放大电路的增益带宽积？影响增益带宽积的因素主要有哪些？

4.1　频率响应概述

到目前为止，我们经常以单一频率的正弦信号来研究电路的响应。事实上，信号频率的变化比较宽（例如音频信号频率范围为 20 Hz～20 kHz；图像信号频率范围为 0～6 MHz），对一个放大电路而言，当输入信号幅度一定而频率变化时，放大倍数一般会发生变化，换言之，放大倍数与频率有关。为什么出现这种情况？什么又是频率响应呢？这就是本节要讨论的问题。

4.1.1　频率失真及不失真条件

一、频率失真

我们知道，待放大的模拟信号，如语音信号、电视信号、生物电信号等等，都不是简单的单频信号，而是由许多不同相位、不同频率分量组成的复杂信号，即占有一定的频谱。图 4.1.1（a）表示某待放大的信号，它是由基波（ω_1）和三次谐波（$3\omega_1$）所组成。当它通过放

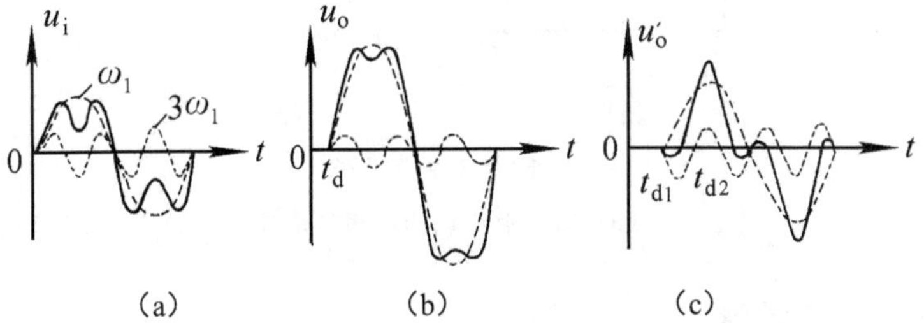

图 4.1.1　频率失真

（a）输入信号；（b）幅频失真；（c）相频失真

大电路时，由于电抗元件存在，放大电路对不同频率的信号放大能力不同，例如对三次谐波的放大倍数小，而对基波的放大倍数大，那么放大后的信号各频率分量的大小比例将不同于输入信号，如图 4.1.1（b）所示，这种失真叫幅频失真（amplitude distortion）。不仅如此，对不同频率的信号，放大电路产生的相移也可能不同，那么放大后的信号不仅大小而且形状将发生改变，如图 4.1.1（c）所示，这种失真叫相频失真（phase distortion）。幅频失真和相频失真统称为频率失真（frequency distortion）。

二、线性失真和非线性失真

频率失真是由电路中的线性电抗元件引起的，因此也被称为线性失真（linear distortion）。它只会使各频率分量信号的比例关系和时间关系发生变化，或滤掉某些频率分量的信号，但决不出现输入信号中所没有的新的频率分量。

与线性失真不同，第 2、3 章介绍的截止失真和饱和失真是由电路中的非线性元件引起的（如 BJT 或 FET 的特性曲线的非线性等），因此也被称为非线性失真（nonlinear distortion），其结果是输出信号中出现了输入信号中所没有的新的频率分量。

三、不失真条件——理想频率响应

综上所述，如果放大电路对所有不同频率分量信号的放大倍数相同，延迟时间也相同，如图 4.1.2 所示，其中图（a）为幅值条件，图（b）为相位条件，那么就不可能产生频率失真，故不失真的条件为

$$A_u(\mathrm{j}\omega)=|A_u(\mathrm{j}\omega)|\angle\varphi(\mathrm{j}\omega) \tag{4.1.1}$$

$$|A_u(\mathrm{j}\omega)|=K \tag{4.1.2}$$

$$\varphi(\mathrm{j}\omega)=-\omega t_{\mathrm{d}} \tag{4.1.3}$$

其中 K、t_{d} 为常数。

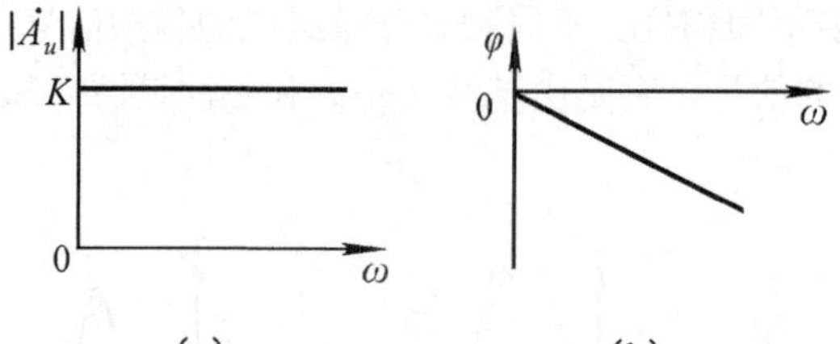

图 4.1.2 不失真条件

（a）幅值条件；（b）相位条件

四、实际的频率特性

实际的放大电路要完全满足式（4.1.2）和式（4.1.3）是不可能的，也没有必要。图 4.1.3

为一个实际放大电路的频率特性。在中频段，放大倍数大小不变，记为 A_{usm}，相移为 180°，表明输出与输入相位相反。随着频率的降低，放大倍数会下降。当放大倍数降为中频放大倍数的 0.707 倍时，所对应的频率叫下限截止频率（lower cut-off frequency），并记为 f_L。当频率较高时，放大倍数也会下降。当放大倍数降为中频放大倍数的 0.707 倍时，所对应的频率叫上限截止频率（upper cut-off frequency），并记为 f_H。可以粗略认为，只要信号频率大于 f_L 而小于 f_H，放大倍数为常量 A_{usm}，相移为 180°，这个频段称为通频带，记为

$$f_{bw}=f_H-f_L \tag{4.1.4}$$

上式就是式（2.4.13）。当电路给定时，通频带便一定。若信号不在通频带内，不但放大倍数很小，而且相移不再为 180°，可以粗略认为信号不能通过。

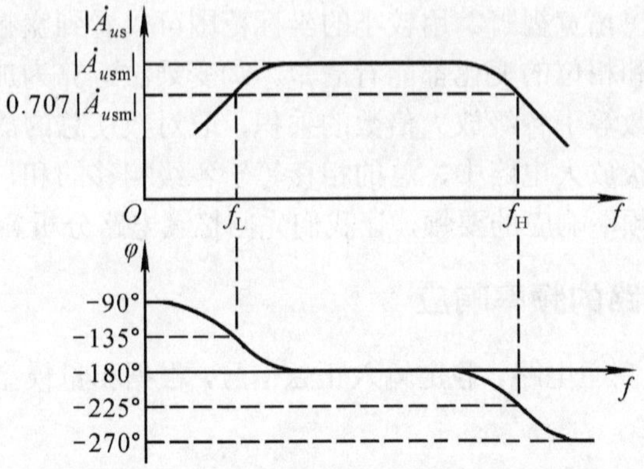

图 4.1.3　一个实际放大电路的频率特性

4.1.2　简单 *RC* 电路的频率响应

一、波特图

分析放大电路的频率响应（frequency response）就是先求出电路的放大倍数与频率的关系式（即所谓传输函数（transfer function）或系统函数（system function）），然后画出其幅频特性和相频特性曲线。然而，当输入信号频率很宽时（例如几赫兹到上百兆赫兹），放大倍数可以从几倍到上百万倍。纵、横坐标范围如此宽范，用什么方式表示呢？显然不能用普通的线性坐标描述，而要用对数坐标描述。对数频率特性即所谓的波特图①。

在对数坐标中，横坐标轴是按照相等的指数变化来增加的，如果每 1 cm 代表 10^1 增加，则坐标轴刻度依次为 1，10，100，1000，10000，…。特别注意的是，在坐标轴上的是真数，不是求对数后的值！幅频特性的纵坐标采用 $20\lg|A_u|$，单位是分贝（dB），相频特性的纵坐标仍采用线性坐标。表 4.1.1 表明了 $|A_u|$ 和 $20\lg|A_u|$ 的对应关系。

①波特图最早是由 H. W. Bode 提出，故用其姓氏命名。

表 4.1.1　$|A_u|$和 $20\lg|A_u|$的对应关系

$\|A_u\|$	0.01	0.1	0.707	1	1.414	2	10	100
$20\lg\|A_u\|$/dB	−40	−20	−3	0	3	6	20	40

由表 4.1.1 可见，当$|A_u|$增大 10 倍时，$20\lg|A_u|$将增加 20 dB；当$|A_u|$增大 2 倍时，$20\lg|A_u|$将增加 6 dB；当$|A_u|=1$时，$20\lg|A_u|=0$ dB；当$|A_u|>1$时，$20\lg|A_u|>0$ dB；当$|A_u|<1$时，$20\lg|A_u|<0$ dB。这说明正分贝数对应放大，负分贝数对应衰减。

已知放大倍数与频率的关系式，如何画出频率响应？工程上不采用逐点描绘的方法，因为它太麻烦，而是采用折线近似的方法。具体方法与电路的形式有关，我们稍后将介绍。

波特图的优点是：①拓宽视野。用较小的坐标范围可以看到宽频率变化的情况，在低频段和高频段，电路增益和相位的变化都能看清楚。②变乘法运算为加法运算。因为在多级放大电路中，总的放大倍数等于各级放大倍数的乘积，取对数使总的放大倍数分贝等于各级放大倍数分贝之和。而多级放大电路中，总的相移等于各级相移的和，故对数相频特性的纵坐标不取对数。为了理解频率响应的要领，让我们先回忆《电路分析》中 *RC* 电路的频率特性。

二、一阶高通电路的频率响应

图 4.1.4 为一阶 *RC* 高通电路。假定输入正弦信号，根据相量模型可以得到电路的传输函数为

$$\dot{A}_u=\frac{\dot{U}_o}{\dot{U}_i}=\frac{R}{R+1/\mathrm{j}\omega C}=\frac{\mathrm{j}\omega RC}{1+\mathrm{j}\omega RC} \tag{4.1.5}$$

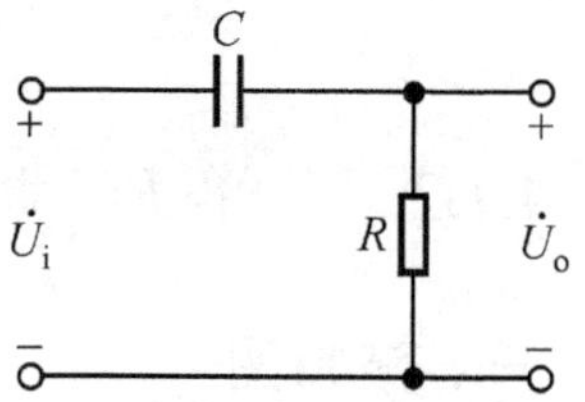

图 4.1.4　*RC* 高通电路

令

$$\tau=RC,\quad \omega_L=2\pi f_L=\frac{1}{\tau}=\frac{1}{RC}$$

则

$$\dot{A}_u=\frac{\mathrm{j}\dfrac{f}{f_L}}{1+\mathrm{j}\dfrac{f}{f_L}}=\frac{1}{1+\dfrac{f_L}{\mathrm{j}f}} \tag{4.1.6}$$

其中

$$f_L=\frac{1}{2\pi\tau}=\frac{1}{2\pi RC} \tag{4.1.7}$$

称为电路的下限截止频率。为了得到电路的对数频率特性，取式（4.1.6）的模

$$|\dot{A}_u|=\frac{\dfrac{f}{f_L}}{\sqrt{1+(\dfrac{f}{f_L})^2}} \tag{4.1.8}$$

因此得到

$$20\lg|\dot{A}_u|=20\lg\frac{f}{f_L}-20\lg\sqrt{1+(\frac{f}{f_L})^2}=\begin{cases}20\lg f/f_L，f\ll f_L\\ -3\text{dB}，f=f_L\\ 0\text{dB}，f\gg f_L\end{cases} \tag{4.1.9}$$

$$\varphi=90^\circ-\arctan\frac{f}{f_L}=\begin{cases}90^\circ，f\ll f_L\\ 45^\circ，f=f_L\\ 0^\circ，f\gg f_L\end{cases} \tag{4.1.10}$$

根据式（4.1.9）和式（4.1.10）可逐点描绘出幅频特性和相频特性，如图 4.1.5 中虚线所示。然而工程实际中，我们只需画出渐近线波特图。由式（4.1.9）和式（4.1.10）知，幅频特性可用 2 条直线近似。在 $f>f_L$ 频段，画一条 0 dB 的水平直线；在 $f<f_L$ 频段，以 f_L 为拐点画一条斜率为 20 dB/十倍频的直线，即得幅频特性曲线，如图 4.1.5（a）中实线所示。相频特性要用 3 条直线近似。在 $f>10f_L$ 频段，画一条 0°的水平直线，再以 $10f_L$ 为拐点，画一条斜率为−45°/十倍频的直线，最后，以 $0.1f_L$ 为拐点，画一条 90°的水平直线，从而得到相频特性曲线，如图 4.1.5（b）中实线所示。

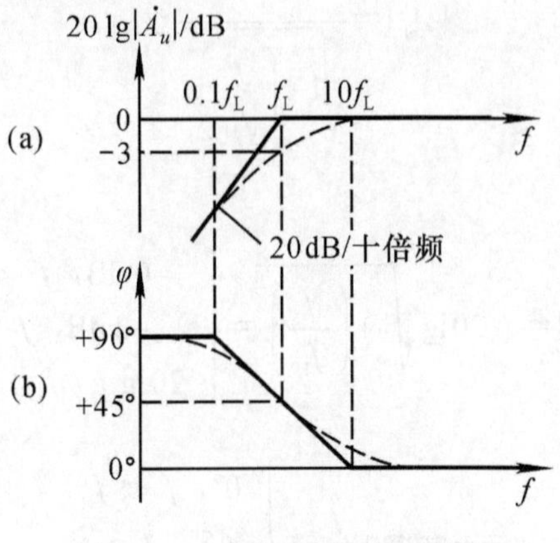

图 4.1.5　*RC* 高通电路的波特图

（a）幅频特性；（b）相频特性

由图 4.1.5 可以看出：①采用了折线近似而产生的最大误差为 3 dB，出现在 $f=f_L$ 处。②图 4.1.4 电路具有高通性。当信号频率 $f>f_L$ 时，$|A_u|=1$，表明高频信号完全通过；当信号频率 $f=f_L$ 时，$|A_u|=0.707$ 或 $20\lg|A_u|=-3$ dB，表明信号衰减 3 dB；当信号频率 $f<f_L$ 时，放大倍数按 20 dB/十倍频的速率下降，频率越低，放大倍数越小，故低频信号不能通过。可以粗略认为通过与截止的分界线就是下限截止频率 f_L。③图 4.1.4 电路具有超前性。当信号频率 $f>10f_L$ 时，$\varphi=0°$，表明高频输入信号通过电路后未产生相移；当信号频率 $f=f_L$ 时，$\varphi=45°$，表明输出信号相位超前输入 45°；当信号频率 $f<0.1f_L$ 时，$\varphi=90°$，表明输出信号相位超前输入 90°。可见频率越低，超前越多，但最多为 90°。

三、一阶低通电路的频率响应

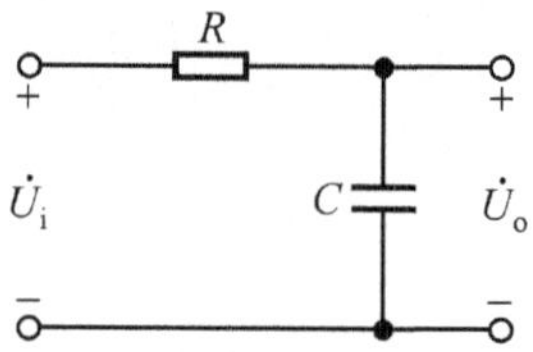

图 4.1.6 RC 低通电路

图 4.1.6 为一阶 RC 低通电路。类似的分析可以得到电路的传输函数是

$$\dot{A}_u = \frac{\dot{U}_o}{\dot{U}_i} = \frac{1/\mathrm{j}\omega C}{R + 1/\mathrm{j}\omega C} = \frac{1}{1 + \mathrm{j}\omega RC} \tag{4.1.11}$$

令

$$\tau = RC,\ \omega_H = 2\pi f_H = \frac{1}{\tau} = \frac{1}{RC}$$

则

$$\dot{A}_u = \frac{1}{1 + \mathrm{j}\dfrac{f}{f_H}} \tag{4.1.12}$$

其中

$$f_H = \frac{1}{2\pi\tau} = \frac{1}{2\pi RC} \tag{4.1.13}$$

称为电路的上限截止频率。为了得到电路的对数频率特性，取式（4.1.12）的模

$$|\dot{A}_u| = \frac{1}{\sqrt{1 + \left(\dfrac{f}{f_H}\right)^2}} \tag{4.1.14}$$

因此得到

$$20\lg|\dot{A}_u| = -20\lg\sqrt{1 + \left(\frac{f}{f_H}\right)^2} = \begin{cases} 0\ \mathrm{dB},\ f \ll f_H \\ -3\ \mathrm{dB},\ f = f_H \\ -20\lg f/f_H,\ f \gg f_H \end{cases} \tag{4.1.15}$$

$$\varphi = -\arctan\frac{f}{f_H} = \begin{cases} 0^\circ,\ f \ll f_H \\ -45^\circ,\ f = f_H \\ -90^\circ,\ f \gg f_H \end{cases} \tag{4.1.16}$$

根据式（4.1.15）和式（4.1.16）可逐点描绘幅频特性和相频特性，如图 4.1.7 中虚线所示。由式（4.1.15）和式（4.1.16）知，幅频特性可用 2 条直线近似。在 $f < f_H$ 频段，画一条 0dB 的水平直线；在 $f > f_H$ 频段，以 f_H 为拐点画一条斜率－20 dB/十倍频的直线，即得幅频特性曲线，如图 4.1.7（a）中实线所示。相频特性要用 3 条直线近似。在 $f < 0.1f_H$ 频段，画一条 0°的水平直线，再以 $0.1f_H$ 为拐点，画一条斜率－45°/十倍频的直线，最后，以 $10f_H$ 为拐点，画一条－90°的水平直线，从而得到相频特性曲线，如图 4.1.7（b）中实线所示。

由图 4.1.7 可以看出：①采用了折线近似而产生的最大误差也为 3 dB，出现在 $f = f_H$ 处。②图 4.1.6 电路具有低通性。当信号频率 $f < f_H$ 时，$|A_u| = 1$，表明低频信号完全通过；当信号频率 $f = f_H$ 时，$|A_u| = 0.707$ 或 $20\lg|A_u| = -3$ dB，表明信号衰减 3 dB；当信号频率 $f > f_H$ 时，放大倍数按－20 dB/十倍频的速率下降，频率越高，放大倍数越小，故高频信号不能通过。可

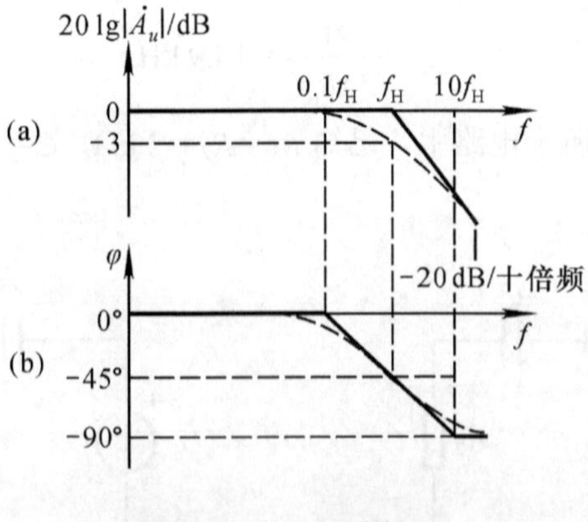

图 4.1.7　*RC* 低通电路

（a）幅频特性；（b）相频特性的波特图

以粗略认为通过与截止的分界线就是上限截止频率 f_H。③图 4.1.6 电路具有滞后性。当信号频率 $f<0.1f_H$ 时，$\varphi=0°$，表明低频输入信号通过电路后未产生相移；当信号频率 $f=f_H$ 时，$\varphi=-45°$，表明输出信号相位滞后输入 45°；当信号频率 $f>10f_H$ 时，$\varphi=-90°$，表明输出信号相位滞后输入 90°。可见频率越高，滞后越多，但最多为 90°。

例 4.1.1　在图 4.1.8 所示电路中，已知 $R_1=R_2=2\ \text{k}\Omega$，$C=0.01\ \mu\text{F}$，求电路的通带增益和上限截止频率 f_H。

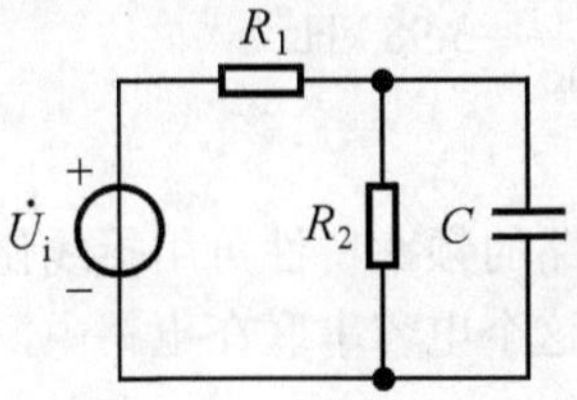

图 4.1.8　例 4.1.1 图

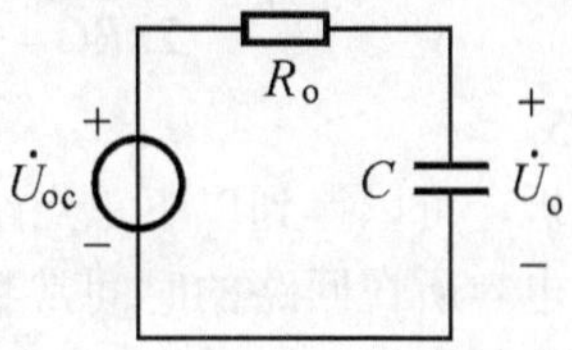

图 4.1.9　图 4.1.8 的等效电路

解　根据戴维南定理，可将图 4.1.8 等效成图 4.1.9。由图 4.1.9 知，等效电源内阻

$$R_o=R_1\ /\!/\ R_2=1\ \text{k}\Omega$$

等效电源电压

$$U_{oc}=\frac{R_2}{R_1+R_2}\times U_i=\frac{U_i}{2}$$

所以

$$\dot{A}_u=\frac{\dot{U}_o}{\dot{U}_i}=\frac{\dot{U}_o}{2\dot{U}_{oc}}=\frac{0.5}{1+\text{j}\dfrac{f}{f_H}}$$

图 4.1.8 电路仍属于低通网络，低通增益为 0.5。截止频率与式（4.1.13）完全相同，即

$$f_H=\frac{1}{2\pi R_o C}=15.9\text{ kHz}$$

例 4.1.2 在图 4.1.10 所示电路中，已知 $R_1=R_2=2\text{ k}\Omega$，$C=0.01\ \mu\text{F}$，求电路的通带增益和下限截止频率 f_L。

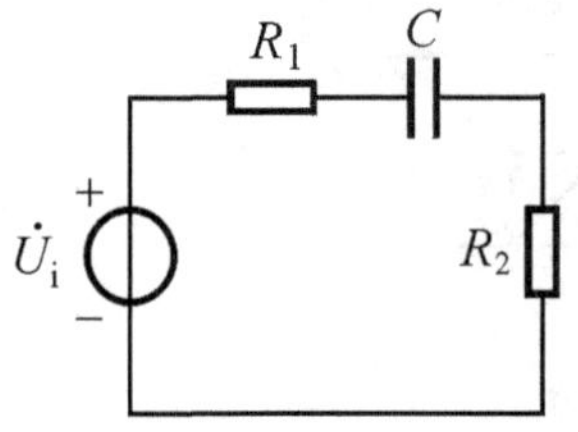

图 4.1.10　例 4.1.2 图

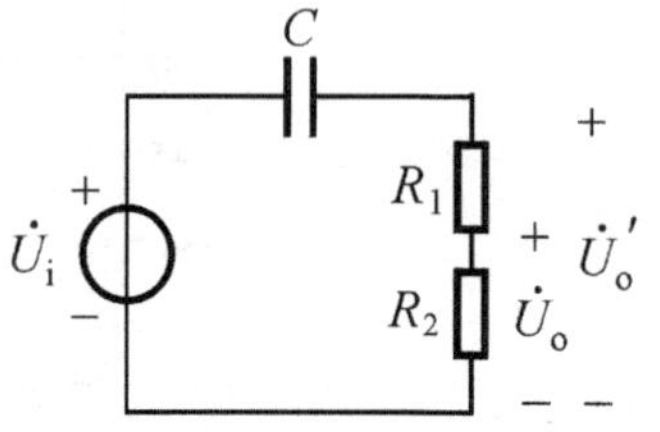

图 4.1.11　图 4.1.10 的等效电路

解 图 4.1.10 可以等效成图 4.1.11，由该图可得

$$\dot{A}_u=\frac{\dot{U}_o}{\dot{U}_i}=\frac{\dot{U}_o'}{\dot{U}_i}\cdot\frac{\dot{U}_o}{\dot{U}_o'}=\frac{0.5}{1+\dfrac{f_L}{\mathrm{j}f}}$$

其中

$$f_L=\frac{1}{2\pi RC}=\frac{1}{2\pi(R_1+R_2)C}=3.98\text{ kHz}$$

而通带增益是 0.5。

通过上述分析，可以得到以下三点结论：①电路的频率特性可用折线化表示。②一阶电路的截止频率由电容所在回路的时间常数决定。若这个电容串联在电路中，则电路属于高通网络，其下限截止频率为

$$f_L=\frac{1}{2\pi RC}$$

若这个电容并联在电路中，则电路属于低通网络，其上限截止频率为

$$f_H=\frac{1}{2\pi RC}$$

以上两式中的 R 是戴维南等效电源内阻。③对于一阶电路，当 $f=f_L$ 时，$A_u=-3\text{ dB}$，$\varphi=45°$；当 $f=f_H$ 时，$A_u=-3\text{ dB}$，$\varphi=45°$。

4.2　单级共射放大电路的频率响应

4.2.1　BJT 的高频等效电路和频率参数

一、BJT 的高频等效电路

在第 2 章中，我们曾经提到过 BJT 的 h 参数等效模型，由于这个模型没有考虑 BJT 的极间电容，因此该模型仅适合低频小信号。如果信号频率升高，h 参数等效模型将不再适用。为了适应高频信号，应该考虑 BJT 的物理结构，将 BJT 的极间电容考虑在内，得到一个既方便又实用的小信号模型，这便是混合 π 模型（hybrid-π model）。

1. 完整的混合 π 模型

在第 1 章中，我们曾经提到过 PN 结的势垒电容和扩散电容。因为发射结正向偏置时，基区存储了许多非平衡载流子，所以扩散电容较大，记为 $C_{b'e'}$（C_π）；而集电结为反向偏置时，势垒电容起主要作用，记为 $C_{b'c'}$（C_μ）。在高频区，这些电容呈现的阻抗减小，其对电流的分流作用不可忽略。考虑这些极间电容影响后，完整的混合 π 模型如图 4.2.1 所示。其中图（a）为 BJT 的结构，图（b）为 BJT 的小信号等效电路。图中 $r_{bb'}$是基区体电阻，约为几十欧，它是影响晶体管高频特性的主要参数；C_μ 主要影响 BJT 的带宽，其值约为几个皮法；C_π 的数值与 BJT 的工作点有关；$r_{b'c'}$和 $r_{b'e'}$分别为集电结和发射结的结电阻；r_e 和 r_c 分别为发射区和集电区的体电阻，它们远远小于 $r_{b'e'}$和 $r_{b'c'}$，常被忽略，因此 $r_{b'e}\approx r_{b'e'}$，$r_{b'c}\approx r_{b'c'}$；$g_m\dot{U}_{b'e}$ 为受控电流源，其中 g_m 为 BJT 的跨导，它的数值取决于 BJT 的静态电流 I_{EQ}。如果采用完整的混合 π 模型分析放大电路，会非常复杂，为了简化这个模型，需要用到密勒定理。

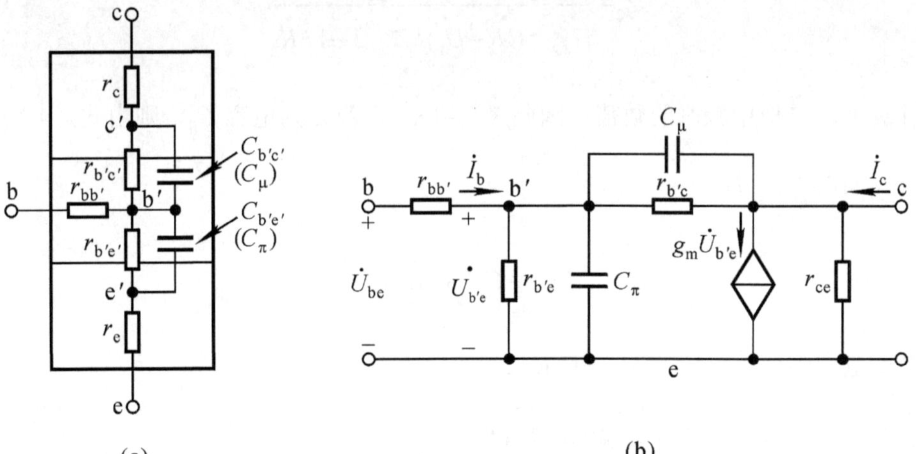

图 4.2.1　BJT 混合 π 模型

（a）BJT 的结构；（b）BJT 的小信号等效电路

2. 密勒定理

有一个具有 n 个节点的线性电路，其中节点 0 为参考点，节点 1 和节点 2 之间有一阻抗 Z 相接，如图 4.2.2（a）所示。设节点电位 U_2 和 U_1 的比值为一常数 K，那么接在节点 1 和节点 2 之间的阻抗，可以等效到节点 1 与参考节点 0 之间的一个阻抗 $Z_1 = Z/(1-\dot{K})$，节点 2 与参考节点 0 之间的另一个阻抗 $Z_2 = \dfrac{Z}{1-1/\dot{K}}$，如图 4.2.2（b）所示。这就是密勒定理（Miller' s theorem）。

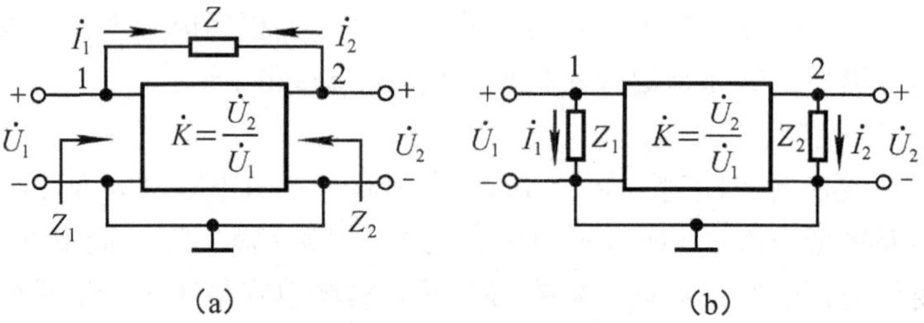

图 4.2.2　密勒定理及等效阻抗

（a）原网络；（b）等效后的网络

证明　由图 4.2.2 知，等效前后流经 Z 和 Z_1 的电流应不变，因此有

$$Z_1 = \frac{\dot{U}_1}{\dot{I}_1} = \frac{\dot{U}_1}{(\dot{U}_1 - \dot{U}_2)/Z} = \frac{Z}{1-\dot{U}_2/\dot{U}_1} = \frac{Z}{1-\dot{K}} \tag{4.2.1}$$

同样对输出端有

$$Z_2 = \frac{\dot{U}_2}{\dot{I}_2} = \frac{\dot{U}_2}{(\dot{U}_2 - \dot{U}_1)/Z} = \frac{Z}{1-1/\dot{K}} \tag{4.2.2}$$

在近似计算中，$\dot{K}$ 取中频时的数值，因此 $\dot{K} = -|\dot{K}|$。若 Z 为电容 C_μ，则由式（4.2.1）得等效到输入端的电容 C'_μ 为

$$C'_\mu = C_\mu(1+|\dot{K}|) \tag{4.2.3}$$

说明等效到输入端后，容量扩大了 $1+|\dot{K}|$。

由式（4.2.2）得等效到输出端的电容 C''_μ 为

$$C''_\mu=(1-\frac{1}{\dot{K}})C_\mu\approx C_\mu \tag{4.2.4}$$

说明等效到输出端后，容量基本不变。

应该注意，只有在 $\dot{K}$ 能独立求出时或取近似值时此法才有效①。

3. 简化的混合 π 模型

一般地，$r_{b'c}\gg\dfrac{1}{\omega C_\mu}$，$r_{ce}\gg R_L$，因此图 4.2.1（b）简化成图 4.2.3 所示模型。为了进一步简化，可利用密勒定理将跨接在输入、输出回路之间的集电结电容 C_μ 等效到输入和输出回路，如式（4.2.3）和式（4.2.4），这就是所谓的单向化。经单向化后，BJT 的混合 π 模型简化成图 4.2.4 所示。容易发现，C_π 和 C_μ' 并联，因此 b′和 e 之间等效电容为

$$C'_\pi=C_\pi+(1+|\dot{K}|)C_\mu \tag{4.2.5}$$

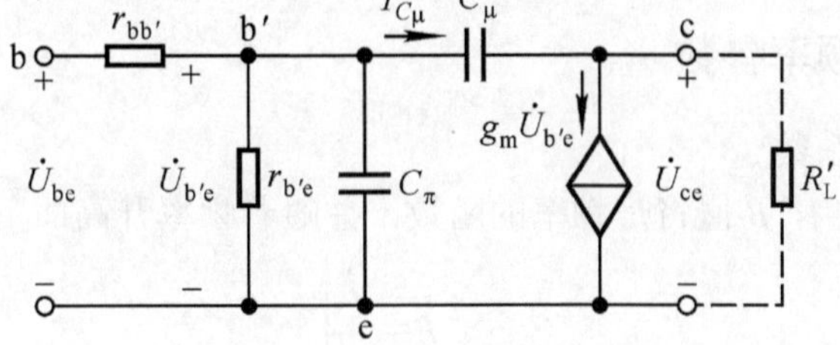

图 4.2.3　简化的混合 π 模型

另一方面，$C'_\pi\gg C''_\mu$，而且 $\dfrac{1}{\omega C''_\mu}$ 远大于集电极总负载电阻 R_L'，因此可忽略流过 C_μ'' 的电流，C_μ'' 相当于开路，于是得到了最终的 BJT 混合 π 模型，如图 4.2.5 所示。

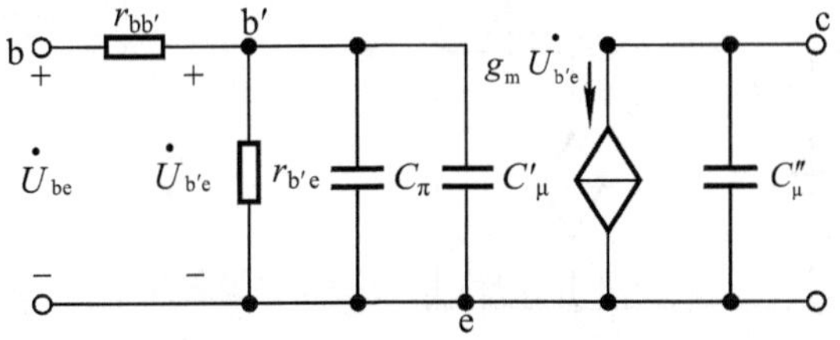

图 4.2.4　单向化后的混合 π 模型

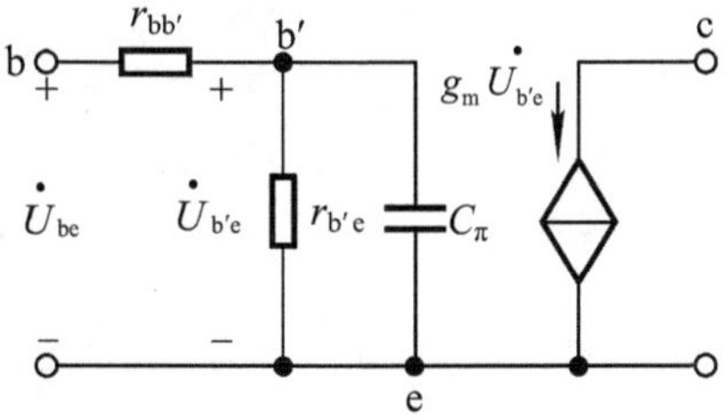

图 4.2.5　最终的混合 π 模型

①参见文献[4-1] 57-60 页。

观察图 4.2.5 不难发现，在低频信号作用下，混合 π 模型与 h 参数模型应该相同，因此

$$r_{be}=r_{bb'}+(1+\beta_0)\frac{U_T}{I_{EQ}}=r_{bb'}+r_{b'e}$$

其中，β_0是低频段 BJT 的电流放大系数。所以

$$r_{b'e}=(1+\beta_0)\frac{U_T}{I_{EQ}} \tag{4.2.6}$$

$r_{bb'}$可从 BJT 手册中查到。

另一方面，$\dot{I}_c=\beta_0\dot{I}_b=g_m\dot{U}_{b'e}=g_m r_{b'e}\dot{I}_b$，而$r_{b'e}\approx\beta_0\frac{U_T}{I_{EQ}}$，因此得到

$$g_m=\frac{\beta_0}{r_{b'e}}\approx\frac{I_{EQ}}{U_T} \tag{4.2.7}$$

因此除了 C_π 和 C_μ 外，混合 π 模型参数均可通过 h 参数模型参数求出。C_μ 也可从 BJT 手册中查到，而 C_π 手册中往往不提供，那么如何得到 C_π?

二、晶体管的频率参数

1. 共射电流放大系数

由于电容 C_π 的影响，β 值将是频率的函数，并随着频率升高而下降。根据 β 的定义

$$\dot{\beta}=\left.\frac{\dot{I}_c}{\dot{I}_b}\right|_{U_{CE}} \tag{4.2.8}$$

说明电流放大系数是在输出交流短路的条件下，集电极电流与基极电流之比，因此图 4.2.5 混合 π 模型变成图 4.2.6。由该图知 $\dot{K}=0$，因此式（4.2.5）变成

$$C_\pi'=C_\pi+C_\mu$$

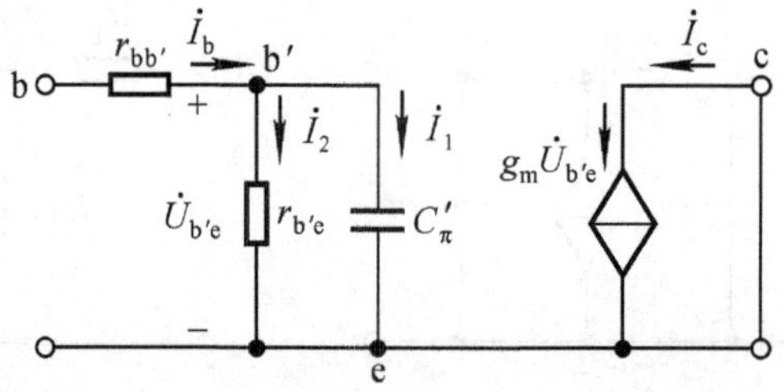

图 4.2.6　求β的电路

利用 $\dot{I}_c = g_m \dot{U}_{b'e}$ 和式（4.2.7），则

$$\dot{\beta} = \frac{\dot{I}_c}{\dot{I}_1 + \dot{I}_2} = \frac{g_m \dot{U}_{b'e}}{\dot{U}_{b'e}(j\omega C'_\pi + 1/r_{b'e})} = \frac{\beta_0}{1 + j\omega r_{b'e} C'_\pi} = \frac{\beta_0}{1 + jf/f_\beta} \tag{4.2.9}$$

其中

$$f_\beta = \frac{1}{2\pi r_{b'e} C'_\pi} \tag{4.2.10}$$

可见β与频率的关系与一阶低通电路类似，随着频率的升高，β数值会下降，相位会滞后，f_β为共射截止频率。为了更清楚看到β与频率的关系，由式（4.2.9）可得

$$\begin{cases} 20\lg|\dot{\beta}| = 20\lg\beta_0 - 20\lg\sqrt{1+(f/f_\beta)^2} \\ \varphi = -\arctan(f/f_\beta) \end{cases} \tag{4.2.11}$$

由式（4.2.11）画出的波特图如图 4.2.7 所示。可见：

当 $f=f_T$ 时，$20\lg|\dot{\beta}|=0$，即 $|\dot{\beta}|=1$。因此，当 $f>f_T$ 时，$\beta<1$，BJT 将失去放大作用，f_T 称为 BJT 的特征频率。在 f_T 频点，有

$$20\lg\beta_0 - 20\lg\sqrt{1+(f_T/f_\beta)^2} = 0$$

即

$$\sqrt{1+(f_T/f_\beta)^2} = \beta_0$$

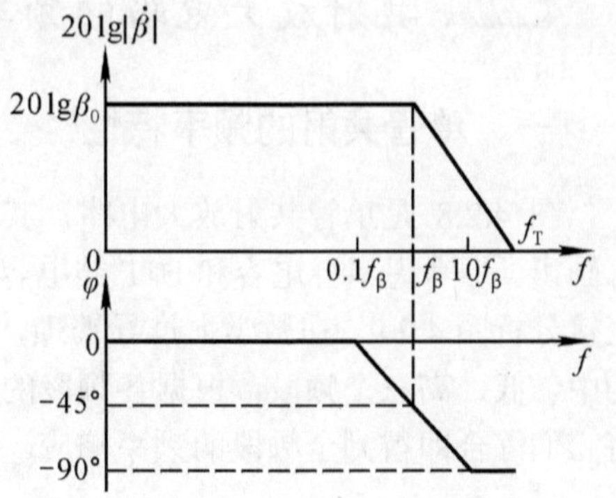

图 4.2.7　β 的波特图

又因为 $f_T>f_\beta$，所以上式简化为

$$f_T = \beta_0 f_\beta \tag{4.2.12}$$

式（4.2.12）将 BJT 的截止频率、特征频率和低频电流增益联系在一起。为了保证 BJT 在较高频率运行时仍有较大电流放大系数，最高信号频率 f_{max} 应不超过 f_T 的三分之一①，即

$$f_{max} \leqslant f_T/3 \tag{4.2.13}$$

通过上面分析，我们得到计算 C_π' 的方法：首先由手册查出 f_T 或 f_β 以及 C_μ，由式（4.2.10）求出 BJT 输出交流短路时的 C_π'；再由式 $C_\pi' = C_\pi + C_\mu$ 得到 C_π；最后通过式（4.2.5）计算输出交流不短路的 C_π'。

2. 共基电流放大系数

由于 $\dot{\alpha} = \dot{\beta}/(1+\dot{\beta})$，将式（4.2.9）代入，经过整理得到

①参见文献[4-2] 70 页。

$$\dot{\alpha}=\frac{\alpha_0}{1+\mathrm{j}f/f_\alpha} \tag{4.2.14}$$

其中，$\alpha_0=\beta_0/(1+\beta_0)$，为低频共基电流放大系数；

$$f_\alpha=(1+\beta_0)f_\beta\approx f_\mathrm{T} \tag{4.2.15}$$

可见，共基极电路的 f_α 远高于共射电路的 f_β，因此共基电路适宜宽带放大器。实际上，如果 $C_\pi\gg C_\mu$，则有 $C_\pi'\approx C_\pi$，再利用式（4.2.15），则式（4.2.10）可简化为

$$f_\mathrm{T}\approx\frac{g_\mathrm{m}}{2\pi C_\pi}\approx\frac{I_\mathrm{EQ}}{2\pi U_T C_\pi} \tag{4.2.16}$$

因此，也可以直接由式（4.2.16）求 C_π，再代入式（4.2.5）求 C_π'。

4.2.2 共射放大电路的频率响应分析

一、单管共射的频率特性

图 4.2.8 是单管共射放大电路，其中的输出耦合电容可视为下一级输入耦合电容，故没有画出。当考虑耦合电容和 BJT 结电容的影响时，该电路的混合 π 等效电路如图 4.2.9 所示。直接分析图 4.2.9，在数学上推导繁琐，且不能突出物理意义。为此，我们将输入信号频率分为中、低、高三个频段，根据各频段的特点将电路简化，分别求各个频段的频率响应，最后将它们综合即得到全频段的频率响应。

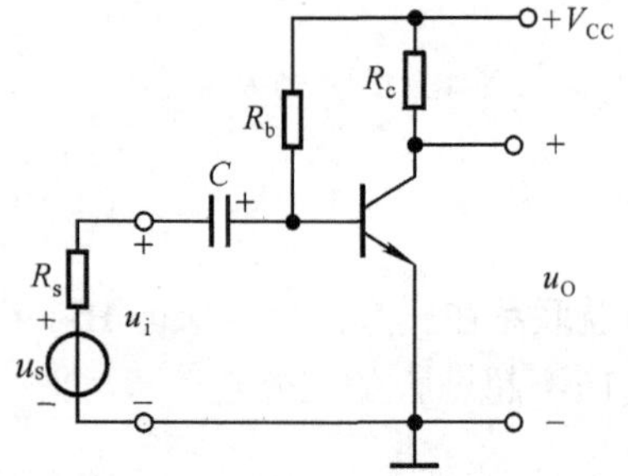

图 4.2.8　单管共射放大电路

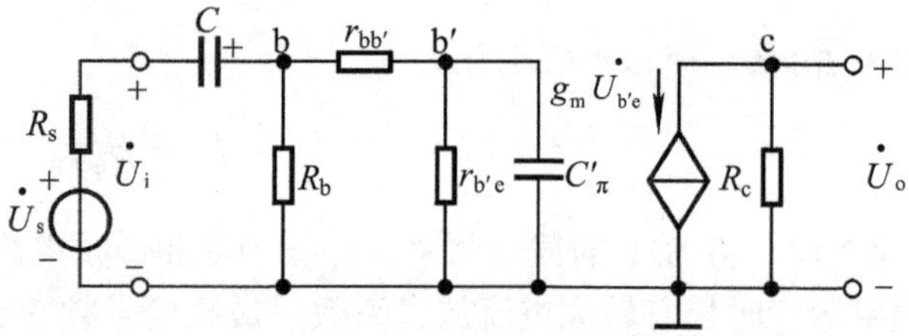

图 4.2.9　图 4.2.8 的混合 π 等效电路

1. 中频段电压放大倍数

在中频段，因为 C_π' 太小，而频率适中，所以 $\dfrac{1}{\omega C_\pi'}\gg r_{\mathrm{b'e}}$，可认为 C_π' 开路；又因为 C 很大，而频率适中，所以 $R_\mathrm{s}+R_\mathrm{b}\,/\!/\,r_\mathrm{be}\gg\dfrac{1}{\omega C}$，可认为 C 短路。图 4.2.9 因此简化为图 4.2.10。简单地分析得到电路的输入电阻为

$$R_\mathrm{i}=R_\mathrm{b}\,/\!/\,(r_{\mathrm{bb'}}+r_{\mathrm{b'e}})=R_\mathrm{b}\,/\!/\,r_\mathrm{be}$$

中频源电压放大倍数是

$$\dot{A}_{usm}=\frac{\dot{U}_o}{\dot{U}_s}=\frac{\dot{U}_i}{\dot{U}_s}\cdot\frac{\dot{U}_{b'e}}{\dot{U}_i}\cdot\frac{\dot{U}_o}{\dot{U}_{b'e}}=\frac{R_i}{R_s+R_i}\cdot\frac{r_{b'e}}{r_{be}}\cdot(-g_m R_c) \tag{4.2.17}$$

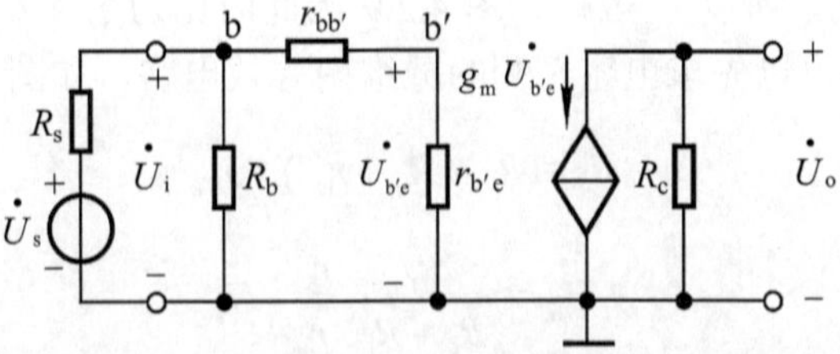

图 4.2.10　图 4.2.9 的中频等效电路

可以看出，在中频段，电压放大倍数与频率无关，相位是−180°。

2. 低频段电压放大倍数

在低频段，因为 C'_π 太小，而频率低，所以 $\frac{1}{\omega C'_\pi}\gg r_{b'e}$，仍可认为 C'_π 开路；又因为 C 很大，而频率低，所以 $R_s+R_b//r_{be}$ 和 $1/\omega C$ 为同一数量级，于是 C 保留。图 4.2.9 因此简化为图 4.2.11。简单地分析得到电路的低频源电压放大倍数

$$\dot{A}_{usl}=\frac{\dot{U}_o}{\dot{U}_s}=\frac{\dot{U}_{b'e}}{\dot{U}_s}\cdot\frac{\dot{U}_o}{\dot{U}_{b'e}}=\frac{R_i}{R_s+\frac{1}{j\omega C}+R_i}\cdot\frac{r_{b'e}}{r_{be}}\cdot(-g_m R_c) \tag{4.2.18}$$

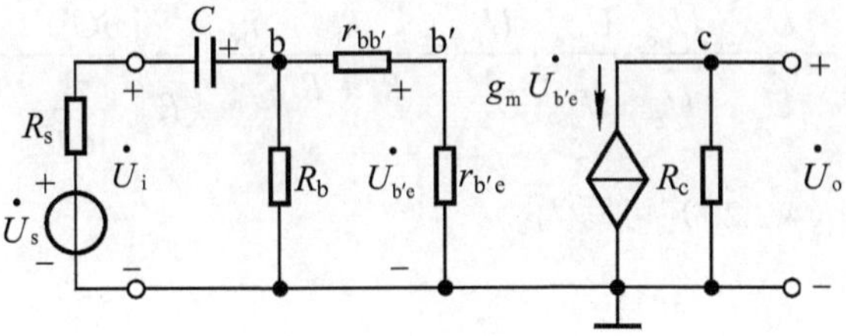

图 4.2.11　图 4.2.9 的低频等效电路

利用式（4.2.17），式（4.2.18）可写为

$$\dot{A}_{usl}=\frac{\dot{A}_{usm}}{1+\frac{f_L}{jf}} \tag{4.2.19}$$

显然这是一个高通网络，最大附加相移为＋90°，下限截止频率为

$$f_L=\frac{1}{2\pi R_o C}=\frac{1}{2\pi(R_s+R_i)C} \tag{4.2.20}$$

其中 R_o 是从 C 两端看进去的等效戴维南电源内阻，f_L 完全由电容所在回路的时间常数决定。

3. 高频段电压放大倍数

在高频段，因为 C_π' 太小，而频率高，所以 $\dfrac{1}{\omega C_\pi'}$ 与 $r_{b'e}$ 为同一数量级，于是 C_π' 保留；又因为 C 很大，而频率高，所以 C 短路。图 4.2.9 因此简化为图 4.2.12（a）。为了得到电路的高频源电压放大倍数，可以先求电容左侧的戴维南等效电路，如图 4.2.12（b）所示，其中

$$R_o=(R_s // R_b + r_{bb'}) // r_{b'e}$$

$$\dot{U}_{oc}=\frac{R_i}{R_s+R_i}\cdot\frac{r_{b'e}}{r_{be}}\cdot\dot{U}_s$$

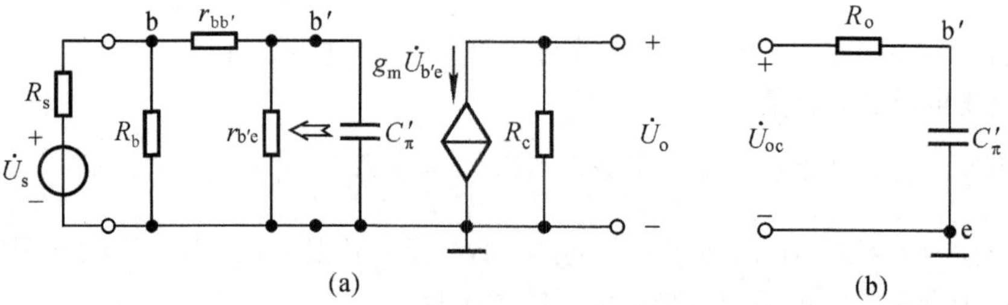

图 4.2.12　图 4.2.9 的高频等效电路

（a）简化等效电路；（b）输入回路等效电路

电路的高频源电压放大倍数

$$\dot{A}_{ush}=\frac{\dot{U}_o}{\dot{U}_s}=\frac{\dot{U}_{oc}}{\dot{U}_s}\cdot\frac{\dot{U}_{b'e}}{\dot{U}_{oc}}\cdot\frac{\dot{U}_o}{\dot{U}_{b'e}}=\frac{R_i}{R_s+R_i}\cdot\frac{r_{b'e}}{r_{be}}\cdot\frac{\dfrac{1}{j\omega C_\pi'}}{R+\dfrac{1}{j\omega C_\pi'}}\cdot(-g_m R_c) \tag{4.2.21}$$

利用式（4.2.17），式（4.2.21）可写为

$$\dot{A}_{ush}=\frac{\dot{A}_{usm}}{1+\dfrac{jf}{f_H}} \tag{4.2.22}$$

显然这是一个低通网络，最大附加相移为−90°，上限截止频率为

$$f_H=\frac{1}{2\pi R_o C_\pi'} \tag{4.2.23}$$

其中 R_o 是从 C_π' 两端看进去的等效戴维南电源内阻，f_H 也完全由电容所在回路的时间常数决定。

4. 波特图

将前述三个表达式，即式（4.2.17）、式（4.2.19）、式（4.2.22）结合在一起，得到

$$\dot{A}_{us}=\frac{\dot{A}_{usm}}{\left(1+\frac{f_L}{jf}\right)\left(1+j\frac{f}{f_H}\right)} \tag{4.2.24}$$

这就是全频段共射放大电路的源电压放大倍数表达式。为了检验式（4.2.24）的正确性，我们可检查在不同频段，式（4.2.24）能否回到式（4.2.17）、式（4.2.19）和式（4.2.22）。

（1）中频段：$f_L \ll f \ll f_H$，代入式（4.2.24），则有 $\dot{A}_{us}=\dot{A}_{usm}$，于是有

$$\begin{cases} 20\lg|\dot{A}_{us}|=20\lg|\dot{A}_{usm}| \\ \varphi=-180^\circ \end{cases} \tag{4.2.25}$$

这与式（4.2.17）一致。

（2）低频段：$f \ll f_H$，$f_L \ll f_H$，代入式（4.2.24），则有

$$\dot{A}_{usl}=\frac{\dot{A}_{usm}}{1+\frac{f_L}{jf}}$$

$$\begin{cases} 20\lg|\dot{A}_{us}|=20\lg|\dot{A}_{usm}|-20\lg\sqrt{1+(f_L/f)^2} \\ \varphi=-180^\circ+\arctan\frac{f_L}{f} \end{cases} \tag{4.2.26}$$

这与式（4.2.19）一致。

（3）高频段：$f \gg f_L$，$f_H \gg f_L$，代入式（4.2.24），则有

$$\dot{A}_{ush}=\frac{\dot{A}_{usm}}{1+\frac{jf}{f_H}}$$

$$\begin{cases} 20\lg|\dot{A}_{us}|=20\lg|\dot{A}_{usm}|-20\lg\sqrt{1+(f/f_H)^2} \\ \varphi=-180^\circ-\arctan\frac{f}{f_H} \end{cases} \tag{4.2.27}$$

这与式（4.2.22）一致。

根据式（4.2.25）、式（4.2.26）和式（4.2.27），画出的波特图如图 4.2.13 所示。可见画波特图的步骤：①求 A_{usm}。它一定是一个与频率无关的负实数。②求 f_L 和 f_H。$f_L=1/2\pi R_o C$，$f_H=1/2\pi R_o C'_\pi$，其中 C 为耦合电容，C'_π 为极间电容，R_o 是从电容两端看进去的等效戴维南电源电阻。③画波特图。折线化近似，在对数幅频特性中，要用 3 条直线近似。在 $f_L \sim f_H$ 频段，画一条 $20\lg|A_{usm}|$（dB）的水平直线；在 $f<f_L$ 频段，以 f_L 为拐点画一条斜率为 20 dB/十倍频的直线；

在 $f>f_H$ 频段，以 f_H 为拐点画一条斜率为－20 dB/十倍频的直线，得到对数幅频特性曲线。而在对数相频特性中，要用 5 条直线近似。在 $10f_L$～$0.1f_H$ 频段，画一条 $\varphi=-180°$ 的水平直线；在 $0.1f_L$～$10f_L$ 频段，画一条斜率为－45°/十倍频的直线；在 $0.1f_H$～$10f_H$ 频段，画一条斜率为－45°/十倍频的直线；最后，在 $f<0.1f_L$ 频段，以 $0.1f_L$ 为拐点画一条 $\varphi=-90°$ 的水平直线；在 $f>10f_H$ 频段，以 $10f_H$ 为拐点画一条 $\varphi=-270°$ 的水平直线，得到对数相频特性曲线。

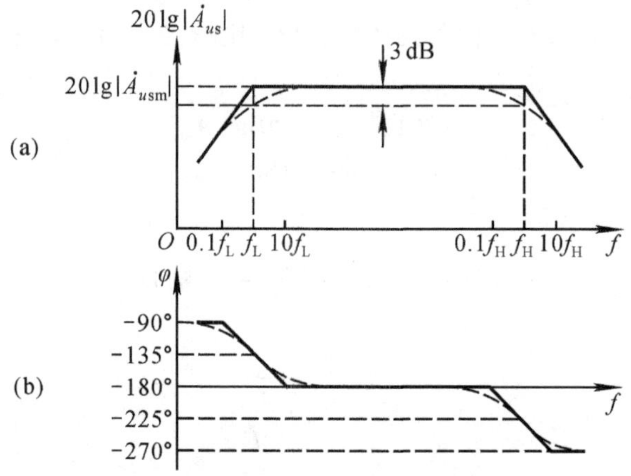

图 4.2.13　单管共射放大电路的波特图

（a）幅频特性；（b）相频特性

例 4.2.1　在图 4.2.14 的单管放大电路中，已知 $V_{CC}=12$ V，$R_s=1$ kΩ，$R_b=20$ kΩ，$R_c=R_L=5$ kΩ，$C=5$ μF。BJT 参数：$U_{BEQ}=0.7$ V，$r_{bb'}=100$ Ω，$\beta=100$，$f_\beta=0.5$ MHz，$C_\mu=5$ pF。试画波特图。

解　（1）求 Q 点。由直流通路得

$$I_{BQ}=\frac{V_{CC}-U_{BEQ}}{R_b}-\frac{U_{BEQ}}{R_s}=0.015\text{ mA}$$

$$I_{CQ}=\beta I_{BQ}=1.5\text{ mA}$$

$$U_{CEQ}=V_{CC}-R_cI_{CQ}=7.5\text{ V}$$

可见 BJT 工作在放大区。

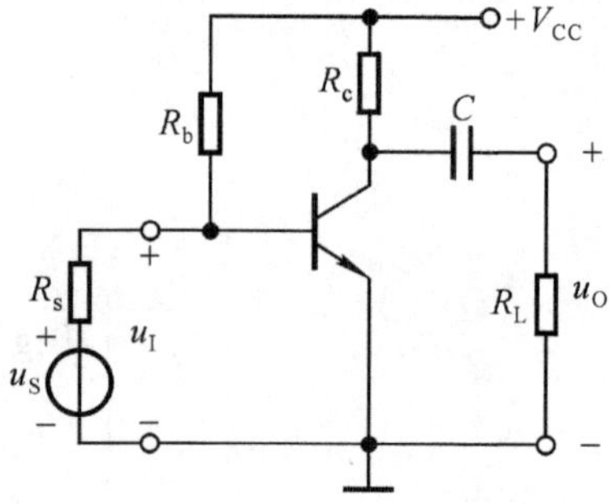

图 4.2.14　例 4.2.1 电路

（2）求 π 参数。利用式（4.2.6）和式（4.2.7），得

$$r_{b'e}=(1+\beta_0)\frac{U_T}{I_{EQ}}=1.73\text{ k}\Omega$$

$$g_m=\frac{\beta_0}{r_{b'e}}\approx\frac{I_{EQ}}{U_T}=0.0577\ \mathrm{S}$$

再根据式（4.2.10），得

$$C_\pi=C'_\pi-C_\mu=\frac{1}{2\pi r_{b'e}f_\beta}-C_\mu=178\ \mathrm{pF}$$

而$|\dot{K}|=g_m R_L'=144$，所以由式（4.2.5），得

$$C'_\pi=C_\pi+(1+|\dot{K}|)C_\mu=898\ \mathrm{pF}$$

（3）计算 A_{usm}。先计算 $r_{be}=r_{bb'}+r_{b'e}=1.83\ \mathrm{k\Omega}$，$R_i=R_b//r_{be}=1.68\ \mathrm{k\Omega}$，尽管图 4.2.14 与图 4.2.8 电路不完全相同，然而，容易发现中频等效电路相同，因此借鉴式（4.2.17）,得

$$\dot{A}_{usm}=\frac{R_i}{R_s+R_i}\cdot\frac{r_{b'e}}{r_{be}}\cdot(-g_m R_L')\approx-85$$

（4）计算 f_L、f_H。观察图 4.2.14 不难发现，从电容 C 两端看进去的等效戴维南电源内阻是 R_c+R_L，因此借式（4.2.20），得

$$f_L=\frac{1}{2\pi(R_c+R_L)C}\approx3.2\ \mathrm{Hz}$$

而从电容 C_π 两端看进去的等效戴维南电源电阻

$$R_o=r_{b'e}\ //\ (r_{bb'}+R_b\ //\ R_s)$$

因此由式（4.2.23），得

$$f_H=\frac{1}{2\pi[r_{b'e}\ //\ (r_{bb'}+R_b\ //\ R_s)]C'_\pi}\approx263\times10^3\ \mathrm{Hz}$$

（5）求 $\dot{A}_{us}$，画波特图。将上述计算结果代入式（4.2.24），得

$$\dot{A}_{us}=\frac{-85}{(1+\frac{3.2}{\mathrm{j}f})(1+\mathrm{j}\frac{f}{263\times10^3})}$$

由上式画出的波特图如图 4.2.15 所示。

二、增益带宽积

通过前述分析不难发现，一方面，要改善放大电路低频性能，要降低 f_L，加大 C 的容量是行之有效的好办法，但 C 的容量增加总是有限的，因此采用直接耦合最有效，这就是集成电路中采用直接耦合的主要原因。另一方面，要改善放大电路高频性能，要加大 f_H，可减小 C_π'，但这会导致中频源电压放大倍数下降（见式（4.2.5)），可见提高 f_H 和增大电路中频增益是相互矛盾的！鱼和熊掌不可兼得。为了综合考察这两方面的性能，我们引入一个新参数：

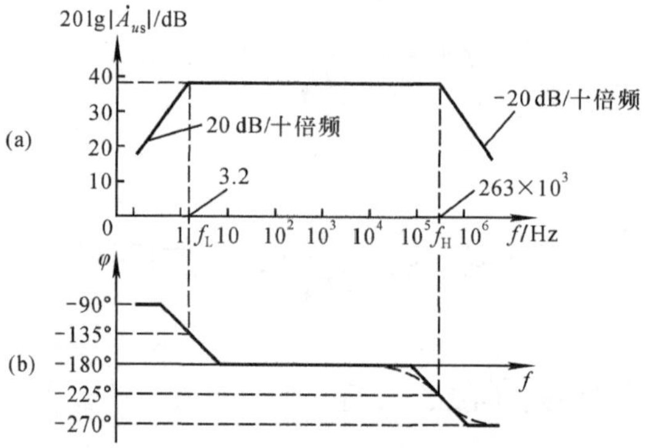

图 4.2.15 例 4.2.1 的波特图

(a) 幅频特性；(b) 相频特性

增益带宽积（gain-bandwidth product）。对于大多数电路，$f_L \ll f_H$，所以电路的通频带 $f_{BW}=f_H-f_L\approx f_H$。利用式（4.2.17）和式（4.2.23），可以得到单管共射电路的增益带宽积为

$$|\dot{A}_{usm}\cdot f_{bw}|\approx|\dot{A}_{usm}\cdot f_H|=\frac{R_i}{R_s+R_i}\cdot\frac{r_{b'e}}{r_{be}}\cdot g_m R_c\cdot\frac{1}{2\pi[r_{b'e}\,/\!/\,(r_{bb'}+R_s\,/\!/\,R_b)]C'_\pi} \tag{4.2.28}$$

通常 $R_b \gg r_{be}$，$R_b \gg R_s$，则 $R_i \approx r_{be}$，$R_b /\!/ R_s \approx R_s$。若 $(1+g_m R_c)C_\mu \gg C_\pi$，$g_m R'_L \gg 1$，则 $C'_\pi = C_\pi+(1+g_m R_c)C_\mu \approx g_m R_c C_\mu$，式（4.2.28）简化为

$$|\dot{A}_{usm}\cdot f_{bw}|=\frac{1}{2\pi(r_{bb'}+R_s)C_\mu} \tag{4.2.29}$$

从式（4.2.29）可以看出，要提高电路的增益带宽积，应该选 $r_{bb'}$ 和 C_μ 小的管子；BJT 和信号源给定时，增益带宽积为恒值，A_{usm} 越小，f_{bw} 越大，反之亦然，就像力学中功率一定的机车，爬坡时牵引力大，速度必然减小，不爬坡时牵引力小，速度必然增大。在模拟电路设计中，我们经常遇到此类问题，需要兼顾二者，常称之为“折衷”（trade-offs）。然而，在现代电流模式电路中，增益带宽积可以不为恒值，而由设计者设定①。

4.3 单级共源放大电路的频率响应

4.3.1 FET 的高频等效电路

与 BJT 类似，我们在第 3 章曾经提到过 FET 的低频小信号模型，然而这个模型没有考虑 FET 的极间电容，因此该模型仅适合低频小信号。如果信号频率升高，这个模型将不再适用。

①参见文献[4-3] 264-265 页。

为了适应高频信号，我们应该考虑 FET 的物理结构，将 FET 的极间电容考虑在内，得到高频小信号等效模型，如图 4.3.1（a）所示。图中，C_{gs} 表示栅、源间的极间电容，约为 1～10 pF；C_{gd} 表示栅、漏间的极间电容，也约为 1～10 pF；C_{ds} 表示漏、源间的极间电容，约为 0.1～1 pF。通常 $r_{gs} \gg R_s$，$r_{ds} \gg R'_L$，因此可认为 r_{gs}、r_{ds} 均开路。

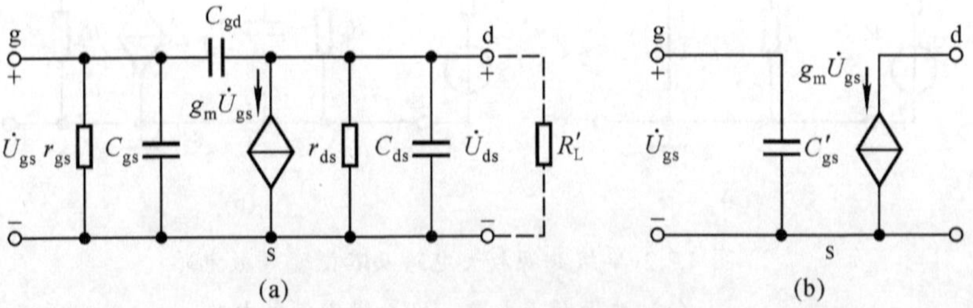

图 4.3.1　FET 的高频等效模型

（a）高频等效模型；（b）简化模型

根据密勒定理，可将 C_{gd} 等效到输入端和输出端，则栅、源间的总等效电容是

$$C'_{gs} = C_{gs} + (1 + |\dot{K}|)C_{gd}$$

漏、源间的总等效电容是

$$C'_{ds} = C_{ds} + (1 + 1/|\dot{K}|)C_{gd}$$

其中，$\dot{K}$ 可近似用中频电压放大倍数代替，即 $\dot{K} = -g_m R'_L$。由于输出回路时间常数远小于输入回路时间常数，因此可忽略 C'_{ds} 的影响，于是得到简化的 FET 高频小信号等效模型，如图 4.3.1（b）所示。有了 FET 的高频等效电路，我们就可以分析 FET 放大电路的频率响应。

4.3.2　共源放大电路的频率响应分析

图 4.3.2（a）给出了一个共源放大电路，当考虑耦合电容和 BJT 结电容的影响时，该电路的微变等效电路如图 4.3.2（b）所示。与 BJT 共射放大电路类似，将输入信号频率分为中、低、高三个频段，根据各频段的特点将电路简化，分别求各个频段的频率响应，最后将它们综合即得到全频段的频率响应。

在中频段，可认为 C 短路，C'_{gs} 开路，因此中频源电压放大倍数为

$$\dot{A}_{usm} = \frac{\dot{U}_o}{\dot{U}_s} = \frac{\dot{U}_i}{\dot{U}_s} \cdot \frac{\dot{U}_o}{\dot{U}_i} = \frac{R_g}{R_s + R_g} \cdot (-g_m R_d) \tag{4.3.1}$$

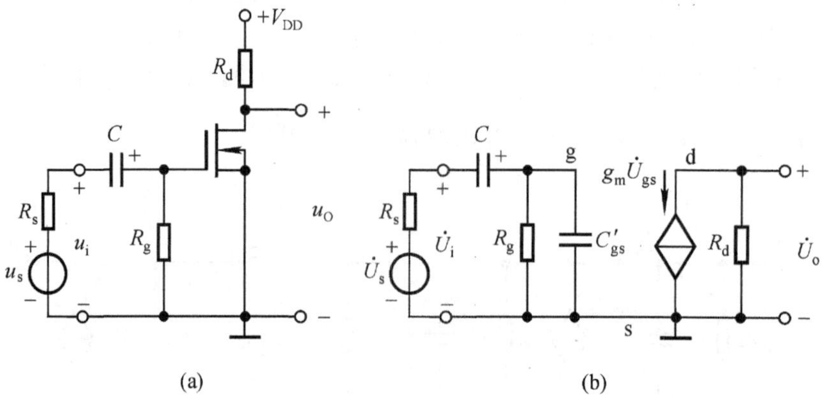

图 4.3.2 单级共源放大电路及其微变等效电路

（a）共源放大电路；（b）微变等效电路

在低频段，可认为C'_{gs}开路，但C保留，因此低频源电压放大倍数为

$$\dot{A}_{usl}=\frac{\dot{U}_o}{\dot{U}_s}=\frac{\dot{U}_{gs}}{\dot{U}_s}\cdot\frac{\dot{U}_o}{\dot{U}_{gs}}=\frac{R_g}{R_s+R_g+1/\mathrm{j}\omega C}\cdot(-g_m R_d) \tag{4.3.2}$$

利用式（4.3.1），式（4.3.2）可写为

$$\dot{A}_{usl}=\frac{\dot{A}_{usm}}{1+\dfrac{f_L}{\mathrm{j}f}} \tag{4.3.3}$$

可见这是一个高通网络，最大附加相移为＋90°，下限截止频率为

$$f_L=\frac{1}{2\pi R_o C}=\frac{1}{2\pi(R_s+R_g)C} \tag{4.3.4}$$

其中，R_o是从C两端看进去的等效戴维南电源内阻，f_L完全由电容所在回路的时间常数决定。

在高频段，可认为C短路，但C_{gs}'保留，因此高频源电压放大倍数为

$$\dot{A}_{ush}=\frac{\dot{U}_o}{\dot{U}_s}=\frac{\dot{U}_{gs}}{\dot{U}_s}\cdot\frac{\dot{U}_o}{\dot{U}_{gs}}=\frac{R_g /\!/ \left(\dfrac{1}{\mathrm{j}\omega C'_{gs}}\right)}{R_s+R_g /\!/ \left(\dfrac{1}{\mathrm{j}\omega C'_{gs}}\right)}\cdot(-g_m R_d) \tag{4.3.5}$$

利用式（4.3.1），式（4.3.5）可写为

$$\dot{A}_{ush}=\frac{\dot{A}_{usm}}{1+\mathrm{j}\dfrac{f}{f_H}} \tag{4.3.6}$$

显然这是一个低通网络，最大附加相移为－90°，上限截止频率为

$$f_{\mathrm{H}}=\frac{1}{2\pi R_{\mathrm{o}}C'_{\mathrm{gs}}}=\frac{1}{2\pi(R_{\mathrm{s}}\,/\!/\,R_{g})C'_{\mathrm{gs}}} \tag{4.3.7}$$

其中，R_{o} 是从 C_{π}' 两端看进去的等效戴维南电源内阻，f_{H} 也完全由电容所在回路的时间常数决定。

将前述三个表达式，即式（4.3.1）、式（4.3.3）、式（4.3.6）结合在一起，我们得到

$$\dot{A}_{us}=\frac{\dot{A}_{usm}\cdot \mathrm{j}f/f_{\mathrm{L}}}{(1+\dfrac{f}{\mathrm{j}f_{\mathrm{L}}})(1+\mathrm{j}\dfrac{f}{f_{\mathrm{H}}})}=\frac{\dot{A}_{usm}}{(1+\dfrac{f_{\mathrm{L}}}{\mathrm{j}f})(1+\mathrm{j}\dfrac{f}{f_{\mathrm{H}}})} \tag{4.3.8}$$

在形式上完全与 BJT 的结论一致，因此也有类似的波特图，不再赘述。

根据增益带宽积的定义，由式（4.3.1）和式（4.3.7）得单管共源放大电路的增益带宽积为

$$|\dot{A}_{usm}\cdot f_{\mathrm{bw}}|\approx|\dot{A}_{usm}\cdot f_{\mathrm{H}}|=\frac{R_{\mathrm{g}}}{R_{\mathrm{s}}+R_{\mathrm{g}}}g_{\mathrm{m}}R_{\mathrm{d}}\cdot\frac{1}{2\pi(R_{\mathrm{s}}\,/\!/\,R_{\mathrm{g}})C'_{\mathrm{gs}}} \tag{4.3.9}$$

如果 $R_{\mathrm{g}}\gg R_{\mathrm{s}}$，$|\dot{K}|\gg 1$，且 $(1+|\dot{K}|)C_{\mathrm{gd}}\gg C_{gs}$，则式（4.3.9）可以简化为

$$|\dot{A}_{usm}\cdot f_{\mathrm{bw}}|\approx\frac{1}{2\pi R_{\mathrm{s}}C_{\mathrm{gd}}} \tag{4.3.10}$$

此结果与单管共射电路类似。到目前为止，我们分析了单管放大电路的频率特性，其特点是：在高频段和低频段，只有一个电容起作用，而且两回路时间常数相差较大，因此其波特图的幅频特性曲线仅有两个相差较大的拐点频率。然而，多级阻容耦合放大电路包含多个晶体管，其高频等效电路将包含多个结电容，导致高频段出现多个拐点频率；多个耦合电容或旁路电容的存在，也将导致低频段出现多个拐点频率，那么如何确定电路的截止频率？这个截止频率与每级截止频率又是怎样的关系呢？这将是下节要讨论的问题。

4.4　多级放大电路的频率响应

4.4.1　多级放大电路频率响应的定性分析

设 n 级放大电路的总增益是 $\dot{A}_{u}$，而每级放大电路的增益为 $\dot{A}_{uk}$，$k=1\sim n$，则有

$$\dot{A}_{u}(\mathrm{j}\omega)=\prod_{k=1}^{n}\dot{A}_{uk}(\mathrm{j}\omega) \tag{4.4.1}$$

对数幅频特性和相频特性分别为

$$20\lg|\dot{A}_u(j\omega)|=\sum_{k=1}^{n}20\lg|\dot{A}_{uk}(j\omega)| \tag{4.4.2}$$

$$\varphi(j\omega)=\sum_{k=1}^{n}\varphi_k(j\omega) \tag{4.4.3}$$

上两式说明，多级放大电路的对数增益等于其各级对数增益的代数和；多级放大电路的总相移等于其各级相移的代数和。因此，要绘制多级放大电路的波特图，只需把各级放大电路的对数增益和相移，在同一横坐标下分别加起来即可。设多级放大电路是由两个相同的单管放大电路组成，已知每一级电路的波特图，若要得到总的波特图，只需要分别将原来单级放大电路的幅频特性和相频特性曲线的每一点纵坐标增大一倍即可，如图 4.4.1 所示。

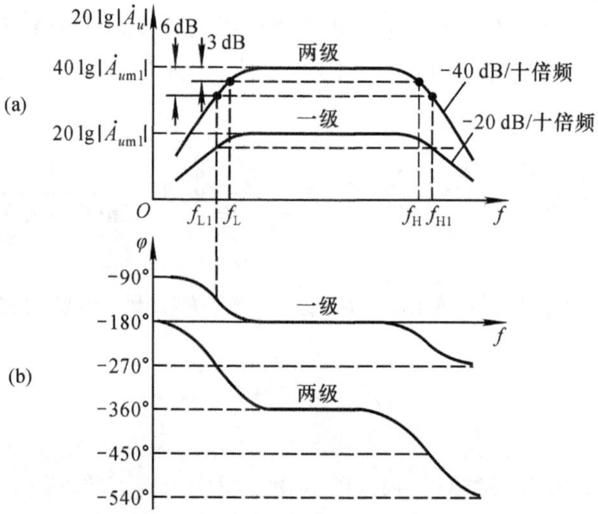

图 4.4.1　两级放大电路的波特图

（a）幅频特性；（b）相频特性

观察图 4.4.1 发现，单级幅频特性原来下降 3 dB 的频点（f_{L1} 和 f_{H1}），在两级放大电路幅频特性曲线上下降了 6 dB，因此低频段和高频段幅频特性曲线的斜率绝对值增大了一倍，而且 $f_L>f_{L1}$，$f_H<f_{H1}$。此结论也可推广到 n 级放大电路：

$$f_L > f_{Lk} \quad (k=1\sim n) \tag{4.4.4a}$$

$$f_H < f_{Hk} \quad (k=1\sim n) \tag{4.4.4b}$$

$$f_{bw} < f_{bwk} \quad (k=1\sim n) \tag{4.4.4c}$$

可见，多级放大电路的通频带比组成它的每一级通频带窄。

4.4.2　截止频率的估算

一、下限截止频率 $f_{\rm L}$

设每一级放大电路在低频段的增益为 $\dot{A}_{us1}$，由式（4.2.18）知

$$\dot{A}_{us1}=\frac{\dot{A}_{usm}}{1+\dfrac{f_{\rm L}}{{\rm j}f}}$$

因此多级放大电路在低频段的增益及其模分别为

$$\dot{A}_{ul}=\prod_{k=1}^{n}\frac{\dot{A}_{usmk}}{1+\dfrac{f_{{\rm L}k}}{{\rm j}f}},\ |\dot{A}_{ul}|=\prod_{k=1}^{n}\frac{|\dot{A}_{usmk}|}{\sqrt{1+(f_{{\rm L}k}/f)^2}}$$

当 $f=f_{\rm L}$ 时，有

$$|\dot{A}_{ul}|=\frac{\prod_{k=1}^{n}|\dot{A}_{usmk}|}{\sqrt{2}}$$

即
$$\prod_{k=1}^{n}\sqrt{1+(\frac{f_{{\rm L}k}}{f_{\rm L}})^2}=\sqrt{2}$$

展开得
$$1+\sum_{k=1}^{n}(\frac{f_{{\rm L}k}}{f_{\rm L}})^2+\text{高次项}=2$$

考虑到 $f_{\rm L}>f_{{\rm L}k}$，略去上式的高次项，则有

$$\sum_{k=1}^{n}(\frac{f_{{\rm L}k}}{f_{\rm L}})^2\approx 1$$

即

$$f_{\rm L}\approx\sqrt{\sum_{k=1}^{n}f_{{\rm L}k}^2}\qquad（4.4.5）$$

如果希望结果更准确点，需要加上修正系数①，则有

$$f_{\rm L}\approx 1.1\sqrt{\sum_{k=1}^{n}f_{{\rm L}k}^2}\qquad（4.4.6）$$

①参见文献[4-4] 111-112 页。

二、上限截止频率 f_H

设每一级放大电路在高频段的增益为 $\dot{A}_{ush}$，由式（4.2.21）知

$$\dot{A}_{ush}=\frac{\dot{A}_{usm}}{1+\mathrm{j}f/f_H}$$

因此多级放大电路在高频段的增益及其模分别为

$$\dot{A}_{uh}=\prod_{k=1}^{n}\frac{\dot{A}_{usmk}}{1+\mathrm{j}f/f_{Hk}},\quad |\dot{A}_{uh}|=\prod_{k=1}^{n}\frac{|\dot{A}_{usmk}|}{\sqrt{1+(f/f_{Hk})^2}}$$

当 $f=f_H$ 时，有

$$|\dot{A}_{uh}|=\frac{\prod_{k=1}^{n}|\dot{A}_{usmk}|}{\sqrt{2}}$$

即

$$\prod_{k=1}^{n}\sqrt{1+(\frac{f_H}{f_{Hk}})^2}=\sqrt{2}$$

展开得

$$1+\sum_{k=1}^{n}(\frac{f_H}{f_{Hk}})^2+高次项=2$$

考虑到 $f_H<f_{Hk}$，略去上式的高次项，则有 $\sum_{k=1}^{n}(\frac{f_H}{f_{Hk}})^2\approx1$，即

$$\frac{1}{f_H}\approx\sqrt{\sum_{k=1}^{n}(\frac{1}{f_{Hk}})^2} \tag{4.4.7}$$

要加上修正系数，则有

$$\frac{1}{f_H}\approx1.1\sqrt{\sum_{k=1}^{n}(\frac{1}{f_{Hk}})^2} \tag{4.4.8}$$

通过上面分析，得到多级放大电路与单级放大电路频率特性之间的关系，作为特例，设多级放大电路是由两个完全相同的单管放大电路组成，即 $n=2$，$f_{H1}=f_{H2}$，$f_{L1}=f_{L2}$，代入式（4.4.8）和式（4.4.6），可知其上、下截止频率分别为

$$\begin{cases}f_H\approx f_{H1}/1.1\sqrt{2}\approx0.634f_{H1}\\ f_L\approx1.1\sqrt{2}f_{L1}\approx1.56f_{L1}\end{cases} \tag{4.4.9}$$

多级放大电路是由三个完全相同的单管放大电路组成，即 $n=3$，$f_{H1}=f_{H2}=f_{H3}$，$f_{L1}=f_{L2}$

$=f_{L3}$，代入式（4.4.8）和式（4.4.6），可知其上、下限截止频率分别为

$$\begin{cases} f_H \approx f_{H1}/1.1\sqrt{3} \approx 0.52 f_{H1} \\ f_L \approx 1.1\sqrt{3} f_{L1} \approx 1.91 f_{L1} \end{cases} \tag{4.4.10}$$

可见，三级放大电路的上限截止频率几乎是单级电路的一半，下限截止频率几乎是单级电路的 2 倍，放大电路的级数越多，通频带越窄。

应该注意：①如果各级电路的截止频率相差不大，则应按式（4.4.8）和式（4.4.6）计算总上、下限截止频率；②如果各级电路的截止频率相差较大（至少相差 3 倍以上），根据式（4.4.8）和式（4.4.6）可知，总的上限截止频率就是最小上限截止频率，总的下限截止频率就是最大下限截止频率。③对于含有多个耦合电容和旁路电容的单级放大电路，应单独计算每个电容所对应的下限截止频率，再利用式（4.4.6）计算总下限截止频率[①]。

例 4.4.1　某电路的频率特性为

$$\dot{A}_u = \frac{-10^4}{(1+\frac{10}{\mathrm{j}f})(1+\frac{\mathrm{j}f}{2\times10^5})^3}$$

试画出它的波特图。

解　根据频率特性公式知 $A_m = -10^4$，因此

$$20\lg|A_m| = 80\ \mathrm{dB}$$

而

$$f_L = 10\ \mathrm{Hz},\ f_{H1} = f_{H2} = f_{H3} = 2\times10^5\ \mathrm{Hz}$$

因此这是一个三级放大电路，耦合电容或旁路电容引起下限截止频率，每级晶体管的结电容引起上限截止频率，且三级的上限截止频率相同。根据式（4.4.10），可得总上限截止频率为

$$f_H = 0.52\times2\times10^5 = 104\ \mathrm{kHz}$$

其波特图如图 4.4.2 所示。

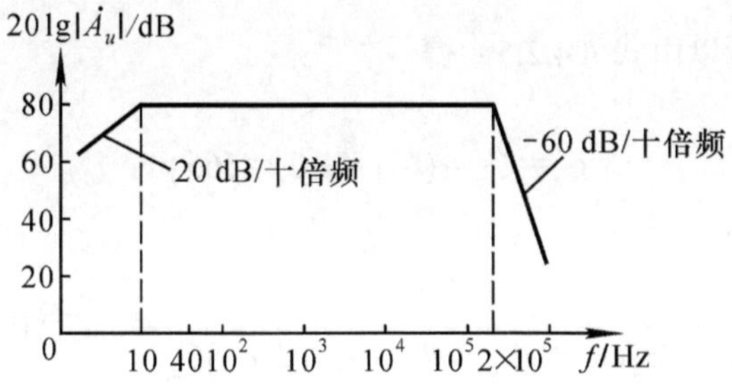

图 4.4.2　例 4.4.1 波特图

例 4.4.2　第 2 章曾介绍了工作点稳定的共射放大电路，现重画于此，如图 4.4.3 所示。已知 $R_s = 300\ \Omega$，$R_{b1} = 56\ \mathrm{k\Omega}$，$R_{b2} = 16\ \mathrm{k\Omega}$，$R_c = 6\ \mathrm{k\Omega}$，$R_e = 3.3\ \mathrm{k\Omega}$，$R_L = 12\ \mathrm{k\Omega}$，$V_{CC} = 18\ \mathrm{V}$，$\beta = 100$，$r_{be} = 2.7\ \mathrm{k\Omega}$，$r_{bb'} = 100\ \Omega$，$f_T = 150\ \mathrm{MHz}$，$C_\mu = 4\ \mathrm{pF}$，$C_1 = C_2 = 10\ \mu\mathrm{F}$，$C_e = 30\ \mu\mathrm{F}$。

（1）估算中频放大倍数 A_{usm}；

①参见文献[4-5] 48-49 页。

（2）估算上限截止频率 f_H；

（3）估算下限截止频率 f_L。

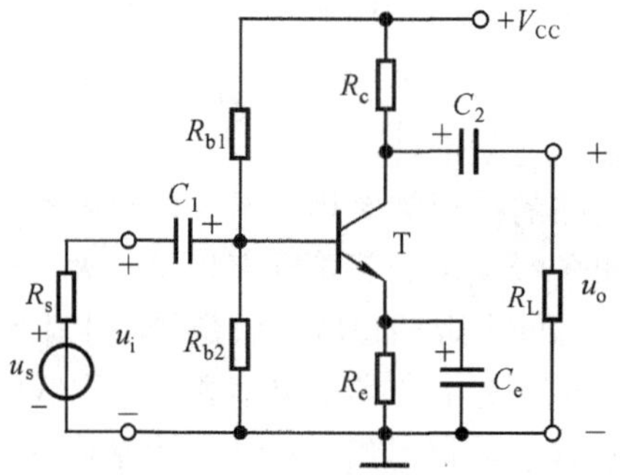

图 4.4.3　例 4.4.2 电路

解　（1）先求 $r_{b'e}=r_{be}-r_{bb'}=2.6\ \text{k}\Omega$，再根据式（4.2.7）得

$$g_m=\beta_0 / r_{b'e}=38.5\ \text{mS}$$

而电路的输入电阻是 $R_i=R_{b1}//R_{b2}//r_{be}=2.2\ \text{k}\Omega$，最后根据式（4.2.17）得

$$\dot{A}_{usm}=\frac{R_i}{R_s+R_i}\cdot\frac{r_{b'e}}{r_{be}}\cdot(-g_m R_L')=-131$$

（2）上限截止频率 f_H 取决于 BJT 的结电容。先根据式（4.2.10）得

$$C_\pi=C_\pi'-C_\mu=\frac{1}{2\pi r_{b'e}f_\beta}-C_\mu=\frac{\beta_0}{2\pi r_{b'e}f_T}-C_\mu=37\ \text{pF}$$

而 $|\dot{K}|=g_m R_L'=131$，所以由式（4.2.5）得

$$C_\pi'=C_\pi+(1+|\dot{K}|)C_\mu=565\ \text{pF}$$

最后根据式（4.2.23）得

$$f_H=\frac{1}{2\pi[(R_s \mathbin{/\!/} R_{b1} \mathbin{/\!/} R_{b2}+r_{bb'}) \mathbin{/\!/} r_{b'e}]C_\pi'}=0.87\ \text{MHz}$$

（3）下限截止频率 f_L 取决于耦合电容和旁路电容。先考虑 C_1 单独作用，此时 C_2、C_e 视为短路，C_π'开路，于是得图 4.4.3 的交流等效电路，如图 4.4.4（a）所示。同样可得 C_2、C_e 单独作用时的等效电路，如图 4.4.4（b）和（c）所示。由图 4.4.4（a）~（c）并利用式（4.2.20），分别得

$$f_{L1}=\frac{1}{2\pi[(R_s+R_{b1} \mathbin{/\!/} R_{b2} \mathbin{/\!/} r_{be}]C_1}=6.4\ \text{Hz}$$

$$f_{L2}=\frac{1}{2\pi(R_c+R_L)C_2}=8.8\ \text{Hz}$$

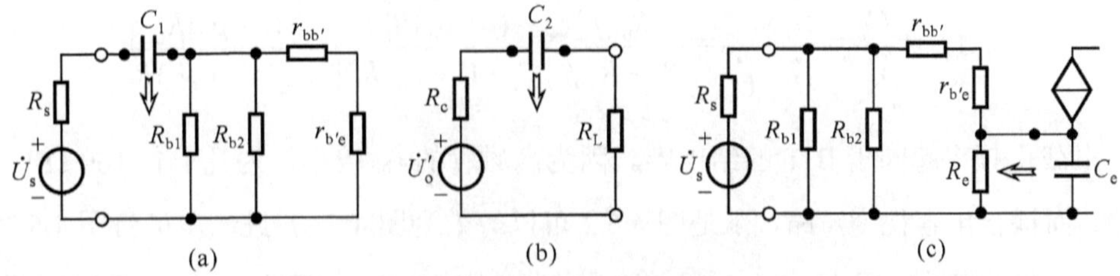

图 4.4.4　图 4.4.3 交流等效电路

（a）C_1 所在回路；（b）C_2 所在回路；（c）C_e 所在回路

$$f_{L3}=\frac{1}{2\pi[(R_e /\!/ (r_{be}+R_{b1} /\!/ R_{b2} /\!/ R_s)/(1+\beta)]C_e}=185\ \text{Hz}$$

综合考虑 C_1、C_2、C_e 的作用时，因 f_{L3} 大于 f_{L1}、f_{L2}，故总下限截止频率取 $f_L \approx f_{L3}=185$ Hz。

4.5　共集、共基放大电路的频率响应分析

4.5.1　共集放大电路的频率响应分析

图 4.5.1 是一个共集电极放大电路。将其中的 BJT 用它的混合 π 模型代替，可以得到该电路的小信号等效电路，如图 4.5.2 所示，其中 $R_b=R_{b1} /\!/ R_{b2}$。可见，尽管电路属于单管电路，但有多个电容将影响频率响应。在考虑某一电容单独对频率响应的影响时，应将其他电容做理想化处理，即把耦合电容、旁路电容视为短路，极间电容视为开路①。

在中频段，可认为 C_1、C_2 短路，C_π、C_μ 开路，因此中频源电压放大倍数为

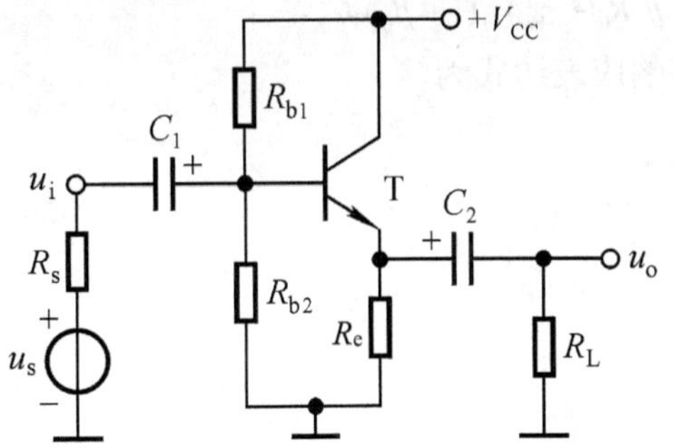

图 4.5.1　共集放大电路

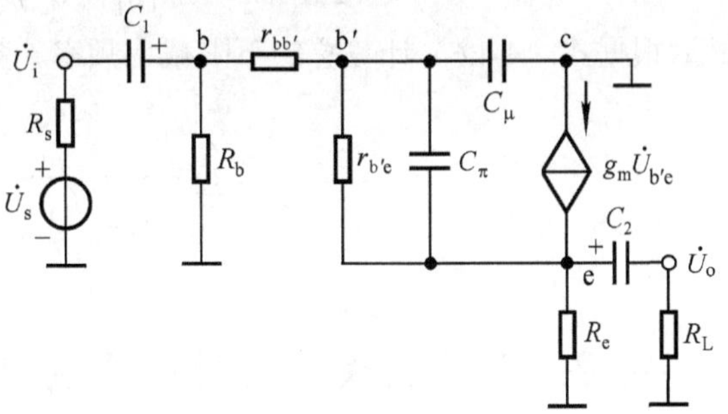

图 4.5.2　图 4.5.1 的交流等效电路

①参见文献[4-6] 232-233 页。

$$\dot{A}_{usm}=\frac{\dot{U}_o}{\dot{U}_s}=\frac{\dot{U}_i}{\dot{U}_s}\cdot\frac{\dot{U}_o}{\dot{U}_i}=\frac{R_b /\!/ [r_{be}+(1+\beta_0)R_L']}{R_s+R_b /\!/ [r_{be}+(1+\beta_0)R_L']}\cdot\frac{(1+\beta_0)R_L'}{r_{be}+(1+\beta_0)R_L'} \tag{4.5.1}$$

上限截止频率起因于 BJT 的结电容。因为高频管的 $r_{bb'}$较小，为几十到 100 Ω[①]，所以可以忽略；而耦合电容视为短路，于是图 4.5.2 可以等效为图 4.5.3，进一步可将图 4.5.3 等效成图 4.5.4[②]。在大多数应用中，$r_{b'e}(1+g_m R_L')\gg R_L'$，则可认为 R_L'短路，于是上限截止频率为

$$f_H=\frac{1}{2\pi[R_s /\!/ R_b /\!/ (1+g_m R_L')r_{b'e}][C_\mu+C_\pi/(1+g_m R_L')]} \tag{4.5.2}$$

由于时间常数较小，因此共集电极放大电路比共射电路高频响应好。

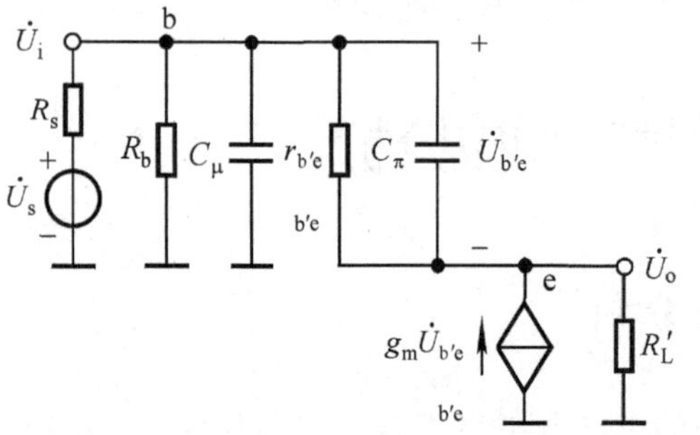

图 4.5.3　图 4.5.2 的高频交流等效电路

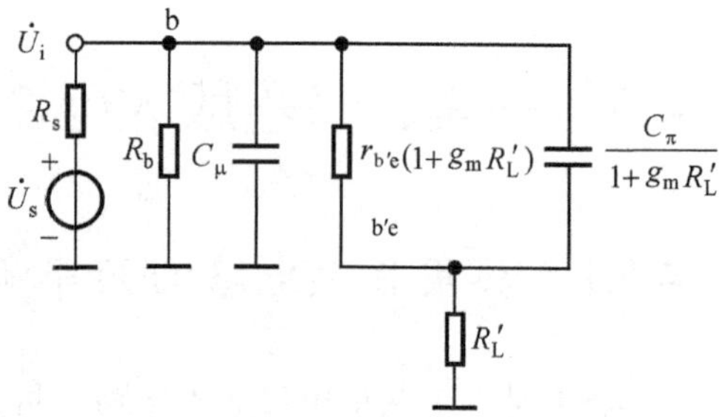

图 4.5.4　图 4.5.3 的高频交流等效电路

下限截止频率起因于耦合电容 C_1 和 C_2，它们分别由下式决定：

$$f_{L1}=\frac{1}{2\pi R_o C_1}=\frac{1}{2\pi[R_s+R_b /\!/ (r_{be}+(1+\beta_0)R_L')]C_1} \tag{4.5.3}$$

$$f_{L2}=\frac{1}{2\pi R_o C_2}=\frac{1}{2\pi[R_L+R_e /\!/ (R_s /\!/ R_b+r_{be})/(1+\beta_0)]C_2} \tag{4.5.4}$$

最后根据式（4.4.6）计算总的下限截止频率。频率响应表达式为

$$\dot{A}_{us}=\frac{\dot{A}_{usm}}{(1+\frac{f_{L1}}{jf})(1+\frac{f_{L2}}{jf})(1+\frac{jf}{f_H})} \tag{4.5.5}$$

4.5.2　共基放大电路的频率响应分析

图 4.5.5 是一个共基极放大电路。将其中的 BJT 用它的简化混合 π 模型代替，可以得到该电路的小信号等效电路，如图 4.5.6 所示，其中 $R_b=R_{b1} /\!/ R_{b2}$，$R_L'=R_L /\!/ R_c$。

①参见文献[4-7] 63 页。

②参见文献[4-8] 537-539 页。

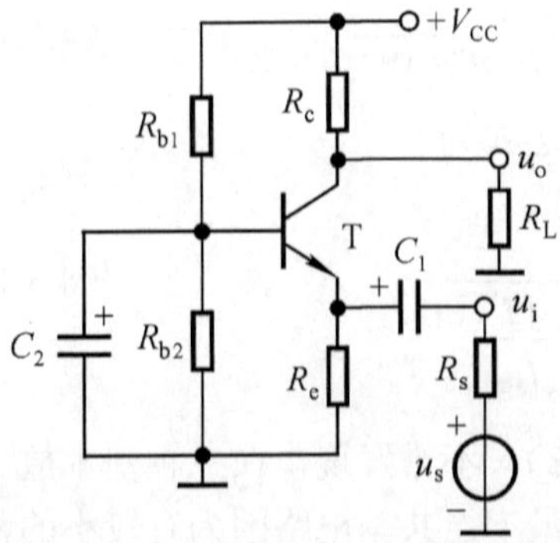

图 4.5.5　共基极放大电路

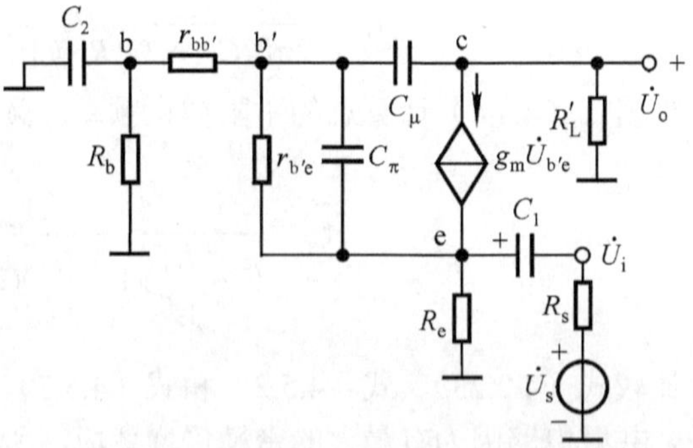

图 4.5.6　图 4.5.5 的交流等效电路

在中频段，可认为 C_1、C_2 短路，C_π、C_μ 开路，因此中频源电压放大倍数为

$$\dot{A}_{usm}=\frac{\dot{U}_o}{\dot{U}_s}=\frac{\dot{U}_i}{\dot{U}_s}\cdot\frac{\dot{U}_o}{\dot{U}_i}=\frac{R_e /\!/ r_{be}/(1+\beta_0)}{R_s+R_e /\!/ r_{be}/(1+\beta_0)}\cdot g_m R_L'\cdot\frac{r_{b'e}}{r_{be}} \tag{4.5.6}$$

上限截止频率起因于 BJT 的极间电容。同样，此时忽略 $r_{bb'}$，而耦合电容视为短路，于是图 4.5.6 的输入端可以等效为图 4.5.7（a），输出端可以等效为图 4.5.7（b）。

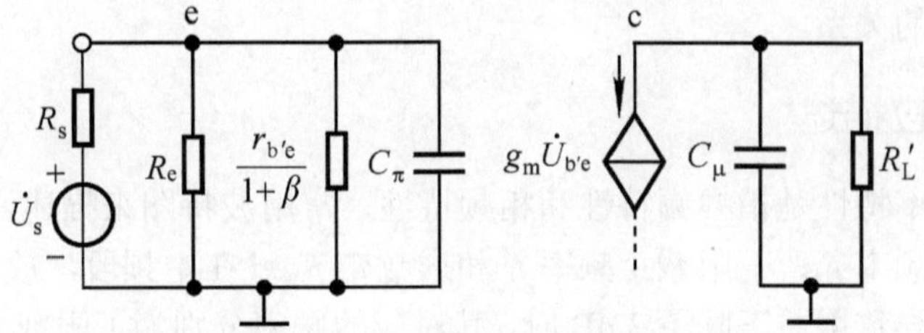

(a)　　(b)

图 4.5.7　图 4.5.6 的高频等效电路

由图 4.5.7（a）和图 4.5.7（b）可知，上限截止频率分别为

$$f_{H1}=\frac{1}{2\pi[R_s /\!/ R_e /\!/ r_{b'e}/(1+\beta_0)]C_\pi} \tag{4.5.7}$$

$$f_{H2}=\frac{1}{2\pi R_L' C_\mu} \tag{4.5.8}$$

如果 C_μ 比 C_π 小得多，截止频率由 f_{H1} 决定，然而，$r_{b'e}/(1+\beta)$ 也很小，所以 f_{H1} 和 f_{H2} 具有相同的数量级，此时需要根据式（4.4.8）求总上限截止频率。

下限截止频率起因于耦合电容 C_1 和 C_2，根据图 4.5.6 知，它们分别由下式决定：

$$f_{L1}=\frac{1}{2\pi[R_s+R_e /\!/ r_{be}/(1+\beta_0)]C_1} \tag{4.5.9}$$

$$f_{L2}=\frac{1}{2\pi R_o C_2}=\frac{1}{2\pi[R_b /\!/ [r_{be}+(1+\beta_0)(R_e /\!/ R_s)]C_2} \tag{4.5.10}$$

最后根据式（4.4.6）计算总的下限截止频率。频率响应表达式为

$$\dot{A}_{us}=\frac{\dot{A}_{usm}}{(1+\frac{f_{L1}}{jf})(1+\frac{f_{L2}}{jf})(1+\frac{jf}{f_{H1}})(1+\frac{jf}{f_{H2}})} \tag{4.5.11}$$

比较式（4.2.23）、式（4.5.2）和式（4.5.7）、式（4.5.8），不难发现，在三种基本放大电路中，共射电路因为有最大的密勒倍增效应，所以其带宽最窄；共基电路因为有较小的密勒倍增效应，其带宽较大，所以被广泛地使用在电流模式电路中①；而共集电路不存在密勒倍增效应，其带宽最大。

本章小结

频率响应描述的是放大电路对不同频率信号适应能力的物理量。本章先介绍了放大电路的线性失真概念并讨论一阶 *RC* 电路的频率响应，然后介绍了 BJT 的混合 π 模型，以此为基础重点研究单管共射、共源放大电路频率响应，最后导出了多级放大电路的频率响应与单级放大电路频率响应的关系。

一、频率响应描述

放大电路的频率特性是指幅频特性和相频特性，常用波特图来描述。放大电路的频率参数分别为上限截止频率 f_H、下限截止频率 f_L 和通频带 f_{bw}。在中频段，放大电路增益为常数，当频率降低或增高导致增益下降了 3 dB 时，其对应的频率分别为下限或上限截止频率。当输入信号包含有多个频率信号时，会产生频率失真。它包含幅频失真和相频失真。

幅频失真：放大电路对输入信号中不同频率的谐波分量的放大倍数不同造成的失真。

相频失真：放大电路对输入信号中不同频率的谐波分量的相移不同造成的失真。

频率失真属于线性失真。

二、一阶 *RC* 电路的频率响应

1. 一阶 *RC* 高通电路

频率特性表示为

$$\dot{A}_u=\frac{1}{1+\frac{f_L}{jf}}$$

其中，$f_L=\frac{1}{2\pi\tau}=\frac{1}{2\pi RC}$ 为下限截止频率，完全取决于回路的时间常数。

①参见文献[4-9] 14-17 页。

2. 一阶 RC 低通电路

频率特性表示为

$$\dot{A}_u=\frac{1}{1+\frac{\mathrm{j}f}{f_{\mathrm{H}}}}$$

其中，$f_{\mathrm{H}}=\frac{1}{2\pi\tau}=\frac{1}{2\pi RC}$ 为上限截止频率，也完全取决于回路的时间常数。

三、晶体管的高频等效模型及其频率参数

1. 晶体管的高频等效模型

当考虑极间电容对高频信号的影响时，对 BJT 可采用混合 π 模型等效电路，对 FET 可采用高频等效模型，前者主要考虑 C_π'，后者主要考虑 C_{gs}'。

2. 晶体管的频率参数

晶体管对高频信号的放大能力可用三极管的参数描述，晶体管的许多参数与频率有关，以 BJT 为例，按大小依次为：共基截止频率 f_α、特征频率 f_{T}、共射截止频率 f_β。其关系为

$$f_\beta=\frac{1}{2\pi r_{\mathrm{b'e}}C_\pi'},\ C_\pi'=C_\pi+C_\mu,\ f_{\mathrm{T}}=\beta_0 f_\beta,\ f_\alpha=(1+\beta_0)f_\beta\approx f_{\mathrm{T}}$$

四、单管共射、共源放大电路频率响应

1. 单管共射放大电路频率响应

单管共射放大电路频率响应分中频段、低频段、高频段三段进行分析。

（1）中频段：耦合电容和极间电容均不考虑，用中频区等效电路进行分析。中频增益为

$$\dot{A}_{u\mathrm{sm}}=\frac{R_{\mathrm{i}}}{R_{\mathrm{s}}+R_{\mathrm{i}}}\cdot\frac{r_{\mathrm{b'e}}}{r_{\mathrm{be}}}\cdot(-g_{\mathrm{m}}R_{\mathrm{L}}')$$

（2）低频区：仅考虑耦合电容影响，用低频区等效电路进行分析。下限截止频率为

$$f_{\mathrm{L}}=\frac{1}{2\pi R_{\mathrm{o}}C}=\frac{1}{2\pi(R_{\mathrm{s}}+R_{\mathrm{i}})C}$$

（3）高频区：仅考虑极间电容影响，用高频区等效电路进行分析。上限截止频率为

$$f_{\mathrm{H}}=\frac{1}{2\pi R_{\mathrm{o}}C_\pi'}=\frac{1}{2\pi[(R_{\mathrm{s}}\,/\!/\,R_{\mathrm{b1}}\,/\!/\,R_{\mathrm{b2}}+r_{\mathrm{bb'}})\,/\!/\,r_{\mathrm{b'e}}]C_\pi'}$$

2. 单管共源放大电路频率响应

单管共源放大电路频率响应也分中频段、低频段、高频段三段进行分析。

（1）中频段：耦合电容和极间电容均不考虑，用中频区等效电路进行分析。中频增益为

$$\dot{A}_{usm}=\frac{R_g}{R_s+R_g}\cdot(-g_m R_L')$$

（2）低频区：仅考虑耦合电容影响，用低频区等效电路进行分析。下限截止频率为

$$f_L=\frac{1}{2\pi R_o C}=\frac{1}{2\pi(R_s+R_g)C}$$

（3）高频区：仅考虑极间电容影响，用高频区等效电路进行分析。上限截止频率为

$$f_H=\frac{1}{2\pi R_o C_{gs}'}=\frac{1}{2\pi(R_s /\!/ R_g)C_{gs}'}$$

五、多级放大电路的频率响应

1. 多级放大电路的频率特性

多级放大电路的频率特性可以通过将各级幅频特性和相频特性分别进行叠加获得。多级放大电路的通频带总是比组成它的每一级的通频带窄。总上、下限截止频率分别为

$$\frac{1}{f_H}\approx 1.1\sqrt{\sum_{k=1}^{n}(\frac{1}{f_{Hk}})^2}\text{，}\quad f_L\approx 1.1\sqrt{\sum_{k=1}^{n}f_{Lk}^2}$$

2. 实用知识

（1）在多级放大电路中，与其它级相比，若第 k 级的 f_{Hk} 非常小，则可近似认为 $f_H\approx f_{Hk}$；

（2）在多级放大电路中，与其它级相比，若第 k 级的 f_{Lk} 非常大，则可近似认为 $f_L\approx f_{Lk}$。

六、重点、难点

1. 重点

（1）频率响应、频率失真的概念，单管共射、共源放大电路频率响应的计算，波特图的绘制；

（2）多级放大电路的频率响应与单级放大电路频率响应的关系。

2. 难点

（1）BJT 和 FET 的高频等效电路的构造，参数的意义；

（2）共基、共集电路频率响应的分析。

参考文献

[4-1] 卢容德. 扩展密勒定理在电压串联负反馈中的应用——兼与张盛福同志商榷[J]. 电气电子教学学报，1991，23（3）: 57-60.

[4-2] 傅丰林. 模拟电子技术基础[M]. 北京：人民邮电出版社，2008.

[4-3] Sergio Franco. 基于运算放大器和模拟集成电路的电路设计[M]. 3 版. 刘树棠，朱茂林，荣玫，译. 西安：西安交通大学出版社，2004.
[4-4] 米尔曼 J. 微电子学：数字和模拟电路及系统（中册）[M]. 清华大学电子学教研组，译.北京：人民教育出版社，1981.
[4-5] 唐竞新. 模拟电子技术基础解题指南[M]. 北京：清华大学出版社，1998.
[4-6] 童诗白，华成英. 模拟电子技术基础[M]. 3 版. 北京：高等教育出版社，2001。
[4-7] 孙肖子，谢松云，李会方. 模拟电子技术基础[M]. 西安：西安电子科技大学出版社，2012.
[4-8] Neamen D A. 电子电路分析与设计——半导体器件及其基本应用[M]. 3 版. 北京：清华大学出版社，2007.
[4-9] 秦世才，高清运. 现代模拟集成电子学[M]. 北京：科学出版社，2003.

自 测 题

一、判断下列说法是否正确，用“√”或“×”表示在括号内。

1. 考虑放大器的频率响应时，若输入信号为正弦波，则输出信号不会产生线性失真。（ ）
2. 若幅频波特图的低频段无拐点频率，说明电路采用了直接耦合方式。（ ）
3. 在简单的 RC 高通电路中，若信号频率等于截止频率，则相移是 90°。（ ）
4. BJT 的跨导与静态电流 I_{CQ} 成正比。（ ）
5. 共基截止频率 f_α、特征频率 f_T、共射截止频率 f_β 三者的关系是 $f_T > f_\beta > f_\alpha$。（ ）
6. BJT 的 c、e 短路时的 C_π' 和 I_{CQ} 及 β 决定共射截止频率。（ ）
7. BJT 的 c、e 短路时的 C_π' 与 c、e 不短路时的 C_π' 相同。（ ）
8. 单管共射放大电路的增益带宽积与信号源内阻无关。（ ）
9. 单管共射放大电路的增益带宽积不是常数。（ ）
10. 两个完全相同的放大器组成的多级放大器，在它们的上、下限截止频率处总增益下降了 6 dB。（ ）

二、选择合适的答案填入空内。

1. 测试放大电路的频率响应，条件是________。

A. 输入电压幅值不变，改变频率　　B. 输入电压频率不变，改变幅值
C. 输入电压幅值、频率同时变化　　D. 输入电压频率、幅值均不变

2. 放大电路的频率特性在高频段主要受________的影响。

A. β_0　　B. 偏置电阻　　C. 三极管的结电容　　D. 耦合电容

3. 某放大电路的中频电压增益为 100 dB，上限截止频率为 200 kHz，在此频点上电压的实际增益为________ dB。

A. 100　　B. 70.7　　C. 3　　D. 97

4. 某单管放大电路的中频电压增益为−100，下限截止频率为 20 Hz，在此频点上相移

为________。

A. $+45°$　　B. $-90°$　　C. $-135°$　　D. $-225°$

5. 某 BJT 的特征频率 f_T=100 MHz，低频电流放大系数 β_0=100，则该管的共射截止频率/共基截止频率是________。

A. 101 MHz/1 MHz　　B. 0.99 MHz/99 MHz

C. 101 MHz/0.99 MHz　　D. 1 MHz/101 MHz

6. 在阻容耦合单管放大电路中，为了降低下限截止频率，应该采取的措施是________。

A. 提高 β　　B. 减小结电容　　C. 减小输入电阻　　D. 增大耦合电容

三、电路如图 T4.3 所示。试问：

（1）写出空载与带载情况下 f_L 的表达式；

（2）如何提高增益带宽积？

（3）提高 f_H 应采取什么措施？

（4）若换一个 f_T 较高的 BJT，对 f_L 和 f_H 有何影响？

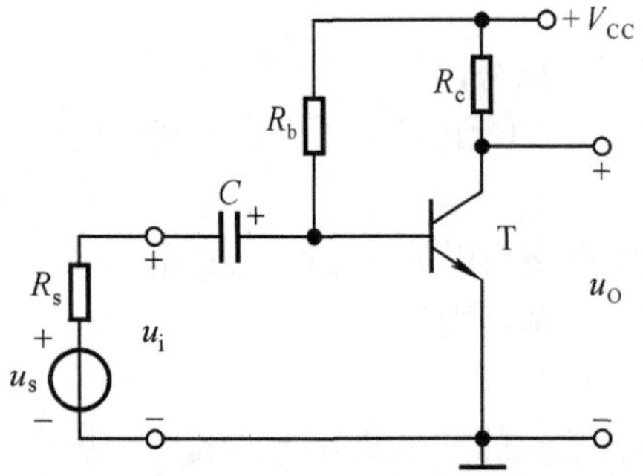

图 T4.3

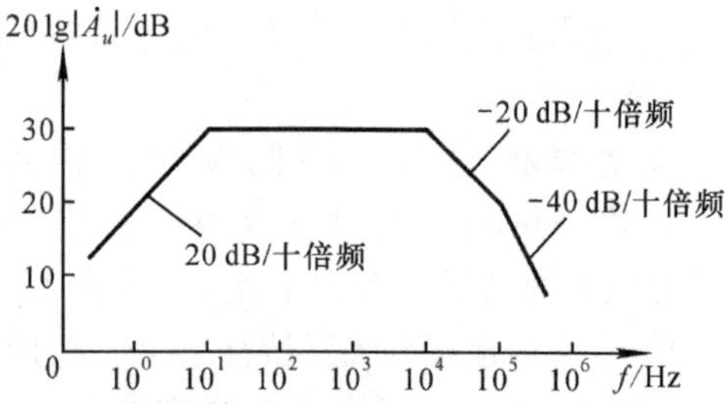

图 T4.4

四、已知某放大电路的波特图如图 T4.4 所示，填空：

（1）电路的中频电压增益 $20\lg|\dot{A}_{um}|$=________dB，$\dot{A}_{um}$=________。

（2）电路的下限截止频率 $f_L\approx$________Hz，上限截止频率 $f_H\approx$________kHz。

（3）电路的电压放大倍数的表达式 $\dot{A}_u$ = ________________。

习　题

4.1　电路如图 P4.1 所示，已知 R_1=10 kΩ，R_2=20 kΩ，C_1=C_2=10 μF。求两电路的转移函数，并画出波特图。

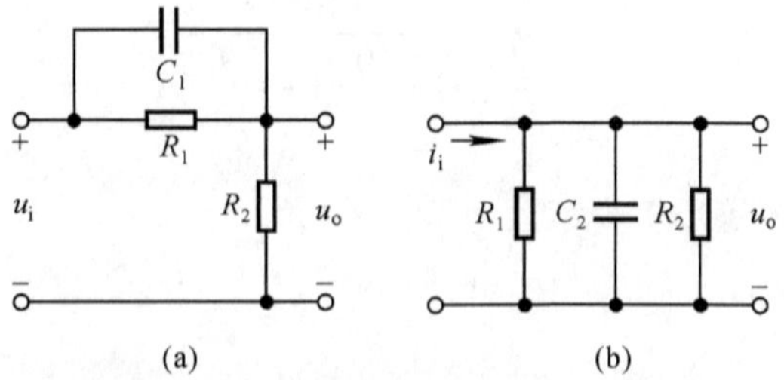

图 P4.1

4.2　已知某电路的频率响应为

$$\dot{A}_u = \frac{-20\mathrm{j}f}{(1+\frac{\mathrm{j}f}{10})(1+\frac{\mathrm{j}f}{16\times 10^3})}$$

试求：

（1）$\dot{A}_{um}$、f_L 和 f_H 各等于多少？

（2）画出波特图。

4.3　若某电路的幅频特性如图 P4.3 所示，试写出 $\dot{A}_u$ 的表达式，并近似估算该电路的上限截止频率 f_H 和下限截止频率 f_L。

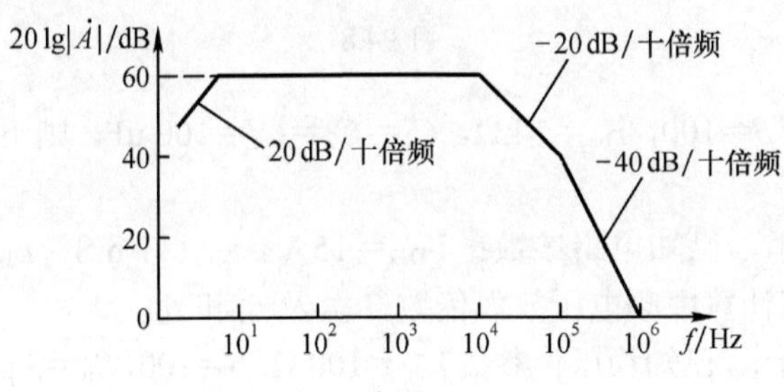

图 P4.3

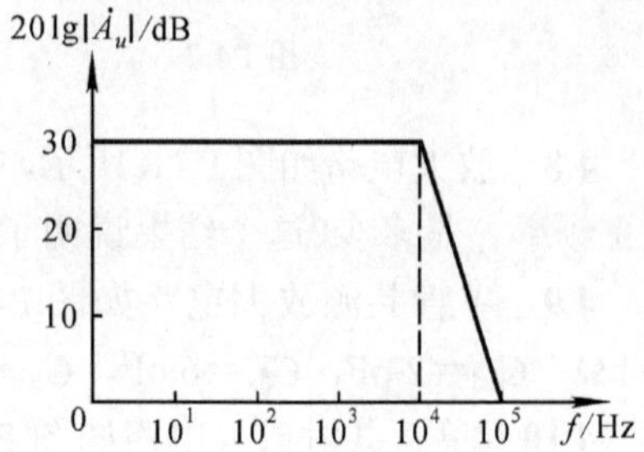

图 P4.4

4.4　若某电路的幅频特性如图 P4.4 所示。

（1）写出 $\dot{A}_u$ 的表达式；

（2）近似估算该电路的上限截止频率 f_H；

（3）下限截止频率 f_L 是多少？

（4）该电路的耦合方式是什么？

（5）该电路由几级放大电路组成？

（6）当 $f=10^4$ Hz 时，附加相移为多少？当 $f=10^5$ 时，附加相移又约为多少？

4.5　已知某单管共射放大电路的频率响应为

$$\dot{A}_u=\frac{-10^{1.5}}{(1+\frac{10}{\mathrm{j}f})(1+\mathrm{j}\frac{f}{10^5})}$$

（1）$\dot{A}_{um}$、f_L和f_H各等于多少？

（2）画出波特图。

4.6 已知某电路的中频段的对数增益为：$20\lg|\dot{A}_u|=30\,\text{dB}$，$f_L=100\text{ Hz}$, $f_H=100\text{ kHz}$，相移从90°～−90°之间变化，请画出波特图。

4.7 放大电路如图P4.7所示，已知$C_1=1\ \mu\text{F}$，$C_{b'e}=4\text{ pF}$，$\beta_0=50$，$f_T=150\text{ MHz}$，$V_{CC}=5\text{ V}$。

（1）试估算中频电压放大倍数A_{usm}及f_H、f_L和f_{bw}；

（2）画出波特图（设C_2足够大，在通频带范围内视为交流短路）。

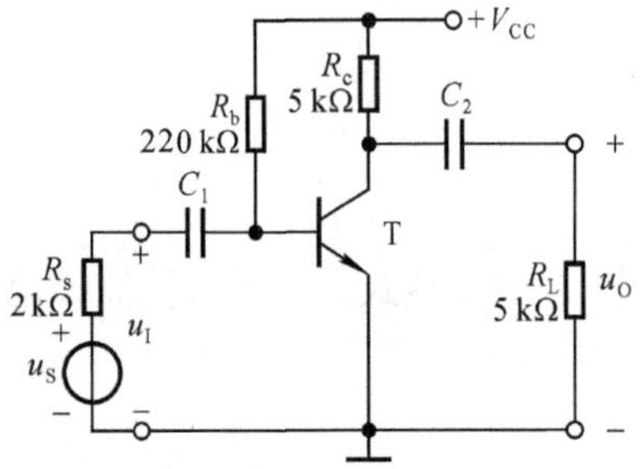

图 P4.7

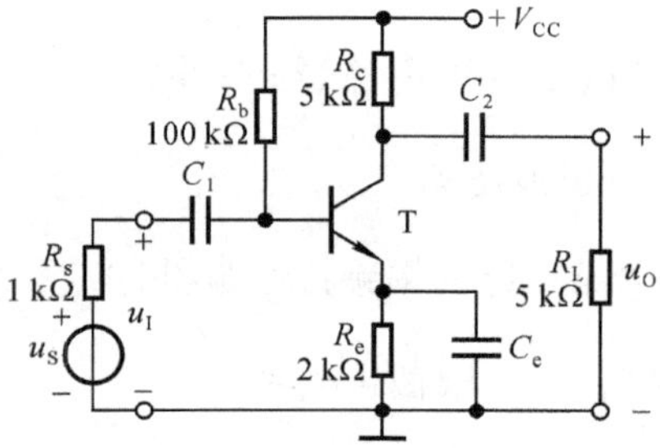

图 P4.8

4.8 放大电路如图P4.8所示，已知若$\beta=100$，$r_{be}=1\text{ k}\Omega$，$C_1=C_2=C_e=100\ \mu\text{F}$，则下限截止频率$f_L$是多少?这个结果说明了什么？

4.9 单管共源放大电路如图P4.9所示，已知电路参数：$V_{DD}=15\text{ V}$，$g_m=1\text{ mS}$，$r_{ds}=20\text{ k}\Omega$，$C_{gd}=2\text{ pF}$，$C_{ds}=6\text{ pF}$，$C_e\to\infty$，试计算中频电压放大倍数A_{usm}及f_H和f_L。

4.10 单管共射放大电路如图P4.10所示，已知稳压管参数$r_{bb'}=100\ \Omega$, $\beta=100$, $C_\mu=5\text{ pF}$, $f_\beta=0.5\text{ MHz}$。

（1）试计算中频电压放大倍数A_{usm}及f_H和f_L；

（2）画出波特图。

4.11 已知一个两级放大电路各级电压放大倍数分别为

$$\dot{A}_{u1}=\frac{-25\mathrm{j}f}{(1+\mathrm{j}f/5)(1+\mathrm{j}f/10^5)}\quad,\quad\dot{A}_{u2}=\frac{-2\mathrm{j}f}{(1+\mathrm{j}f/50)(1+\mathrm{j}f/10^5)}$$

（1）写出该放大电路的表达式；

（2）该电路的f_L和f_H各约为多少？

（3）画出该电路的波特图。

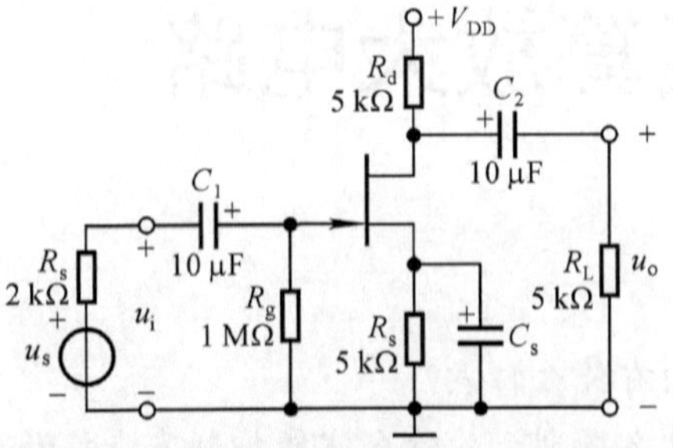

图 P4.9

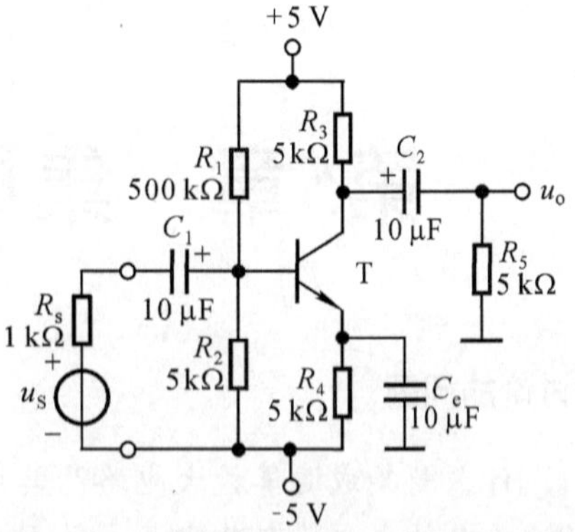

图 P4.10

4.12　电路如图 P4.12 所示。试定性分析下列问题，并简述理由。

（1）哪一个电容决定电路的下限频率？

（2）若 T_1 和 T_2 静态时发射极电流相等，且 $r_{bb'}$ 和 C'_π 相等，则哪一级的上限频率低？

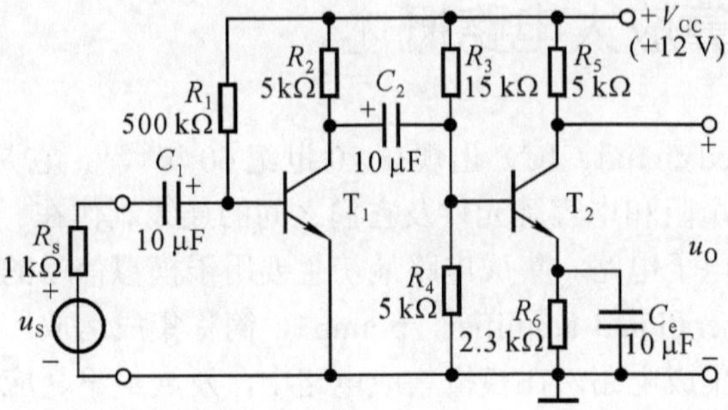

图 P4.12

第5章　集成运算放大电路

◎本章讨论的问题

（1）什么是集成运算放大电路？其电路结构有什么特点？

（2）差分放大电路与其它基本放大电路有什么区别？为什么它能抑制零点漂移？

（3）集成运放由哪几部分组成？各部分的作用和特点分别是什么？

（4）集成运放的电压传输特性有什么特点？

（5）集成运放有哪些主要性能指标？

（6）如何选择集成运放？使用时应注意哪些问题？

5.1　集成运算放大电路概述

集成电路（integrated circuit，IC）出现在 20 世纪 60 年代①，它是利用特殊的制造工艺，将二极管、BJT、FET、电阻和电容等元件及它们之间的连线制作在一块单晶硅基片上，并封装使其具有特定功能的电子电路。集成电路最初主要用于模拟信号的运算，故称为集成运算放大电路（integrated operational amplifier，p-amp），简称集成运放。集成电路按其功能可分为模拟集成电路和数字集成电路。在模拟集成电路中，发展最早、应用最广的是集成运算放大电路。由于集成运放具有价位低、性能优等特点，因此它被广泛用于模拟信号的产生和处理电路中。

5.1.1　集成运放的特点

与分立元件放大电路相比，集成运放有哪些特点呢？我们先罗列如下，随着稍后的学习，读者可进一步体会。

（1）因为集成工艺不能制作大容量的电容（最大容量 100 pF 左右），所以集成运放均采用直接耦合方式。

（2）因相邻元件具有良好的一致性和同向偏差，故容易制成参数、温度特性相同的管子和电阻，所以集成运放中大量采用差分放大电路（输入级）和恒流源电路（偏置电路或有源负载）。

（3）在集成运放中，制造 50 kΩ 以上电阻困难，而制造有源器件（BJT 或 FET 等）比制

①参见文献[5-1] 7 页。

造大电阻占用的面积小，而且工艺上也不麻烦，所以在集成运放中常用有源器件取代大电阻。

（4）因为制作不同形式的集成电路，只是所用掩膜不同，增加元器件数量并不增加制造工序，所以集成运放均采用复杂的电路形式，以提高各方面的性能。

（5）因为复合结构的电路性能较佳，而制作又会不增加多少困难，所以集成运放中常采用复合管的接法。

5.1.2 集成运放电路的组成及其各部分的作用

集成运放本质上是一个高电压增益、高输入电阻和低输出电阻的直接耦合多级放大电路。集成运放有许多类型，常将其分为通用型和专用型两种。通用型的适用范围很广，其特性和指标可以满足一般应用要求；专用型是为了满足某些特殊要求而制作的。

集成运放由输入级、中间级、输出级和偏置电路等四部分组成，它的方框图如图 5.1.1 所示。它有两个输入端，一个输出端。

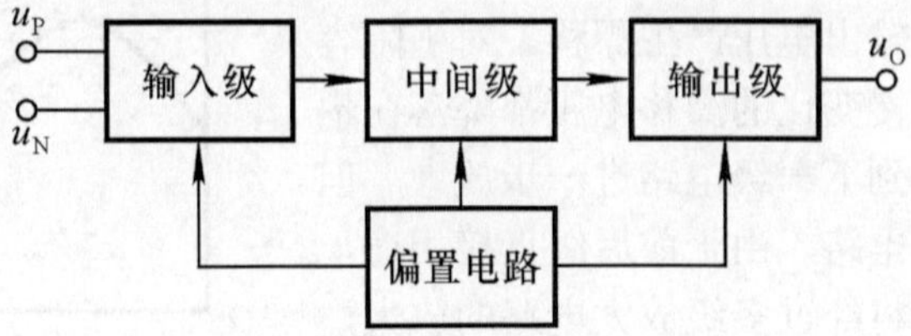

图 5.1.1 集成运放电路方框图

1. 输入级

输入级又称前置级，一般是由 BJT 或 FET 组成的双端输入的差分放大电路，利用其对称性抑制零点漂移。要求其输入电阻高，差模放大倍数大，抑制共模信号的能力强，静态电流小。输入级的好坏直接影响着集成运放的大多数性能参数，所以，在产品的更新过程中，输入级的变化最大。

2. 中间级

中间级一般采用共射（或共源）放大电路，要求其有较强的放大能力。而为了提高电压放大倍数，常用复合管作放大管，以恒流源作集电极负载。其电压放大倍数可达千倍以上。

3. 输出级

输出级一般采用甲乙类互补对称放大电路，要求其输出电压线性范围宽、输出电阻小（即带负载能力强）、非线性失真小等。

4. 偏置电路

偏置电路为各级放大电路提供合适的静态工作电流，由各种电流源电路组成。

5.2 差分放大电路

由前面分析可知，集成运放均采用直接耦合方式，但直接耦合放大电路的 Q 点相互影响，会产生所谓零点漂移现象，那么什么是零点漂移？

5.2.1 零点漂移

实验中发现，在直接耦合放大电路中，将输入端短路，用灵敏的直流电压表测量输出端，也会有变化缓慢的输出电压，如图 5.2.1 所示。这种输入电压（Δu_I）为零而输出电压的变化（Δu_O）不为零的现象称为零点漂移（zero drift）现象。

在放大电路中，任何元件参数的变化，如电源电压的波动、元件的老化、半导体器件参数随温度变化而产生的变化，都将使输出电压产生漂移。对于阻容耦合放大电路，这种缓慢变化的漂移电压都降落在耦合电容上，而不会传递到下一级电路进一步放大。但是，对于直接耦合放大电路，由于前后级直接相连，第一级微弱的漂移电压将经过多级放大电路的放大，使输出端产生很大的变化。这种输出显然不能反映输入信号的变化，这种假象将会造成测量误差，严重时，将会淹没真正的信号。零点漂移的大小不能以输出电压的大小来衡量，而是将输出漂移电压折合到输入端来衡量，因为放大电路的放大倍数越高，输出漂移必然越大。

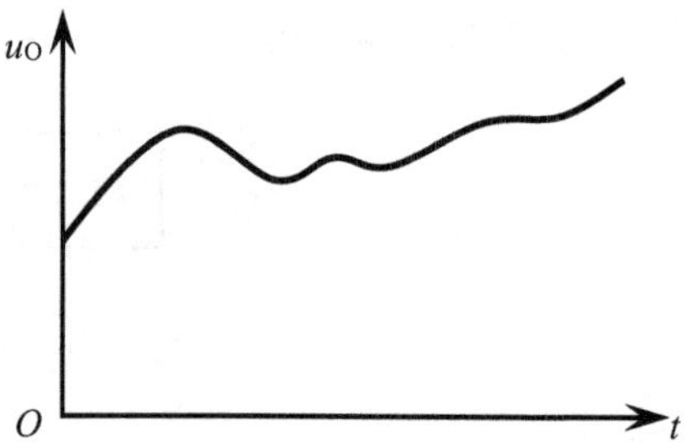

图 5.2.1 零点漂移现象

引起零点漂移的原因比较复杂，但最主要的原因是由温度变化所引起的漂移，所以，也称之为温度漂移，简称温漂。

抑制温漂的方法有：①采用高质量的稳压电源和使用经过老化实验的元件，可以大大减小漂移电压；②采用直流负反馈，如典型的稳定静态工作点的放大电路中 R_e 所起的作用；③采用温度补偿法，利用热敏元件来抵消放大管的变化，例如图 2.3.11 中的二极管；④采用特性相同的管子，使它们的温漂相互抵消，构成差分放大电路，这是最有效的措施之一。

5.2.2 差分放大电路

差分放大电路（differential amplifier circuit）又称差动放大电路，因为只有当两个输入端之间有差别（即变化量）时，输出电压才有变动（即变化量），所以由此得名。差分放大电路是模拟电路的基本积木块①，是大多数运放的输入级，也是高速数字逻辑电路（射极耦合逻辑电路）的基础。

①参见文献[5-3] 122-124 页。

一、差分放大电路的组成

在第 2 章我们曾经研究了工作点稳定的共射放大电路，如图 5.2.2（a）所示，其中 R_e 能稳定 Q 点。为了进一步抑制温漂，可以设想在输出端加一个温控电源 V，并把 u_C-V 之差作为输出 u_O，如图 5.2.2（b）所示。若这个温控电源数值与 u_C 完全一样，并且随温度的变化规律也完全相同，则 $u_O=u_C-V=0$ 始终成立，于是温漂被彻底抵消了。然而，如何寻找与 u_C 同方向、同幅值地随温度变化的温控电源呢？远在天边，近在眼前，它就是温控电源 V 左边的放大电路！我们只需要把它复制过来便得到了基本形式的差分放大电路，如图 5.2.2（c）所示，其中 $R_{c1}=R_{c2}$，$R_{b1}=R_{b2}$，$R_{e1}=R_{e2}$，T_1、T_2 参数完全相同（俗称对管）。这个电路能抑制共模信号，并只放大差模信号。那么什么是差模信号？什么又是共模信号呢？

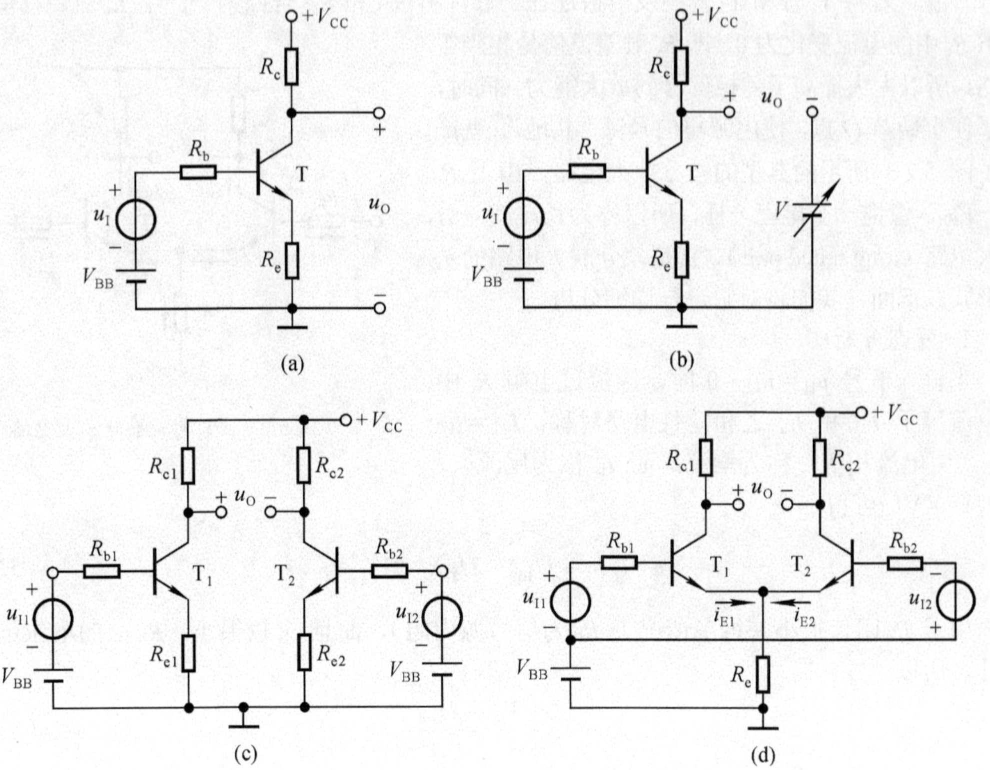

图 5.2.2　差分放大电路的演变

（a）Q 稳定的基本共射电路；（b）利用温控电源抵消温漂；

（c）利用对称元器件抵消温漂；（d）合并 R_e 和 V_{BB}，输入差模信号

如果两信号 u_{I1} 与 u_{I2}，大小相等、极性相反，称其为差模信号（difference-mode signal）；如果两信号 u_{I1} 与 u_{I2}，大小相等、极性相同，称其为共模信号（common-mode signal）。当施加共模信号时，由于电路参数完全对称，T_1 和 T_2 所产生的电流变化相等，即 $\Delta i_{B1}=\Delta i_{B2}$，$\Delta i_{C1}=\Delta i_{C2}$，所以集电极电位的变化也相等，即 $\Delta u_{C1}=\Delta u_{C2}$。因此

$$u_O = u_{C1} - u_{C2} = (U_{C1} + \Delta u_{C1}) - (U_{C2} + \Delta u_{C2}) = 0$$

说明该电路对共模信号有很强的抑制作用，在参数理想对称情况下，共模输出为零。

当施加差模信号时，同理可得 $\Delta i_{B1} = -\Delta i_{B2}$，$\Delta i_{C1} = -\Delta i_{C2}$，$\Delta u_{C1} = -\Delta u_{C2}$，这样 $u_O = \Delta u_{C1} - \Delta u_{C2} = 2\Delta u_{C1}$，从而实现了电压放大。但是，$R_{e1}$ 和 R_{e2} 的存在，使电路的电压放大能力变差，当它们数值较大时，甚至不能放大。为此，要设法使两管发射极交流接地，因此可将 R_{e1} 和 R_{e2} 合二为一，并将两直流电源 V_{BB} 合并，于是得到了图 5.2.2（d）电路，这就是长尾式差分放大电路。

二、长尾式差分放大电路

当差模输入信号作用时，T_1 管和 T_2 管发射极的电流变化量，大小相等方向相反，即 $\Delta i_{E1} = -\Delta i_{E2}$。若将 T_1 管和 T_2 管的发射极连在一起，将 R_{e1} 和 R_{e2} 合二为一，用 R_e 对差模信号作用下 R_e 中的电流变化为 0，即 R_e 对差模信号相当于短路，所以大大提高了差模信号的放大能力。同时，为了便于调节 Q 点，使电源与信号源“共地”，就产生了图 5.2.3 所示的典型的差分放大电路。由于 R_e 接 $-V_{EE}$，像拖一个尾巴一样，所以称为长尾式差分放大电路（long tailed pair）。它是差分放大电路的基本形式。下面，我们将对它进行详细分析。

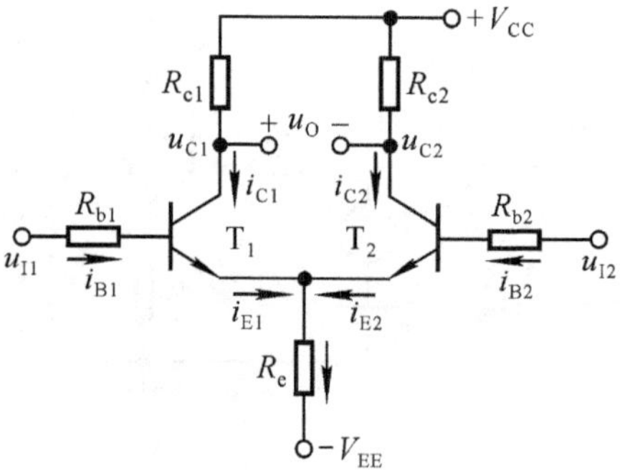

图 5.2.3　长尾式差分放大电路

1. 静态分析

当输入信号 $u_{I1} = u_{I2} = 0$ 时，因流过电阻 R_e 中的电流等于 I_{E1} 和 I_{E2} 之和，且电路对称，$I_{E1} = I_{E2} = I_E$（两电流相等，称为均流，而 I_E 称为尾流），故根据 KVL 可得

$$I_B R_b + U_{BE} + 2I_E R_E = V_{EE} \tag{5.2.1}$$

由于 R_b 阻值很小（很多情况下 R_b 为信号源内阻），而且 I_B 也很小，R_b 上的电压可忽略不计，所以

$$I_E \approx \frac{V_{EE} - U_{BE}}{2R_e} \tag{5.2.2}$$

$$I_B \approx \frac{I_E}{1+\beta} \tag{5.2.3}$$

$$U_{CE} = U_C - U_E \approx V_{CC} - I_C R_c + U_{BE} \tag{5.2.4}$$

由于 $U_{C1} = U_{C2}$，所以 $u_O = U_{C1} - U_{C2} = 0$。

2. 共模抑制特性

当共模信号 $u_{I1} = u_{I2} = u_{Ic}$ 作用于电路时，如图 5.2.4 所示，T_1 管和 T_2 管的发射极电流将同时增加（减小）。由于电路参数的理想对称性，所以电流的变化量相等，即 $\Delta i_{E1} = \Delta i_{E2} = \Delta i_E$，

则 R_e 上电流的变化量为 $2\Delta i_E$，R_e 两端电压的变化量为 $\Delta u_E=2\Delta i_E R_e$。$\Delta u_E$ 的变化方向与共模信号的变化方向相同，因而使 b、e 间电压的变化（Δu_{BE}）方向与之相反，导致基极电流变化（Δi_B）方向与 Δu_{BE} 相同，从而减小集电极电流的变化 Δi_C，也就抑制了集电极电位的变化。可见，R_e 对共模信号起负反馈作用。另外，由于 $\Delta u_E=2\Delta i_E R_e$，所以从电压等效的观点看，相当于每个 BJT 的发射极各接有 $2R_e$ 的电阻。R_e 的阻值愈大，负反馈作用愈强，集电极电流变化愈小，因而集电极电位的变化也就愈小。但是，由于静态工作点的关系，R_e 的取值不宜过大。

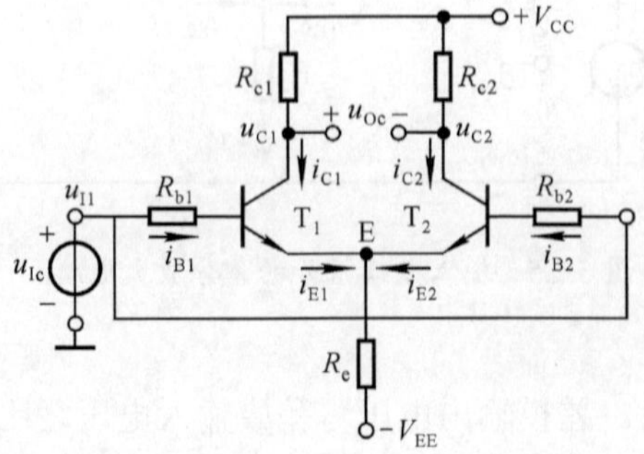

图 5.2.4　输入共模信号的差分放大电路

下面来分析共模指标。

（1）共模电压放大倍数。为了描述差分放大电路对共模信号的抑制能力，引入共模电压放大倍数（common-mode gain），定义为共模输出电压与共模输入电压之比，即

$$A_{uc}=\Delta u_{Oc}/\Delta u_{Ic}$$

由于电路对称，共模信号引起两管集电极的电位变化完全相同，即 $u_{C1}=u_{C2}$，因此流过负载 R_L 上的电流为零，相当于 R_L 开路，可得 $u_{Oc}=u_{C1}-u_{C2}=0$，所以

$$A_{uc}=\frac{\Delta u_{Oc}}{\Delta u_{Ic}}=0 \tag{5.2.5}$$

由于温度变化或电源电压波动引起两管集电极电流的变化完全相同，可以把受它们的影响产生的温漂等效成共模输入信号，所以，差分放大电路对温漂具有很强的抑制能力。另外，伴随输入信号一起引入到两管基级的相同的干扰信号也都可以看作共模输入信号而被抑制。

（2）共模输入电阻。参照第 2 章输入电阻的求解方法，可得

$$R_{ic}=\frac{\Delta u_{Ic}}{\Delta i_{Ic}}=\frac{\Delta u_{Ic}}{2\Delta i_{B1}}=\frac{1}{2}\left[R_b+r_{be}+2(1+\beta)R_e\right] \tag{5.2.6}$$

（3）共模输出电阻

$$R_{oc}=2R_c \tag{5.2.7}$$

3. 差模放大特性

当差模信号 Δu_{Id} 作用于电路时，如图 5.2.5 所示。由于电路参数的对称性，相当于 $u_{Id1}=-u_{Id2}=u_{Id}/2$。由于两管发射级电流变化量大小相等、方向相反，所以流经 R_e 的电流不变，仍等于静态电流 I_E，即对于差模信号而言，R_e 相当于短路，E 点相当于接“地”；另外，由于

负载电阻的中点电位在差模信号作用下不变，也相当于接“地”端，因而 R_L 被分成相等的两部分，分别接在 T_1 管和 T_2 管的 c、e 之间。

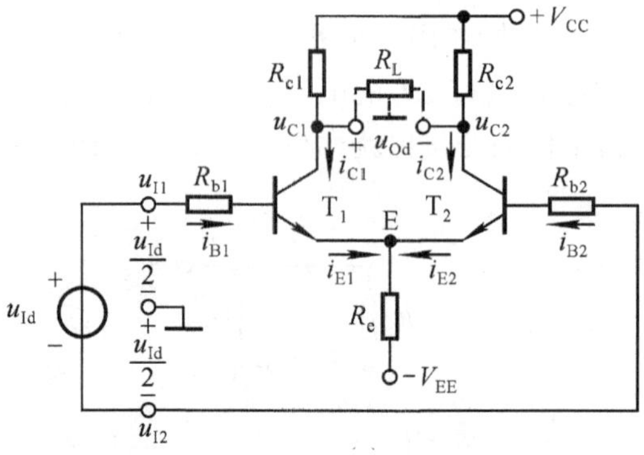

图 5.2.5　输入差模信号的差分放大电路

下面来分析差模指标。

（1）差模电压放大倍数。差模输出电压与差模输入电压之比，称为差模电压放大倍数（difference-mode gain），即

$$A_{ud}=\Delta u_{Od}/\Delta u_{Id}$$

因为

$$\Delta u_{Od}=\Delta u_{Od1}-\Delta u_{Od2}=2\Delta u_{Od1}=-2\Delta u_{Od2}\text{，}\quad \Delta u_{Id}=2\Delta u_{Id1}=-2\Delta u_{Id2}$$

所以

$$A_{ud}=\frac{\Delta u_{Od}}{\Delta u_{Id}}=\frac{\Delta u_{Od1}}{\Delta u_{Id1}}=\frac{\Delta u_{Od2}}{\Delta u_{Id2}}=-\beta\frac{R_L'}{R_b+r_{be}} \tag{5.2.8}$$

其中

$$R_L'=R_c\ /\!/\ \frac{1}{2}R_L$$

由式（5.2.8）可以看出，双端输出时的电压放大能力相当于单管共射放大电路。因此，差分放大电路是以牺牲一只管子的放大倍数，以成倍的电路为代价，来换取低温漂的效果。

（2）差模输入电阻

$$R_{id}=\frac{\Delta u_{Id}}{\Delta i_{Id}}=\frac{2\Delta u_{Id1}}{\Delta i_{B1}}=2(R_b+r_{be}) \tag{5.2.9}$$

（3）差模输出电阻

$$R_{od}=2R_c \tag{5.2.10}$$

4. 共模抑制比

为了衡量差分放大电路对差模信号的放大能力和对共模信号的抑制能力，特引入一参数——共模抑制比 K_{CMR}（common-mode rejection ratio），定义为差模放大倍数和共模放大倍数之比的绝对值，即

$$K_{CMR}=\left|\frac{A_{ud}}{A_{uc}}\right| \tag{5.2.11}$$

K_{CMR} 也常用分贝表示，定义为

$$K_{CMR}=20\lg\left|\frac{A_{ud}}{A_{uc}}\right| \ (\text{dB}) \tag{5.2.12}$$

其值愈大，说明电路性能愈好。对于图 5.2.3 所示电路，在电路参数理想对称情况下，由于 $A_{uc}=0$，所以 $K_{CMR}\to\infty$。

5. 一般输入信号放大特性

如果差分放大电路的两个输入信号 u_{I1} 和 u_{I2} 既不是共模信号，也不是差模信号，该如何处理呢？这时，可以将 u_{I1}、u_{I2} 写成如下形式：

$$u_{I1}=\frac{u_{I1}-u_{I2}}{2}+\frac{u_{I1}+u_{I2}}{2}=\frac{u_{Id}}{2}+u_{Ic}=u_{Id1}+u_{Ic}$$

$$u_{I2}=-\frac{u_{I1}-u_{I2}}{2}+\frac{u_{I1}+u_{I2}}{2}=-\frac{u_{Id}}{2}+u_{Ic}=u_{Id2}+u_{Ic}$$

其中

$$u_{Id}=u_{I1}-u_{I2} \tag{5.2.13}$$

$$u_{Id1}=-u_{Id2}=\frac{u_{Id}}{2} \tag{5.2.14}$$

$$u_{Ic}=\frac{u_{I1}+u_{I2}}{2} \tag{5.2.15}$$

这时，差分电路相当于输入了一对差模信号 u_{Id1}、u_{Id2} 和一对共模信号 u_{Ic}，则根据叠加原理，输出电压为差模输出电压和共模输出电压之和，即

$$u_O=A_{ud}u_{Id}+A_{uc}u_{Ic}\approx A_{ud}u_{Id} \tag{5.2.16}$$

三、差分放大电路的四种接法

在图 5.2.3 所示电路中，输入端与输出端均没有接“地”点，称为双端输入、双端输出电路。在实际应用中，为了防止干扰和满足负载的需要，常将信号源的一端接地，或者将负载的一端接地。根据输入端和输出端接地情况不同，除上述双端输入、双端输出电路外，还有双端输入、单端输出，单端输入、双端输出和单端输入、单端输出，共四种接法。

1. 双端输入、单端输出电路

图 5.2.6 所示为双端输入、单端输出差分放大电路。与图 5.2.3 所示电路相比，只是输出方式不同，其负载电阻 R_L 的一端接 T_1 管的集电极，另一端接地。其输出回路已不对称，因此，影响了它的静态工作点和动态参数。

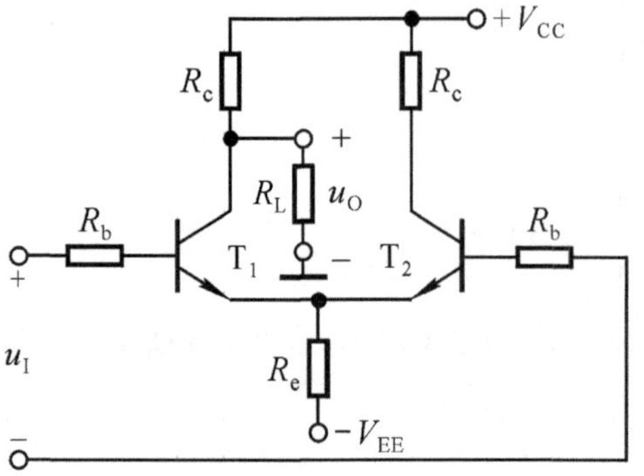

图 5.2.6　双端输入、单端输出差分放大电路

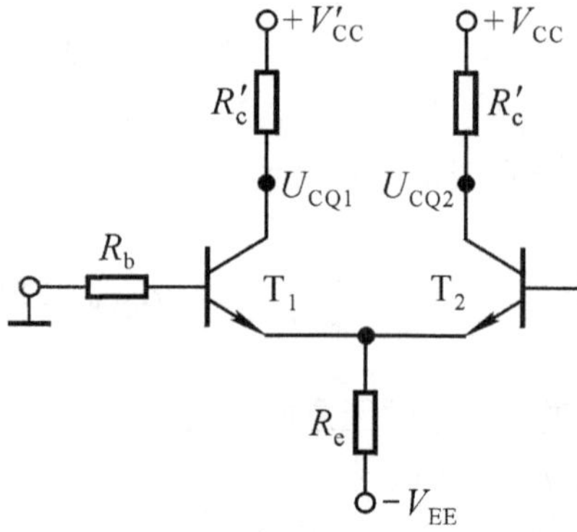

图 5.2.7　图 5.2.6 所示电路的直流通路

（1）静态分析。图 5.2.6 所示电路的直流通路如图 5.2.7 所示，图中 V'_{CC} 和 R'_c 是利用戴维南定理变换得到的等效电源和电阻，其表达式分别为

$$V'_{CC}=\frac{R_L}{R_c+R_L} \tag{5.2.17}$$

$$R'_c=R_c \mathbin{/\!/} R_L \tag{5.2.18}$$

虽然由于输入回路参数对称，静态电流 $I_{B1}=I_{B2}$，从而 $I_{C1}=I_{C2}$；但是，由于输出回路的不对称性，T_1 管和 T_2 管的集电极电位不同，即 $U_{C1}\neq U_{C2}$，因此管压降 $U_{CE1}\neq U_{CE2}$。由图 5.2.7 和式（5.2.16）、式（5.2.17）得

$$U_{C1}=V'_{CC}-I_C R'_c=\frac{R_L}{R_c+R_L}\cdot V_{CC}-I_{CQ}(R_c \mathbin{/\!/} R_L) \tag{5.2.19}$$

$$U_{C2}=V_{CC}-I_C R_c \tag{5.2.20}$$

静态工作点 I_E、I_B、U_{CE1}、U_{CE2} 可通过式（5.2.2）、式（5.2.3）和式（5.2.4）计算。

（2）共模抑制特性。由以前的分析可知，当输入共模信号时，发射极电阻 R_e 上的电流变化量为 $2\Delta i_E$，发射极电位的变化量为 $2\Delta i_E R_e$，从电压等效的观点看，相当于每个 BJT 的发射极各接有 $2R_e$ 的电阻，所以

$$A_{uc(单)}=\frac{\Delta u_{Oc1}}{\Delta u_{Ic}}=-\beta\frac{R'_L}{R_b+r_{be}+2(1+\beta)R_e} \tag{5.2.21}$$

其中 $R'_L=R_c \mathbin{/\!/} R_L$，电路的输入回路没有变，所以输入电阻仍为 $\frac{1}{2}\left[R_b+r_{be}+2(1+\beta)R_e\right]$，输出电阻为 R_c，是双端输出电路输出电阻的一半。

（3）差模放大特性

$$A_{ud(单)}=\frac{\Delta u_{Od1}}{\Delta u_{Id}}=\frac{\Delta u_{Od1}}{2\Delta u_{Id1}}=\frac{1}{2}A_{ud}=-\frac{1}{2}\frac{\beta R'_L}{R_b+r_{be}} \tag{5.2.22}$$

其中 $R_L'=R_c // R_L$，放大倍数的数值比双端输出电路的小。电路的输入回路没有变，所以输入电阻仍为 $2(R_b+r_{be})$，输出电阻为 R_c，是双端输出电路输出电阻的一半。

如果输入差模信号极性不变，而负载电阻 R_L 接在 T_2 管的集电极和地之间，则输出信号与输入信号同相。

（4）共模抑制比

$$K_{CMR(单)}=\left|\frac{A_{ud(单)}}{A_{uc(单)}}\right|=\frac{R_b+r_{be}+2(1+\beta)R_e}{2(R_b+r_{be})}\approx\frac{\beta R_e}{R_b+r_{be}} \quad (5.2.23)$$

R_e 愈大，K_{CMR} 愈大，电路的性能也就愈好。因此，增大 R_e 是改善共模抑制比的基本措施。那么请读者思考，R_e 能无限制增大吗？

2. 单端输入、双端输出电路

图 5.2.8（a）所示为单端输入、双端输出差分放大电路。一个输入端接地，输入信号加在另一端与地之间。由式（5.2.13）、式（5.2.14）和式（5.2.15），可得 $u_{Id}=u_I$，$u_{Ic}=u_I/2$，$u_{Id1}=-u_{Id2}=u_I/2$，电路相当于输入了一对共模信号 $u_I/2$ 和一对差模信号 $u_I/2$、$-u_I/2$，其等效变换如图 5.2.8（b）所示。

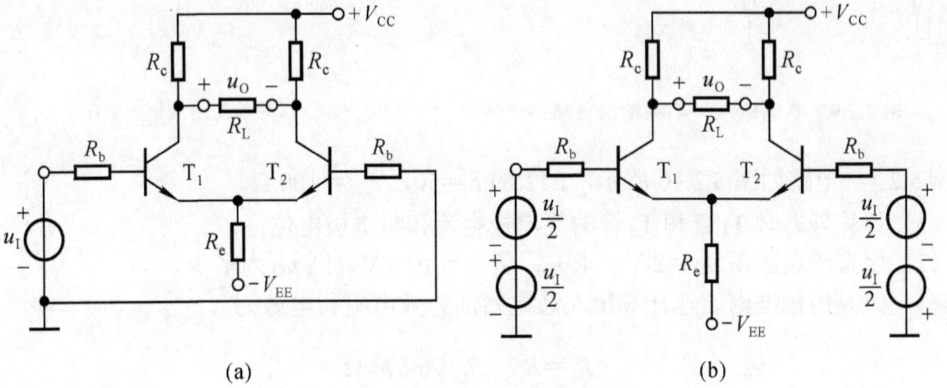

图 5.2.8 单端输入、双端输出电路

（a）输入差模信号；（b）输入差模信号的等效变换

可见，单端输入电路与双端输入电路的区别在于：在差模信号输入的同时，伴随着共模信号输入，由式（5.2.16）可得

$$u_O=A_{ud}u_I+A_{uc}u_I/2 \quad (5.2.24)$$

当然，若电路参数理想对称，则 $A_{uc}=0$，即式（5.2.24）等号右边的第二项为 0，单端输入就等同为双端输入的情况，故双端输入、双端输出电路的结论均适用于单端输入、双端输出。

这种接法的特点是：可把单端输入的信号转换成双端输出，作为下一级的差动输入，适用于负载两端任何一端不接地，而且输出正负对称性好的情况。

3. 单端输入、单端输出电路

图 5.2.9 所示为单端输入、单端输出差分放大电路，对于单端输出电路，常将不输出信号一边的 R_c 省掉。按前面同样的方法，可得出它等同于单端输入、双端输出电路。

这种接法的特点是：它比单管基本放大电路具有较强的抑制零漂能力，而且可根据不同的输出端，得到同相或反相关系。

综上所述，四种接法的动态参数特点归纳如下：

（1）差模输入电阻 R_{id} 均为 $2(R_b+r_{be})$。

（2）A_{uc}、A_{ud}、R_{od} 与输出方式有关：双端输出时，$A_{uc}=0$，A_{ud} 见式（5.2.8），$R_{od}=2R_c$；单端输出时，A_{uc} 见式（5.2.21），A_{ud} 见式（5.2.22），$R_{od}=R_c$。

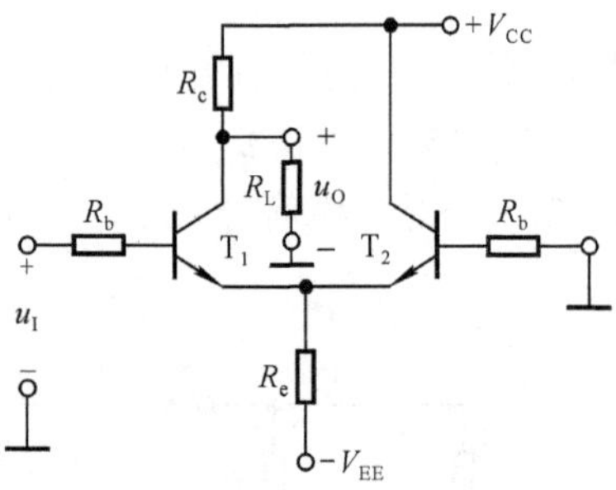

图 5.2.9　单端输入、单端输出电路

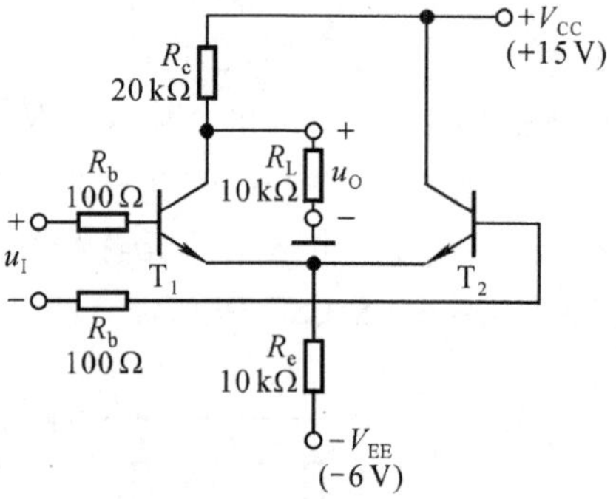

图 5.2.10　例 5.2.1

例 5.2.1　电路如图 5.2.10 所示，BJT 的 $\beta=50$，$r_{bb'}=100\ \Omega$。

（1）计算静态时 T_1 管和 T_2 管的集电极电流和集电极电位；

（2）用直流表测得 $u_O=2$ V，求 u_I；若 $u_I=10$ mV，则 u_O 为多少？

解　（1）用戴维南定理计算出左边电路的等效电阻和电源为

$$R_L'=R_c /\!/ R_L\approx 6.67\ \text{k}\Omega$$

$$V_{CC}'=\frac{R_L}{R_c+R_L}V_{CC}=5\ \text{V}$$

静态时 T_1 管和 T_2 管的集电极电流和集电极电位分别为

$$I_{CQ1}=I_{CQ2}=I_{CQ}\approx I_{EQ}=\frac{V_{EE}-U_{BEQ}}{2R_e}=0.265\ \text{mA}$$

$$U_{CQ1}=V_{CC}'-I_{CQ}R_L'\approx 3.23\ \text{V}$$

$$U_{CQ2}=V_{CC}=15\ \text{V}$$

（2）先求出输出电压变化量，再求解差模放大倍数，最后求出输入电压，如下：

$$\Delta u_O=u_O-U_{CQ1}\approx -1.23\ \text{V}$$

$$r_{be}=r_{bb'}+(1+\beta)\frac{26\text{ mV}}{I_{EQ}}\approx 5.1\text{ k}\Omega$$

$$A_{ud}=-\frac{\beta R_c /\!/ R_L}{2(R_b+r_{be})}\approx -32.7$$

$$u_I=\Delta u_O / A_{ud}\approx 37.6\text{ mV}$$

若 $u_I=10\text{ mV}$，则

$$\Delta u_O=A_{ud}u_I\approx -0.327\text{ V}$$

$$u_O=U_{CQ1}+\Delta u_O\approx 2.9\text{ V}$$

四、改进型差分放大电路

在差动放大电路中，根据式（5.2.3）可得，增大 R_e 的阻值，能够提高单端输出时的共模抑制能力，而且 R_e 越大，抑制能力越强。但是，若 R_e 增大，则 R_e 上的直流压降增大，为了保证管子正常工作，必须提高 V_{EE} 的值，这显然不现实。因为，一方面，集成电路中不易制作大阻值的电阻；另一方面，这样高的电源电压对于小信号放大电路也不合适。为此，希望有一种器件：交流电阻大，而直流电阻小。这样的器件是什么器件呢？对！恒流源，恒流源即具备此特性。BJT 工作在放大区时，其集电极电流几乎仅决定于基极电流，当基极电流不变时，集电极电流即为一个恒定电流。所以，用工作点稳定电路来取代 R_e，就得到了具有恒流源的差动放大电路，如图 5.2.11 所示。

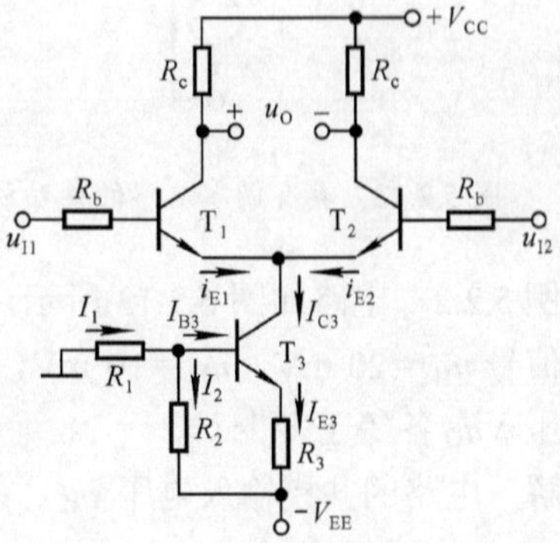

图 5.2.11　有恒流源的差动放大电路

图中工作点稳定电路由 R_1、R_2、R_3 和 T_3 组成，当满足 $I_2 \gg I_{B3}$ 时，$I_1\approx I_2$，所以 R_2 上的电压为

$$U_{R2}=\frac{R_2}{R_1+R_2}V_{EE} \tag{5.2.25}$$

T_3 的集电极电流为

$$I_{C3}\approx I_{E3}=\frac{U_{R2}-U_{BE3}}{R_3} \tag{5.2.26}$$

若 U_{BE3} 的变化可忽略不计，则 I_{C3} 就基本不受温度影响，同时，电路的动态信号不可能作用到 T_3 的基极或发射极，所以认为 I_{C3} 为一恒定电流，即发射极所接电路可以等效为一恒流源。T_1、T_2 的发射极静态电流为

$$I_{E1}\approx I_{E2}=\frac{I_{C3}}{2} \tag{5.2.27}$$

当 T_3 的输出为理想特性时（T_3 工作在放大区的输出特性曲线和横轴平行），其交流电阻则为无穷大，因此，使电路的 A_{uc} 为零，K_{CMR} 为无穷大。由于电路的共模放大倍数为零，因

此 Δu_O 仅由差模输入电压和差模放大倍数决定。

在实际电路中，很难做到参数理想对称，常用一阻值较小的电位器 R_w 加在 T_1、T_2 的发射极之间，调节电位器便可使电路在 $u_{I1}=u_{I2}$ 时 $u_O=0$，故称 R_w 为调零电位器。另外，将恒流源电路用一恒流源代替，就得到如图 5.2.12 所示的具有调零电路的差动放大电路。

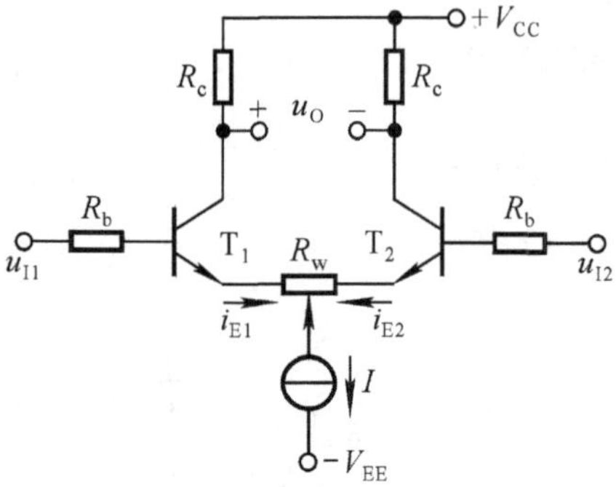

图 5.2.12 具有调零电路的差动放大电路

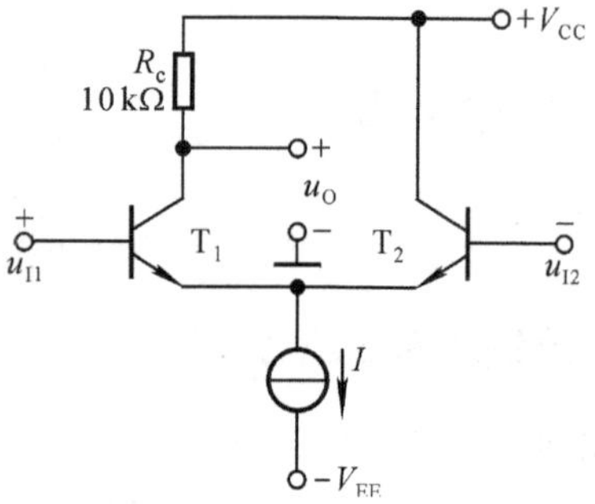

图 5.2.13 例 5.2.2

例 5.2.2 电路如图 5.2.13 所示，T_1 管和 T_2 管的 β 均为 40，r_{be} 均为 3 kΩ。试问：若输入直流信号 $u_{I1}=20$ mV，$u_{I2}=10$ mV，则电路的共模输入电压 u_{IC}、差模输入电压 u_{Id} 和输出动态电压 Δu_O 各等于多少？

解 电路的共模输入电压 u_{IC}、差模输入电压 u_{Id}、差模放大倍数 A_{ud} 和动态电压 Δu_O 分别为

$$u_{Ic}=\frac{u_{I1}+u_{I2}}{2}=15\ \text{mV}$$

$$u_{Id}=u_{I1}-u_{I2}=10\ \text{mV}$$

$$A_{ud}=-\frac{\beta R_c}{2r_{be}}\approx-67$$

$$\Delta u_O=A_{ud}u_{Id}\approx-0.67\ \text{V}$$

因电路的共模放大倍数为零，故 Δu_O 仅由差模输入电压和差模放大倍数决定。

五、差分放大电路的电压传输特性

前面只对小信号线性工作时差分放大电路的特性进行了分析，而当大信号工作时，差分放大电路的特性将会发生变化。为了对差分放大电路性能有全面的了解，下面对差分放大电路的电压传输特性进行讨论。

放大电路输出电压与输入电压之间的关系曲线称为电压传输特性。在图 5.2.5 所示差分放大电路中，两输入端之间接入极性和大小可调的差模输入电压 u_{Id}，测出 u_{Od} 随 u_{Id} 变化关系的曲线如图 5.2.14 中所示（虚线与实线完全对称，两者的 u_{Id} 极性相反）。可看出，只有在中间一段二者是线性关系，斜率就是差模放大倍数。当输入电压幅值过大时，输出电压就会产生失真，若再加大 u_{Id}，u_{Od} 将趋于不变，其数值取决于电源电压 V_{CC}。

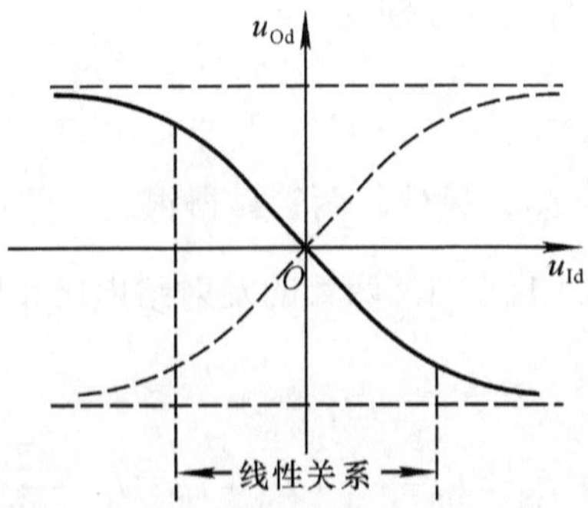

图 5.2.14　差分放大电路的电压传输特性

5.3　电流源电路

由前面分析可知，用恒流源代替 R_e，可使电路性能得到较大改善，但是恒流源电路使用电阻较多，而且作为恒流源的 BJT，它的 U_{BE} 也要受温度的影响，抑制零漂的效果不理想，所以在集成运放中用电流源电路代替 R_e。在集成电路中，还有哪些电流源电路？其特点和作用又是什么呢？

5.3.1　基本电流源电路

一、镜像电流源

镜像电流源电路（current mirror）如图 5.3.1 所示，图中 T_0 和 T_1 的特性完全相同，R 为限流电阻。由于 T_0 的集电结电压 $U_{CB}=0$，所以 T_0 管运行在放大区，但靠近饱和区。T_0 管仅相当于一个由其发射结构成的二极管，将其记作 D_0，所以，图 5.3.1 可以等效为图 5.3.2。

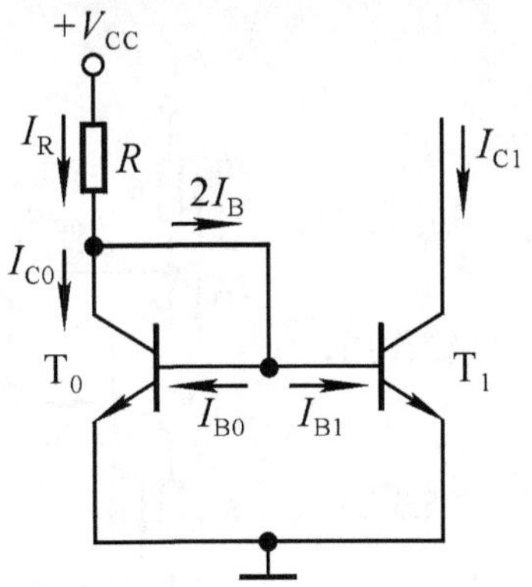

图 5.3.1　镜像电流源

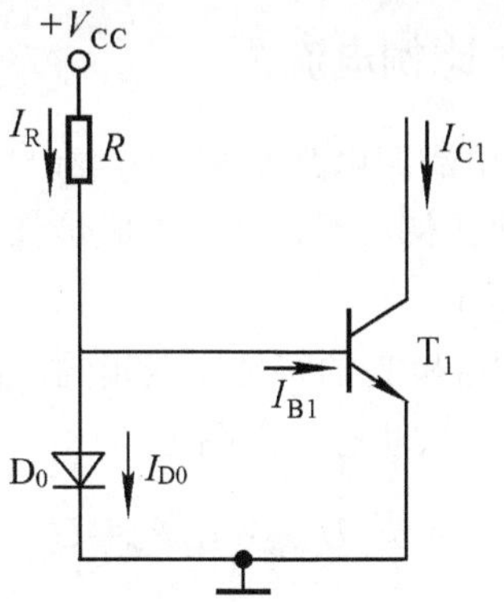

图 5.3.2　镜像电流源等效电路

流过 T_0 管与 T_1 管发射结的电流分别为

$$I_{D0}=I_{S0}(e^{\frac{U_{BE0}}{U_{T0}}}-1)\text{ , }I_{E1}=I_{S1}(e^{\frac{U_{BE1}}{U_{T1}}}-1)$$

因为两管特性相同，所以 $I_{S0}=I_{S1}$；另外，两管靠得很近，即环境温度相同，$T_0=T_1$，所以，$U_{T0}=U_{T1}$（$U_T=\dfrac{kT}{q}$）。由图 5.3.1 可知，两管的发射结电压相同，即 $U_{BE0}=U_{BE1}$，所以 $I_{D0}=I_{E1}$。由图 5.3.2 得

$$I_R=I_{D0}+I_{B1}=I_{E1}+I_{B1}=I_{C1}+I_{B1}+I_{B1}=I_{C1}+\frac{2}{\beta}I_{C1}=(1+\frac{2}{\beta})I_{C1}$$

所以

$$I_{C1}\approx\frac{\beta}{\beta+2}I_R \tag{5.3.1}$$

又因为 $I_R\approx(V_{CC}-U_{BE1})/R$，所以当 $\beta\gg2$ 时，输出电流

$$I_{C1}\approx I_R=\frac{V_{CC}-U_{BE1}}{R} \tag{5.3.2}$$

I_R 称为电流源的参考电流。在 $\beta\gg2$ 的条件下，不管 T_1 管集电极支路中的负载如何变化，I_{C1} 总是等于 I_R。I_{C1} 就如同 I_R 在镜子中的影像一样，故称该电路为镜像电流源。当 $\beta\gg2$，并且 $V_{CC}\gg U_{BE1}$ 时，$I_{C1}\approx V_{CC}/R$，与 BJT 的参数无关，因而 I_{C1} 具有很好的温度稳定性；V_{CC} 与 R 一旦确定，I_{C1} 就随之确定并保持不变，具有较好的恒流特性。

该电路的缺点如下：

（1）受电源的影响大。当 V_{CC} 变化时，I_{C1} 几乎也同样变化，因此不适用于电源电压大幅度波动的情况。

（2）当要求得到小的电流源时，如微安级的电流，就要求较大的电阻 R，这在集成电路中很难做到。

（3）输出电流 I_{C1} 与参考电流仅仅是近似相等，特别是当 β 值不够大时，两者之间误差更大。因此，派生了其它类型的电流源电路。

二、比例电流源

比例电流源电路改变了镜像电流源中 $I_{C1}\approx I_R$ 的关系，使 I_{C1} 与 I_R 成比例关系，从而克服镜像电流源的缺点，其电路如图 5.3.3 所示。

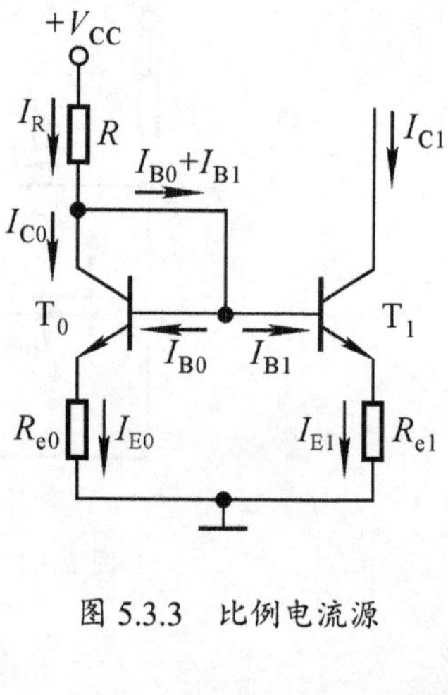

图 5.3.3　比例电流源

图中 T_0 和 T_1 的特性完全相同，T_0 管只起一个二极管作用，T_1 工作在放大状态，由图可知

$$U_{BE0}+I_{E0}R_{e0}=U_{BE1}+I_{E1}R_{e1} \tag{5.3.3}$$

由于 T_0 和 T_1 的发射结都处于导通状态，其伏安特性曲线非常陡峭，发射结正偏电压的微小变化就会导致发射极电流

的显著变化，所以，当 I_{E0} 与 I_{E1} 相差不大（小于 10 倍）时，对应的 U_{BE0} 与 U_{BE1} 相差十分微小。因此，在 $0.1<I_{E0}/I_{E1}<10$ 的范围内，可以近似认为 $U_{BE0}=U_{BE1}$，代入公式（5.3.3）得

$$I_{E0}R_{e0}=I_{E1}R_{e1} \tag{5.3.4}$$

当 $\beta \gg 1$ 时，有

$$I_{E0}=I_R-I_{B1}\approx I_R,\quad I_{E1}=I_{C1}+I_{B1}\approx I_{C1} \tag{5.3.5}$$

所以，将式（5.3.5）代入式（5.3.4），得

$$I_R R_{e0}\approx I_{C1}R_{e1}$$

即

$$I_{C1}\approx\frac{R_{e0}}{R_{e1}}I_R \tag{5.3.6}$$

可见，只要改变 R_{e0} 和 R_{e1} 的大小，就可以改变输出电流与参考电流的比例关系，这是设计这种电路的基本依据，式中参考电流为

$$I_R=\frac{V_{CC}-U_{BE0}}{R+R_{e1}} \tag{5.3.7}$$

当 $I_{E0}/I_{E1}<0.1$ 或者 $I_{E0}/I_{E1}>10$ 时，式（5.3.5）不再成立，根据 BJT 发射结电压与发射极电流的近似关系可得

$$U_{BE}\approx U_T\ln\frac{I_E}{I_S}$$

由于 T_0 和 T_1 的特性完全相同，所以

$$U_{BE0}-U_{BE1}\approx U_T\ln\frac{I_{E0}}{I_{E1}}$$

代入式（5.3.3）可得

$$I_{E1}R_{e1}\approx I_{E0}R_{e0}+U_T\ln\frac{I_{E0}}{I_{E1}}$$

将式（5.3.5）代入上式，可得

$$I_{C1}=\frac{R_{e0}}{R_{e1}}I_R+\frac{U_T}{R_{e1}}\ln\frac{I_R}{I_{C1}} \tag{5.3.8}$$

由于 R_{e0} 和 R_{e1} 是电流负反馈电阻，所以，与镜像电流源相比，比例电流源的输出电流具有更高的温度稳定性。

三、微电流源

集成运放输入级放大管的集电极（发射极）静态电流很小，往往只有几十微安，甚至更小。为了不使限流电阻过大，可将比例电流源中的 R_{e0} 减小到零，就得到图 5.3.4 所示的微电流电路（widlar current source）。

当 $\beta \gg 1$ 时，参考前面的公式可得

$$I_{C1} \approx I_{E1} = \frac{U_{BE0} - U_{BE1}}{R_e} \tag{5.3.9}$$

$$I_R = \frac{V_{CC} - U_{BE0}}{R} \tag{5.3.10}$$

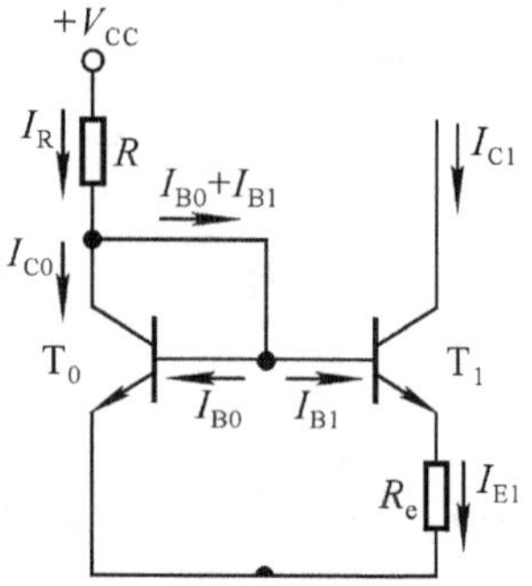

图 5.3.4　微电流源

一般（$U_{BE0} - U_{BE1}$）只有几十毫伏，甚至更小，因此，只要几千欧的 R_e，就可得到几十微安的 I_{C1}。由于 T_0 和 T_1 的特性完全相同，根据式（5.3.8）可得

$$I_{C1} = \frac{U_T}{R_e} \ln \frac{I_R}{I_{C1}} \tag{5.3.11}$$

在已知 R_e 的情况下，对 I_{C1} 而言式（5.3.11）称为超越方程[①]，可以通过图解法或累试法解出 I_{C1}。

在实际应用中，首先应确定 I_R 和 I_{C1} 的数值，由式（5.3.10）及式（5.3.11）可以很容易地求得 R_{e0} 及限流电阻 R 的值。例如，在图 5.3.4 所示电路中，若 $V_{CC}=12$ V，$I_R=1$ mA，$U_{BE0}=0.7$ V，$U_T=26$ mV，$I_{C1}=10$ μA，则可求得 $R=11.3$ kΩ，$R_e \approx 12$ kΩ，求解过程并不复杂。

5.3.2　改进型电流源电路

在基本电流源电路中，忽略了基极电流对 I_{C1} 的影响，即只有当 β 足够大时，式（5.3.2）、式（5.3.8）、式（5.3.11）才成立。如果在基本电流源中采用横向 PNP 管，则 β 只有几倍。例如，若镜像电流源中 $\beta=10$，则由式（5.3.1）得 $I_{C1}=0.833I_R$，I_{C1} 和 I_R 相差很大。为了减小基极电流的影响，提高输出电流与参考电流的传输精度，稳定输出电流，可对基本镜像电流源电路加以改进。

一、加射极输出器的电流源

在镜像电流源 T_0 管的集电极与基极之间加一只 BJT（T_2），便构成如图 5.3.5 所示的加射极输出器的电流源电路。其原理是：利用 T_2 管的电流放大作用，减小了基极电流 I_{B0} 和 I_{B1} 对参考电流 I_R 的分流。

由于 T_0、T_1 和 T_2 特性完全相同，所以

$$\beta_0=\beta_1=\beta_2=\beta\text{，}U_{BE1}=U_{BE0}\text{，}I_{B1}=I_{B0}=I_B$$

输出电流为

$$I_{C1}=I_{C0}=I_R-I_{B2}=I_R-\frac{I_{E2}}{1+\beta}=I_R-\frac{2I_B}{1+\beta}I_{B2}=I_R-\frac{2I_{C1}}{(1+\beta)\beta}$$

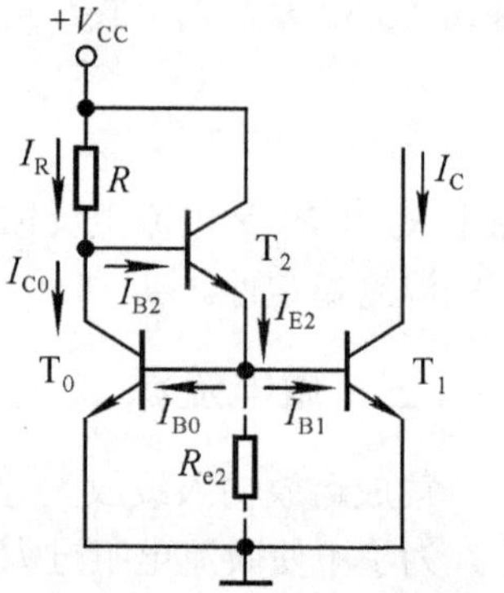

图 5.3.5　加射极输出器的电流源

①参见文献[5-4] 495-499 页。

整理可得

$$I_{C1}=\frac{I_R}{1+\frac{2}{(1+\beta)\beta}}\approx I_R \tag{5.3.12}$$

假如 $\beta=10$，由上式得 $I_{C1}\approx 0.982I_R$。可见，即使β很小，也可认为 $I_{C1}\approx I_R$，I_{C1} 与 I_R 呈现很好的镜像关系。在实际应用中，在 T_0 和 T_1 的基极与地之间加电阻 R_{e2}（如图 5.3.5 中虚线所画），用来增大 T_2 的工作电流，从而提高 T_2 的放大倍数。

二、威尔逊电流源

威尔逊电流源（Wilson current source）是为了在低β 情况下仍能获得较好的镜像特性而设计的。电路如图 5.3.6 所示。图中，T_0、T_1、T_2 三者的特性完全相同，T_0 和 T_2 工作在放大状态；因为 T_1 的 b、c 之间短路，所以 T_1 管相当于一个由其发射结构成的二极管，其等效电路如图 5.3.7 所示。

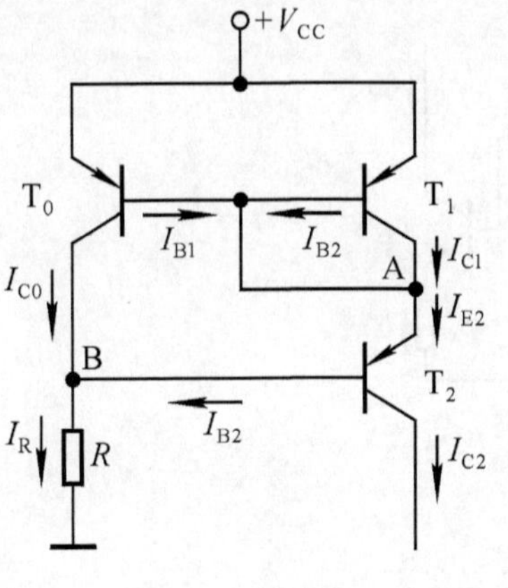

图 5.3.6 威尔逊电流源

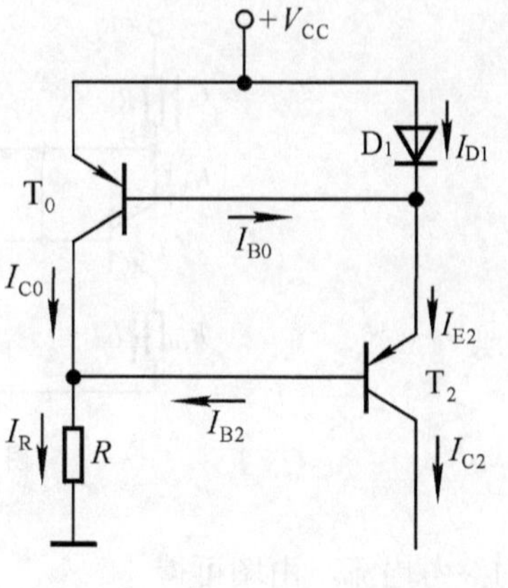

图 5.3.7 威尔逊电流源等效电路

参考分析图 5.3.1 和 5.3.2 的方法，可以求得

$$I_{E2}=I_{B0}+I_{D1}=I_{B0}+I_{E0}=I_{B0}+I_{B0}+I_{C0}=2I_{B0}+I_{C0}=\frac{2+\beta}{\beta}I_{C0}$$

又因为

$$I_{C2}=\alpha I_{E2}=\frac{\beta}{1+\beta}I_{E2}$$

所以

$$I_{C2}=\frac{\beta}{1+\beta}\frac{2+\beta}{\beta}I_{C0}=\frac{2+\beta}{1+\beta}I_{C0}$$

又因为

$$I_{C0}=I_R-I_{B2}=I_R-\frac{1}{\beta}I_{C2}$$

整理可得

$$I_{C2}=\left(1-\frac{2}{\beta^2+2\beta+2}\right)I_R\approx I_R \tag{5.3.13}$$

由于$(\beta^2+2\beta+2)\gg 2$要比$\beta\gg 2$更容易满足，所以威尔逊电流源比镜像电流源具有更好的镜像特性。即使在低β情况下，威尔逊电流源的I_{C2}与I_R之间的差别也十分微小，例如，当$\beta=10$时，$I_{C2}\approx 0.984I_R$，可见，在β很小时也可认为$I_{C2}\approx I_R$，I_{C2}受基极电流影响很小。

三、多路电流源

集成运放是一个多级放大电路，所以需要分别给各级提供合适的偏置电流。可以利用一个参考电流去获得多个不同的输出电流，图 5.3.8 所示电路为多路电流源（multiple current source）。

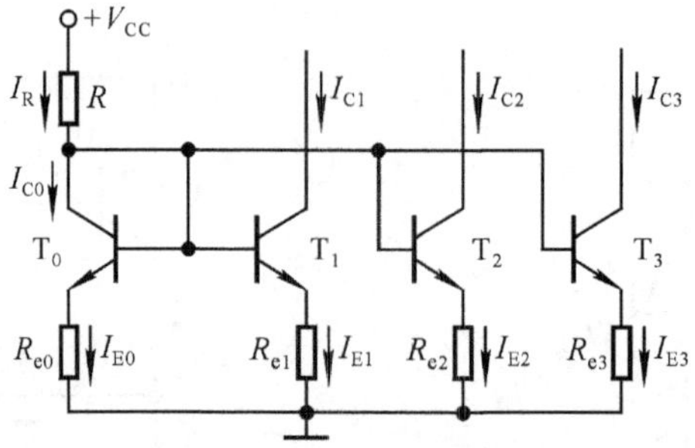

图 5.3.8　多路电流源

I_R为参考电流，由图可得

$$U_{BE0}+I_{E0}R_{e0}=U_{BE1}+I_{E1}R_{e1}=U_{BE2}+I_{E2}R_{e2}=U_{BE3}+I_{E3}R_{e3}$$

由于各管的U_{BE}大致相等，所以可得

$$I_{E0}R_{e0}\approx I_{E1}R_{e1}\approx I_{E2}R_{e2}\approx I_{E3}R_{e3} \tag{5.3.14}$$

当I_{E0}确定后，就可以选择合适的电阻，得到所需的电流。

为了获得更加稳定的输出电流，多路电流源中可以采用带有射极输出器的电流源和威尔逊电流源等形式。

5.3.3　以电流源为有源负载的放大电路

在集成电路中，电流源除了可以提供合适的偏置电流外，还可作为放大电路的有源负载，以提高放大倍数。

在共射（共源）放大电路中，电压放大倍数正比于负载电阻 R_L'，而 $R_L'=R_c \,/\!/\, R_L(R_d \,/\!/\, R_L)$，所以提高 R_L'，可通过增大 R_c（R_d）来实现。但是，R_c（R_d）的增大，会影响电路的静态工作点。为了维持 BJT 的静态电流不变，必须提高电源电压，当电源电压增加到一定程度时，电路的设计就不合理了。而电流源具有交流电阻大、直流电阻小的特点，在集成运放中，常用电流源电路取代 R_c（R_d），这样在电源电压不变的情况下，既可获得合适的静态电流，对于交流信号，又可得到很大的等效的 R_c（R_d）。由于 BJT 和 FET 是有源元件，而上述电路中又将它们作为负载，因此称之为有源负载。

一、有源负载共射放大电路

图 5.3.9 所示为有源负载共射放大电路。T_1 为放大管，T_2 与 T_3 构成镜像电流源，T_2 是 T_1 的有源负载。设 T_2 与 T_3 管特性完全相同，则在空载时，由式（5.3.1）得

$$I_{C1}=I_{C2}\approx\frac{\beta}{\beta+2}I_R$$

而参考电流

$$I_R=\frac{V_{CC}-U_{EB3}}{R}$$

可见，电路中不需要很高的电源电压，只要 V_{CC} 与 R 相配合，就可设置合适的集电极电流 I_{C1}。另外，由于电流源的等效电阻为无穷大，可视为开路，所以 T_1 的集电极动态电流几乎全部流向负载 R_L，使电压放大倍数大大提高。

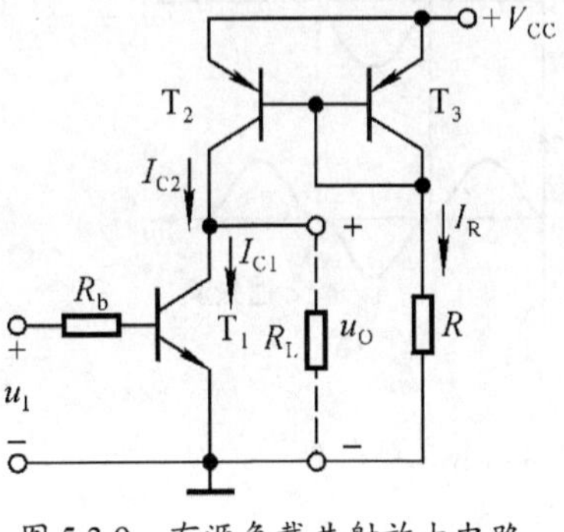

图 5.3.9　有源负载共射放大电路

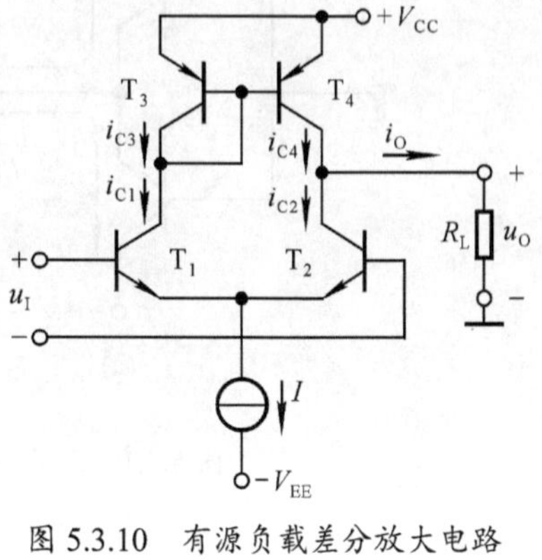

图 5.3.10　有源负载差分放大电路

二、有源负载差分放大电路

有源负载差分放大电路的常见电路形式如图 5.3.10 所示，图中 T_1 与 T_2 为放大管，T_3 与 T_4 组成镜像电流源作为有源负载。

静态时，T_1 与 T_2 的发射极电流 $I_{E1}=I_{E2}=I/2$，$I_{C1}=I_{C2}\approx I/2$；当 $\beta\gg 2$ 时，根据式（5.3.2）可得 $I_{C4}\approx I_{C1}$，所以，$i_O=I_{C4}-I_{C2}\approx 0$。

当有差模信号 Δu_I 输入时，根据差分放大电路的特点，集电极动态电流 $\Delta i_{C1}=-\Delta i_{C2}$；根据式（5.3.2），$\Delta i_{C4}\approx\Delta i_{C1}$；所以，$\Delta i_O=\Delta i_{C4}-\Delta i_{C2}\approx\Delta i_{C1}-(-\Delta i_{C1})=2\Delta i_{C1}$。由此可见，输出电流约为单端输出时的两倍，因而电压放大倍数接近双端输出时的情况。有源负载差分放大电路既容易集成，放大倍数又不减半，因此在集成电路中得到了广泛应用。

5.4 集成运算放大电路的输出级电路

集成运放的输出级一般有两个基本要求：一是输出电阻低，二是能够给负载提供足够大的信号电压和电流。分析所学过的各种基本放大电路，共集放大电路满足第一个要求，但它带上负载后静态工作点会产生变化，且最大不失真输出电压也将减小。为了满足上述要求，并且使输入电压为零时输出电压为零，便产生了互补输出级。

5.4.1 基本电路

图 5.4.1（a）所示为互补输出级的基本电路。T_1 管为 NPN 型，T_2 管为 PNP 型，要求它们的参数相同，特性对称。

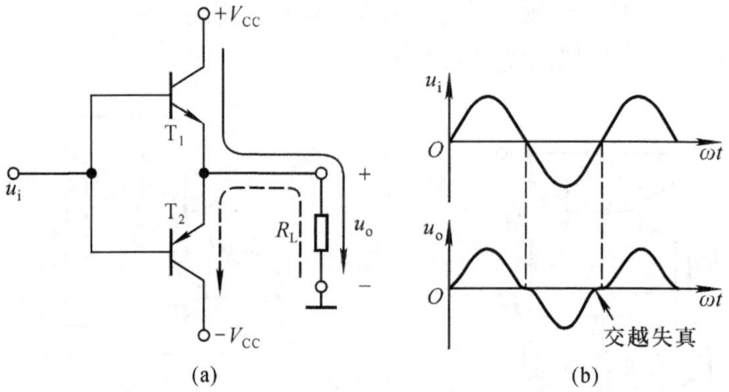

图 5.4.1 互补输出级的基本电路及其交越失真

(a) 电路；(b) 波形分析

静态时，即输入电压 u_i 为零，T_1 和 T_2 均处于截止状态，因此，输出电压 u_o 为零。

当放大电路有正弦信号输入时，若忽略管子的导通电压，当 $u_i>0$ 时，T_1 导通，T_2 截止，V_{CC} 通过 T_1 向 R_L 提供电流 i_{C1}，产生输出电压 u_o 的正半周，电流通路如图中实线所标注。与此相反，当 $u_i<0$ 时，T_1 截止，T_2 导通，$-V_{CC}$ 通过 T_2 向 R_L 提供电流 i_{C2}，产生输出电压 u_o 的负半周，电流通路如图中虚线所标注。这样，T_1 管与 T_2 管以互补的方式交替工作，正、负电源交替供电，电路实现了双向跟随，负载电阻 R_L 上得到与输入信号波形相接近的电压和电流。在输入电压幅值足够大时，输出电压的最大幅值可达 $\pm(V_{CC}-|U_{CES}|)$，U_{CES} 为饱和管压降。

如果考虑 BJT 的实际输入特性，则不难发现，当输入电压小于 b、e 间开启电压 U_{on} 时，

T_1 管与 T_2 管均处于截止状态。也就是说，只有当 $|u_i|>U_{on}$ 时，u_o 才跟随 u_i 的变化。因此，当输入电压为正弦波时，在 u_i 过零附近 u_o 将产生失真，波形如图 5.4.1（b）所示，这种失真称为交越失真（crossover distortion）。和一般放大电路相同，消除失真的方法是设置合适的静态工作点。为了克服交越失真，可以分别给两管发射结加一正向电压，其值等于或稍大于导通电压，则当输入信号作用时，就能保证至少有一只管子导通，实现双向跟随。

5.4.2　消除交越失真的互补输出级

为了消除交越失真，在集成电路中常采用图 5.4.2 所示电路。在图 5.4.2（a）所示电路中，静态时，从正电源 $+V_{CC}$ 经 R_1、D_1、D_2、R_2 到负电源 $-V_{CC}$ 形成一个直流电流，必然使 T_1 和 T_2 的两个基极之间产生电压

$$U_{B1,\ B2}=U_{D1}+U_{D2} \tag{5.4.1}$$

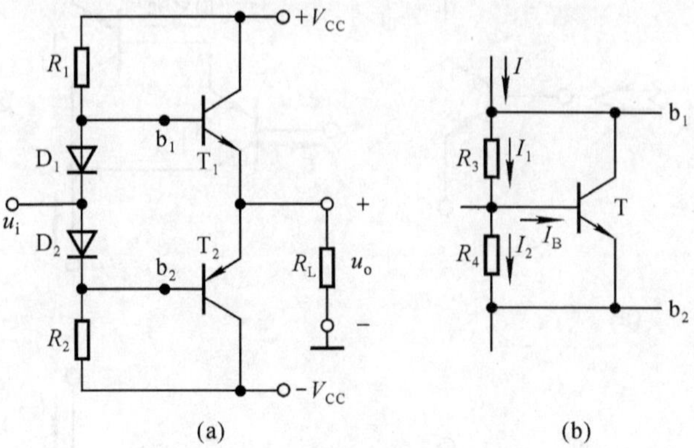

图 5.4.2　消除交越失真的互补输出级

（a）利用二极管消除交越失真；（b）U_{BE} 倍增电路

如果 BJT 与二极管采用同一种材料，就可以使 T_1 和 T_2 均处于微导通状态。由于二极管的动态电阻很小，可以认为 T_1 管的基极动态电位与 T_2 管的基极动态电位近似相等，且均为 u_i，即 $u_{b1}\approx u_{b2}\approx u_i$。这种方案的优点是电路简单，但使 $U_{B1,\ B2}\approx 1$ V，必须仔细调节通过二极管的电流，这在集成电路中不易实现，为此可利用 U_{BE} 倍增电路（U_{BE} multiplier），如图 5.4.2（b）所示，其中，$I_2 \gg I_B$，则

$$U_{B1,\ B2}=U_{CE}\approx\frac{R_3+R_4}{R_4}\cdot U_{BE}\approx\left(1+\frac{R_3}{R_4}\right)\cdot U_{BE} \tag{5.4.2}$$

合理选择 R_3 和 R_4，就可以得到 U_{BE} 任意倍数的直流电压。

5.4.3　采用复合管的准互补输出级

互补输出级要求 T_1 管和 T_2 管为一对特性对称的异型管，要寻找特性完全对称的 NPN 型

和 PNP 型管是比较困难的，而同型管则容易做对称。另一方面，为了增大 T_1 管和 T_2 管的电流放大系数，以减小前级驱动电流，因此采用复合管结构。

一、复合管

所谓复合管（multiple tube），就是由两只或两只以上的 BJT 按照一定的连接方式，组成一只等效的 BJT（复合管也可由 FET 与 BJT 组成，这里仅讨论由 BJT 组成的复合管）。图 5.4.3 所示为由两只 BJT 组成复合管的四种情况。其中，图（a）、（b）所示为两只同类型（NPN 或 PNP）BJT 组成的复合管，可等效为与组成它们的 BJT 同类型的管子；图（c）、（d）所示为两只不同类型 BJT 组成的复合管，可等效为与第一只 BJT 同类型的管子。可见，复合管的类型始终与第一只 BJT 相同，而其输出电流、饱和压降等基本特性，主要由最后输出的 BJT 决定，下面以图（a）为例来说明。

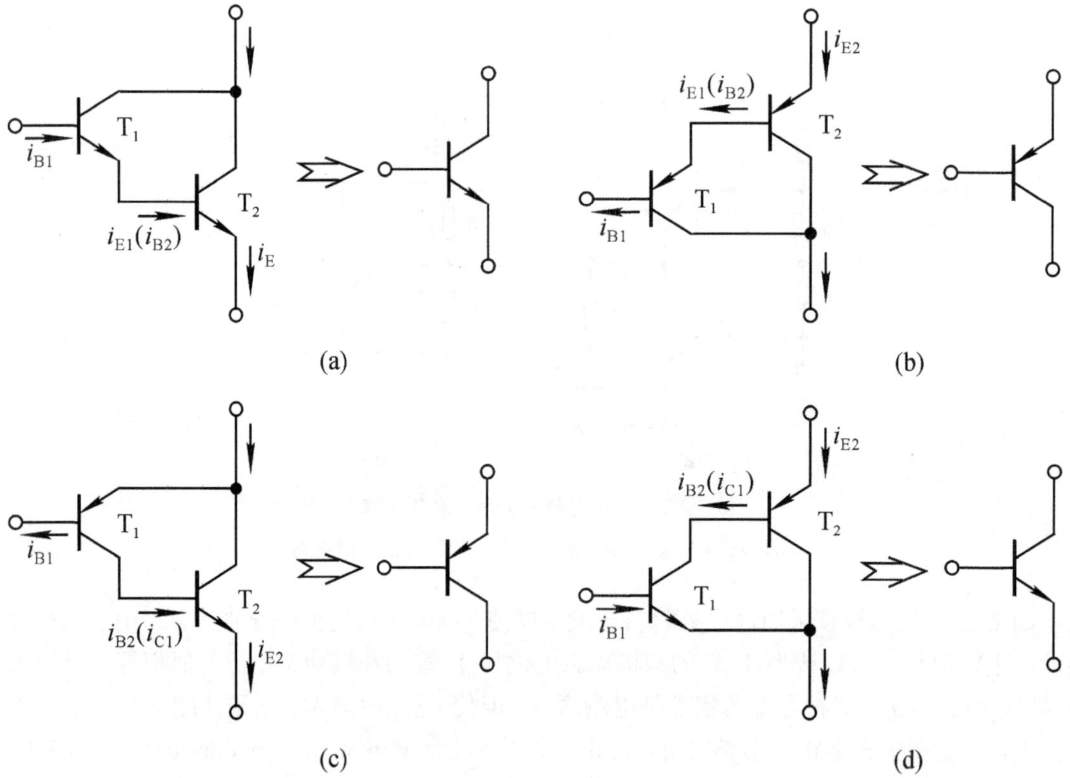

图 5.4.3　复合管

（a）两只 NPN 型管构成的 NPN 型管；（b）两只 PNP 型管构成的 PNP 型管；

（c）两只不同类型管构成的 PNP 型管；（d）两只不同类型管构成的 NPN 型管

在图 5.4.3（a）中，复合管的基极电流 i_B 等于 T_1 管的基极电流 i_{B1}，集电极电流 i_C 等于 T_1 管的集电极电流 i_{C1} 与 T_2 管的集电极电流 i_{C2} 之和，而 T_2 管的基极电流 i_{B2} 等于 T_1 管的发射极电流 i_{E1}，所以复合管的电流放大系数为

$$\beta=\frac{i_C}{i_B}=\frac{i_{C1}+i_{C2}}{i_{B1}}=\frac{\beta_1 i_{B1}+\beta_2(1+\beta_1)i_{B1}}{i_{B1}}=(\beta_1+\beta_2+\beta_1\beta_2) \tag{5.4.3}$$

由于 β_1 和 β_2 至少为几十，所以，$\beta_1\beta_2 \gg \beta_2$，$\beta_1\beta_2 \gg \beta_1$，故可以认为

$$\beta \approx \beta_1\beta_2 \tag{5.4.4}$$

同理可得图 5.4.3（b）、（c）、（d）所示复合管的 β 均约为 $\beta_1\beta_2$。

总结以上可得复合管的组成原则为：

（1）在正确的外加电压下，每只管子的各极电流均有合适的通路，且均工作在放大区。

（2）为了实现电流放大，应将第一只管子的发射极（同类型）或集电极（不同类型）电流作为第二只管子的基极电流。

（3）复合管的管型由第一只管子决定，功率由第二只管子决定。

（4）复合管的输入电阻与连接方式有关。图 5.4.3（a）复合管输入电阻为 $r_{be1}+(1+\beta)r_{be2}$；而图 5.4.3（d）复合管输入电阻为 r_{be1}。因此，读者不难得到图 5.4.3 其余复合管的输入电阻。

二、采用复合管的准互补输出级

实用电路中，常采用图 5.4.4 所示的准互补输出级电路，图中 T_1 管和 T_2 管复合而成 NPN 型管，T_3 管和 T_4 管复合而成 PNP 型管。从输出端看进去，T_2 管和 T_4 管均采用了同类型管，较容易做到特性相同。这种输出管为同一类型管的电路称为准互补电路。

本节所介绍的互补输出级（简称互补电路）常作为功率放大电路，也称为无输出电容 OCL（output capacitorless，OCL）电路。有关输出功率及效率等问题见第 9 章。

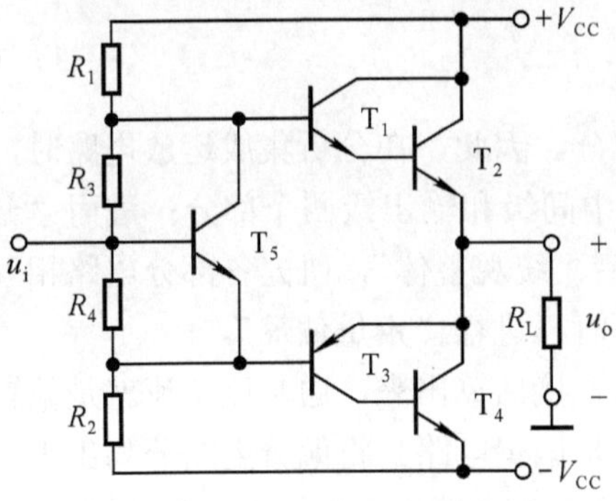

图 5.4.4 采用复合管的准互补输出级

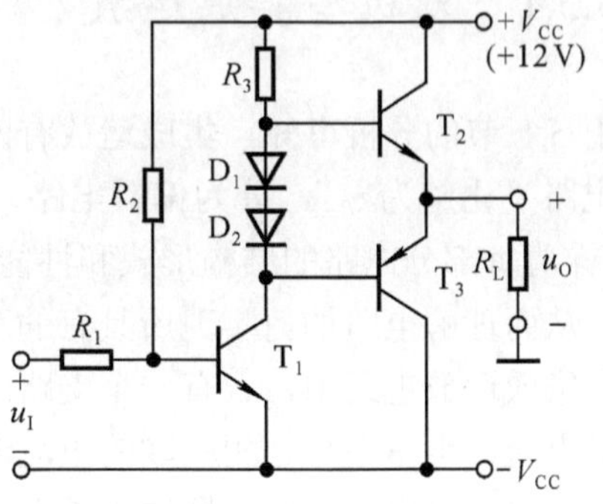

图 5.4.5 例 5.4.1 电路

例 5.4.1 电路如图 5.4.5 所示。已知电压放大倍数为－100，输入电压 u_I 为正弦波，T_2 和 T_3 管的饱和压降 $|U_{CES}|=1$ V。试问：

（1）在不失真的情况下，输入电压最大有效值 U_{imax} 为多少？

（2）若 $U_i=10$ mV（有效值），则 U_o 是多少？若此时 R_3 开路，则 U_o 是多少？若 R_3 短路，则 U_o 是多少？

解 （1）最大不失真输出电压有效值为

$$U_{om}=\frac{V_{CC}-U_{CES}}{\sqrt{2}}\approx 7.78\ \text{V}$$

故在不失真的情况下，输入电压最大有效值

$$U_{imax}=\frac{U_{om}}{\left|\dot{A}_u\right|}\approx 77.8\ \text{mV}$$

（2）若 $U_i=10$ mV，则 $U_o=1$ V（有效值）。

若 R_3 开路，则 T_1 和 T_3 组成复合管，等效 $\beta\approx\beta_1\beta_3$，$T_3$ 可能饱和，使得 $u_O\approx-11$ V（直流）。

若 R_3 短路，则 $u_O\approx 11.3$ V（直流）。

5.5 集成运放电路举例

1965 年，Fairchild 半导体制造商推出了一个型号为 μA709 集成运放，主要用于模拟信号的微分和积分运算，随后该公司又推出了一个经典的、直到现在还被使用的集成运放——μA741，此后，大量的、具有改进特性的运算放大电路被设计并被大量使用。从本质上看，集成运放是一种高性能的直接耦合放大电路。尽管品种繁多，内部电路结构也各不相同，但它们的基本组成部分、结构形式和组成原则基本一致。因此，对于典型电路的分析具有普遍意义，一方面可从中理解集成运放的性能特点，另一方面可以了解复杂电路的分析方法。

5.5.1 双极型集成运放

由 5.1 节的分析可知，集成运放有四个组成部分。因此，在分析集成运放电路时，首先应将电路“化整为零”，分为偏置电路、输入级、中间级和输出级四个部分；进而“分析功能”，弄清每部分电路的结构形式和性能特点；最后“统观整体”，研究各部分电路相互间的联系，从而理解电路如何实现所具有的功能；必要时再进行“定量估算”。

在集成运放电路中，若有一个支路的电流可以直接估算出来，通常该电流就是偏置电路的基准电流，电路中与之相关联的电流源部分，就是偏置电路。将偏置电路分离出来，剩下部分为三级放大电路，按信号的流通方向，以“输入”和“输出”为线索，既可将三级分开，又可得出每一级属于哪种基本放大电路。为了抑制零漂，集成运放的输入级几乎都采用差分放大电路；为了提高放大倍数，中间级多采用共射（共源）放大电路；为了提高带负载能力且具有尽可能大的不失真输出电压，输出级多采用互补对称输出级电路。

下面以国产 F007（与 μA741 类似）为例，分析集成运放的各个组成部分。尽管它是一个相当老的设计，但对于通用电路结构描述与直流和交流小信号分析而言，F007 仍然提供了一个有用的研究案例。F007 的电路原理图如图 5.5.1 所示①，图中各引出端所标数字为组

①参见文献[5-5] 238 页。

件的管脚编号，它有八个引出端，其中“7”为正电源端，“4”为负电源端，“6”为输出端，“2”为反相输入端，“3”为同相输入端，“1”和“5”为调零端。可以看出，它由 F007 偏置电路、输入级、中间级和输出级组成。

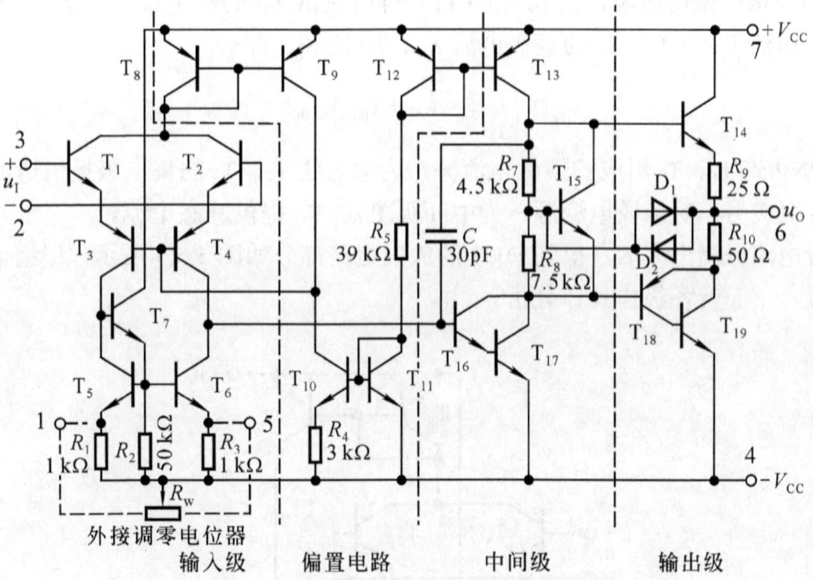

图 5.5.1　F007 的电路原理图

一、偏置电路

F007 的偏置电路由图 5.5.1 中的 T_8～T_{11} 和 R_4、R_5 等元件组成，如图 5.5.2 所示。从图中可以看出，从 $+V_{CC}$ 经 T_{12}、R_5 和 T_{11} 到 $-V_{CC}$ 所构成的回路的电流能直接估算出来，因而 R_5 中的电流为偏置电路的基准电流，其值为

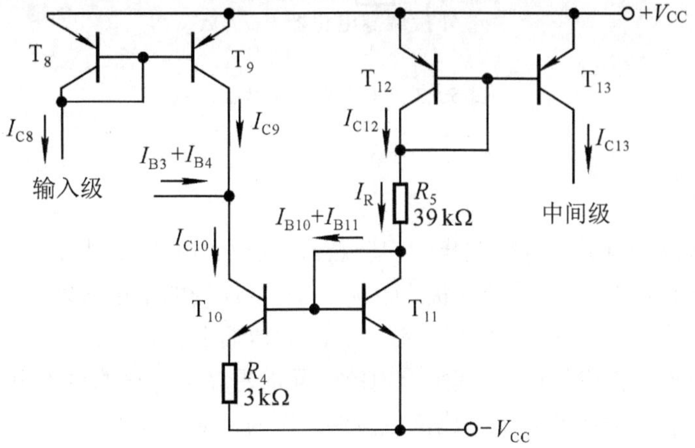

图 5.5.2　F007 的偏置电路

$$I_R = \frac{2V_{CC} - U_{EB12} - U_{BE11}}{R_5} \tag{5.5.1}$$

由 I_R 便可求出其它各级电路的偏置电流。

T_{10} 和 T_{11} 构成微电流源，由式（5.3.11）可以求出 T_{10} 的集电极电流 I_{C10}，而且 I_{C10} 等于 T_9 的集电极电流 I_{C9} 与 T_3、T_4 的基极电流 I_{B3}、I_{B4} 之和，即

$$I_{C10} = I_{C9} + I_{B3} + I_{B4} \tag{5.5.2}$$

横向 PNP 管 T_8、T_9 组成的镜像电流源，为输入级 T_1、T_2 的集电极提供电流；横向 PNP 管 T_{12}、T_{13} 组成另一对镜像电流源，为中间级 T_{16}、T_{17} 提供静态电流。

将偏置电路分离出来后，得到 F007 的放大电路部分如图 5.5.3 所示，根据信号的流通方向分为三级，下面就各级作具体分析。

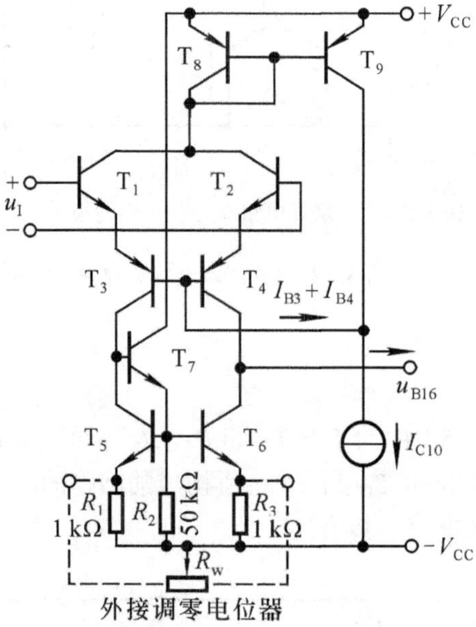

图 5.5.3 F007 电路中的输入级

二、输入级

F007的输入级为有源负载的共集-共基组合差动放大电路，它由 T_1～T_9 管组成，如图5.5.3所示。输入信号加在 T_1 和 T_2 管的基极，而从 T_4 管与 T_6 管的集电极输出，故输入级是双端输入、单端输出的差动放大电路，完成了整个电路对地输出的转换。同时，T_1 与 T_2 管、T_3 与 T_4 管两两特性对称，构成共集-共基组合电路，从而提高了电路的输入电阻，改善了频率响应。T_5、T_6 和 T_7 管组成系数为 1 的比例电流源，作为差动放大电路的有源负载。该输入级有以下特点：

（1）T_1 和 T_2 管子为纵向管[①]，β 大；T_3 和 T_4 管为横向管，β 小，但发射结击穿电压高。两者取长补短，使输入级可承受较高的输入电压，并具有较强的放大能力。

（2）具有共模负反馈作用，进一步提高了共模抑制比。T_8、T_9 不仅是镜像电流源，而且还与 T_{10}、T_{11} 组成的微电流源构成共模负反馈环节，以稳定 I_{C1}、I_{C2}，从而提高了整个电路的共模抑制比，其过程如下：

$$T\uparrow\to{}^{I_{C1}}_{I_{C2}}\uparrow\to I_{C8}\uparrow\to I_{C9}\uparrow\to{}^{I_{B3}}_{I_{B4}}\downarrow=I_{C10}-I_{C9}\text{（因为}I_{C10}\text{是恒定电流）}\to{}^{I_{C3}}_{I_{C4}}\downarrow\to{}^{I_{C1}}_{I_{C2}}\downarrow$$

（3）T_5、T_6 与 T_7 构成的电流源（加射极输出器的电流源电路）作为有源负载，构成了双端-单端输出转换电路。其原理为：当有差模输入信号时，$\Delta i_{C3}=-\Delta i_{C4}$，$\Delta i_{C5}\approx\Delta i_{C3}$（忽略 T_7 的基极电流），$\Delta i_{C5}=\Delta i_{C6}$（$R_1=R_3$），所以 $\Delta i_{C6}\approx-\Delta i_{C4}$，故 $\Delta i_{B16}=\Delta i_{C4}-\Delta i_{C6}=2\Delta i_{C4}$，即单端输出的实际电流是单管输出电流源的两倍，因而会使电压放大倍数增大。而对共模输入信号，$\Delta i_{C3}=\Delta i_{C4}$，$\Delta i_{C6}=\Delta i_{C5}\approx\Delta i_{C3}$，所以 $\Delta i_{B16}=\Delta i_{C4}-\Delta i_{C6}\approx 0$，提高了电路的共模抑制比。因此，电路虽然采用了单端输出方式，但却能得到和双端输出时相同的效果。具有这种功能的差动电路，通常称为双端-单端输出转换电路或单端化电路。

综上所述，输入级是一个输入电阻大、输入端耐压高、对温漂和共模信号抑制能力强、有较大差模放大倍数的双端输入、单端输出差分放大电路。

三、中间级

由前所述，中间级的主要任务是提供足够大的电压放大倍数。因此，中间级不仅要求电压放大倍数高，而且还要求输入电阻较高，以减少本级对前级电压放大倍数的影响。尤其是输入级采用有源负载，此点更为重要，否则输入级电压放大倍数下降太多，使整个放大电路的电压放大倍数很难提高。中间级还要向输出级提供较大的推动电流。

F007 的中间级是以 T_{16}、T_{17} 组成的复合管为放大管的共射放大电路，如图 5.5.4 所示，其中 T_{12}、T_{13} 组成的镜像电流源为集电极负载的共射放大电路，因而该级有很高的的电压增益。另外，由于采用了复合管，因此提高了中间级的输入电阻。

为了保证 F007 在负反馈应用时能稳定工作，在 T_{16} 管基极和集电极之间还接了一个内补偿电容。根据密勒效应，这种接法可使 30 pF 小电容起到大电容的补偿作用。

四、输出级

输出级的主要作用是提供足够的电流以满足负载的需要，同时还要有较低的输出电阻和较高的输入电阻，以起到将放大级和负载隔离的作用。注意，放大倍数应适中，太高没必要，太低将影响总的放大倍数。除此之外，还应该有过载保护，以防输出端短路或过载电流过大而烧坏管子。

F007 的输出级如图 5.5.5 所示，它由 T_{14} 和 T_{18}、T_{19} 构成的准互补输出级，为了弥补它们的非对称性，在发射极加了两个不同的电阻 R_9 和 R_{10}。T_{15}、R_7 和 R_8 构成 U_{BE} 倍增电路，为互补输出管提供适当的正向偏压，以克服交越失真。D_1、D_2、R_9 和 R_{10} 组成输出级的过载

①参阅文献[5-6] 81-83 页。

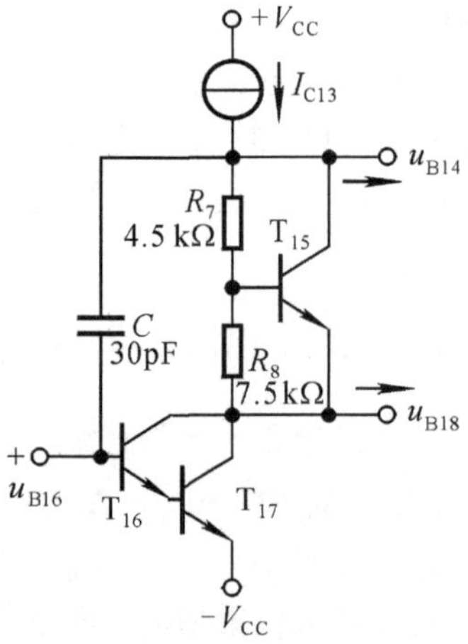

图 5.5.4　F007 电路中的中间级

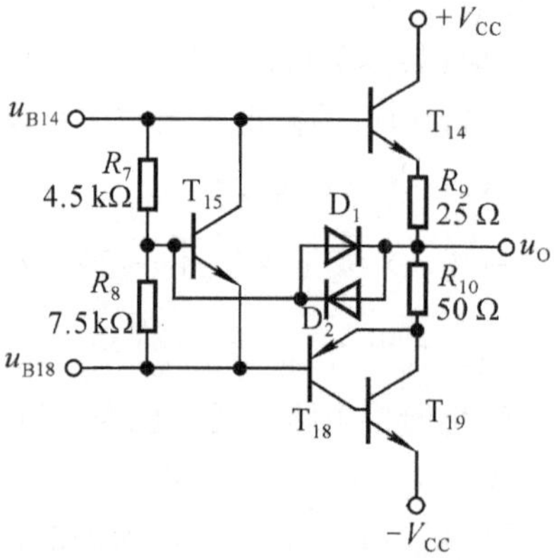

图 5.5.5　F007 电路中的输出级

保护电路，这是因为：T_{14} 导通时，R_7 上电压与 D_1 上电压之和等于 T_{14} 管的发射结电压与 R_9 上电压之和，即

$$u_{R7}+u_{D1}=u_{BE14}+i_O R_9 \tag{5.5.3}$$

当输出信号为正，且 i_O 未超过额定值时，$u_{D1}<U_{on}$，D_1 截止；当 i_O 超过额定值时，R_9 上电压变大，使 D_1 导通，为 T_{14} 的基极分流，从而使 T_{14} 的发射极电流受到限制。同理，当负向电流过大时，D_2 导通，将 T_{18} 的基极电流旁路，从而限制了 T_{18}、T_{19} 的电流。

5.5.2　单极型集成运放

在测量设备中，常需要高输入电阻的集成运放，其输入电流小到 10 pA 以下，这是任何双极型集成运放都无法实现的，必须采用 FET 构成的集成运放。由于同时制作 N 沟道和 P 沟道互补对称管的工艺较易实现，所以 CMOS 管广泛用于集成运放。CMOS 集成运放的输入电阻高达 10^{10} Ω 以上，并可在很宽的电源电压范围内工作。它们所占的芯片面积只是同等功能双极型集成运放的 1/3～1/5，因此 CMOS 集成运放的集成度更高。

C14573 是四个独立的运放制作在一个芯片上的器件，其电路原理如图 5.5.6 所示，它全部由增强型 MOS 管构成。与双极型集成运放电路结构相比可知，T_1、T_2 和 T_7 管构成多路电流源，当 T_1 管的开启电压已知时，利用外接电阻可以求出参考电流 I_R，一般选择 I_R 为 20～200 μA 。根据 T_1、T_2 和 T_7 管的结构尺寸可以得到 T_3、T_4 和 T_8 管的漏极电流，它们为放大电路提供静态电流。

由图 5.5.6 可知，C14573 是两级放大电路。第一级是以 P 沟道管 T_3 和 T_4 为放大管、以 T_5 和 T_6 管构成的电流源为有源负载，采用共源形式的双端输入、单端输出差分放大电路，有源负载使单端输出电路的输出电流近似等于双端输出时的情况。由于第二级电路从 T_8 的栅极输入，其输入电阻非常大，使得第一级具有很强的电压放大能力。第二级是以 N 沟道管

T_8 为放大管、漏极带有源负载的共源放大电路，因此也具有很强的电压放大能力。但是，它的输出电阻很大，因而带负载能力较差，是为高阻抗负载而设计的，适用于以 FET 为负载的电路。电容 C 起相位补偿作用。

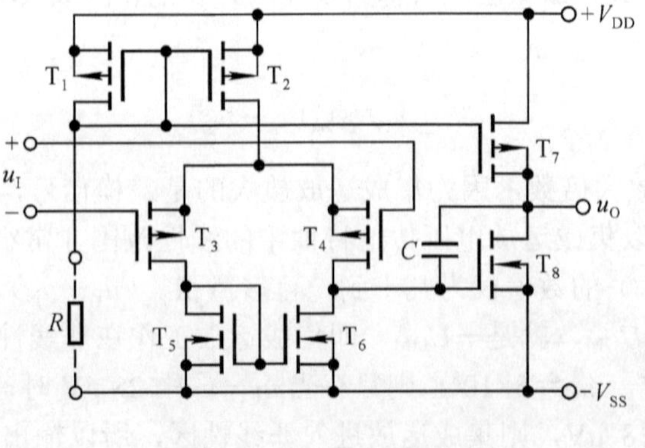

图 5.5.6　C14573 电路图

在使用时，工作电源电压 V_{DD} 与 V_{SS} 之间的差值应满足 $5\text{ V} \leqslant V_{DD}-V_{SS} \leqslant 15\text{ V}$；可以单电源供电（正、负均可）；也可以双电源供电，并允许正负电源不对称。

5.6　集成运放的电压传输特性及主要性能指标

5.6.1　集成运放的电压传输特性

由前面分析可知，从外部看，集成运放可以看作是一个双端输入、单端输出，具有高差模放大倍数、高输入电阻、低输出电阻、能较好地抑制温漂的差分放大电路。集成运放有同相输入端（P，用“＋”表示）和反相输入端（N，用“－”表示），其符号如图 5.6.1（a）所示。

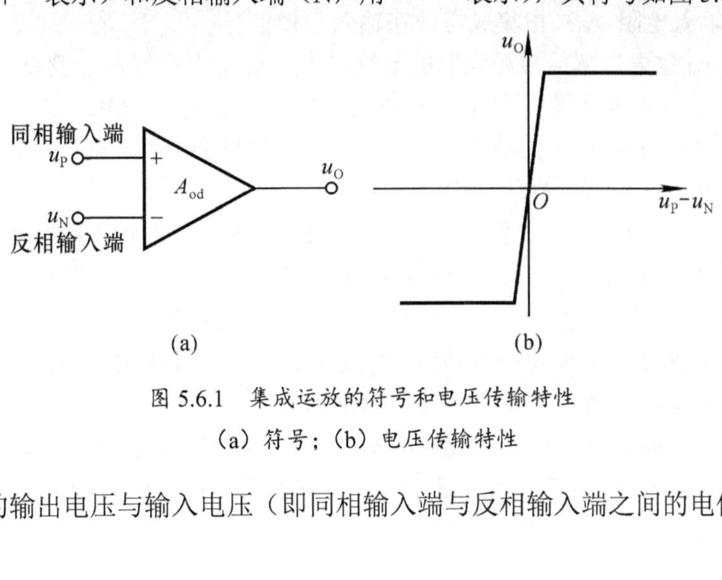

图 5.6.1　集成运放的符号和电压传输特性

（a）符号；（b）电压传输特性

集成运放的输出电压与输入电压（即同相输入端与反相输入端之间的电位差）之间的关

系曲线称为电压传输特性，即

$$u_O = f(u_P - u_N) \tag{5.6.1}$$

对于正、负两路电源供电的集成运放，电压传输特性如图 5.6.1（b）所示。从图示曲线可以看出，集成运放有线性放大区域（称为线性区）和饱和区域（称为非线性区）两部分。在线性区

$$u_O = A_{od}(u_P - u_N) \tag{5.6.2}$$

其中 A_{od} 为开环差模放大倍数，因为集成运放放大的是差模信号，且没有引入反馈。由于 A_{od} 高达几十万倍，所以集成运放电压传输特性中的线性范围非常窄，其工作在线性区时的最大输入电压（u_P-u_N）的数值仅为几十到一百多微伏。（u_P-u_N）的数值大于一定值时，集成运放的输出不是$+U_{OM}$，就是$-U_{OM}$，即集成运放工作在非线性区。例如，输出电压的最大值$\pm U_{OM}=\pm 14$ V，$A_{od}=5\times10^5$，则只有当$|u_P-u_N|<28$ μV 时，电路才工作在线性区。换言之，若$|u_P-u_N|>28$ μV，则集成运放进入非线性区，所以输出电压不是＋14 V，就是－14 V。

5.6.2 集成运放的主要性能指标

（1）开环差模电压放大倍数 A_{od}：指在无外加反馈回路的情况下，集成运放的差模电压放大倍数，即 $A_{od}=\Delta u_O/\Delta(u_P-u_N)$，如图 5.6.2 所示。其值常用分贝（dB）表示。通用型集成运放的 A_{od} 通常在 10^5 左右，即 100 dB 左右，F007C 的 A_{od} 大于 94 dB。

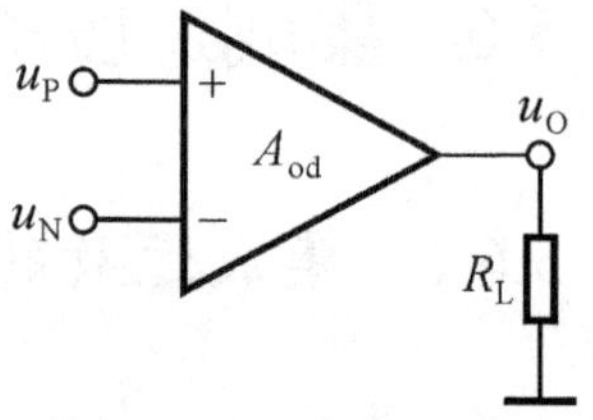

图 5.6.2 开环差模电压放大倍数 A_{od} 的定义

（2）共模抑制比 K_{CMR}：指差模放大倍数与共模放大倍数之比的绝对值，即 $K_{CMR}=|A_{od}/A_{oc}|$，也常用分贝表示。K_{CMR} 愈大愈好，F007C 的 K_{CMR} 大于 80 dB。

（3）差模输入电阻 r_{id}：指集成运放在输入差模信号时的输入电阻。r_{id} 愈大，从信号源索取的电流愈小，r_{id} 愈大愈好，一般集成运放 r_{id} 为几百千欧至几兆欧，故输入级常采用 FET 来提高 r_{id}。F007C 的 $r_{id}=2$ MΩ。

（4）输出电阻 r_o：反映了集成运放在小信号输出时的负载能力。F007C 的 $r_o=75$ Ω。有时只用最大输出电流 I_{omax} 表示它的极限负载能力。

（5）输入失调电压 U_{IO} 及其温漂 dU_{IO}/dT：由于集成运放的输入级电路参数不可能绝对对称，所以当输入电压为零时，u_O 并不为零。U_{IO} 是使输出电压为零时在输入端所加的补偿电压，其数值为 u_I 为零时，输出电压折合到输入端的电压的负值，即 $U_{IO}=-U_O|_{u_I=0}/A_{od}$，如图 5.6.3 所示。$U_{IO}$ 愈小，表明电路参数对称性愈好。对于有外接调零电位器的运放，可以通过改变电位器滑动端的位置使得输入为零时输出为零。

dU_{IO}/dT 是 U_{IO} 的温度系数，是衡量运放温漂的重要参数，其值愈小，表明运放的温漂愈小。F007C 的 U_{IO} 小于 2 mV，dU_{IO}/dT 小于 20 μV/℃。F007C 的开环差模增益为 94 dB，

约 5×10^4 倍；根据式（5.6.1）可知，在输入失调电压（2 mV）作用下，集成运放已工作在非线性区，所以要使集成运放工作在线性区，必须加调零措施。

（6）输入失调电流 I_{IO} 及其温漂 dI_{IO}/dT：$I_{IO}=|I_{B1}-I_{B2}|$，反映输入级差放管输入电流的不对称程度。dI_{IO}/dT 与 dU_{IO}/dT 的含义相似，F007 的 I_{IO} 为 50～100 nA，dI_{IO}/dT 为 1 nA/℃。

（7）输入偏置电流 I_{IB}：指输入级差放管的基极（栅极）偏置电流的平均值，即 $I_{IB}=\frac{1}{2}(I_{B_1}+I_{B_2})$，如图 5.6.4 所示。$I_{IB}$ 愈小，信号源内阻对集成运放静态工作点的影响也就愈小，通常 I_{IB} 愈小，I_{IO} 也愈小，F007C 的 I_{IB}=200 nA。采用 JFET 作为输入级的运放，I_{IB} 可低到 150 fA①。

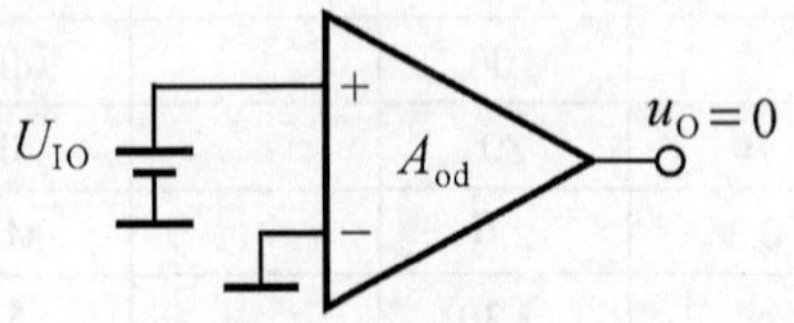

图 5.6.3 输入失调电压 U_{IO} 的定义

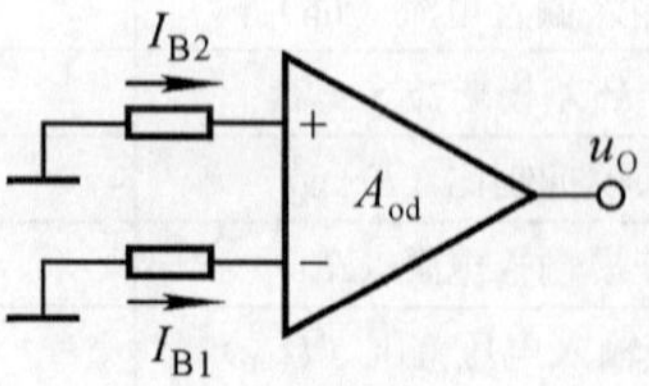

图 5.6.4 输入偏置电流 I_{IB} 的定义

（8）最大共模输入电压 U_{Icmax}：指为了使输入级能正常放大差模信号时允许输入的最大共模信号，若共模输入电压高于此值，则集成运放失去差模放大能力，F007C 的 U_{Icmax} 值为 ±13 V。

（9）最大差模输入电压 U_{Idmax}：从集成运放输入端看进去，一般都有两个或两个以上的发射结相串联，当集成运放所加差模信号大到一定程度时，输入级至少有一个 PN 结承受反向电压，U_{Idmax} 是不至于使 PN 结反向击穿所允许的最大差模输入电压。当输电压高于此值时，输入级将损坏。运放中 NPN 型管的发射结耐压值只有几伏，而横向 PNP 型管的发射结耐压值可达几十伏，F007C 的 U_{Idmax} 为±30V，因为其输入级采用了横向 PNP 型管。

（10）−3 dB 带宽 f_H：指使 A_{od} 下降 3 dB（即约 0.707 倍）时的信号频率。由于集成运放中（或 FET）数目多，所以极间电容就较多；又因为许多元件制做在一小块硅片上，分布电容和寄生电容也较多；因此，当信号频率升高时，这些电容的容抗变小，导致 A_{od} 数值下降且产生相移。F007C 的 f_H 仅为 7 Hz，而在实用电路中，因为引入负反馈，展宽了频带，所以上限频率可达数百千赫以上。

当输入信号频率继续增大时，A_{od} 继续下降，当 $A_{od}=1$ 时，与此对应的频率 f_c 称为单位增益带宽，F007C 的 f_c=1 MHz。

（11）转换速率 SR：指在大信号作用下（输出电压峰值接近集成运放的最大输出电压）输出电压在单位时间变化量的最大值，即 $SR=\left|\frac{du_O}{dt}\right|_{max}$，是衡量运放在大信号作用时工作速度的参数。当输入信号变化斜率的绝对值小于 SR 时，输出电压才按线性规律变化，所以 SR

①参见文献[5-7] 66-68 页。

大的集成运放才允许在较高的工作频率下输出较大的电压幅度[①]。表 5.6.1 给出了 F007C（μA741）的主要参数，供读者参考。

表 5.6.1 F007C 的主要技术指标（大气温度 $T_A=25$ ℃）

参 数	测试条件	最小	典型	最大	单位
输入失调电压（U_{IO}）	$R_s<10$ kΩ		1.0	5.0	mV
输入失调电流（I_{IO}）			20	200	nA
U_{IO} 的温漂			20		μV/℃
I_{IO} 的温漂			1		nA/℃
输入偏置电流（I_{IB}）			80	500	nA
开环差模增益（A_{od}）			100		dB
共模抑制比（K_{CMR}）		70	80		dB
差模输入电阻（R_{id}）		0.3	2.0		MΩ
差模输入电压范围（U_{dm}）			±30		V
共模输入电压范围（U_{cm}）			±12		V
输出电压摆幅（U_{op}）	$R_L=10$ kΩ	±12			V
−3 dB 带宽（f_H）			10		Hz
单位增益带宽（f_T）			1.		MHz
静态功耗（f_c）			100		mW
转换速率（SR）	$R_L>2.0$ kΩ $A_u=1$		0.5		V/μS
电源电压（$\pm V_{CC}$）		±9	±15		V

在近似分析时，常把集成运放的参数理想化，即认为 A_{od}、K_{CMR}、r_{id}、f_H 等参数均为无穷大，而 r_{od}、U_{IO}、dU_{IO}/dT、I_{IO}、dI_{IO}/dT、I_{IB} 等参数均为零。

5.6.3 集成运放的低频等效电路

由前述分析可见，运放内部电路比较复杂，特别是双极型集成运放更是如此。然而，当对含有运放的电路分析时，可将运放视为一个完整的独立的器件对待，即抓主要矛盾（外部特性），而忽略次要矛盾（内部结构），从而简化分析过程。可以证明，运放的低频简化模型为图 5.6.5。即：输入端等效成一个差模输入电阻 r_{id}，通常较大；输出端等效为一个带有内阻的受控电压源，控制量就是差模输入电压，控制系数就是开环差模放大倍数 A_{od}，通常非常大；受控源内阻 r_o 较小。

应该注意，这个简化模型仅适合放大差模信号，而且不考虑失调因素对电路的影响。由于没有考虑结电容、寄生电容等的影响，因此仅适宜分析低频信号。

①参见文献[5-8] 124-126 页。

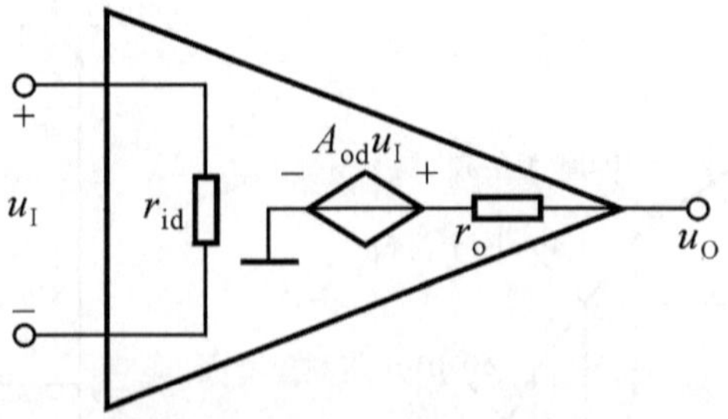

图 5.6.5　运放的低频简化模型

5.7　集成运放的频率响应和频率补偿

5.7.1　集成运放的频率响应

理想运放对需要放大的信号频率没有限制。如果是实际运放情况又如何呢？我们知道集成运放是直接耦合多级放大电路，具有很好的低频特性，可以放大直流信号，但它的各级半导体管的极间电容及因补偿必须接入的内部电容（见图 5.5.1 所示电路）将影响它的高频特性。由于输入级和中间级均有很大的电压增益，所以尽管结电容很小，但等效电容 C'_π 或 C'_{gs} 却很大，就使得上限频率很低，通用型集成运放的－3 dB 带宽只有几赫兹到十几赫兹。

在实用电路中，常给集成运放引入负反馈。当负反馈网络是纯电阻网络，即信号频率从零到无穷大时，反馈网络没有附加相移，在高频段整个电路的附加相移将来源于集成运放。设使集成运放开环差模增益下降为 0 dB 的频率为 f_c（单位增益带宽），若存在频率 f_0，当 $f=f_0$ 时因极间电容所引起的附加相移为±180°，且 $f_0<f_c$，则电路将产生频率为 f_0 的自激振荡（有关负反馈及负反馈放大电路的自激振荡将在第 6 章讲述，自激振荡的条件是：存在 f_0 且 $f_0<f_c$），从而使电路不能正常工作。

对于绝大多数集成运放，由于半导体管数目多，通常均存在 f_0；又由于开环差模增益很大，因而能满足 $f_0<f_c$ 的条件。即集成运放引入负反馈后产生自激振荡的可能性极大，所以在集成运放内部（或外部）必须加频率补偿电容，以改变其频率响应，从而破坏其自激振荡的条件。图 5.7.1 所示为集成运放内部电路（三级放大电路）未加频率补偿电容时的频率响应①，它们开环差模增益均为 100 dB（即 $A_{od}=10^5$），三个上限频率分别为 10 Hz、100 Hz 和 1000 Hz，且 $f_0<f_c$（见图中标注），当 $f=f_0$ 时，增益接近 60 dB。

①参阅文献[5-9] 234-239 页。

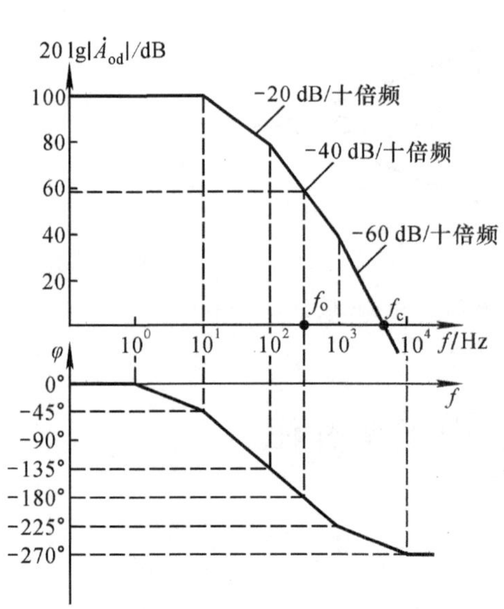

图 5.7.1　未加频率补偿的集成运放的频率响应

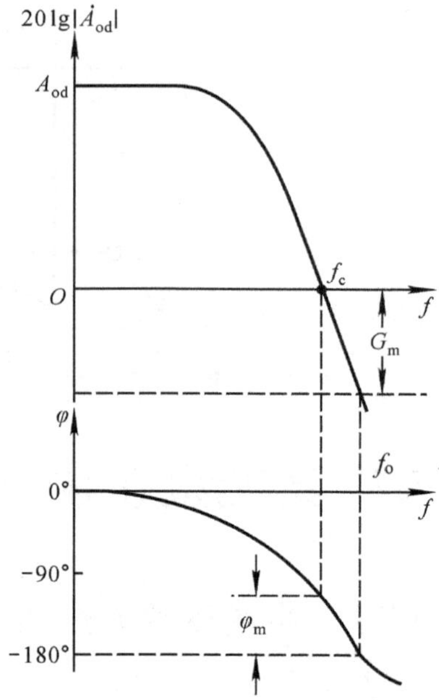

图 5.7.2　稳定裕度

5.7.2　集成运放的频率补偿

频率补偿是在集成运放电路中接入不同的补偿电路以改变集成运放的频率响应，使 $f=f_o$ 时，$20\lg|\dot{A}_{od}|_{f=f_o}<0$ dB；或者当 $f=f_c$ 时，附加相移 $\varphi>-180°$，从而破坏可能产生自激振荡的条件，使电路能稳定工作。为了留有余地，电路应具有一定的稳定裕度。定义 $f=f_o$ 时的 $20\lg|\dot{A}_{od}|$ 为幅值裕度 G_m；$f=f_c$ 时，超前 $-180°$ 的相角为相位裕度 φ_m，如图 5.7.2 所示。G_m 和 φ_m 的表达式分别为

$$G_m=20\lg|\dot{A}_{od}|_{f=f_o} \tag{5.7.1}$$

$$\varphi_m=180°-|\varphi|_{f=f_c} \tag{5.7.2}$$

一般要求 $G_m\leqslant-10$ dB，$\varphi_m\geqslant45°$。

频率补偿的方法主要有滞后补偿（phase lag compensation）和超前补偿（phase lead compensation）。

一、滞后补偿

滞后补偿的指导思想是增加补偿电路，使运放的幅频特性在大于 0 dB 的频率范围内只

存在一个拐点，并按－20 dB/十倍频的斜率下降，即相当于一个 *RC* 回路的频率响应，因而在 0 dB 处可能的最大相移为－90°。这样，即使在 0 dB 处有第二个拐点，相移的最大值也仅为－135°，即可以达到 $\varphi_m \geq 45°$的要求，从而保证电路的稳定性。

1. 简单电容补偿

简单电容补偿也叫主极点补偿（dominant-pole compensation），它是将一个电容并接在集成运放内部的某一级电路（通常该级电路 C'_π 所在回路的时间常数最大），使开环幅频特性中的第一拐点的频率进一步降低，这样，增益随频率始终按照－20 dB/十倍频的斜率下降，直至 0 dB。在图 5.7.3 所示幅频特性中，虚线表示补偿前的情况，高频段有三个拐点，决定 f_{H1} 的电容回路时间常数最大；实线表示补偿后的情况，f_{H2} 越远离 f_H，相位裕度则越大。

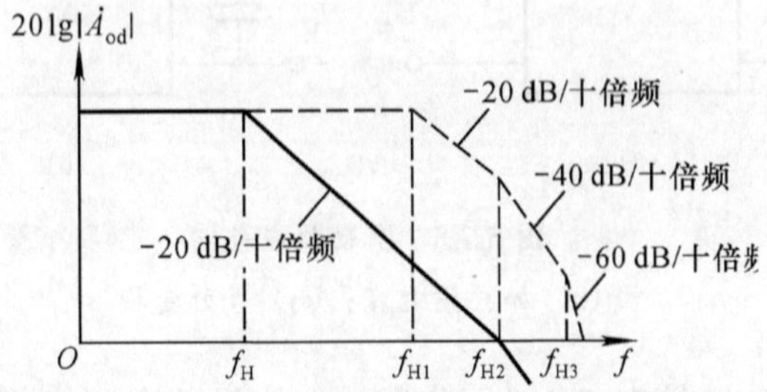

图 5.7.3　滞后补偿前后集成运放的幅频特性

例如，F007 运放第二级放大电路输入端等效电容所在回路的时间常数最大，所以在第二级输入端加补偿电容 *C*，如图 5.7.4 所示。

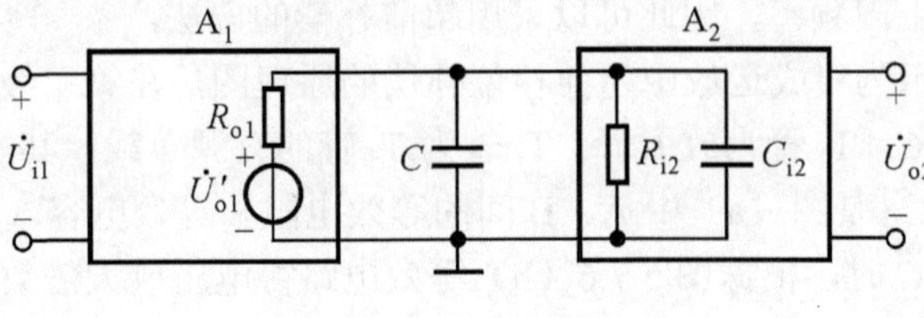

图 5.7.4　简单电容补偿

根据截止频率的分析方法，未加 *C* 之前

$$f_{H1}=\frac{1}{2\pi(R_{o1} /\!/ R_{i2})C_{i2}} \tag{5.7.3}$$

加 *C* 之后

$$f_{H1}=\frac{1}{2\pi(R_{o1} /\!/ R_{i2})(C_{i2}+C)} \tag{5.7.4}$$

按照滞后补偿的思路选取 *C* 的数值。通常这种方法需要电容容量较大，这在集成电路中不易实现，因此可用密勒效应补偿（Miler compensation）。

2. 密勒效应补偿

这种方法可以使补偿电容的容量大大减小，因而便于将补偿电容集成于运放电路内部。

根据密勒定理，若将电容 C 跨接在运放内部的第二级放大电路的输入端和输出端，如图 5.7.5（a）所示，则折合到输入端的等效电容 C' 是 C 的 $|\dot{A}_{u2}|$ 倍（$\dot{A}_{u2}$ 为该级放大电路的电压增益），如图（b）所示。对 F007 而言①，$|\dot{A}_{u2}|=544$，$C=30$ pF，则 $C'=16.3$ nF。

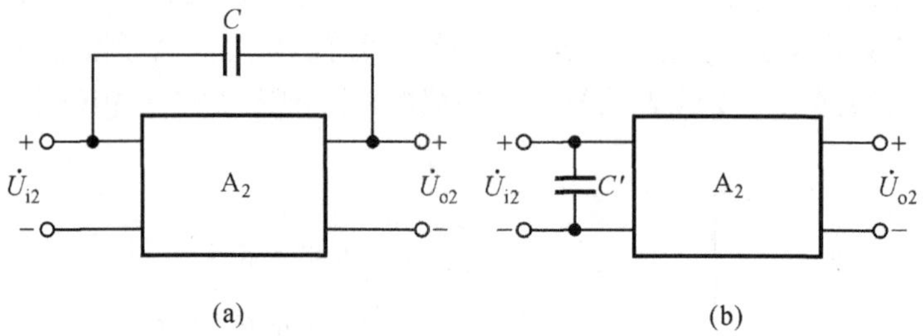

图 5.7.5　密勒效应补偿

（a）加补偿电容；（b）等效变换

如前所述，电容 C 应跨接在 RC 时间常数最大的那级放大电路的输入端与输出端之间，即可得图 5.7.3 所示的幅频特性。从以上分析可以看出，滞后补偿方法简单易行，但在补偿的同时使频带变窄。如果在补偿电容回路中加一小阻值电阻，就可使高频特性有所改善。

二、超前补偿

滞后补偿会降低上限频率，因此可以采用超前补偿的方法。

图 5.7.6（a）所示为集成运放中超前相位补偿的原理图，在第二级的输出端和第三级的输入端增加补偿电容 C，T_1 管为放大管，T_2 管为 T_1 管的有源负载，其等效电路如图（b）所示。图（b）中 R_2 和 C_{i2} 是图（a）中 A、B 间的等效电阻和等效电容。

在未加补偿电容 C 时，根据图 5.7.6（b）等效电路得电压放大倍数：

$$\dot{A}_u=\frac{\dot{U}_{i2}}{\dot{U}_{o1}}=\frac{R_2}{R_1+R_2}\cdot\frac{1}{1+\mathrm{j}f/f_{H1}}$$

其中 $f_{H1}=\dfrac{1}{2\pi(R_1\,/\!/\,R_2)C_{i2}}$，加入补偿电容 C 以后的电压放大倍数

$$\dot{A}_u=\frac{\dot{U}_{i2}}{\dot{U}_{o1}}=\frac{R_2\,/\!/\,\dfrac{1}{\mathrm{j}\omega C_{i2}}}{R_1\,/\!/\,\dfrac{1}{\mathrm{j}\omega C}+R_2\,/\!/\,\dfrac{1}{\mathrm{j}\omega C_{i2}}}$$

整理可得

①参阅文献[5-10] 230 页。

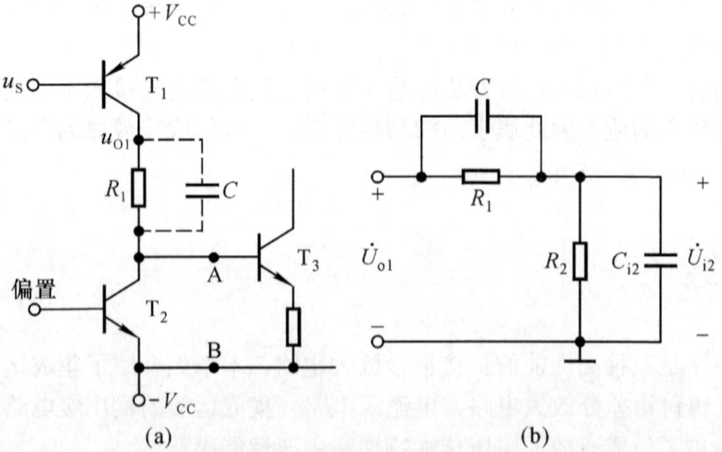

图 5.7.6 超前相位补偿电路

（a）加补偿电容；（b）等效电路

$$\dot{A}_u=\frac{R_1}{R_1+R_2}\cdot\frac{1+\mathrm{j}\omega R_1C}{1+\mathrm{j}\omega(R_1 /\!/ R_2)(C+C_{i2})} \tag{5.7.5}$$

令 $f_{H4}=\dfrac{1}{2\pi R_1C}$，$f_{H5}=\dfrac{1}{2\pi(R_1 /\!/ R_2)(C+C_{i2})}$，则上式为

$$\dot{A}_u=\frac{R_2}{R_1+R_2}\cdot\frac{1+\mathrm{j}f/f_{H4}}{1+\mathrm{j}f/f_{H5}} \tag{5.7.6}$$

若合理选择 C，使 $R_1CR_2C_{i2}$，则 $f_{H4}=f_{H5}$，有

$$\dot{A}_u=\frac{R_2}{R_1+R_2} \tag{5.7.7}$$

为常量，不随频率而变。对于有三个拐点频率（图 5.7.7 中虚线所示）的电路，如果在确定 f_{H1} 的那级放大电路中加入超前补偿电容，并且满足式（5.7.7），就意味着电路仅剩下两个拐点频率，如图 5.7.7 中实线所示。因此，只有当信号频率趋于无穷大时，相位 φ 才趋于−180°，而此时增益远小于 0 dB，因而电路必然稳定。

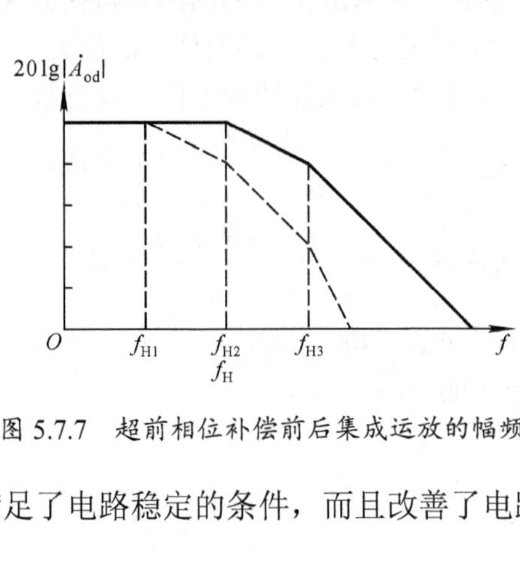

图 5.7.7 超前相位补偿前后集成运放的幅频特性

超前相位补偿不但满足了电路稳定的条件，而且改善了电路的高频特性，展宽了频率。

不过，应当指出，由于集成电路中元件参数的分散性常常不能保证式（5.7.6）中 $f_{H4}=f_{H5}$，这样可能使补偿的效果不如滞后补偿。

读者应该明白，上述频率补偿方法都是在集成运放电路内部接入不同的补偿电路以改变集成运放的开环频率响应，因此属于内部频率补偿。一旦集成运放成为产品，则只能采用外部频率补偿①。也可参阅 6.5 节。

本章小结

集成运放电路是一种高性能的直接耦合放大电路。本章先介绍了集成运放的电路结构特点、电路组成，再讨论差分放大电路、电流源电路、集成运放的输出级电路及集成运放的电路举例，最后给出了集成运放的电压传输特性和主要性能指标。

一、集成运放的电路结构特点

（1）均采用直接耦合方式。

（2）大量采用差分放大电路（输入级）和恒流源电路（偏置电路或有源负载）。

（3）常用有源器件取代大电阻。

（4）均采用复杂的电路形式，以提高各方面的性能。

（5）常采用复合管的接法。

二、集成运放的电路组成

从外部看，集成运放可等效成双端输入、单端输出的差分放大电路。集成运放通常由输入级、中间级、输出级和偏置电路四部分组成。对于由双极型管组成的集成运放，输入级多用差分放大电路，中间级为共射电路，输出级多用互补输出级，偏置电路是多路电流源电路。

三、差分放大电路

基本差分放大电路利用其参数的对称性抑制零点漂移，在长尾电路和具有恒流源的差分放大电路中，还利用共模负反馈抑制每只放大管的温漂。差模放大倍数 A_{ud} 描述电路放大差模信号的能力，共模放大倍数 A_{uc} 描述电路抑制共模信号的能力，共模抑制比 K_{CMR} 用于考察上述两方面的能力。根据输入端与输出端接地情况不同，差分放大电路有四种接法。

（1）只要是单出，则有 $A_{ud}=\dfrac{A_{ud1}}{2}=-\dfrac{\beta(R_c\,/\!/\,R_L)}{2(R_b+r_{be})}$，$R_o=R_c$；

（2）只要是双出，则有 $A_{ud}=A_{ud1}=-\dfrac{\beta[R_c\,/\!/\,(R_L/2)]}{(R_b+r_{be})}$，$R_o=2R_c$；

（3）无论哪种接法，都有 $R_{id}=2(R_b+r_{be})$；

（4）Q 分析顺序：先 $I_{EQ}\rightarrow I_{BQ}\rightarrow U_{CEQ}$。

①参阅文献[5-10] 333-339 页。

四、电流源电路

集成运放中，电流源电路既为各级放大电路提供各种合适的静态电流，又作为有源负载，从而大大提高了运放的增益。

五、集成运放的输出级电路

集成运放的输出级电路采用互补输出级。其特点是：零输入时零输出，具有很强的带负载能力，输出正、负方向对称，双向跟随。

六、集成运放的电压传输特性

集成运放的电压传输特性分为线性区和非线性区，由于 A_{od} 高达几十万倍，所以集成运放的线性范围非常窄；工作在非线性区时，其输出不是$+U_{OM}$，就是$-U_{OM}$。

七、集成运放的主要性能指标

集成运放的主要性能指标有 A_{od}、K_{CMR}、r_{id}、f_H、r_{od}、U_{IO}、dU_{IO}/dT、I_{IO}、dI_{IO}/dT、I_{IB} 等。

八、重点、难点

1. 重点

（1）零点漂移的概念；

（2）差分放大电路静态工作点和放大倍数的计算；

（3）准互补输出级（OCL 电路）的正确接法和输入输出关系；

（4）集成运放的电压传输特性。

2. 难点

（1）电流源电路的工作原理；

（2）集成运放电路的工作原理及频率补偿原理。

参考文献

[5-1] Neamen D A. 电子电路分析与设计——模拟电子技术[M]. 3 版. 北京：清华大学出版社，2007.

[5-2] 杨志民，马义德，张新国. 现代电路理论与设计[M]. 北京：清华大学出版社，2009.

[5-3] 赵玉山，周跃庆，王萍. 电流模式电子电路[M]. 天津：天津大学出版社，2001.

[5-4] 邓汉馨. 模拟电子技术基本教程[M]. 北京：高等教育出版社，1986.

[5-5] 童诗白. 模拟电子技术基础 [M]. 2 版. 北京：高等教育出版社，1988.

[5-6] 渡边嘉二郎，中村哲夫. 模拟大规模集成电路设计基础[M]. 徐国鼐，译. 北京：科学出版社，2007.

[5-7] 松井邦彦. OP 放大电路应用技巧 100 例[M]. 邓学，译. 北京：科学出版社，2006.

[5-8] 黑田彻. 电子元器件应用技术[M]. 何中庸，译. 北京：科学出版社， 2006.
[5-9] 童诗白，华成英. 模拟电子技术基础 [M]. 3 版. 北京：高等教育出版社，2001.
[5-10] Sergio Franco. 基于运算放大电路和模拟集成电路的电路设计[M]. 3 版. 刘树棠，朱茂林，荣玫，译. 西安：西安交通大学出版社，2004.

自 测 题

一、判断下列说法是否正确，正确的用“√”表示，错误的用“×”表示。

1. OCL 电路中，输入信号越大，交越失真也越大。（ ）
2. 只有直接耦合放大电路中的参数才随温度而变化。（ ）
3. 有源负载可以增大放大电路的输出电流。（ ）
4. 单端输出的具有电流源的差分放大电路，主要靠电流源的恒流特性来抑制温漂。（ ）
5. 运放的共模抑制比 $K_{CMR}=\left|A_d/A_c\right|$。（ ）
6. 在输入信号作用时，偏置电路改变了各放大管的动态电流。（ ）
7. 互补输出级应采用共集或共漏接法。（ ）
8. 运放的输入失调电流 I_{IO} 是两端电流之差。（ ）
9. 运放的输入失调电压 U_{IO} 是两输入端电位之差。（ ）
10. 与单管放大电路相比，差分放大电路的放大倍数加倍。（ ）

二、选择合适答案填入空内。

1. 集成运放的输入级采用差分放大电路是因为可以________。

A．减小温漂　B. 增大放大倍数　C. 提高输入电阻　D. 提高输出电阻

2. 差分放大电路的差模信号是两个输入端信号的________。

A. 和　B. 差　C. 算术平均值　D. 几何平均值

3. 用恒流源取代长尾式差分放大电路中的发射极电阻 R_e，将使电路的________。

A. 差模放大倍数数值增大　B. 抑制共模信号能力增强

C. 差模输入电阻增大　D. 输出电阻增大

4. 直接耦合放大电路存在零点漂移的原因是________。

A. 电阻阻值有误差　B. BJT 参数受温度影响

C. 电源电压不稳定　D. 外部有干扰

5. 互补输出级采用共集形式是为了使________。

A. 带负载能力强　B. 不失真输出电压大

C. 电压放大倍数大　D. 输出电阻增大

6. 集成放大电路采用直接耦合方式的原因是________。

A. 便于设计　B. 不易制作大容量电容

C. 放大交流信号　D. 放大直流信号

7. 差分放大电路中适当增大公共发射极电阻，将会增大电路的________。

A. 差模电压放大倍数　　　　　　　　B. 共模电压放大倍数

C. 共模抑制比　　　　　　　　　　D. 差模输入电阻

8. 集成运放制造工艺使得同类半导体管的________。

A. 指标参数准确　　　　　　　　　B. 参数不受温度影响

C. 参数一致性好　　　　　　　　　D. β 很大

9. 为增大电压放大倍数，集成运放的中间级多采用________。

A. 共基放大电路　　　　　　　　　B. 共集放大电路、

C. 共射放大电路　　　　　　　　　C. 共集-共基放大电路

10. μA741 的输入级偏置电路采用________。

A. 镜像电流源　　B. 微电流源　　C. 威尔逊电流源　　D. 比例电流源

三、电路如图 T5.3 所示，已知 $\beta_0=\beta_1=\beta_2=\beta_3=80$。各管的 U_{BE} 均为 0.7 V，试求 I_{C2} 的值。

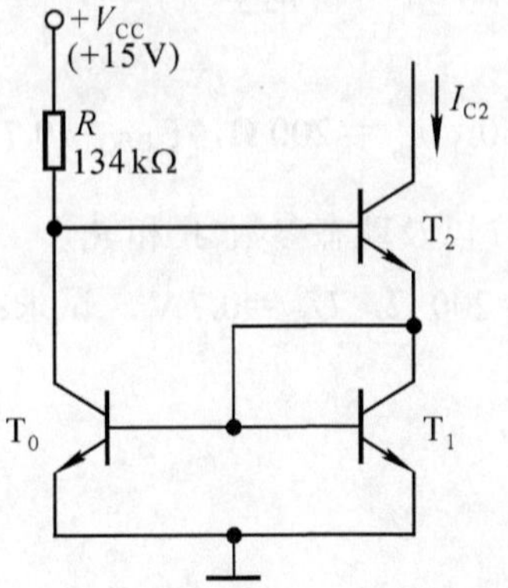

图 T5.3

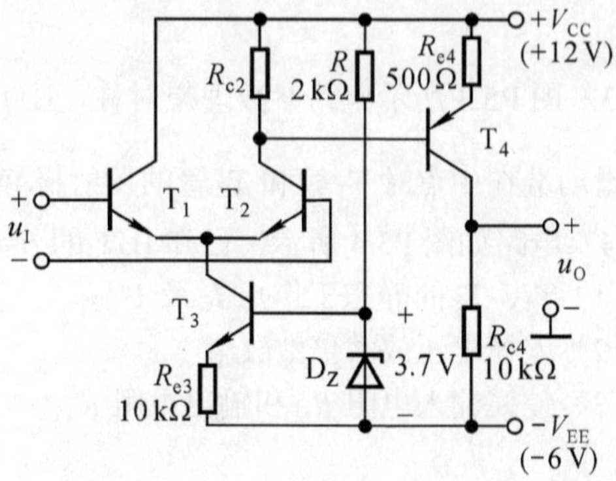

图 T5.4

四、电路如图 T5.4 所示，所有 BJT 均为硅管，β 均为 60，$r_{bb'}=200\ \Omega$，静态时 $|U_{BEQ}|\approx 0.7$ V。试求：

（1）静态时 T_1 管和 T_2 管的发射极电流。

（2）若静态时 $u_O>0$，则应如何调节 R_{c2} 的值才能使 $u_O=0$ V？若静态时 $u_O=0$ V，则 R_{c2} 为多少？电压放大倍数为多少？

习　题

5.1 已知一个集成运放的开环差模增益 A_{od} 为 100 dB，最大输出电压峰-峰值 $U_{opp}=\pm 14$ V，分别计算差模输入电压 u_I（即 u_P-u_N）为 10 μV、100 μV、1 mV、1 V 和 −10 μV、−100 μV、−1 mV、−1 V 时的输出电压 u_O。

5.2 图 P5.2 所示电路参数理想对称，$\beta_1=\beta_2=\beta$，$r_{be1}=r_{be2}=r_{be}$。

（1）写出 R_w 的滑动端在中点时 A_d 的表达式；

（2）写出 R_w 的滑动端在最右端时 A_d 的表达式，比较两个结果有什么不同。

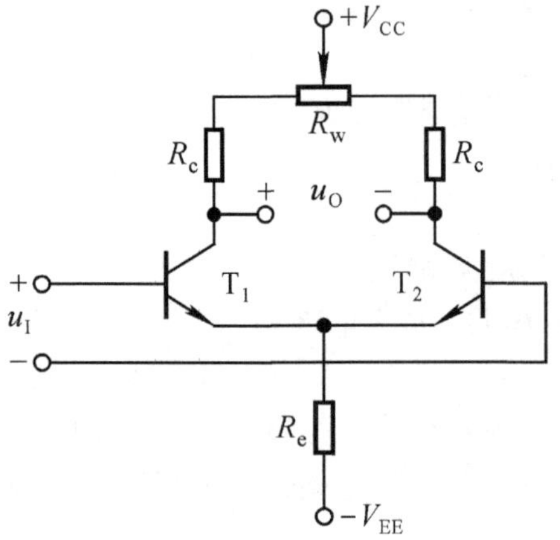

图 P5.2

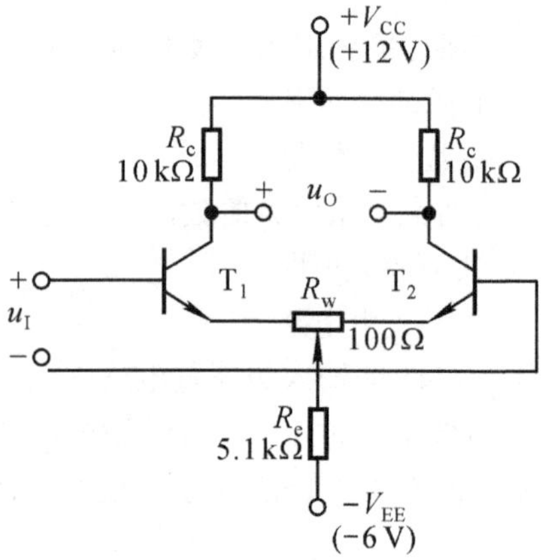

图 P5.3

5.3 图 P5.3 所示电路参数理想对称，BJT 的 β 均为 50，$r_{bb'}=200\ \Omega$，$U_{BEQ}\approx0.7$。试计算 R_w 滑动端在中点时 T_1 管和 T_2 管的发射极静态电流 I_{EQ}，以及动态参数 A_d 和 R_i。

5.4 电路如图 P5.4 所示，已知 BJT 的 $\beta=100$，$r_{bb'}=200\ \Omega$，$U_{BE}=0.7$ V。试求：

（1）T_1、T_2 的静态工作点 I_C 及 U_{CE}；

（2）差模电压放大倍数 A_{ud}；

（3）差模输入电阻 R_{id} 和输出电阻 R_o。

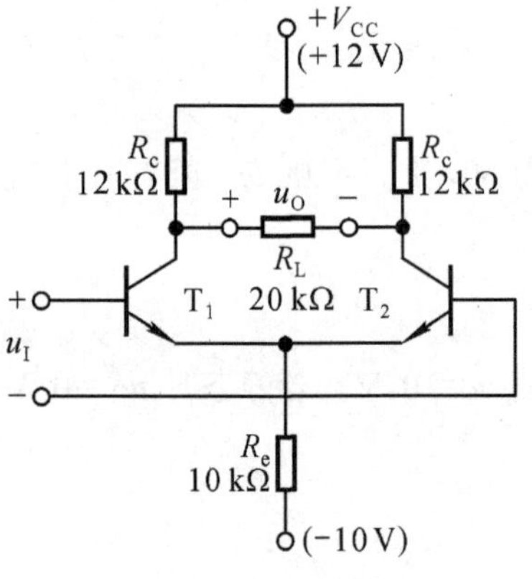

图 P5.4

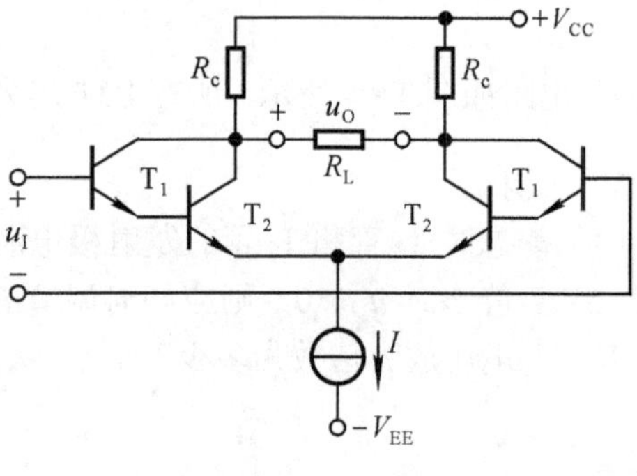

图 P5.5

5.5 试写出图 P5.5 所示电路 A_d 和 R_i 的近似表达式。设 T_1 和 T_2 的电流放大系数分别为 β_1 和 β_2，b、e 间动态电阻分别为 r_{be1} 和 r_{be2}。

5.6 差分放大电路如图 P5.6 所示，已知 BJT 的 $\beta=60$，$r_{bb'}=200\ \Omega$，$U_{BEQ}=0.7$ V。试求：

（1）静态工作点 I_{C1} 及 U_{CE1}；

（2）差模电压放大倍数 A_{ud}；

（3）差模输入电阻 R_{id} 和输出电阻 R_o。

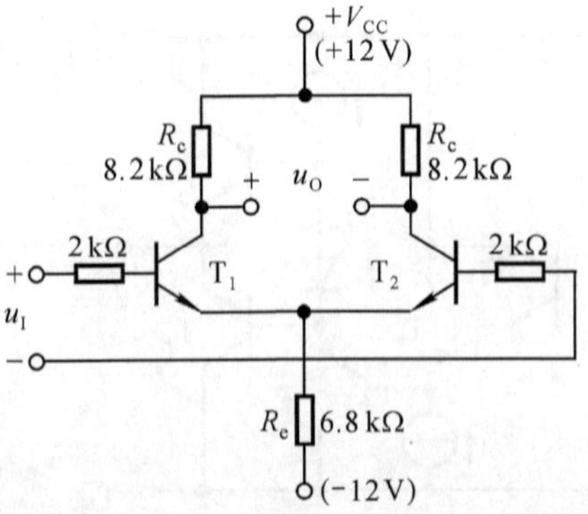

图 P5.6

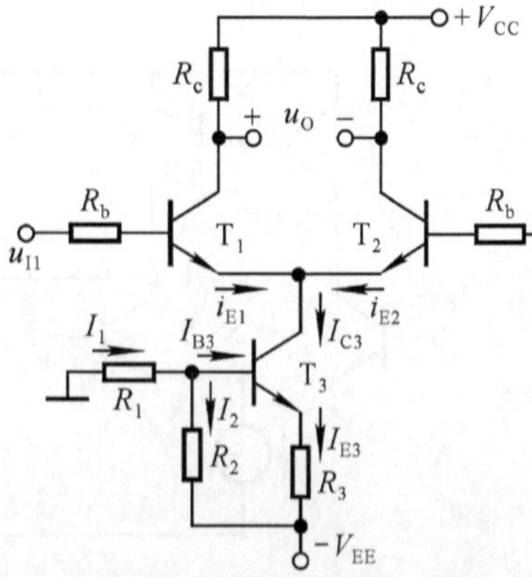

图 P5.7

5.7　具有恒流源的差分放大电路如图 P5.7 所示，试求：

（1）T_1、T_2 的静态工作点 I_C 及 U_{CE}；

（2）差模电压放大倍数 A_{ud}；

（3）差模输入电阻 R_{id} 和输出电阻 R_o。

5.8　比较图 P5.8 所示两个电路，分别说明它的是如何消除交越失真和如何实现过流保护的。

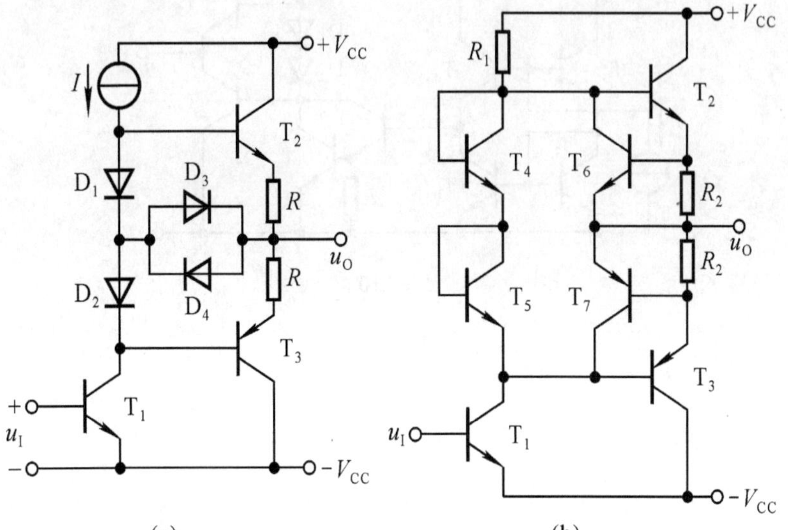

图 P5.8

5.9　图 P5.9 所示为简化的高精度运放电路原理图，试分析：

（1）两个输入端中哪个是同相输入端，哪个是反相输入端？

（2）T_3 与 T_4 的作用；

（3）电流源 I_3 的作用；

（4）D_2 与 D_3 的作用。

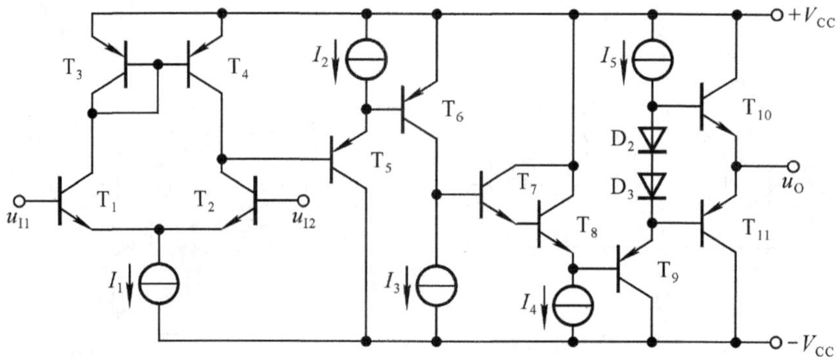

图 P5.9

5.10 电路如图 P5.10 所示。

（1）说明电路是几级放大电路，各级分别是哪种形式的放大电路（共射、共集、差放）；

（2）分别说明各级采用了哪些措施来改善其性能指标（如增大放大倍数、输入电阻）。

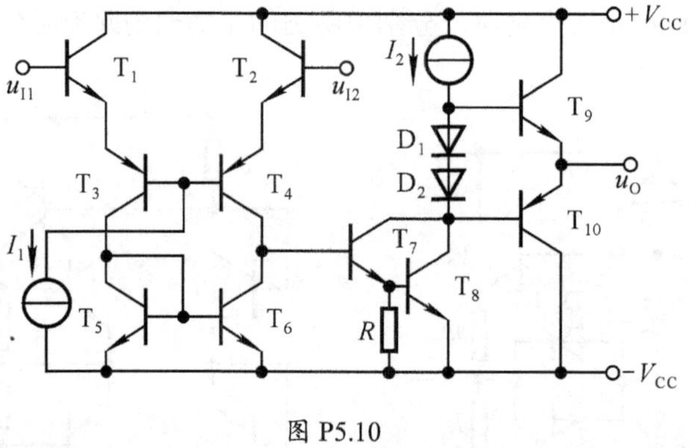

图 P5.10

第6章　负反馈放大电路

◎本章讨论的问题

（1）什么是反馈？反馈有哪几种形式？有哪几种组态？如何判断？

（2）为什么要引入反馈？引入不同组态的负反馈后，对电路的性能产生什么影响？

（3）如何估算深度负反馈放大电路的性能指标？分析非深度负反馈放大电路有哪些方法？如何用方框图法、拆环法估算负反馈放大电路？

（4）产生自激振荡的原因和条件是什么？如何判断电路是否产生自激振荡？如何消除？

6.1　反馈的基本概念

前面几章我们介绍了基本放大电路。然而，在实际中，我们遇到更多的是反馈放大电路，那么，什么是负反馈放大电路？它有哪些组态？其性能指标如何计算？将是本章讨论的重点内容，本章既是重点也是难点。

6.1.1 什么是反馈

对于反馈我们并不陌生，比如，一种新产品投放到市场后，是否受到消费者的青睐？我们只要了解消费者的反馈意见即可。消费者的意见可以通过一定的渠道，按照一定的方式反送到我们手中，这就是市场中的反馈。又比如，一位教师的授课能否得到同学们的认可？只要了解同学们的反馈意见即可。同学们的意见可以通过一定的渠道，以不同的形式，反送给主管部门，这就是教学中的反馈。那么，什么是电路中的反馈（feedback）？所谓电路中的反馈，就是将放大电路的输出信号（电压或电流）的一部分或全部，通过一定的电路（即反馈网络），按照一定的方式（串联或并联），反送到输入端，从而影响了放大电路净输入的一种连接方式。反馈放大电路可用方框图表示，如图6.1.1所示。

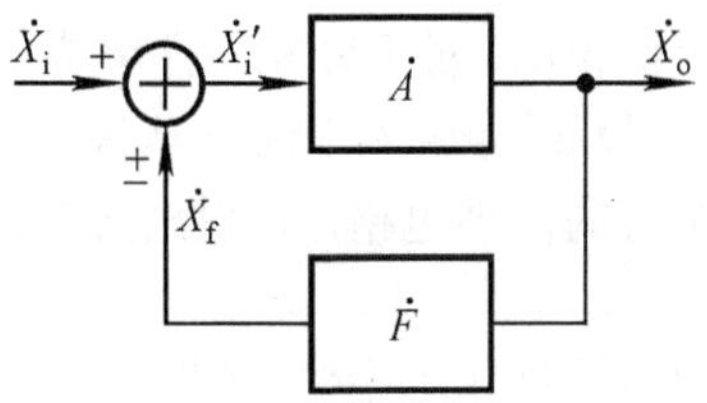

图 6.1.1　反馈放大电路方框图

在图 6.1.1 中，$\dot{A}$ 为基本放大电路的放大倍数，$\dot{F}$ 为反馈网络的反馈系数，$\dot{X}_i'$ 为放大电路的净输入（电压或电流的相量），$\dot{X}_i$、$\dot{X}_o$、$\dot{X}_f$ 为反馈放大电路的输入、输出和反馈信号。反馈信号与输入信号通过比较器产生净输入 $\dot{X}_i'$ ，$\dot{X}_i'=\dot{X}_i\pm\dot{X}_f$ ，与无反馈相比，输入发生了变化，从而影响了输出。输出究竟怎样变化？肯定与反馈网络的连接方式有关。

6.1.2　反馈的分类与判断

一、正反馈与负反馈

按反馈信号与输入信号的瞬时极性是相同还是相反，将反馈分为正反馈和负反馈。引入反馈，若 $\dot{X}_i'=\dot{X}_i+\dot{X}_f$ ，净输入增加，即为正反馈；若 $\dot{X}_i'=\dot{X}_i-\dot{X}_f$ ，净输入减少，即为负反馈。正反馈用来组成振荡电路，负反馈用来改善放大电路的性能。具体判断可采用瞬时极性法：首先，假设从放大电路的输入端施加一个正弦信号，并设瞬时极性为（+）（对地有一个电位的升高）。其次，按先放大电路、后反馈网络的次序，逐级推出各有关点的信号瞬时极性。此过程，若遇到耦合电容可视为短路，遇到大电感可视为开路，遇到电阻元件组成的反馈网络，其输出与输入信号的相位相同。最后，判断反馈信号使净输入增大还是减小。若增大，即为正反馈（positive feedback）；若减小，即为负反馈（negative feedback）。

例 6.1.1　判断图 6.1.2 所示放大电路中反馈的极性。

解　判断反馈极性前，先要判断电路中有无反馈，这只需寻找电路中有无“桥梁”（即反馈通路）。若有，则有反馈；若无，则无反馈。找“桥梁”，即找出能将电路的输出与输入联系起来的元件，如图中的 R_6，这说明电路中存在反馈。再根据瞬时极性法进行判断：设输入电压 u_I 的瞬时极性对地为“＋”，因而 T_1 管的基极电位为“＋”；因共射电路的输出与输入电压反相，故 T_1 管的集电极电位对地为“－”；第二级仍为共射电路，故 T_2 管的集电极电位对地为“＋”，即输出电压 u_O 的极性为上“＋”下“－”，u_O 作用于 R_6 和 R_3 回路，产生瞬时电流如图中虚线所示，从而在 R_3 上得到了上“＋”下“－”的反馈电压 u_F，其结果使 T_1 管的 b、e 结电压（净输入）减小：$u_{BE}=u_I-u_F$，故此电路引入了负反馈①。

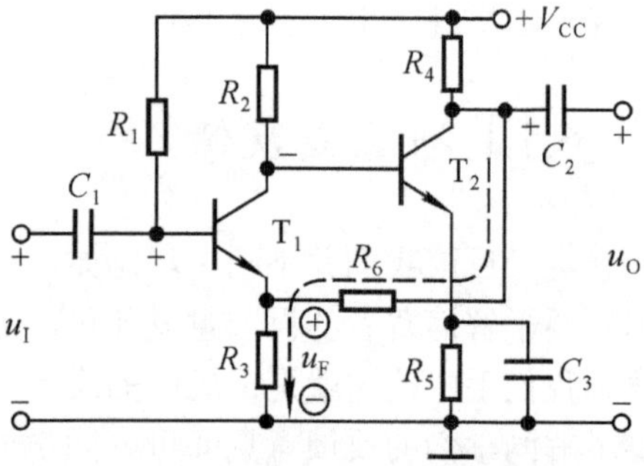

图 6.1.2　例 6.1.1 的电路图

上例说明，对于分立元件组成的反馈电路，可以通过判断输入级放大管的净输入电压（b、e 结电压）或净输入电流（基极电流 i_B）是增加还是减小，来判断反馈极性。而对于由集成运放组成的反馈电路，可以通过判断施加在运放的净输入电压 u_D 或净输入电流 i_N（或 i_P）是

①必须注意，u_F 仅仅取决于输出量 u_O，而与输入量无关。无反馈时，相当于输出短路，$u_O=0$，由 T_1 发射极电流 i_{E1} 在 R_3 上形成的电压为 u_{E1}，输入 $u_{BE}=u_I-u_{E1}$。有反馈时，i_E 和 u_O 共同作用在 R_3 上形成的电压为（$u_{E1}+u_F$），净输入为 $u_{BE}=u_I-(u_{E1}+u_F)$，因此与无反馈相比，净输入下降了。

增加还是减小，来判断反馈极性。

例 6.1.2 判断图 6.1.3（a）、（b）、（c）所示电路的反馈极性。

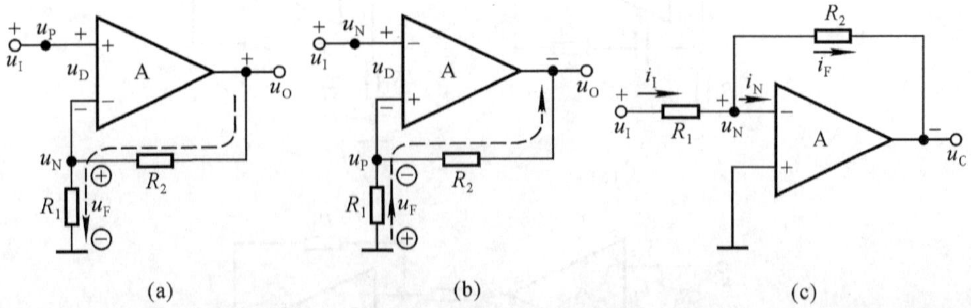

图 6.1.3 基于集成运放的反馈放大电路

（a）负反馈；（b）正反馈；（c）负反馈

解 在图 6.1.3（a）所示电路中，设输入电压 u_I 的瞬时极性对地为"＋"，则输出电压 u_O 对地也为正，u_O 在 R_2 和 R_1 回路产生瞬时电流，方向如图中虚线所示。该电流在 R_1 上产生上正下负的反馈电压 u_F，导致运放的净输入电压 $u_D = u_I - u_F$，与无反馈时的输入 $u_D = u_I$（无反馈时，因 $u_O = 0$，故由 u_O 所产生的 $u_F = 0$）相比，净输入下降了，因此电路引入了负反馈。

在图 6.1.3（b）所示电路中，设输入电压 u_I 的瞬时极性对地为"＋"，则输出电压 u_O 对地为负，u_O 在 R_2 和 R_1 回路产生瞬时电流，方向如图中虚线所示。该电流在 R_1 上产生上负下正的反馈电压 u_F，导致运放的净输入电压 u_D（$= u_I + u_F$）增加了，因此电路引入了正反馈。

在图 6.1.3（c）所示电路中，设输入电压 u_I 的瞬时极性对地为"＋"，则输入电流 i_I 的瞬时极性如图所示，u_N 对地也为正，输出电压 u_O 对地为负，R_2 在 u_O 的作用下产生向左的瞬时电流 i_F，导致运放的净输入电流 i_N（$= i_I - i_F$）减小了，因此电路引入了负反馈。

二、直流反馈与交流反馈

我们知道，放大电路中交、直流共存，反馈信号也是如此。若反馈信号是交流量，则会影响输入信号中的交流成分，进而影响电路的交流性能；若反馈信号是直流量，则会影响电路的直流性能（如静态工作点）；若反馈信号是交、直流量共存，则反馈对电路的交、直流性能都会产生影响。利用电容的隔直、通交作用可实现交流或直流反馈，因此，判断交、直流反馈的依据是电容。

在图 6.1.4（a）所示的电路中，若电容 C 对交流信号可视为短路，则由交流通路知，电路引入交流负反馈；由于电容 C 对直流信号可视为开路，则由直流通路知，电路没有引入直流反馈。

在图 6.1.4（b）所示的电路中，若电容 C 对交流信号可视为短路，则由交流通路知，电路没有引入交流反馈；由于电容 C 对直流信号可视为开路，则由直流通路知，电路引入直流负反馈。

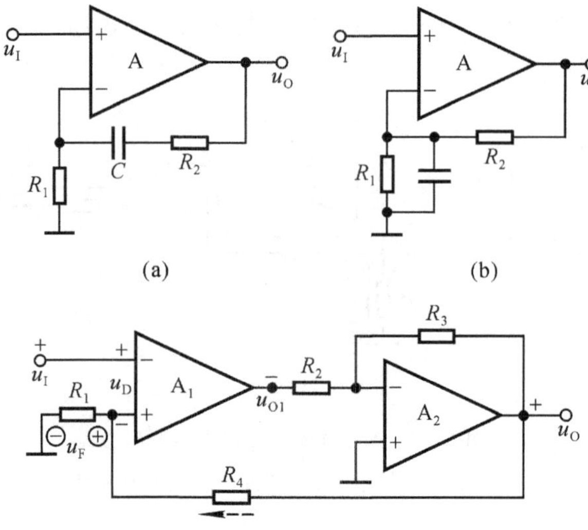

图 6.1.4 交、直流反馈的判断

(a) 交流负反馈；(b) 直流负反馈；(c) 交、直流负反馈

在图 6.1.4（c）所示的电路中，电阻 R_4 将输出回路与输入回路相连接，R_4 属于“桥梁”，故电路引入了反馈。又因为反馈信号 u_F 是交、直流均有，所以该电路既引入了直流反馈又引入了交流反馈。利用瞬时极性法可判断，$u_D=u_I-u_F$，故电路引入的是负反馈。另外，R_3 还引入了局部的交、直流负反馈。

三、电压反馈与电流反馈

反馈信号可取自输出电压，也可取自输出电流。若是前者，称之为电压反馈；若是后者，称之为电流反馈。它们的方框图如图 6.1.5 所示。由图可以看出，电压反馈时，反馈网络与基本放大电路在输出端并联，反馈信号正比于输出电压，即 $X_f \propto U_o$；电流反馈时，反馈网络与基本放大电路在输出端串联，反馈信号正比于输出电流，即 $X_f \propto I_o$。

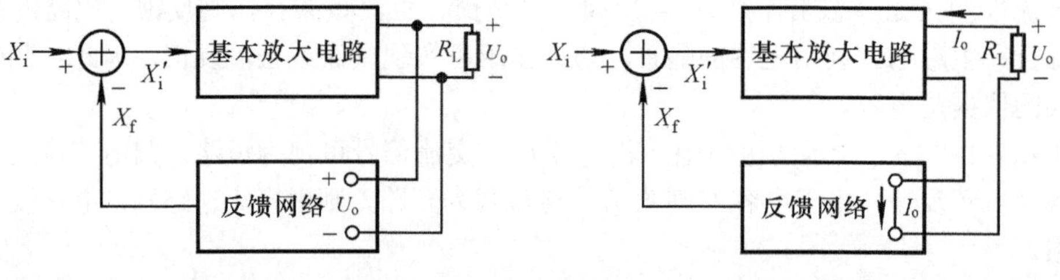

图 6.1.5 电压、电流反馈电路框图

(a) 电压反馈框图；(b) 电流反馈框图

根据电压、电流反馈的特点，可采用交流短路法来判断电路引入的是电压反馈还是电流反馈。具体方法是：假想将放大电路的输出端交流短路（即令 $U_o=0$），若反馈信号 X_f 消失①，则引入的是电压反馈；若反馈信号 X_f 依然存在，则引入的是电流反馈。容易判断，图 6.1.3、图 6.1.4 电路均为电压反馈。

四、串联反馈与并联反馈

反馈信号与输入信号在输入回路可采用串联连接，也可采用并联连接。若是前者，称之为串联反馈；若是后者，称之为并联反馈。它们的方框图如图 6.1.6 所示。由图可以看出，串联反馈时，反馈信号与输入信号在输入回路以电压的形式相比较，即 $U_i'=U_i\pm U_f$；并联反馈时，反馈信号与输入信号在输入回路以电流的形式相比较，即 $I_i'=I_i\pm I_f$。

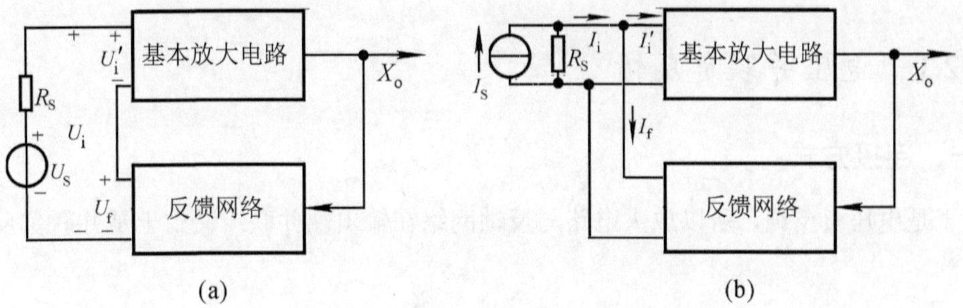

图 6.1.6　串联、并联反馈电路框图

（a）串联反馈框图；（b）并联反馈框图

根据串联、并联反馈的特点，亦可采用交流短路法来判断电路引入的是串联反馈还是并联反馈。具体方法是：假想将放大电路的输入端交流短路（即令 $U_i=0$），若反馈信号仍然能加到基本放大电路的输入端，则为串联反馈；否则，为并联反馈。容易判断，图 6.1.3（a）、（b）引入的是串联负反馈，而图 6.1.3（c）引入的是并联负反馈。当然也可根据反馈信号与输入信号在输入端是以电压形式相加减还是以电流形式相加减来判断：以电压形式相加减，为串联反馈；以电流形式相加减，则为并联反馈。

例 6.1.3　试分析图 6.1.7 电路中有无引入反馈；若有反馈，则说明是直流反馈还是交流反馈，是正反馈还是负反馈，是电压反馈还是电流反馈，是串联反馈还是并联反馈。

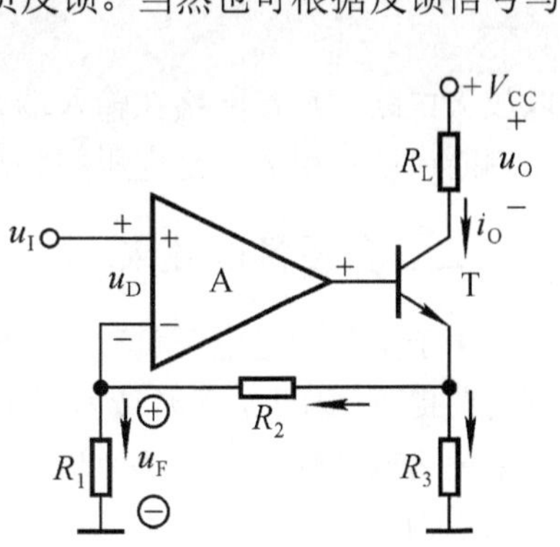

图 6.1.7　例 6.1.3 之电路图

解　观察电路，在输出回路与输入回路连接有“桥梁”R_2，因此有反馈。由于反馈通路没有电容，交、直流共存，因此电路中既引入了直流反馈，又引入了交流

①反馈信号 X_f 消失并非一定为零，一般还与 X_i 有关，但与 X_o 无关。

反馈。

按瞬时极性法，设输入电压 u_I 对地为“+”，可推出各有关点的电压瞬时极性，从而有 $u_D=u_I-u_F$，反馈电压与输入电压以电压的形式比较，为串联反馈。是电压还是电流反馈，要看反馈网络的取样。设输出交流短路，则 $u_O=0$，但是 $i_O\neq0$，因此 u_F 与 i_O 有关①，u_F 没有消失，故电路引入了电流反馈。一般而言，反馈网络取自于输出电压（反馈网络与负载并联），则为电压反馈，否则为电流反馈。

综上所述，对反馈类型的判断，可总结为：有无反馈看“桥梁”，正、负反馈看极性，电流、电压看取样，串联、并联看比较，交流、直流看电容。

6.2 负反馈的四种组态

6.2.1 电压并联负反馈

一、连接方式

由于是电压负反馈，所以放大电路与反馈网络在输出端并联；又由于是并联负反馈，所以放大电路与反馈网络在输入端亦并联，如图 6.2.1 所示。利用瞬时极性法及交流短路法容易判断该电路引入的是电压并联负反馈（shunt-shunt configuration）。

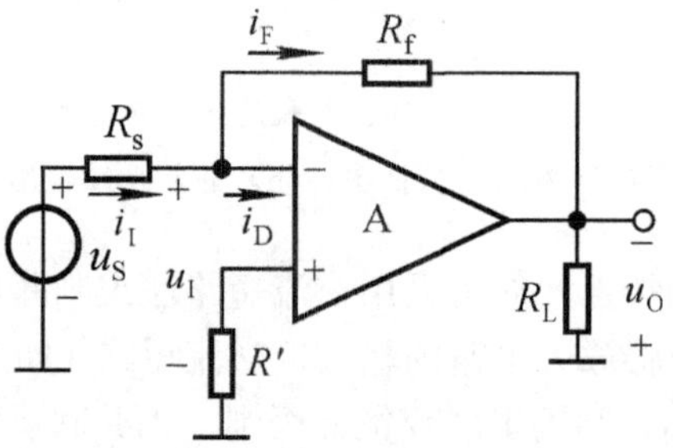

图 6.2.1 电压并联负反馈电路

二、负反馈的效果

由于引入的是电压负反馈，所以有稳定输出电压的作用。设 I_i 为一定值，在瞬时极性不变的前提下，因运放参数或负载电阻变化，引起输出电压 U_o 减小，则反馈电流 I_f 也随之减小，结果使运放净输入电流 $I_d=I_i-I_f$ 随之增大，从而使输出电压 U_o 恢复到原来数值。上述过程可表示为

$$R_L\downarrow\rightarrow U_o\downarrow\rightarrow I_f\downarrow\rightarrow I_d\uparrow\ (I_d=I_i-I_f,\ I_i\text{不变})\rightarrow U_o\uparrow$$

①考虑到运放满足“虚断”，$i_E\approx i_O$，则有 $u_F=[R_3R_1/(R_1+R_2+R_3)]\times i_O$。

必须注意，反馈的效果与信号源内阻密切相关。由图 6.2.1 可以看出，若 $R_s=0$，则 I_d 不变，I_d 与 I_f 无关，这就不能稳压。R_s 愈大，I_i 愈接近于 I_s[①]，I_d 受 I_f 的影响越大，稳压效果越好。因此，并联负反馈适合 R_s 较大的场合。此外，当 R_L 变化时，输出电压 U_o 不变，但输出电流 I_o 一定变化，请读者思考这是为什么。

三、放大倍数及反馈系数的含义

电压负反馈稳定的是输出电压，因此，电路的输出量为电压；并联负反馈是将反馈电流与输入电流比较，净输入是电流。定义此时的开环放大倍数为

$$A_{ui}=\frac{U_o}{I_d} \tag{6.2.1}$$

反馈系数为

$$F_{iu}=\frac{I_f}{U_o} \tag{6.2.2}$$

闭环放大倍数为

$$A_{uif}=\frac{U_o}{I_i} \tag{6.2.3}$$

公式中 A_{ui} 是电阻量纲，F_{iu} 是电导量纲。

6.2.2　电压串联负反馈

一、连接方式

由于是电压负反馈，所以放大电路与反馈网络在输出端并联；又由于是串联负反馈，所以放大电路与反馈网络在输入端串联，如图 6.2.2 所示。利用瞬时极性法及交流短路法，容易判断该电路引入的是电压串联负反馈（series-shunt configuration）。

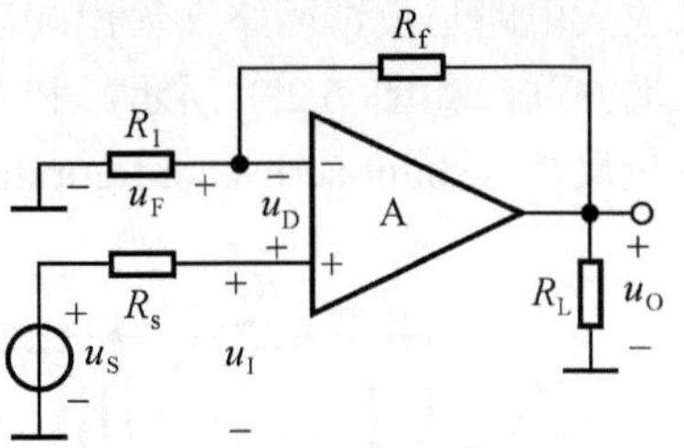

图 6.2.2　电压串联负反馈电路

二、负反馈的效果

由于引入的是电压负反馈，所以有稳定输出电压的作用。设 U_i 为一定值，在瞬时极性不

①可将信号源等效成诺顿信号源。

变的前提下，因运放参数或负载电阻变化，引起输出电压 U_o 减小，则反馈电压 U_f 也随之减小，结果使运放净输入电压 $U_d=U_i-U_f$ 随之增大，从而使输出电压 U_o 恢复到原来数值。上述过程可表示为

$$R_L\downarrow\rightarrow U_o\downarrow\rightarrow U_f\downarrow\rightarrow U_d\uparrow\ (U_d=U_i-U_f,\ U_i\text{不变})\rightarrow U_o\uparrow$$

必须注意，反馈的效果与信号源内阻密切相关。由图 6.2.2 可以看出，若 $R_s\rightarrow\infty$，则 U_d 不变，U_d 与 U_f 无关，这就不能稳压。R_s 愈小，U_i 愈接近于 U_s，U_d 受 U_f 的影响越大，稳压效果越好。因此，串联负反馈适合 R_s 较小的场合。此外，当 R_L 变化时，输出电压 U_o 不变，但是输出电流 I_o 一定变化。

三、放大倍数及反馈系数的含义

电压负反馈稳定的是输出电压，因此，电路的输出量为电压；串联负反馈是将反馈电压与输入电压比较，净输入是电压。定义此时的开环放大倍数和反馈系数分别为

$$A_{uu}=\frac{U_o}{U_d} \tag{6.2.4}$$

$$F_{uu}=\frac{U_f}{U_o} \tag{6.2.5}$$

闭环放大倍数为

$$A_{uuf}=\frac{U_o}{U_i} \tag{6.2.6}$$

公式中 A_{uu}、F_{uu} 均无量纲。

6.2.3 电流并联负反馈

一、连接方式

由于是电流负反馈，所以放大电路与反馈网络在输出端串联；又由于是并联负反馈，所以放大电路与反馈网络在输入端并联，如图 6.2.3 所示。利用瞬时极性法及交流短路法容易判断该电路引入的是电流并联负反馈（shunt-series configuration）。

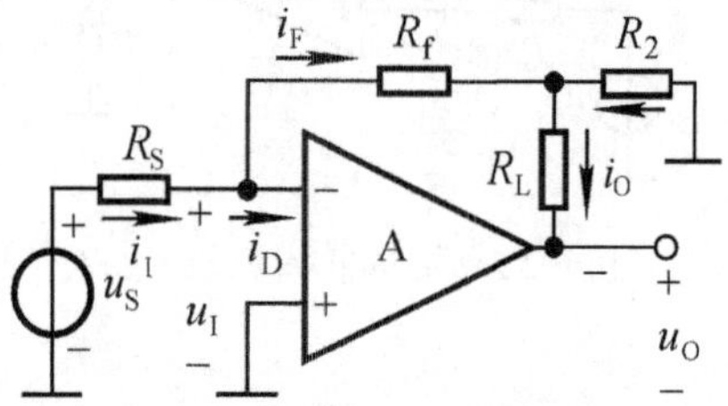

图 6.2.3 电流并联负反馈电路

二、负反馈的效果

由于引入的是电流负反馈，所以有稳定输出电流的作用。设 I_i 为一定值，在瞬时极性不变的前提下，因运放参数或负载电阻变化，引起输出电压 I_o 减小，则反馈电流 I_f 也随之减小，结果使运放净输入电流 $I_d=I_i-I_f$ 随之增大，从而使输出电压 I_o 恢复到原来数值。上述过程可表示为

$$R_L\uparrow\rightarrow I_o\downarrow\rightarrow I_f\downarrow\rightarrow I_d\uparrow\ (I_d=I_i-I_f,\ I_i\text{不变})\rightarrow I_o\uparrow$$

与电压并联负反馈类似，并联负反馈适合 R_s 较大的场合。此外，当 R_L 变化时，输出电流 I_o 不变，但是输出电压 U_o 一定变化，请读者思考这是为什么。

三、放大倍数及反馈系数的含义

电流负反馈稳定的是输出电流，因此，电路的输出量为电流；并联负反馈是将反馈电流与输入电流比较，净输入是电流。定义此时的开环放大倍数和反馈系数分别为

$$A_{ii}=\frac{I_o}{I_d} \tag{6.2.7}$$

$$F_{ii}=\frac{I_f}{I_o} \tag{6.2.8}$$

闭环放大倍数为

$$A_{iif}=\frac{I_o}{I_i} \tag{6.2.9}$$

公式中 A_{ii}、F_{ii} 均无量纲。

6.2.4　电流串联负反馈

一、连接方式

由于是电流负反馈，所以放大电路与反馈网络在输出端串联；又由于是串联负反馈，所以放大电路与反馈网络在输入端亦串联，如图 6.2.4 所示。利用瞬时极性法及交流短路法，容易判断该电路引入的是电流串联负反馈（series-series configuration）。

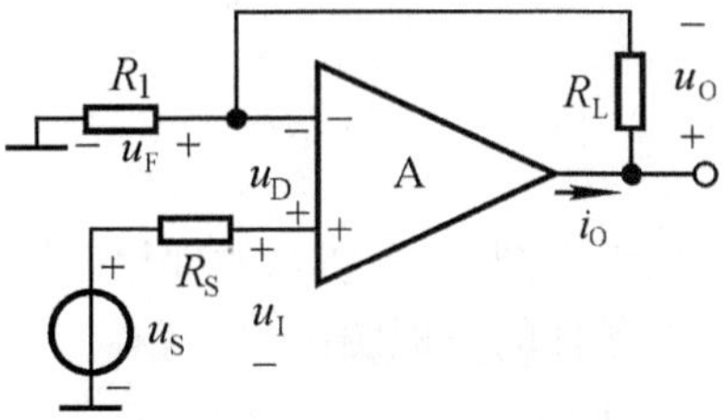

图 6.2.4　电流串联负反馈电路

二、负反馈的效果

由于引入的是电流负反馈，所以有稳定输出电流的作用。设 U_i 为一定值，在瞬时极性不变的前提下，因运放参数或负载电阻变化，引起输出电流 I_o 减小，则反馈电压 U_f 也随之减小，结果使运放净输入电压 $U_d=U_i-U_f$ 随之增大，从而使输出电流 I_o 恢复到原来数值。上述过程可表示为

$$R_L\uparrow\rightarrow I_o\downarrow\rightarrow U_f\downarrow\rightarrow U_d\uparrow\ (U_d=U_i-U_f,\ U_i\text{不变})\rightarrow I_o\uparrow$$

与电压串联负反馈类似，串联负反馈适合 R_s 较小的场合。此外，当 R_L 变化时，输出电流 I_o 不变，但是输出电压 U_o 一定变化。

三、放大倍数及反馈系数的含义

电流负反馈稳定的是输出电流，因此，电路的输出量为电流；串联负反馈是将反馈电压与输入电压比较，净输入是电压。定义此时的开环放大倍数和反馈系数分别为

$$A_{iu}=\frac{I_o}{U_d} \tag{6.2.10}$$

$$F_{ui}=\frac{U_f}{I_o} \tag{6.2.11}$$

闭环放大倍数为

$$A_{iuf}=\frac{I_o}{U_i} \tag{6.2.12}$$

公式中 A_{iu} 是电导量纲，F_{ui} 是电阻量纲。

通过以上分析可以看出，对不同的反馈组态，输出量、输入量和反馈量不同，可以是电压，也可能是电流，因此放大倍数和反馈系数的含义也随之改变，这是读者应注意的问题。

6.3 负反馈对放大电路性能的影响

从 6.2 节的分析可知，负反馈放大电路有四种基本组态，而且即使对同一种组态，其具体电路也各不相同。为了研究负反馈放大电路的共同规律，可以利用方框图来近似描述负反馈放大电路。

6.3.1 方框图表示

任何负反馈放大电路都可以借用图 6.3.1 所示的理想方框图（block diagram）来表示。所谓理想方框图是指满足以下三个条件的方框图：

（1）基本放大电路只存在正向传输，因此三极管内部的反馈可以忽略不计；

（2）反馈网络只存在反向传输，其直接传输作用可以忽略不计；

（3）反馈网络的反馈系数与信号源内阻和负载电阻无关。

严格地说，大多数电路并不满足以上三个条件。考虑到工程实际，为突出反馈的实质，简化分析过程，实际电路都可近似认为满足以上三个条件。

在上述条件下，可定义基本放大电路的放大倍数为

$$\dot{A}=\frac{\dot{X}_o}{\dot{X}_i'} \tag{6.3.1}$$

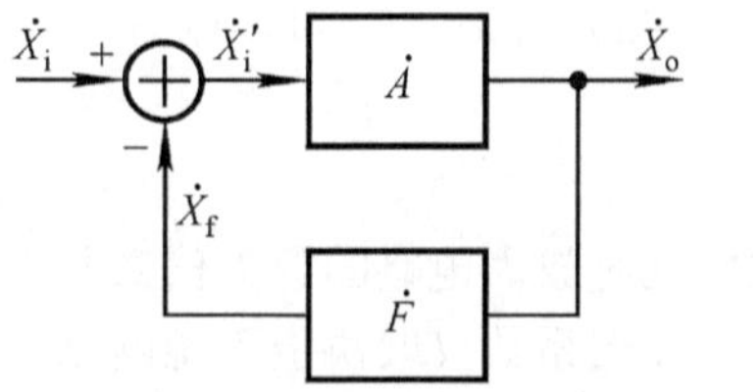

图 6.3.1　负反馈放大电路的方框图

反馈系数为

$$\dot{F}=\frac{\dot{X}_f}{\dot{X}_o} \tag{6.3.2}$$

负反馈放大电路的放大倍数（也称闭环放大倍数）为

$$\dot{A}_f=\frac{\dot{X}_o}{\dot{X}_i} \tag{6.3.3}$$

根据式（6.3.1）、式（6.3.2），可得环路放大倍数为

$$\dot{A}\dot{F}=\frac{\dot{X}_f}{\dot{X}_i'} \tag{6.3.4}$$

由图 6.3.1 及式（6.3.1）、式（6.3.2）知，$X_i=X_i'+X_f=X_i'+FX_o=(1+AF)X_i'$，将该式及式（6.3.1）代入式（6.3.3），得闭环放大倍数为

$$\dot{A}_f=\frac{\dot{X}_o}{\dot{X}_i}=\frac{\dot{A}}{1+\dot{A}\dot{F}} \tag{6.3.5}$$

这就是负反馈放大电路的一般表达式，它是负反馈放大电路最基本的关系式，对于分析负反馈放大电路极为有用。但需注意，式中 $\dot{A}$ 、$\dot{A}_f$ 为广义放大倍数，其含义与反馈组态有关。

一般，F 为实数，如果只考虑放大中频信号，则 A、A_f 亦为实数，于是式（6.3.5）变为

$$A_f=\frac{A}{1+AF} \tag{6.3.6}$$

从式（6.3.6）可以得出以下结论：

（1）若 $1+AF>1$，即 $AF>0$，则 $A_f<A$，说明引入反馈后，放大电路的放大倍数比没有反馈时减小了，确属负反馈；若 $1+AF<1$，即 $AF<0$，则 $A_f>A$，说明引入反馈后，放大电路的放大倍数比没有反馈时增大了，负反馈实际上变为正反馈。

（2）若 $1+AF=0$，则 $A_f\rightarrow\infty$，这就是说当 $X_i=0$ 时，$X_o\neq0$。即：无输入信号，也会有输出信号，这种现象称为自激振荡。对于负反馈放大电路而言，自激振荡破坏了正常的工作状态，应设法避免。当然，有时则是人为利用正反馈来产生信号，这便是振荡电路。该问题将在第 8 章加以讨论。

（3）若 $1+AF\gg1$，则有

$$A_f\approx\frac{1}{F} \tag{6.3.7}$$

说明此时放大电路的放大倍数只取决于反馈系数，与开环放大倍数几乎无关。因为多数情况下，反馈系数仅取决于无源网络，是比较稳定的，所以闭环放大倍数也是比较稳定的。

应当指出，负反馈是对中频信号而言的。当信号频率进入低频或高频段，会产生附加相移，对于某一特定的频率，负反馈电路变成了正反馈电路，甚至产生自激振荡。这是使用者应该注意的问题。

6.3.2 负反馈对放大倍数的影响

一、负反馈使放大倍数降低

由负反馈放大电路的一般关系式 $A_f=A/(1+AF)$，可以看出，引入负反馈后闭环放大倍数 A_f 比开环放大倍数 A 减小了 $1+AF$ 倍。

二、负反馈使放大倍数的稳定性提高

负反馈虽然使放大倍数减小了 $1+AF$ 倍，但却换来了放大倍数稳定性的提高。设输入信号为中频段，则负反馈放大电路的一般表达式仍为式（6.3.6），对该式微分可得

$$\mathrm{d}A_f=\frac{(1+AF)\mathrm{dA}-AF\mathrm{d}A}{(1+AF)^2}=\frac{\mathrm{d}A}{(1+AF)^2}$$

两边同除以 A_f，则有

$$\frac{\mathrm{d}A_f}{A_f}=\frac{\mathrm{d}A}{(1+AF)^2A_f}=\frac{\mathrm{d}A}{A(1+AF)}$$

整理上式得

$$\frac{\mathrm{d}A_f}{A_f}=\frac{1}{1+AF}\times\frac{\mathrm{d}A}{A} \tag{6.3.8}$$

上式直观地告诉我们，负反馈放大电路放大倍数的相对变化量仅为其基本放大电路放大倍数的相对变化量的（$1+AF$）分之一。仔细分析该式可知，引入负反馈后，任何原因（如环境温度的变化、电源电压的波动、元件的老化、器件的更换等）引起的放大倍数的变化都减小（$1+AF$）倍（gain desensitivity）。因此，在设计放大电路时，为了使放大电路的放大倍数稳定，可以引入适量的负反馈。

6.3.3 负反馈对输入电阻的影响

引入负反馈后，将使放大电路的输入电阻发生变化，其变化情况取决于基本放大电路与

反馈网络在电路输入端的连接方式，即取决于电路引入的是串联反馈还是并联反馈，而与反馈网络在输出端的取样对象无直接关系。

一、串联负反馈使输入电阻增大

图 6.3.2 为串联负反馈放大电路的方框图，按输入电阻的定义，基本放大电路的输入电阻（开环输入电阻）为

$$R_i=\frac{U_i'}{I_i}$$

而负反馈放大电路的输入电阻（闭环输入电阻）为

$$R_{if}=\frac{U_i}{I_i}=\frac{U_i'+U_f}{I_i}=\frac{U_i'+AFU_i'}{I_i}$$

从而得串联负反馈放大电路的输入电阻为

$$R_{if}=(1+AF)R_i \qquad (6.3.9)$$

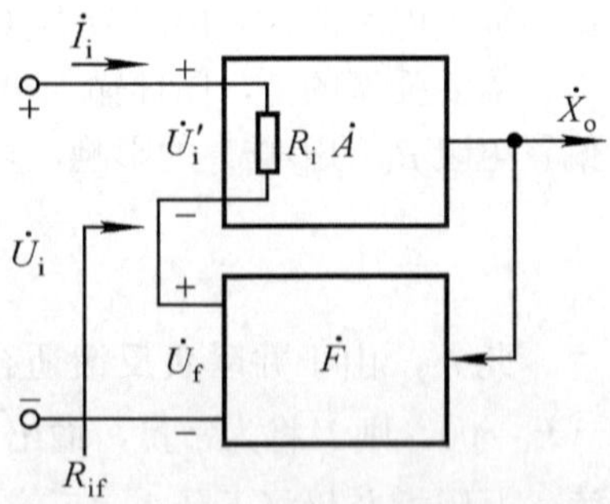

图 6.3.2　串联负反馈电路的方框图

式（6.3.9）说明，引入负反馈后，无论是电压反馈还是电流反馈，只要是串联负反馈，负反馈放大电路的输入电阻增加（1+AF）倍，且反馈深度（1+AF）愈大，增大程度愈多。

需要强调的是，闭环输入电阻的增大是对反馈环内而言的，若考虑到环外电路参数（如偏置电阻 R_b 的影响）的影响，实际输入电阻为

$$R_{if}'=R_{if}\ /\!/\ R_b \qquad (6.3.10)$$

显然，当 R_b 不够大时，实际闭环输入电阻增加量不足（1+AF）倍。此外，由于串联负反馈适合于 R_s 较小的场合，若给图 6.3.2 输入端施加理想电流源（$R_s\to\infty$），则 U_i' 将为常量，输出 X_o 将不变，因而电流、互阻增益不变；由于 U_i 可变，因而电压、互导增益仍将下降 1+AF 倍①。

二、并联负反馈使输入电阻减小

图 6.3.3 为并联负反馈放大电路的方框图，按输入电阻的定义，基本放大电路的输入电阻（开环输入电阻）为

$$R_i=\frac{U_i}{I_i'}$$

而负反馈放大电路的输入电阻（闭环输入电阻）为

$$R_{if}=\frac{U_i}{I_i}=\frac{U_i}{I_i'+I_f}=\frac{U_i}{I_i'+AFI_i'}$$

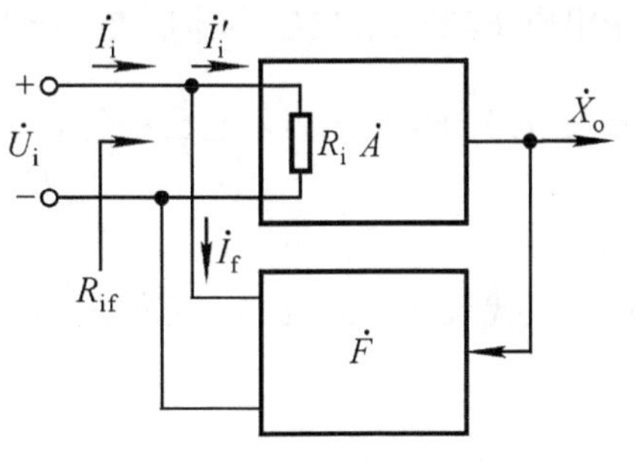

图 6.3.3　并联负反馈电路的方框图

①参阅文献[6-1] 31 页。

从而得并联负反馈放大电路的输入电阻为

$$R_{if}=\frac{R_i}{1+AF} \tag{6.3.11}$$

式（6.3.11）说明，引入负反馈后，无论是电压反馈还是电流反馈，只要是并联负反馈，负反馈放大电路的输入电阻减小（1+AF）倍，且反馈深度（1+AF）愈大，减小程度愈多。

需要强调的是，闭环输入电阻的减小是对反馈环内而言的，若考虑到环外电路参数（如偏置电阻 R_b 的影响）的影响，可将 R_b 等效到 R_i 中，实际输入电阻仍为

$$R'_{if}=R_{if}$$

此外，由于并联负反馈适合于 R_s 较大的场合，若给图 6.2.3 输入端施加理想电压源（$R_s\to 0$），则 I'_i 将为常量，输出 X_o 将不变，因而电压、互导增益不变；由于 I_i 可变，因而电流、互阻增益仍将下降 1+AF 倍。

6.3.4 负反馈对输出电阻的影响

输出电阻是从放大电路输出端看进去的等效内阻。引入负反馈后，将使放大电路的输出电阻发生变化，其变化情况取决于基本放大电路与反馈网络在电路输出端的连接方式，即取决于电路引入的是电压反馈还是电流反馈，而与反馈网络在输入端的连接方式无直接关系。

一、电压负反馈使输出电阻减小

图 6.3.4 是电压负反馈放大电路的方框图。按输出电阻的定义①，令信号源为零：$X_i=0$（电压源短路，电流源开路，内阻保留）；负载开路：$R_L\to\infty$；再在输出端加测试电压 U_o，求出相应电流 I_o，则负反馈放大电路的输出电阻为

$$R_{of}=\frac{U_o}{I_o} \tag{6.3.12}$$

U_o 作用于反馈网络，得到反馈量 $X_f=FU_o$，$-X_f$ 又作为净输入量作用于基本放大电路，产生输出电压源 $-A_{oc}FU_o$，A_{oc} 是 $R_L\to\infty$ 时基本放大电路的放大倍数，即 $A_{oc}=A\big|_{R_L\to\infty}$，$R_o$ 为基本放大电路的输出电阻，它已经包含了反馈网络的负载效应②，因此 R_o 中的电流为

$$I_o=\frac{U_o-(-A_{oc}FU_o)}{R_o}=\frac{(1+A_{oc}F)U_o}{R_o}$$

将上式代入式（6.3.12），可得闭环输出电阻为

$$R_{of}=\frac{R_o}{1+A_{oc}F} \tag{6.3.13}$$

①参见文献[6-2] 98 页。
②参见本书 6.5 节。

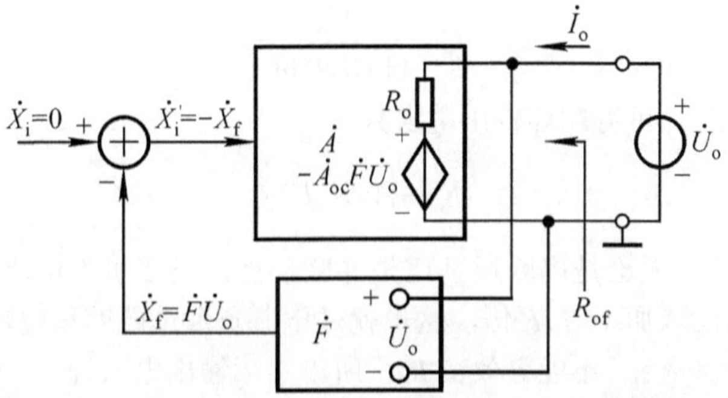

图 6.3.4　电压负反馈电路的方框图

式（6.3.13）表明，无论是串联反馈还是并联反馈，只要引入电压负反馈，闭环输出电阻与开环输出电阻相比下降 $1+A_{oc}F$ 倍，这也就是电压负反馈能够稳定输出电压的根本原因。应该注意，由于环外参数 R_b 常可等效在 R_o，所以式（6.3.13）也即实际输出电阻。

二、电流负反馈使输出电阻增加

图 6.3.5 是电流负反馈放大电路的方框图。按输出电阻的定义，负反馈放大电路的输出电阻仍可表示为式（6.3.12）。

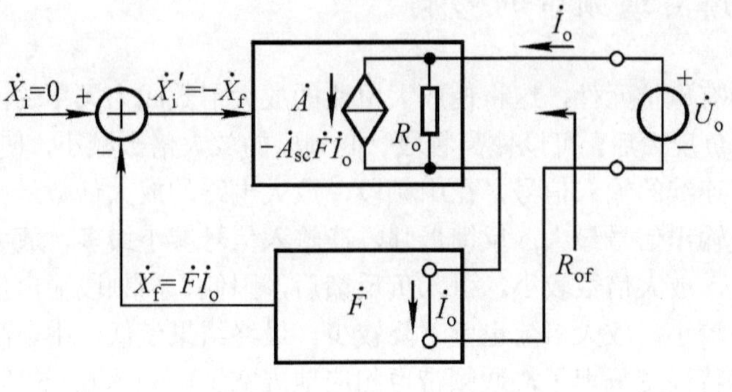

图 6.3.5　电流负反馈方框图

I_o 作用于反馈网络，得到反馈量 $X_f=FI_o$，$-X_f$ 又作为净输入量作用于基本放大电路，产生输出电流源 $-A_{sc}FU_o$，A_{sc} 是 $R_L\to0$ 时基本放大电路的放大倍数，即 $A_{sc}=A\big|_{R_L\to0}$，R_o 为基本放大电路的输出电阻，它已经包含了反馈网络的负载效应，所以可以认为，此时作用于反馈网络的输入电压为零，因此，流入放大电路的电流为

$$I_o=\frac{U_o}{R_o}+(-A_{sc}FI_o)$$

由上式解出

$$I_o=\frac{U_o}{(1+A_{sc}F)R_o}$$

将上式代入式（6.3.12），可得闭环输出电阻为

$$R_{of}=(1+A_{sc}F)R_o \tag{6.3.14}$$

式（6.3.14）表明，无论是串联反馈还是并联反馈，只要引入电流负反馈，闭环输出电阻与开环输出电阻相比增加 $1+A_{sc}F$ 倍，这也就是电流负反馈能够稳定输出电流的根本原因。应该注意，由于环外参数 R_c 不能等效在 R_o，所以实际输出电阻为

$$R'_{of}=R_{of} \mathbin{/\!/} R_c \tag{6.3.15}$$

显然，当 R_c 不够大时，实际闭环输出电阻增加量不足（$1+A_{sc}F$）倍。

综上所述，引入负反馈，将使放大电路的输入电阻改变，其改变情况取决于反馈网络在输入端的连接方式，与在输出端的取样无关，串联负反馈使输入电阻增大，并联负反馈使输入电阻减小，增大与减小程度与反馈深度（$1+AF$）有关；同理，引入负反馈，将使放大电路的输出电阻改变，其改变情况取决于反馈网络在输出端的连接方式，与在输入端的连接方式无关，电流负反馈使输出电阻增大（$1+A_{sc}F$）倍，电压负反馈使输出电阻减小 $1+A_{oc}F$ 倍。这是电路设计者在引入负反馈时必须注意的问题。

6.3.5 负反馈对通频带的影响

由于放大电路中有电抗元件，这将使放大电路的放大倍数成为频率的函数，进而使通频带受到限制。当引入负反馈后，可以使高频段、低频段的放大倍数减小，使通频带得以展宽。具体来说，对于频率连续的输入信号，在中频段，放大电路的放大倍数最大且为常数，引入负反馈后，因中频段输出信号最大，反馈最强，净输入信号减小最多，放大倍数也就下降最多；而在低、高频段，放大倍数较小，引入负反馈后，因低、高频段输出信号较小，反馈较小，净输入信号减小较小，放大倍数也就下降较少。最终结果使低、中、高三个频段的放大倍数较为均匀，频率特性变平坦了，通频带也相应地展宽了，如图 6.3.6 所示。

可以证明[①]，闭环上界频比开环上界频增大了 $1+AF$ 倍，即

$$f_{Hf}=(1+AF)f_H$$

闭环下界频比开环下界频减小了 $1+AF$ 倍，即

$$f_{Lf}=\frac{1}{1+AF}f_L$$

一般情况下，因 $f_H\gg f_L$，$f_{Hf}\gg f_{Lf}$，则负反馈放大电路的通频带为

$$f_{bwf}=f_{Hf}-f_{Lf}\approx f_{Hf}=(1+AF)f_H=(1+AF)f_{bw} \tag{6.3.16}$$

①参阅文献[6-3] 277-278 页。

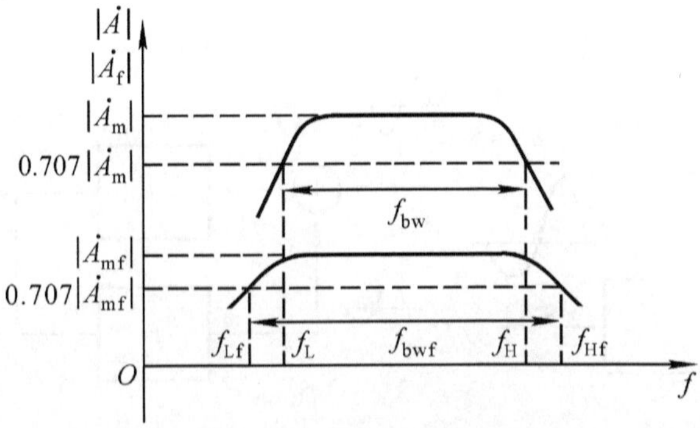

图 6.3.6 负反馈对通频带的影响

可见，引入负反馈后，放大电路的通频带展宽（Bandwidth extension）了 $1+AF$ 倍。

若将式（6.3.6）与式（6.3.16）左右相乘，可得

$$A_f \times f_{bwf} = A \times f_{bw} \tag{6.3.17}$$

式（6.3.17）告诉我们，引入负反馈后，增益带宽积是常数①，通频带展宽多少倍，放大倍数就降低多少倍，换言之，负反馈展宽通频带是以损失放大倍数为代价换取的。因此，在设计放大电路时，要根据需要进行选择，增益、带宽不可兼得。

6.3.6 负反馈对非线性失真的影响

由于放大电路存在着非线性器件，当输入频率为 f_0 的不失真的正弦信号时，输出会失真，产生新的频率成分，这种失真称为放大电路的非线性失真②。以下我们作定性分析。

设在图 6.3.7 所示的无反馈放大电路的输入端施加一无失真的正弦信号，输出波形产生了上大、下小的失真。引入负反馈后，在反馈系数为常量的情况下，反馈信号同输出信号一样是上大、下小的失真波形，这一失真的、缩小的反馈信号与原不失真的输入信号叠加后，使净输入信号变成上小、下大的失真波形。净输入信号的这种失真正好与晶体管的非线性失真方向相反，从而使输出波形的非线性失真得到一定程度的改善。可以证明，引入负反馈，能使非线性失真减小 $1+AF$ 倍（nonlinear distortion reduction）③。

必须注意，对于输入信号的固有失真或外界干扰，引入负反馈将无济于事，必须采用信号处理（如有源滤波）或屏蔽等方法才能解决。

---

①对于传统放大器（如通用集成运放 VFA）这个结论是成立的，对于新型放大器（如电流反馈运放 CFA 等）该结论不一定成立。可参阅文献[6-4] 151-160 页。

②它包括截止失真、饱和失真和交越失真。放大电路还存在着线性失真（或称频率失真），它包括幅频失真、相频失真。

③参阅文献[6-5] 302-304 页。

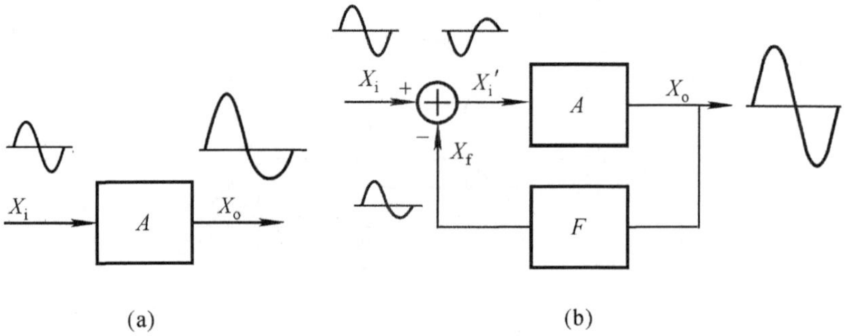

图 6.3.7 负反馈对非线性失真的改善

(a) 无反馈；(b) 有负反馈

综上所述，引入负反馈，可以使放大电路的性能得到一定程度的改善，诸如提高放大倍数的稳定性，改变输入、输出电阻，展宽频带，减小非线性失真等，而且改善程度与反馈深度有关。须知，这些性能的改善都是以损失放大倍数为代价换取的。

6.3.7 放大电路中引入负反馈的一般原则

以上分析了引入负反馈后对放大电路性能的改善及影响，而且反馈组态不同，改善影响的程度也不同。在设计放大电路时，应根据需要和目的，引入合适的反馈。引入负反馈的一般原则如下：

（1）要稳定电路的直流量（如静态工作点），应引入适量的直流负反馈。

（2）要改善电路的动态特性（如放大倍数），应引入适量的交流负反馈。

（3）要稳定放大电路的输出电压（即减小输出电阻，提高带负载能力），应引入适量的电压负反馈。

（4）要稳定放大电路的输出电流（即增大输出电阻），应引入适量的电流负反馈。

（5）要提高放大电路的输入电阻（即放大电路向信号源索取较小的电流），应引入适量的串联负反馈。

（6）减小放大电路的输入电阻（即放大电路向信号源索取较大的电流），应引入适量的并联负反馈。

要想同时满足几个方面的需求，可依据一般原则综合考虑，统筹兼顾，不可顾此失彼。

例 6.3.1 在图 6.3.8 所示的电路中，为了达到下列目的，试说明应引入哪种组态的负反馈，电路应如何连接。

（1）减小放大电路从信号源索取的电流并增强带负载能力；

（2）将输入电流 i_I 转换成与之成稳定线性关系的输出电流 i_O；

（3）将输入电流 i_I 转换成与之成稳定线性关系的输出电压 u_O。

解 （1）电路需要增大输入电阻并减小输出电阻，所以应引入电压串联负反馈。电压负反馈的取样为输出电压，故将⑧与⑩相连；串联负反馈的反馈量为电压，故将③与⑨相连；

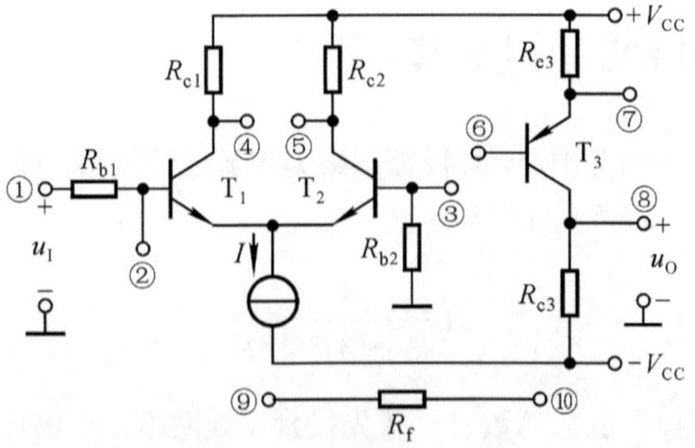

图 6.3.8　例 6.3.1 的电路图

为了保证是负反馈，根据瞬时极性法可知，应将④与⑥相连。

（2）要稳定输出电流，应引入电流负反馈，故将⑦与⑩相连；由于电路输入的是电流，即信号源为恒流源或内阻较大的电压源，为了使反馈起作用，应引入并联负反馈，故将②与⑨相连；为了保证是负反馈，根据瞬时极性法可知，应将④与⑥相连。

（3）要稳定输出电压，应引入电压负反馈，故将⑧与⑩相连；由于电路输入的是电流，即信号源为恒流源或内阻较大的电压源，为了使反馈起作用，应引入并联负反馈，故将②与⑨相连；为了保证是负反馈，根据瞬时极性法可知，应将⑤与⑥相连。

6.4　负反馈放大电路的分析方法

与分析基本放大电路类似，分析负反馈放大电路，就是要定量求出闭环放大倍数、闭环输入电阻及闭环输出电阻等动态指标。根据反馈深度的不同，可以把负反馈放大电路归纳为深度负反馈（with strong negative feedback）和非深度负反馈两种情况，我们将分两种情况进行分析。

6.4.1　深度负反馈放大电路的分析方法

所谓深度负反馈放大电路是指反馈深度 $1+AF\geqslant 10$ 的放大电路。实际中，大多数多级负反馈放大电路都可看成是深度负反馈放大电路；有些单级负反馈放大电路（如射极输出器），也可当作深度负反馈放大电路；至于由集成运放构成的负反馈放大电路（因其开环放大倍数很大），更应视为深度负反馈放大电路。因此，研究深度负反馈放大电路具有实际意义。

深度负反馈放大电路的分析方法比较简单，对其闭环放大倍数的计算，可采用两种近似方法进行估算。

一、直接利用关系式 $A_f \approx \frac{1}{F}$ 估算

若输入信号频率在中频范围内，且反馈网络为无源线性网络，对于深度负反馈放大电路，当 1+*AF*≥10 时，由式（6.3.6）可得

$$A_f = \frac{A}{1+AF} \approx \frac{1}{F} \tag{6.4.1}$$

按式（6.4.1）估算闭环放大倍数时，要先找到反馈网络，求出反馈系数 *F*；再将反馈系数 *F* 代入式（6.4.1），求出广义的闭环放大倍数；最后，将广义闭环放大倍数转换为物理意义明确的闭环电压放大倍数。

二、利用导出关系式 $X_f \approx X_i$ 进行估算

根据闭环放大倍数和反馈系数的定义可知

$$A_f = \frac{X_o}{X_i}，\quad F = \frac{X_f}{X_o}$$

对于深度负反馈放大电路，可将上两式代入式（6.4.1），故可导出关系式

$$X_f \approx X_i \tag{6.4.2}$$

式（6.4.2）说明，在深度负反馈条件下，反馈信号与输入信号近似相等。

应该说明，对于不同的反馈组态，式（6.4.2）的具体含义不同。对于串联负反馈，反馈信号与输入信号以电压的形式在输入端比较，式（6.4.2）应为

$$U_f \approx U_i \tag{6.4.3}$$

对于并联负反馈，反馈信号与输入信号以电流的形式在输入端比较，式（6.4.2）应为

$$I_f \approx I_i \tag{6.4.4}$$

一般情况，第二种方法比第一种方法简明，因为第二种方法更直接。

由于串联负反馈能使输入电阻提高 1+*AF* 倍，因此，在深度负反馈条件下，可近似认为闭环输入电阻 $R_{if} \to \infty$；而并联负反馈能使输入电阻下降 1+*AF* 倍，因此，在深度负反馈条件下，可近似认为闭环输入电阻 $R_{if} \to 0$；由于电压负反馈能使输出电阻下降 1+*AF* 倍，因此，在深度负反馈条件下，可近似认为闭环输出电阻 $R_{of} \to 0$；而电流负反馈能使输出电阻提高 1+*AF* 倍，因此，在深度负反馈条件下，可近似认为闭环输出电阻 $R_{of} \to \infty$。

再次强调，上述输入、输出电阻均对反馈环内而言的。在计算深度串联负反馈的输入电阻时，若有电阻（R_b）不在反馈环内，则实际输入电阻为 $R'_{if} = R_{if} /\!/ R_b \approx R_b$；在计算深度电流负反馈的输出电阻时，若有电阻（$R_c$）不在反馈环内，则实际输出电阻为 $R'_{of} = R_{of} /\!/ R_c \approx R_c$。

例 6.4.1 图 6.4.1 所示的负反馈放大电路是电子仪表中常用的深度负反馈放大电路，若

电路参数 $R_f=10\ \text{k}\Omega$，$R_{e1}=100\ \Omega$，试估算该电路的电压放大倍数和源电压放大倍数以及输入、输出电阻。

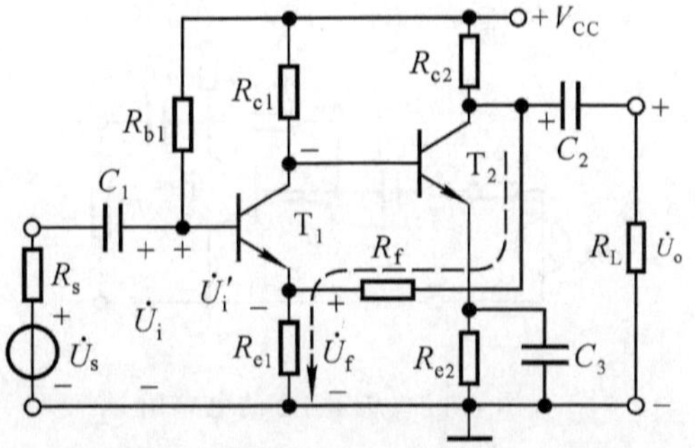

图 6.4.1　例 6.4.1 的电路图

解　由图 6.4.1 判断出该电路的反馈组态为电压串联负反馈。

方法一：先找反馈网络，即为 R_{e1} 和 R_f 元件，求反馈系数为

$$F_{uu}=\frac{R_{e1}}{R_f+R_{e1}}$$

再将上式代入式（6.4.1），可直接得到

$$A_{uuf}\approx\frac{1}{F_{uu}}=\frac{R_f+R_{e1}}{R_{e1}}=\frac{10+0.1}{0.1}=101$$

方法二：先找反馈网络，求出反馈电压与输出电压的关系为

$$U_f=\frac{R_{e1}}{R_f+R_{e1}}U_o$$

再由式（6.4.3）知

$$U_i\approx U_f=\frac{R_{e1}}{R_f+R_{e1}}U_o$$

由上式得闭环电压放大倍数为

$$A_{uuf}=\frac{U_o}{U_i}\approx\frac{R_f+R_{e1}}{R_{e1}}=\frac{10+0.1}{0.1}=101$$

由于是串联负反馈，环内输入电阻 $R_{if}\to\infty$，所以实际输入电阻为 $R_{if}'=R_{if}\ /\!/\ R_{b1}\approx R_{b1}$；由于是电压负反馈，环内输出电阻 $R_{of}\to 0$，所以实际输出电阻为 $R_{of}'=R_{of}=0$。

由于在输入端有 $U_i\approx\dfrac{R_{b1}}{R_s+R_{b1}}U_s$，因此源电压放大倍数为

$$A_{uusf}=\frac{U_o}{U_s}\approx\frac{R_{b1}}{R_s+R_{b1}}\times\frac{U_o}{U_i}=\frac{R_{b1}}{R_s+R_{b1}}\times\frac{R_f+R_{e1}}{R_{e1}}$$

例 6.4.2 在图 6.4.2 所示的负反馈放大电路中，若电路参数 $R_f = 20\ \text{k}\Omega$，$R_s = 2\ \text{k}\Omega$，试估算该电路的源电压放大倍数及输入、输出电阻。

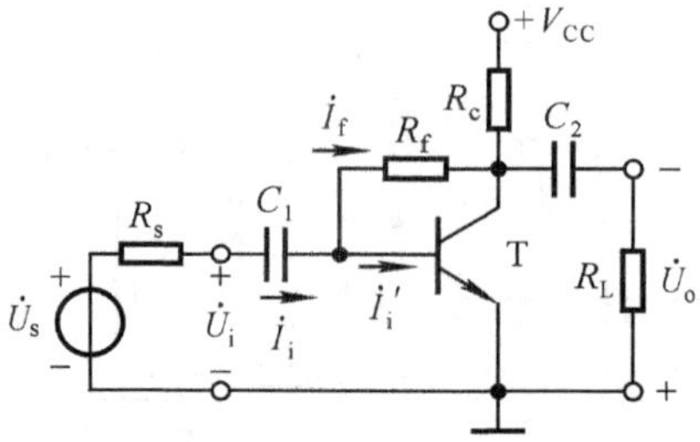

图 6.4.2 例 6.4.2 的电路图

解 由图 6.4.2 判断出该电路的反馈组态为电压并联负反馈。

方法一：先找反馈网络，即为 R_f 元件，求反馈系数为①

$$F_{iu} = \frac{I_f}{U_o} = -\frac{1}{R_f}$$

再将上式代入式（6.4.1），可直接得到

$$A_{uif} \approx \frac{1}{F_{iu}} = -R_f = -20\ \text{k}\Omega$$

再将闭环转移电阻转换为闭环源电压放大倍数：

$$A_{uusf} = \frac{U_o}{U_s} = \frac{U_o}{R_s I_i} = \frac{1}{R_s} A_{uif} = \frac{-R_f}{R_s} = -10$$

方法二：先找反馈网络，求出反馈电流与输出电压的关系为

$$I_f = \frac{U_i - U_o}{R_f} \approx -\frac{U_o}{R_f}$$

再由式（6.4.4）知

$$I_i \approx I_f = -\frac{U_o}{R_f}$$

利用上式可求出闭环源电压放大倍数

$$A_{uusf} = \frac{U_o}{U_s} = \frac{U_o}{R_s I_i} \approx \frac{-R_f}{R_s} = -10$$

由于是并联负反馈，环内输入电阻 $R_{if} \to 0$，所以实际输入电阻为 $R'_{if} = 0$；由于是电压负反馈，环内输出电阻 $R_{of} \to 0$，所以实际输出电阻为 $R'_{of} = 0$。

请读者思考，本电路的闭环电压放大倍数 A_{uuf} 是多少。

---

①由于反馈网络只有反向传输，所以有 $I_f = \dfrac{U_i - U_o}{R_f} \approx -\dfrac{U_o}{R_f}$。

例 6.4.3　在图 6.4.3 所示的负反馈放大电路中，若电路参数 R、R_L 均已知，试估算该电路的电压放大倍数及输入、输出电阻。

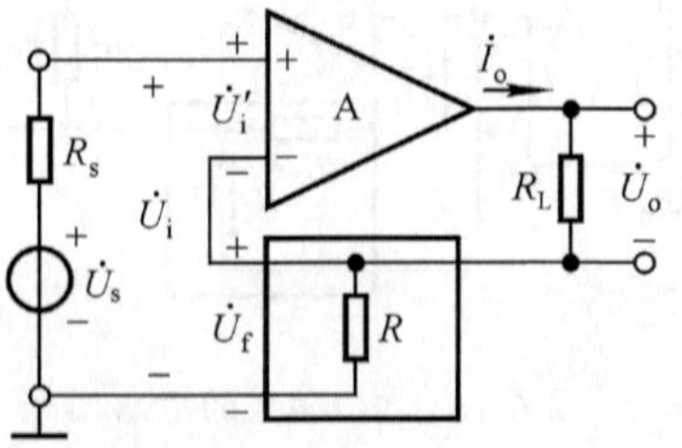

图 6.4.3　例 6.4.3 的电路图

解　由图 6.4.3 判断出该电路的反馈组态为电流串联负反馈。

方法一：先找反馈网络，即为 R 元件，若集成运放的 A_{od} 和 r_{id} 趋于无穷大，则反馈系数为

$$F_{ui}=\frac{U_f}{I_o}=R$$

再将上式代入式（6.4.1），可直接得到闭环转移电导

$$A_{iuf}\approx\frac{1}{F_{ui}}=\frac{1}{R}$$

再将闭环转移电导转换为闭环电压放大倍数：

$$A_{uuf}=\frac{U_o}{U_i}=\frac{R_L I_o}{U_i}=R_L A_{iuf}=\frac{R_L}{R}$$

方法二：先找反馈网络，求出反馈电压与输出电流的关系为

$$U_f=RI_o$$

再由式（6.4.3）知

$$U_i\approx U_f=RI_o$$

由上式得闭环电压放大倍数为

$$A_{uuf}=\frac{U_o}{U_i}=\frac{R_L I_o}{U_i}\approx\frac{R_L}{R}$$

由于是串联负反馈，所以输入电阻 $R_{if}\to\infty$；由于是电流负反馈，所以输出电阻 $R_{of}\to\infty$。请读者思考，本电路的闭环源电压放大倍数 A_{uusf} 是多少。

例 6.4.4　在图 6.4.4 所示的负反馈放大电路中，若电路参数 R_1、R_2、R_L 均已知，试估算该电路的源电压放大倍数、输入及输出电阻。

解　由图 6.4.4 判断出该电路的反馈组态为电流并联负反馈。

方法一：先找反馈网络，即为 R_1、R_2 元件，若集成运放的 A_{od} 和 r_{id} 趋于无穷大，则反馈系数为

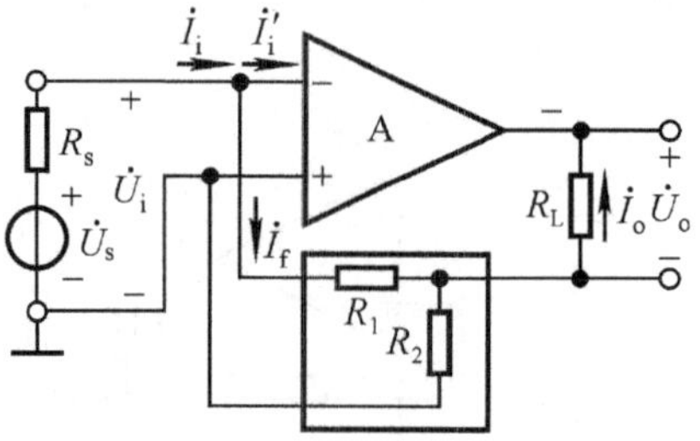

图 6.4.4　例 6.4.4 的电路图

$$F_{ii}=\frac{I_f}{I_o}=\frac{R_2}{R_1+R_2}$$

再将上式代入式（6.4.1），可直接得到闭环电流放大倍数为

$$A_{iif}\approx\frac{1}{F_{ii}}=1+\frac{R_1}{R_2}$$

再将闭环电流放大倍数转换为闭环电压放大倍数：

$$A_{uusf}=\frac{U_o}{U_s}=\frac{-R_L I_o}{R_s I_i}=\frac{-R_L}{R_s}A_{iif}=-\frac{R_L}{R_s}(1+\frac{R_1}{R_2})$$

方法二：先找反馈网络，求出反馈电流与输出电流的关系为

$$I_f=\frac{R_2}{R_1+R_2}I_o$$

再由式（6.4.4）知

$$I_i\approx I_f=\frac{R_2}{R_1+R_2}I_o$$

由上式得闭环源电压放大倍数为

$$A_{uusf}=\frac{U_o}{U_s}=\frac{-R_L I_o}{R_s I_i}\approx-\frac{R_L}{R_s}(1+\frac{R_1}{R_2})$$

由于是并联负反馈，所以输入电阻 $R_{if}\to 0$；由于是电流负反馈，所以输出电阻 $R_{of}\to\infty$。请读者思考，本电路的闭环电压放大倍数 A_{uuf} 是多少。

6.4.2　方框图分析法

前面介绍了适合于深度负反馈放大电路的近似估算法，实际中，我们也会遇到非深度负反馈放大电路，若用近似估算法，将会带来较大的误差。为此，需要介绍适合于非深度负反馈放大电路一般分析方法，主要包括微变等效电路法、方框图法①、拆环法②、回路增益法和

①参见文献[6-3] 323-330 页。
②参见文献[6-6] 29 页。

网络参数法①，其中以方框图法和拆环法的物理概念最清楚，计算也较为简单。下面先介绍方框图法。

方框图法（by means of block diagram topology）的基本思想是把负反馈放大电路分解为基本放大电路和反馈网络两部分；然后分别求出基本放大电路的放大倍数 A，输入、输出电阻 R_i、R_o 及反馈网络的反馈系数 F；再利用负反馈放大电路的闭环放大倍数及闭环输入、输出电阻的关系式求 A_f、R_{if}、R_{of}。方框图法的关键是如何将负反馈放大电路正确地划分为基本放大电路和反馈网络两部分，通常采用以下步骤。

一、画基本放大电路，求开环参数 A、R_i 和 R_o

画基本放大电路的关键是既要排除反馈的作用，又要考虑反馈网络的负载效应。据此，对于不同的组态，可按以下原则进行。

1. 画基本放大电路的输入回路

若是电压负反馈，则令 $U_o=0$，即将输出端短路，此时电压反馈被排除，反馈网络呈现在输入回路，其负载效应即被考虑进去了；若是电流负反馈，则令 $I_o=0$，即将输出端开路，此时电流反馈被排除，反馈网络呈现在输入回路，其负载效应即被考虑进去了。

2. 画基本放大电路的输出回路

若是并联负反馈，则令 $U_i=0$，即将输入端短路，此时便没有反馈电流加到输入端，反馈网络呈现在输出回路，其负载效应即被考虑进去了；若是串联负反馈，则令 $I_i=0$，即将输入端开路，此时便没有反馈电压加到输入端，反馈网络呈现在输出回路，其负载效应即被考虑进去了。

经过以上步骤画出的放大电路，即为基本放大电路，它是一个考虑了反馈网络的负载效应又无反馈的放大电路 ，然后求其动态指标 A、R_i 和 R_o。

二、画反馈网络，求 F

由于反馈取自基本放大电路的输出量，因此可将基本放大电路的输出作为反馈网络的信号源。若是电压反馈，将基本放大电路的输出端用恒压源代替；若是电流反馈，将基本放大电路的输出端用恒流源代替。这样，反馈网络便有如图 6.4.5 所示的两种等效电路形式。由具体的反馈网络便可求出反馈系数，但在实际分析过程中，并不一定要画出反馈网络方框图，由反馈放大电路直接求反馈系数也是比较方便的。

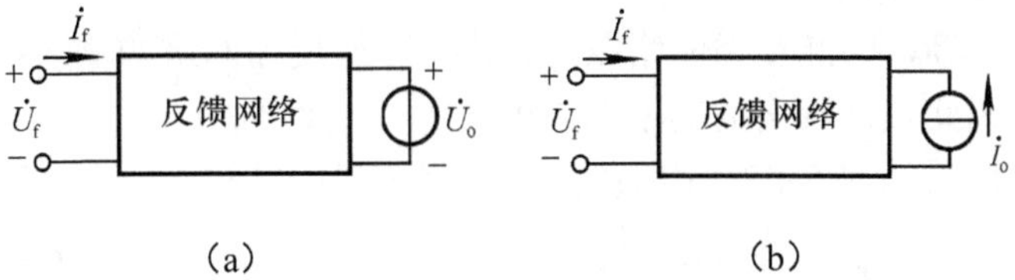

图 6.4.5 反馈网络的等效电路方框图

（a）电压反馈；（b）电流反馈

①参见文献[6-7] 468 页。

三、求闭环参数 A_f、R_{if}和 R_{of}

将开环参数 A、R_i、R_o和 F 代入闭环放大倍数、闭环输入及输出电阻的关系式，即可求得闭环参数 A_f、R_{if}和 R_{of}。

例 6.4.5 由实际集成运放所组成的反馈放大电路如图 6.4.6 所示，电路中的参数如图所标，试用方框图法求放大电路的闭环放大倍数、闭环输入电阻和闭环输出电阻。

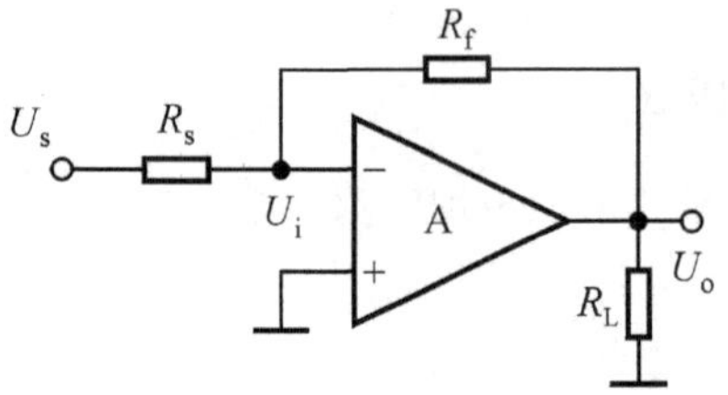

图 6.4.6 例 6.4.5 的电路图

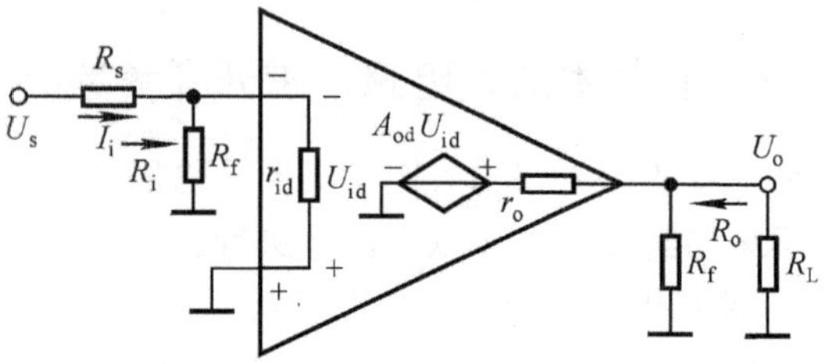

图 6.4.7 图 6.4.6 之基本放大电路

解 由图可以判断出该电路的反馈组态为电压并联负反馈。

（1）画基本放大电路，求开环参数 A、R_i和 R_o。

根据上面介绍的两条原则画基本放大电路。由于是电压负反馈，令 $U_o=0$，则 R_f呈现在输入回路，于是画出基本放大电路的输入回路；由于是并联负反馈，令 $U_i=0$，则 R_f呈现在输出回路，于是画出基本放大电路的输出回路。由此即可画出图 6.4.6 所示的基本放大电路，如图 6.4.7 所示。

可以看出，基本放大电路的输入、输出电阻分别为

$$R_i=r_{id} /\!/ R_f$$

$$R_o=r_o /\!/ R_f$$

开环互阻放大倍数为

$$A_{ui}=\frac{U_o}{I_i}=-\frac{A_{od}R_i(r_o /\!/ R_f /\!/ R_L)}{r_o}$$

（2）画反馈网络，求 F。

由于是电压负反馈，因此反馈网络取自输出电压，反馈网络的输入端用恒压源代替；由于是并联负反馈，因此反馈网络的输出端为电流 I_f，由此可画出反馈网络的等效电路如图 6.4.8，由该图知反馈系数为

$$F_{iu}=\frac{I_f}{U_o}=-\frac{1}{R_f}$$

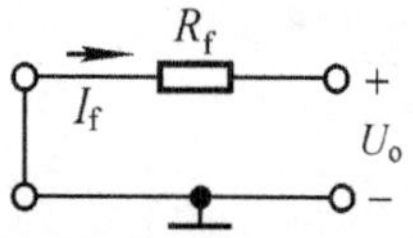

图 6.4.8 图 6.4.6 之反馈网络

（3）求闭环参数 A_f、R_{if}和 R_{of}。

将开环参数及反馈系数代入闭环放大倍数公式，得

$$A_{uif}=\frac{A_{ui}}{1+A_{ui}F_{iu}}=\frac{-A_{od}R_i(r_o /\!/ R_f /\!/ R_L)/r_o}{1-\dfrac{A_{od}R_i(r_o /\!/ R_f /\!/ R_L)}{r_o}F_{iu}}$$

代入闭环输入、输出电阻公式，得①

$$R_{if}=\frac{R_i}{1+A_{ui}F_{iu}}=\frac{R_i}{1-\dfrac{A_{od}R_i(r_o /\!/ R_f /\!/ R_L)}{r_o}F_{iu}}$$

$$R_{of}=\frac{R_o}{1+A_{uioc}F_{iu}}=\frac{R_o}{1-\dfrac{A_{od}R_iR_o}{r_o}F_{iu}}$$

（4）再将闭环互阻增益转换为闭环电压增益，即

$$A_{uuf}=\frac{U_o}{U_i}=\frac{U_o}{R_{if}I_i}=\frac{A_{uif}}{R_{if}}$$

将 A_{uif}、R_{if} 的表达式代入上式，可得

$$A_{uuf}=\frac{A_{ui}}{R_i}=\frac{U_o}{R_iI_i}=\frac{U_o}{U_i}=A_{uu}=-\frac{A_{od}(r_o /\!/ R_f /\!/ R_L)}{r_o}$$

可以证明②，该电路的闭环电流增益为 $A_{iif}=\dfrac{A_{ii}}{1+A_{ui}F_{iu}}$，其中 A_{ii} 为基本放大电路的电流增益；闭环互导增益为 $A_{iuf}=A_{iu}$。即引入电压并联负反馈后，互阻增益、电流增益必下降 $1+AF$ 倍，而互导增益、电压增益不变。但是，若考虑信号源内阻，无论组态如何，只要引入负反馈，源增益必下降 $1+A_sF$ 倍③，即有 $A_{sf}=\dfrac{A_s}{1+A_sF}$，其中 A_s、A_{sf} 为同一组态下的开环、闭环源增益，F 为反馈系数。这是读者值得注意的一个问题。

6.4.3　拆环法

与方框图法类似，拆环法既可用于深度负反馈放大电路④，也可用于非深度负反馈放大电路。考虑到基本放大电路只存在正向传输，反馈网络只有反向传输，二者形成了一个反馈环路。拆环法（open-loop method）就是要将该环路拆开而保持电路的工作状态不变，考虑到放大电路的输出电阻不能忽略，则应把反馈网络的输入电阻作为负载的一部分与负载并联；由于放大电路的输入电阻不可不计，则放大电路的输入电阻将是反馈网络的一个组成部分。

---

①严格地讲，输出电阻公式的分母应为 $1+A_{uisoc}$，即在输出开路的情况下，信号源内阻有限时的开环互阻增益。因为并联负反馈用在信号源内阻较大的场合，所以有 $R_s \gg R_i$，相当于 R_s 为无穷大，因此有 $A_{uisoc} \approx A_{uioc}$，读者可参见文献[6-7] 486 页或文献[6-1] 31 页。

②参见文献[6-1] 31 页。

③参见文献[6-8] 167-169 页。

④参见文献[6-6] 29-34 页。

据此就可画出拆环等效电路，再根据叠加原理求出输出量[①]，从而求出放大倍数。该方法的优点是物理概念清晰，缺点是不能计算闭环输入、输出电阻。

例 6.4.6 利用拆环法计算例 6.4.5 所示电路的闭环电压放大倍数。

解 根据拆环法，可画出图 6.4.6 所示放大电路的拆环等效电路，如图 6.4.9 所示。

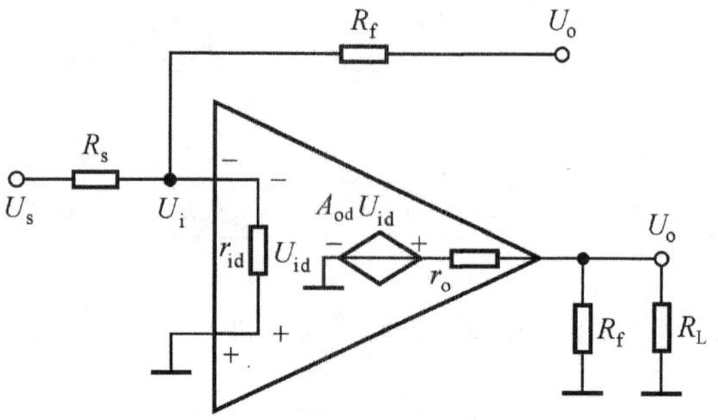

图 6.4.9 图 6.4.6 之拆环等效电路

根据叠加原理，先令 $U_o=0$，U_s 单独作用，电路的输出 U_o' 为

$$U_o'=-\frac{A_{od}(R_f /\!/ R_L /\!/ r_o)(R_f /\!/ r_{id} /\!/ R_s)}{R_s r_o}U_s$$

再令 $U_s=0$，U_o 单独作用，电路的输出 U_o'' 为

$$U_o''=-\frac{A_{od}(R_f /\!/ R_L /\!/ r_o)(R_s /\!/ r_{id} /\!/ R_f)}{R_f r_o}U_o$$

根据叠加原理知

$$U_o=U_o'+U_o''$$

将 U_o'、U_o'' 的表达式代入上式，整理可得

$$A_{uusf}=\frac{U_o}{U_s}=-\frac{A_{od}(R_f /\!/ R_L /\!/ r_o)(R_f /\!/ R_s /\!/ r_{id})/r_o R_s}{1+A_{od}(R_f /\!/ R_L /\!/ r_o)(R_f /\!/ R_s /\!/ r_{id})/r_o R_f}$$

结合例 6.4.5，上式可化为

$$A_{uusf}=\frac{A_{uus}}{1+A_{uis}F_{iu}}$$

其中 F_{iu} 为反馈系数，$F_{iu}=-\frac{1}{R_f}$。上式说明，引入电压并联负反馈，闭环源电压增益仍下降 $1+AF$ 倍，这与文献[6-1]结论一致。

当令 $R_s\to 0$ 时，由上式即可得闭环电压放大倍数是

①参见文献[6-2] 89 页。

$$A_{uuf}=\frac{U_o}{U_i}=-\frac{A_{od}(R_f /\!/ R_L /\!/ r_o)}{r_o}$$

上式也就是开环放大倍数 A_{uu}，这说明，引入电压并联负反馈，闭环电压增益仍等于开环电压增益，并没有下降 1+*AF* 倍，这与方框图法的结论一致。至于另外三种形式的放大倍数①，读者也不难计算，此处不再赘述。

6.5　负反馈放大电路的稳定性

通过前面分析，引入负反馈可以改善放大电路的性能，而且反馈深度越深，改善效果越好。然而，物极必反，当反馈深度过深时，电路可能产生自激振荡，没有输入，输出却出现了一定频率和幅度的信号，从而破坏了信号的正常放大，那么产生自激振荡的原因与条件是什么？如果出现了自激振荡，又如何消除呢？这就是本节要讨论的问题。

6.5.1　产生自激振荡的条件与原因

一、产生自激振荡的条件

我们已经知道，引入负反馈后，闭环与开环放大倍数的关系为

$$\dot{A}_f=\frac{\dot{X}_o}{\dot{X}_i}=\frac{\dot{A}}{1+\dot{A}\dot{F}}$$

如果在某个频点出现反馈深度$1+\dot{A}\dot{F}=0$，则$\dot{A}_f\to\infty$，它说明即使输入$\dot{X}_i=0$，输出$\dot{X}_o\neq 0$，这种现象称为自激振荡（self excited oscillation）。可见，出现自激振荡的条件是

$$\dot{A}\dot{F}=-1 \tag{6.5.1}$$

上式又可写为

$$\begin{cases}|\dot{A}\dot{F}|=|AF|=1 & (6.5.2a)\\ \Delta\phi_{AF}=\Delta\phi_A+\Delta\phi_F=\pm(2n+1)\pi \quad (n\text{为整数}) & (6.5.2b)\end{cases}$$

式（6.5.2a）称为幅度平衡条件，根据该式知

$$AF=\frac{X_o}{X_i'}\times\frac{X_f}{X_o}=\frac{X_f}{X_i'}=1$$

因此其意义是反馈量幅值等于净输入量。

式（6.5.2b）称为相位平衡条件，其意义是附加相移等于 π，因此原来的负反馈变成了正

①参见文献[6-9] 115 页。

反馈。同时满足式（6.5.2a）和式（6.5.2b），电路就会出现自激振荡。然而，考虑到起振过程中，环路信号需有一个从小到大的增加过程，故幅度起振条件为

$$|AF|>1 \tag{6.5.3}$$

二、产生自激振荡的原因

为什么负反馈放大电路会产生自激振荡呢？所谓负反馈是指在中频电路的连接方式，此时$|1+\dot{A}\dot{F}|>1$，$|\dot{A}_f|<|\dot{A}|$。然而，放大倍数和反馈系数通常与频率有关，因此在低频或高频，$\dot{A}$和$\dot{F}$的模和幅角都会发生变化，以至于$|1+\dot{A}\dot{F}|<1$，即$|\dot{A}_f|>|\dot{A}|$，甚至$1+\dot{A}\dot{F}=0$，负反馈电路变成了正反馈，电路会产生自激振荡。让我们以单级阻容耦合共射放电路为例，说明电路是否产生自激振荡。

在 4.2 节已经讨论了单级阻容耦合共射放电路的频率特性。为了方便，现重画于图 6.5.1。

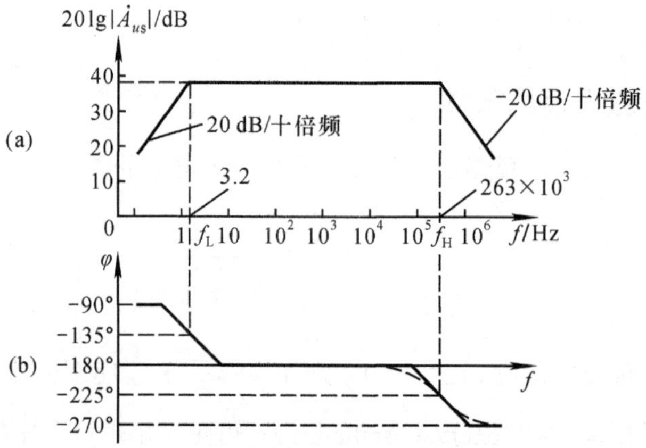

图 6.5.1 单级阻容耦合共射放电路的频率特性

（a）幅频特性；（b）相频特性

假定反馈网络为纯电阻，则反馈系数为正实数。引入负反馈后，由图 6.5.1 知，在中频段，$\varphi_{AF}=\varphi_A+\varphi_F=\varphi_A=-180°$。可是在低频段，$\varphi_{AF}=-90°\sim-180°$，说明以中频段 φ_{AF} 为基准，附加相移 $\Delta\varphi_{AF}=90°\sim0°$。在高频段，$\varphi_{AF}=-180°\sim-270°$，因此附加相移 $\Delta\varphi_{AF}=0°\sim-90°$。可见，无论是低频还是高频，附加相移都不等于 π，因此引入负反馈后，单级放大电路不可能产生自激振荡。

如果是两级放大电路引入负反馈，由图 6.5.1 知，在中频段，此时 $\varphi_{AF}=\varphi_A+\varphi_F=\varphi_A=-360°$。可是在低频段，$\varphi_{AF}=-180°\sim-360°$，说明以中频段 φ_{AF} 为基准，附加相移 $\Delta\varphi_{AF}=180°\sim0°$。在高频段，$\varphi_{AF}=-360°\sim-540°$，因此附加相移 $\Delta\varphi_{AF}=0°\sim-180°$。可见，当$f=0$和$f\to\infty$，附加相移都等于 π，满足相位平衡条件，但是在这两个特殊频点上$A=0$，导致$|AF|<1$，不满足幅度平衡条件，因此引入负反馈后，两级放大电路也不可能产生自激振荡。

如果是三级放大电路引入负反馈，情况又如何呢？由图 6.5.1 知，在中频段，此时 $\varphi_{AF}=\varphi_A+\varphi_F=\varphi_A=-540°$。可是在低频段，$\varphi_{AF}=-270°\sim-540°$。说明以中频段 φ_{AF} 为基准，附加相移 $\Delta\varphi_{AF}=270°\sim0°$。在高频段，$\varphi_{AF}=-540°\sim-810°$，因此附加相移 $\Delta\varphi_{AF}=0°\sim-270°$。可见，在高频和低频，各存在一个频率 $f=f_o$，附加相移都等于 π，满足相位平衡条件，而且在这两个频点上，$|AF|>1$，满足起振条件，因此引入负反馈后，三级放大电路可能产生自激振荡。容易想到，四级、五级放大电路引入负反馈，更容易产生自激振荡，因为它们一定存在 f_o，且更容易满足起振条件。

应该强调：①放大电路级数愈多，引入负反馈后，越容易产生高频自激振荡，这是因为各管的极间电容高频时易产生大的附加相移。耦合电容、旁路电容愈多，越容易产生低频自激振荡，这是因为耦合电容、旁路电容低频时易产生大的附加相移。②电路是否稳定由其自身条件决定，不因输入信号而改变。下面用波特图来判断负反馈放大电路的稳定性。

6.5.2　负反馈放大电路稳定性的判断

一、利用波特图判断

图 6.5.2 给出了一个直接耦合负反馈放大电路的环路增益波特图。图中当 $f=f_o$ 时，$\Delta\varphi_{AF}=-180°$，f_o 称为满足相位平衡条件的频率；当 $f=f_c$ 时，$20\lg|\dot{A}\dot{F}|=0$，f_c 称为满足幅度平衡条件的频率。容易发现，该电路存在 f_o，满足自激振荡必要条件，而在频点 $f_o<f_c$，$20\lg|\dot{A}\dot{F}|>0$，满足振荡起振条件，因此产生自激振荡；反之，若在 $f_o>f_c$ 频点，$20\lg|\dot{A}\dot{F}|<0$，虽然满足相位平衡条件，但不满足幅值条件，因此电路稳定。综上所述，判断负反馈放大电路稳定性的方法如下：

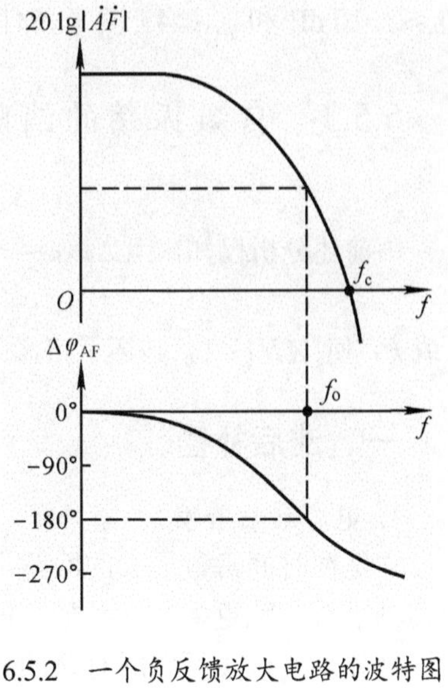

图 6.5.2　一个负反馈放大电路的波特图

（1）若不存在 f_o，则电路一定稳定；

（2）若存在 f_o，而且 $f_o>f_c$，则电路一定稳定；

（3）若存在 f_o，而且 $f_o<f_c$，则电路不稳定，将产生自激振荡。

二、稳定裕度

要使负反馈放大电路稳定，只要 $f_o>f_c$，则电路一定稳定。但是，为了使电路有足够的可靠性，应留有一定的稳定裕度，以保证环境温度、电路参数及电源电压变化时，负反馈放大电路仍能稳定地工作。

1. 幅度裕度

幅度裕度（gain margin）的定义为

$$G_m = 20\lg|\dot{A}\dot{F}|_{f=f_o} \tag{6.5.4}$$

如图 6.5.3 所示。可见 $G_m>0$，电路自激；$G_m<0$，电路稳定；G_m 越负，电路越稳定。通常规定 $G_m \leqslant -10$ dB，电路就有足够的幅度稳定裕度。

2. 相位裕度

相位裕度 （phase margin）的定义为

$$\phi_m = 180° - |\Delta\phi_{AF}|_{f=f_c} \tag{6.5.5}$$

如图 6.5.3 所示。可见 $\varphi_m<0$，电路自激；$\varphi_m>0$；电路稳定；φ_m 越大，电路越稳定。通常规定 $\varphi_m \geqslant 45°$，电路就有足够的相位稳定裕度。

总之，要使放大电路有可靠的稳定性，必须满足 $G_m \leqslant -10$ dB 和 $\varphi_m \geqslant 45°$两个条件。

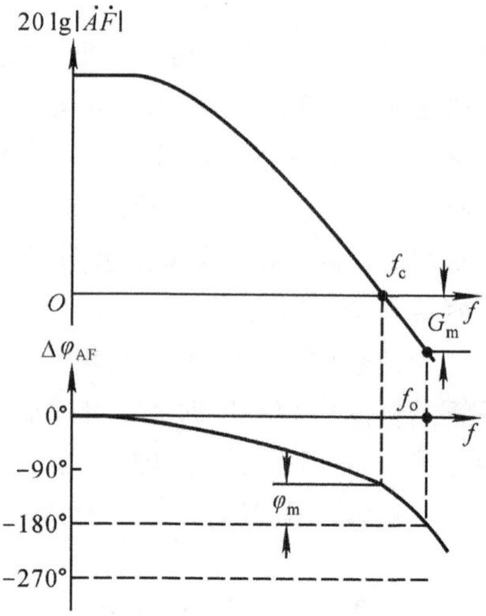

图 6.5.3　幅度裕度和相位裕度的定义

6.5.3　自激振荡的消除方法

由前述分析已知，当 $\Delta\varphi_{AF}=-180°$时，$|\dot{A}\dot{F}|\geqslant 1$，电路自激。要消除自激振荡，可以降低 A 或 F，使$|\dot{A}\dot{F}|<1$，破坏了自激条件，从而消除自激振荡。具体方法有滞后补偿和超前补偿。

一、滞后补偿

1. 电容滞后补偿

它是在时间常数最大的回路内并接电容，从而加大时间常数，第一拐点频率下降，结果使高频增益下降更多，以至在 f_o 频点，环路增益幅值下降到 0 dB 以下，破坏了自激条件。由于这种补偿使这段频率所对应的相位滞后，故称之为滞后补偿，其连接方式及其等效电路如图 6.5.4 所示，其中补偿电容 C 接在两级直接耦合放大电路之间。

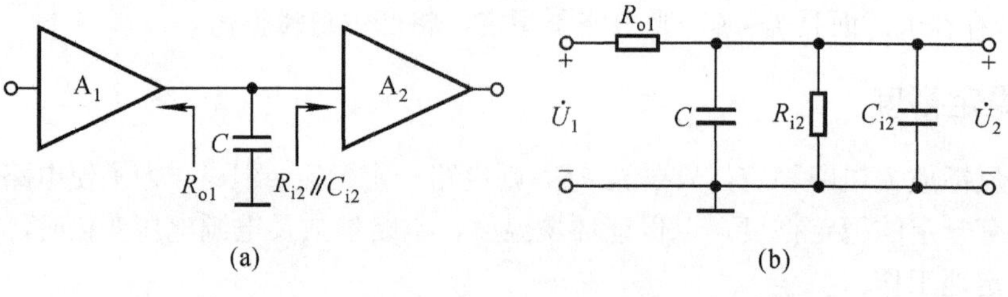

图 6.5.4　电容滞后补偿

（a）补偿电路，（b）等效电路

未补偿之前，由图 6.5.4（a）知，这个回路的主极点频率为

$$f_{H1}=\frac{1}{2\pi(R_{o1}\,/\!/\,R_{i2})C_{i2}} \tag{6.5.6}$$

其中，R_{o1} 是第一级放大电路的输出电阻；R_{i2} 是第二级放大电路的输入电阻；C_{i2} 是第二级放大电路的输入电容。设电路的环路增益为

$$\dot{A}\dot{F}=\frac{A_mF}{(1+jf/f_{H1})(1+jf/f_{H2})(1+jf/f_{H3})}$$

对应波特图如图 6.5.5 所示的虚线部分。其中，$f_{H1}\ll f_{H2}\ll f_{H3}$。当 $f=f_{H1}$ 时，$\Delta\varphi_{AF}\approx-45°$；当 $f=f_{H2}$ 时，$\Delta\varphi_{AF}\approx-135°$；当 $f=f_{H3}$ 时，$\Delta\varphi_{AF}\approx-225°$。可见在 $f_{H2}\sim f_{H3}$ 之间，必有 $\Delta\varphi_{AF}=-180°$，而且 $|\dot{A}\dot{F}|\geqslant 1$，因此电路自激。

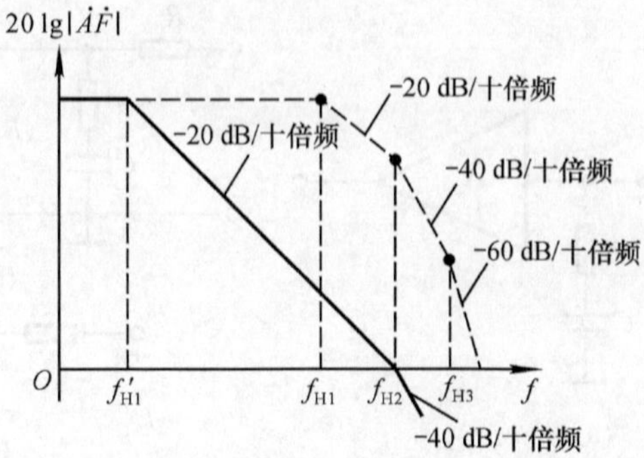

图 6.5.5　电容补偿前后环路增益的幅频特性

补偿后主极点频率变小了：

$$f'_{H1}=\frac{1}{2\pi(R_{o1}\,/\!/\,R_{i2})(C_{i2}+C)} \tag{6.5.7}$$

如果选择 C 的容量，使幅频特性中 -20 dB/十倍频段加长，与原来的第二拐点频率 f_{H2} 相交于 0 dB 幅值，如图 6.5.5 所示的实线部分。可见补偿后主极点频率变为 f'_{H1}，而第二、第三拐点频率不变，此时的环路增益为

$$\dot{A}\dot{F}=\frac{A_mF}{(1+jf/f'_{H1})(1+jf/f_{H2})(1+jf/f_{H3})}$$

因此，当 $f=f'_{H1}$ 时，$\Delta\varphi_{AF}\approx-45°$；当 $f=f_{H2}$ 时，$\Delta\varphi_{AF}\approx-135°$。在 $|\dot{A}\dot{F}|\geqslant 1$ 的区域，$\Delta\varphi_{AF}\neq-180°$，消除了自激振荡。$\phi_m=180°-|\Delta\phi_{AF}|_{f=f_c}=45°$。

容易看到，电容滞后补偿简单易行，但补偿后放大电路的通频带变窄了，不能适应高速信号，需要加以改进。

2. *RC* 滞后补偿

RC 滞后补偿也叫零极点补偿（pole-zero compensation），主要思想仍以滞后补偿为主，但设法在环路增益的表达式中引入一个零点，并与原来的一个极点相消，从而使频带尽量宽些。

设未补偿之前，与电容滞后补偿前一样，补偿后电路如图 6.5.6 所示，其中图 6.5.6（b）为图 6.5.6（a）的等效电路。通常选 $C \gg C_{i2}$，$R \ll R_{o1} /\!/ R_{i2}$，并将 *RC* 以外电路等效成戴维南电路，得到简化等效电路，如 6.5.6（c）所示，其中

$$R' = R_{o1} /\!/ R_{i2}, \quad \dot{U}_1' = \frac{R_{i2}}{R_{o1} + R_{i2}} \dot{U}_1 \approx \dot{U}_1$$

$$\frac{\dot{U}_2}{\dot{U}_1} \approx \frac{\dot{U}_2}{\dot{U}_1'} = \frac{R + 1/\mathrm{j}\omega C}{R' + R + 1/\mathrm{j}\omega C} = \frac{1 + \mathrm{j} f / f_{H2}'}{1 + \mathrm{j} f / f_{H1}''}$$

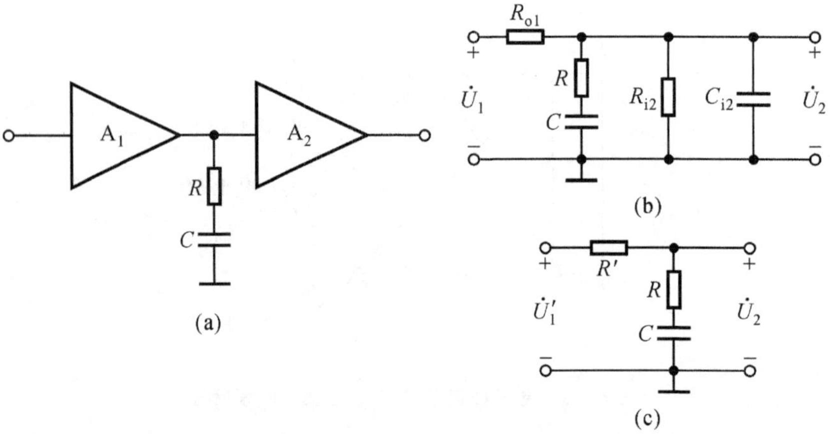

图 6.5.6　*RC* 滞后补偿

（a）补偿电路；（b）等效电路；（c）简化电路

于是补偿后的环路增益为

$$\dot{A}\dot{F} = \frac{(1 + \mathrm{j} f / f_{H2}') A_m F}{(1 + \mathrm{j} f / f_{H1}'')(1 + \mathrm{j} f / f_{H2})(1 + \mathrm{j} f / f_{H3})}$$

频率特性如图 6.5.7 实线所示，其中新的主极点频率和零点频率分别是

$$f_{H1}'' = \frac{1}{2\pi(R' + R)C}, \quad f_{H2}' = \frac{1}{2\pi RC} \tag{6.5.8}$$

合理地选择 *R* 和 *C*，使 $f_{H2}' = f_{H2}$，即零、极点对消，则补偿后的环路增益简化为

$$\dot{A}\dot{F} = \frac{A_m F}{(1 + \mathrm{j} f / f_{H1}'')(1 + \mathrm{j} f / f_{H3})}$$

因此，当 $f = f_{H1}''$ 时，$\Delta\varphi_{AF} \approx -45°$；当 $f = f_{H3}$ 时，$\Delta\varphi_{AF} \approx -135°$。在 $f_{H1}'' \sim f_{H3}$ 之间，$|\dot{A}\dot{F}| > 1$，

但 $\Delta\varphi_{AF} \neq -180°$，自激振荡因此消除。请读者思考，此时的相位裕度是多少。

上述两种补偿法需要大电容，这在集成电路中不便实现，因此可选用密勒效应补偿。

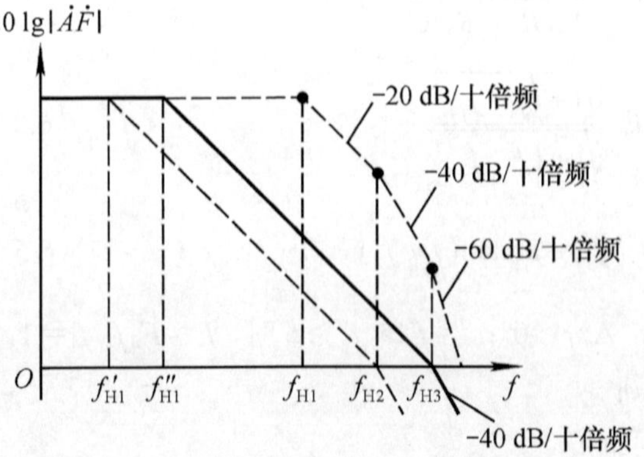

图 6.5.7　RC 补偿前后环路增益的幅频特性

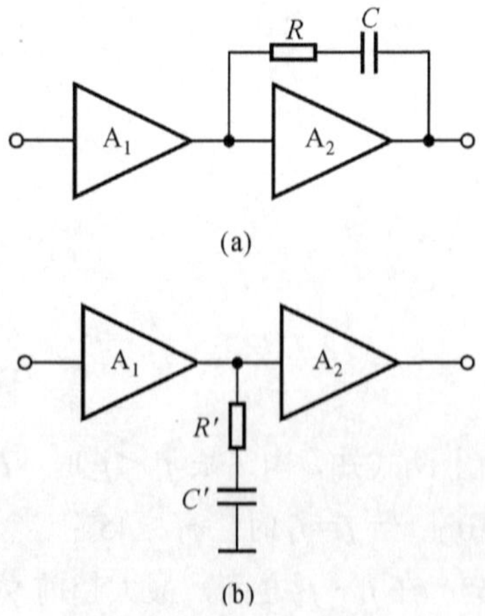

图 6.5.8　密勒效应补偿
(a) 电路；(b) 等效电路

3. 密勒补偿

该补偿将补偿电容或补偿电容和电阻跨接在放大电路的输入、输出端，如图 6.5.8 所示。根据密勒定理，可将 RC 网络等效到第二级放大电路的输入端，则有

$$R' + \frac{1}{j\omega C'} = \frac{R + 1/j\omega C}{1 + |A_2|}$$

$$R' = \frac{R}{1 + |A_2|} \tag{6.5.9}$$

$$C' = (1 + |A_2|)C \tag{6.5.10}$$

可见，小电容 C 起到了大电容的作用，大电阻起到了小电阻的作用。

二、超前补偿

滞后补偿是通过改变放大电路增益的频率特性而降低环路增益，从而实现电路的稳定。实际上，也可以通过改变反馈网络的频率特性，以实现电路的稳定，这就是超前补偿。其思想是将 0 dB 点的相位向前移，$\Delta\varphi_{AF} > -180°$。图 6.5.9 给出了一个基于运放的同相放大器，未补偿时，无电容 C，反馈系数为

$$\dot{F}_0 = \frac{R_1}{R_1 + R_2}$$

设此时电路在 f_0 频点自激，则有 $\Delta\varphi_{AF} = \Delta\varphi_A = -180°$，且环路增益大于 1。

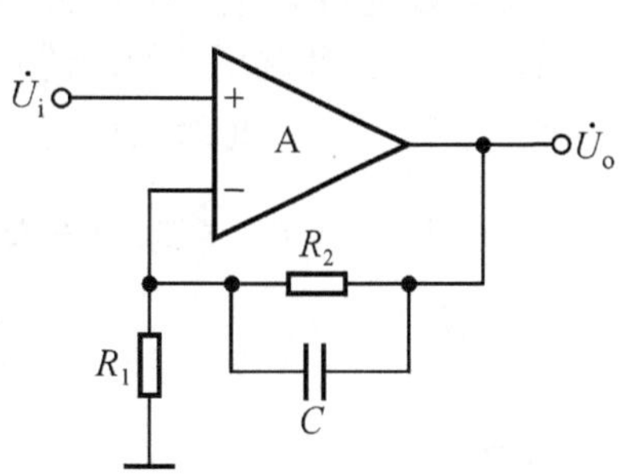

图 6.5.9　超前补偿电路

补偿后，有电容 C，反馈系数变为

$$\dot{F}=\frac{R_1}{R_1+R_2 /\!/ (1/\mathrm{j}\omega C)}=F_0\cdot\frac{1+\mathrm{j}f/f_1}{1+\mathrm{j}f/f_2}$$

其中

$$f_1=\frac{1}{2\pi R_2 C},\quad f_2=\frac{1}{2\pi(R_1 /\!/ R_2)C}>f_1$$

$$|\dot{F}|=F=F_0\frac{\sqrt{1+(f/f_1)^2}}{\sqrt{1+(f/f_2)^2}} \tag{6.5.11}$$

$$\Delta\varphi_{\mathrm{F}}=\arctan(f/f_1)-\arctan(f/f_2) \tag{6.5.12}$$

由上两式知，当 $f \ll f_1 < f_2$ 时，$F \approx F_{\min}=F_0$，$\Delta\varphi_{\mathrm{F}}\approx 0°$；当 $f \gg f_2 > f_1$ 时，$F\approx F_0 f_2/f_1=1$，$\Delta\varphi_{\mathrm{F}}\approx 0°$；当 $f=f_1$ 时，$\varphi_{\mathrm{F}}\approx 45°$；当 $f=f_2$ 时，$\Delta\varphi_{\mathrm{F}}\approx 45°$；在 $f_1 \sim f_2$ 之间，最大超前 90°。因此，可画出补偿后反馈系数的频率特性，如图 6.5.10 所示。补偿后，在原来的 f_0 频点，$\Delta\varphi_{\mathrm{AF}}=\Delta\varphi_{\mathrm{A}}+\Delta\varphi_{\mathrm{F}} > -180°+\Delta\varphi_{\mathrm{F}}$，因此自激振荡被消除。显然，超前补偿要求 $f_1 < f_0 < f_2$。

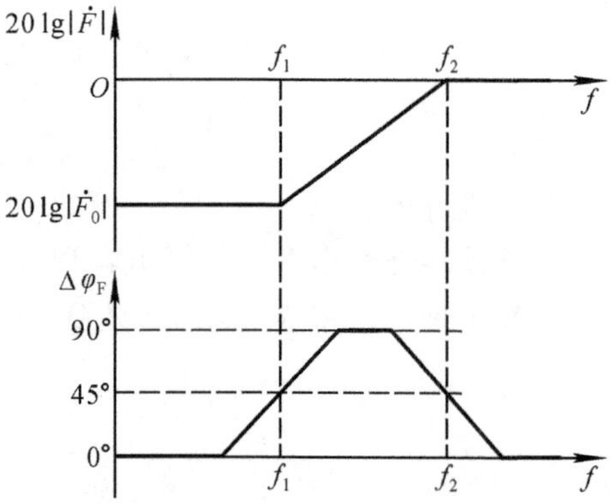

图 6.5.10　补偿后反馈系数的频率特性

应该强调：①上述补偿方法对电路带宽影响最大的是电容滞后补偿，最小的是超前补偿；②重要的是要理解消除自激振荡的各种方法及其特点，而不在于补偿元件参数的计算，因为补偿元件参数会受电源电压、环境温度等不确定因素的影响，所以实际中常通过实验的方法，以确定补偿元件的参数。

例 6.5.1　某负反馈放大电路的环路增益为

$$\dot{A}\dot{F}=\frac{40F}{(1+\mathrm{j}\omega/10^6)^3}$$

（1）如 $F=0.1$，该电路是否会自激？

（2）该电路不自激所允许的最大 F 是多少？

解　（1）由环路增益的表达式知，这是一个具有三重极点的放大电路，每级相移的范围是 0°～−90°。如果每级相移是−60°，那么总附加相移 $\Delta\varphi_{\mathrm{AF}}=-180°$，对应的角频率满足 $\arctan(\omega_{\mathrm{o}}/10^6)=60°$，因此 $\omega_{\mathrm{o}}=\sqrt{3}\times 10^6$ rad/s。而在此频点上，环路增益的模是

$$|\dot{A}\dot{F}|=\left|\frac{40\times 0.1}{(1+\mathrm{j}\sqrt{3})^3}\right|=0.5<1$$

因此电路稳定。

（2）要电路不自激，只要在 ω_o 频点上，$|\dot{A}\dot{F}|=|\frac{40\times F}{(1+\mathrm{j}\sqrt{3})^3}|\leqslant 1$，故 $F_{max}=0.2$。

例 6.5.2 负反馈放大电路如图 6.5.11（a）所示，其环路增益的波特图如图 6.5.11（b）所示。

（1）判断该电路是否会产生自激振荡并简述理由。

（2）若电路产生了自激振荡，则应采取什么措施消振？

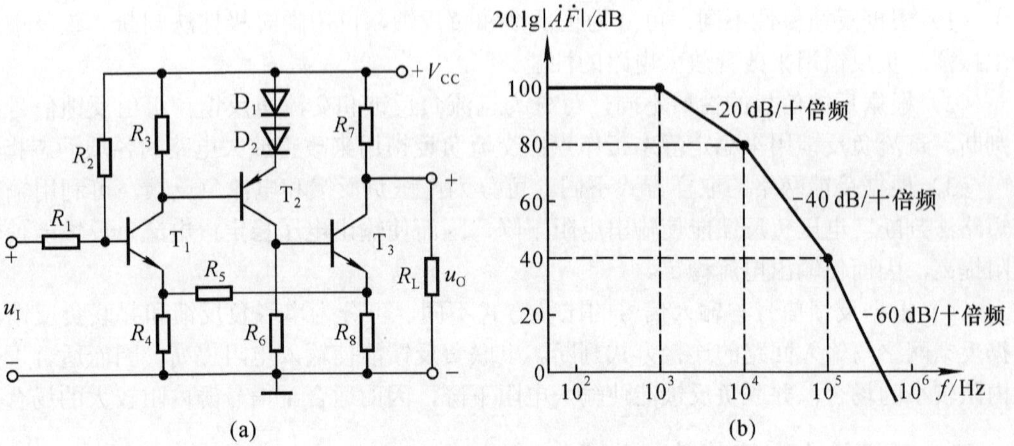

图 6.5.11 负反馈放大电路

（a）电路；（b）环路增益波特图

（3）若仅有一个 50 pF 电容，分别接在三个三极管的基极和地之间均未能消振，则将其接在何处有可能消振？为什么？

解 （1）因为在 $f=10^3$ Hz 时附加相移为 $-45°$，在 $f=10^4$ Hz 时附加相移约为 $-135°$，在 $f=10^5$ Hz 时附加相移约为 $-225°$，所以在 $10^4\sim10^5$ Hz 之间，存在一个频点 $f=f_o$，使附加相移为 $-180°$，而此时 $\left|\dot{A}\dot{F}\right|>0$，故电路一定会产生自激振荡。

（2）可在晶体管 T_2 的基极与地之间加消振电容。因为它所对应的回路时间常数最大，它确定第一拐点频率，所以可采用电容滞后补偿。

（3）因为根据密勒定理，可在晶体管 T_2 基极和集电极之间加消振电容，它等效在基极与地之间的电容比 50 pF 大得多，所以容易消振。

本章小结

放大电路中的反馈是电子技术课程中的重点内容。本章先介绍了反馈的基本概念，再讨论不同组态的负反馈对放大电路性能的影响，最后给出了反馈放大电路的分析方法。

一、反馈的概念

电路中的反馈，就是将放大电路的输出信号（电压或电流）的一部分或全部，通过一定的电路（即反馈网络），按照一定的方式（串联或并联），反送到输入端，从而影响了放大电路的净输入的一种连接方式。

二、反馈的类型、判断及对放大电路的影响

（1）根据反馈极性不同，可分为正反馈和负反馈，可用瞬时极性法判断。正反馈用来产生振荡；负反馈用来改善放大电路的性能。

（2）根据反馈信号的性质不同，可分为直流负反馈和交流负反馈，可由反馈信号的成分判断。直流负反馈用来稳定静态工作点；交流负反馈用来改善放大电路的各项动态指标。

（3）根据反馈网络的取样方式不同，可分为电压负反馈和电流负反馈，可利用输出交流短路法判断。电压负反馈能使输出电阻下降，因而使输出电压稳定；电流负反馈能使输出电阻提高，因而使输出电流稳定。

（4）根据反馈信号与输入信号的比较方式不同，可分为串联负反馈和并联负反馈，可根据反馈网络与输入回路的连接方式判断。串联负反馈能使输入电阻提高，因而适合于信号源内阻较小的场合；并联负反馈能使输入电阻下降，因而适合于信号源内阻较大的场合。

三、反馈放大电路的基本公式

1. 闭环放大倍数

$$A_f = \frac{A}{1+AF}$$

其中，$1+AF$ 为与反馈组态相关的反馈深度；A_f、A 为同一组态下的闭环、开环增益。一般而言，反馈深度愈大，放大倍数降低得愈多，各项性能的改善也愈显著。

2. 闭环输入电阻

并联负反馈：$R_{if} = \frac{R_i}{1+AF}$。

串联负反馈：$R_{if} = (1+AF)R_i$，考虑反馈环外，实际输入电阻为 $R'_{if} = R_{if} \mathbin{/\!/} R_b$。

3. 闭环输出电阻

电压负反馈：$R_{of} = \frac{R_o}{1+A_{oc}F}$，其中 A_{oc} 为 $R_L \to \infty$ 时的开环放大倍数。

电流负反馈：$R_{of} = (1+A_{sc}F)R_o$，其中 A_{sc} 为 $R_L \to 0$ 时的开环放大倍数。考虑反馈环外，实际输出电阻为 $R'_{of} = R_{of} \mathbin{/\!/} R_c$。

4. 闭环通频带

$$f_{bwf} = (1+AF)f_{bw}$$

四、负反馈放大电路的计算

1. 近似估算法

近似估算法只适合深度负反馈放大电路，当 $1+AF\geqslant 10$ 时，即为深度负反馈，可用两种方法估算。

（1）利用关系式 $A_f\approx\frac{1}{F}$ 估算。

（2）利用导出关系式 $X_f\approx X_i$ 进行估算：对于串联负反馈，有 $U_f\approx U_i$；对于并联负反馈，有 $I_f\approx I_i$。

2. 方框图法

方框图法适合于任何形式的负反馈放大电路。步骤为：

（1）画基本放大电路，求开环参数 A、R_i 和 R_o。

（2）画反馈网络，求 F。

（3）由基本公式求闭环参数 A_f、R_{if} 和 R_{of}。

（4）再将闭环增益转换为闭环电压增益。

3. 拆环法

拆环法适合于任何形式的负反馈放大电路。先对原电路进行拆环等效，再根据叠加原理进行化整为零计算，最后计算放大倍数。

五、负反馈放大电路的稳定性

1. 自激振荡的条件

$$\dot{A}\dot{F}=-1$$

2. 负反馈放大电路稳定性的判断

（1）设 $f=f_0$ 时，$\Delta\varphi_{AF}=-180°$；$f=f_c$ 时，$20\lg|\dot{A}\dot{F}|=0$。若不存在 f_0，则电路一定稳定；若存在 f_0，而且 $f_0>f_c$，则电路一定稳定；若存在 f_0，而且 $f_0<f_c$，则电路不稳定，将产生自激振荡。

（2）实用知识。稳定的条件：稳定裕度 $G_m\leqslant -10$ dB 或相位裕度 $\varphi_m\geqslant 45°$。

3. 自激振荡的消除方法

（1）滞后补偿，包括电容滞后补偿、RC 滞后补偿和密勒补偿，其中后二者对电路带宽影响小。

（2）超前补偿，对电路带宽影响最小。

（3）实用知识：常通过实验方法确定补偿元件参数。

六、重点、难点

1. 重点

（1）反馈的判断，负反馈对放大电路性能的影响，深度负反馈放大电路的近似估算；

（2）产生自激振荡的原因和条件，自激振荡的各种消除方法及其特点。

2. 难点

（1）非深度负反馈放大电路的分析；

（2）补偿元件参数的分析。

参考文献

[6-1] 李永安. 负反馈放大器闭环特性的再研究[J]. 电气电子教学学报，2004，26（3）：31.

[6-2] 张永瑞，杨林耀，张雅兰. 电路分析基础 [M]. 2 版. 西安：西安电子科技大学出版社，1998.

[6-3] 童诗白. 模拟电子技术基础 [M]. 2 版. 北京：高等教育出版社，1998.

[6-4] 赵玉山，周跃庆，王苹. 电流模式电子电路[M]. 天津：天津大学出版社，2001.

[6-5] 童诗白，华成英. 模拟电子技术基础[M]. 3 版. 北京：高等教育出版社，2001.

[6-6] 王楚，余道衡. 电子线路[M]. 北京：北京大学出版社，2002.

[6-7] 李永安. 负反馈放大器的网络分析[J]. 西北大学学报（自然科学版），2002，32（5）：486.

[6-8] 王志刚，龚杰星. 现代电子线路（上册）[M]. 北京：清华大学出版社，北方交通大学出版社，2003.

[6-9] 李永安. 负反馈放大器增益的拆环计算[J]. 陕西科技大学学报：自然科学版，2004，22（4）：115.

自 测 题

一、下面说法是否正确，用“√”、“×”表示在括号内。

1. 任何实际放大电路严格说都存在某种反馈。 （ ）

2. 所有放大电路都必须接入反馈，否则无法正常工作。 （ ）

3. 有下列情况的就一定是反馈放大电路：

①输出与输入之间有信号通路； （ ）

②电路中存在反向传输的信号通路； （ ）

③除放大电路以外还有信号通路。 （ ）

4. 反馈通路可由下列元器件组成：

①电阻器、电容器、电感器等无源元件； （ ）

②晶体管、运放等有源器件。 （ ）

5. 在共集（或共漏）放大电路中，由于 $A_u<1$，因此没有反馈。 （ ）

6. 所谓开环是指具有以下主要特点的电路：

①无信号源； （ ）

②无反馈通路； （ ）

③无电源； ( )

④无负载。 ( )

7. 所谓闭环是指具有以下主要特点的电路：

①考虑信号源内阻； ( )

②有反馈通路； ( )

③有电源； ( )

④有负载。 ( )

8. 若放大电路的放大倍数为负，则引入的反馈一定是负反馈。 ( )

9. 负反馈放大电路的放大倍数与组成它的基本放大电路的放大倍数量纲相同。 ( )

10. 若放大电路引入电流负反馈，则负载电阻变化时，输出电流、电压都不变。 ( )

11. 只要引入负反馈，放大倍数必下降 $1+AF$ 倍。 ( )

12. 单级负反馈放大电路不可能是深度负反馈电路。 ( )

二、选择正确答案填入空内。

1. 负反馈是指________。

A. 反馈信号极性为正　　B. 反馈信号极性为负

C. 反馈信号增强净输入信号　　D. 反馈信号减弱净输入信号

2. 直流反馈是指________。

A. 只存在于直流放大电路中的反馈　　B. 只存在于直流通路中的反馈

C. 反馈信号中只含直流成分的反馈　　D. 反馈信号中只含交流成分的反馈

3. 电压反馈是指________。

A. 反馈信号取自输出电压　　B. 反馈信号是电压

C. 反馈信号取自输出电流　　D. 反馈信号是电流

4. 串联反馈是________。

A. 反馈信号与净输入信号串联　　B. 反馈信号与输入信号并联

C. 反馈信号与净输入信号并联　　D. 反馈信号与输入信号串联

5. 深度负反馈是________。

A. $1+AF<1$　　B. $1+AF=1$　　C. $1+AF\gg 1$　　D. $1+AF>1$

6. 只要引入合适的交流负反馈， 就可以使________。

A. 输出电压稳定　　B. 输出电流稳定

C. 开环增益稳定　　D. 闭环增益稳定

7. 只要引入合适的电压反馈， 就可以使________。

A. 输入电压稳定　　B. 输出电流稳定

C. 输入电阻下降　　D. 输出电阻下降

8. 只要引入合适的串联反馈， 就可以使________。

A. 输入电阻下降　　B. 输出电阻增大

C. 信号源的负载变轻　　D. 带负载能力增大

9. 并联负反馈，要求信号源内阻________。

A. 尽可能地大　　B. 尽可能地小　　C. 无要求　　D. 为零

10. 关于自激振荡，正确的说法是________。

A. 没有输入就不可能自激　　　　　　B. 自激由电路本身决定，与输入无关

C. 引入负反馈不可能自激　　　　　　D. 引入正反馈一定能自激

三、电路如图 T6.3 所示。

（1）合理连线，接入信号源和反馈，使电路的输入电阻增大，输出电阻减小；

（2）若 $A_u=10$，则 R_F 应取多少千欧？

（3）反馈组态是什么？

（4）闭环输入电阻和输出电阻是多少？

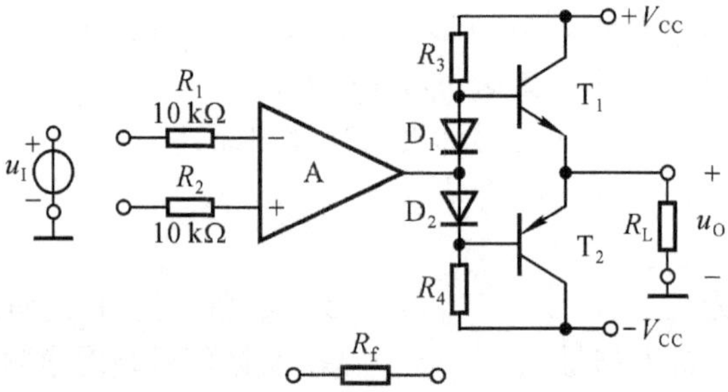

图 T6.3

四、判断图 T6.4 所示各电路是否引入了反馈；若引入了反馈，则判断是正反馈还是负反

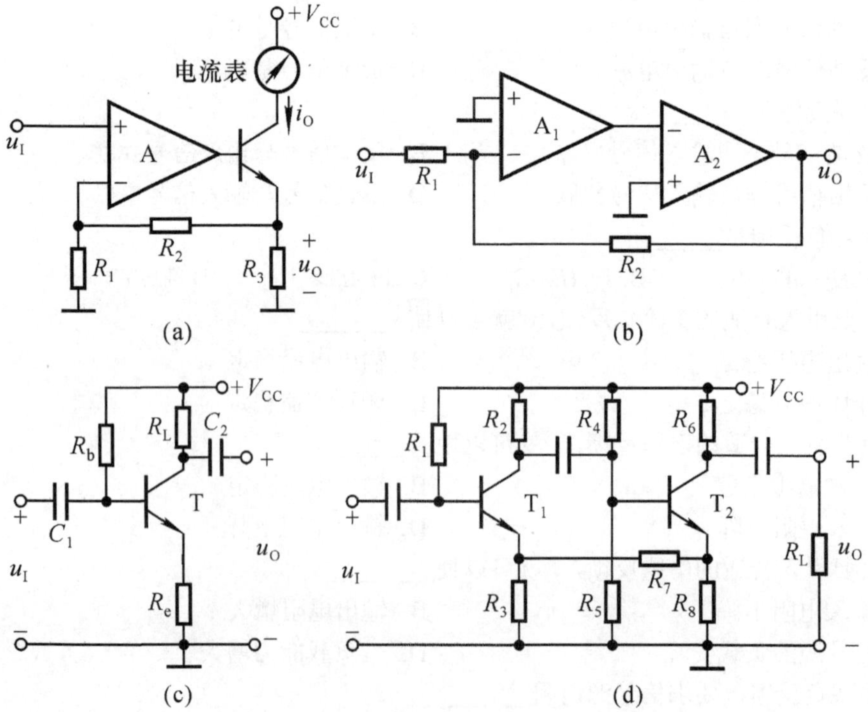

图 T6.4

馈；若引入了交流负反馈，则判断是哪种组态的负反馈，并求出反馈系数和深度负反馈条件下的电压放大倍数或源电压放大倍数。设图中所有电容对交流信号均可视为短路。

五、如果某反馈放大电路出现了自激振荡，现有 40 pF 的电容用以消除自激，是采用简单的滞后补偿还是采用密勒补偿？为什么？

习　题

6.1　电路如图 P6.1 所示，已知集成运放的开环差模增益和差模输入电阻均趋近于无穷大，最大输出电压幅值为 ±14 V。填空：

电路引入了＿＿＿＿＿＿（填入反馈组态）交流负反馈，电路的输入电阻趋近于＿＿＿＿＿＿，电压放大倍数 $A_{uf}=\Delta u_O/\Delta u_I\approx$＿＿＿。设 $u_I=1$ V，则 $u_O\approx$＿＿＿V；若 R_1 开路，则 u_O 变为＿＿＿V；若 R_1 短路，则 u_O 变为＿＿＿V；若 R_2 开路，则 u_O 变为＿＿＿V；若 R_2 短路，则 u_O 变为＿＿＿V。

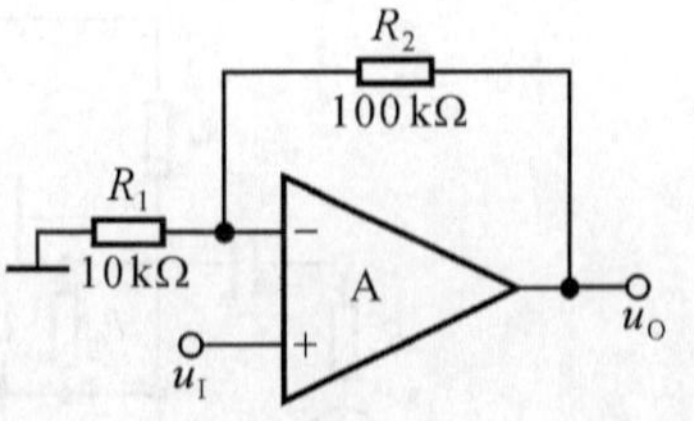

图 P6.1

6.2　判断图 P6.2 所示各电路中是否引入了反馈，是直流反馈还是交流反馈，是正反馈还是负反馈。设图中所有电容对交流信号均可视为短路。

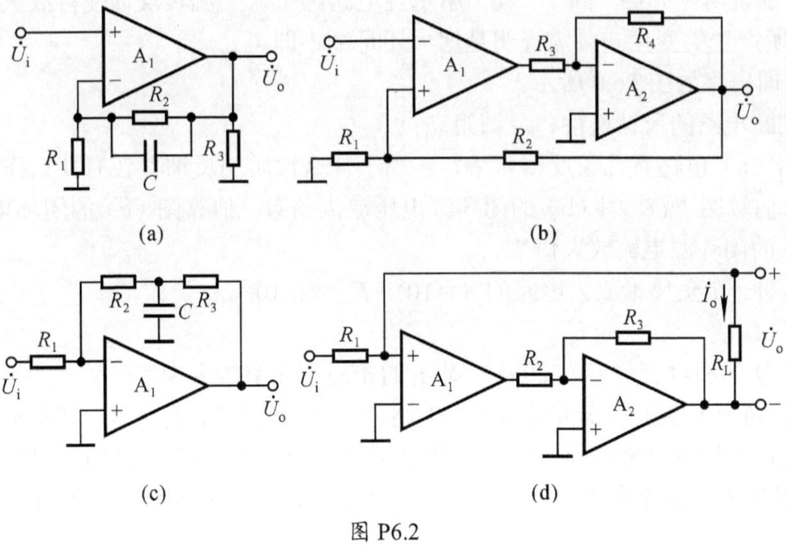

图 P6.2

6.3　电路如图 P6.3 所示，判断是否引入了反馈，是直流反馈还是交流反馈，是正反馈还是负反馈。设图中所有电容对交流信号均可视为短路。

6.4　估算图 P6.2（a）～（b）所示各电路在深度负反馈条件下的电压放大倍数。

6.5　估算图 P6.3（a）、（b）、（d）所示各电路在深度负反馈条件下的电压放大倍数。

6.6　分别说明图 P6.2（a）～（b）所示各电路因引入交流负反馈使得放大电路输入电阻和输出电阻所产生的变化。只需说明是增大还是减小即可。

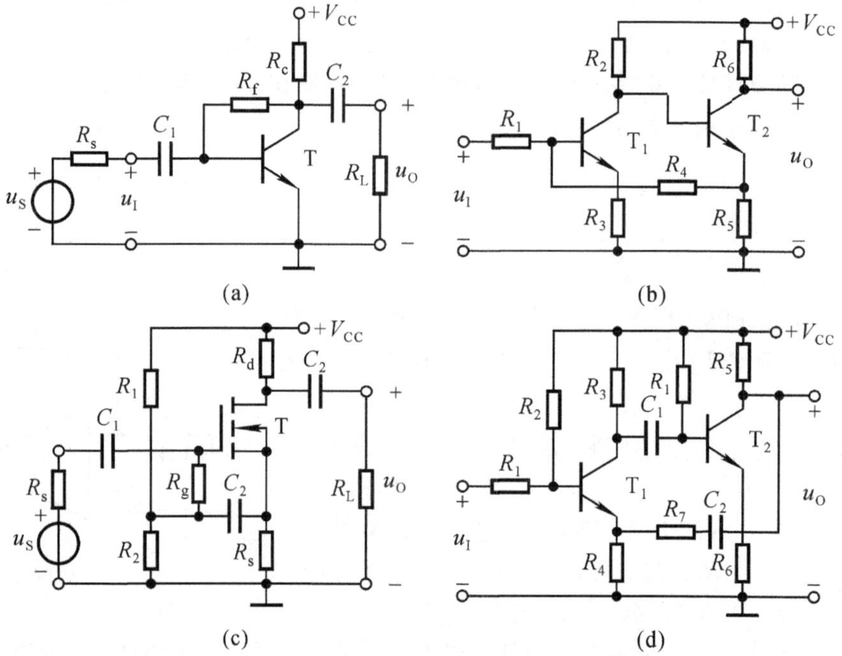

图 P6.3

6.7 分别说明图 P6.3（a）～（d）所示各电路因引入交流负反馈使得放大电路输入电阻和输出电阻所产生的变化。只需说明是增大还是减小即可。

6.8 反馈电路如图 P6.8 所示。

（1）判断电路的反馈极性、反馈组态；

（2）图（a）电路有几条反馈通路？各属于什么性质的反馈？各有什么作用？

（3）试估算图（a）、图（b）的闭环源电压放大倍数，估算图（c）的闭环电压放大倍数，估算图（d）的闭环源电流放大倍数。

6.9 已知一个负反馈放大电路的 $A=10^5$，$F=2\times10^{-3}$。

（1）求 A_f；

（2）若 A 的相对变化率为 20%，则 A_f 的相对变化率为多少？

6.10 已知一个电压串联负反馈放大电路的电压放大倍数 $A_{uf}=20$，其基本放大电路的电压放大倍数 A_u 的相对变化率为 10%，A_{uf} 的相对变化率小于 0.1%。试问：F 和 A_u 各为多少？

6.11 以集成运放作为放大电路，引入合适的负反馈，分别达到下列目的，要求画出电路图。

（1）实现电流-电压转换电路；

（2）实现电压-电流转换电路；

（3）实现输入电阻高、输出电压稳定的电压放大电路；

（4）实现输入电阻低、输出电流稳定的电流放大电路。

6.12 电路如图 P6.12 所示，试判断反馈组态并求闭环电压放大倍数。

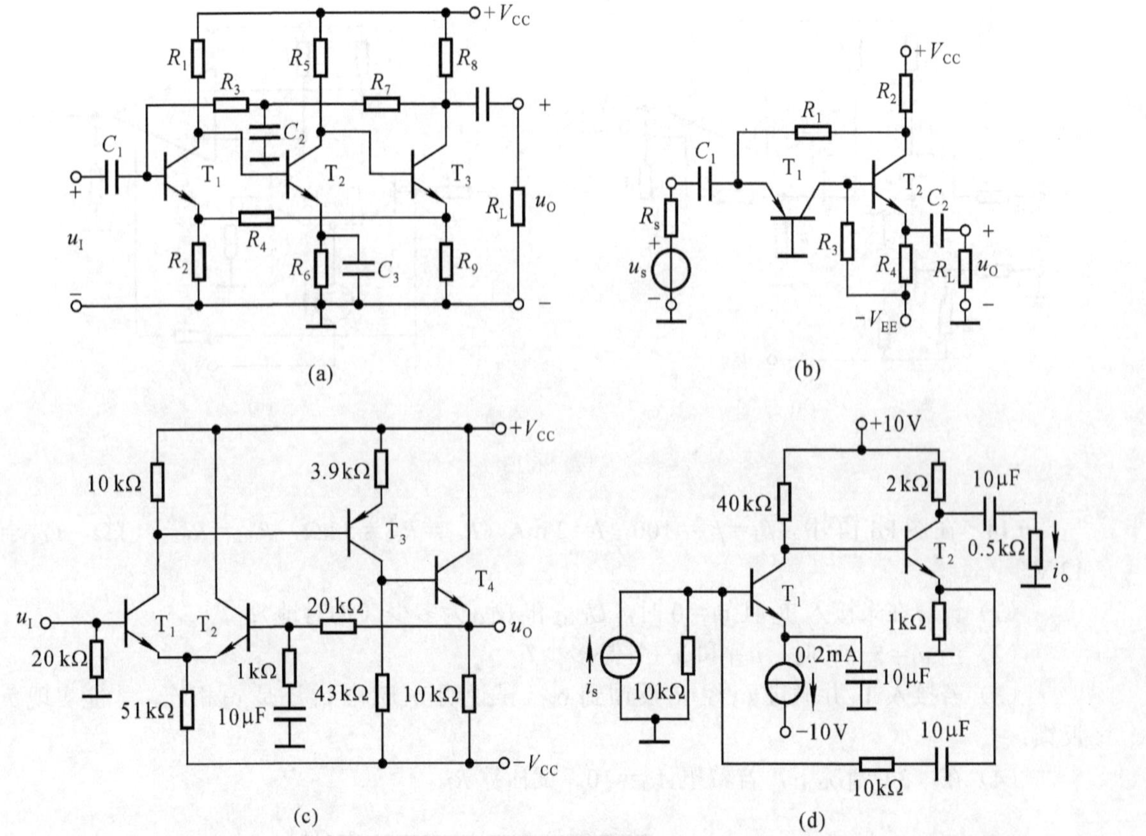

图 P6.8

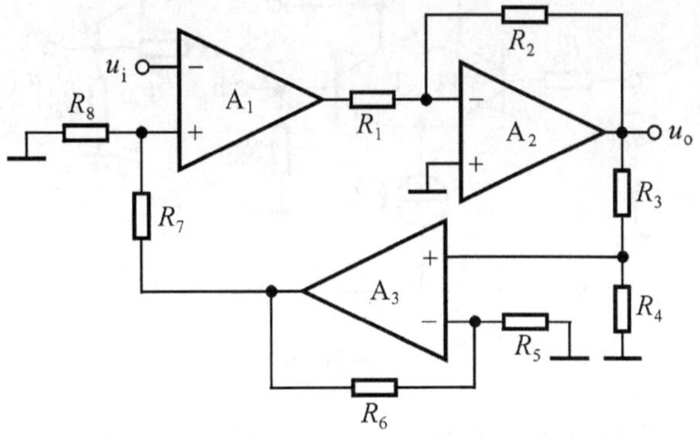

图 P6.12

6.13　电路如图 P6.13（a）、（b）所示。

（1）说明两个电路的反馈极性和组态；

（2）说明反馈在电路中的作用；

（3）若 $R_1=R_b=1\ \text{k}\Omega$，$R_f=10\ \text{k}\Omega$，分别估算两电路的闭环放大倍数。

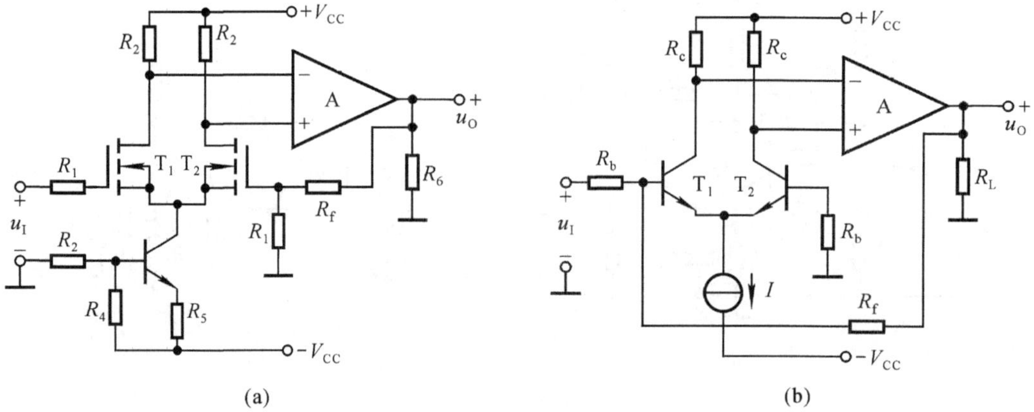

图 P6.13

6.14 在图 P6.14 中，$\beta_1=\beta_2=100$，$I=2$ mA，$R_{c1}=R_{c2}=5$ kΩ，$R_{b1}=R_{b2}=1$ kΩ，$V_{CC}=12$ V。

（1）计算在未接入 T_3 且 $u_I=0$ 时，U_{C1Q} 和 U_{EQ} 为多少（均对地）；

（2）当 $u_I=5$ mV 时，u_{C1} 和 u_{C2} 各是多少？

（3）若接入 T_3 并通过 c_3 经 R_f 反馈到 b_2，试说明 b_3 应与 c_1 还是 c_2 相连，才能实现负反馈；

（4）在（3）情况下，若希望 $A_{uf}=10$，试估算 R_f。

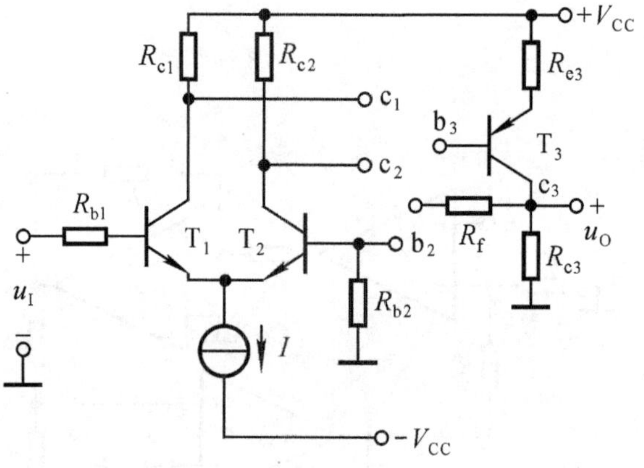

图 P6.14

6.15 已知集成运放的开环差模增益 $A_{od}=2\times10^5$，差模输入电阻 $r_{id}=2$ MΩ，输出电阻 $r_o=200$ Ω。试用方框图法分别求解图 P6.15 所示各电路的 A、F、A_f、R_{if}、R_{of}。

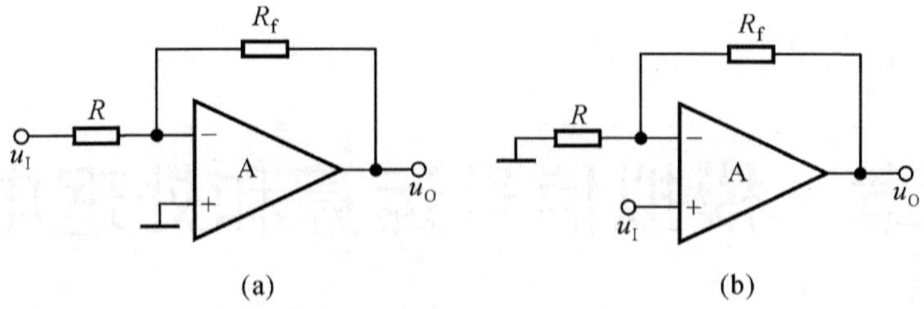

图 P6.15

6.16　某负反馈放大电路的开环幅频特性如图 P6.16 所示，若用纯电阻网络引入负反馈，且其参数的变化对基本放大电路的影响可忽略不计。试问：

（1）当 $f=10^3$ Hz 时，$20\lg|\dot{A}|$ 和 φ_A 约为多少？

（2）引入负反馈后，$F=1$，电路稳定吗？

（3）引入负反馈后，要想电路稳定，F 的上限值是多少？

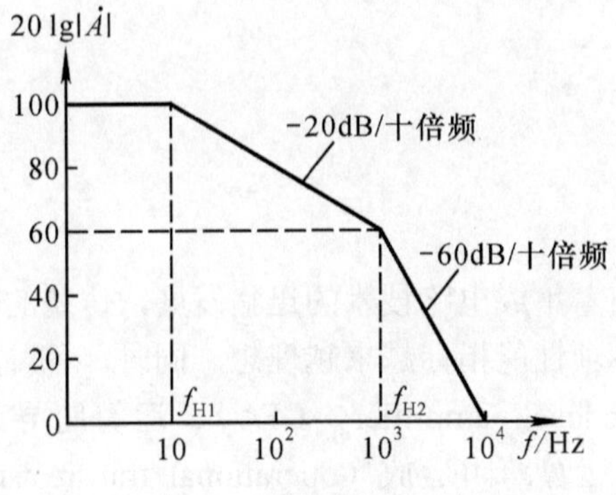

图 P6.16

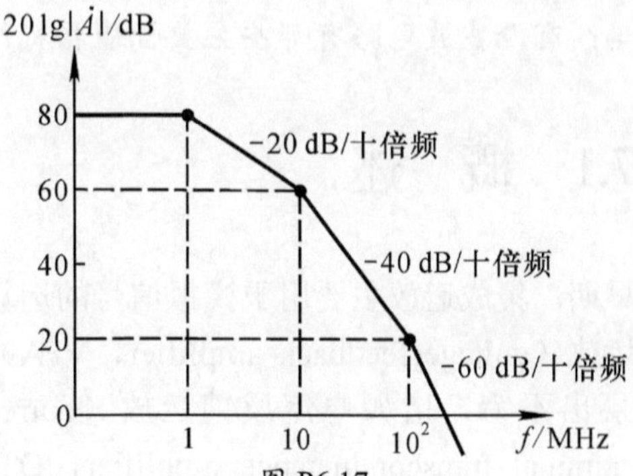

图 P6.17

6.17　某负反馈放大电路的开环幅频特性如图 P6.17 所示，若用纯电阻网络引入负反馈，且其参数的变化对基本放大电路的影响可忽略不计。试问：

（1）当施加 $F=0.001$ 的负反馈时，电路是否稳定？若稳定，相位裕度是多少？

（2）若要求闭环增益为 40 dB，为保证相位裕度大于 45°，试画出密勒电容补偿后的开环幅频特性曲线；

（3）求补偿前后的开环和闭环带宽。

第7章　模拟信号运算和处理电路

◎本章讨论的问题

（1）什么是理想运放？其指标参数有哪些特点？

（2）工作在线性区的运放有何特点？工作在非线性区的运放又有何特点？要保证运放工作在线性区，外部电路应采取什么措施？

（3）如何判断电路是否是运算电路？有哪些基本运算电路？如何分析运算电路的运算关系？

（4）滤波电路的功能是什么？什么是无源滤波和有源滤波？有源滤波电路和放大电路一样吗？有源滤波电路有哪些主要性能指标？

7.1　概　述

早期，集成运放主要用于模拟信号的运算。随着集成电路技术的迅猛发展，传统的电压反馈运放（voltage feedback amplifier，VFA）的各项性能指标越来越理想，同时，各种新型运放层出不穷，诸如电流反馈运放（current feedback amplifier，CFA）、运算跨导运放（operational transconductance amplifier，OTA）、运算跨阻运放（operational transresistance amplifier，OTRA）、电流传输器（current conveyor CCII）已进入应用阶段，这就使得集成运放的应用早已不局限信号的运算，而用于信号的处理、变换、测量及产生等领域，不仅用于模拟电路，而且在数字电路中的应用也日益广泛，可以说集成运放的应用几乎渗透到电子技术的各个领域。

本章主要介绍传统的集成运放（VFA）基本应用，重点介绍分析方法。至于新型运放的应用，读者可参考有关文献。

7.1.1　理想运放的两个工作区域

由集成运放构成的应用电路举不胜举，但就其工作区域看却只有两个，一个是线性区，另一个是非线性区。工作在不同区域的运放有着不同的特点，这些特点是我们分析运放应用电路的基础。本章所遇到的各种电路中，集成运放均工作在线性区。

一、理想运放模型

所谓理想运放是指各项指标理想化的运放，也就是满足以下条件的集成运放：

①开环差模放大倍数 $A_{od}\to\infty$；②差模输入电阻 $r_{id}\to\infty$；③输出电阻 $r_o=0$；④共模抑制比 $K_{CMR}\to\infty$；⑤ -3dB 带宽 $f_H\to\infty$；⑥失调电压 U_{IO}、失调电流 I_{IO} 及其温漂均为零，且无干扰、噪声。

实际上，理想运放不存在，按理想模型分析必带来误差。但是，在一般的工程计算中，这些误差都是允许的，而且随着集成技术的进步，运放的性能指标会越来越接近理想化，误差也会越来越小。因此，只有在进行误差分析时，才会考虑实际运放所带来的影响，一般情况均可将实际运放视为理想运放。

二、运放工作在线性区的条件

1. 理想运放在线性区的特点

实际运放的电压传输特性如图 7.1.1 所示。若运放在线性区，则输出电压与差模输入电压成线性关系，即满足

$$u_O=A_{od}(u_P-u_N) \tag{7.1.1}$$

式中，u_P、u_N 为运放的同相输入端和反相输入端的电压；A_{od} 为运放的开环差模电压放大倍数；u_O 为输出电压。当运放为理想时，$A_{od}\to\infty$，而 u_O 有限，则由上式得净输入电压 $u_P-u_N=0$，即有

$$u_P=u_N \tag{7.1.2}$$

这种现象叫输入端的“虚短”（virtual short circuit）现象。所谓“虚短”是指运放的两个输入端电位无穷接近，但并没有真正短路。这时线性区将与纵轴重合。图 7.1.2 即为理想运放的电压传输特性。

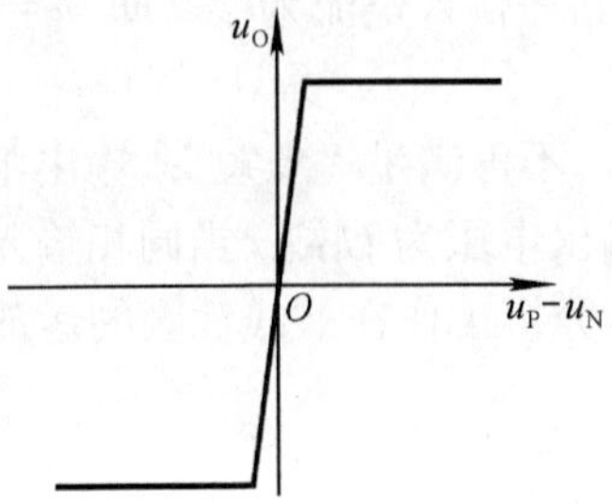

图 7.1.1　实际集成运放的电压传输特性

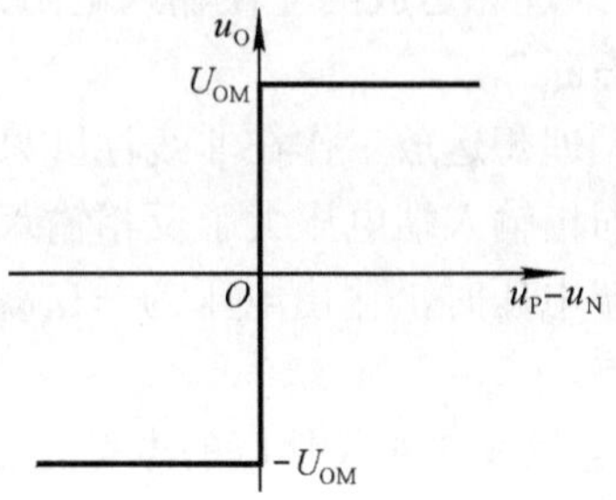

图 7.1.2　理想集成运放的电压传输特性

在线性区，既然满足“虚短”，则差模输入电压必为零。又因为理想运放的输入电阻为无穷大，所以两个输入端的输入电流也必为零，即有

$$i_P=i_N=0 \tag{7.1.3}$$

这种现象叫输入端的“虚断”（virtual open circuit）现象。所谓“虚断”是指运放的两个输入端电流无穷接近于零，但并没有真正断路。

以上分析表明，理想运放工作在线性区时，将满足“虚短”、“虚断”两个条件。后面将会看到，这两个条件是分析运放应用电路的两个基本出发点。

2. 理想运放在线性区的电路特征

由图 7.1.2 可以看出，理想运放要在线性区工作，则要求运放的差模输入电压应为零，即 $u_P-u_N=0$，因此运放应引入负反馈（它一定是深度负反馈），这样才能使运放的净输入为零。因此，在一个运放应用电路中，若引入了负反馈，运放必工作在线性区，也就必然具有“虚短”和“虚断”两个特点。

对于单个集成运放，若在其输出端和反相输入端连接无源网络，容易判断电路引入的一定是负反馈，如图 7.1.3 所示。若连接有源网络，则不一定是负反馈，要视反馈网络的输出与输入的相位是同相还是反相。若同相则为负反馈，若反相则为正反馈。对于多个集成运放所组成的多环反馈系统，利用瞬时极性法也不难判断其反馈极性。

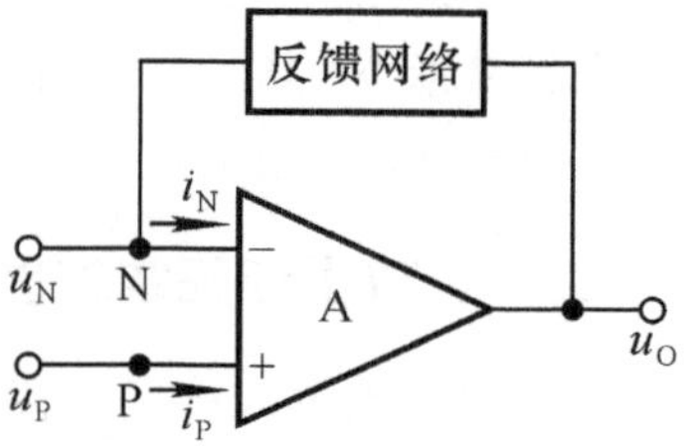

图 7.1.3　引入负反馈的集成运放

三、运放工作在非线性区的条件

1. 理想运放在非线性区的特点

由图 7.1.2 知，当理想运放工作在非线性区时，输出电压与输入电压的关系变成非线性关系，因此式（7.1.1）不再成立。容易看出：

（1）输出电压只有两种可能，即

$$u_O=\begin{cases}U_{OM}, & 当u_P>u_N\\ -U_{OM}, & 当u_P<u_N\end{cases} \tag{7.1.4}$$

其中，U_{OM} 是运放的正向饱和压降，接近于 V_{CC}；$-U_{OM}$ 是运放的负向饱和压降，接近于 $-V_{CC}$。

（2）因理想运放的差模输入电阻为无穷大，故其净输入电流为零，即 $i_P=i_N=0$。可见仍满足“虚断”。

可见，理想运放工作在非线性区只满足“虚断”，不再满足“虚短”；输出电压有两个极端值：当同相输入端电压大于反相输入端电压时，输出电压为 U_{OM}；当同相输入端电压小于反相输入端电压时，输出电压为 $-U_{OM}$。这两条件是分析工作在非线性区的运放应用电路的基本出发点。

2. 理想运放在非线性区的电路特征

为使运放工作在非线性区，应使运放的净输入电压不为零，这就要求运放处在开环状态或者引入正反馈，这就是判断运放工作在非线性区的依据。

7.1.2　运放的供电

一、双电源供电

为了实现基于运放电路的既定功能，外部必须向运放供电。其目的，一是给内部晶体管提供偏置，以保证晶体管运行在线性区或者非线性区；二是通过运放反过来又向负载和反馈网络供电。最常见的是双电源供电，如图 7.1.4 所示。为了防止来自于电源线中的 50 Hz 工频干扰，电源电压入口点必须接一个 10 μF 的电解电容；为了消除来自于外部的高频干扰和来自芯片内部的噪声，芯片管脚必须接低感抗的电容器，比如 0.1 μF 的陶瓷电容。地线要宽，以保持一个电的纯净地参考。

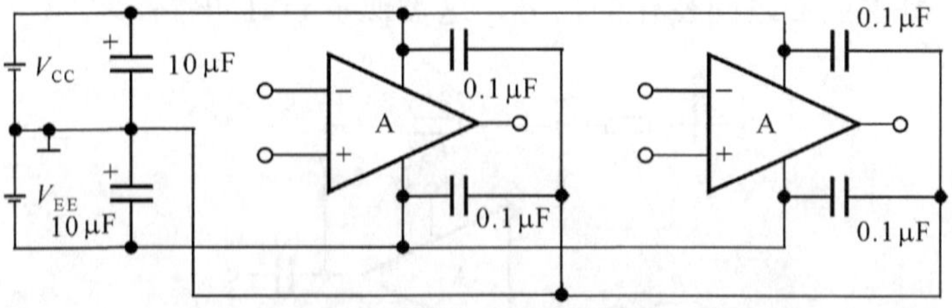

图 7.1.4　双电源供电运放

对通用集成运放，通常 $V_{CC}=V_{EE}=12\sim15$ V。当然对于专用运放，需要查手册确定供电电压。今后除非特别说明，都假定 $V_{CC}=V_{EE}=15$ V。然而，为了简化电路，在运放应用电路中，都省去电源及其连线，但是必须注意在做硬件实验或软件仿真时，一定不要忘记给运放供电。另外，为了避免不必要的功率浪费，运放外围电阻范围应在几十至几百千欧范围。

二、单电源供电

大部分运算放大器要求双电源（正负电源）供电，只有少部分运算放大器可以在单电源供电状态下工作，如 LM358（双运放）、LM324（四运放）、CA3140（单运放）等。LM324 可以在 +3～+30 V 单电源供电状态下工作，也可以在 ±1.5～±15 V 双电源供电状态下工作。目前，在许多手持设备、汽车以及计算机等设备中只用单电源供电。

单电源供电运放如图 7.1.5 所示（其中电源去耦电容省略未画）。电源正极引脚接到 V_{CC}，电源负极接到 V_{EE} 引脚并作为地。V_{CC} 分成一半后的电压接到运放 A_1 的同相输入端，该运放引入直流电压串联负反馈，输入端满足“虚短”，因此运放 A_2 的同相输入端电位被抬到 $V_{CC}/2$。根据运放内部结构知，静态时，运放 A_2 的输出端电位也为 $V_{CC}/2$，该运放 A_2 引入电压并联负反馈，“虚短”成立，这意味着运放 A_2 的反相输入端电位也为 $V_{CC}/2$。动态时，$u_I/R_1=-u_O/R_2$。因此，输出对地电压是以 $V_{CC}/2$ 为中心，在 0～V_{CC} 之间变化的信号。

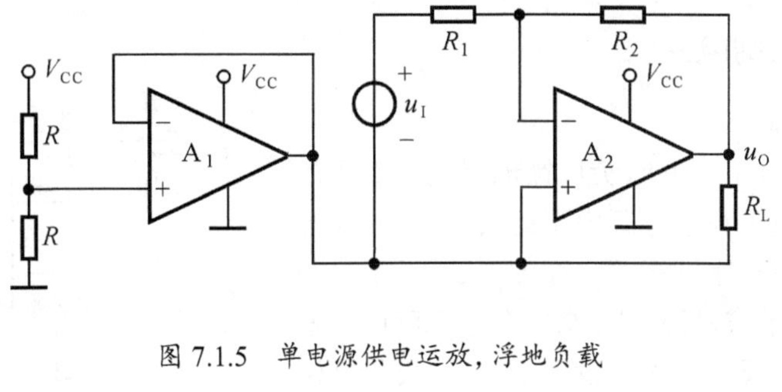

图 7.1.5　单电源供电运放，浮地负载

在大部分应用中，输入和输出是以电源地为地，所以设计者必须在输入和输出的地方加入隔直电容，此时负载接地，而不是浮地，可采用图 7.1.6 所示电路。V_{CC} 分成一半

后的电压接到运放 A 的同相输入端，电容 C 是去耦电容，C_1、C_2 为耦合电容。静态时，运放的输出端电位为 $V_{CC}/2$，因满足“虚短”，故运放的反相输入端电位也为 $V_{CC}/2$。动态时，该运放引入的是电压并联负反馈，$u_I/R_1=-u_O/R_2$，因此输出电压是以零电位为中心，在 $-V_{CC}/2\sim+V_{CC}/2$ 之间变化的信号，这类似于 OTL 电路。

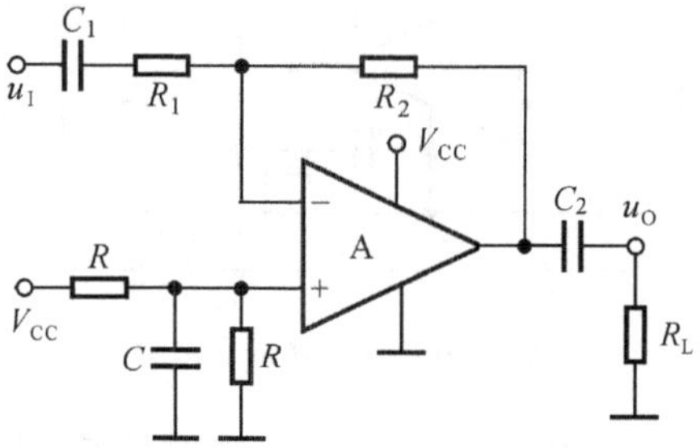

图 7.1.6　单电源供电运放，接地负载

因为必须使用耦合电容，所以这种电路的主要缺点是下限截止频率升高了。

7.2　基本运算电路

集成运放最早用于模拟信号的运算，其实现的基本运算有比例、求和、积分、微分、对数、指数、乘法和除法等运算。对模拟量进行上述运算时，要求输出信号反映的是对输入信号的某种运算结果，输出电压必将在一定的范围内变化，不可能是两种极端值，因而运放必工作在线性区，其电路特征是引入了负反馈。理想运放在线性区的两个重要结论，即“虚短”和“虚断”是我们分析运算电路的基本依据。

7.2.1　比例电路

将信号按比例放大的电路，称为比例电路（scaling circuit）。它是最基本的运算电路，它有同相输入和反相输入两种不同形式，下面分别介绍。

一、反相比例电路

1. 电路的构成

我们知道，深度电压并联负反馈电路的源电压放大倍数等于反馈电阻与信号源内阻比值的负值，因此可用该电路实现反相比例运算，如图 7.2.1 所示。图中的电阻 R_1 相当于信号源内阻 R_s。在该电路中，输入信号是从运放的反相输入端输入的，故称反相比例电路（inverting amplifier）。同相输入端接有电阻 R'，这是因为运放输入级是由差动放大电路组成，它要求

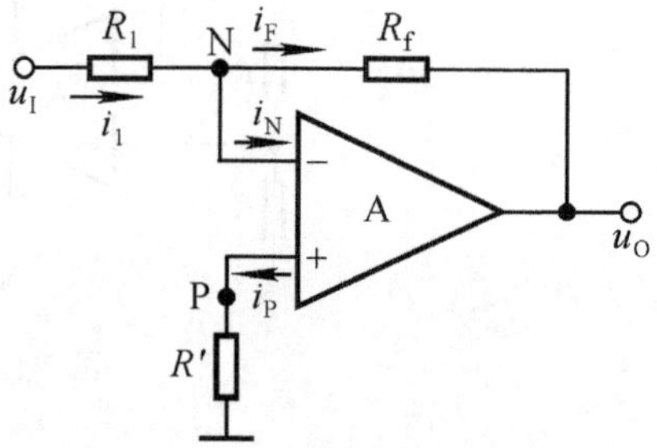

图 7.2.1　反相比例电路

两边的输入回路参数对称，以免静态基流流过这两个电阻时，在运放的输入端产生附加的偏差电压。因此在静态条件下，反相输入端和同相输入端对地的电阻应相等，即

$$R_N = R_P \tag{7.2.1}$$

对图 7.2.1 而言，要满足上式，则需 $R' = R_1 /\!/ R_f$。

上述条件对各种双极性集成运放构成的运算电路和放大电路是普遍适用的，但有时（如高阻型运放）对此要求并不严格。

2. 函数关系

由于运放引入了负反馈，运放必工作在线性区，必满足“虚断”和“虚短”，因而有

$$i_N = i_P = 0 \tag{7.2.2}$$

$$u_N = u_P = 0 \tag{7.2.3}$$

式（7.2.3）表明，集成运放的反相输入端电位为零，但它并没有真正接地，这种现象称为“虚地”。“虚地”好似一个“陷阱”，它以地电位把电流骗来，但又不让其正真入地，迫使电流远走他方（流经 R_f），于是反馈形成了[①]。节点 N 的电流方程为

$$i_I = i_F$$

$$\frac{u_I - u_N}{R_1} = \frac{u_N - u_O}{R_f}$$

将式（7.2.3）代入上式，得

$$u_O = -\frac{R_f}{R_1} u_I \tag{7.2.4}$$

可见输出与输入符合比例关系。式中负号表示输出电压与输入电压的变化方向相反。对于正弦信号，二者的相位相反；对于直流信号，二者的正、负极性相反。

3. 主要特点

（1）由于运放反相端满足“虚地”，运放承受的共模电压为零，因此对运放的共模抑制比要求低。

（2）由式（7.2.4）知，比例系数仅由 R_f、R_1 的阻值决定，与运放的内部参数无关，因而可实现准确的、稳定的比例运算。

（3）由式（7.2.4）知，当 $R_f = R_1$ 时，$A_{uf} = -1$，说明输出与输入电压大小相等，相位相反，称之为单位增益反相器。

（4）由于引入的是深度电压并联负反馈，所以电路的输入电阻为 $R_{if} = R_1$，输出电阻 $R_{of} = 0$。

（5）由于静态时 $u_I = 0$，必有 $u_O = 0$，而 $u_N = u_P = 0$，这说明围绕运放外围的电阻（包括信号源内阻和负载）无电流，功耗仅为运放内部所耗，因此电路输入、输出端无须接耦合电容。多亏运放是双电源供电！若是单电源供电运放，一般要接耦合电容，还要提供一个 $V_{CC}/2$ 的公共参考电压[②]。读者不难分析，这个结论也适合后面的运算电路。

①参阅文献[7-1] 239 页。

②参阅文献[7-2] 39 页。

二、同相比例电路

1. 电路的构成

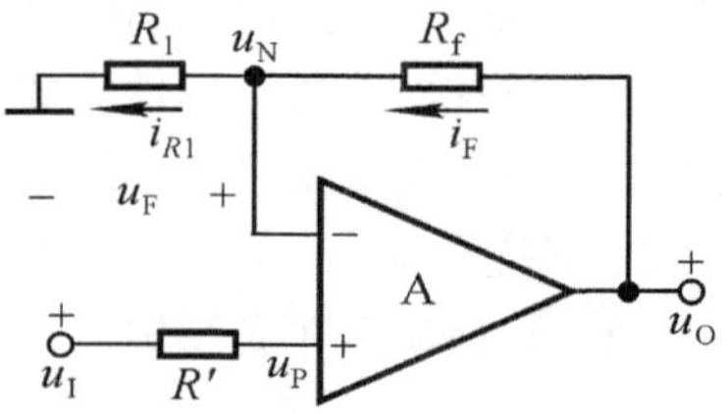

图 7.2.2 同相比例电路

反相比例电路的输入电阻较小，且输出与输入电压相位相反。如果希望提高输入电阻，并使输出与输入电压相位相同，可将图 7.2.1 所示电路的输入端和接地端互换，即可得到同相比例电路（noninverting amplifier），如图 7.2.2 所示。图中的 $R'=R_1 \parallel R_f$，其作用是平衡输入端。此外，在反常情况下，u_I 突然增大，R'还可起到限流作用，从而保护了运放。

2. 函数关系

容易判定该电路引入了电压串联负反馈，运放必工作在线性区，必满足"虚断"和"虚短"，因而有

$$u_N=u_P=u_I \tag{7.2.5}$$

式（7.2.5）表明，集成运放承受了不为零的共模电压。节点 N 的电流方程为 $i_{R1}=i_F$，即

$$\frac{u_N-0}{R_1}=\frac{u_O-u_N}{R_f}$$

将式（7.2.5）代入上式得

$$u_O=(1+\frac{R_f}{R_1})u_I \tag{7.2.6}$$

可见，输出与输入符合比例关系，而且 u_O 大于 u_I。

3. 主要特点

（1）由于运放承受的共模电压为 $u_N=u_P=u_I$，不为零，因此对运放的共模抑制比要求较高。

（2）由式（7.2.6）知，比例系数仅由 R_f、R_1 的阻值决定，与运放的内部参数无关，因而可实现准确的、稳定的比例运算。

（3）由式（7.2.6）知，当 $R_f=0$ 或 $R_1\to\infty$时，$A_{uf}=1$，说明输出与输入电压大小相等，相位相同，称之为单位增益跟随器，如图 7.2.3 所示。由于理想运放的开环差模增益为无穷大，因而其跟随特性要比射极输出器好得多。例如型号为 AD9620 的芯片，其电压增益为 0.994，输入电阻为 0.8 MΩ，输出电阻为 40 Ω，带宽为 600 MHz，转换速率为 2000 V/μs。

（4）由于引入的是深度电压串联负反馈，所以电路的输入电阻为①$R_{if}=(1+A_{od}F)R_{id}$，理想情况下，可认为是无穷大。输出电阻 $R_{of}=0$。

综上所述，对于单一信号作用的运算电路，在分析运算关系时，应首先列出关键节点的电流方程，所谓关键节点是指能把输出电压与输入电压联系起来的节点，如 N 和 P 节点；然后根据"虚短"和"虚断"的原则进行整理，即可得输出、输入电压的运算关系。

①可用方框图法计算，亦可参阅文献[7-3] 49-50 页。

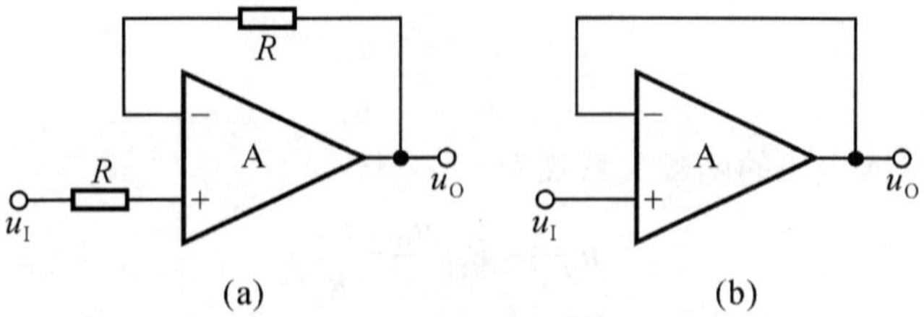

图 7.2.3　电压跟随器

(a) 电路；(b) 简化电路

读者还应注意，在运算电路中，一般都引入电压负反馈，输出电阻可认为是零，运放的输出端可等效为恒压源，因此带载与否，运算关系都不变，这为我们分析级联运放电路提供了极大的方便。

例 7.2.1　有两块运放构成如图 7.2.4 所示电路，若 R_5=500 kΩ，其余参数如图中所标注，试求 u_O 与 u_I 的关系。

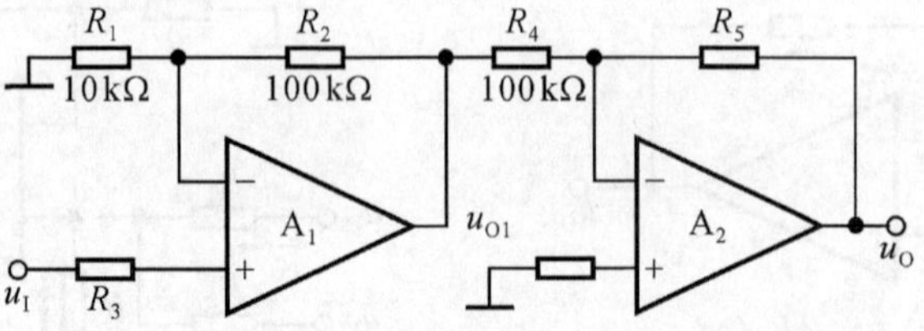

图 7.2.4　例 7.2.1 之电路图

解　由于 A_1 构成同相比例电路，A_2 构成反相比例电路，因此有

$$u_{O1}=(1+\frac{R_2}{R_1})u_I=11u_I$$

$$u_O=-\frac{R_5}{R_4}u_{O1}=-5\times 11u_I=-55u_I$$

7.2.2　加减运算电路

输出电压与若干个输入电压之和或差成比例关系的电路称为加减运算电路。若所有输入信号均作用于集成运放的同一个输入端，则是求和电路（summing circuit）；否则为加减运算电路。

一、求和电路

1. 反相求和电路

反相求和电路的多个输入信号均作用于运放的反相输入端。如图 7.2.5 所示。其中的 R_3 是平衡电阻，它应与反相输入端对地的电阻相等，即 $R_3=R_1 /\!/ R_2 /\!/ R_f$。由于运放满足“虚断”和“虚地”，因此节点 N 的电流方程为

$$i_1 + i_2 = i_F$$

$$\frac{u_{I1}}{R_1} + \frac{u_{I2}}{R_2} = -\frac{u_O}{R_f}$$

因此，输出电压与输入电压的函数关系式为

$$u_O = -R_f\left(\frac{u_{I1}}{R_1} + \frac{u_{I2}}{R_2}\right) \tag{7.2.7}$$

不难想到，若反相输入端有 N 个输入信号，则有

$$u_O = -R_f\sum_{i=1}^{N}\frac{u_{Ii}}{R_i}$$

反相求和电路的主要特点与反相比例电路类似，不再赘述。应该强调的是，调节反相求和电路某一路信号的输入电阻（R_1 或 R_2）的阻值，不影响其它输入电压与输出电压的比例关系，因而调节方便。

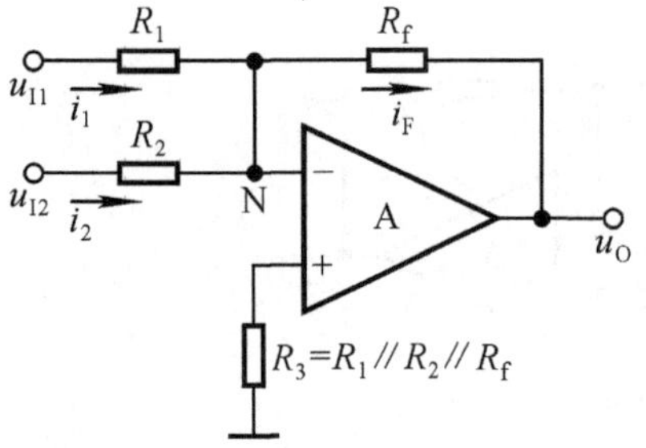

图 7.2.5　反相求和电路

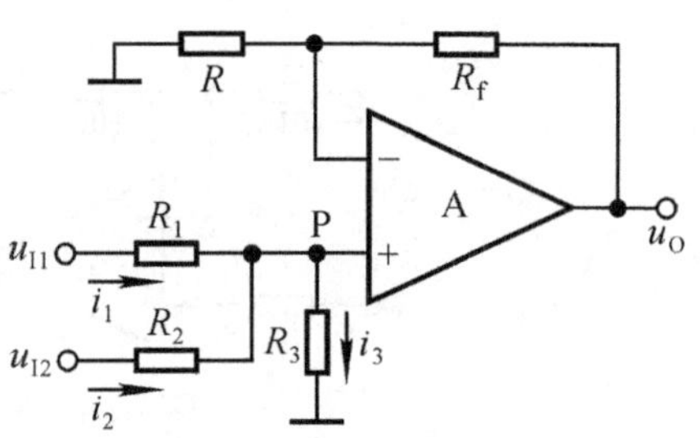

图 7.2.6　同相求和电路

2. 同相求和电路

如果把各输入电压加到运放的同相输入端，是否可以实现同相求和呢？答案是肯定的。图 7.2.6 即为同相求和电路。将这个电路与同相比例电路（图 7.2.2）进行比较可知，输出电压与同相输入端的电压关系为

$$u_O = \left(1 + \frac{R_f}{R}\right)u_P \tag{7.2.8}$$

而 u_P 又满足

$$\frac{u_{I1} - u_P}{R_1} + \frac{u_{I2} - u_P}{R_2} = \frac{u_P}{R_3}$$

即有

$$u_P = R_P\left(\frac{u_{I1}}{R_1} + \frac{u_{I2}}{R_2}\right) \tag{7.2.9}$$

其中 $R_P = R_1 // R_2 // R_3$。将式（7.2.9）代入式（7.2.8），得

$$u_O = \left(1 + \frac{R_f}{R}\right)R_P\left(\frac{u_{I1}}{R_1} + \frac{u_{I2}}{R_2}\right)$$

由于 $R_N=R\,/\!/\,R_f$，即 $(1+\frac{R_f}{R})=\frac{R_f}{R_N}$，因此上式可化为

$$u_O=\frac{R_P}{R_N}R_f(\frac{u_{I1}}{R_1}+\frac{u_{I2}}{R_2}) \tag{7.2.10}$$

当运放的同相输入端和反相输入端平衡时，即 $R_P=R_N$，式（7.2.10）又可简化为

$$u_O=R_f(\frac{u_{I1}}{R_1}+\frac{u_{I2}}{R_2}) \tag{7.2.11}$$

式（7.2.11）与式（7.2.7）仅差一个负号。应该强调的是，式（7.2.11）仅在 $R_P=R_N$ 的条件下成立。因此，该电路调整不便，即当调整某一路信号电阻的阻值，不仅影响该路输入与输出电压的比例关系，因 R_P 发生变化，也将使其它路的输入与输出电压的比例关系变化；与同相比例电路类似，该电路中的运放承受着较高的共模输入电压，这也是它的缺点之一。此外，在平衡时，读者也不难将式（7.2.11）推广到 N 个信号同相输入求和的情况。

二、加减运算电路

1. 电路的构成

前面介绍的求和电路可对同极性信号进行加法运算，如果希望对同极性信号进行加减运算，又该如何实现呢？我们知道，反相求和电路的输出与各输入电压之和的极性相反，而同相求和电路的输出与各输入电压之和的极性相同，因此可将反相求和电路与同相求和电路合并构成加减运算电路，如图 7.2.7 所示。

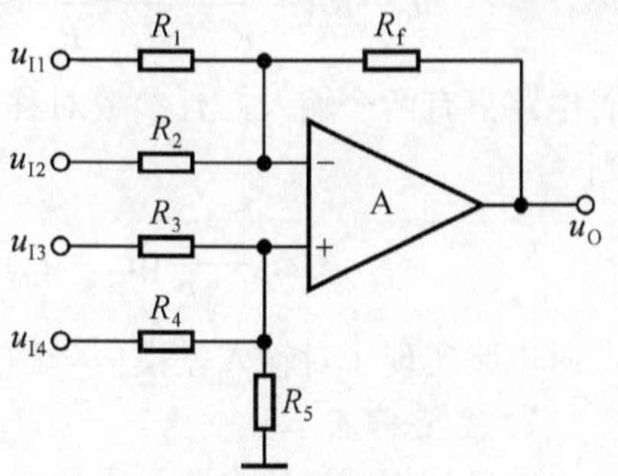

图 7.2.7　加减运算电路

2. 函数关系

下面用叠加原理求图 7.2.7 电路的输出与各输入电压的关系。

先考虑 u_{I1}、u_{I2} 单独作用，则须令 u_{I3}、u_{I4} 为零，此时电路等效成图 7.2.8（a），这是一个反相求和电路，所以输出电压为

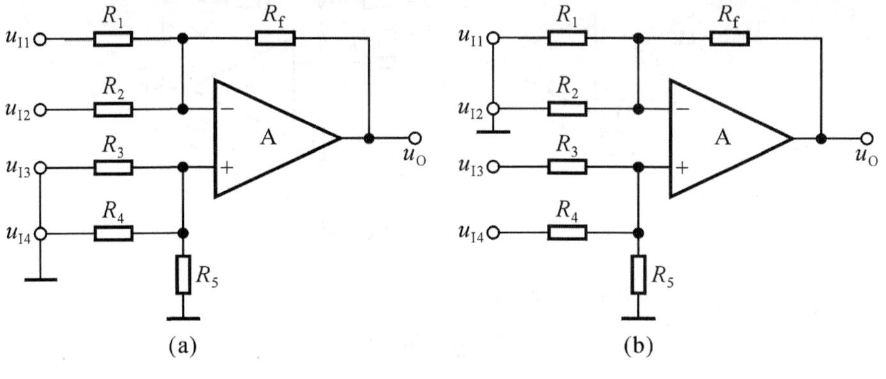

图 7.2.8　利用叠加原理求解加减运算电路

（a）u_{I1}、u_{I2} 单独作用时的等效电路；（b）u_{I3}、u_{I4} 单独作用时的等效电路

$$u_{O1}=-R_f(\frac{u_{I1}}{R_1}+\frac{u_{I2}}{R_2})$$

再考虑 u_{I3}、u_{I4} 单独作用，则须令 u_{I1}、u_{I2} 为零，此时电路等效成图 7.2.8（b），这是一个同相求和电路，所以输出电压为

$$u_{O2}=\frac{R_P}{R_N}R_f(\frac{u_{I3}}{R_3}+\frac{u_{I4}}{R_4})$$

其中

$$R_P=R_3/\!/R_4/\!/R_5,\quad R_N=R_1/\!/R_2/\!/R_f$$

根据叠加原理，两组信号源共同作用时的输出为

$$u_O=u_{O1}+u_{O2}=-R_f(\frac{u_{I1}}{R_1}+\frac{u_{I2}}{R_2})+\frac{R_P}{R_N}R_f(\frac{u_{I3}}{R_3}+\frac{u_{I4}}{R_4}) \tag{7.2.12}$$

若电路满足平衡条件，即 $R_P=R_N$，则式（7.2.12）可简化为

$$u_O=R_f(-\frac{u_{I1}}{R_1}-\frac{u_{I2}}{R_2}+\frac{u_{I3}}{R_3}+\frac{u_{I4}}{R_4}) \tag{7.2.13}$$

若电路只有两个输入，且参数对称，如图 7.2.9 所示，则

$$u_O=\frac{R_f}{R}(u_{I2}-u_{I1})$$

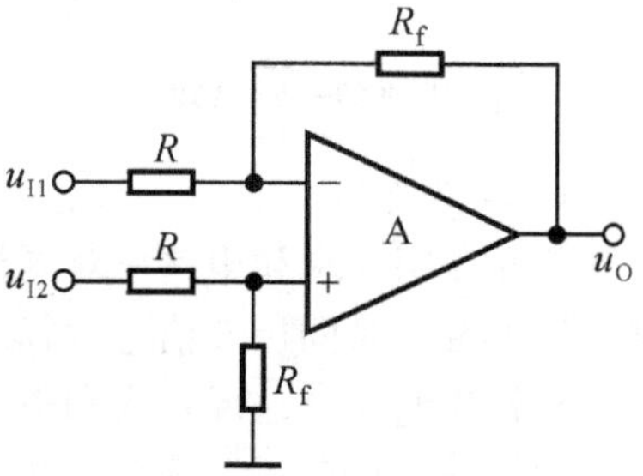

图 7.2.9　差分比例运算电路

此时电路实现了对输入差模信号的比例运算。

3. 主要特点

单运放加减运算电路只需要一个运放，因而元件少、成本低是它的优点。其缺点是调整不便，且运放承受的共模电压较高。解决的措施之一是用两级反相求和电路构成加减运算电路。

例 7.2.2　两级反相求和电路如图 7.2.10 所示，试求输出、输入电压的运算关系式。

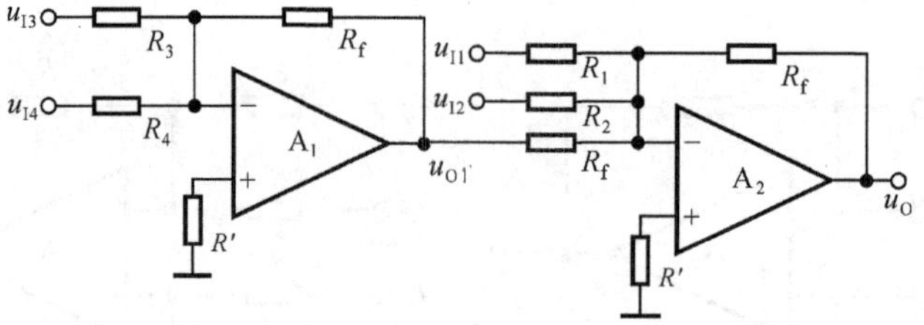

图 7.2.10　例 7.2.2 电路

解　A_1 构成反相输入求和电路，其输出为

$$u_{O1}=-R_f(\frac{u_{I3}}{R_3}+\frac{u_{I4}}{R_4})$$

u_{O1} 又作为 A_2 构成的反相输入求和电路的一个输入，则

$$u_O = -R_f\left(\frac{u_{O1}}{R_f}+\frac{u_{I1}}{R_1}+\frac{u_{I2}}{R_2}\right)$$

将 u_{O1} 的表达式代入上式，得

$$u_O = -R_f\left(-\frac{u_{I3}}{R_3}-\frac{u_{I4}}{R_4}+\frac{u_{I1}}{R_1}+\frac{u_{I2}}{R_2}\right)$$

7.2.3　积分电路与微分电路

一、理想的反馈环路[①]

常用的理想反馈环路有两种形式，其一是电压并联反馈组态，其二是电压串联反馈组态，如图 7.2.11（a）、（b）所示。对于（a）、（b）两电路，若反馈网络分别实现的是 $i_F=f(u_O)$ 和 $u_F=f(u_O)$，当运放施加的是深度负反馈时，因运放满足“虚短”和“虚断”，故有

$$i_I=i_F=f(u_O)，\quad u_I=u_F=f(u_O) \tag{7.2.14}$$

由上式即可解出

$$u_O=f^{-1}(i_I)，\quad u_O=f^{-1}(u_I) \tag{7.2.15}$$

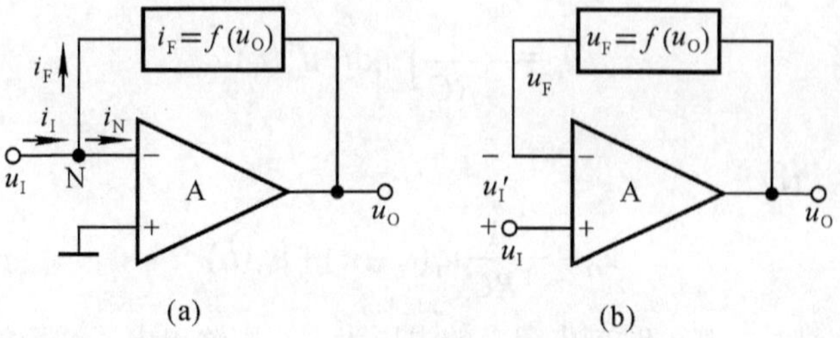

图 7.2.11　理想反馈环路

（a）电压并联；（b）电压串联

以上两式说明：对于深度负反馈环路，若反馈信号是以输出信号作为自变量的函数，则输出信号是以输入信号为自变量的反函数。因此，若反馈网络的函数式为 $u_F=Ku_O$，则负反馈环路的输出为 $u_O=u_I/K$；若反馈网络实现的是积分运算，则负反馈环路实现的是微分运算；若反馈网络实现的是对数运算，则负反馈环路实现的是指数运算；若反馈网络实现的是乘法运算，则负反馈环路实现的是除法运算；等等。因此，只要有一种运算电路，就可用它作为反馈网络得到逆运算电路。这一结论不局限于线性反馈网络，也适合于非线性反馈网络。

二、积分电路

输出电压与输入电压成积分关系的电路称为积分电路（integration circuit），它是模拟计

①参阅文献[7-4] 116 页。

算机及积分型模数转换电路的单元电路，它不仅可以实现积分运算，还可以延迟信号及进行波形变换。如何实现积分电路呢？我们知道电容器电流、电压的微分关系为

$$i_C=C\frac{\mathrm{d}u_C}{\mathrm{d}t}$$

因此，用电容作反馈网络即可构成积分器，如图 7.2.12 所示。

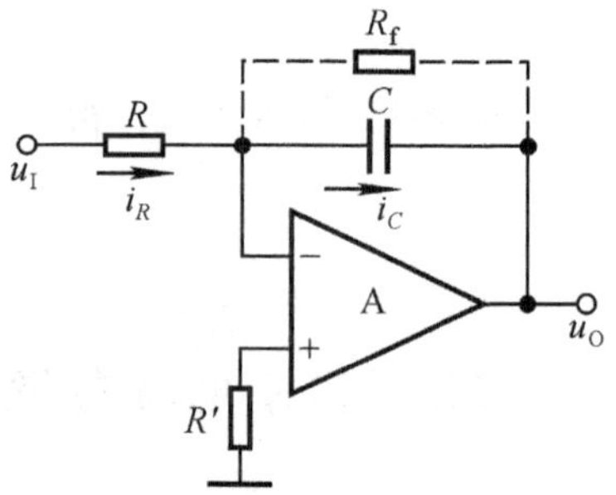

图 7.2.12　积分运算电路

容易判定该电路引入的是电压并联负反馈，由于是深度负反馈，则由式（7.2.14）得

$$i_R=i_C=C\frac{\mathrm{d}u_C}{\mathrm{d}t}$$

由式（7.2.15）知

$$u_C=\frac{1}{C}\int_{t_1}^{t_2}i_R\mathrm{d}t+u_C(t_1)$$

因为“虚地”，$u_O=-u_C$，$i_R=\frac{u_I}{R}$，故有

$$u_O=-\frac{1}{RC}\int_{t_1}^{t_2}u_I\mathrm{d}t+u_O(t_1) \qquad (7.2.16)$$

当 u_I 为常量时，有

$$u_O=-\frac{1}{RC}u_I(t_2-t_1)+u_O(t_1)$$

当输入为阶跃信号时，若 t_1 时刻电容上的电压为零，则输出电压波形如图 7.2.13（a）所示。

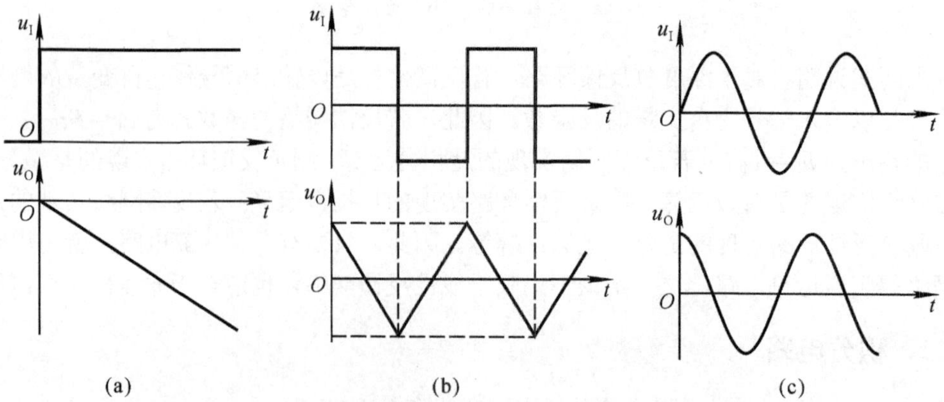

图 7.2.13　不同输入情况下积分电路的输出波形

（a）输入阶跃信号；（b）输入方波；（c）输入正弦信号

当输入方波和正弦波时，输出波形分别为图 7.2.13（b）、（c）所示。在实用电路中，为防止低频信号增益过大，常在电容上并联一个电阻加以限制，如图 7.2.12 中虚线所示。

三、微分电路

1. 基本微分电路

输出电压与输入电压成微分关系的电路称为微分电路（differentiation circuit）。我们知道电容器的电流与电压的关系为微分关系，因此只要设法将电容器的电流转换为输出电压，即可实现微分关系，如图 7.2.14 所示。

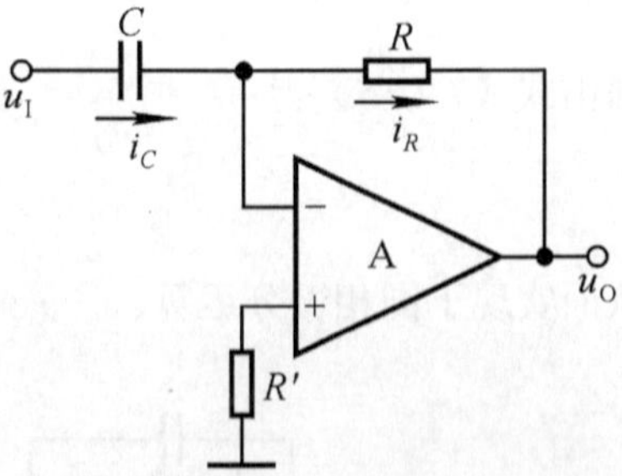

图 7.2.14　基本微分电路

因运放满足“虚地”，由式（7.2.14）知

$$i_C = i_R = -u_O/R$$

则由式（7.2.15）得

$$u_O = -i_C R = -RC\frac{du_C}{dt} = -RC\frac{du_I}{dt} \qquad (7.2.17)$$

基本微分电路存在以下问题：由于输出对输入变化非常敏感，所以抗干扰能力差；*RC* 环节对反馈信号具有滞后作用，它与运放内部的滞后作用合在一起，容易引起自激振荡；当输入电压突变时，输入电流与反馈电阻的乘积可能超过运放的最大输出电压，造成运放输出端阻塞。因此，需要加以改进。

2. 实用微分电路

为了解决上述问题，可在输入端串一个小电阻 R_1，以限制输入电流，也就限制了 *R* 中的电流， 同时在反馈电阻 *R* 上并联双向稳压管，以限制输出电压，不至于出现阻塞现象；在 *R* 上并联一个小电容 C_1，起相位超前作用，防止了电路可能产生的自激现象；R_1、C_1 存在使电路对高频噪声的闭环放大倍数减小，从而抑制了高频噪声，提高了电路的稳定性。这样得到了图 7.2.15 所示电路。若输入为方波，且 $RC \ll T/2$（*T* 为方波的周期），则输出波形近似与输入波形的微分成正比关系，如图 7.2.16 所示。

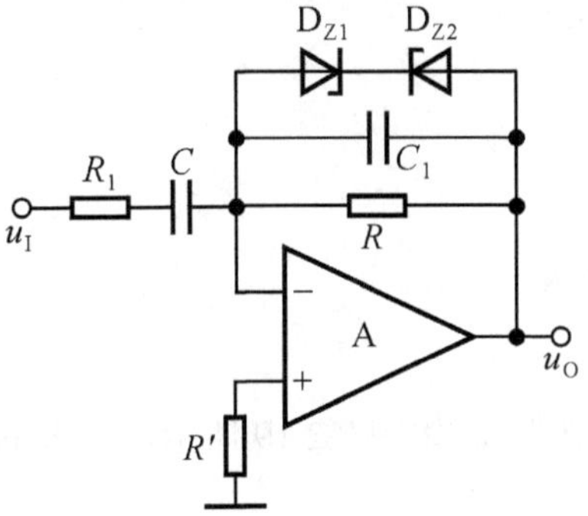

图 7.2.15　实用微分电路

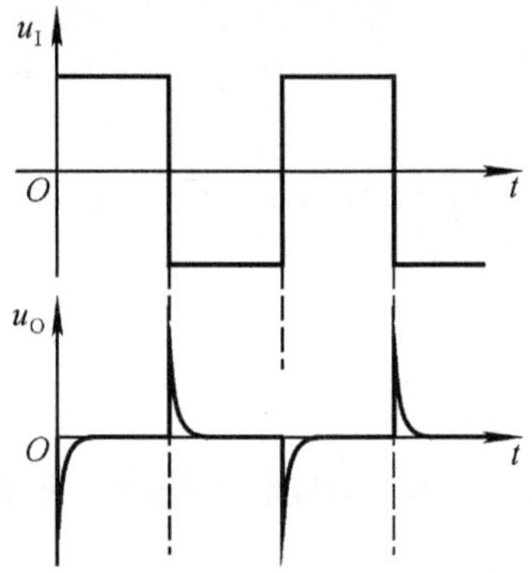

图 7.2.16　微分电路输入、输出波形

3. 逆函数型微分电路

根据式（7.2.14）和式（7.2.15）知，将积分电路作为反馈网络即可得到微分电路，如图 7.2.17 所示。用瞬时极性法容易判定，该电路引入的是电压并联负反馈组态。

由式（7.2.14）知

$$i_1=i_2=-\frac{u_{O2}}{R_2}=\frac{1}{R_2}\times\frac{1}{R_3C}\int u_O\mathrm{d}t$$

则由式（7.2.15）得

$$u_O=R_2R_3C\frac{\mathrm{d}i_1}{\mathrm{d}t}=\frac{R_2R_3C}{R_1}\times\frac{\mathrm{d}u_I}{\mathrm{d}t} \qquad (7.2.18)$$

从而实现了同相微分运算。

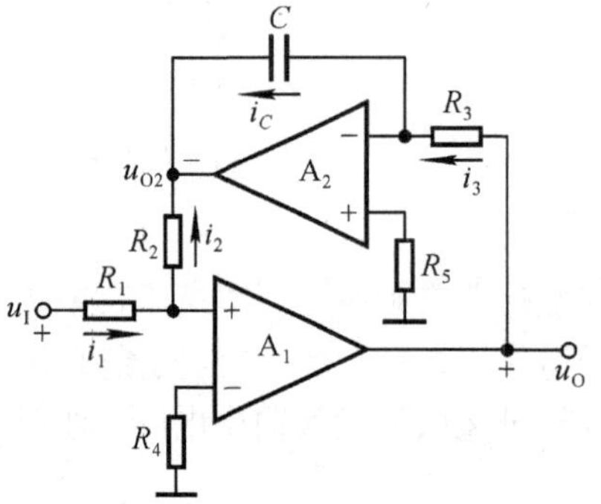

图 7.2.17　逆函数型微分电路

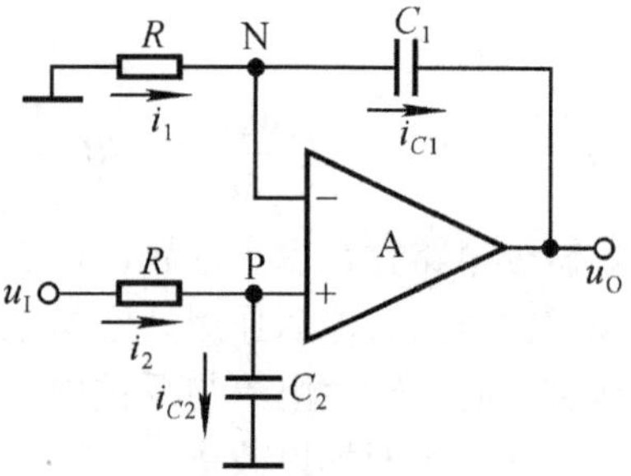

图 7.2.18　例 7.2.3 电路图

例 7.2.3　分析图 7.2.18 所示电路的输出、输入电压关系。

解　容易判定该电路引入的是电压串联负反馈。由于反馈电压为 u_N，运放的输入量为 u_P，则根据式（7.2.14）知

$$u_P=u_N=-Ri_1=-Ri_{C1}=-RC_1\frac{\mathrm{d}(u_N-u_O)}{\mathrm{d}t}$$

由式（7.2.15）得

$$u_O=\frac{1}{RC_1}\int u_P\mathrm{d}t+u_P$$

由于 $u_P=\frac{1}{RC_2}\int(u_I-u_P)\mathrm{d}t$，$C_1=C_2=C$，代入上式得

$$u_O=\frac{1}{RC}\int u_I\mathrm{d}t$$

亦实现了同相积分。

例 7.2.4　在自动控制系统中，常采用 PID 调节器①，如图 7.2.19 所示，试求输出、输入电压的关系。

①PID 是 Proportional Integtal Differential 的缩写。

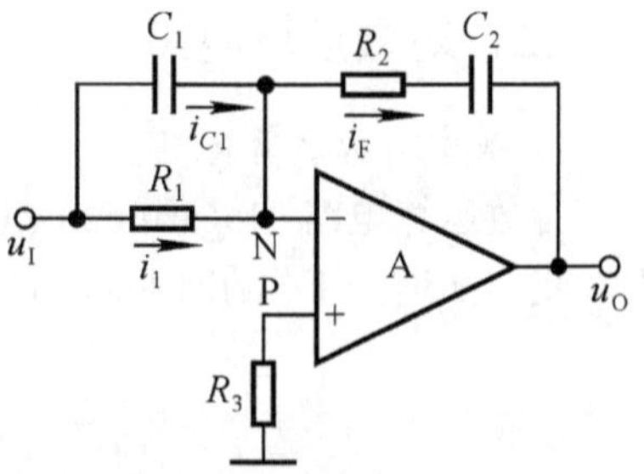

图 7.2.19　调节器电路图

解　容易判定该电路引入的是电压并联负反馈。根据基尔霍夫电压定律知

$$-u_O = R_2 i_F + \frac{1}{C_2}\int i_F \mathrm{d}t$$

根据上式及式（7.2.14）得

$$i_I = i_F = -R_2 C_2 \frac{\mathrm{d}i_F}{\mathrm{d}t} - C_2 \frac{\mathrm{d}u_O}{\mathrm{d}t}$$

从而解出

$$u_O = -R_2 i_I - \frac{1}{C_2}\int i_I \mathrm{d}t$$

考虑到 $i_I = i_1 + i_{C1} = \dfrac{u_I}{R_1} + C_1\dfrac{\mathrm{d}u_I}{\mathrm{d}t}$，代入上式，整理得

$$u_O = -\left(\frac{R_2}{R_1} + \frac{C_1}{C_2}\right)u_I - R_2 C_1 \frac{\mathrm{d}u_I}{\mathrm{d}t} - \frac{1}{R_1 C_2}\int u_I \mathrm{d}t$$

因输出表达式中含有比例、积分、微分运算，故称之为 PID 调节器。

当 $R_2 = 0$ 时，只有比例和积分运算，称之为 PI 调节器；当 $R_1 \to \infty$时，只有比例和微分运算，称之为 PD 调节器。根据需要的不同，采用不同的调节器。

7.2.4　指数和对数运算电路

一、指数运算电路

指数运算电路（antilogarithmic circuit）的输出与输入电压的指数成正比，如何构成指数电路呢？我们知道，工作在正向特性的二极管的伏安关系近似为

$$i_D \approx I_S e^{\frac{u_D}{U_T}}$$

因此，只要将二极管电流转化为输出电压即可实现指数运算，如图 7.2.20 所示。

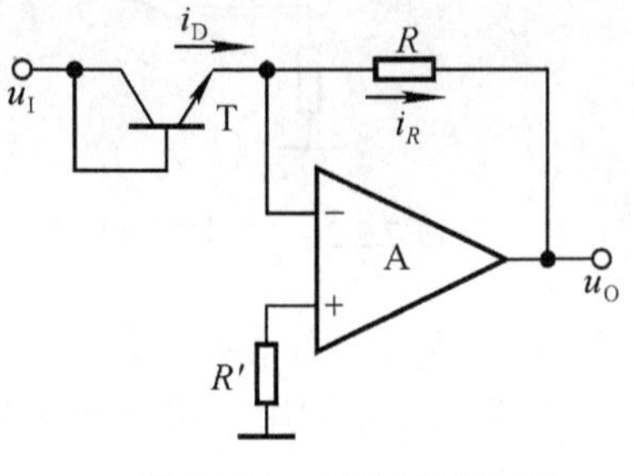

图 7.2.20　指数运算电路

由于该电路引入的是电压并联负反馈，运放满足“虚断”和“虚地”，因此有

$$u_D = u_I，\quad i_R = i_D$$

输出电压为

$$u_O = -Ri_R = -RI_S e^{\frac{u_I}{U_T}} \tag{7.2.19}$$

由此可见，该电路实现了指数运算。由于 I_S、U_T 受温度影响，因而运算结果受温度影响较大，如何加以改进，有兴趣的读者可参阅相关文献①。

①参阅文献[7-5] 366 页或文献[7-6] 329 页。

二、对数运算电路

1. 基本对数运算电路

对数运算电路（logarithmic circuit）的输出与输入电压的对数成正比，如何构成对数电路呢？我们知道，工作在正向特性的二极管的伏安关系近似为

$$i_D \approx I_S e^{\frac{u_D}{U_T}}$$

因此，用二极管作运放的反馈网络即可实现对数运算，如图 7.2.21 所示。

因运放“虚地”，则 $u_D=-u_O$，再由式（7.2.14）知

$$i_R = i_D \approx I_S e^{\frac{u_D}{U_T}} = I_S e^{\frac{-u_O}{U_T}}$$

利用 $i_R=u_I/R$，解上式得

$$u_O = -U_T \ln\frac{i_R}{I_S} = -U_T \ln\frac{u_I}{I_S R} \qquad (7.2.20)$$

可见输出与输入电压的对数成比例。上述电路仅在一定的电流范围才成立，因为信号较小时，$e^{\frac{u_D}{U_T}}$ 与 1 相差不大，所以误差大；大信号时，二极管的伏安关系与 PN 结方程差别较大，因而误差也较大。为了扩大输入电压的动态范围，可用三极管代替二极管。

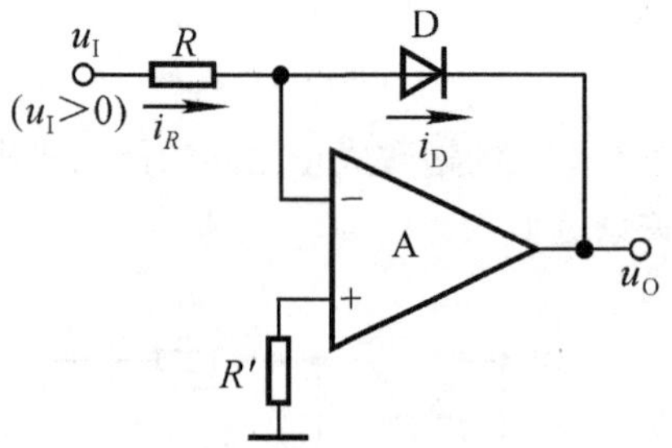

图 7.2.21　基本对数电路

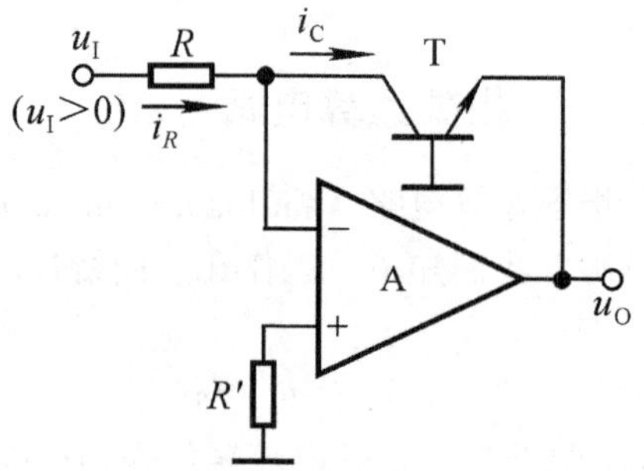

图 7.2.22　三极管对数电路

2. 三极管对数运算电路

图 7.2.22 是利用三极管的对数运算电路。根据三极管的 EM 模型①，在 $u_{BE} \gg U_T$，$\alpha_F \approx 1$ 的条件下，有

$$i_C \approx I_S e^{\frac{u_{BE}}{U_T}}$$

尽管反馈网络是三极管，可以判定该电路引入的仍是电压并联负反馈。由式（7.2.14）知

$$i_R = i_C \approx I_S e^{\frac{u_{BE}}{U_T}} = I_S e^{\frac{-u_O}{U_T}}$$

①参阅文献[7-5] 187 页或文献[7-6] 584 页。

由于“虚地”，则 $i_R=u_I/R$，利用该式解上式得

$$u_O=-U_T\ln\frac{u_I}{I_S R}$$

结果与式（7.2.20）相同。上述结果表明，无论是二极管还是三极管运算电路，输出表达式中含有 U_T 和 I_S，因此运算关系受温度影响大。为此，可根据差放的概念，利用参数相同的对管抵消温度对 I_S 的影响。

3. 集成对数运算电路

图 7.2.23 电路是型号为 ICL8048 的对数运算电路，虚框内为集成电路，框外为外接电阻。

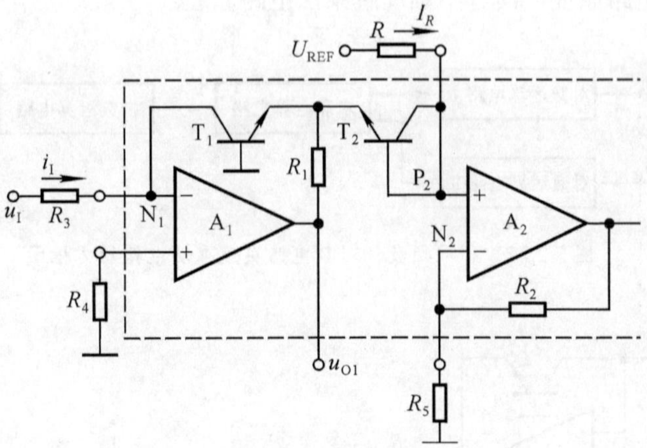

图 7.2.23　集成对数运算电路

因两运放都满足“虚断”和“虚短”，故 N_1 节点的电流方程为

$$i_{C1}=i_I=\frac{u_I}{R_3}\approx I_S e^{\frac{u_{BE1}}{U_T}}$$

由此解出
$$u_{BE1}\approx U_T\ln\frac{u_I}{I_S R_3}$$

P_2 节点的电流方程为

$$i_{C2}=I_R\approx I_S e^{\frac{u_{BE2}}{U_T}}$$

由此解出
$$u_{BE2}\approx U_T\ln\frac{I_R}{I_S}$$

根据基尔霍夫电压定律，可得 P_2 节点电位为

$$u_{N2}=u_{BE2}-u_{BE1}\approx -U_T\ln\frac{u_I}{I_R R_3}$$

而 $u_{P2}=u_{N2}=\dfrac{R_5}{R_2+R_5}u_O$，代入上式整理得

$$u_O = -(1+\frac{R_2}{R_5})U_T \ln \frac{u_I}{I_R R_3} \qquad (7.2.21)$$

式（7.2.21）表明，只要选择 R_5 为正温度系数的热敏电阻，即可补偿 U_T 的增大，从而使运算关系与温度关系不大，提高了运算精度。

7.2.5 利用对数和指数电路实现乘法和除法电路

利用对数和指数电路实现乘法电路的方框图如图 7.2.24 所示，具体电路如图 7.2.25 所示。利用指数、对数电路原理，读者不难理解乘法电路原理。

图 7.2.24 利用指数、对数电路实现乘法电路的方框图

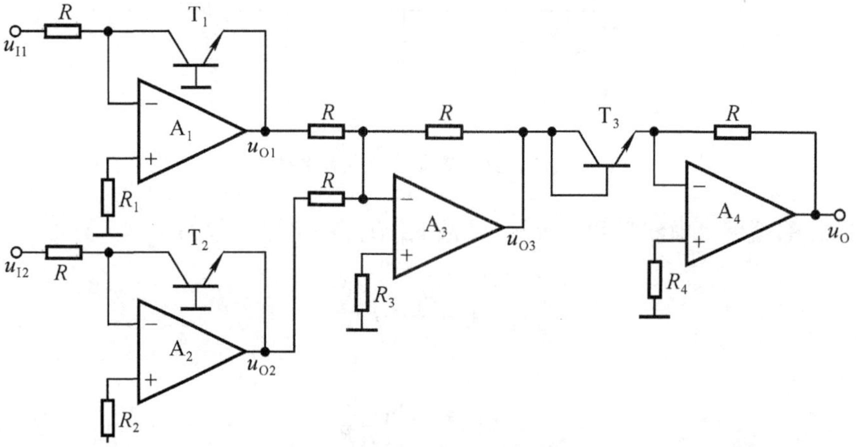

图 7.2.25 乘法运算电路

由图 7.2.25 知

$$u_{O1} = -U_T \ln \frac{u_{I1}}{I_S R},\quad u_{O2} = -U_T \ln \frac{u_{I2}}{I_S R},\quad u_{O3} = -(u_{O1}+u_{O2}) = U_T \ln \frac{u_{I1}u_{I2}}{(I_S R)^2}$$

因此有

$$u_O = -I_S R\,e^{\frac{u_{O3}}{U_T}} = -\frac{u_{I1}u_{I2}}{I_S R}$$

可见实现了乘法运算。

若将图 7.2.24 和图 7.2.25 两电路中的求和电路用求差电路代替，则可得到除法电路，此

处不再赘述。在上述各种运算电路中，均视运放为理想运放，而实际运放的性能指标难以理想化，因此按上述各种运算关系式求输出，必然带来误差。关于误差计算，读者可参阅有关文献①。

7.3 模拟乘法器

模拟乘法器是把两个模拟量相乘的非线性电子器件，它不仅可以实现乘法，而且可以实现除法、乘方、开方运算。此外，它还广泛地应用于广播电视、通信、仪表和自动控制系统中，它已成为自集成运放以后又一重要的模拟集成电路。

7.3.1 模拟乘法器简介

一、模拟乘法器的符号及其等效电路

模拟乘法器（analog multiplier）有两个输入端，一个输出端，其符号如图 7.3.1（a）所示。输入的两个模拟信号是互不相关的的物理量，输出电压是二者的乘积，即

$$u_O = k u_X u_Y \tag{7.3.1}$$

其中，k 为乘积系数，也称为乘积因子或标尺因子，其值多为 $+0.1\ V^{-1}$ 或 $-0.1\ V^{-1}$。

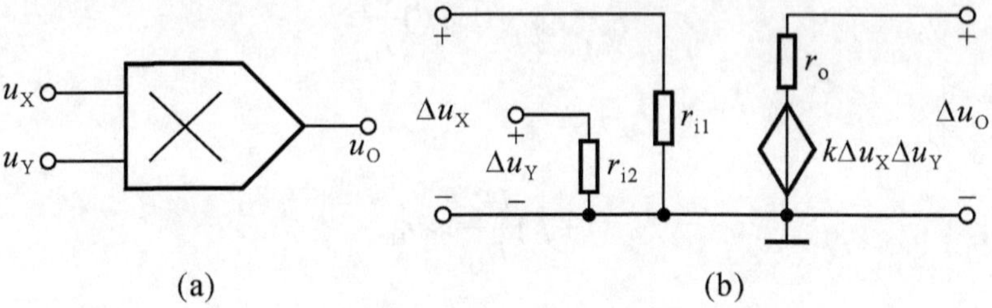

图 7.3.1 模拟乘法器及其等效电路

（a）符号；（b）等效电路

模拟乘法器的等效电路如图 7.3.1（b）所示，r_{i1}、r_{i2} 分别为两个输入端的输入电阻，r_o 是输出电阻。在分析模拟乘法器时，常将它视为理想器件。所谓理想乘法器，应满足以下条件：

（1）r_{i1}、r_{i2} 应为无穷大；

（2）r_o 应为零；

（3）k 应为常数，即 k 值与信号的频率和幅度无关。

（4）电路没有失调电压、电流和噪声。因此，输入为零，输出必为零。

因此，对理想乘法器，无论 u_X 和 u_Y 的波形、幅度、频率、极性如何变化，式（7.3.1）都成立。

---

①参见文献[7-5] 403-412 页或文献[7-6] 331-336 页。

二、模拟乘法器的分类

依据输出、输入电压的极性不同，可把模拟乘法器分为同相和反相模拟乘法器，前者 $k>0$，后者 $k<0$。

依据输入信号极性的不同，可把模拟乘法器分为单象限、双象限和四象限模拟乘法器。单象限乘法器要求两输入信号极性固定；双象限乘法器要求两输入信号一个极性固定，一个可变；四象限乘法器对两输入信号极性无限制。

依据电路结构的不同，可把模拟乘法器分为变跨导乘法器、对数-反对数乘法器和脉冲调制乘法器①。关于对数-反对数乘法器，在 7.2.5 节已作了介绍，本节主要介绍变跨导乘法器。

此外，除了电压模式乘法器外（即输出、输入均为电压），现代集成电路还广泛地使用电流模式乘法器，有兴趣的读者可参阅有关文献②。

7.3.2 变跨导式模拟乘法器

一、差分放大电路的差模传输特性

图 7.3.2 是带有恒流源的差分放大电路，我们已经知道，它的输出电压为

$$u_{\mathrm{O}}=-\frac{\beta R_{\mathrm{c}}}{r_{\mathrm{be}}}u_{\mathrm{X}} \tag{7.3.2}$$

其中

$$r_{\mathrm{be}}=r_{\mathrm{bb'}}+(1+\beta)\frac{U_T}{I_{\mathrm{EQ}}}$$

当 I_{EQ} 较小时，有

$$(1+\beta)\frac{U_T}{I_{\mathrm{EQ}}}\gg r_{\mathrm{bb'}}$$

又因为 $I_{\mathrm{EQ}}=\frac{I_0}{2}$，于是 r_{be} 可简化为

$$r_{\mathrm{be}}\approx 2(1+\beta)\frac{U_T}{I_0}$$

将上式代入式（7.3.2），可得

$$u_{\mathrm{O}}\approx-\frac{I_0}{2U_T}R_{\mathrm{c}}u_{\mathrm{X}}=-g_{\mathrm{m}}R_{\mathrm{c}}u_{\mathrm{X}} \tag{7.3.3}$$

式中，g_{m} 常称为差分管的跨导。由上式可画出差分放大电路的差模传输特性，如图 7.3.2（b）所示。它告诉我们输出与输入要成线性关系，要求输入必须是小信号，即 $u_{\mathrm{X}}\ll 2U_T$，这是一个使用者必须注意的问题。

---

①参见文献[7-7] 293 页。

②参见文献[7-7] 285-298 页或文献[7-8] 46-50 页。

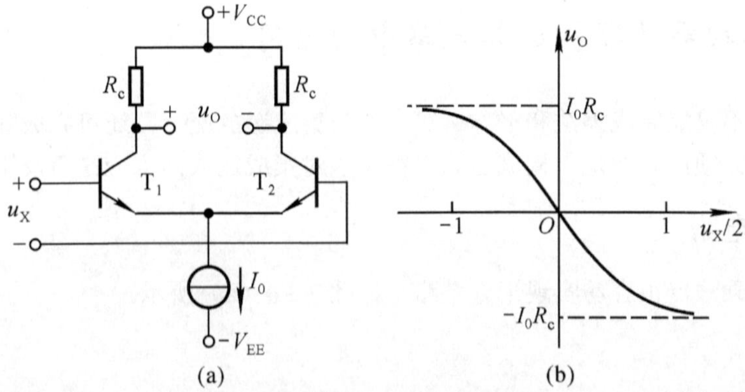

图 7.3.2　差分放大电路及其传输特性

(a) 电路；(b) 差模传输特性

二、两象限模拟乘法器

根据式（7.3.3）可知，如能设法使恒流源电流 I_0 受另一个输入电压 u_Y 控制，并与 u_Y 成正比，则 u_O 将正比于 u_X 与 u_Y 的乘积。基于这种想法构成的乘法器如图 7.3.3 所示。

由图 7.3.3 可以看出

$$i_{C3}=I_0=\frac{u_Y-u_{BE3}}{R_e}$$

将上式代入式（7.3.3），可得

$$u_O=-\frac{u_Y-u_{BE3}}{R_e}\times\frac{u_X}{2U_T}\times R_c$$

若 $u_Y \gg u_{BE3}$，则有

$$u_O=-\frac{R_c}{2U_TR_e}\cdot u_Xu_Y=ku_Xu_Y \qquad (7.3.4)$$

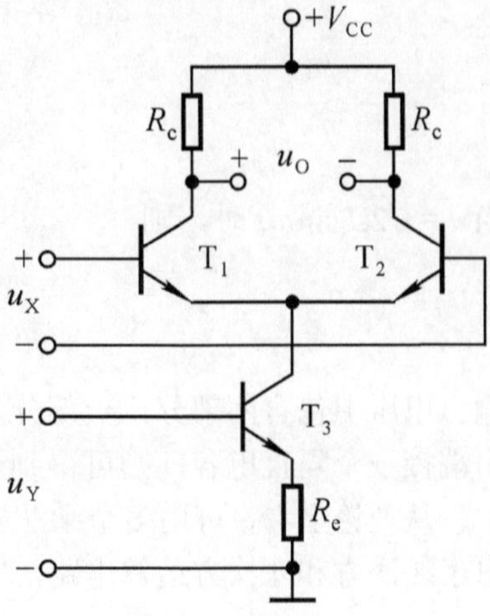

图 7.3.3　两象限模拟乘法器

可见输出电压正比于两输入电压的乘积。由于 u_X 可正可负，但 u_Y 必须大于零，因此这是一个双象限模拟乘法器。在这种模拟乘法器中，跨导 $g_m=I_0/U_T$ 不是常数，而随另一个输入电压 u_Y 而变化，所以称为变跨导式乘法器（variable transconductance multiplier）。该电路有如下缺点：

（1）u_Y 值越小，运算误差越大。

（2）由式（7.3.4）看出，运算精度受温度影响较大。

（3）电路只能工作在两象限。

为了克服上述缺点，并使乘法器工作在四个象限，可以采用双平衡式模拟乘法器，读者可参阅有关文献①。

①可参阅文献[7-6] 339 页或文献[7-9] 30-33 页。

7.3.3 模拟乘法器在运算电路中的应用

模拟乘法器不仅能完成乘法和平方运算，若与集成运放配合，还可完成除法、开方、均方根等运算电路。须注意的是，构成运算电路时，对集成运放而言应是负反馈电路。

一、乘方电路

利用四象限乘法器很容易实现平方电路，如图 7.3.4（a）所示。

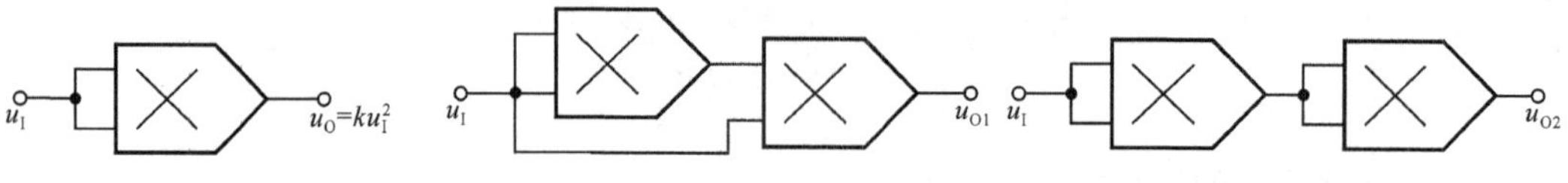

图 7.3.4 乘方运算电路

（a）平方电路；（b）3 次方电路；（c）4 次方电路

$$u_O=ku_I^2 \tag{7.3.5}$$

当 $u_I=\sqrt{2}U_i\sin\omega t$ 时，则

$$u_O=2kU_i^2\sin^2\omega t=kU_i^2(1-\cos2\omega t) \tag{7.3.6}$$

输出电压中包含两部分，一部分是直流成分，另一部分是角频率为 2ω 的余弦电压。若在输出端接一个隔直电容，则可得到一个二倍频的余弦波输出电压，实现了倍频作用。

从理论上看，可用多个乘法器串联组成 u_I 的任意次幂的运算电路，图 7.3.4（b）、（c）给出了 3 次方和 4 次方运算电路。它们的表达式分别为

$$u_{O1}=k^2u_I^3，\quad u_{O2}=k^3u_I^4$$

但是，当串联的模拟乘法器超过 3 个时，运算误差的累积就使得电路的精度变得很差，在要求较高时将不再适用。为此，可采用乘法器与对数和指数电路组合实现高次幂的乘方运算，如图 7.3.5 所示。

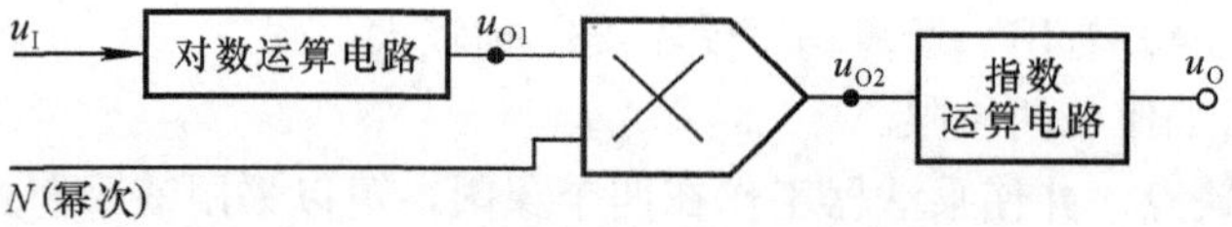

图 7.3.5 N 次方运算电路

由图可见 $u_{O1}=k_1\ln u_I$，$u_{O2}=k_1k_2N\ln u_I$，因此有

$$u_O=k_3u_I^{k_1k_2N}=k_3u_I^{kN}$$

若 $k_1=10$，$k_2=0.1\ V^{-1}$，则当 $N>1$ 时，电路是乘方运算电路（multiplication circuit）。若 $N=2$，则为平方电路；若 $N=10$，则为 10 次幂运算电路。

二、除法电路

将乘法器作运放的反馈网络，便可构成除法电路（division circuit），如图 7.3.6 所示。为保证对运放施加的是负反馈，根据瞬时极性法知，u_O' 与 u_O 极性应相同，则有

$$\frac{u_O'}{u_O}=ku_{I2}>0$$

即 k 与 u_{I2} 极性必须相同。因此对同相乘法器，须 $u_{I2}>0$；对反相乘法器，须 $u_{I2}<0$。

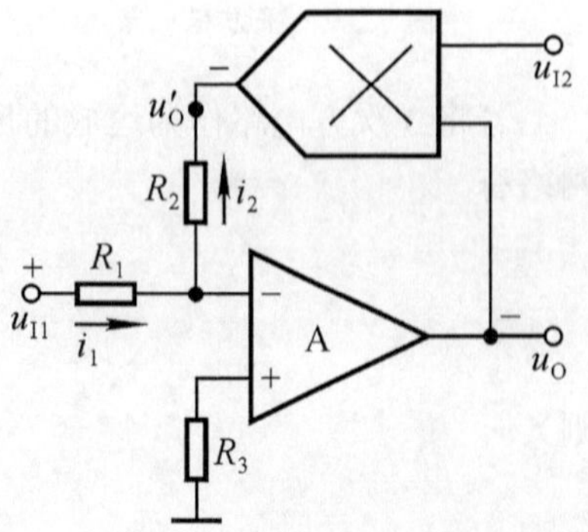

图 7.3.6　除法电路

直观地看或根据式（7.2.14）可知

$$i_1=i_2=-\frac{u_O'}{R_2}=-\frac{ku_{I2}u_O}{R_2}$$

由此解出

$$u_O=-\frac{R_2}{ku_{I2}}i_1=-\frac{R_2}{kR_1}\times\frac{u_{I1}}{u_{I2}} \tag{7.3.7}$$

可见输出电压正比于两个输入电压相除所得的商。当乘法器给定时，u_{I2} 的极性是固定的，u_{I1} 的极性可正可负，所以该电路为双象限除法器。

三、开方电路

将乘方器作运放的反馈网络，便可构成开方电路，如图 7.3.7 所示。设乘方器为同相型的，为保证对运放施加的是负反馈，根据瞬时极性法知，若 $u_I>0$，有 $u_O'>0$，则电路为正反馈；若 $u_I<0$，仍有 $u_O'>0$，则电路为负反馈。直观地看或根据式（7.2.14）可知

$$i_1=i_2=\frac{u_O'}{R_2}=\frac{ku_O^2}{R_2}$$

由此解出

$$u_O=\sqrt{\frac{R_2}{k}i_1}=\sqrt{-\frac{R_2}{kR_1}u_I} \tag{7.3.8}$$

容易想到，若乘方器为反相型的，则必须 $u_I>0$，才可保证是负反馈。

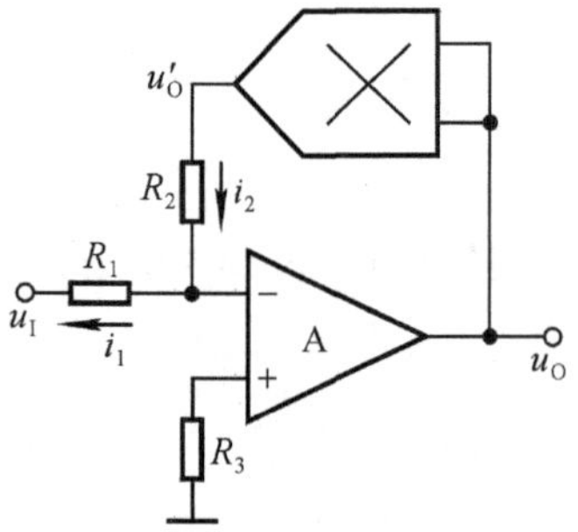

图 7.3.7　平方根电路

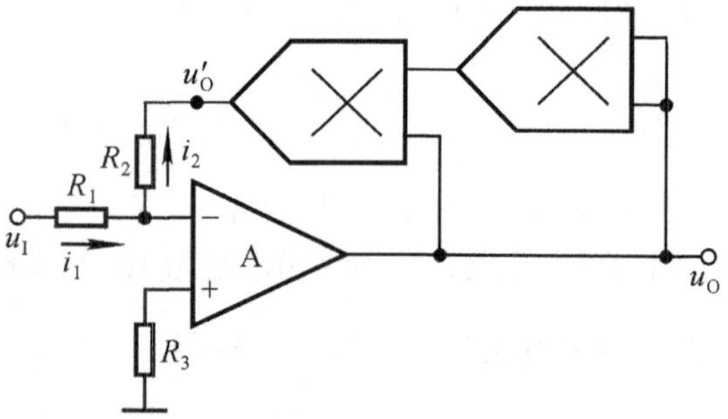

图 7.3.8　立方根电路

若将 3 次方电路作为运放的反馈网络，则可实现立方根电路，如图 7.3.8 所示。对反馈网络有

$$u'_O = k^2 u_O^3$$

则

$$\frac{u'_O}{u_O} = k^2 u_O^2 > 0$$

由瞬时极性法容易判定，无论 k 是正还是负，电路均是负反馈。

直观地看或根据式（7.2.14）可知

$$i_1 = i_2 = -\frac{u'_O}{R_2} = -\frac{k^2 u_O^3}{R_2}$$

由此解出

$$u_O = \sqrt[3]{-\frac{R_2}{k^2} i_1} = \sqrt[3]{-\frac{R_2}{k^2 R_1} u_I} \tag{7.3.9}$$

显然，电路对 u_I 的极性没有限制，使用非常方便。

7.4　有源滤波电路

让指定频段的信号比较顺利地通过，而让其它频段的信号受到衰减的电路，我们称之为滤波器（filter）。从概念上看，放大电路就是一个滤波器，对此我们并不陌生。本节主要从运放应用的角度介绍滤波器，着重强调如何分析滤波器。

7.4.1　滤波器概述

一、滤波器的种类

滤波器的种类很多，可以根据不同的方法进行分类。

（1）根据滤波器所处理的信号是连续信号还是离散信号，可把滤波器分为模拟滤波器和数字滤波器。本书只讨论模拟滤波器。

（2）根据是否含有有源元件，可把滤波器分为有源滤波器和无源滤波器。本书主要讨论有源滤波器。现在流行的开关电容滤波器、开关电流滤波器亦属于有源模拟滤波器，有兴趣的读者可参阅有关文献①。

（3）根据所含独立动态元件的个数，可把滤波器分为一阶、二阶……N 阶滤波器。本书主要讨论二阶滤波器。关于 N 阶滤波器可参阅相关文献②。

（4）根据幅频特性的不同，可把滤波器分为低通滤波器（low pass filter，LPF）、高通滤波器（high pass filter，HPF）、带通滤波器（band pass filter，BPF）、带阻滤波器（band elimination filter，BEF）和全通滤波器（all pass filter，APF）。图 7.4.1 给出了 4 种理想滤波器的幅频特性。从图中可以看出：

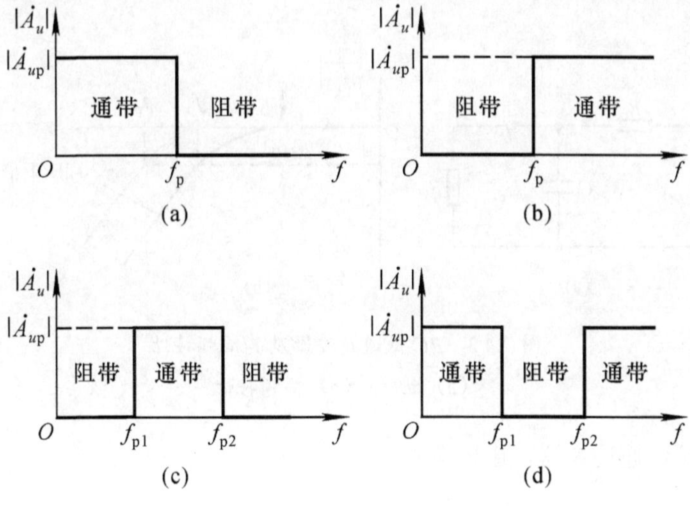

图 7.4.1　四种理想滤波器的幅频特性

（a）LPF 的幅频特性；（b）HPF 的幅频特性；（c）BPF 的幅频特性；（d）BEF 的幅频特性

①幅频特性分为通带（passband）和阻带（stopband），通带放大倍数（passband voltage gain）A_{up} 是常数，阻带放大倍数为零。

②通带与阻带的分界线所对应的频率为 f_p，称之为通带截止频率（cut-off frequency of passband）。通与阻界限分明，这种理想化的幅频特性也叫做“砖墙结构”。

---

①参见文献[7-10] 157-239 页。

②参见文献[7-8] 192 页或文献[7-11] 375-381 页。

③对任何频率，全通滤波器的通带放大倍数都相同，但相移不同。

二、实际滤波器的幅频特性

实际上，任何滤波器都不可能具备图 7.4.1 所示的幅频特性，在通带和阻带之间必然存在着过渡带，因此实际低通滤波器的幅频特性如图 7.4.2 所示。

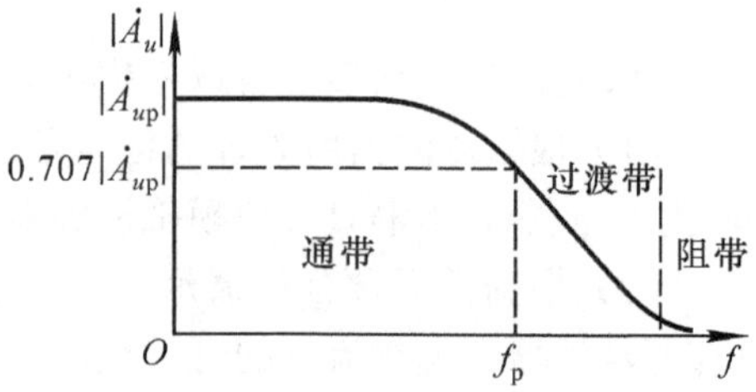

图 7.4.2　实际滤波器的幅频特性

使 $A_u=0.707A_{up}$ 的频率称为通带截止频率 f_p，从 f_p 到 A_u 接近于零的频段称为过渡带，使 A_u 趋近于零的频段称为阻带。显然，过渡带愈窄，电路的选择性愈好，滤波器愈理想。所谓分析滤波器，就是要求出 A_{up}、f_p 和过渡带的斜率。

三、无源滤波器

仅由无源元件组成的滤波电路称为无源滤波器（passive filter）。根据所含元件的不同，可分为 RC、RL、LC 滤波器。下面仅介绍集成电路中广泛使用的 RC 滤波器，如图 7.4.3（a）所示。

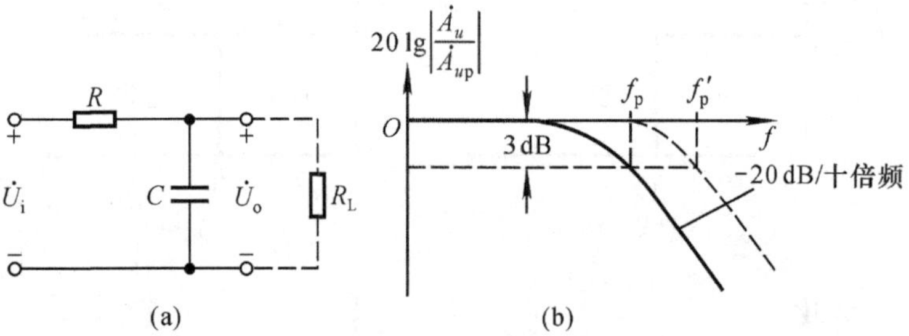

图 7.4.3　RC 低通滤波器及其幅频特性

（a）电路；（b）幅频特性

这是一个一阶低通滤波器，由图可知

$$\dot{A}_u=\frac{\dot{U}_o}{\dot{U}_i}=\frac{1/j\omega C}{R+1/j\omega C}=\frac{1}{1+j\omega RC}$$

令
$$f_o=\frac{1}{2\pi\tau}=\frac{1}{2\pi RC}$$

该频率完全由 R、C 元件的数值决定，因此常称之为电路的特征频率（characteristic frequency）。将上式代入电压放大倍数公式，有

$$\dot{A}_u=\frac{A_{up}}{1+jf/f_o} \tag{7.4.1}$$

其中 $A_{up}=1$，它就是低通滤波器的通带电压放大倍数。由式（7.4.1）可得

$$A_u=\frac{A_{up}}{\sqrt{1+\left(f/f_o\right)^2}}$$

$$20\lg\left|\frac{\dot{A}_u}{A_{up}}\right|=-20\lg\sqrt{1+(f/f_o)^2}=\begin{cases}0, & 当\ f=0\\ -3\text{dB}, & 当\ f=f\\ -20\lg f/f_o, & 当\ f\gg f_o\end{cases}$$

由此画出幅频特性如图 7.4.3（b）实线所示。

可见该滤波器的通带放大倍数 $A_{up}=1$，过渡带的斜率为 -20 dB/十倍频，通带截止频率等于电路的特征频率，即

$$f_p=f_o=\frac{1}{2\pi RC} \tag{7.4.2}$$

该电路存在的问题是通带放大倍数最大为 1，而且带负载能力差。若考虑接上负载电阻 R_L，则有

$$\dot{A}_u=\frac{\dot{U}_o}{\dot{U}_i}=\frac{R_L /\!/ \dfrac{1}{j\omega C}}{R+R_L /\!/ \dfrac{1}{j\omega C}}=\frac{A'_{up}}{1+jf/f_o}$$

其中，通带电压放大倍数 $A'_{up}=\dfrac{R_L}{R+R_L}$，显然变小了；通带截止频率 $f'_p=f_o=\dfrac{1}{2\pi(R /\!/ R_L)C}$ 变大了；选择性变差了（如图 7.4.3（b）虚线所示）。为了克服无源滤波器带负载能力差的问题，为了提高通带放大倍数，人们又设计出了有源滤波器（active filter）。

四、一阶有源滤波器

图 7.4.4 给出了一阶有源低通滤波器的三种基本形式。

图 7.4.4（a）中，是在一阶无源低通滤波器之后加了一个电压跟随器，因运放满足“虚短”和“虚断”，故无论 R_L 如何，均有 $U_p=U_o$，所以电压放大倍数与式（7.4.1）相同，频率特性不变，但带负载能力提高了。

图 7.4.4（b）中，是在一阶无源低通滤波器之后加了一个同相放大器，因运放满足“虚短”和“虚断”，故无论 R_L 如何，均有 $\dot{U}_p=\dot{U}_n=\dfrac{R_1}{R_1+R_f}\dot{U}_o$，所以电压放大倍数为

$$\dot{A}_u=\frac{\dot{U}_o}{\dot{U}_i}=\frac{\dot{U}_o}{\dot{U}_p}\times\frac{\dot{U}_p}{\dot{U}_i}=\frac{A_{up}}{1+jf/f_o} \tag{7.4.3}$$

上式形式上与式（7.4.1）相同，因此频率特性的波特图也相同（如图 7.4.5 所示），通带截止频率亦相同，但通带电压放大倍数变成

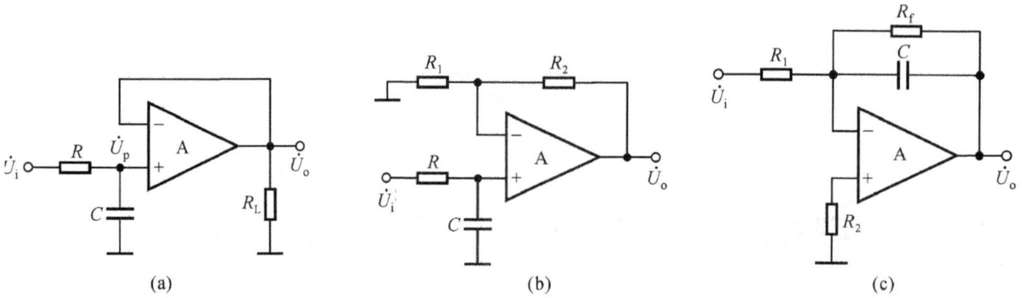

图 7.4.4 一阶有源低通滤波器的三种形式

(a) 带跟随器的低通滤波器；(b) 通带增益大于 1 的低通滤波器；(c) 反相型低通滤波器

$$A_{up}=1+\frac{R_f}{R_1} \tag{7.4.4}$$

即通带放大倍数提高了。

图 7.4.4（c）中，输入信号是从运放的反相输入端输入的，因运放满足“虚地”和“虚断”，故有

$$\dot{A}_u=\frac{\dot{U}_o}{\dot{U}_i}=-\frac{R_f /\!/ \frac{1}{j\omega C}}{R_1}=\frac{A_{up}}{1+jf/f_o}$$

上式形式上与式（7.4.1）相同，因此频率特性的波特图也相同，通带截止频率亦相同，但通带电压放大倍数变成

$$A_{up}=-\frac{R_f}{R_1} \tag{7.4.5}$$

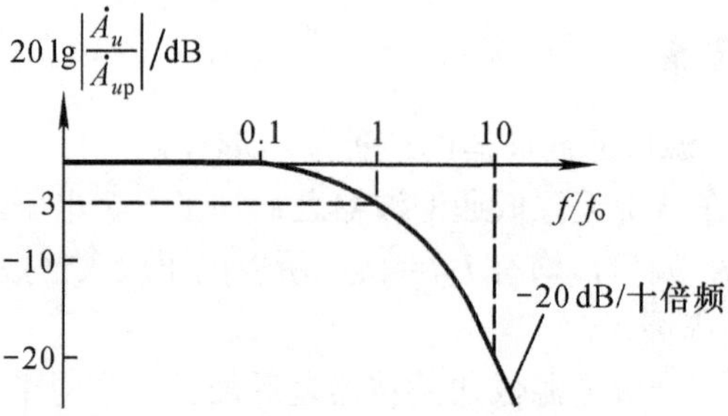

图 7.4.5 一阶低通滤波器的幅频特性

通过对上面三种形式的一阶有源低通滤波器的分析可知，它们的增益的相对形式都相同，只是由于运放的连接方式不同，相应的低频电压增益不同而已。

一阶低通滤波器的优点是结构简单，缺点是阻带衰减太慢，衰减斜率仅为−20 dB/十倍频，所以只能用于滤波要求不高的场合。若要求较高，则需用二阶有源滤波器。

7.4.2　二阶低通有源滤波器

从电路结构上看，二阶低通有源滤波器主要有三种形式：一种是简单的二阶低通滤波器①，虽然其衰减斜率达－40 dB/十倍频，但在 f_o 处的滤波特性并不理想；第二种是二阶压控电压源低通滤波器，它克服了简单的二阶低通滤波器的缺点，但其通带增益有限；第三种是无限增益多路反馈二阶低通滤波器②，其通带增益没有限制。本书主要介绍二阶压控电压源低通滤波器。其余的二阶低通滤波器，读者可参阅相关文献。

一、电路及分析

图 7.4.6 为二阶压控电压源低通滤波器的电路（sallen key filter），其中运放与电阻 R_1、R_f 组成了电压控制电压源电路，其增益为 $1+R_f/R_1$，故称之为二阶压控电压源有源滤波器。直观地看，该电路既引入了负反馈（反馈系数与频率无关），又引入了正反馈（反馈系数与频率有关），在 $f=f_o=\dfrac{1}{2\pi RC}$ 处，正反馈最强③，偏离 f_o 愈远的信号，正反馈愈弱。不难想到，只要正反馈适当，就既可能使电路在偏离 f_o 处的增益较小，而在 $f=f_o$ 处的增益较大，又不会因正反馈过强使电路自激振荡。下面进行定量推导。

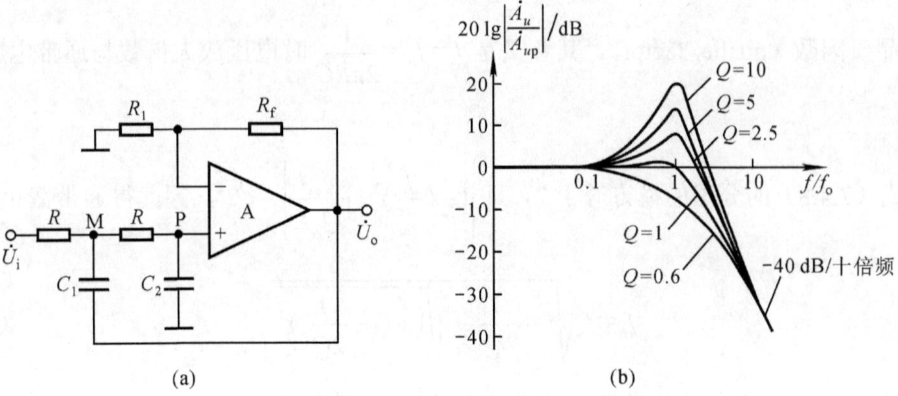

图 7.4.6　二阶压控电压源 LPF

（a）电路；（b）幅频特性

为简单计，设 $C_1=C_2=C$，M 节点的电流方程为

$$\frac{\dot{U}_i-\dot{U}_m}{R}=\frac{\dot{U}_m-\dot{U}_o}{\dfrac{1}{j\omega C}}+\frac{\dot{U}_m-\dot{U}_p}{R} \tag{7.4.6}$$

①参看文献[7-6] 350–351 页。

②参看文献[7-6] 354–355 页。

③参见本书习题 8.5。

P 节点的电流方程为

$$\frac{\dot{U}_{m}-\dot{U}_{P}}{R}=\frac{\dot{U}_{P}}{\frac{1}{j\omega C}} \tag{7.4.7}$$

联立上两式可得[①]

$$\dot{A}_{u}=\frac{\dot{U}_{o}}{\dot{U}_{i}}=\frac{A_{up}}{1-(\frac{f}{f_{o}})^{2}+j\frac{1}{Q}\frac{f}{f_{o}}} \tag{7.4.8}$$

式中$Q=\frac{1}{3-A_{up}}$，其中通带电压放大倍数为

$$A_{up}=1+\frac{R_{f}}{R_{1}} \tag{7.4.9}$$

当$f=f_{0}$时，由式（7.4.8）得

$$|\dot{A}_{u}|=QA_{up}$$

称 Q 为品质因数（quality factor），其意义是 $f=f_{o}=\frac{1}{2\pi RC}$ 时电压放大倍数与通带电压放大倍数之比。

令式（7.4.8）的分母的模方等于 2，即$\left|1-(\frac{f}{f_{o}})^{2}+j\frac{1}{Q}\frac{f}{f_{o}}\right|=\sqrt{2}$，因此得通带截止频率为

$$f_{p}=f_{o}\sqrt{1-\frac{1}{2Q^{2}}+\sqrt{1+(1-\frac{1}{2Q^{2}})^{2}}} \tag{7.4.10}$$

可见，二阶压控电压源低通滤波器的通带截止频率f_{P}不仅与特征频率有关，而且还与 Q 有关。由式（7.4.8）可得

$$20\lg\left|\frac{\dot{A}_{u}}{A_{up}}\right|=-20\lg\left[(1-\frac{f^{2}}{f_{o}^{2}})^{2}+(\frac{1}{Q}\frac{f}{f_{o}})^{2}\right]^{\frac{1}{2}}=\begin{cases}0, & \text{当} f=0\\ 20\lg Q(\text{dB}), & \text{当} f=f_{o}\\ -40\lg f/f_{o}, & \text{当} f\gg f_{o}\end{cases} \tag{7.4.11}$$

由式（7.4.11）可画出幅频特性，如图 7.4.6（b）所示。可见，Q 不同，曲线便不同，设置 Q 为合适值，即可使幅频特性在f_{0}处得到加强；在阻带其衰减斜率为−40 dB/十倍频。因此，其幅频特性更加接近于理想情况。

①参阅文献[7-4]利用拆环法求电压放大倍数，物理概念更清晰。参阅文献[7-4] 29 页。

二、滤波器稳定工作的条件

以下证明①，要使电路稳定工作，通带电压放大倍数应小 3，即 $R_f<2R_1$，否则会出现自激振荡。

由图 7.4.6（a）知电路的负反馈系数为

$$F_n=\frac{U_n}{U_o}=\frac{R_1}{R_1+R_f}$$

正反馈系数为

$$F_p=\frac{U_p}{U_o}=\frac{R /\!/ (R+\frac{1}{j\omega C})}{\frac{1}{j\omega C}+\left[R /\!/ (R+\frac{1}{j\omega C})\right]}\times\frac{\frac{1}{j\omega C}}{R+\frac{1}{j\omega C}}=\frac{1}{3+j(\frac{f}{f_o}-\frac{f_o}{f})}$$

可见，正反馈系数与信号频率有关，当 $f=f_o=\frac{1}{2\pi RC}$ 时，正反馈最强，此时有 $F_{p\max}=\frac{1}{3}$。滤波器要稳定工作，运放必须工作在线性区，这就要求 $F_p<F_n$，为此只需要

$$F_n>F_{p\max}=\frac{1}{3}>F_p$$

将 F_n 的表达式代入上式，整理得

$$R_f<2R_1 \tag{7.4.12}$$

这就是该滤波器稳定工作的条件。

7.4.3　二阶高通有源滤波器

一、HPF 与 LPF 的对偶关系

由图 7.4.1（a）、（b）可知，若 HPF 与 LPF 的幅频特性的通带截止频率相同，则 HPF 和 LPF 的幅频特性以垂直线 $f=f_p$ 为对称。对于 LPF，当 $f<f_p$ 时，信号通过；当 $f>f_p$ 时，信号被阻断。对于 HPF，则刚好相反。

幅频特性的对偶性，是传递函数对偶性的必然结果，传递函数的对偶性是电路结构对偶性的必然反映。因此从电路上看，把 LPF 中的滤波元件 R、C 互换，即可得到 HPF 电路，反之亦然。从传递函数上看，把 LPF 传递函数中的 $j\omega RC$ 替换成 $\frac{1}{j\omega RC}$，即可得 HPF 的传递函数，反之亦然。

二、二阶压控电压源 HPF

根据电路结构的对偶性，只要将二阶压控电压源 LPF 中的滤波元件 R、C 互换，可得到二阶压控电压源 HPF 电路，如图 7.4.7 所示。

①参阅文献[7-12] 353-354 页。也可参阅文献[7-13] 70 页。本书采用文献[7-13]的方法证明。

由图 7.4.7 可知，M 节点的电流方程为

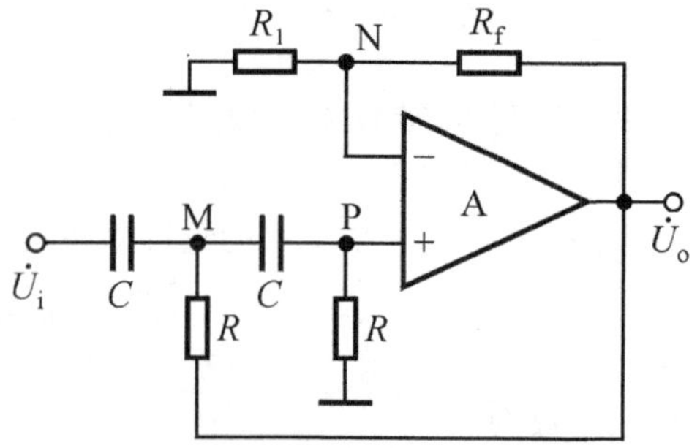

图 7.4.7　二阶压控电压源 HPF

$$\frac{\dot{U}_i-\dot{U}_m}{\dfrac{1}{j\omega C}}=\frac{\dot{U}_m-\dot{U}_o}{R}+\frac{\dot{U}_m-\dot{U}_p}{\dfrac{1}{j\omega C}}$$

P 节点的电流方程为

$$\frac{\dot{U}_m-\dot{U}_p}{\dfrac{1}{j\omega C}}=\frac{\dot{U}_P}{R}$$

联立上两式可得①

$$\dot{A}_u=\frac{\dot{U}_o}{\dot{U}_i}=\frac{A_{up}}{1-(\dfrac{f_o}{f})^2-j\dfrac{1}{Q}\dfrac{f_o}{f}} \tag{7.4.13}$$

式中，Q、A_{up}、f_o均与二阶压控电压源 LPF 相同，通带截止频率为

$$f_p=\frac{f_o}{\sqrt{1-\dfrac{1}{2Q^2}+\sqrt{1+(1-\dfrac{1}{2Q^2})^2}}} \tag{7.4.14}$$

式（7.4.14）说明，二阶压控电压源高通滤波器的通带截止频率 f_p 不仅与特征频率有关，而且还与 Q 有关。不难发现，式（7.4.10）与式（7.4.14）具有对偶性。

由式（7.4.13）不难画出其幅频特性，在此不再赘述。

可以证明②，要使电路稳定工作，通带电压放大倍数应小于 3，即 $R_f<2R_1$，否则会出现自激振荡。

7.4.4　二阶带通有源滤波器

一、BPF 的一般构成方法

由图 7.4.1 可以看出，将 LPF 与 HPF 相串联就可构成 BPF，其条件是 LPF 的通带截止频率应高于 HPF 的通带截止频率，如图 7.4.8 所示。用这种方法构成的 BPF 通带较宽，而且截止频率容易调整，但所用元件较多。如何得到较简单的 BPF 呢？我们知道二阶 LPF 的 *RC* 网络由两节组成，如将其中一节 *RC* 电路改接成高通接法，就可构成二阶 BPF。

①利用传递函数的对偶性亦可直接由式（7.4.8）得出。
②参阅文献[7-14] 147-149 页。

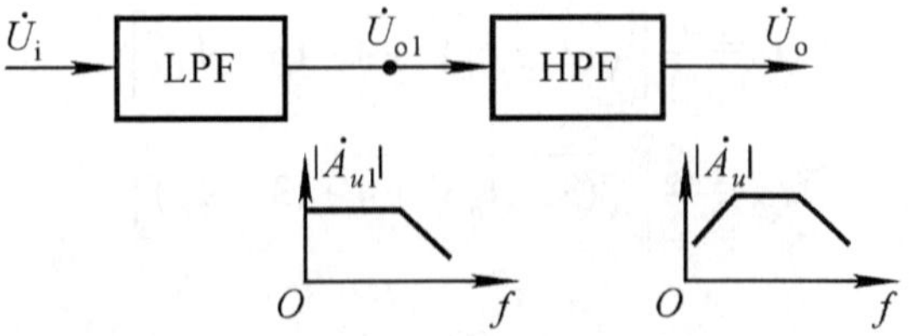

图 7.4.8　由 LPF 和 HPF 串联构成的 BPF

二、二阶压控电压源 BPF

按上述思想构成的电路如图 7.4.9 所示。为简单计，设 $C_1=C_2=C$，$R_2=2R$，$R_3=R$。由图 7.4.9 可得到下列方程组

$$\begin{cases} \dot{U}_o=(1+\dfrac{R_f}{R_1})\dot{U}_p \\ \dot{U}_p=\dfrac{2j\omega CR}{1+2j\omega CR}\dot{U}_m \\ \dfrac{\dot{U}_i-\dot{U}_m}{R}-\dot{U}_m j\omega C-\dfrac{\dot{U}_m}{2R+\dfrac{1}{j\omega C}}-\dfrac{\dot{U}_m-\dot{U}_o}{R}=0 \end{cases}$$

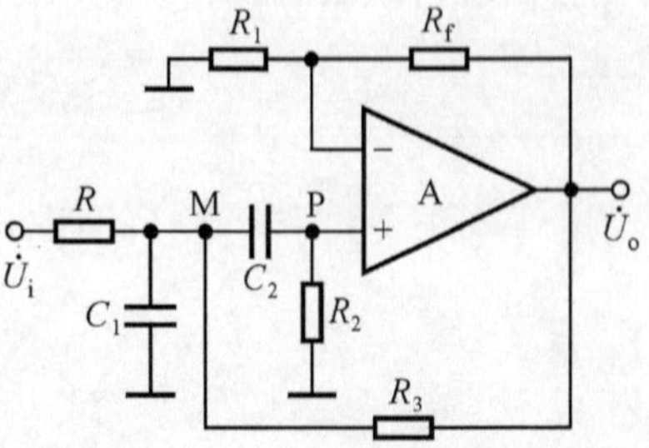

图 7.4.9　二阶压控电压源 BPF 电路

联立上面方程组，可得

$$\dot{A}_u=\frac{\dot{U}_o}{\dot{U}_i}=\frac{1}{1+j\dfrac{1}{3-A_{uf}}(\dfrac{f}{f_o}-\dfrac{f_o}{f})}\cdot\frac{A_{uf}}{3-A_{uf}} \tag{7.4.15}$$

式中，A_{uf} 是同相比例电路的电压放大倍数；当 $f=f_o$ 时，A_u 最大，因此常将 f_o 称为 BPF 的中心频率，它在数值上等于滤波器的特征频率 $f_o=\dfrac{1}{2\pi RC}$。在中心频率处，滤波器的放大倍数即是通带放大倍数，其数值为

$$A_{up}=\frac{A_{uf}}{3-A_{uf}} \tag{7.4.16}$$

式（7.4.16）说明，BPF 的通带电压放大倍数不等于同相比例电路的电压放大倍数，这是它与 LPF、HPF 的区别之一。

令式（7.4.15）的分母的模等于根号 2，即

$$\left|1+j\frac{1}{3-A_{uf}}(\frac{f}{f_o}-\frac{f_o}{f})\right|=\sqrt{2}$$

解上式，取正根，可得下限和上限截止频率分别为

$$f_{p1}=\frac{f_o}{2}\left[\sqrt{(3-A_{uf})^2+4}-(3-A_{uf})\right] \tag{7.4.17}$$

$$f_{p2}=\frac{f_o}{2}\left[\sqrt{(3-A_{uf})^2+4}+(3-A_{uf})\right] \tag{7.4.18}$$

因此，通频带为

$$f_{bw}=f_{p2}-f_{p1}=(3-A_{uf})f_o=\frac{f_o}{Q} \tag{7.4.19}$$

式（7.4.19）说明，二阶压控电压源带通滤波器的通频带不仅与特征频率有关，而且还与 Q 有关。其幅频特性如图 7.4.10 所示，可见 Q 值愈大，频带愈窄，选频特性愈好。调整 A_{up}，即可改变频带宽度。可以证明①，要使电路稳定工作，通带电压放大倍数应小于 3，即 $R_f<2R_1$，否则会出现自激振荡。

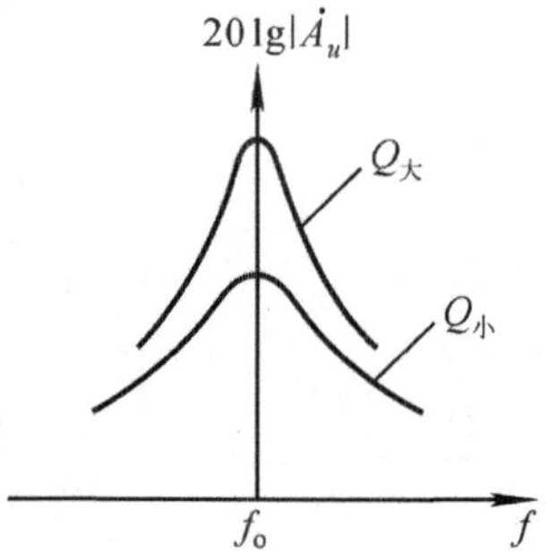

图 7.4.10　二阶压控电压源 BPF 电路的幅频特性

7.4.5　二阶带阻有源滤波器

一、BEF 的一般构成方法

由图 7.4.1 可以看出，将 LPF 与 HPF 相并联就可构成 BEF，其条件是 LPF 的通带截止频率应小于 HPF 的通带截止频率，如图 7.4.11 所示。用这种方法构成的 BEF 阻带较宽，而且

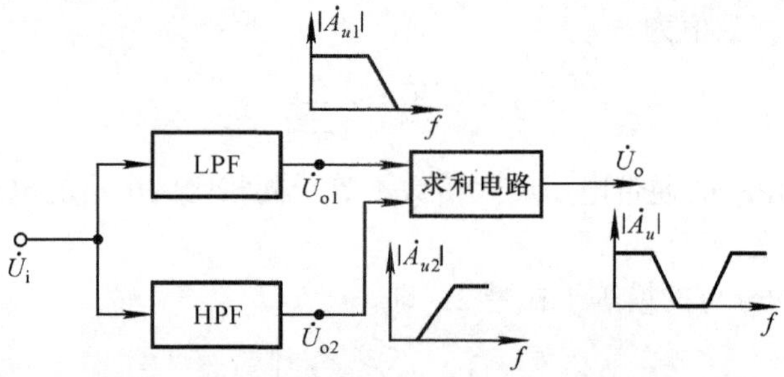

图 7.4.11　由 LPF 和 HPF 并联构成的 BEF

①参阅文献[7-14] 147-149 页。

截止频率容易调整，但所用元件较多。如何得到较简单的 BEF 呢？我们知道一阶无源 LPF 与一阶无源的 HPF 并联，再接一同相比例电路即可得到基本的 BEF，如图 7.4.12 所示。在图中，由于两个无源滤波电路均由三个元件构成英文字母 T 形状，故称之为双 T 网络式有源 BEF。

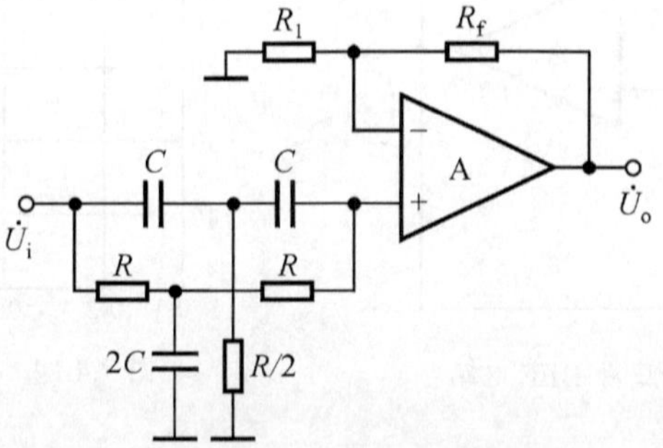

图 7.4.12　基本有源 BEF 电路

二、二阶压控电压源 BEF

为了使带阻滤波器的特性更理想，常采用图 7.4.13 所示的二阶压控电压源 BEF 电路。由图 7.4.13 可得到下列方程组

$$\begin{cases}\dot{U}_p=\dfrac{\dot{U}_o}{A_{up}}\\[2mm][\dot{U}_i-\dot{U}_a]j\omega C-\dfrac{\dot{U}_a-\dot{U}_o}{R/2}-[\dot{U}_a-\dot{U}_p]j\omega C=0\\[2mm]\dfrac{\dot{U}_i-\dot{U}_b}{R}-\dot{U}_b\cdot 2j\omega C-\dfrac{\dot{U}_b-\dot{U}_p}{R}=0\\[2mm][\dot{U}_a-\dot{U}_p]j\omega C=\dfrac{\dot{U}_p-\dot{U}_b}{R}\end{cases}$$

联立上面方程组可得

$$\dot{A}_u=\frac{\dot{U}_o}{\dot{U}_i}=\frac{1-(\dfrac{f}{f_o})^2}{1-(\dfrac{f}{f_o})^2+j2(2-A_{up})\dfrac{f}{f_o}}\times A_{up}=\frac{A_{up}}{1+j2(2-A_{up})\dfrac{ff_o}{f_o^2-f^2}} \tag{7.4.20}$$

式中，A_{up} 是同相比例电路的电压放大倍数，也是通带电压放大倍数。当 $f=f_o$ 时，A_u 最小，其值为零，因此常将 f_o 称为 BEF 的中心频率，它在数值上等于滤波器的特征频率 $f_o=\dfrac{1}{2\pi RC}$。

令式（7.4.20）的分母的模等于 $\sqrt{2}$，即

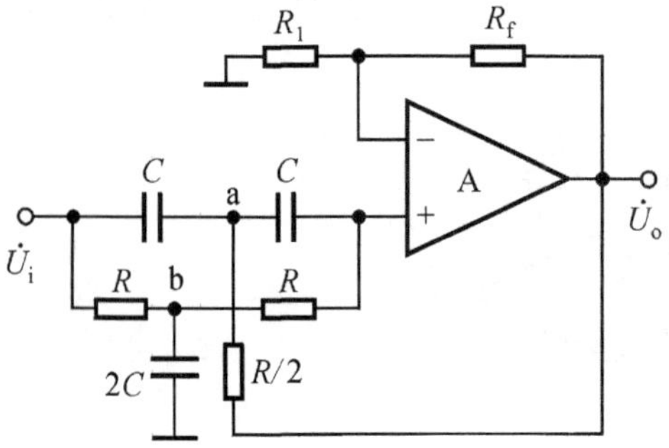

图 7.4.13　二阶压控电压源 BEF 电路

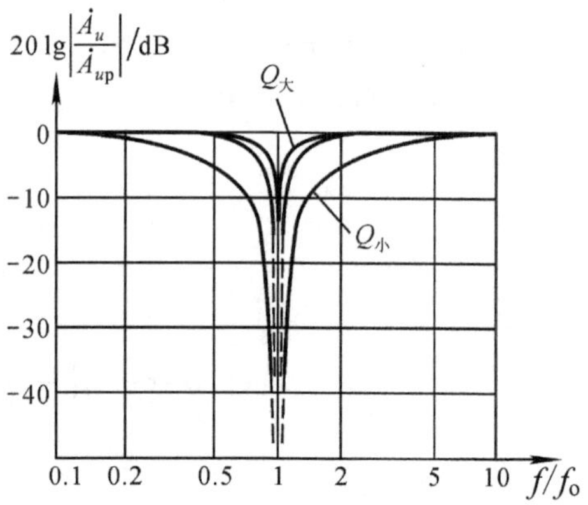

图 7.4.14　图 7.4.13 之幅频特性

$$\left|1+\mathrm{j}2(2-A_{up})\frac{ff_{\mathrm{o}}}{f_{\mathrm{o}}^2-f^2}\right|=\sqrt{2}$$

解上式，取正根，可得下限和上限截止频率分别为

$$f_{\mathrm{p1}}=[\sqrt{(2-A_{up})^2+1}-(2-A_{up})]f_{\mathrm{o}} \tag{7.4.21}$$

$$f_{\mathrm{p2}}=[\sqrt{(2-A_{up})^2+1}+(2-A_{up})]f_{\mathrm{o}} \tag{7.4.22}$$

因此，阻带宽度为

$$f_{\mathrm{bw}}=f_{\mathrm{p2}}-f_{\mathrm{p1}}=2(2-A_{up})f_{\mathrm{o}}=\frac{f_{\mathrm{o}}}{Q} \tag{7.4.23}$$

其中$Q=\dfrac{1}{2(2-A_{up})}$，不同 Q 值时的幅频特性如图 7.4.14 所示。

可以证明①，要使电路稳定工作，通带电压放大倍数应小于 2，即 $R_{\mathrm{f}}<R_1$，否则会出现自激振荡。

7.5　运放应用电路的误差分析

到目前为止，在分析运放应用电路中，我们一直假设运放是理想运放，然而，理想运放是不存在的。考虑实际运放的影响，读者不禁要问，前面的结论是否成立？如果不成立，误差究竟有多大？这就是本节要研究的问题。

①参阅文献[7-14] 147-149 页。

7.5.1　实际运放的模型

实际运放的模型比较复杂，参数也较多。以 μA741 为例，有几十个参数，致使计算繁琐。实际工程中，可突出主要问题，进行合理的简化。主极点模型（dominant-pole model）是经常采用的一种。

一、简化运放模型

图 7.5.1 给出了一个运放的简化模型①，其中 g_{m1} 为第一级差分放大电路的跨导增益，$-a_2$ 为第二级共射放大电路的电压增益，第三级是准互补对称输出级，现用一个单位增益缓冲器表示。第一级和第二级公共节点与地之间的等效电阻、等效电容分别用 R_e、C_e 表示。

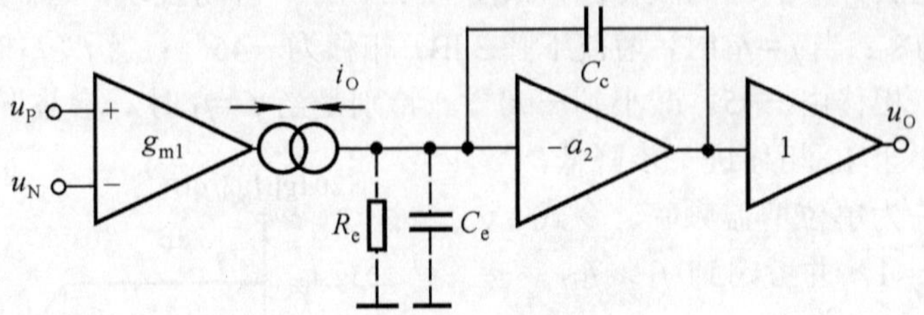

图 7.5.1　简化运放模型

观察图 7.5.1 可以得到

$$u_O=1\times(-a_2)\times(-R_e \,/\!/\, \frac{1}{j\omega C_e})g_{m1}(u_P-u_N)$$

因此运放的开环增益为

$$A_{od}=\frac{u_O}{u_P-u_N}=\frac{A_{od0}}{1+jf/f_H} \tag{7.5.1}$$

其中，A_{od0} 为直流增益，可表示为

$$A_{od0}=g_{m1}R_e a_2 \tag{7.5.2}$$

f_H 为主极点频率，表达式为

$$f_H=\frac{1}{2\pi R_e C_e} \tag{7.5.3}$$

对于 μA741 而言，$g_{m1}=189\ \mu S$，$R_e=1.95\ M\Omega$，$a_2=544$，$C_c=30\ pF$，$C_e=(1+a_2)C_c=16.3\ nF$，代入式（7.5.2）和（7.5.3）得 $A_{od0}=2\times10^5$，$f_H=5\ Hz$。前者很大，后者很小。f_H 为主极点频率，故意选择很低（通过 30 pF 电容），是为了确保在高阶极点频率时，增益已下降在 1 以下，因此可忽略高阶极点频率的影响，否则，式（7.5.1）将不成立。

①参阅文献[7-2] 230 页。

二、开环响应波特图

由式（7.5.1）知，开环运放增益的幅频和相频特性为

$$20\lg|A_{od}|=\begin{cases}20\lg A_{od0}, & f\ll f_H\\ 20\lg A_{od0}-3\text{dB}, & f=f_H\\ 20\lg A_{od0}-20\lg f/f_H, & f\gg f_H\end{cases} \tag{7.5.4}$$

$$\angle A_{od}(\mathrm{j}f)=-\arctan(f/f_H)=\begin{cases}0, & f\ll f_H\\ -45°, & f=f_H\\ -90°, & f\gg f_H\end{cases} \tag{7.5.5}$$

由上两式可画出运放开环响应的波特图，如图 7.5.2 所示。容易发现，当 $0\leqslant f<f_H$ 时，增益高且为常数，相移为零；当 $f=f_H$ 时，增益下降 3dB，相移为－45°；当 $f>f_H$ 时，增益以 20 dB/十倍频速率下降，相移由－45°减小到－90°。特别是当 $f=f_T$ 时，增益下降到 0 dB，因此当 $f>f_T$ 时，增益小于 1，相移进一步降低，无放大作用。称 f_T 为单位增益频率。令式（7.5.1）的模等于 1，并考虑到 $f_T\gg f_H$，则有

$$f_T=A_{od0}f_H \tag{7.5.6}$$

对于 μA741 而言，f_T＝1 MHz。

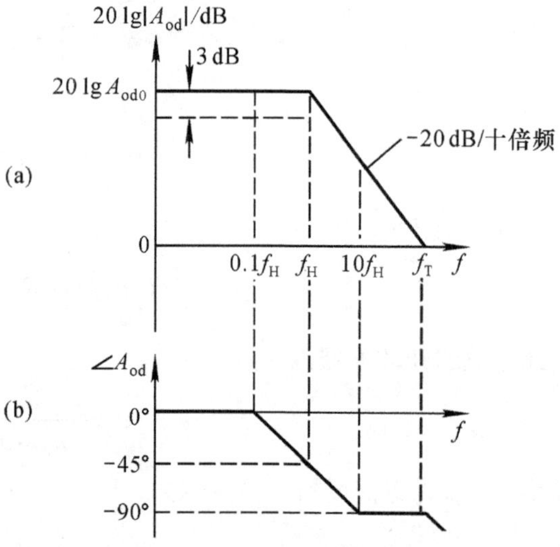

图 7.5.2　开环运放增益的频率特性

（a）幅频特性；（b）相频特性

应该强调，虽然 f_H、A_{od0} 对于数学处理方便，但是制造过程的各种变化，使得这两个参数不可准确预测。然而，f_T 却可以准确设定。因为在高频，由图 7.5.1 知，信号绕过 a_2 而经过 C_c，a_2 的输入端"虚地"，故有

$$u_O=1\times Z_{C_c}\times i_O=\frac{1}{\mathrm{j}2\pi fC_c}g_{m1}(u_P-u_N)$$

所以

$$A_{od}=\frac{u_O}{u_P-u_N}=\frac{1}{\mathrm{j}2\pi fC_c}g_{m1} \tag{7.5.7}$$

将式（7.5.7）与式（7.5.4）比较，并考虑到[①]

$$g_m=\frac{I_A}{4V_T} \tag{7.5.8}$$

①参阅文献[7-2] 189 页。

其中 I_A 为 μA741 差分输入级的偏置电流，我们得到

$$f_T = \frac{I_A}{8\pi V_T C_c} \tag{7.5.9}$$

对于 μA741 而言，$I_A = 19.6\ \mu A$，$C_c = 30\ pF$，$f_T = 1\ MHz$，从而可以准确设定单位增益频率。

7.5.2　同相、反相放大电路误差分析

一、同相放大电路误差分析

在 7.2 节，我们已经分析了基于理想运放的同相比例电路，实际上，它又称为同相放大电路，为了方便，现将电路图重画于此。假定运放非理想，则 $A_{od} \neq \infty$，A_{od} 满足式（7.5.1），这将导致"虚短"不成立。为了突出主要问题，设运放的其它指标都理想化，这将导致"虚断"仍然成立。观察图 7.5.3 可以写出

$$\dot{U}_p = \dot{U}_i\,,\quad \dot{U}_n = \frac{R_1}{R_1 + R_f}\dot{U}_o\,,\quad \dot{U}_o = A_{od}(\dot{U}_p - \dot{U}_n)$$

联立上面公式，我们可得

$$A_u(\mathrm{j}f) = \left(1 + \frac{R_f}{R_1}\right)\frac{1}{1 + 1/T(\mathrm{j}f)} \tag{7.5.10}$$

其中 T 是环路增益，其定义是假定在输入信号为零的条件下，设环路有一信号，沿放大电路、反馈网络绕行一周，所经历总增益的负值。因此，T 的表达式为

$$T(\mathrm{j}f) = -F_u(-A_{od}) = \frac{R_1}{R_1 + R_f}A_{od} \tag{7.5.11}$$

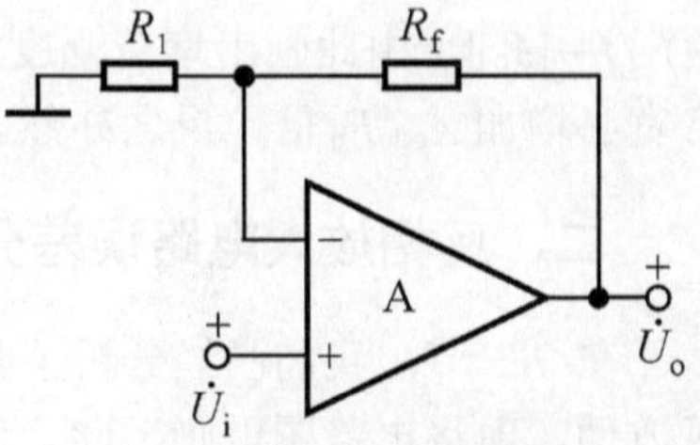

图 7.5.3　同相放大电路

如果运放理想，则 $A_{od} \to \infty$，故 $T \to \infty$，因此式（7.5.10）与式（7.2.6）完全相同，结果过渡到理想情况。于是式（7.5.10）可改写为

$$A_u(\mathrm{j}f) = A_{u0}\frac{1}{1 + 1/T(\mathrm{j}f)} \tag{7.5.12}$$

其中 $A_{u0} = 1 + R_f/R_1$，是假定运放理想时的电路增益，这一结论具有普遍意义[①]。将式（7.5.1）和（7.5.11）分别代入式（7.5.12），并忽略 $\dfrac{1}{FA_{od0}}$，得到

$$A_u(\mathrm{j}f) = A_{u0}\frac{1}{1 + \mathrm{j}f/f_B} \tag{7.5.13}$$

其中 f_B 就是电路截止频率（也叫 −3 dB 频率或闭环带宽），其表达式是

$$f_B = F_u f_T \tag{7.5.14}$$

通常把 $1/(1 + \mathrm{j}f/f_B)$ 偏离 $1\angle 0°$ 的程度用幅度误差和相位误差表示，分别为

①参阅文献[7-2] 20 页。

$$\varepsilon_{m}=\left|\frac{1}{1+jf/f_{B}}\right|-1=\frac{1}{\sqrt{1+(f/f_{B})^{2}}}-1 \tag{7.5.15}$$

$$\varepsilon_{\varphi}=-\angle(1+jf/f_{B})=-\arctan(f/f_{B}) \tag{7.5.16}$$

由式（7.5.13）和式（7.5.14）知，闭环直流增益就是 A_{u0}，则电路的增益带宽积为

$$A_{u0}f_{B}=A_{u0}F_{u}f_{T}=f_{T}=A_{od0}f_{H} \tag{7.5.17}$$

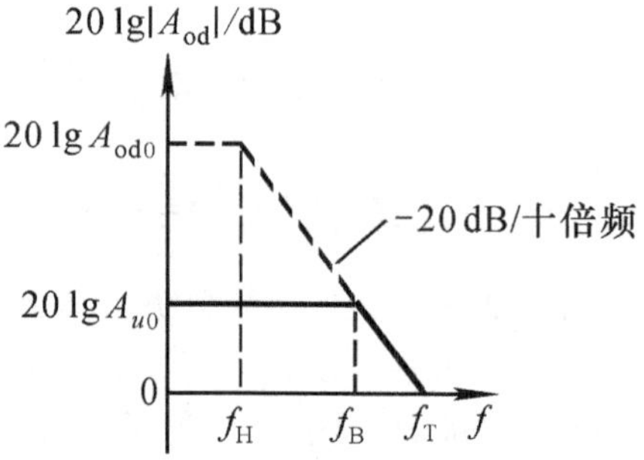

图 7.5.4　同相放大电路的幅度波特图

式（7.5.17）表明闭环增益带宽积等于运放开环增益带宽积，组成同相放大电路后，增益带宽积不变。对于 μA741 而言，这个值是 1 MHz。为了使读者理解式（7.5.17）含义，可以画出同相放大电路增益幅度波特图，如图 7.5.4 所示。由式（7.5.13）知，当 $f \ll f_B$ 时，$A_u \approx A_{u0}$；当 $f=f_B$ 时，$|A_u| \approx 0.707A_{u0}$；当 $f \gg f_B$ 时，$|A_u| \approx A_{u0}f_B/f=A_{u0}F_uf_T/f=f_T/f=|A_{od}|$。由此画出增益幅度波特图。可以看出，与开环相比，闭环增益下降 $A_{od0}F_u$ 倍，带宽必增加 $A_{od0}F_u$ 倍，反之亦然。

二、反相放大电路误差分析

在 7.2 节，我们已经分析了基于理想运放的反相比例电路，它也称为反相放大电路，为了方便，现将电路图重画于此。假定运放非理想，类似地，“虚短”不成立。设运放的其它指标都理想化，则“虚断”仍然成立。观察图 7.5.5 可以写出

$$\dot{U}_{p}=0, \quad \dot{U}_{n}=\frac{R_{1}}{R_{1}+R_{f}}\dot{U}_{o}+\frac{R_{f}}{R_{1}+R_{f}}\dot{U}_{i}, \quad \dot{U}_{o}=A_{od}(\dot{U}_{p}-\dot{U}_{n})$$

结合上面公式，可得

$$A_{u}(jf)=\left(-\frac{R_{f}}{R_{1}}\right)\frac{1}{1+1/T(jf)} \tag{7.5.18}$$

其中 T 是环路增益，它与式（7.5.11）完全相同，请读者思考为什么？

如果运放理想，则 $A_{od}\to\infty$，故 $T\to\infty$，因此式（7.5.18）与式（7.2.4）完全相同，结果过渡到理想情况。于是式（7.5.18）可改写为

$$A_{u}(jf)=A_{u0}\frac{1}{1+1/T(jf)} \tag{7.5.19}$$

其中 $A_{u0}=-R_f/R_1$，是假定运放理想时的电路增益。将式（7.5.1）和式（7.5.11）分别代入式（7.5.19），我们也可得到

$$A_{u}(jf)=A_{u0}\frac{1}{1+jf/f_{B}} \tag{7.5.20}$$

其中 f_B 就是电路截止频率（也叫−3 dB 频率或闭环带宽），其表达式是

$$f_{B}=F_{u}f_{T} \tag{7.5.21}$$

幅度误差和相位误差与式（7.5.15）和式（7.5.16）相同。

由式（7.5.20）和式（7.5.21）知，闭环直流增益就是 A_{u0}，则电路的增益带宽积为

$$A_{u0}f_B = A_{u0}F_u f_T = (1-F_u)f_T \tag{7.5.22}$$

式（7.5.22）表明闭环增益带宽积不是常数，而是小于运放开环增益带宽积，组成反相放大电路后，增益带宽积降低了。这种差别，对于较小直流增益电路则更明显，例如对单位增益同相电路，增益带宽积为 f_T，而对于单位增益反相电路，因 $R_1=R_f$，则 $F_u=0.5$，故增益带宽积为 $0.5f_T$。

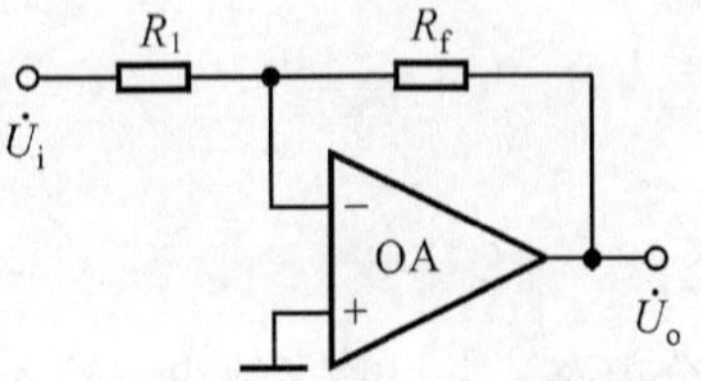

图 7.5.5　反相放大电路

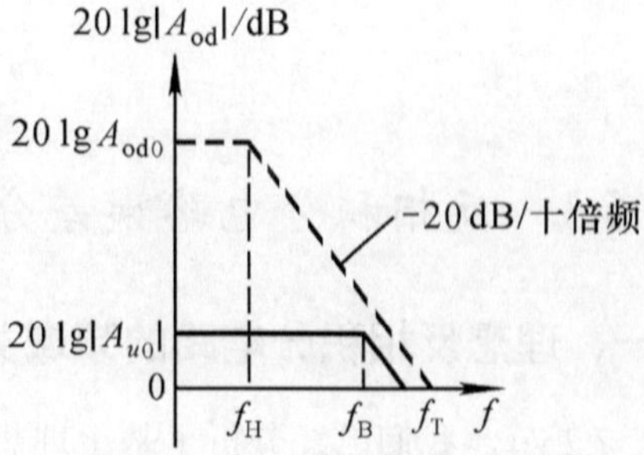

图 7.5.6　反相放大电路的幅度波特图

由式（7.5.20）知，当 $f \ll f_B$ 时，$A_u \approx A_{u0}$；当 $f=f_B$ 时，$|A_u| \approx 0.707|A_{u0}|$；当 $f \gg f_B$ 时，$|A_u| \approx |A_{u0}| f_B/f = |A_{u0}|F_u f_T/f = |A_{od}|R_f/(R_1+R_f)$。由此画出增益幅度波特图 7.5.6。可以看出，与开环相比，闭环增益下降 $A_{od0}F_u/(1-F_u)$ 倍，而带宽却增加 $A_{od0}F_u$ 倍。

例 7.5.1　利用 μA741 设计一个增益为 60 dB 的音频同相放大电路，并求出电路的实际带宽。

解　因为 $20\lg A_{u0}=60$ dB，所以 $A_{u0}=1000$。又因为是音频范围，所以 $f_B \geqslant 20$ kHz。如果使用单个运放，则由式（7.5.17）知电路的带宽只有 $f_B=f_T/A_{u0}=1$ kHz，可见单级同相放大电路不能完成任务。因此，可用两级相同同相放大电路的级联实现，则总增益为

$$A_u(\mathrm{j}f)=A_{u1}\times A_{u2}=A_{u1}^2=\left(\frac{A_{u10}}{1+\mathrm{j}f/f_{B1}}\right)^2$$

因为 $A_{u0}=A_{u10}^2=1000$，所以每级增益为 $A_{u10}=A_{u20}=\sqrt{1000}=31.62$。由式（7.5.17）知每级的带宽是 $f_{B1}=f_{B2}=f_T/31.62=31.62$ kHz。为求总的带宽，令

$$|A_u(\mathrm{j}f)|=\frac{A_{u10}^2}{1+(f/f_{B1})^2}=\frac{A_{u10}^2}{\sqrt{2}}$$

则 $f_B=f_{B1}\sqrt{\sqrt{2}-1}=20.35$ kHz，满足了音频要求。令 $A_{u10}=1+R_f/R_1=31.62$，若选择 $R_1=10$ kΩ，则 $R_f=306.2$ kΩ。设计电路如图 7.5.7 所示。

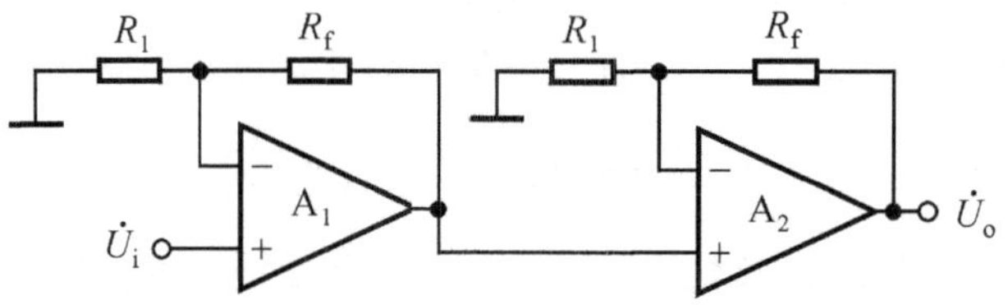

图 7.5.7　例 7.5.1 之电路图

可以证明，若是 n 级相同放大电路级联，则总带宽与每级带宽的关系为①

$$f_B = f_{B1}\sqrt{2^{1/n}-1} \tag{7.5.23}$$

7.5.3　反相积分电路误差分析

一、理想反相积分电路的频域关系

在 7.2 节，我们已经分析了基于理想运放的反相积分电路，并讨论了输出与输入的时域关系，现在讨论频域关系。为了方便，现将电路的相量模型图画出，如图 7.5.8 所示。假定运放理想，因电路引入了负反馈，故“虚短”、“虚断”都成立。观察图 7.5.8 可以写出

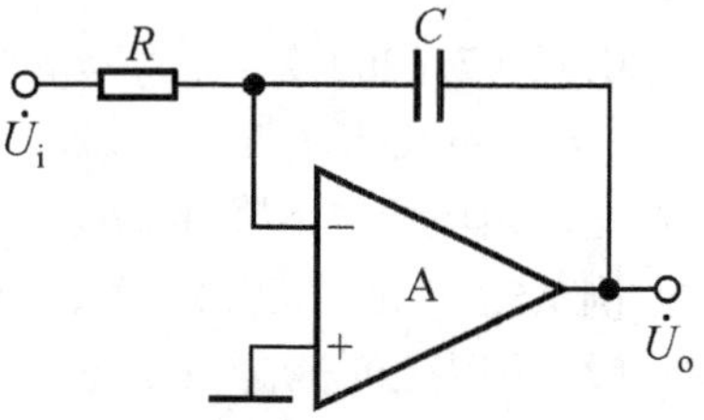

图 7.5.8　积分运算电路

$$\frac{\dot{U}_i - 0}{R} = \frac{0 - \dot{U}_o}{\dfrac{1}{j\omega C}}$$

因此电路的输出与输入关系（习惯叫传输函数）为

$$\frac{\dot{U}_o}{\dot{U}_i} = -\frac{1}{jf/f_o} \tag{7.5.24}$$

其中 $f_o = \dfrac{1}{2\pi RC}$，为积分电路的单位增益频率。式（7.5.24）就是积分电路的频域关系。它经常作为滤波器、振荡器、模数转换器和模拟控制器的基本电路模块使用。

二、实际反相积分电路的频域关系

若运放非理想，仅考虑开环增益非无穷大并满足式（7.5.1），则“虚短”不成立。为简单，设运放的其它指标都理想化，则“虚断”仍然成立。由图 7.5.8 可以写出

$$\dot{U}_p = 0，\quad \dot{U}_n = \frac{R}{R + 1/j\omega C}\dot{U}_o + \frac{1/j\omega C}{R + 1/j\omega C}\dot{U}_i，\quad \dot{U}_o = A_{od}(\dot{U}_p - \dot{U}_n)$$

联立上式并结合式（7.5.1）及条件 $A_{od0} \gg 1$，$f_o \ll f_T$，可近似得到

①参阅文献[7-2] 270 页。

$$\frac{\dot{U}_o}{\dot{U}_i}=-\frac{1}{\mathrm{j}f/f_o}\times\frac{1}{1+f_o/f_T+\mathrm{j}f/f_T} \tag{7.5.25}$$

因此不仅幅度而且相位产生了误差。我们经常关心的是 f_o 附近的相位误差，则 $f\approx f_o \ll f_T$，于是

$$\varepsilon_\phi=-\arctan(f/f_T)\approx -f/f_T \tag{7.5.26}$$

通过无源或有源补偿，我们可以消除或减弱相位误差①。

7.5.4　通用滤波器误差分析

所谓通用滤波器，是指在不改变电路拓扑结构的条件下，有两种以上滤波功能的电路。有两种形式的通用二阶滤波器：其一是 KHN（Kerwin-Huelsman-Newcomb，KHN）滤波器，其二是 TT（Tow-Thomas，TT）滤波器，其低频应用技术已非常成熟。下面仅讨论 TT 滤波器。

一、理想 TT 滤波器分析

图 7.5.9 表明了一个 TT 滤波器。一般认为它是由一个有损反相积分电路、一个无损反相积分电路和一个反相电路组成，并由 R_5 引入一个反馈环路。与此观点不同，我们也可认为，这个电路是由两个无损反相积分电路和一个反相电路构成，同时通过 R_2 和 R_5 引入两个反馈环路，其目的是为了简化推导。

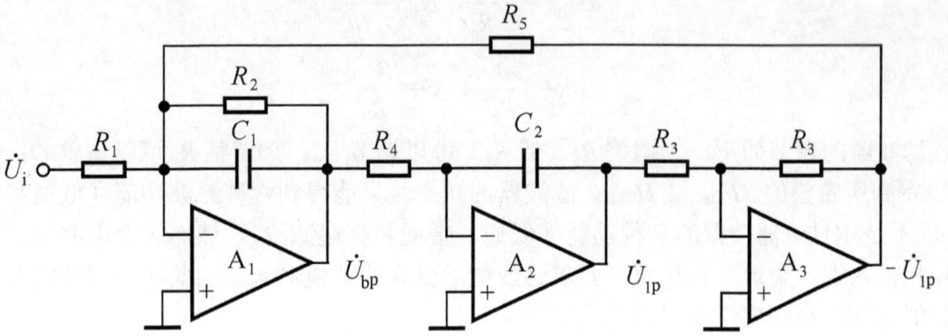

图 7.5.9　基于运放的 TT 滤波器

令 $s=\mathrm{j}\omega$，称其为复频率，观察电路可以写出

$$\frac{\dot{U}_{lp}}{\dot{U}_{bp}}=-\frac{1}{sR_4C_2},\quad \frac{\dot{U}_i}{R_1}+\frac{-\dot{U}_{lp}}{R_5}+\frac{\dot{U}_{bp}}{R_2}+\frac{\dot{U}_{bp}}{\frac{1}{sC_1}}=0$$

联立方程求解得

①参阅文献[7-2] 252 页。

$$\frac{\dot{U}_{\text{lp}}}{\dot{U}_{\text{i}}}=\frac{R_5}{R_1}\cdot\frac{\dfrac{1}{R_5R_4C_1C_2}}{s^2+\dfrac{s}{R_2C_1}+\dfrac{1}{R_5R_4C_1C_2}} \tag{7.5.27}$$

$$\frac{\dot{U}_{\text{bp}}}{\dot{U}_{\text{i}}}=\frac{-R_2}{R_1}\cdot\frac{\dfrac{s}{R_2C_1}}{s^2+\dfrac{s}{R_2C_1}+\dfrac{1}{R_5R_4C_1C_2}} \tag{7.5.28}$$

将上两式与式（7.4.8）和式（7.4.15）比较，我们发现电路的确实现了低通和带通滤波，而且滤波器的低通和带通增益分别为

$$H_{\text{0LP}}=\frac{R_5}{R_1},\ H_{\text{0BP}}=-\frac{R_2}{R_1} \tag{7.5.29}$$

滤波器的极点频率和品质因数分别为

$$\omega_o=\frac{1}{\sqrt{R_4R_5C_1C_2}},\quad Q=\frac{R_2\sqrt{C_1}}{\sqrt{R_4R_5C_2}} \tag{7.5.30}$$

如果选择 $R_4=R_5=R$，$C_1=C_2=C$，则上面两组公式简化为

$$H_{\text{0BP}}=-\frac{R_2}{R_1},\ H_{\text{0LP}}=\frac{R}{R_1} \tag{7.5.31}$$

$$\omega_{\text{o}}=\frac{1}{RC},\quad Q=\frac{R_2}{R} \tag{7.5.32}$$

该滤波器的调节如下：①调整 R_4（或 R_5）可以调节 ω_{o}；②调整 R_2 可以调整 Q；③调整 R_1 可以得到所希望的 H_{0BP} 和 H_{0LP}。滤波器的缺点是只能得到两种滤波功能（低通和带通滤波），而不是 KHN 滤波器的三种功能（低通、带通和高通滤波）。然而这个电路中，三个运放的反相输入端“虚地”，从而不要求运放能承受高的共模输入，因此在带阻滤波器和椭圆滤波器的综合中得到广泛应用。

二、实际 TT 滤波器的误差分析

如果 TT 滤波器中的运放非理想，读者不禁要问电路参数会变化吗？如何变化？为了方便得到答案，我们假定所用的三个运放完全相同，考虑开环增益非无穷大且满足式（7.5.1），则“虚短”不成立，而运放的其它指标都理想化，那么“虚断”仍然成立。此时设运放 A_3 的输出为 $\dot{U}'_{\text{lp}}$，由图 7.5.9 可以列写方程，然后联立求解，但过程较为复杂。因此我们应用拆环法，令 $R_1=R_3=R_4=R_5=R$，$C_1=C_2=C$，$\omega_{\text{T}}=2\pi f_{\text{T}}$，$\omega_{\text{o}}=2\pi f_{\text{o}}=1/RC$，并使用 $1/(1+x)\approx 1-x$（当 $x\ll 1$ 时），先求出两环路的增益和：

$$LG=-(1-\frac{2s}{\omega_T})\cdot\frac{1}{s^2R^2C^2}(1-\frac{s}{\omega_T}-\frac{1}{\omega_T\cdot RC})^2-\frac{1}{sR_2C}(1-\frac{s}{\omega_T}-\frac{1}{\omega_T\cdot R_2C})$$

电路的特征方程为①

$$1-LG=1+(1-\frac{2s}{\omega_T})\cdot\frac{1}{s^2R^2C^2}(1-\frac{s}{\omega_T}-\frac{1}{\omega_T\cdot RC})^2+\frac{1}{sR_2C}(1-\frac{s}{\omega_T}-\frac{1}{\omega_T\cdot R_2C})=0$$

略去 $1/\omega_T$ 的高次项，仅保留一次项，上式简化为

$$s^2R^2C^2(1-\frac{\omega_o}{Q\cdot\omega_T})+sR^2C^2\frac{1}{R_2C}(1-\frac{\omega_o}{Q\cdot\omega_T}-\frac{4R_2}{\omega_TR^2C})+1-\frac{2}{\omega_T\cdot RC}=0 \quad (7.5.33)$$

若运放理想，即 ω_T 无限，则式（7.5.33）简化为

$$s^2+s\frac{1}{R_2C}+\frac{1}{R^2C^2}=0$$

由上式知理想电路的极点角频率和品质因数分别为

$$\omega_o=\frac{1}{RC},\ Q=\frac{R_2}{R}$$

这与式（7.5.32）完全相同。由式（7.5.33）知实际电路的极点角频率和品质因数满足下两式：

$$\omega_{oa}=\sqrt{\frac{1-2\omega_o/\omega_T}{1/\omega_o^2-1/\omega_TQ\omega_o}},\ \frac{\omega_{oa}}{Q_a}=\frac{1/R_2C(1-\omega_o/Q\omega_T-4Q\omega_o/\omega_T)}{1-\omega_o/\omega_TQ} \quad (7.5.34)$$

考虑到 $x\ll 1$ 时，有

$$\sqrt{1-x}\approx 1-x/2,\ \frac{1}{\sqrt{1-x}}\approx 1+\frac{x}{2}$$

利用该条件并忽略 $1/\omega_T$ 的高次项，式（7.5.34）可简化为

$$\omega_{oa}=\omega_o\left[1+\frac{\omega_o}{\omega_T}(\frac{1}{2Q}-1)\right],\ Q_a=Q\left[1+\frac{\omega_o}{\omega_T}(4Q+\frac{1}{2Q}-1)\right] \quad (7.5.35)$$

通常 $Q>0.5$，则有 $\omega_{oa}<\omega_o$，即有 ω_o 减弱现象。由于（$4Q+1/2Q-1$）$\geqslant 2Q+1$，所以有 $Q_{amin}=Q[1+\omega_o(2Q+1)/\omega_T]$，则 $Q_a>Q$，即 Q 总是增强，这就是 TT 滤波器的“Q 增强”和“ω_o 减弱”现象。

当 $Q\gg 0.5$ 成立时，由式（7.5.35）可得极点频率及品质因素的相对偏差为

$$\frac{\Delta\omega_o}{\omega_o}=\frac{\omega_o}{\omega_T}(\frac{1}{2Q}-1)\approx-\frac{\omega_o}{\omega_T},\ \frac{\Delta Q}{Q}=\frac{\omega_o}{\omega_T}(4Q+\frac{1}{2Q}-1)\approx 4Q\frac{\omega_o}{\omega_T} \quad (7.5.36)$$

上述结果的计算机证实，可参阅有关文献②。

①参阅文献[7-12] 374 页。
②参阅文献[7-15] 332-336 页 。

本章小结

本章主要介绍由集成运放所组成的各种运算电路及有源滤波电路，这是集成运放的主要应用领域。基本内容如下：

一、理想运放

各项技术指标均理想化的运放称为理想运放。在运算电路及滤波电路中，输入、输出信号均为模拟量，因此要求运放工作在线性区。从电路结构上看，电路必引入了深度负反馈，运放必满足“虚短”和“虚断”两个条件。这两个条件是我们分析运放线性应用电路的基本出发点。

二、基本分析方法

1. 节点电流法

列出运放的同相、反相输入端及其它关键节点的电流方程，再利用“虚短”和“虚断”两个条件，求出运算关系或传输函数。

2. 叠加原理法

对于多个信号输入的电路，可分别求出每个信号单独作用时的输出电压，再把它们叠加即可得输入、输出电压的关系式。

3. 拆环法

对于单环、多环反馈系统，可利用拆环法和叠加原理求出输入、输出电压的关系式。

对于多级运放电路，一般可将前级电路视为恒压源，求出其运算关系，然后以前级的输出作为后级的输入，逐级代入后级的运算关系，从而得到整个电路的运算关系。

三、基本关系式

1. 反相比例电路

$$u_O=-\frac{R_f}{R_1}u_I$$

2. 同相比例电路

$$u_O=\left(1+\frac{R_f}{R_1}\right)u_I$$

3. 反相求和电路

$$u_O=-R_f\left(\frac{u_{I1}}{R_1}+\frac{u_{I2}}{R_2}\right)$$

4. 同相求和电路

$$u_O = R_f\left(\frac{u_{I1}}{R_1}+\frac{u_{I2}}{R_2}\right) \qquad （在 R_P=R_N 条件下）$$

5. 积分运算电路

$$u_O = -\frac{1}{RC}\int_{t_1}^{t_2} u_I \mathrm{d}t + u_O(t_1)$$

6. 微分运算电路

$$u_O = -RC\frac{\mathrm{d}u_I}{\mathrm{d}t}$$

7. 一阶 LPF

$$\dot{A}_p = \frac{A_{up}}{1+\mathrm{j}\dfrac{f}{f_o}}$$

其中

$$f_o = \frac{1}{2\pi RC}$$

对于同相输入型，$A_{up}=1+\dfrac{R_f}{R_1}$；对于反相输入型，$A_{up}=-\dfrac{R_f}{R_1}$。

8. 二阶压控电压源 LPF

$$\dot{A}_u = \frac{\dot{U}_o}{\dot{U}_i} = \frac{A_{up}}{1-\left(\dfrac{f}{f_o}\right)^2+\mathrm{j}\dfrac{1}{Q}\dfrac{f}{f_o}}$$

其中

$$f_o = \frac{1}{2\pi RC}，\quad A_{up}=1+\frac{R_f}{R_1}，\quad Q=\frac{1}{3-A_{up}}$$

通带截止频率为

$$f_p = f_o\sqrt{1-\frac{1}{2Q^2}+\sqrt{1+\left(1-\frac{1}{2Q^2}\right)^2}}$$

阻带衰减斜率为−40 dB/十倍频。

四、重点、难点

1. 重点

（1）比例、求和、微分及积分运算电路的工作原理和输入、输出关系；

（2）一阶、二阶滤波器的工作原理及其对数幅频特性。

2. 难点

（1）对数与指数电路以及模拟乘法器的工作原理；

（2）实用微分电路、积分电路的原理；
（3）运放应用电路的误差分析。

参考文献

[7-1] 元增民. 模拟电子技术[M]. 北京：中国电力出版社，2009.
[7-2] Sergio Franco. 基于运算放大器和模拟集成电路的电路设计[M]. 3 版. 刘树棠，朱茂林，荣玫，译. 西安：西安交通大学出版社，2004.
[7-3] 张新昌. 集成放大器的应用[M]. 北京：高等教育出版社，1985.
[7-4] 王楚、余道衡. 电子线路[M]. 北京：北京大学出版社，2002.
[7-5] 童诗白. 模拟电子技术基础[M]. 2 版. 北京：高等教育出版社，1998.
[7-6] 童诗白，华成英. 模拟电子技术基础 [M]. 3 版. 北京：高等教育出版社，2001.
[7-7] 席德勋. 现代电子技术[M]. 北京：高等教育出版社，1999.
[7-8] 赵玉山，周跃庆，王苹. 电流模式电子电路[M]. 天津：天津大学出版社，2001.
[7-9] 周子文. 模拟相乘器及其应用[M]. 北京：高等教育出版社，1983.
[7-10] 秦世才，高清运. 现代模拟集成电子学[M]. 北京：高等教育出版社，2003.
[7-11] 吴宁. 电网络的分析与综合[M]. 北京：科学出版社，2000.
[7-12] 吴大正. 信号与线性系统分析[M]. 2 版. 北京：高等教育出版社，1986.
[7-13] 李永安. 二阶压控电压源 LPF 两个问题的探讨[J]. 宝鸡文理学院学报：自然科学版，1998，18（1）：33-34.
[7-14] 李永安. 二阶压控电压源型滤波器稳定性的分析[J]. 宝鸡文理学院学报：自然科学版，2000，20（2）：147-149.
[7-15] 李永安. 通用滤波器的高频特性研究[J]. 海南大学学报：自然科学版，2008，26（4）：332-336.

自 测 题

一、下面说法是否正确，用“√”、“×”表示在括号内。
1. 反相比例电路的反相端是“地”。（ ）
2. 同相比例电路的同相端没有电流流入集成运放。（ ）
3. 反相求和电路一定引入的是电压串联负反馈。（ ）
4. 同相求和电路一定引入的是电压并联负反馈。（ ）
5. 同相比例运算电路的输入电阻大，而反相比例运算电路的输入电阻小。（ ）
6. 反相比例运算电路的输入电流等于流过反馈电阻中的电流。（ ）
7. 反相比例运算电路的比例系数大于 1，而同相比例运算电路的比例系数小于零。（ ）
8. 在同相比例电路中，运放的反相输入端虚地。（ ）

9. 低通滤波器的通带截止频率（−3 dB 频率）与其特征频率概念不同，二者在数值上也不一定相同。（　）

10. 单电源供电运放输出端有耦合电容，则下限截止频率与耦合电容有关。（　）

11. 凡引入了负反馈的运放一定工作在线性区。（　）

12. 在反相比例电路中，对信号的频率上限无限制。（　）

二、选择正确答案填入空内。

1. 若要实现 $u_O = u_{I1} + 4u_{I2}$，应该选用________运算电路。

A. 比例　　B. 积分　　C. 微分　　D. 求和

2. 要将方波变换成三角波，应该选用________运算电路。

A. 乘法　　B. 积分　　C. 微分　　D. 除法

3. 为了避免 50 Hz 电网电压的干扰进入放大器，应选用________滤波电路；

A. 带阻，中心频率为 50 Hz　　B. 低通，截止频率为 50 Hz

C. 带通，中心频率为 50 Hz　　D. 高通，截止频率为 50 Hz

4. 欲将正弦波电压转换成二倍频电压，应选用________运算电路。

A. 对数　　B. 指数　　C. 除法　　D. 乘方

5. 欲将正弦波电压移相＋90°，应选用________运算电路。

A. 反相比例　　B. 积分　　C. 微分　　D. 减法

6. 实际运放的开环增益为 10^6，开环带宽 5 Hz，用它构成闭环增益为 50 倍的同相放大器，则其闭环带宽是________Hz。

A. 5　　B. 250　　C. 10^5　　D. 5×10^5

7. 二阶压控电压源 LPF 其通带增益必须________。

A. 小于 3　　B. 大于 3　　C. 等于 3　　D. 大于零

8. 多输入求和电路一般多采用两级反相输入形式，而较少采用同相输入形式，是因为后者________。

A. 运放承受的共模电压大　　B. 运放承受的差模电压大

C. 运放承受的共模电压为零　　D. 电路比较复杂

9. 与无源滤波相比，有源滤波的优点是________。

A. 无负载效应　　B. 通带放大倍数小于 1

C. 有负载效应　　D. 截止频率与负载有关

10. 如果运放的开环增益有限，则________。

A. 虚短不成立　　B. 虚断不成立

C. 虚地不成立　　D. 虚短仍成立

三、电路如图 T7.3 所示，设集成运放输出电压的最大值为±12 V，$u_I = 2$ V，$R_1 = 50$ kΩ，$R_2 = R_3 = 100$ kΩ，$R_4 = 2$ kΩ，分别求下列各情况运放的输出电压。

（1）R_2 短路；

（2）R_3 短路；

（3）R_4 短路；

（4）R_4 断路。

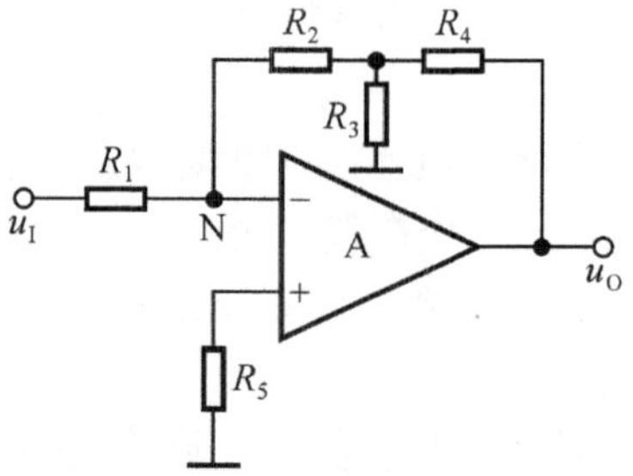

图 T7.3

四、运算电路如图 T7.4 所示，求各电路输出电压的大小。

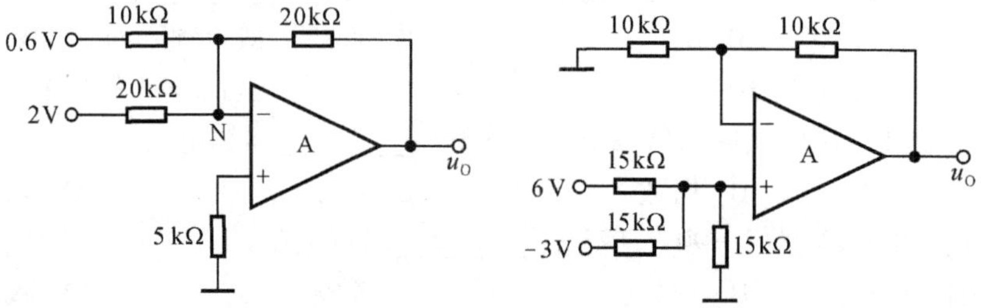

(a) (b)

图 T7.4

五、已知图 T7.5 所示电路中的集成运放为理想运放，模拟乘法器的乘积系数 k 大于零。试求电路的运算关系。

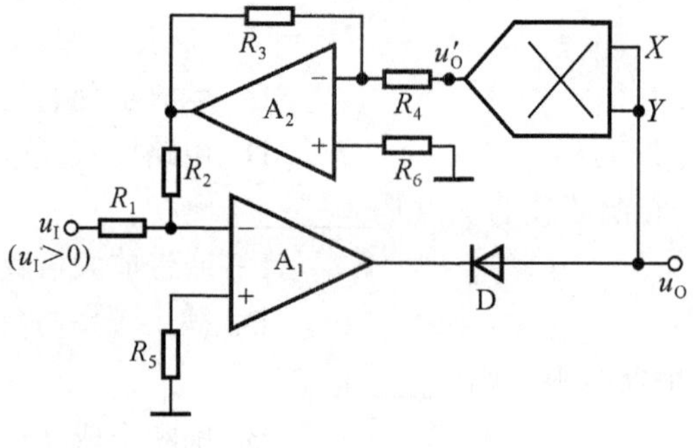

图 T7.5

六、已知图 T7.6 所示各电路，集成运放输出电压的最大幅值为±14 V，填表。

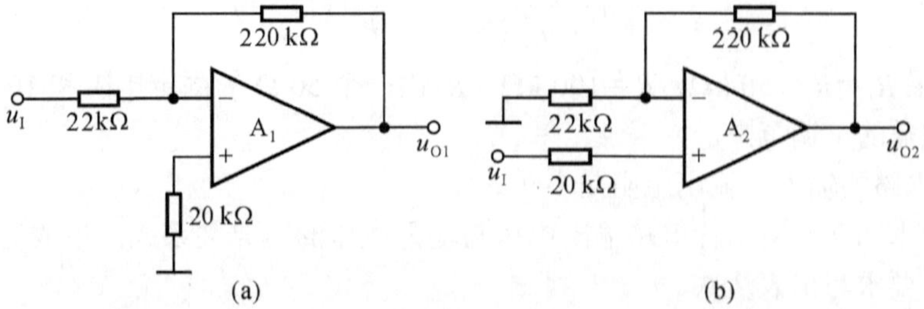

图 T7.6

u_I/V	0.1	0.5	1.0	1.5
u_{O1}/V				
u_{O2}/V				

习　题

7.1　有 10 kΩ、11 kΩ、110 kΩ 三只电阻和一块通用型集成运放，试用它们组成反相比例电路和同相比例电路，画出电路图，标出元件参数，计算电压放大倍数。

7.2　设计下面运算电路，设反馈电阻 $R_f=100$ kΩ，画出电路图，标出元件参数。

（1）$u_O=-2u_{I1}-4u_{I2}$；

（2）$u_O=2u_{I1}-4u_{I2}$；

（3）$u_O=2u_{I1}+4u_{I2}$。

7.3　图 P7.3 为 Analog Devices 公司生产的集成测量放大器 AD624 的核心电路，俗称三运放测量放大器，通过设置增益电阻 R_2 的阻值，即可改变其放大倍数。

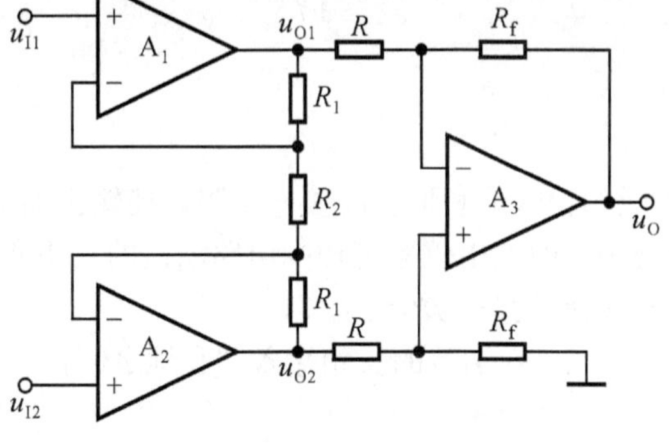

图 P7.3

（1）试证明该电路增益为

$$A_u=\frac{u_O}{u_{I1}-u_{I2}}=-\frac{R_f}{R}(1+\frac{2R_1}{R_2})$$

（2）如果 $R_1=R_f=50\ k\Omega$，$R=100\ k\Omega$，R_2 由一个 50 Ω 的固定电阻和 100 kΩ 的电位器代替，试求增益的可调范围。

（3）该电路的输入、输出电阻是多少？

7.4 试求图 P7.4 所示各电路输出电压与输入电压的运算关系式，集成运放的共模信号分别为多少？要求写出表达式。

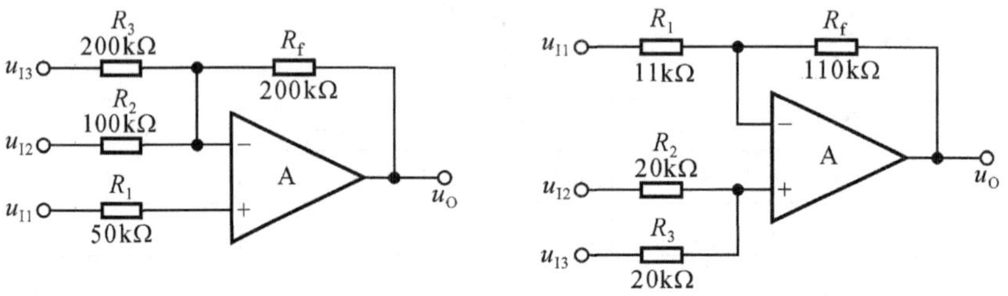

(a) (b)

图 P7.4

7.5 在图 P7.5 所示的电路中，设运放为理想运放，试计算下列值：

（1）$u_{I1}=1$ V 时，u_{O1} 是多少？

（2）要使 $u_{I1}=1$ V 时 u_O 维持在 0 V，则 u_{I2} 是多少？设电容器两端电压 $u_C(0)=0$ V。

（3）设 $t=0$ 时 $u_{I1}=1$ V，$u_{I2}=0$ V，$u_C(0)=0$ V，试求 $t=10$ s 时 u_O 是多少。

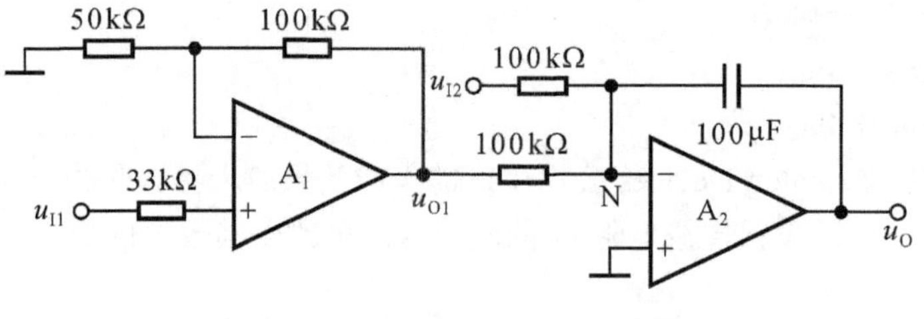

图 P7.5

7.6 图 P7.6 所示电路：

（1）求 u_P、u_N 和 u_O；

（2）如果在运放的反相输入端和地之间接一电阻，使输出加倍，求这个电阻值。

7.7 在图 P7.7 电路中，改变电位器可控制电路增益的大小和极性。

（1）证明增益的变化范围为 $-R_2/R_1\leqslant A_u\leqslant 1$；

（2）为了使增益大于 1，可在运放的反相输入端和地之间接一电阻 R_4，求此时增益的表达式。

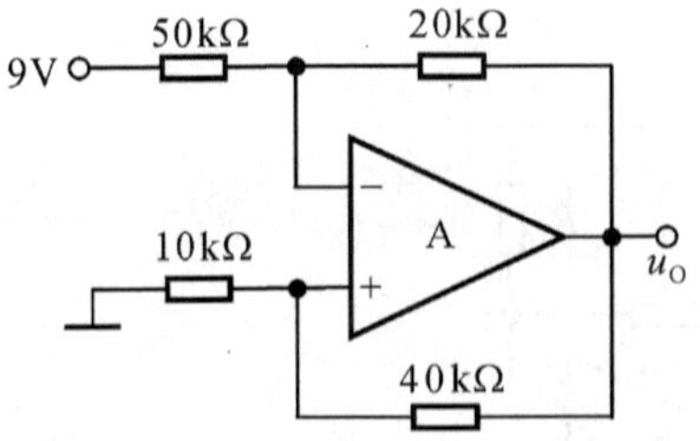

图 P7.6

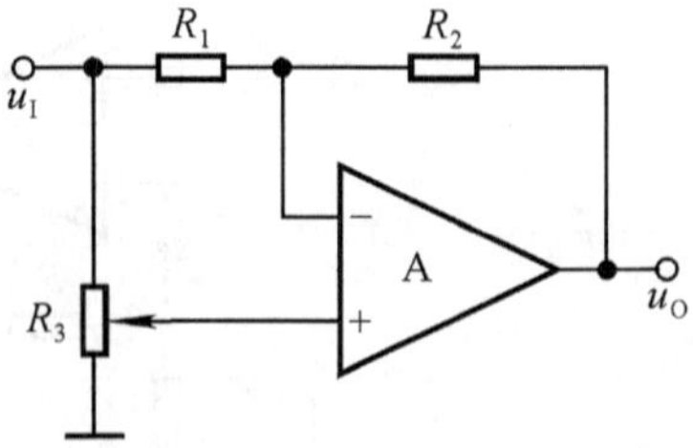

图 P7.7

7.8　分别求解图 P7.8 所示各电路的运算关系。

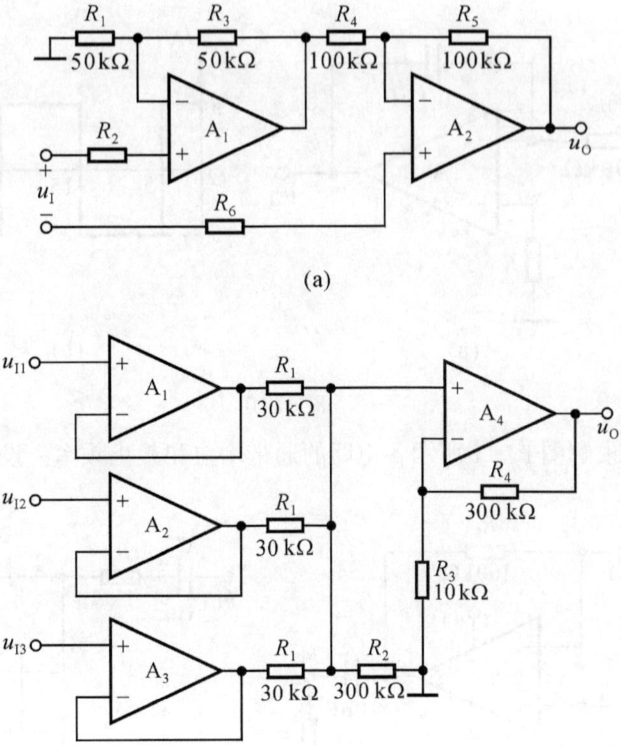

(b)

图 P7.8

7.9　电路如图 P7.9 所示。

（1）证明 $R_i \to \infty$，$A_u = -(1+R_4/R_3)R_1/R_2$；

（2）利用一个 100 kΩ 电位器，使 $-100 \leqslant A_u \leqslant 0$，确定各电阻值。

7.10　在图 P7.10（a）所示电路中，已知输入电压 u_I 的波形如图（b）所示，当 $t=0$ 时 $u_O=0$。试画出输出电压 u_O 的波形。

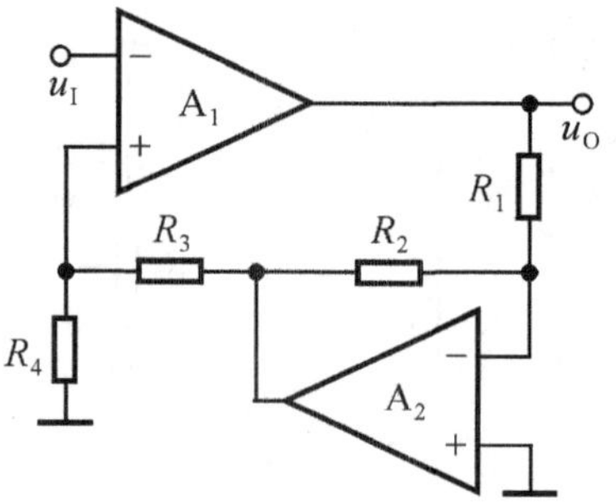

图 P7.9

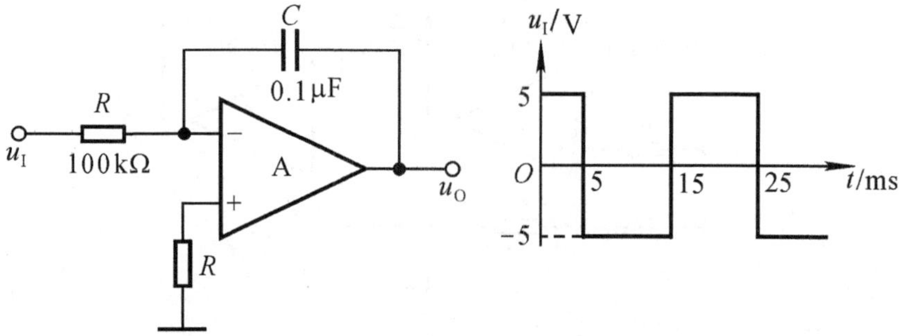

(a) (b)

图 P7.10

7.11 试分别求解图 P7.11 所示各电路的通带增益和截止频率，设运放为 μA741。

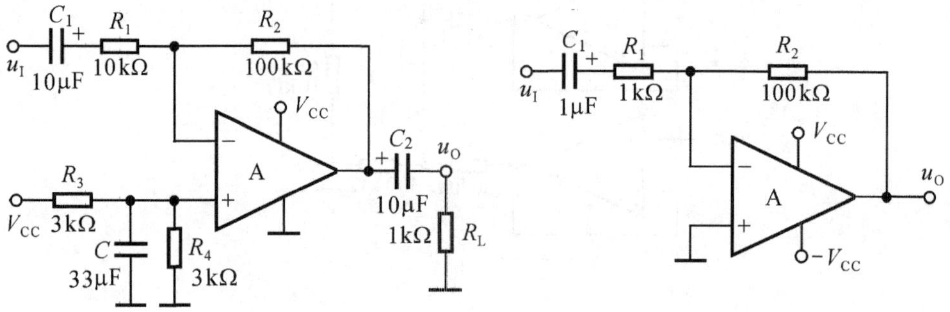

(a) (b)

图 P7.11

7.12 试求出图 P7.12 所示电路的运算关系。

7.13 图 P7.13 为无限增益多路反馈二阶低通滤波器，试用节点法或拆环法求其传递函数。

7.14 图 P7.14 为有源带阻滤波器电路，试用节点法求电路的传递函数。

7.15 对二阶压控电压源 LPF 电路（Sallen-Key 滤波器），试用拆环法求其传输函数。

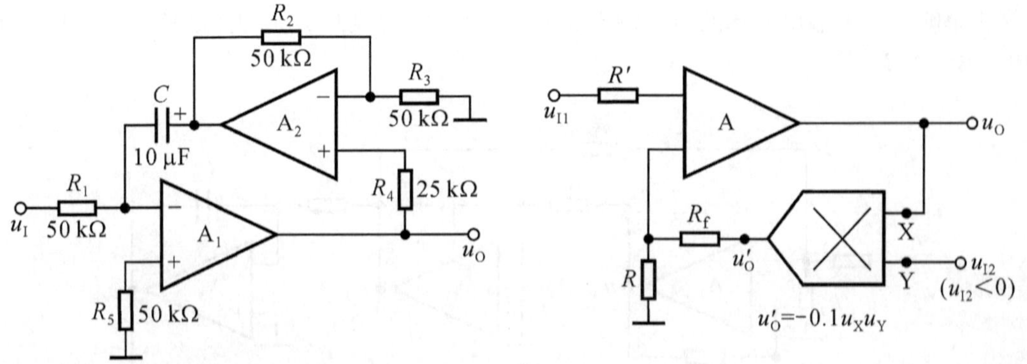

(a) (b)

图 P7.12

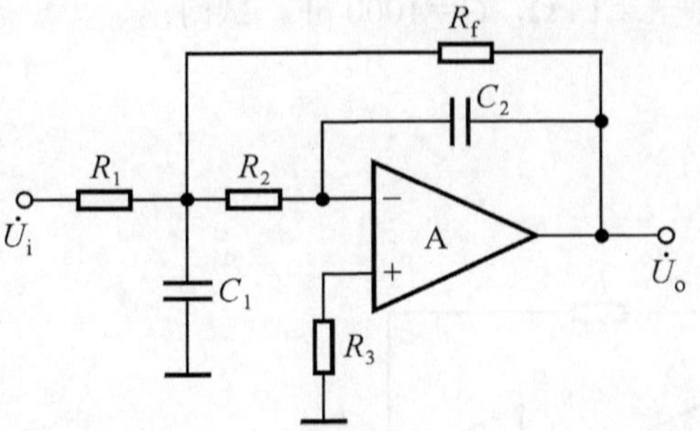

图 P7.13

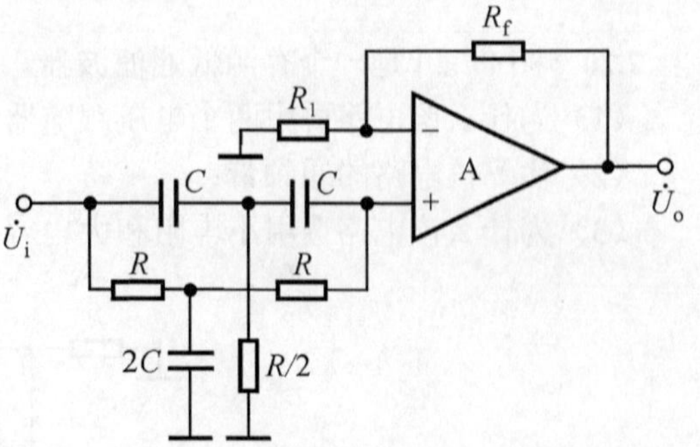

图 P7.14

7.16 图 7.16 是两个一阶全通滤波器电路，试求其传输函数，并画出相频特性。

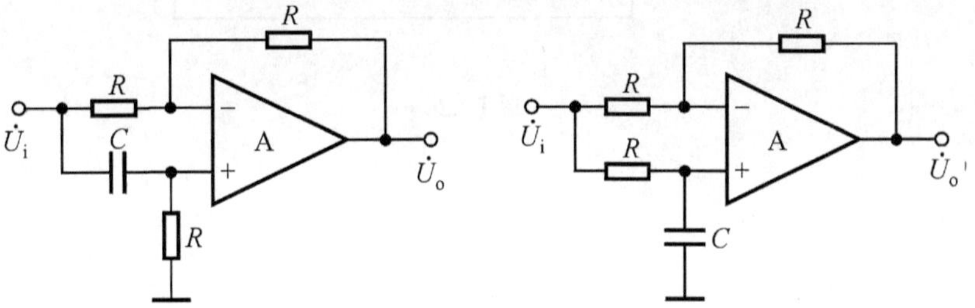

(a) (b)

图 P7.16

7.17 对二阶压控电压源 HPF 电路（见图 7.4.7），试求负反馈系数、正反馈系数，并利用正反馈应小于负反馈，证明其稳定工作条件为 $A_{up}<3$。

7.18 已知二阶压控电压源 LPF 电路（Sallen-Key 滤波器）的通带放大倍数为 2，截止频率为 1 kHz，C 取值为 1 μF。试选取电路中各电阻的阻值。

7.19 图 P7.19 为二阶集成状态变量型滤波器（或称之为通用滤波器）AF100 的电路，

它属于单输入、多输出型滤波器，输出 u_{O1}、u_{O2} 和 u_{O3} 分别具有哪种滤波特性（LPF、HPF、BPF、BEF）？

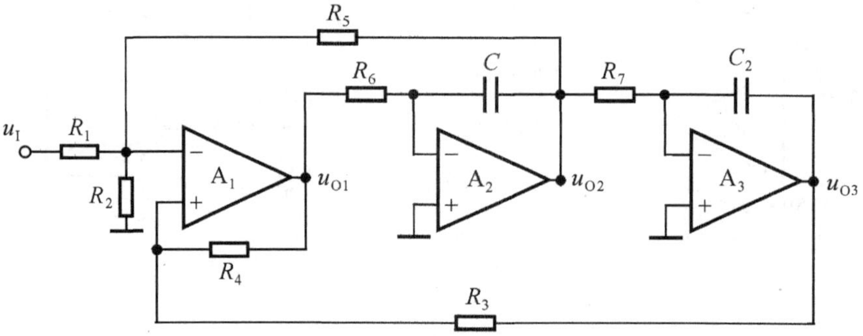

图 P7.19

7.20 图 P7.20 是一个有源低通滤波器，其中 $R=1\ \text{k}\Omega$，$C=1000\ \text{pF}$。试问：

（1）为什么该电路要用两个电压跟随器？

（2）估算该电路的通频带；

（3）为什么该电路选用小电阻和大电容？

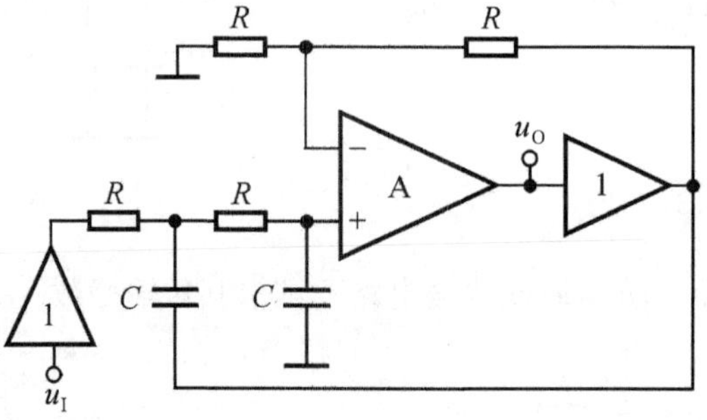

图 P7.20

第8章　波形发生电路

◎本章讨论的问题

（1）什么是自激振荡？振荡电路中需要输入信号吗？一定需要放大电路吗？

（2）产生正弦波振荡的条件是什么？一个正弦波振荡电路应包含哪些部分？各部分的作用如何？如何估算一个正弦波振荡电路的振荡频率？

（3）广播发射机、电视发射机、电子表以及计算机中为什么要使用石英晶体振荡器？如何分析石英晶体振荡器？如何估算其振荡频率？

（4）把集成运放用作电压比较器，它工作在线性区还是非线性区？如何判断集成运放工作在非线性区？

（5）为什么非正弦波电路几乎都包含电压比较器？什么是电压比较器的三要素？如何分析非正弦波电路？

8.1　正弦波振荡电路

与放大电路不同，正弦波振荡电路不需要输入信号，依靠电路自激振荡而产生正弦波输出。早期，人们主要用分立元件构成振荡电路。后来，用集成运放、石英晶体构成的振荡器为工程师们所接受。现在，使用各种新型集成运放构成的振荡器已经出现①，其应用已渗透到电子技术的各个领域。本节主要介绍传统的正弦波振荡电路的组成、种类及工作原理。

8.1.1　概述

一、产生正弦波振荡的条件

在第 6 章讨论负反馈放大电路时，曾指出，若负反馈电路满足 $1+AF=0$，即 $AF=-1$ 时，则 $A_f\to\infty$，也就是没有输入信号，但有输出信号，放大电路变成了振荡电路，或者说电路产生了自激振荡。对放大电路而言，这种自激振荡是十分有害的，是应当设法避免和消除的。对振荡电路而言，我们应设法加以利用。按这一思想，我们设想将放大电路转化为振荡电路，然后再分析它的振荡条件。

我们知道，负反馈放大电路产生自激振荡的条件是 $AF=-1$，它是根据图 8.1.1（a）所示的方框图得出来的。当满足自激振荡条件时，$X_i=0$，$X_i'=-X_f$，有输出 X_o。另一方面，若

①参见文献[8-1] 66 页，99 页，117-119 页。

电路接成正反馈形式，如图 8.1.1（b）所示，则当 $AF=1$ 时，也同样满足 $X_i'=X_f$，$X_i=0$ 时仍有输出 X_o。一般而言，接成正反馈产生正弦波振荡更容易，因此本章所讨论的振荡电路都接成正反馈形式。

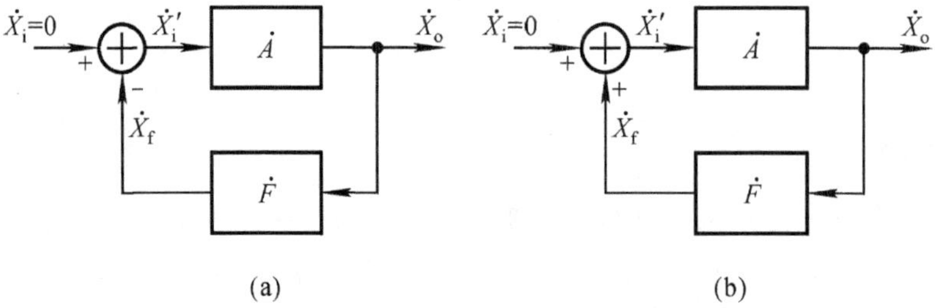

图 8.1.1　正弦波振荡电路的方框图

（a）电路引入负反馈；（b）电路引入正反馈

在图 8.1.1（b）中，当输入量为零时，反馈量等于净输入量，若有电扰动（如合闸通电），电路的输出端将产生一个幅值很小的输出量，它含有丰富的谐波。如果电路只对频率为 f_0 的正弦波产生正反馈，则输出信号

$$X_o\uparrow\rightarrow X_f\uparrow(X_i'\ \uparrow)\rightarrow X_o\uparrow\uparrow$$

在这个正反馈过程中，X_o 越来越大。但是，由于晶体管的非线性特性，当 X_o 的幅值增大到一定程度时，A 将会减小，因此，当 X_o 增大到一定程度时，电路将达到动态平衡，即输出量通过反馈网络产生反馈量作为放大电路的输入量，而输入量又通过放大电路维持着输出量，写成表达式为

$$\dot{X}_o=\dot{A}\dot{F}\dot{X}_o$$

即

$$\dot{A}\dot{F}=1 \tag{8.1.1}$$

模和相角形式为

$$AF=1 \tag{8.1.2a}$$

$$\varphi_A+\varphi_F=2n\pi\quad(n\text{ 为整数}) \tag{8.1.2b}$$

式（8.1.1）即为正弦波振荡电路的平衡条件；它被称为巴克豪森准则（Barkhausen criterion）。称式（8.1.2a）为幅值平衡条件（amplitude criterion），其物理意义是反馈量与净输入量幅值相等；称式（8.1.2b）为相位平衡条件（phase criterion），其物理意义是反馈量与净输入量相位相同，即电路应为正反馈。

合闸后，为了使输出量能够有一个由小到大直至平衡在一定幅值的过程，电路中必须有选频网络，它将频率为 f_0 的正弦信号从噪声或瞬态扰动中“挑选”出来，并使 f_0 以外的频率成分衰减下去。只要 $AF>1$，频率为 f_0 的信号就会由小逐渐变大，即正弦波振荡电路就会自行起振，因此幅值起振条件为

$$AF>1 \tag{8.1.3}$$

电路的振荡频率为

$$f=f_0 \tag{8.1.4}$$

二、正弦波振荡电路的组成

综上所述，正弦波振荡电路一般应包含以下几个基本组成部分：

（1）放大电路。它主要起能量转换（即放大）作用，将直流电源的能量转换为振荡输出的交流能量。因此，放大电路的结构应合理，静态工作点应正常，以确保它具有放大作用。

（2）反馈网络。主要作用是与放大电路一起形成一个反馈环路，以满足相位平衡条件，即正反馈。

（3）选频网络。从谐波中选出单一频率的正弦振荡，该网络所确定的频率一般也就是正弦波振荡电路的振荡频率。

（4）稳幅环节。它也就是非线性环节，其作用是确保振荡幅度稳定，且输出波形基本不失真。

在不少实用电路中，常将选频网络与反馈网络“合二而一”，而且，对于分立元件放大电路，也不再另加稳幅环节（外稳幅），而是依靠晶体管的非线性特性来稳幅（内稳幅）。

三、正弦波振荡电路的分析方法

在熟悉了正弦波振荡电路的基本组成部分和正弦波振荡条件后，我们就不难掌握其分析方法。一般而言，其分析方法和步骤如下：

（1）观察振荡电路是否包含了放大电路、反馈网络、选频网络和稳幅环节四个组成部分。

（2）检查放大电路是否正常，即静态工作点是否合适，交流信号是否能够输入、输出和放大。

（3）判断电路是否满足正弦波振荡电路的相位平衡条件。具体方法是利用瞬时极性法：先假想从反馈网络与放大电路的连接处断开，使之成为放大电路和反馈网络两部分（如图 8.1.2 所示）；然后在断开处假想给放大电路施加频率为 f_0 的正弦电压信号，并给定其瞬时极性，按先放大电路后反馈网络的次序，推出各有关点的信号极性；最后判断是否满足相位平衡条件 $\varphi_A+\varphi_F=2n\pi$（或比较 U_f 与 U_i 是否同相），若满足，电路有可能振荡，否则一定不能振荡。

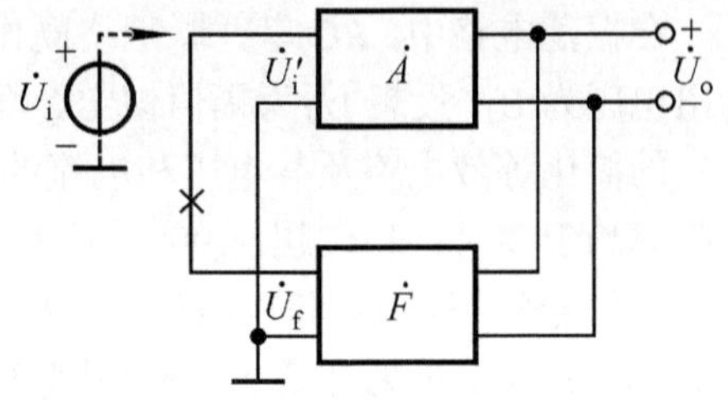

图 8.1.2　利用瞬时极性法判断相位平衡条件

（4）分析是否满足幅值平衡条件。先计算环路增益 AF，将它在 f_0 处的值与 1 比较，可有以下三种情况：

①若 $AF<1$，则不能振荡。

②若 $AF \gg 1$，能振荡，但若没有适当的稳幅措施，则输出波形明显失真。

③若 AF 略大于 1，则可产生正弦振荡，振荡稳定后，$AF=1$。

四、正弦波振荡电路的分类

根据选频网络的不同，可将正弦波振荡电路分为以下三类：

（1）RC 振荡电路。以 R、C 元件组成选频网络，可进一步分为相移式、文氏电桥式及双 T 式等电路①。这类振荡电路一般用来产生几赫兹到几百千赫兹的低频振荡信号，尤以文氏电桥式振荡电路最常见。

（2）LC 振荡电路。以 LC 谐振回路作为选频网络，可分为变压器反馈式、电感三点式、电容三点式及其改进型电路。这类振荡电路一般用来产生几十千赫兹以上的高频振荡信号，尤以电容三点式及其改进型电路最常见。

（3）石英晶体振荡电路。以石英晶体作为选频网络，可分为并联型和串联型电路。这类振荡电路常用来产生几十千赫兹以上的高频振荡信号，频率稳定度高是它的主要优点。

8.1.2 RC 正弦波振荡电路

RC 正弦波振荡电路有多种多样，最常见的是文氏电桥式振荡电路。该振荡电路采用 RC 串并联网络作为反馈和选频网络，因此我们必须先了解它的频率特性，然后才能分析振荡电路的工作原理。

一、RC 串并联网络的频率特性

图 8.1.3（a）即为 RC 串并联网络（Wien bridge network）。为了简便，常取 $R_1=R_2=R$，$C_1=C_2=C$。该网络是如何选频呢？我们先进行定性分析。

1. 定性分析

在振荡电路中，RC 串并联网络既作为反馈网络又作为选频网络，因此其输入电压为 U_o，输出电压为 U_f。设想 U_o 为幅值恒定、频率可调的正弦信号，当信号频率足够低时，$1/\omega C \gg R$，网络的简化等效电路及其电压和电流的相量图如图 8.1.3（b）所示。可见这是一个超前网络，当频率趋于零时，相位超前 90°，且 U_f 趋于零。

当信号频率足够高时，$1/\omega C \ll R$，网络的简化等效电路及其电压和电流的相量图如图 8.1.3（c）所示。可见这是一个滞后网络，当频率趋于无穷大时，相位滞后 90°，且 U_f 趋于零。

不难想到，当信号频率由零逐渐变化到无穷大时，U_f 的相位将从 +90° 渐变到 −90°。因此，对于 RC 串并联网络，必定存在一个频率 f_o，当 $f=f_o$ 时，U_f 将与 U_o 同相。在 f_o 处，U_f 是否最大？这就需要通过定量计算来解决。

2. 定量计算

由图 8.1.3（a）可知

①参阅文献[8-2] 416-419 页，或文献[8-3] 28-29 页，特别是文献[8-3]的负阻法分析，物理概念更清晰。

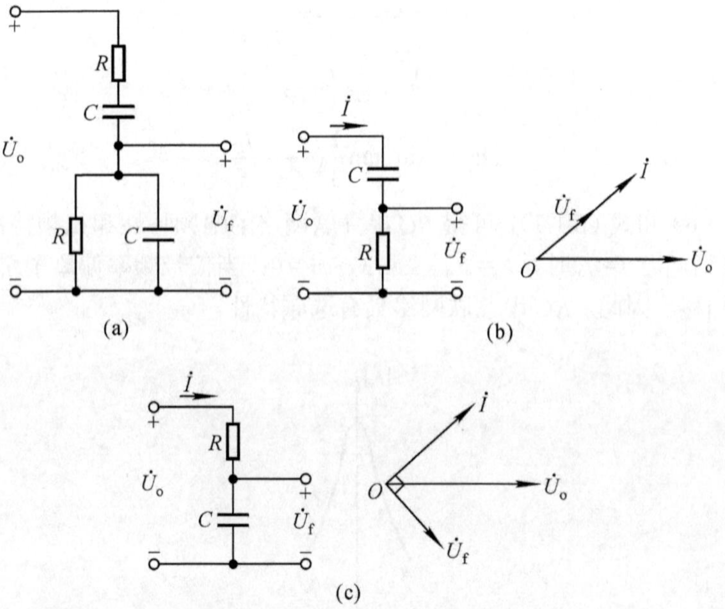

图 8.1.3　RC 串并联网络及其等效电路

(a) RC 串并联网络；(b) 低频等效电路及其相量图；(c) 高频等效电路及其相量图

$$\dot{F}=\frac{\dot{U}_f}{\dot{U}_o}=\frac{R\,/\!/\,\dfrac{1}{j\omega C}}{R+\dfrac{1}{j\omega C}+R\,/\!/\,\dfrac{1}{j\omega C}}$$

整理上式可得

$$\dot{F}=\frac{1}{3+j(\omega RC-\dfrac{1}{\omega RC})}$$

令 $1/RC=\omega_o$，则有

$$f_o=\frac{1}{2\pi RC}$$

将上式代入 F 的表达式，有

$$\dot{F}=\frac{1}{3+j(\dfrac{f}{f_o}-\dfrac{f_o}{f})} \tag{8.1.5}$$

由式（8.1.5）可知幅频特性和相频特性分别为

$$F=\frac{1}{\sqrt{3^2+\left(\frac{f}{f_o}-\frac{f_o}{f}\right)^2}} \tag{8.1.6}$$

$$\varphi_F=-\arctan\frac{1}{3}\left(\frac{f}{f_o}-\frac{f_o}{f}\right) \tag{8.1.7}$$

根据式（8.1.6）和式（8.1.7），可得 *RC* 串并联网络的幅频特性和相频特性如图 8.1.4（a）、（b）所示。可见，当 $f=f_o$ 时，$F=F_{max}=1/3$，$\varphi_f=0$；当信号频率偏离了 f_o，不仅会迅速衰减，而且有了相移。因此，*RC* 串并联网络具有选频特性。

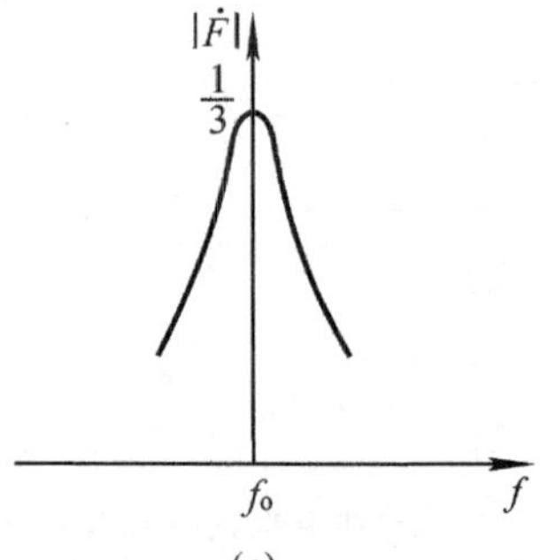

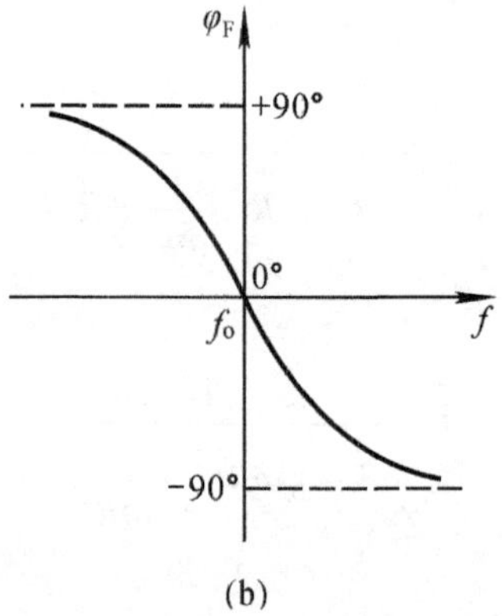

图 8.1.4 *RC* 串并联网络的频率特性，
（a）幅频特性；（b）相频特性

二、经典文氏桥正弦波振荡电路

经典文氏桥正弦波振荡电路是由德国物理学家 MAX.Wien 在 1891 年发明的，他利用 *RC* 串并联网络作为反馈、选频网络①。由于反馈网络的频率特性已知，那么根据振荡条件，即可定出对放大电路的要求。由于在 $f=f_o$ 时，*RC* 串并联网络的 $\varphi_F=0$，$F=F_{max}=1/3$，所以放大电路对信号的相移为 $\varphi_A=0$，以满足相位平衡条件；放大电路的放大倍数等于 3 （起振时应

①本书采用传统法分析，还可用负阻法分析，可参阅文献[8-2] 419-424 页，或文献[8-4] 21 页。

略大于 3），以满足幅值平衡条件。根据这个原则所组成的电路如图 8.1.5（a）所示，其中的放大电路采用运放所构成的同相比例电路来担当。由于 RC 串并联网络与 R_f 和 R_1 支路构成了电桥的四个桥臂（如图 8.1.5（b）所示），所以常称之为文氏桥正弦波振荡电路（Wien-bridge oscillator）。

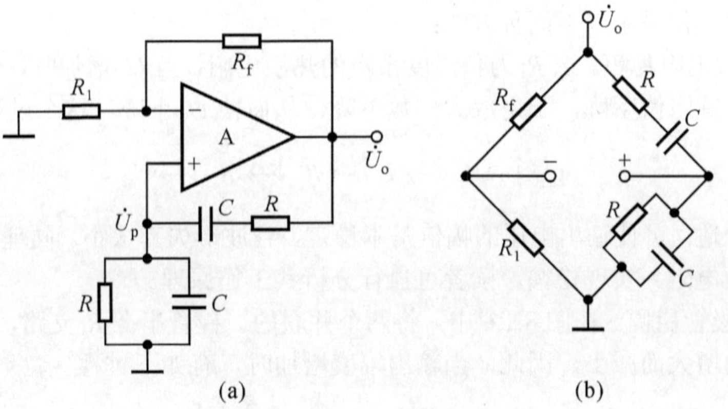

图 8.1.5 经典文氏桥振荡电路

（a）电路；（b）反馈网络组成的桥路

1. 幅值条件

根据起振条件和幅值平衡条件，同相比例电路的放大倍数为

$$A_u=\frac{U_o}{U_p}=1+\frac{R_f}{R_1}\geqslant 3$$

即要求

$$R_f\geqslant 2R_1 \tag{8.1.8}$$

2. 振荡频率的估算

在图 8.1.5（a）中，集成运放可视为理想运放，其输出电阻可视为零，输入阻抗比 RC 串并联网络的阻抗大得多，可忽略不计，因此电路的振荡频率即为 RC 串并联网络的选频频率，即

$$f_o=\frac{1}{2\pi RC} \tag{8.1.9}$$

式（8.1.8）和式（8.1.9）表明，调节 R_1 或 R_f 可以调节振荡条件，而调节 R 或 C 可以调节振荡频率，因此振荡条件和振荡频率可以独立地调节。应该说明的是，若运放非理想，振荡条件和振荡频率都将发生变化，式（8.1.8）、式（8.1.9）将不再成立①。

3. 稳幅措施

按图 8.1.5（a），调节 R_f 满足式（8.1.8），电路会输出近似的正弦波，但经过一段时间后，

①具体表达式，可参阅文献[8-5] 24 页。

就会发现输出波形出现失真或者消失，这是什么原因引起呢？我们知道温度、电源电压或元件参数变化时，将会破坏 $AF=1$ 的条件。若 AF 增大，则输出幅度不断增大，使运放接近或进入非线性区，造成输出波形失真；若 AF 减小，则不满足振荡条件，输出幅度将衰减到零，使输出波形消失。要解决这个问题，就要设法使输出幅度增大时环路增益 AF 适当减小（反之则应增大），以维持 U_o 基本不变。为此，图 8.1.5（a）中的 R_f/R_1 应随输出幅度的增大而减小。如何实现呢？常采用以下两种方法：

（1）用热敏电阻稳幅。选 R_f 为负温度系数的热敏电阻，当 U_o 增加时，R_f 的功耗将增加，它的温度上升，其阻值下降，于是放大倍数下降，从而使 U_o 下降。这个过程可表示为

$$U_o\uparrow\rightarrow I_f\uparrow\rightarrow T\uparrow\rightarrow R_f\downarrow\rightarrow A_u\downarrow\rightarrow U_o\downarrow$$

如果参数合适，可使输出电压的幅值基本稳定，且波形失真很小。同理，也可选 R_1 为正温度系数的热敏电阻，实现稳幅。读者可自行分析其工作原理。

（2）用二极管稳幅。在图 8.1.6 中，将两个并联的二极管串在 R_f 支路，由于二极管的动态电阻随电流的增大而减小，因此，当输出幅度增加时，有如下过程

$$U_o\uparrow\rightarrow I_f\uparrow\rightarrow r_{d1}(r_{d2})\downarrow\rightarrow A_u(=1+\frac{R_f+r_d}{R_1})\downarrow\rightarrow U_o\downarrow$$

当输出幅度下降时，与上述过程相反，从而实现稳幅。

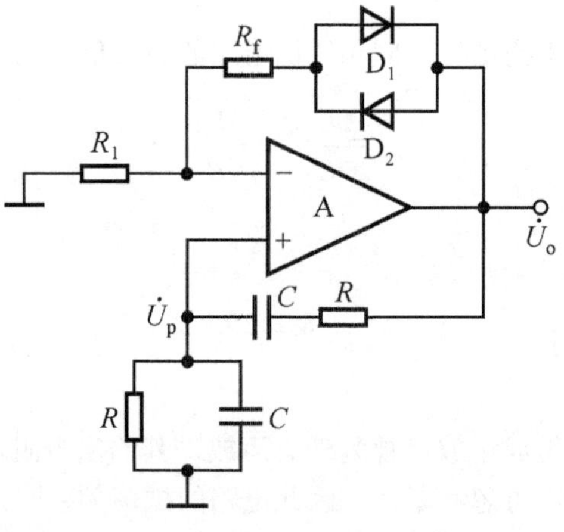

图 8.1.6　用二极管稳幅电路

除用热敏电阻、二极管稳幅外，还可采用场效应管稳幅和稳压管稳幅[1]。

三、振荡频率可调的文氏桥正弦波振荡器

由振荡频率公式（8.1.9）可知，改变电阻 R 或电容 C 即可改变振荡频率。实验室曾用过的低频信号发生器 XD-2，其核心电路就是一个文氏桥式振荡电路，它用双层波段开关接不同的电容作为振荡频率的粗调，用同轴电位器实现频率的细调，如图 8.1.7 所示。其输出信

①参阅文献[8-6] 253 页或参阅文献[8-7] 342 页。

号频率从几赫兹到 1 MHz 可调。

综上所述，文氏桥振荡电路是以 *RC* 串并联网络为反馈网络和选频网络，以电压串联负反馈放大电路为反馈环节，具有振荡频率比较稳定，输出波形失真小，带负载能力强等优点，因此获得了相当广泛的应用。

如果需要提高文氏桥振荡电路的输出频率，势必要减小 *R*、*C* 的数值。当 *R* 减小到一定程度时，会使放大电路的负载加重；当 *C* 减小到一定程度时，会受到寄生电容的影响，从而使振荡频率不稳定。此外，当振荡频率较高时，普通运放因其带宽较窄，而不能胜任，采用高速运放又比较贵。因此，当需要 1 MHz 以上的正弦信号时，应该采用由分立元件构成的 *LC* 正弦波振荡电路。

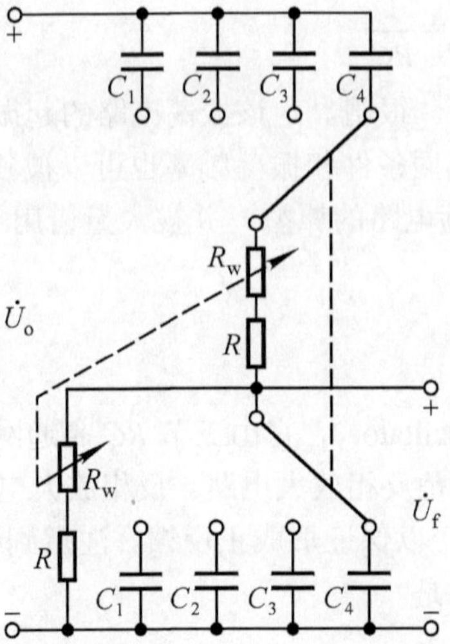

图 8.1.7 频率连续可调的 *RC* 串并联网络

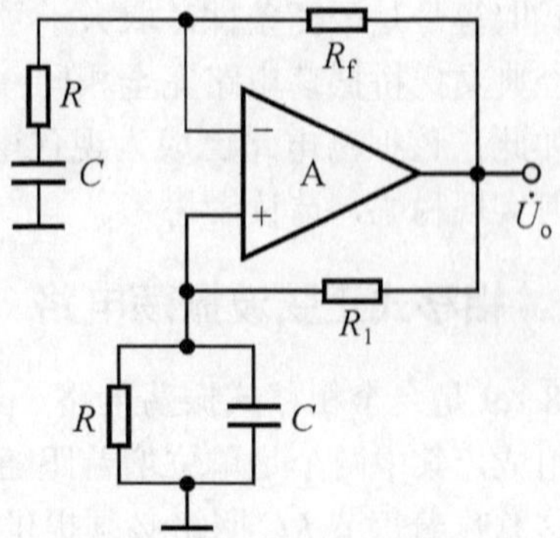

图 8.1.8 接地电容文桥振荡电路

四、接地电容文氏桥正弦波振荡电路

经典的文氏桥振荡电路内含两个电容，其中一个是接地电容，而另一个是浮地电容。浮地电容不容易在集成电路中实现，为此 Boutin 于 1983 年提出了一个接地电容文氏桥正弦波振荡电路（grounded capacitor Wien oscillator），如图 8.1.8 所示①。这个电路可以看成是由一个同相放大电路和一个正反馈网络组成：同相放大电路由运放、R_f和 *RC* 串联网络组成，其增益为

$$\dot{A}_u = 1 + \frac{R_f}{R + \frac{1}{j\omega C}} \tag{8.1.10}$$

正反馈网络由 R_1 和 *RC* 并联网络组成，其反馈系数为

①参阅文献[8-8] 222-224 页。

$$\dot{F}=\frac{R /\!/ \frac{1}{\mathrm{j}\omega C}}{R_1 + R /\!/ \frac{1}{\mathrm{j}\omega C}} \quad (8.1.11)$$

把式（8.1.10）和式（8.1.11）代入振荡的平衡条件 $\dot{A}_u\dot{F}=1$,并经整理得

$$-\omega_o^2+\mathrm{j}\omega_o(\frac{2}{RC}-\frac{R_f}{R_1RC})+\frac{1}{R^2C^2}=0$$

令上式的实部和虚部分别等于零，得

$$R_f \geqslant 2R_1 ,\quad \omega_o=\frac{1}{RC} \quad (8.1.12)$$

上式取等号是平衡条件，取大于号是起振条件。很明显，该振荡电路的起振条件和振荡频率与经典文氏桥振荡电路完全相同；类似地，起振条件和振荡频率也可以被独立地调节。正因为如此，该振荡电路已成为现代电流模式振荡电路的原型，并被大量借用①。那么这个电路如何实现稳幅，请读者思考。

五、相移式正弦波振荡电路

图 8.1.9 是一个相移式振荡电路（phase-shift oscillator），它由三节 RC 高通网络和三个放大电路组成，其中两个是单位增益跟随电路，一个是反相放大电路。反相放大电路引入 180°相移，这意味着每节 RC 网络必须提供 60°的相移，以保证形成正反馈。注意到运放 A_3 的反相输入端虚地，因此根据巴克豪森准则，振荡条件是

$$T=\dot{A}_u\dot{F}=-\frac{R_f}{R}(\frac{R}{R+\frac{1}{\mathrm{j}\omega C}})^3=1$$

整理上式可得

$$1-3\omega^2R^2C^2+\mathrm{j}\omega RC[3-(1+R_f/R)\omega^2R^2C^2]=0$$

令上式的虚部和实部分别为零，我们得到振荡条件和振荡频率分别为

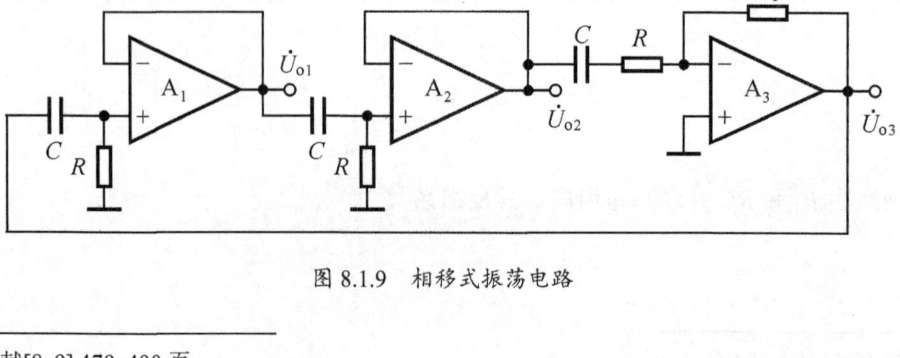

图 8.1.9 相移式振荡电路

①参阅文献[8-9] 479-490 页。

$$R_f \geqslant 8R\text{，}\quad \omega_o = \frac{1}{\sqrt{3}RC} \tag{8.1.13}$$

上式取等号是平衡条件，取大于号是起振条件。该电路的优点是电路有三个低阻抗输出。缺点有：①很明显，调节 R 可调节振荡频率，但会影响振荡条件，因此调节不便。②使用三个运放，因此也有单运放相移式振荡电路①。③由于这类振荡电路环路中，滤波器的频谱选择性差，很容易因环路增益高而成为多谐振荡电路，因此输出波形差。但是，作为一种振荡电路模型，仍可构成脉冲多谐振荡电路，也常用于认识电路中的寄生振荡。

8.1.3　*LC* 正弦波振荡电路

常见的 LC 正弦波振荡电路有变压器反馈式、电感三点式、电容三点式及其改进型。它们的共同特点是用 LC 并联谐振回路作为选频网络，因此我们先介绍 LC 并联谐振回路的频率特性。

一、*LC* 并联谐振回路的频率特性

1. 谐振频率

图 8.1.10 为 LC 并联回路（LC tank），图（a）理想回路，图（b）为考虑损耗时的回路。根据物理知识，对理想 LC 并联回路，其谐振频率为

$$f_o = \frac{1}{2\pi\sqrt{LC}}$$

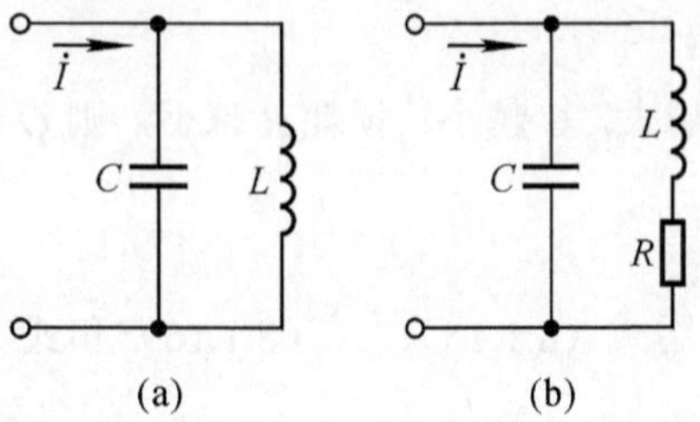

图 8.1.10　*LC* 并联网络

（a）理想回路；（b）实际回路

当外加信号频率较低时，因电容的容抗很大，故网络呈感性；当外加信号频率较高时，因电容的容抗很小，故网络呈容性；当信号频率 $f=f_0$ 时，网络成为纯电阻，且其阻抗为无穷大，这时电路将产生电流谐振，电容中的电场能量与电感中的磁场能量不断相互转换，形成电磁振荡，这才是振荡的物理本质②。

实际的 LC 并联回路总是有损耗的，各种损耗可等效成电阻 R，如图 8.1.10（b）所示。若 $R \ll \omega L$，则电路的输入阻抗为

$$Z = \frac{\dfrac{R+\mathrm{j}\omega L}{\mathrm{j}\omega C}}{R+\mathrm{j}\omega L+\dfrac{1}{\mathrm{j}\omega C}} \approx \frac{L/C}{R+\mathrm{j}(\omega L-\dfrac{1}{\omega C})} \tag{8.1.14}$$

①参阅习题 P8.11。

②因此，我们认为，任何形式的 RC 振荡器，总可以等效成含有负电阻的 LC 振荡器，进而依据负电阻提供的功率大于等于正电阻消耗的功率，亦可得到起振条件和振荡频率。参阅文献[8-3] 28 页和[8-4] 21 页。

当 $\omega L=\dfrac{1}{\omega C}$ 时，阻抗的虚部为零，电流与电压同相，这种状态被称为 LC 并联回路对外加信号源频率发生并联谐振。令并联谐振的角频率为 ω_o，则有

$$\omega_o=\frac{1}{\sqrt{LC}}$$

或者

$$f_o=\frac{1}{2\pi\sqrt{LC}} \tag{8.1.15}$$

该式是谐振时容抗等于感抗的必然结果。

2. 谐振时的输入阻抗

当外加信号频率 $f=f_o$ 时，将式（8.1.15）代入式（8.1.14），得并联回路的阻抗为

$$Z_o=\frac{L}{RC}$$

定义回路的品质因数为

$$Q=\omega_o L/R$$

因谐振时感抗等于容抗，且 $\omega_o=1/\sqrt{LC}$，故上式又可写为

$$Q=\frac{\omega_o L}{R}=\frac{1}{R\omega_o C}=\frac{1}{R}\sqrt{\frac{L}{C}} \tag{8.1.16}$$

L 越大，C 越小，损耗 R 越小，则 Q 越大。通常 $Q\gg 1$。将式（8.1.16）代入 Z_o 表达式，可得

$$Z_o=\frac{L}{RC}=Q\omega_o L=\frac{Q}{\omega_o C} \tag{8.1.17}$$

利用式（8.1.15）、式（8.1.16）和式（8.1.17），式（8.1.14）可简化为

$$Z=\frac{Z_o}{1+\mathrm{j}Q(f/f_o-f_o/f)} \tag{8.1.18}$$

即

$$|Z|=\frac{Z_o}{\sqrt{1+[Q(f/f_o-f_o/f)]^2}} \tag{8.1.19}$$

$$\varphi=-\arctan Q(f/f_o-f_o/f) \tag{8.1.20}$$

由上两式可画出 LC 并联谐振回路的频率特性，如图 8.1.11（a）、（b）所示。可见：

（1）LC 并联谐振回路具有选频特性。频率在 f_o 附近的信号，才能在回路两端形成较大的电压（回路阻抗大），此时的相移为零；频率偏离 f_o 的信号，形成的电压较小（回路阻抗小），此时的相移不为零，若 $f>f_o$，回路呈容性，若 $f<f_o$，回路呈感性。

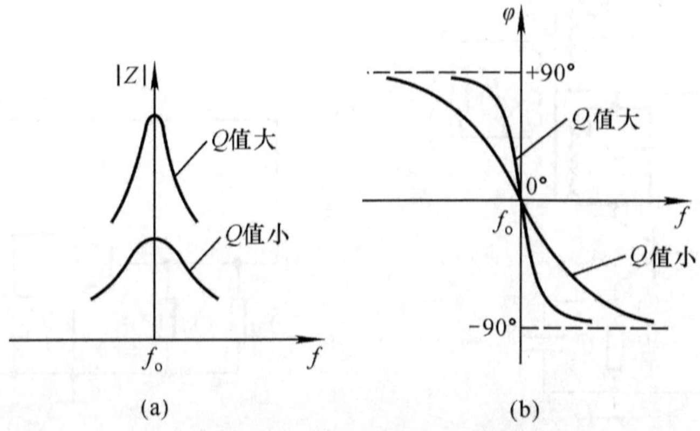

(a)　　　　　　　　(b)

图 8.1.11　LC 并联谐振回路的频率特性

(a) 阻抗模频率特性；(b) 相频特性

（2）选频特性与 Q 有关，Q 值愈大，曲线愈尖锐，选频特性愈好。

3. 回路电流与输入电流之间的关系

谐振时，回路两端的总电压为 $Z_oI=\omega_oLI_{lo}=I_{co}/\omega_oC$，即

$$I_{co}=I_{lo}=QI \tag{8.1.21}$$

可见，LC 并联回路谐振时，电感或电容支路电流有升高现象，故并联谐振又称为电流谐振。通常 $Q\gg1$，回路电流远远大于输入电流，因此回路对外界的影响可以忽略，这一结论对分析 LC 正弦波振荡电路十分有用。

二、变压器反馈式 LC 正弦波振荡电路

1. 工作原理

如果将 LC 并联回路作为单管共射放大电路的集电极负载，当 LC 并联回路谐振时，它表现为纯电阻，这时放大电路的相移 $\varphi_A=180°$。如果能使反馈网络的相移也等于 180°，则可满足相位平衡条件，只要幅值条件也满足，便可产生正弦波振荡。基于这一想法，构成了图 8.1.12 所示的变压器反馈式（transformer feedback）LC 正弦波振荡电路。

下面用分析正弦波振荡电路的方法分析图 8.1.12 所示电路。首先观察电路，它存在放大电路、反馈网络、选频网络以及靠三极管非线性所实现的稳幅环节。其次再检查放大电路是否正常，易判断电路的静态工作点正常，根据图 8.1.12 的交流通路（见图 8.1.13）可以看出，交流信号在传递过程中无开路或短路现象。最后，用瞬时极性法判断电路是否满足相位平衡条件。可假想将 P 点断开，在断开处给放大电路施加频率为 f_0 的正弦信号，假定其瞬时极性为“＋”。因为是共射电路，且 LC 并联回路处于谐振状态，所以三极管的集电极对地为“－”，即 $\varphi_A=180°$。根据变压器同名端的意义，N_2 上端的极性应为“＋”，即 $\varphi_F=180°$。可见 $\varphi_A+\varphi_F=2\pi$，满足相位平衡条件。

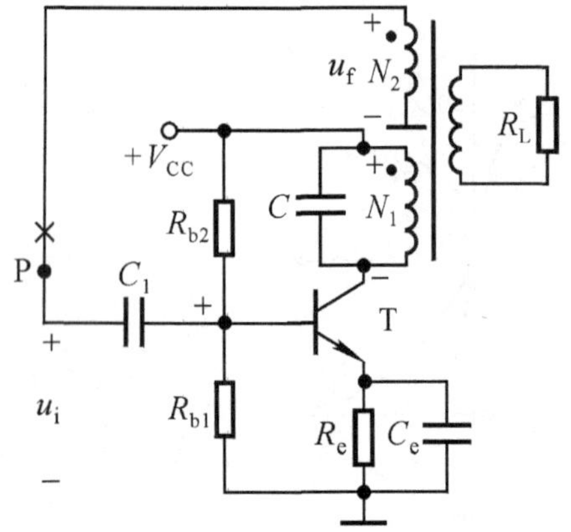

图 8.1.12　变压器反馈式 LC 正弦波振荡电路

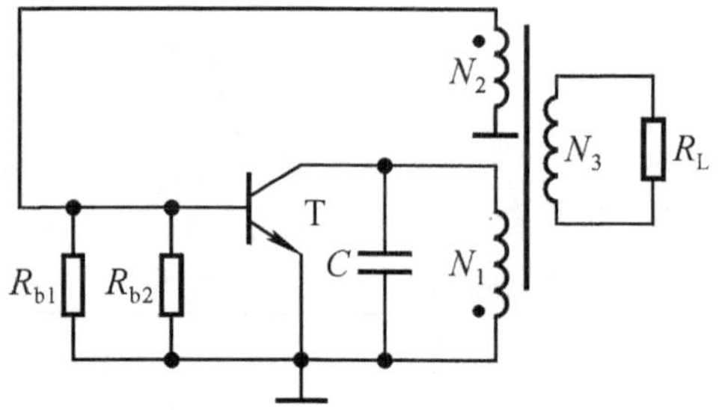

图 8.1.13　图 8.1.12 之交流通路

2. 振荡频率及起振条件

以上分析是对频率为 f_0 的正弦信号而言的，因此，振荡频率为①

$$f_o = \frac{1}{2\pi\sqrt{L_1 C}} \tag{8.1.22}$$

通过计算环路增益 AF，可以得出起振条件是

$$\beta > \frac{r_{be} R' C}{M} \tag{8.1.23}$$

其中，R' 是折合到谐振回路的等效总损耗电阻②，M 是 N_1 和 N_2 绕组之间的互感。通常这条件是容易满足的，一般情况可不予考虑。

3. 优缺点

变压器反馈式振荡电路的优点是容易起振，频率调节方便，输出信号幅度较大。缺点是输出波形不好（含有较大的高次谐波）；因有变压器，故体积大且笨重；振荡频率不宜过高，一般在几兆赫兹以下。

三、三点式正弦波振荡电路

1. 三点式正弦波振荡电路的组成原则

三点式正弦波振荡电路是指其交流通路中 LC 回路的三个端点与晶体管的三个电极直接连接的一种振荡器。它的相位条件是靠 LC 回路的正确连接来满足的。图 8.1.14 为三点式振荡器交流通路的一般结构，图中 X_1、X_2、X_3 表示组成 LC 谐振回路各元件的电抗。下面分析 X_1、X_2、X_3 各具有什么性质时，相位平衡条件才能满足。

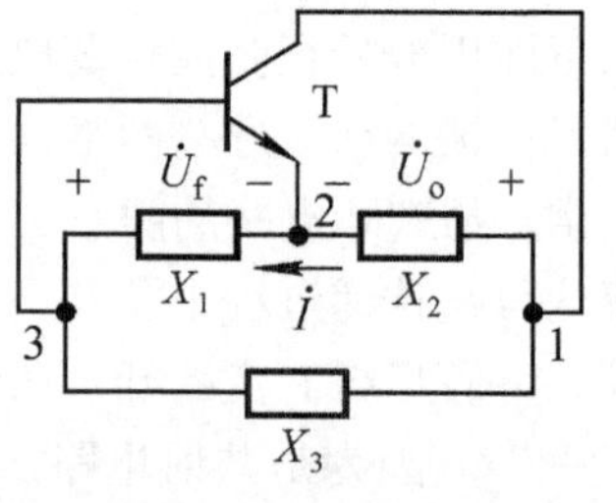

图 8.1.14　三点式振荡器的一般形式

在谐振时，LC 并联回路呈现为纯电阻，因此总电抗

①L_1 应包含其它绕组的影响。

②参阅文献[8-10] 399-400 页。

必为零，即

$$X_1+X_2+X_3=0 \tag{8.1.24}$$

因放大电路的输出与输入反相，即 $\varphi_A=\pi$，故为满足相位平衡条件 $\varphi_A+\varphi_F=2n\pi$，反馈网络必须有 180° 的相移。由图知反馈系数为

$$\dot{F}=\frac{\dot{U}_f}{\dot{U}_o}=\frac{-jX_1\dot{I}}{jX_2\dot{I}}=-\frac{X_1}{X_2} \tag{8.1.25}$$

显然，要使 $\varphi_F=\pi$，X_1 与 X_2 必须具有相同的性质。考虑到谐振回路的总电抗为零，则 X_3 必须与 X_1 和 X_2 性质相反。这就是说，如果 X_1、X_2 同为电感，则 X_3 必须是电容；如果 X_1、X_2 同为电容，则 X_3 必须是电感。由于三极管的发射极与 X_1、X_2 相连，基极与 X_1、X_3 相连，集电极与 X_2、X_3 相连。因此，振荡电路的组成原则是：与发射极相连的两个电抗元件的性质必须相同，而与基极和集电极相连的两个电抗元件性质必须相反。也可以简单地记作“射同基（集）反”，它是相位平衡条件在三点式振荡器中的必然反映；反之，满足了“射同基（集）反”原则，也即满足了相位平衡条件。

根据“射同基（集）反”原则，三点式振荡器常有两种形式，一种是电感三点式振荡电路，另一种是电容三点式振荡电路。

2. 电感三点式振荡电路

1）电路组成

在变压器反馈式振荡电路中，变压器原边线圈 N_1 和副边线圈 N_2 耦合不紧密，为克服此缺点，可将 N_1 和 N_2 合并为一个线圈；为了增强谐振效果，可将电容改接在整个线圈两端，这样便得到电感三点式振荡电路，如图 8.1.15 所示。该电路也称为哈特莱（Hartley）振荡电路。

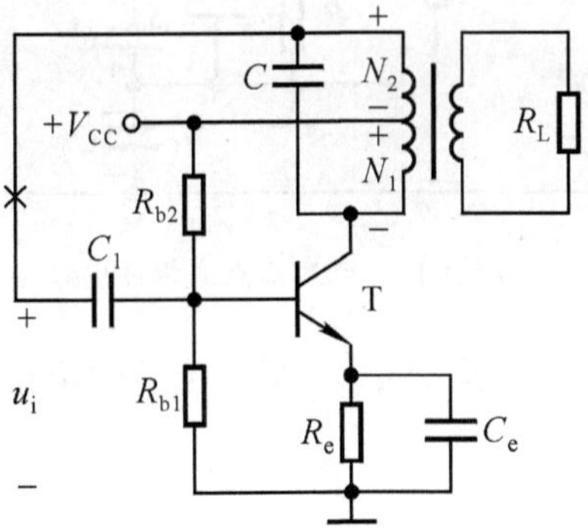

图 8.1.15　电感三点式振荡电路

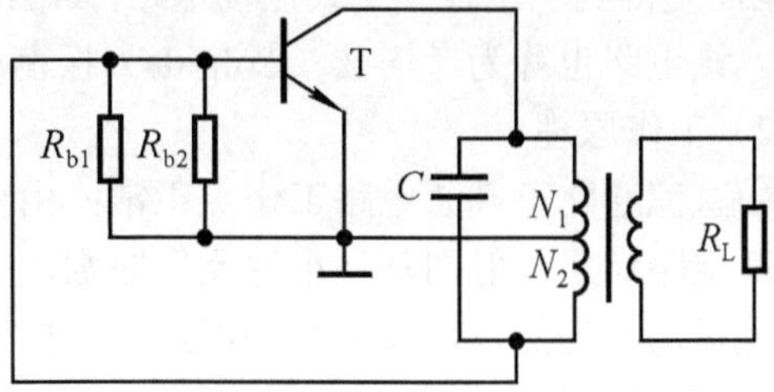

图 8.1.16　图 8.1.15 之交流通路

2）工作原理

容易判断电感三点式振荡电路的静态工作点正常。画出电感三点式振荡电路的交流通路，如图 8.1.16 所示。可见交流通路也正常，且符合“射同基（集）反”的组成原则，因此电路可能振荡。当然，读者也可利用正弦波振荡电路的基本分析方法来判断，结论相同。

3）起振条件和振荡频率

可以证明该电路的起振条件为①

$$\beta > \frac{L_1+M}{L_2+M} \cdot \frac{r_{be}}{R'_L} \tag{8.1.26}$$

电路的振荡频率就是 LC 并联回路的谐振频率，即

$$f_o = \frac{1}{2\pi\sqrt{LC}} = \frac{1}{2\pi\sqrt{(L_1+L_2+2M)C}} \tag{8.1.27}$$

应该强调的是：LC 并联回路谐振时，在其中形成了很大的环流，因而回路对外界的影响可以忽略，所以与 C 并联的等效电感是 L_1 与 L_2 的串联顺接，即 $L=L_1+L_2+2M$。

4）优缺点

电感三点式振荡电路中，因 N_1、N_2 耦合紧密，所以输出幅度大；当 C 采用可变电容时，可获得调节范围较宽的振荡频率，最高振荡频率可达几十兆赫；此外，该电路也容易起振。由于反馈电压取自电感，对高频信号有较大的电抗，输出波形中常含有高次谐波，因此，电感三点式振荡电路常用在对输出波形要求不高的设备中，如高频加热器、接收机的本机振荡。

3. 电容三点式振荡电路

1）电路组成

电感三点式振荡电路输出波形差的原因是反馈电压取自电感，如果反馈电压取自电容（它的容抗随频率的升高而减小），那么高次谐波将被抑制，输出波形将得到改善。根据这一想法，可将电感三点式振荡电路中的电容置换成电感，电感置换成电容，并在置换后将两个电容的公共端接地，且增加集电极电阻，便得到了电容三点式振荡电路，如图 8.1.17 所示。该电路也称为考毕兹（Colpitts）振荡电路。

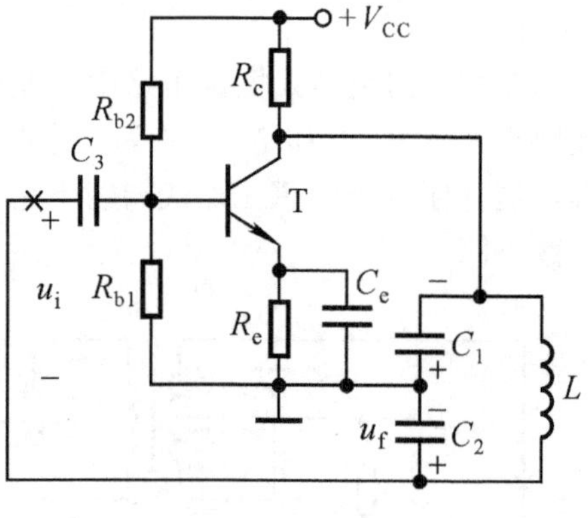

图 8.1.17　电容三点式振荡电路

2）工作原理

由直流通路可判断电路工作点正常；由交流通路判断电路满足“射同基（集）反”原则，因此电路可能振荡。当然，读者也可利用正弦波振荡电路的基本分析方法来判断，所得结论相同。

3）起振条件和振荡频率

可以证明该电路的起振条件为②

$$\beta > \frac{C_2}{C_1} \cdot \frac{r_{be}}{R'_L} \tag{8.1.28}$$

电路的振荡频率就是 LC 并联回路的谐振频率，即

①参考文献[8-10] 401-402 页。

②参看文献[8-10] 403 页。

$$f_o = \frac{1}{2\pi\sqrt{LC}} = \frac{1}{2\pi\sqrt{L\frac{C_1C_2}{C_1+C_2}}} \tag{8.1.29}$$

应该强调的是：LC 并联回路谐振时，在其中形成了很大的环流，因而回路对外界的影响可以忽略，所以与 L 并联的等效电容是 C_1 与 C_2 的串联，即 $C=C_1C_2/(C_1+C_2)$。

4）优缺点

电容三点式振荡电路中，C_1、C_2 的容量可选小点，因此振荡频率可高达 100 MHz 以上；反馈电压取自 C_2 两端，对高次谐波的阻抗小，故输出波形较好。频率调节不便是该电路的主要缺点，虽然可通过改变 C_1 或 C_2 改变振荡频率，但会影响起振条件（由式（8.1.28）可以看出）。若用改变电感的方法来调节频率，则也会是比较困难的。因此，该电路只适用于产生固定频率的场合。

4. 电容三点式振荡电路的改进型

当要求较高振荡频率时，电容三点式振荡电路中 C_1、C_2 的容量就比较小，这时与 C_1、C_2 并联的晶体管极间电容就不能忽略。当温度变化时，它会使 C_1、C_2 的容量变化，从而使振荡频率不稳定，于是出现了许多改进型电路，克莱泼（Clapp）电路就是其中的一种，如图 8.1.18 所示。

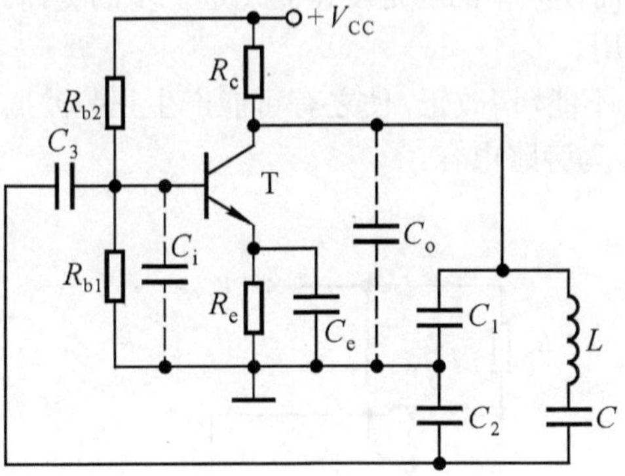

图 8.1.18　克莱泼（Clapp）电路

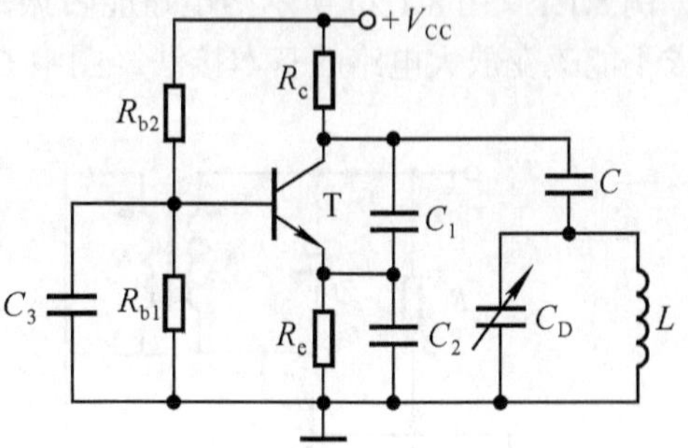

图 8.1.19　西勒（Seiler）振荡电路

该电路在电感支路串了一个小电容 C，且 $C \ll C_1$，$C \ll C_2$，可保证电感支路仍呈感性，满足射同基（集）反原则。谐振时，与 L 并联的等效电容为 C_1、C_2、C 的串联，这样

$$\frac{1}{C_1}+\frac{1}{C_2}+\frac{1}{C} \approx \frac{1}{C}$$

因而电路的振荡频率为

$$f_o \approx \frac{1}{2\pi\sqrt{LC}} \tag{8.1.30}$$

显然，振荡频率仅由 LC 决定，与大电容 C_1、C_2 几乎无关，极间电容及寄生电容（C_i、C_o）

的影响便可忽略，因此振荡频率的稳定度较高。适当选择 C_1 与 C_2 的比值，使电路满足振荡条件式（8.1.28），频率的调节可通过调节 C 方便地实现。

虽然克莱泼振荡频率比较稳定，但在振荡频率较高时，因 C 的容量很小，阻抗很大，故而电感上的电压将下降，造成输出幅度明显下降。为克服这一缺点，又出现了改进型电路，即西勒（Seiler）振荡电路，如图 8.1.19 所示。

由于振荡频率较高，该电路中的放大电路采用共基极接法，再在电感的两端并了一个可变的小电容 C_D，组成了局部并联谐振电路，其谐振频率为

$$f_D = \frac{1}{2\pi\sqrt{LC_D}} \tag{8.1.31}$$

在工作频率低于 f_D 时，这个局部的并联电路呈现为电感，且等效电感与工作频率有关。工作频率愈接近 f_D，等效电感愈大，在与 C 串联后仍呈感性，从而满足"射同基（集）反"原则。电路的振荡频率可估计为

$$f_o \approx \frac{1}{2\pi\sqrt{L(C+C_D)}} < f_D \tag{8.1.32}$$

由式（8.1.32）知，只要改变 C_D 就可调节振荡频率。若 C_D 是反偏置的变容二极管，就可用电信号调频。C_D 的变化对输出幅度的影响不大。此外，若 C_D 选用负温度系数的电容，还可补偿因温度升高 L 变化引起的频率漂移，从而使频率的稳定度得到了进一步的提高。因此，该电路在黑白电视接收机中得到了广泛的应用。

例 8.1.1 图 8.1.20 所示两电路能否振荡？若不能，请改正，使之有可能产生正弦波振荡。要求不能改变放大电路的基本接法。图中 C_e、C_b 为旁路电容。

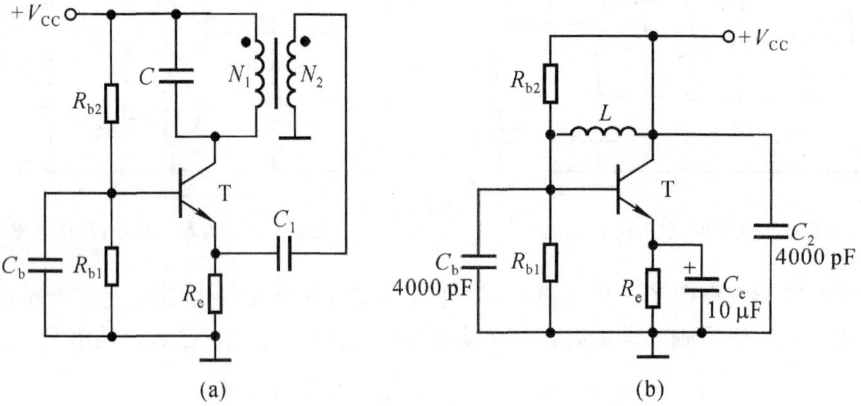

图 8.1.20　例 8.1.1 之电路

解　图 8.1.20（a）所示电路是变压器反馈式振荡器。首先，可以看出直流通路正常，因此静态工作点合适。其次，因为 C_b 为旁路电容，所以为共基极放大电路，由交流通路知，交流通路正常。最后，从 C_1 的左侧设想断开，然后给放大电路加频率为 f_o 的正弦信号，设极性

为“＋”，则集电极极性亦为“＋”，即 $\varphi_A=0$，因 N_1 的下端与 N_2 的上端为异名端，故 N_2 的上端极性为“－”，即 $\varphi_F=180°$，从而不满足相位平衡条件，电路不可能振荡。因此，必须改变原电路中变压器同名端位置，且 N_1 的下端与 N_2 的上端为同名端，电路才可能振荡。

观察图 8.1.20（b）所示电路，发现 $U_{BC}=0$，三极管靠近饱和区，故静态工作点不正常，说明直流通路不正常，为此加一耦合电容 C。因 C_e 为旁路电容，所以为共射放大电路，由交流通路知，集电极交流接地，交流通路不正常，为此，在集电极和直流电源之间加电阻 R_c，如图 8.1.21 所示。再由交流通路知，与发射极相连的是 C_1、C_2，与基极相连的是 L 和 C_1，与集电极相连的是 L 和 C_2，满足“射同基（集）反”原则，因此电路可能振荡。不难发现，图 8.1.21 是电容三点式振荡电路。

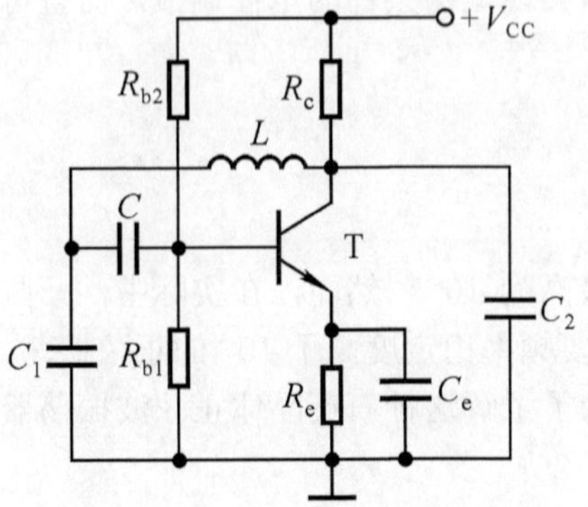

图 8.1.21　图 8.1.20（b）之改正电路

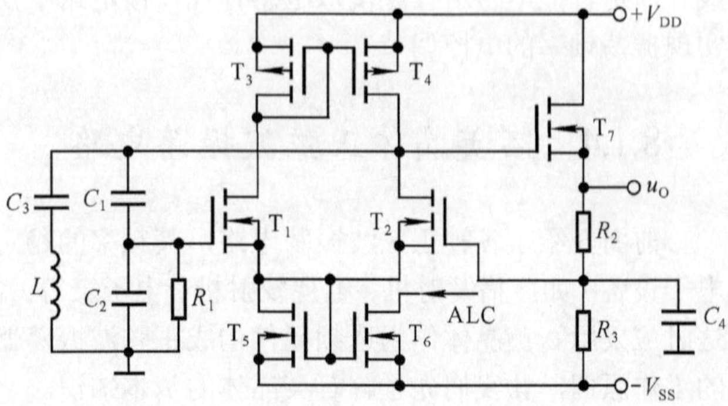

图 8.1.22　基于差分放大电路的电容三点式振荡电路

四、基于差分放大电路的电容三点式振荡电路

在上述各种形式的电容三点式振荡电路中，放大电路都是利用单个晶体管，故也可以称其为单管振荡电路。现在有条件使用差分放大电路构成振荡电路（例如 OTA，有型号 LM13600 产品），特别是 MOS 差分放大电路的使用更具吸引力。图 8.1.22 是一个 MOS 克莱泼振荡电路①。其中，T_1 和 T_2 是差分对管；T_3 和 T_4 构成电流镜，以实现双端到单端的变换；T_5 和 T_6 电流镜为差分放大电路提供尾电流，并可输入自动电平控制（ALC）信号；T_7 接成源极跟随器，缓冲后输出；R_1 是 1 MΩ 的电阻，为 T_1 的栅极提供零偏压；R_2、R_3 构成直流电压串联负反馈，确保放大电路运行在线性区；C_4 是交流旁路电容；C_1、C_2 构成正反馈；小电容 $C_3 \ll C_1$，$C_3 \ll C_2$。ALC 信号来自于振荡电路的输出，并经整流、滤波回送于此，以改变差分放大电路的跨导，满足振荡条件。

振荡电路的电压增益和反馈网络的反馈系数分别为

$$A_u = g_m(r_{ds2} /\!/ r_{ds4}),\quad F = C_1/(C_1+C_2) \tag{8.1.33}$$

其中 $g_m=\sqrt{\dfrac{2K'W}{L}I_{ALC}}$，将这些公式代入振荡条件 $A_uF \geq 1$，则有振荡条件

①参阅文献[8-11] 169 页。

$$I_{\mathrm{ALC}} \geqslant \frac{L}{2K'W}\left(\frac{1+C_2/C_1}{r_{\mathrm{ds2}} /\!/ r_{\mathrm{ds4}}}\right)^2 \tag{8.1.34}$$

而振荡频率由 LC 并联网络决定，即

$$f_{\mathrm{o}}=\frac{1}{2\pi\sqrt{LC_{\mathrm{e}}}},\quad C_{\mathrm{e}}=\frac{1}{1/C_1+1/C_2+1/C_3}\approx C_3 \tag{8.1.35}$$

这个振荡电路的主要优点：一是 MOSFET 放大电路具有高的输入电阻，因而减弱了放大电路非线性效应的影响。二是有 ALC 电路，故输出波形失真小。三是便于用 CMOS 工艺集成。四是若把电感用有源模拟电感替代，该电路不仅可以实现振荡条件的电控调节，而且可实现振荡频率的电控调节。

8.1.4　石英晶体正弦波振荡电路

前面介绍了各种正弦波振荡电路，其频率的稳定度最高为 10^{-5}。然而，在实际中，一些电子设备（如广播发射机、电视发射机、电子表等）常需要频率稳定度高于 10^{-5} 的正弦振荡，这时应采用石英晶体作为选频元件构成正弦波振荡器。为了了解这种石英晶体正弦波振荡器的工作原理，让我们先了解石英晶体的基本知识。

一、石英晶体的基本知识

1. 石英晶体的结构和符号

石英晶体是 SiO_2 的一种结晶体，具有各向异性的物理性质。将其沿一定的方位切割成薄片，即可得到所谓的晶片，再将晶片的两个对应的表面抛光和涂敷银层，并作为两个极引出管脚，加以封装，即可构成石英晶体谐振器（quartz tank）。其结构示意图和符号如图 8.1.23 所示。

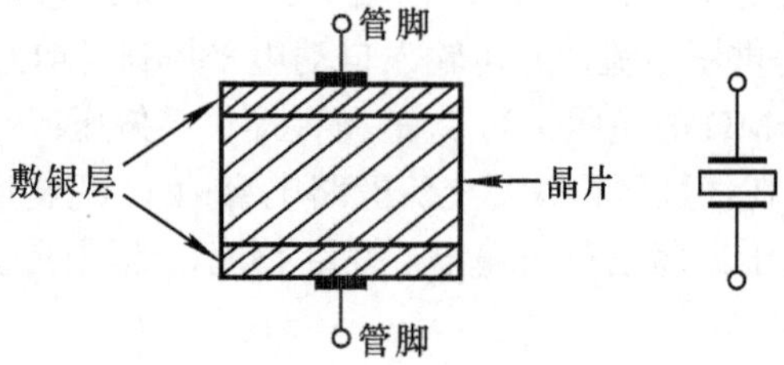

图 8.1.23　石英晶体谐振器
（a）结构示意图；（b）符号

2. 压电效应与压电谐振

若在石英晶体的两个电极加一电场，晶片就会产生机械变形；反之，若在晶片两侧施加机械压力，则晶片就在相应方向产生电场，这种现象称为压电效应。如果在晶片的两电极上

加交变电压，晶片就会产生机械振动，同时晶片的机械振动又会产生交变电场。一般情况下，这种机械振动的振幅和交变电场的振幅非常微小，但是，当外加交变电压的频率为某一特定值时，振幅明显加大，远大于其它频率下的振幅，这种现象称为压电谐振，它与 LC 回路的谐振现象十分相似。出现压电谐振时的信号频率称为石英晶体的谐振频率，它与晶片的切割方式、几何形状、尺寸等有关。

3. 等效电路

图 8.1.24（a）为石英晶体的等效电路。当石英晶体不振动时，可等效为一个平板电容 C_0，称为静态电容，其值取决于晶片的几何尺寸和电极面积，一般为几到几十皮法。当晶片振动时，其惯性可用电感 L 来等效，L 较大，一般为几十毫亨到几百亨。晶片的弹性等效为电容 C，其值仅为 0.01 pF 到 0.1 pF。晶片振动时，因摩擦而造成的损耗用 R 来等效，其值约为 100 Ω。由于 L 很大，C 很小，R 也小，因此回路的品质因数很大（由式（8.1.16）知），可达 10^4～10^5，故选频特性非常优良。

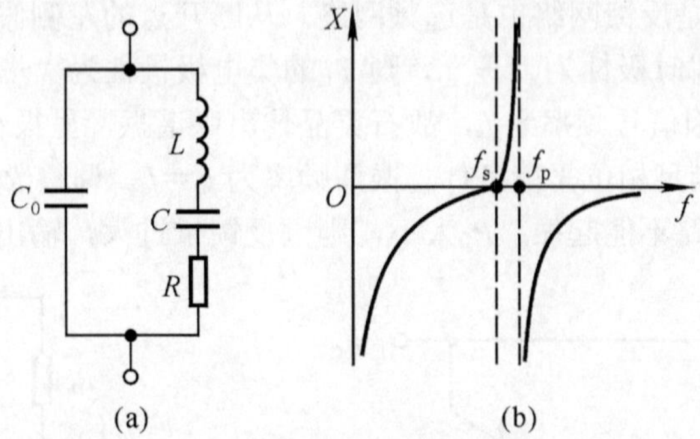

图 8.1.24 石英晶体等效电路及其频率特性

（a）等效电路；（b）频率特性

4. 谐振频率

1）串联谐振频率 f_s

当等效电路中的 L、C、R 支路产生串联谐振时，该支路呈纯电阻性，等效电阻为 R，谐振频率为

$$f_s=\frac{1}{2\pi\sqrt{LC}} \tag{8.1.36}$$

这时整个网络的阻抗等于 $R\,/\!/\,\dfrac{1}{j\omega C_0}$。因 C_0 的容抗远大于 R，故可近似认为石英晶体也呈纯电阻，等效电阻为 R。

2）并联谐振频率 f_p

当 $f<f_s$ 时，L、C、R 支路呈容性，因此石英晶体也呈容性。

当 $f>f_s$ 时，L、C、R 支路呈感性，因而可与 C_0 发生并联谐振，其谐振频率为

$$f_p=\frac{1}{2\pi\sqrt{LCC_0/(C+C_0)}}=f_s\sqrt{1+\frac{C}{C_0}} \tag{8.1.37}$$

由于 $C \ll C_0$，所以 $f_p \approx f_s$。

当 $f>f_p$ 时，石英晶体又呈容性。因此，石英晶体电抗的频率特性如图 8.1.24（b）所示。可见，只有在 $f_s<f<f_p$ 的情况下，石英晶体才呈感性。

应该强调指出，串联谐振时，石英晶体呈现为一个很小的电阻；并联谐振时，石英晶体呈现为一个很大很大的电阻。在数值上，尽管并联谐振频率近似等于串联谐振频率，但二者的本质不同，读者不可混淆。

二、石英晶体正弦波振荡电路

1. 串联型石英晶体正弦波振荡电路

所谓串联型石英晶体正弦波振荡电路，是指其中的石英晶体工作在串联谐振状态，它相当于一个小电阻，其相移为零。图 8.1.25 给出了一串联型石英晶体正弦波振荡电路。

图中 C_1 为旁路电容，因此电路的第一级为共基极放大电路，第二级为共集电极放大电路，R_f 与石英晶体支路，既是反馈网络也是选频网络。从断开点的左侧假想为放大电路施加一正弦信号，其频率为 f_s，瞬时极性为“＋”，则 T_1 的集电极极性为“＋”，T_2 的发射极极性亦为“＋”，即 $\varphi_A=0$。因信号频率为 f_s，故石英晶体串联谐振，呈很小的电阻，且相移为零，因此 $\varphi_F=0$，可见电路满足相位平衡条件。振荡频率为 $f_0=f_s$。调整 R_f 的阻值，可使电路满足起振条件。R_f 太大，电路不能起振；R_f 太小，则因反馈量过大，输出波形会失真。

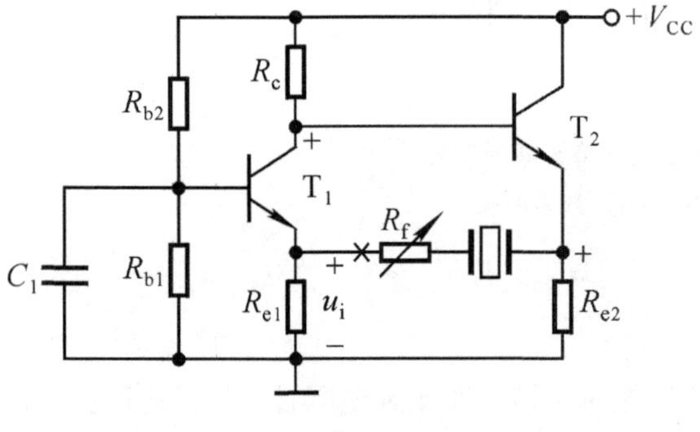

图 8.1.25　串联型石英晶体振荡电路

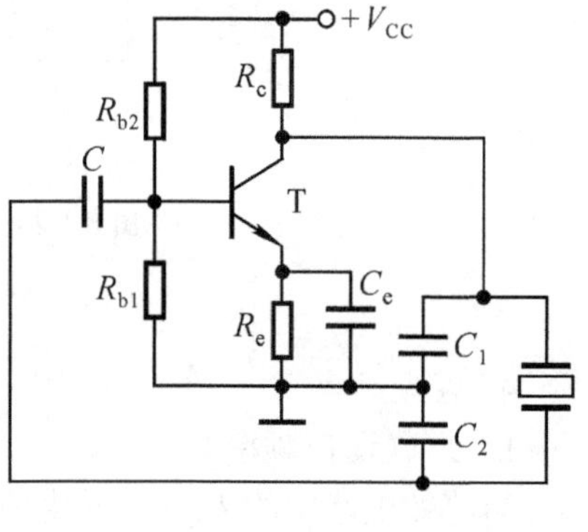

图 8.1.26　并联型石英晶体振荡电路

2. 并联型石英晶体正弦波振荡电路

所谓并联型石英晶体正弦波振荡电路，是指其中的石英晶体工作在并联谐振状态，它相当于一个电感，其相移不为零。由图 8.1.24（b）知振荡频率在 f_s 与 f_p 之间。图 8.1.26 给出了一并联型石英晶体正弦波振荡电路，该电路又称为皮尔斯（Pierce）正弦波振荡器①。

由图 8.1.26 容易看出电路的交、直流通路均正常，石英晶体起电感作用，与三极管发射极相连的是 C_1 和 C_2，与基极相连的是石英晶体和 C_2，与集电极相连的是石英晶体和 C_1，电路满足“射同基（集）反”的原则，因此电路的振荡频率准确在 f_s 与 f_p 之间，具体为

①关于实用的皮尔斯（Pierce）电路，可参阅文献[8-12] 85 页。

$$f_o=\frac{1}{2\pi\sqrt{L\dfrac{C\cdot(C_0+C_1/\!/C_2)}{C+C_0+C_1/\!/C_2}}}=f_s\sqrt{1+\frac{C}{C_0+C_1/\!/C_2}}\approx f_s \tag{8.1.38}$$

3. 泛音晶体振荡电路

石英晶体的振动具有多谐性，除了基频振动外，还有奇次谐波泛音振动。前述的两种石英晶体振荡电路，都利用的是基频振动，因此可统称为基音晶体振荡器。当需要更高振荡频率的振荡器时，就需采用泛音晶体振荡电路。在泛音晶体振荡电路中，为了保证振荡器能准确地振荡在所需要的奇次泛音上，不仅需要抑制掉基频和低次泛音上的寄生振荡，而且必须正确地调节电路的环路增益，使其在工作泛音频率上略大于 1，以满足起振条件，而在更高的泛音频率上都小于 1，不满足起振条件。按这一思路，我们可在三点式振荡电路中，用一选频回路来代替某一支路上的电抗元件，使这一支路在基频和低次泛音上呈现的电抗性质不满足“射同基（集）反”的原则，不能起振；而在所需要的泛音频率上呈现的电抗性质恰好满足“射同基（集）反”的原则，达到起振。

图 8.1.27(a)给出了一种泛音晶体振荡电路。假定泛音晶振为五次泛音，标称频率为 5 MHz，基频为 1 MHz，则 LC_1 回路必须调谐在三次和五次泛音频率之间。这样，在 5 MHz 频率上，LC_1 回路呈容性，电路满足“射同基（集）反”的原则；而对于基频和三次泛音频率，LC_1 回路呈感性，不满足“射同基（集）反”的原则，不能起振。在七次及其以上泛音频率上，LC_1 回路虽呈容性，但等效容抗减小，从而使电路的电压放大倍数减小，环路增益小于 1，不满足起振条件。LC_1 回路的电抗特性如图 8.1.27（b）所示。

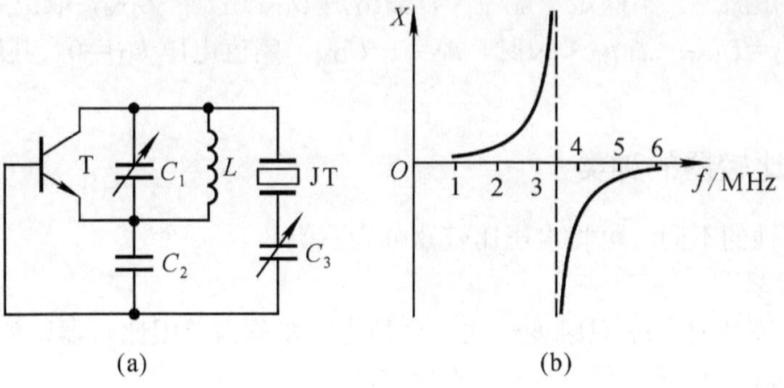

图 8.1.27 泛音晶体振荡电路

（a）原理电路；（b）LC_1 回路电抗特性

8.2 电压比较器

对输入信号进行鉴幅和比较的电路称为电压比较器（voltage comparator），它是组成非正弦波振荡电路的基础，常用作模拟电路与数字电路的接口。在测量与控制系统中，电压比较器也用于驱动执行元件，例如继电器等。本节主要介绍电压比较器的特点及传输特性，重点介绍电压比较器的工作原理和分析方法。

8.2.1 概述

一、电压比较器的电压传输特性

通常把输出电压 u_O 与输入电压 u_I 的函数关系 $u_O=f(u_I)$，称为电压比较器的电压传输特性。在这里，u_I 是模拟信号，而 u_O 只有两种可能，不是高电平 U_{OH}，就是低电平 U_{OL}，用以表示比较结果。使 u_O 从 U_{OH} 跳变为 U_{OL}，或者从 U_{OL} 跳变为 U_{OH} 的输入电压称为阈值电压，常记作 U_T 。图 8.2.1 给出了一个电压比较器的传输特性。

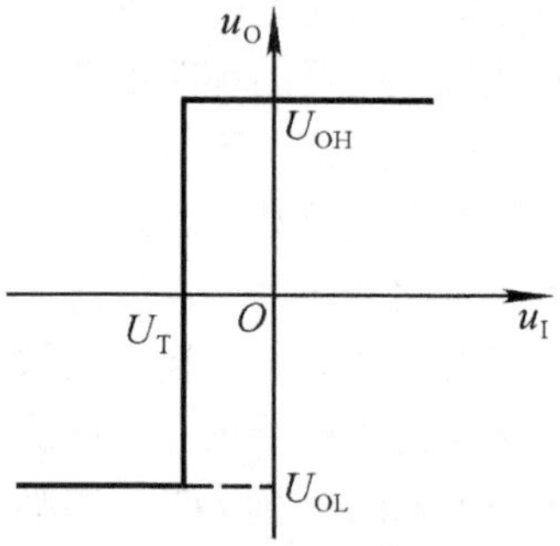

图 8.2.1　一个电压比较器的传输特性

可见，一个电压传输特性包含了三个要素：

（1）输出高电平 U_{OH} 和输出低电平 U_{OL}；

（2）阈值电压 U_T；

（3）当 u_I 经过 U_T 时，u_O 是正跳变或是负跳变。

这三要素也是我们画出传输特性的依据。

二、简单的电压比较器

处于开环状态下的集成运放就是一个简单的电压比较器，此时因运放工作在非线性区，故运放只满足“虚断”，不满足“虚短”，输出是 U_{OM} 还是 $-U_{OM}$，取决于 u_P 与 u_N 的大小。当 $u_P>u_N$ 时，$u_O=U_{OM}$；当 $u_P<u_N$ 时，$u_O=-U_{OM}$，阈值电压 $U_T=0$。其电压传输特性如图 7.1.2 所示。

三、电压比较器的种类

根据传输特性的不同，可将电压比较器分为三类。

1. 单限比较器

当 u_I 单方向变化时，u_O 只跳变一次，这种比较器称为单限比较器，如图 8.2.1 所示。当 u_I 由小增大时，u_O 正跳变一次，即为单限比较器。

2. 双限比较器

当 u_I 单方向变化时，u_O 跳变两次，一次负跳变，一次正跳变，有两个阈值电压，这种比较器称为双限比较器，如图 8.2.2（a）所示。u_I 由零开始增大，当经过 U_{T1} 时，u_O 从高电平 U_{OH} 跳变为低电平 U_{OL}；u_I 继续增大，当经过 U_{T2} 时，u_O 又从 U_{OL} 跳变为 U_{OH}。由于传输特性中间好像开了一个窗口，故也叫窗口比较器。

3. 滞回比较器

当 u_I 单方向变化时，u_O 跳变一次；当 u_I 向相反方向变化时，u_O 又跳变一次，且两次的阈值电压不同，这种比较器称为滞回比较器，如图 8.2.2（b）所示。u_I 由小开始增大，当经过 U_{T2} 时，u_O 从高电平 U_{OH} 跳变为低电平 U_{OL}；u_I 由大变小，当经过 U_{T1} 时，u_O 又从 U_{OL} 跳

变为 U_{OH}。显然，两阈值电压不同。

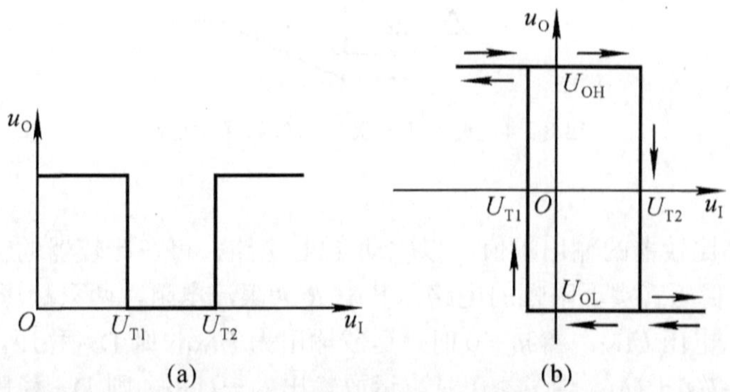

图 8.2.2　双限、滞回比较器的传输特性

（a）双限比较器；（b）滞回比较器

8.2.2　单限比较器

一、过零比较器

1. 电路的构成

顾名思义，过零比较器是指阈值电压 $U_T=0$ 的电压比较器。工作在开环状态下的运放，其任意一端接地，即为过零比较器（zero-crossing comparator），如图 8.2.3（a）所示。

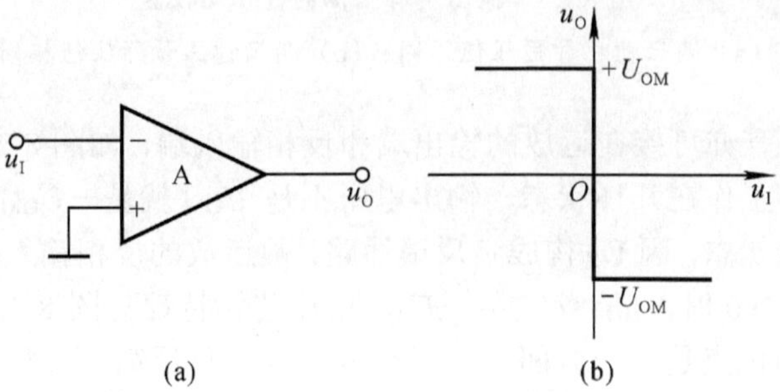

图 8.2.3　过零比较器及其电压传输特性

（a）电路；（b）传输特性

2. 工作原理

因运放工作在开环状态下，输出电压不是 U_{OM} 就是 $-U_{OM}$；因为 $u_P=0$，所以，当 $u_N<0$ 时，$u_O=U_{OM}$；当 $u_N>0$ 时，$u_O=-U_{OM}$，其电压传输特性如图 8.2.3（b）所示。

3. 输入过压保护措施

为了防止输入信号过大而损坏集成运放，在比较器的输入回路中串接电阻，还可在运放的两个输入端并联二极管，如图 8.2.4 所示，这样可使 $|u_N|<0.7$ V，从而保护了运放。

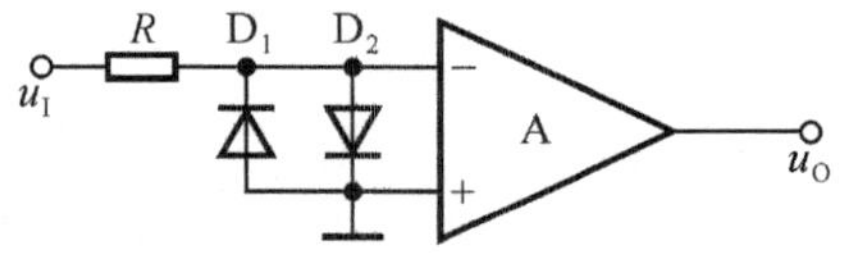

图 8.2.4　过零比较器输入级的保护电路

4. 限幅措施

如果希望减小比较器的输出幅值，以驱动 TTL 电路，可在比较器的输出端加限幅电路。图 8.2.5（a）是用稳压管实现限幅的电路，其中 R 为限流电阻，两只稳压管的稳定电压均小于运放的最大输出电压 U_{OM}。当 $u_I<0$ 时，运放输出为 U_{OM}，则 D_{Z1} 稳压，D_{Z2} 导通，所以输出电压 $u_O=U_{OH}=U_{Z1}+U_D$；当 $u_I>0$ 时，运放输出为$-U_{OM}$，则 D_{Z2} 稳压，D_{Z1} 导通，所以输出电压 $u_O=U_{OL}=-(U_{Z2}+U_D)$。若要求 $U_{Z1}=U_{Z2}$，可采用两只特性相同而又制作在一起的稳压管，其符号如图 8.2.5（b）所示。稳定电压标为$\pm U_Z$，意即：当 $u_I<0$ 时，$u_O=U_{OH}=U_Z$；当 $u_I>0$ 时，$u_O=U_{OL}=-U_Z$。

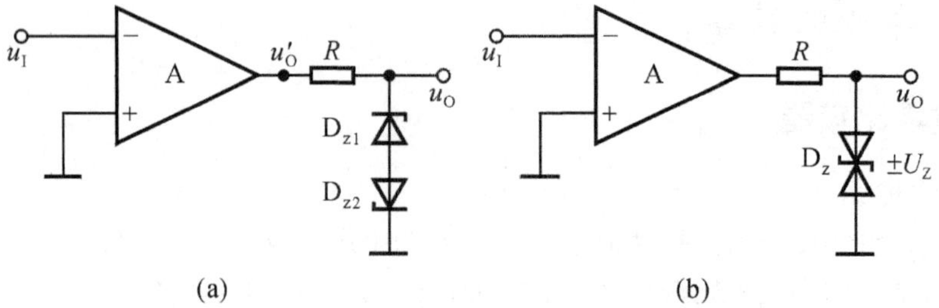

图 8.2.5　输出具有限幅的过零比较器

（a）两只稳压管稳压值不同；（b）两只稳压管稳压值相同

限幅电路的稳压管亦可接在运放的输出端和反相输入端，如图 8.2.6 所示。假定稳压管截止，则集成运放必工作在开环状态，输出电压不是 U_{OM} 就是$-U_{OM}$，这样必将导致稳压管击穿而工作在稳压状态，因 D_Z 构成负反馈通路，故运放的反相输入端虚地。当 $u_I<0$ 时，$u_O=U_{OH}=U_Z$；当 $u_I>0$ 时，$u_O=U_{OL}=-U_Z$。电压传输特性与图 8.2.5（b）的传输特性相同。但是，该电路的优点是：一方面，由于运放引入了负反馈，反相输入端虚地，从而保护了输入级；另一方面，由于运放在线性区，因而在输入电压过零时，其内部的晶体管不

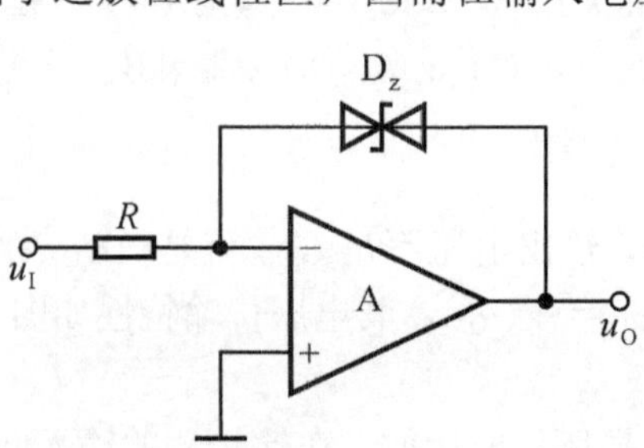

图 8.2.6　将稳压管接在反馈通路中

需要从截止区逐渐进入饱和区，或从饱和区逐渐进入截止区，从而提高了输出电压的变化速度。

前述的各种过零比较器，亦可使运放的反相输入端接地，同相输入端作为输入端，传输特性必然变化，读者不难自行分析。

二、一般的单限比较器

阈值电压不为零的单限比较器称为一般的单限比较器（simple comparator）。图 8.2.7（a）为一般的单限比较器电路及其传输特性，其中 u_I、u_O 分别为输入与输出，U_{REF}（设为正）为外加的参考电压。根据叠加原理，运放的反相输入端的电压为

$$u_N=\frac{R_1}{R_1+R_2}u_I+\frac{R_2}{R_1+R_2}U_{REF}$$

当 $u_N>u_P=0$，即 $u_I>-\frac{R_2}{R_1}U_{REF}$ 时，因为 $u'_O=-U_{OM}$，所以 $u_O=U_{OL}=-U_Z$；当 $u_N<u_P=0$，即 $u_I<-\frac{R_2}{R_1}U_{REF}$ 时，因为 $u'_O=U_{OM}$，所以 $u_O=U_{OH}=U_Z$。因此，使输出跳变的输入电压即阈值电压为

$$U_T=-\frac{R_2}{R_1}U_{REF} \tag{8.2.1}$$

电路的电压传输特性如图 8.2.7（b）所示。

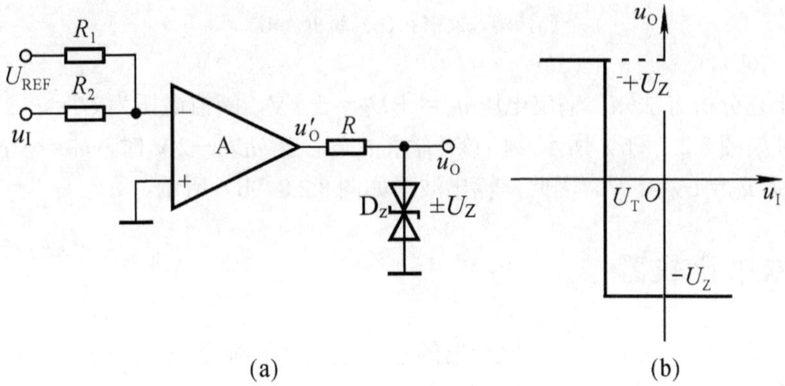

图 8.2.7　一般的单限比较器及其电压传输特性

（a）电路；（b）电压传输特性

根据式（8.2.1）知，要改变阈值电压的大小和极性，可改变参考电压的大小和极性，以及电阻 R_1、R_2 的大小；要改变输出电压的跳变方向，则应将运放的同相输入端和反相输入端所接电路互换。

综上所述，画单限比较器传输特性的一般方法是：

（1）根据运放输出端所接的限幅电路，确定比较器的输出低电平 U_{OL} 和输出高电平 U_{OH}。

（2）写出运放同相输入端、反相输入端电压 u_P 和 u_N 的表达式，令 $u_P=u_N$，即可求得阈值电压 U_T。

（3）根据 u_I 输入位置确定 u_O 的跳变方向。当 u_I 从运放的同相输入端输入时，u_O 将正跳变；当 u_I 从运放的反相输入端输入时，u_O 将负跳变。

例 8.2.1　在图 8.2.7（a）所示电路中，稳压管的稳定电压 $U_Z=\pm5\ \text{V}$，$R_1=R_2=5\ \text{k}\Omega$，基准电压 $U_{REF}=2\ \text{V}$；输入波形为图 8.2.8（a）所示。试画出电路的输出电压 u_O 波形。

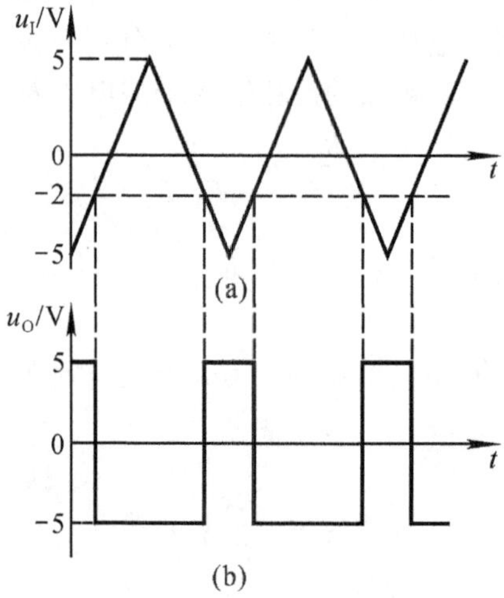

图 8.2.8　例 8.2.1 之波形图

（a）输入波形；（b）输出波形

解　根据上述分析方法知，输出电压 $u_O=\pm U_Z=\pm5\ \text{V}$，阈值电压为 $U_T=-2\ \text{V}$，u_O 是负跳变，传输特性如图 8.2.7（b）所示。由该传输特性知，当 $u_I>-2\ \text{V}$ 时，$u_O=-U_Z=-5\ \text{V}$；当 $u_I<-2\ \text{V}$ 时，$u_O=U_Z=5\ \text{V}$。因此，输出波形如图 8.2.8（b）所示。

8.2.3　双限比较器

在输入电压单方向变化时，单限比较器的输出电压只能跳变一次，因而不能检测出输入电压是否在两个给定的电压之间，而双限比较器（window comparator）具有这一功能。图 8.2.9（a）是性能较好的一种双限比较器，其中 R_1、R_2 和稳压管 D_Z 构成限幅电路，外加参考电压 $U_{RH}>U_{RL}$。

当输入电压 $u_I>U_{RH}>U_{RL}$ 时，运放 A_1 的输出 $u_{O1}=U_{OM}$，A_2 的输出 $u_{O2}=-U_{OM}$，使得二极管 D_1 导通，D_2 截止，电流通路如图 8.2.9（a）中实线所示，稳压管在稳压状态，输出电压 $u_O=U_Z$。

当 $u_I<U_{RL}<U_{RH}$ 时，运放 A_1 的输出 $u_{O1}=-U_{OM}$，A_2 的输出 $u_{O2}=U_{OM}$，使得二极管 D_2 导通，D_1 截止，电流通路如图 8.2.9（a）中虚线所示，稳压管仍在稳压状态，输出电压 $u_O=U_Z$。

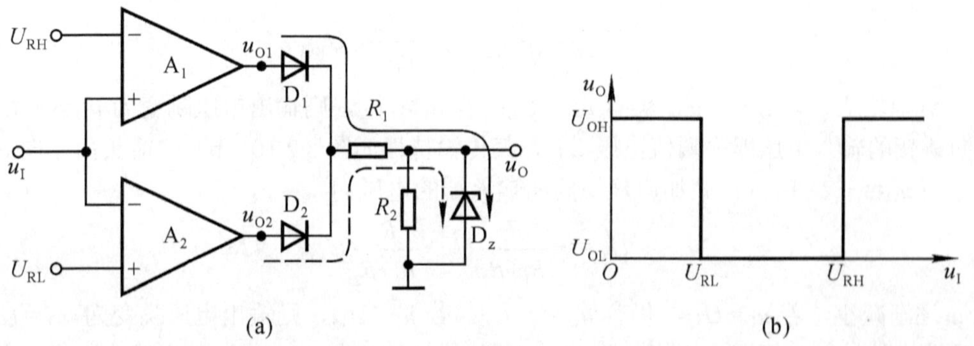

图 8.2.9　双限比较器及其电压传输特性

（a）电路；（b）传输特性

当 $U_{RL}<u_I<U_{RH}$ 时，运放 A_1 的输出 $u_{O1}=-U_{OM}$，A_2 的输出 $u_{O2}=-U_{OM}$，使得二极管 D_1 截止，D_2 也截止，导致稳压管亦截止，输出电压 $u_O=0$。

由此可画出电压传输特性，如图 8.2.9（b）所示。可见，该比较器可用来鉴别输入信号电压幅度是否在给定的范围内。

8.2.4　滞回比较器

前述的单限和双限比较器都是在输入信号电压达到阈值电压时，输出状态即发生跳变。如果在实际工作中，输入电压恰好在阈值电压附近，则由于零点漂移或干扰的存在，输出电压将不断地进行状态转换，造成误动作。为了克服这种缺点，出现了滞回比较器（regenerative comparator），如图 8.2.10（a）所示。

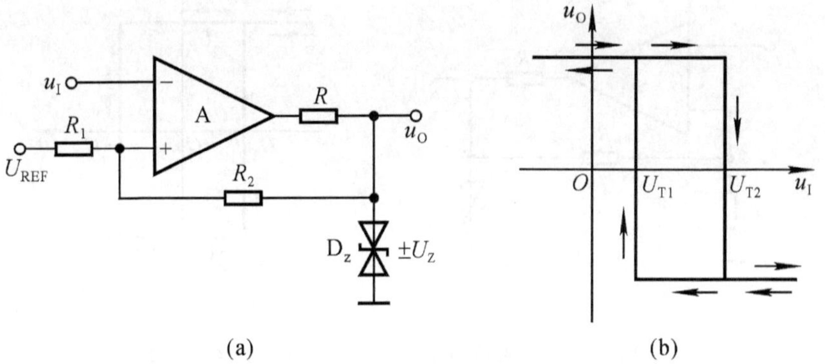

图 8.2.10　滞回比较器及其电压传输特性

（a）电路；（b）电压传输特性

可见，电路中引入的正反馈，其目的是加速输出电压的状态转换过程，同时获得所需的滞回特性。因为运放在非线性区，所以输出不是 U_Z，就是负的 U_Z。

当 $u_O=U_Z$ 时，由叠加原理知同相输入端的电压为

$$U_{T2}=\frac{R_1}{R_1+R_2}U_Z+\frac{R_2}{R_1+R_2}U_{REF} \tag{8.2.2}$$

设 u_I 逐渐增大，若 $u_I<U_{T2}$，仍有 $u_O=U_Z$；若 $u_I>U_{T2}$，则输出电压跳变为 $u_O=-U_Z$，使输出负跳变的输入电压即为阈值电压 U_{T2}。其传输特性如图 8.2.10（b）中箭头由左向右部分。

当 $u_O=-U_Z$ 时，由叠加原理知同相输入端的电压为

$$U_{T1}=-\frac{R_1}{R_1+R_2}U_Z+\frac{R_2}{R_1+R_2}U_{REF} \tag{8.2.3}$$

设 u_I 逐渐减小，若 $u_I>U_{T1}$，仍有 $u_O=-U_Z$；若 $u_I<U_{T1}$，则输出电压跳变为 $u_O=U_Z$，使输出正跳变的输入电压即为阈值电压 U_{T1}。其传输特性如图 8.2.10（b）中箭头由右向左部分。

从传输特性曲线上可以看出，滞回比较器有两个阈值电压，其中 U_{T2} 叫上限触发电平，U_{T1} 叫下限触发电平，它们的差值叫回差，用 ΔU_T 表示，由式（8.2.2）和式（8.2.3）知

$$\Delta U_T=U_{T2}-U_{T1}=\frac{2R_1}{R_1+R_2}U_Z \tag{8.2.4}$$

U_{T1}、U_{T2} 和 ΔU_T 是滞回比较器的三个重要参数。通常是通过改变 U_{REF} 来调节 U_{T1}、U_{T2}；改变 R_1 和 R_2 来改变 ΔU_T，同时影响 U_{T1} 和 U_{T2}。

在图 8.2.10（a）中，若令 $U_{REF}=0$，则不难发现两阈值电压大小相同符号相反，回差不变，传输特性曲线左移，且对称于原点，如图 8.2.11（b）所示。

由此可见，改变参考电压的大小和极性，传输特性会沿水平方向移动。不难想到，改变稳压管的稳定电压，传输特性会沿垂直方向伸缩。

例 8.2.2 在图 8.2.11（a）所示的电路中，已知 $R_1=50\ \text{k}\Omega$，$R_2=100\ \text{k}\Omega$，稳压管的稳定电压 $\pm U_Z=\pm 9\ \text{V}$，输入电压 u_I 的波形如图 8.2.12（a）所示，试画出 u_O 的波形。

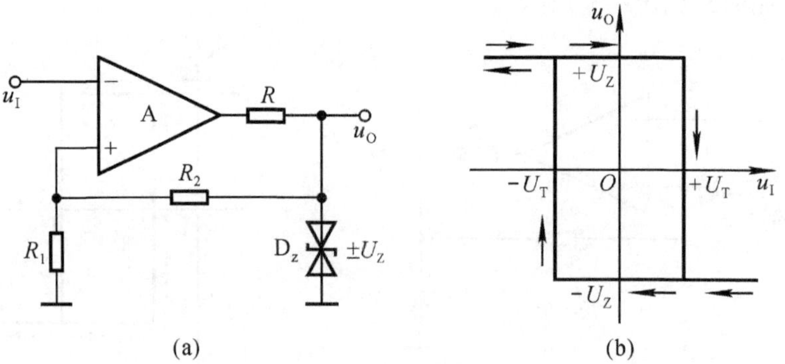

图 8.2.11　参考电压为零的滞回比较器及其传输特性

（a）电路；（b）电压传输特性

解　为画输出波形，先画传输特性。电路的输出高电平和低电平分别为 $\pm U_Z=\pm 9\ \text{V}$，阈值电压为

$$\pm U_T=\pm\frac{R_1}{R_1+R_2}U_Z=\pm 3\ \text{V}$$

因此传输特性如图 8.2.12（c）所示。根据电压传输特性画出的输出波形如图 8.2.12（b）所示。可见，当 u_I 大于 +3 V 后，只要不低于 −3 V，u_O = −9 V 就不变，表现出一定的抗干扰能力。回差愈大，抗干扰能力愈强，但灵敏度变差，故应根据具体需要确定回差的大小。

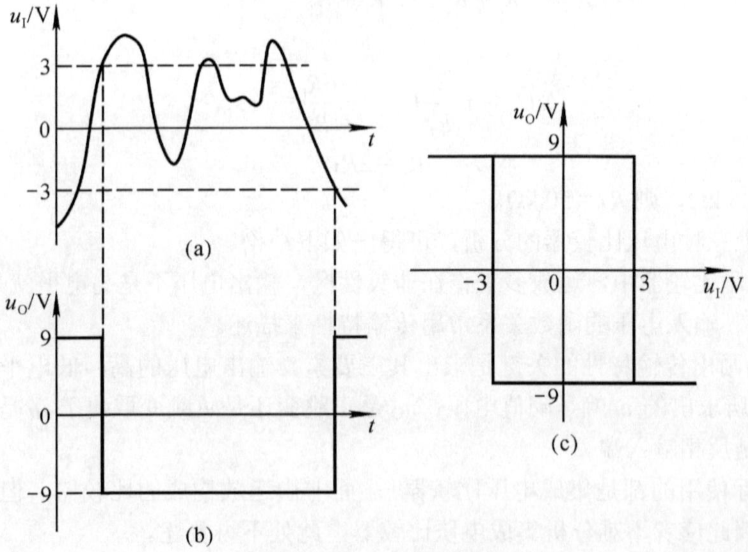

图 8.2.12　例 8.2.2 之波形

（a）输入波形；（b）输出波形；（c）传输特性

例 8.2.3　按传输特性不同，滞回比较器有两种类型，前述的是反相型滞回比较器，图 8.2.13（a）是同相型滞回比较器的电压传输特性，试设计出该比较器，要求所用电阻阻值在 20～100 kΩ 之间。

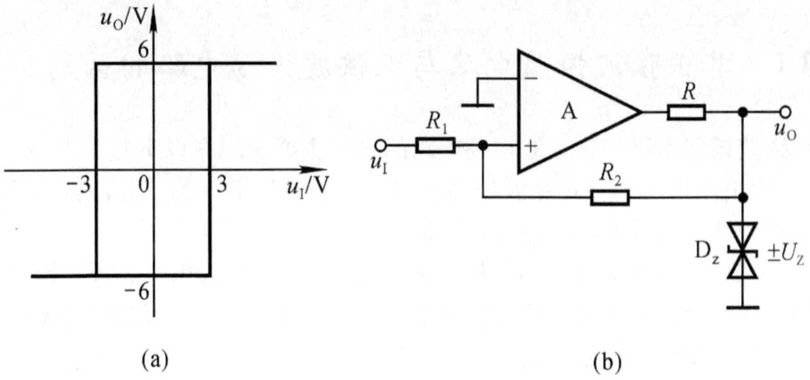

图 8.2.13 例 8.2.3 之电路

（a）电压传输特性；（b）所设计的电路

解　根据传输特性可知 $u_O = \pm U_Z = \pm 6$ V，所以运放的输出端接稳定电压为 6 V 的双向稳压管。因是同相型滞回比较器，故输入应通过电阻加在运放的同相输入端。因为传输特性对称于原点，所以基准电压应为零，反相输入端应接地。这样得到的电路如图 8.2.13（b）所示。为确定 R_1 和 R_2 的阻值，先求阈值电压的表达式：

$$u_P=\frac{R_2}{R_1+R_2}u_I+\frac{R_1}{R_1+R_2}u_O=u_N=0$$

故有

$$\pm U_T=\pm\frac{R_1}{R_2}U_Z=\pm\frac{6R_1}{R_2}=\pm 3\text{ V}$$

$$R_2=2R_1$$

所以可选 R_1＝25 kΩ，则 R_2＝50 kΩ。

通过对以上三种电压比较器的分析，可得出如下结论

（1）在电压比较器中，运放多工作在非线性区，输出电压不是高电平就是低电平。

（2）输出、输入电压的函数关系常用传输特性来描述。

（3）正确画出传输特性的关键是求出其三要素。输出电压的高、低电平取决于限幅电路；令 $u_N=u_P$ 所求出的 u_I 就是阈值电压；u_O 是正跳变还是负跳变取决于 u_I 是作用于运放的同相输入端还是反相输入端。

目前，实际使用的都是集成电压比较器①，而非由运放构成的比较器，但它们的基本原理是相同的，因此读者不难分析集成电压比较器，此处不再赘述。

8.3 非正弦波振荡电路

在实际的电子线路中，除了广泛应用各种正弦波振荡电路外，还广泛地应用着另一类振荡电路，这就是各种非正弦波振荡电路，它包括三角波、方波及锯齿波等振荡电路。这类振荡电路无论在电路结构、工作原理还是在分析方法上都有其独特之处。

8.3.1 非正弦波振荡电路与正弦波振荡电路的区别

非正弦波振荡电路与正弦波振荡电路的区别主要表现在以下几个方面：

（1）输出波形不同。正弦波振荡电路输出的是周期性的正弦波，而非正弦波振荡电路输出的是周期性的脉冲波，如方波、锯齿波等。

（2）电路基本结构不同。正弦波振荡电路一般由放大电路、反馈网络、选频网络和稳幅环节四个部分组成；而非正弦波振荡电路一般由开关器件、反馈网络和延迟环节三个部分组成，其中开关器件是核心，利用其开关特性控制电路的通、断，从而产生非正弦波。开关器件可选用三极管，也可是运放组成的电压比较器，还可是集成模拟开关；反馈网络是为了将输出电压恰当地反馈给开关器件，以自动地改变开关器件的状态；延迟环节则是为了获得所需要的振荡频率和波形而设，它可以利用 RC 电路的充、放电特性来实现，也可以利用开关器件的延迟时间来实现，有些场合它是和反馈网络合二而一的。

①参阅文献[8-10] 419-421 页。

（3）振荡条件不完全相同。正弦波振荡电路只要满足幅值平衡条件和相位平衡条件，就能产生振荡；而非正弦波振荡电路的振荡条件是：无论开关器件的输出电压是高电平还是低电平，若经过一定的延迟时间后，可以使开关器件的输出状态改变，就能产生振荡，否则就不能产生振荡。

（4）非正弦波振荡电路比正弦波振荡电路的分析步骤要简单些。主要步骤是：

①检查振荡电路是否具有开关器件、反馈网络和延迟环节等组成部分；

②分析电路是否满足振荡条件；

③估算振荡频率。

（5）分类不同。正弦波振荡电路是按选频网络的不同进行分类的；而非正弦波振荡电路是按输出波形的不同进行分类的。

本节介绍由集成运放组成的非正弦波振荡电路，重点是电路的构成和工作原理的分析。

8.3.2　矩形波振荡电路

矩形波振荡电路（rectangular wave generator）有两种输出，一种是输出波形的高电平时间与低电平时间不相等，另一种是二者相等。人们常将后者称为方波。

一、方波振荡电路

1. 电路的构成

由于方波电压不是高电平就是低电平，因而电压比较器是它不可或缺的部分；因为振荡就是输出状态自动的变化，所以电路必须引入反馈；因为输出状态是按一定的时间间隔交替变化，所以电路中必定包含延迟环节。按这一思路构成的方波振荡电路如图 8.3.1（a）所示。图中的反馈网络与延迟环节是合二而一的，电压比较器采用反相型滞回比较器。

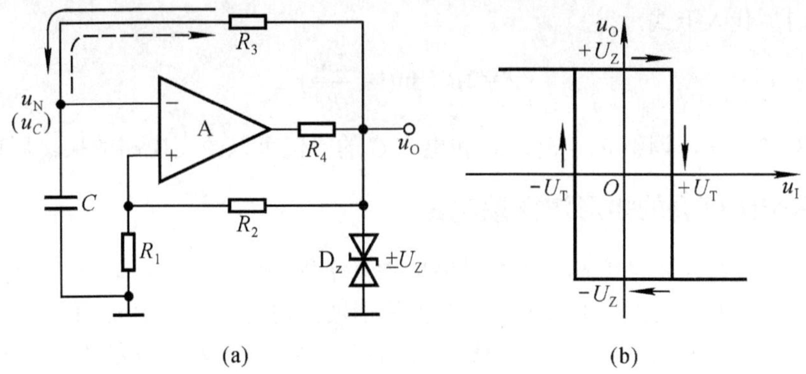

图 8.3.1　方波振荡电路及其电压传输特性

（a）电路；（b）电压传输特性

2. 工作原理

先求传输特性。因为 $u_O = \pm U_Z$，又因为阈值电压是

$$\pm U_T = \pm \frac{R_1}{R_1+R_2} U_Z \qquad (8.3.1)$$

从而可画出该比较器的传输特性，如图 8.3.1（b）所示。

设某一时刻 $u_O = +U_Z$，则 u_O 通过 R_3 对电容 C 充电，如图 8.3.1（a）中实线箭头所示，于是 u_C 按指数规律增加，由传输特性知，只要 $u_C < +U_T$，仍有 $u_O = +U_Z$；当 $u_C \geq +U_T$ 时，u_O 跳变为 $-U_Z$，与此同时，电容 C 开始放电，如图 8.3.1（a）中虚线箭头所示，于是 u_C 按指数规律减小，由传输特性知，只要 $u_C > -U_T$，仍有 $u_O = -U_Z$；当 $u_C \leq -U_T$ 时，u_O 跳变为 $+U_Z$，与此同时，电容 C 又开始充电。如此周而复始，电路产生了振荡。由于充、放电时间常数相同，而且充、放电电压的幅值也相同，因此，在一个周期内的充、放电时间必相同，输出为方波，如图 8.3.2 所示。

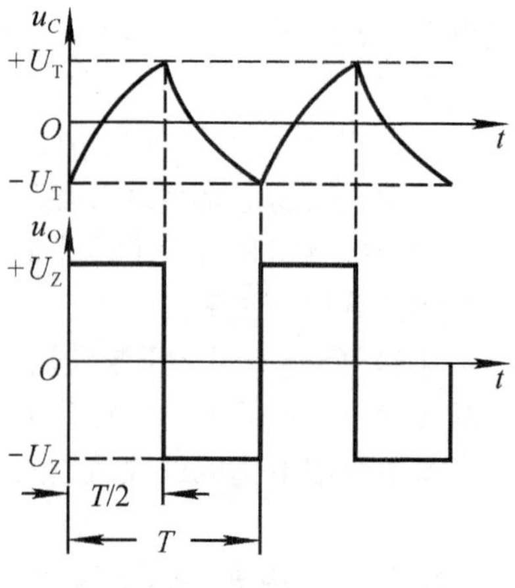

图 8.3.2　方波振荡电路的波形图

3. 输出幅值和振荡周期

由图 8.3.2 可以看出，输出波形的幅值为

$$U_{Om} = U_Z$$

该幅值完全取决于限幅电路。

由图 8.3.2 还可以看出，方波的周期就是电容器的充、放电周期。在充电过程，电容电压的起始值为 $-U_Z$，终了值为 U_Z，充电时间常数为 R_3C，利用一阶 RC 电路的三要素公式可得①

$$\frac{T}{2} = R_3 C \ln \frac{U_Z - (-U_T)}{U_Z - U_T}$$

再将式（8.3.1）代入上式，得

$$T = 2R_3 C \ln\left(1 + \frac{2R_1}{R_2}\right) \qquad (8.3.2)$$

由式（8.3.2）知，调整 R_1、R_2、R_3 和电容 C 的数值可以改变电路的振荡周期。

二、占空比可调的矩形波振荡电路

所谓占空比是指矩形波的高电平持续时间占一个周期的百分比。显然，方波的占空比为 50%。如果需要产生占空比小于或大于 50%的矩形波，则应设法使图 8.3.1（a）中电容的充、放电时间常数不同，利用二极管的单向导电性可以引导电流流经不同的路径，实现占空比可调，如图 8.3.3 所示。

① $t_M = \tau \cdot \ln \frac{u_C(\infty) - u_C(0)}{u_C(\infty) - u_C(t_M)}$，该公式的来历可参阅文献[8-13] 146 页。

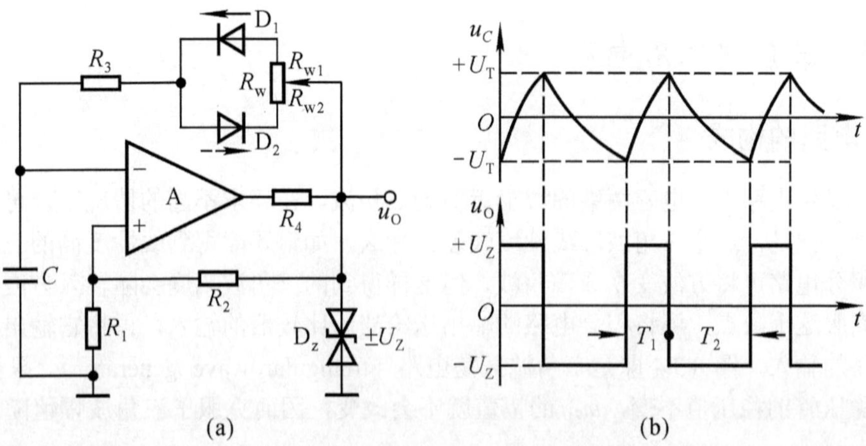

图 8.3.3　占空比可调的矩形波振荡电路及其输出波形

（a）电路；（b）波形

当 $u_O=+U_Z$ 时，则 u_O 通过 R_{w1}、D_1、和 R_3 对电容 C 充电，如图 8.3.3（a）中实线箭头所示。若忽略二极管的导通电阻，则时间常数为

$$\tau_1 \approx (R_{w1}+R_3)C \tag{8.3.3}$$

由三要素公式可得充电时间

$$T_1 \approx \tau_1 \ln(1+\frac{2R_1}{R_2})$$

当 $u_O=-U_Z$ 时，则 u_O 通过 R_{w2}、D_2、和 R_3 对电容 C 放电，如图 8.3.3（a）中虚线箭头所示。若忽略二极管的导通电阻，则时间常数为

$$\tau_2 \approx (R_{w2}+R_3)C \tag{8.3.4}$$

由三要素公式可得放电时间

$$T_2 \approx \tau_2 \ln(1+\frac{2R_1}{R_2})$$

因此振荡周期为

$$T=T_1+T_2 \approx (R_w+2R_3)C\ln(1+\frac{2R_1}{R_2}) \tag{8.3.5}$$

占空比为

$$q=\frac{T_1}{T}=\frac{R_{w1}+R_3}{R_w+2R_3} \tag{8.3.6}$$

可见，改变电位器滑动端的位置可以改变占空比，但不影响周期；改变电容 C，可改变周期，但不影响占空比，从而实现二者的独立调整。

8.3.3 三角波振荡电路

一、电路的构成

在方波发生电路中，电容两端的波形近似为三角波，在要求不高的情况下，可将它作为三角波信号，但是，这个三角波的线性度较差。那么，如何才能得到线性度高的三角波呢？我们知道积分电路可将方波变换成三角波，但这样得到的三角波幅度会随输入方波的频率而变化。为克服这个缺点，可将积分电路的输出送给滞回比较器的输入，再将它输出的方波送给积分电路的输入，图 8.3.4 即是三角波振荡电路（triangular wave generator）。只要 R_1、R_2 的阻值和稳压管的稳压值不变，u_{O1} 的幅值就不会改变，因而克服了三角波幅值随频率变化的缺点。

二、工作原理

图 8.3.4 的左侧是同相型滞回比较器，右侧是有源积分器。我们先求滞回比较器的传输特性。

根据叠加原理，A_1 运放的同相输入端电压为

$$u_{P1}=\frac{R_2}{R_1+R_2}u_O+\frac{R_1}{R_1+R_2}u_{O1}=\frac{R_2}{R_1+R_2}u_O\pm\frac{R_1}{R_1+R_2}U_Z$$

令 $u_{P1}=u_{N1}=0$，则阈值电压为

$$\pm U_T=\pm\frac{R_1}{R_2}U_Z \tag{8.3.7}$$

因此得滞回比较器的电压传输特性如图 8.3.5 所示。

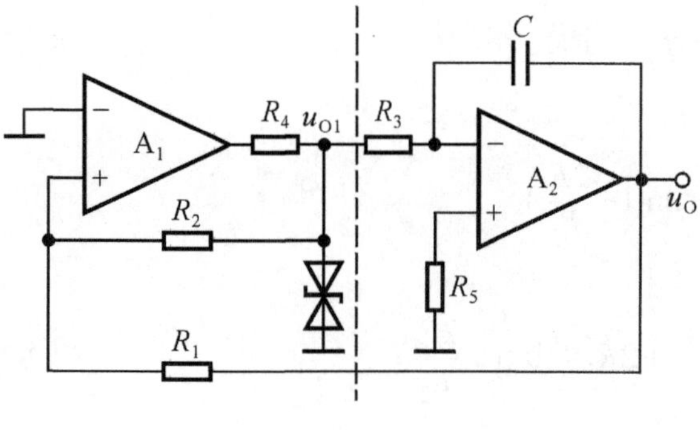

图 8.3.4 三角波振荡电路

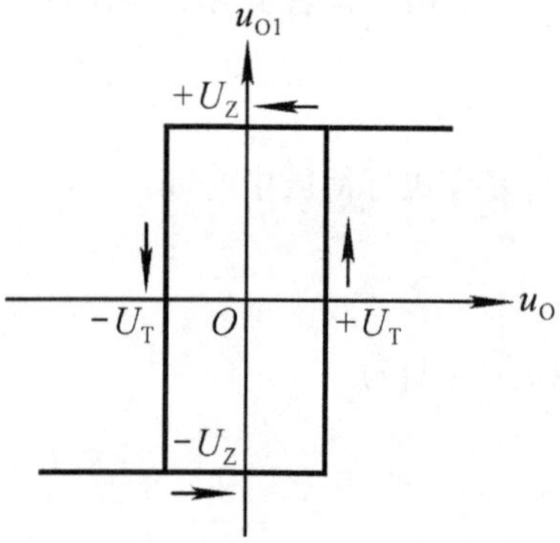

图 8.3.5 同相型滞回比较器的传输特性

滞回比较器的输出又作为积分电路的输入，而且 u_{O1} 不是 $+U_Z$，就是 $-U_Z$，所以输出电压的表达式为

$$u_O=-\frac{1}{R_3C}u_{O1}(t-t_0)+u_O(t_0) \tag{8.3.8}$$

其中 $u_O(t_0)$ 为初态时的输出电压。若初态时 u_{O1} 恰好由 $-U_Z$ 跳变为 $+U_Z$，则此后的输出电压为

$$u_O=-\frac{1}{R_3C}U_Z(t-t_0)+u_O(t_0) \tag{8.3.9}$$

其中 $u_O(t_0)=+U_Z$，为 u_{O1} 正跳变时的输出电压。这时电容充电，u_O 随 t 线性下降，根据传输特性知，一旦 $u_O\leqslant -U_T$，u_{O1} 将由 $+U_Z$ 跳变为 $-U_Z$，此后式（8.3.8）变为

$$u_O=\frac{1}{R_3C}U_Z(t-t_1)+u_O(t_1) \tag{8.3.10}$$

其中 $u_O(t_1)=-U_Z$，为 u_{O1} 负跳变时的输出电压。这时电容放电，u_O 随 t 线性增加，根据传输特性知，一旦 $u_O\geqslant +U_T$ 时，u_{O1} 将由 $-U_Z$ 跳变为 $+U_Z$，电容又充电。如此周而复始，电路产生自激振荡。波形如图 8.3.6 所示。

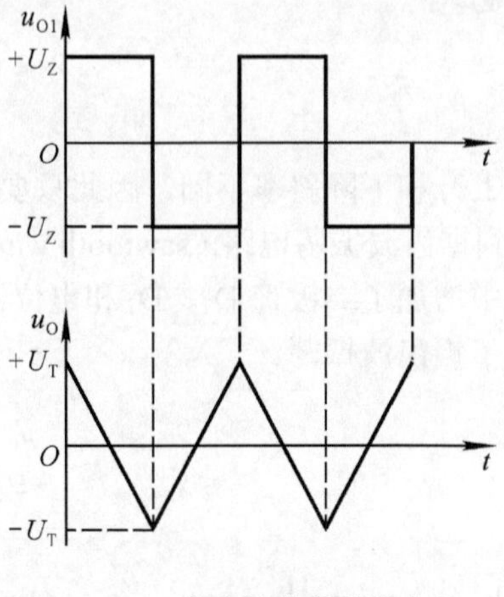

图 8.3.6　三角波振荡电路的波形

由波形图可知，该电路既可输出三角波，也可输出方波。由于 A_2 运放引入来深度负反馈，因此该电路的带负载能力强。

三、u_O 的幅值

由图 8.3.6 可知，u_{O1} 正跳变时，u_O 的值 $+U_T$ 就是输出电压的幅值 U_{Om}。由式（8.3.7）知

$$U_{Om}=U_T=\frac{R_1}{R_2}U_Z \tag{8.3.11}$$

四、振荡周期

由图 8.3.6 可以看出，电容放电时，起始值为 $-U_T$，终了值为 $+U_T$，放电时间为周期的二分之一，将它们代入式（8.3.10），可得

$$+U_T=\frac{1}{R_3C}U_Z\frac{T}{2}+(-U_T)$$

再将式（8.3.11）代入上式，得振荡周期为

$$T=\frac{4R_1R_3C}{R_2} \tag{8.3.12}$$

振荡频率为

$$f=\frac{R_2}{4R_1R_3C} \tag{8.3.13}$$

值得指出的是，式（8.3.11）和式（8.3.13）对于调整输出电压幅值和振荡频率具有实际意义。前者表明，输出电压的幅值只与电阻 R_1、R_2 及稳压管的稳压值有关；后者则表明振荡频率与 R_1、R_2、R_3 和电容 C 均有关。因此，应当先调整电阻 R_1、R_2，使输出电压的幅值达到要求，然后再来调整 R_4 或电容 C，使振荡频率满足要求，以达到独立调整的目的。

8.3.4 锯齿波振荡电路

一、电路的构成

与三角波不同，锯齿波的上升和下降斜率不同，因此只要设置三角波振荡电路中积分电路的充放电回路不同，便可得到锯齿波振荡电路（sawtooth wave generator），如图 8.3.7 所示。显然，它是在三角波振荡电路中增加了二极管 D_1、D_2 和电位器 R_W，利用二极管的单向导电性使充、放电回路不同，实现了锯齿波振荡。

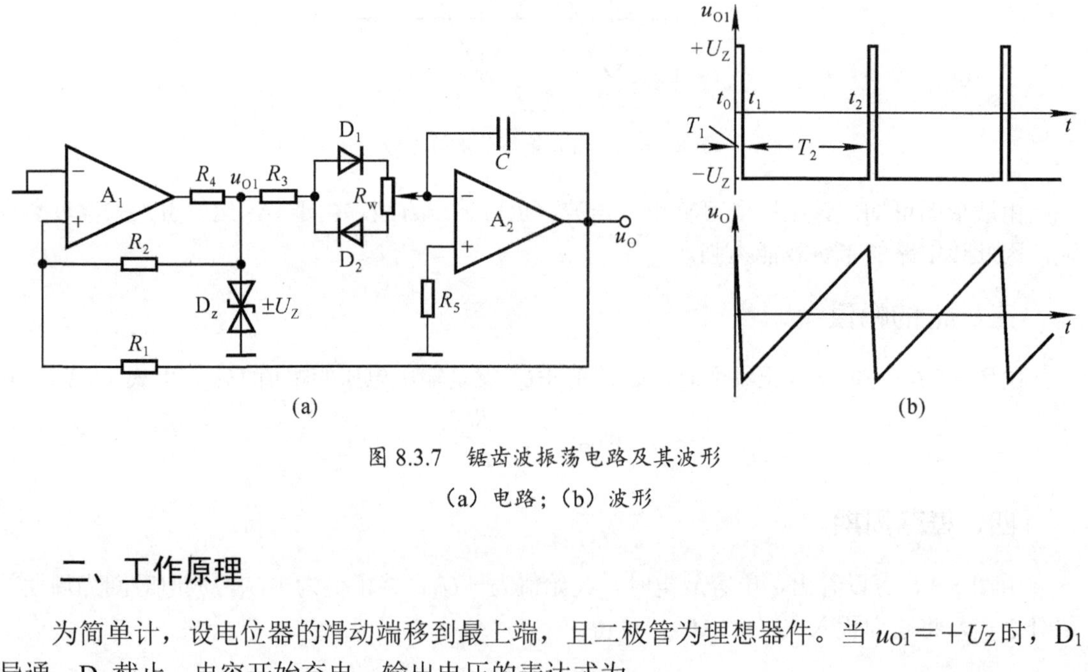

图 8.3.7　锯齿波振荡电路及其波形

（a）电路；（b）波形

二、工作原理

为简单计，设电位器的滑动端移到最上端，且二极管为理想器件。当 $u_{O1}=+U_Z$ 时，D_1 导通，D_2 截止，电容开始充电，输出电压的表达式为

$$u_O = -\frac{1}{R_3 C} U_Z (t - t_0) + u_O(t_0)$$

其中 $t_0 < t < t_1$，$u_O(t_0)$ 为初态时的输出电压，此时 u_O 随 t 线性下降，根据滞回比较器的传输特性知，一旦 $u_O \leqslant -U_T$（此时 $t = t_1$），u_{O1} 将由 $+U_Z$ 跳变为 $-U_Z$，于是 D_2 导通，D_1 截止，电容开始放电，输出电压的表达式为

$$u_O = \frac{1}{(R_3 + R_w)C} U_Z (t - t_1) + u_O(t_1)$$

其中 $t_1 < t < t_2$，$u_O(t_1)$ 为电容刚开始放电时的输出电压，此时 u_O 随 t 线性增加，根据滞回比较器的传输特性知，一旦 $u_O \geqslant +U_T$（此时 $t = t_2$），u_{O1} 将由 $-U_Z$ 跳变为 $+U_Z$，于是 D_1 导通，D_2 截止，电容又开始充电。如此周而复始，形成锯齿振荡。由于 $R_w \gg R_3$，所以放电时间远大于充电时间，波形如图 8.3.7（b）所示。

三、输出电压的幅值和振荡周期

与三角波振荡电路相同，锯齿波振荡电路的输出波形幅值仍由式（8.3.11）确定。

与三角波振荡周期的计算类似，可得波形的下降时间为

$$T_1 = t_1 - t_0 \approx \frac{2R_1 R_3 C}{R_2}$$

上升时间为

$$T_2 = t_2 - t_1 \approx \frac{2R_1 (R_3 + R_w) C}{R_2}$$

所以振荡周期为

$$T = T_1 + T_2 = \frac{2R_1 (R_3 + R_w) C}{R_2} \tag{8.3.14}$$

因为 $R_3 \ll R_w$，所以可认为 $T \approx T_2$。

根据 T_1 和 T 的表达式，还可得 u_{O1} 的占空比为

$$q = \frac{T_1}{T} = \frac{R_3}{2R_3 + R_w} \tag{8.3.15}$$

由式（8.3.11）知，调整 R_1、R_2 的阻值，可以改变锯齿波的幅值；由式（8.3.14）知，调 R_1、R_2 和 R_w 的阻值以及电容 C 的容量，可以改变振荡周期；调整电位器滑动端的位置，可改变 u_{O1} 的占空比以及锯齿波的上升和下降斜率。

以上所述的各种振荡器，其振荡频率是通过调节可变电阻或可变电容来实现的，这往往是通过人手来调节的。在自动控制等场合，常要求自动的控制振荡频率。常见的情况是用一个已知的、可变的电压来控制振荡频率，具有这种功能的电路称为压控振荡器（voltage controlled oscillator），读者可参阅有关文献①，此处不再赘述。

①参阅文献[8-10] 443-446 页。

本章小结

本章主要介绍了正弦波振荡电路、电压比较器的电路构成原理及其分析方法，对非正弦波振荡电路也作了简要的介绍。

一、正弦波振荡电路原理

（1）自激振荡条件：$\dot{A}\dot{F}\geqslant 1$。其中 $AF\geqslant 1$ 包括两部分，即起振条件 $AF>1$ 和幅值平衡条件 $AF=1$；相位平衡条件是 $\varphi_A+\varphi_F=2n\pi$，前者的物理意义是反馈量与净输入量相同，后者的物理意义是必须引入正反馈。

（2）正弦波振荡电路一般包括放大电路、反馈网络、选频网络和稳幅环节。按选频网络的不同，将正弦波振荡电路分为 RC、LC 和石英晶体振荡器等几种。

（3）分析正弦波振荡电路的一般方法是：观察电路是否包含四个基本组成部分；检查电路是否满足相位平衡条件；分析电路是否满足幅值平衡条件；估算振荡频率。

二、正弦波振荡器

（1）RC 正弦波振荡电路的振荡频率较低。最常见的 RC 正弦波振荡器是文氏桥振荡电路，它用 RC 串并联网络作反馈和选频网络。若 RC 串并联网络中的电阻均为 R，电容均为 C，则该电路的振荡条件是 $A_u\geqslant 3$，振荡频率为 $f_o=\dfrac{1}{2\pi RC}$。

（2）LC 正弦波振荡电路的振荡频率较高。它主要有变压器反馈式和三点式，对于前者可用瞬时极性法判断是否满足相位平衡条件，对于后者可用“射同基（集）反”原则判断能否振荡，而幅值条件一般容易满足。振荡频率为 LC 谐振回路的谐振频率，即 $f_o=\dfrac{1}{2\pi\sqrt{L_eC_e}}$，其中的 L_e、C_e 为谐振回路的等效电感和等效电容。

（3）石英晶体振荡器的振荡频率最稳定，它有串联型和并联型两类。对于前者，石英晶体呈小电阻，振荡频率为石英晶体的串联谐振频率，即 $f_o=f_s$；对于后者，石英晶体呈感性，振荡频率为石英晶体的并联谐振频率，即 $f_o=f_p\approx f_s$，而且仍遵守“射同基（集）反”的原则。

三、电压比较器

（1）电压比较器是将模拟信号转换为数字信号的电路。工作在开环状态下的运放是最简单的电压比较器，它既用于信号的转换，也是非正弦波振荡电路的基础。

（2）电压传输特性是比较器工作原理的一种表述形式，要想画出比较器的输出波形，就要先画出传输特性，而画传输特性的关键是求出其三要素。先通过限幅电路求输出高、低电平；再令运放的同相输入端和反相输入端电压相等，求出此时的输入电压，即为阈值电压；最后根据输入信号是从运放同相还是反相输入端输入，确定输入经阈值电压时输出是正跳变还是负跳变。

（3）按传输特性的不同，电压比较器可分为单限、双限和滞回比较器三类。单限比较器只有一个阈值电压，当输入单方向变化时，输出只跳变一次。双限比较器有两个阈值电压，当输入单方向变化时，输出跳变两次。滞回比较器虽有两个阈值电压，当输入单方向变化时，输出只跳变一次，而且输入增加、减小时的阈值不同。

四、非正弦波振荡电路

（1）非正弦波振荡电路一般由开关器件、反馈网络和延迟环节三个部分组成。振荡条件是：无论开关器件的输出是高电平还是低电平，只要经过反馈、延迟后，能够使开关器件的状态自动改变，则能振荡，否则不能。

（2）非正弦波振荡电路的分析步骤是：观察电路是否有三个组成部分；检查是否满足振荡条件；估算振荡频率。

（3）方波振荡电路是非正弦波振荡电路的基础，由反相型滞回比较器和 R_3C 延迟兼反馈网络构成的方波振荡电路，其振荡周期为$T=2R_3C\ln(1+\dfrac{2R_1}{R_2})$。若改变 R_3C 电路的充放电时间常数，则可得到占空比可调的矩形波振荡电路。

（4）三角波振荡电路是由同相型滞回比较器和积分电路组成，比较器输出的方波，经积分电路后变换为三角波，改变积分电路的时间常数可获得斜率可调的锯齿波。

五、重点、难点

1. 重点

（1）正弦波振荡电路的幅值平衡条件和相位平衡条件，文氏桥正弦波振荡电路的组成、工作原理；

（2）变压器反馈式、三点式和石英晶体振荡电路的工作原理，振荡频率与电路参数的关系。

2. 难点

（1）滞回比较器的电路构成、工作原理；

（2）矩形波、三角波和锯齿波振荡电路的工作原理、波形分析和有关参数的计算。

参考文献

[8-1] 赵玉山，周跃庆，王苹. 电流模式电子电路[M]. 天津：天津大学出版社，2001.

[8-2] 张肃文，陆兆熊. 高频电子线路 [M]. 3 版. 北京：高等教育出版社，1993.

[8-3] 李永安. .*RC* 相移式振荡器的负阻法分析[J]. 电气电子教学学报，2003，25（6）：28-29.

[8-4] 李永安. 一种推导文氏桥电路振荡条件的新方法[J]. 物理与工程，2003，13（6）：21-22.

[8-5] 李永安. 文氏桥振荡电路振荡条件的研究[J]. 咸阳师范学院学报，2003，18（6）：24-26.

[8-6] 谢嘉奎. 电子线路（非线性部分）[M]. 2 版. 北京：高等教育出版社，1984.
[8-7] Irvine R G. Operational amplifier characteristics and applications[M]. Upper Saddle River(NJ)：Prentice-Hall，1981.
[8-8] Boutin N. Two new single op-amp *RC* bridge T oscillator circuits [J]. IEE Proceedings，1983，130（5）：222-224.
[8-9] Li Y A. Derivation for current-mode Wien oscillators using CCCCTAs [J]. Analog Inte-grated Circuits and Signal Processing，2015，84（3）：479-490.
[8-10] 童诗白，华成英. 模拟电子技术基础[M]. 3 版.北京：高等教育出版社，2001.
[8-11] 王楚，余道衡. 电子线路解题指南[M]. 北京：北京大学出版社，2005.
[8-12] 武秀玲，沈伟慈. 高频电子线路[M]. 西安：西安电子科技大学出版社，1995.
[8-13] 张永瑞，杨林耀，张雅兰. 电路分析基础[M]. 2 版. 西安：西安电子科技大学出版社，1998.

自 测 题

一、判断下列说法是否正确，用“√”或“×”表示判断结果。

1. 在采用正反馈方框图的条件下，若 $\varphi_F=180°$，则只有当 $\varphi_A=\pm180°$时，电路才能产生正弦波振荡。（　）

2. 只要电路引入了正反馈，就一定会产生正弦波振荡。（　）

3. 只要电路引入了负反馈，就一定不会产生正弦波振荡。（　）

4. 凡是振荡电路中的集成运放均工作在线性区。（　）

5. 文氏桥式振荡电路中，只要 $A_u>3$，就一定能产生正弦振荡。（　）

6. 并联型石英晶体振荡电路中，振荡频率近似等于 f_s，因此，也可以说石英晶体是串联谐振。（　）

7. 振荡电路对放大电路的静态工作点没有要求。（　）

8. *RC* 正弦波振荡电路不需要电感，但需要一个电容。（　）

9. *LC* 正弦波振荡电路至少需要一个电容。（　）

10. 非正弦波振荡电路一般需要一个电容。（　）

二、选择正确答案填入空内。

1. 正弦波振荡器的振幅起振条件是________。

A. $AF=1$　　B. $AF<1$　　C. $AF>1$　　D. $AF=0$

2. 振荡电路的作用是在________情况下，产生一定幅度和频率的信号。

A. 没有反馈信号　　B. 没有电源电压　　C. 没有输入信号　　D. 外加输入信号

3. 制作频率为 20 Hz～20 kHz 的音频信号发生电路，应选用________。

A. *RC* 桥式正弦波振荡电路　　B. 克莱泼振荡电路

C. 石英晶体　　D. 考毕兹振荡电路

4. 制作频率非常稳定的测试用信号源，应选用________。

A. 变压器反馈式正弦波振荡电路　　B. *RC* 振荡电路

C. 石英晶体　　D. 三点式振荡电路

5. 正弦波振荡电路的振荡频率主要由________决定。

A. 放大倍数　　B. 反馈网络　　C. 稳幅电路　　D. 选频网络

6. 一个正弦波振荡器的反馈系数是 $\dot{F}=0.2\angle 180°$，要维持振荡，则开环放大倍数为________。

A. $\dot{F}=0.2\angle 360°$　　B. $\dot{F}=5\angle 180°$　　C. $\dot{F}=0.2\angle 180°$　　D. $\dot{F}=5\angle 360°$

7. 常用的正弦波振荡电路中，频率稳定度最高的是________电路。

A. *RC* 桥式　　B. 石英晶体　　C. 电容三点式　　D. 电感三点式

8. 并联型石英晶体振荡器，石英晶体扮演的角色是________。

A. 小电阻　　B. 电容　　C. 放大器　　D. 电感

9. 在滞回电压比较器中，运放处于________状态。

A. 开环　　B. 线性　　C. 正反馈　　D. 负反馈

10. 输入电压从运放的反相输入端输入，则输入由小增大经阈值电压时，输出会负跳变，这叫________比较器。

A. 反相　　B. 同相　　C. 单限　　D. 双限

三、改错：改正图 T8.3 所示各电路中的错误，使电路可能产生正弦波振荡。要求不能改变放大电路的基本接法（共射、共基、共集）。

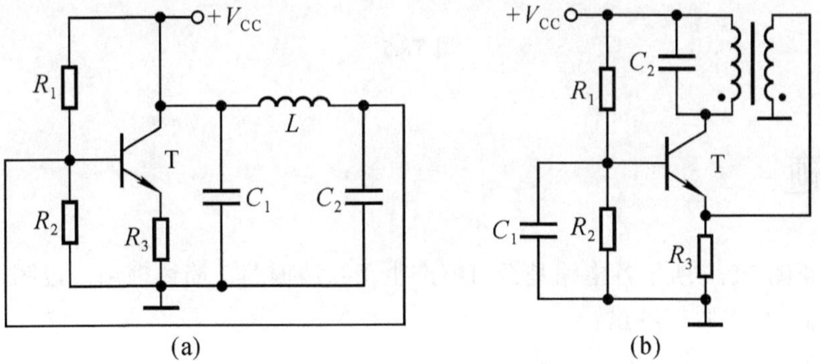

图 T8.3

四、试分别求出图 T8.4 所示各电路的电压传输特性。设集成运放的 $U_{OH}=+12$ V，$U_{OL}=-12$ V，稳压管的稳压值 $U_Z=6$ V。

五、电路如图 T8.5 所示，试回答下列问题：

（1）运放 A_1 和 A_2 各构成什么电路？

（2）如果 u_{O1} 的幅值为 5 V，试对应画出 u_{O1} 和 u_{O2} 的波形；

（3）要振荡，应调节 R_w 为多少？

（4）求 u_{O1} 的频率的调节范围。

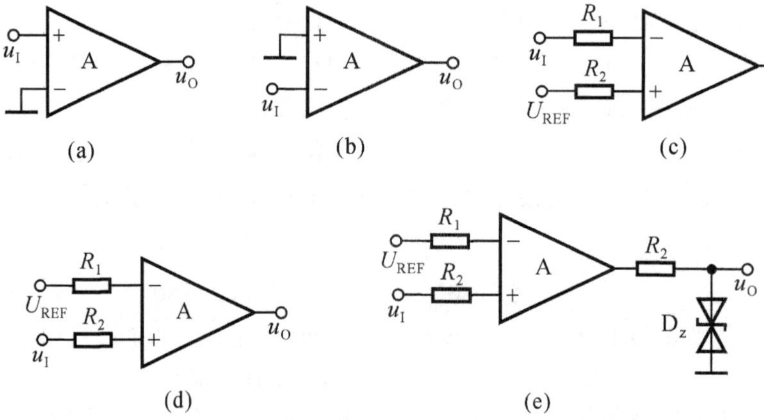

图 T8.4

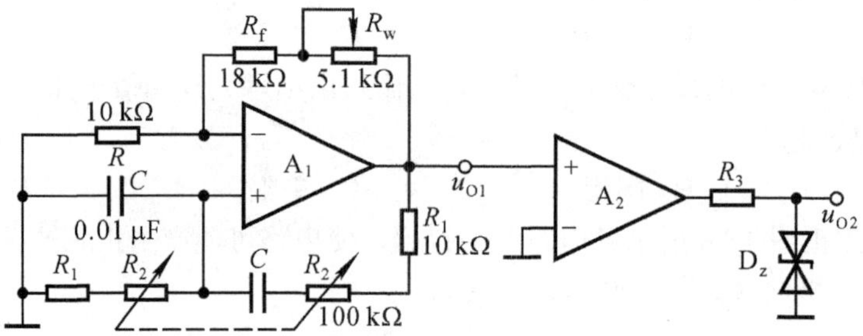

图 T8.5

习　题

8.1 判断图 P8.1 所示各电路是否可能产生正弦波振荡，简述理由。设图（b）中 C_4 容量远大于其它三个电容的容量。

8.2 电路如图 P8.1 所示，试问：

（1）在图（a）电路中，若反馈网络的输出端改接在 T_2 的基极，则电路是否可能产生正弦波振荡？为什么？

（2）在图（b）电路中，若再加一级 RC 电路，则电路是否可能产生正弦波振荡？为什么？

8.3 电路如图 P8.3 所示，已知 R_f=20 kΩ，R_1=8.2 kΩ，R_w=4.7 kΩ，R=10 kΩ，R'=100 kΩ，C=0.01 μF，试求解：

（1）R_w 的上限值；

（2）振荡频率的调节范围。

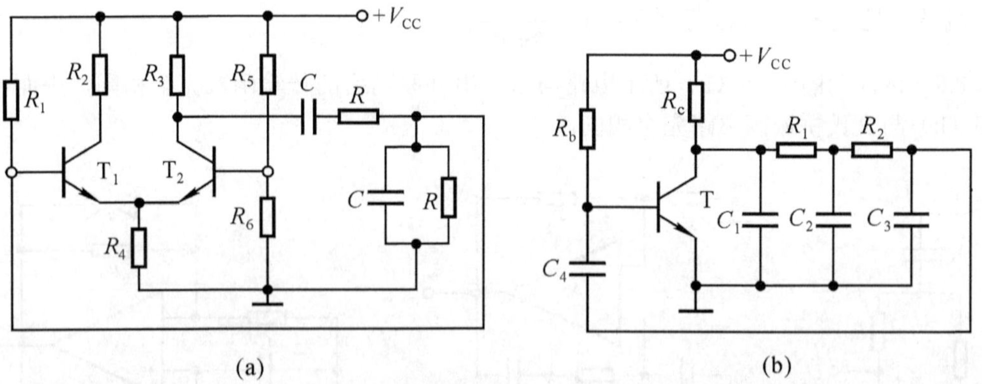

图 P8.1

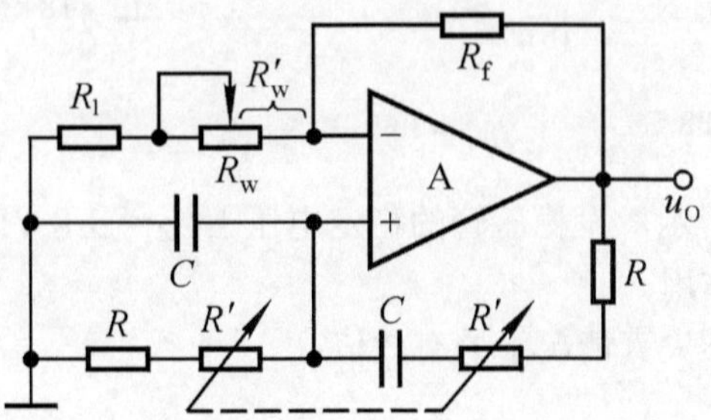

图 P8.3

8.4　文氏桥振荡电路如图 P8.4（a）所示。

（1）试证明从 a、b 两端看进去的等效电路是一个电感与一个负电阻的串联，从而证明文氏桥振荡电路可等效成图 P8.4（b）；

（2）根据 LC 并联电路的谐振特点及负阻产生功率应大于正电阻消耗的功率，证明电路

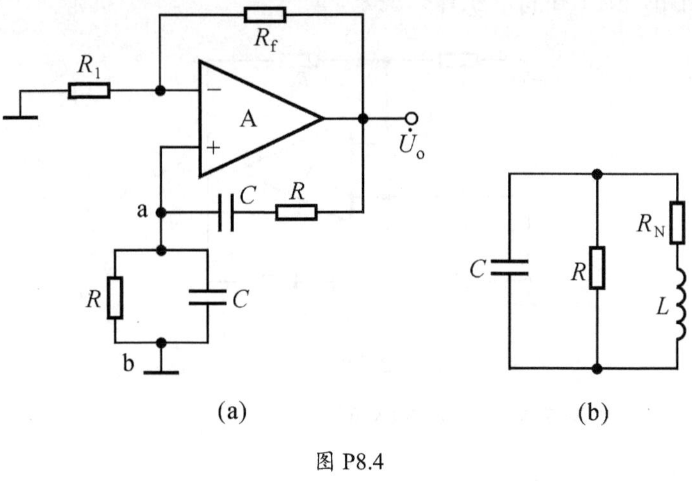

图 P8.4

的振荡条件是 $R_f \geqslant 2R_1$，振荡频率是 $f_o = \dfrac{1}{2\pi RC}$。

8.5 试证明图 P8.5（a）所示电路与 RC 串并联网络的传输函数完全相同，进而证明图 P8.5（b）与文氏桥振荡电路完全相同。

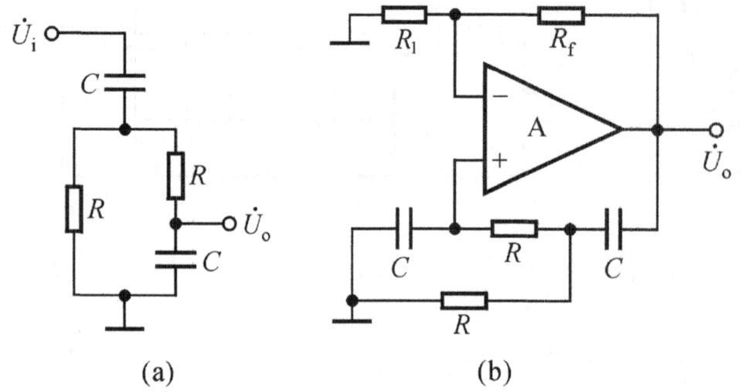

图 P8.5

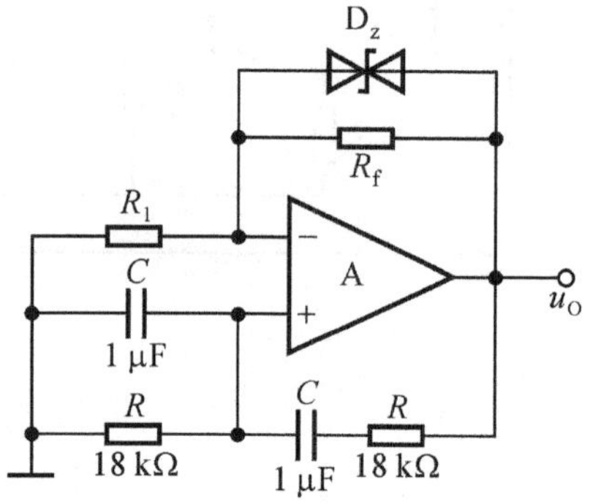

图 P8.6

8.6 电路如图 P8.6 所示，设稳压管的稳定电压 $\pm U_Z = \pm 8$ V。

（1）说明稳压管的作用；

（2）估算输出电压不失真情况下的有效值；

（3）估算振荡频率。

8.7 电路如图 P8.7 所示。

（1）为使电路产生正弦波振荡，标出集成运放的“＋”和“－”；并说明电路是哪种正弦波振荡电路。

（2）若 R_1 短路，则电路将产生什么现象？

（3）若 R_1 断路，则电路将产生什么现象？

（4）若 R_f 短路，则电路将产生什么现象？

（5）若 R_f 断路，则电路将产生什么现象？

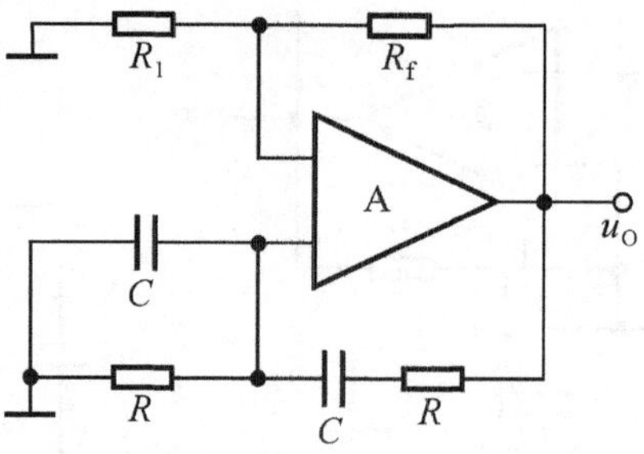

图 P8.7

8.8 一实用 RC 桥式振荡电路如图 P8.8 所示。

（1）求 f_0；

（2）说明二极管的作用；

（3）说明 R_P 如何调节。

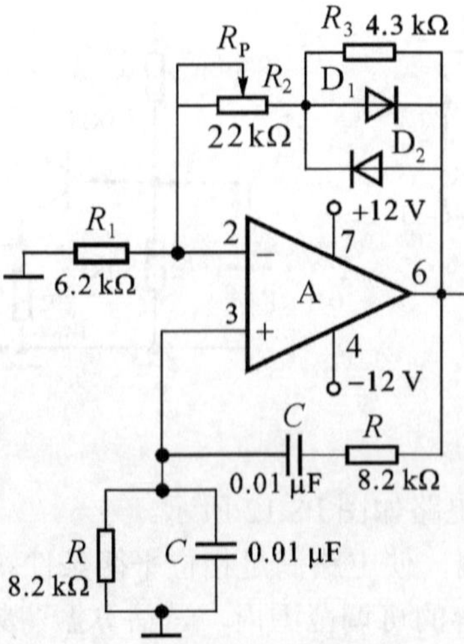

图 P8.8

8.9　利用巴克豪森准则，导出图 P8.9 电路的振荡条件和振荡频率。

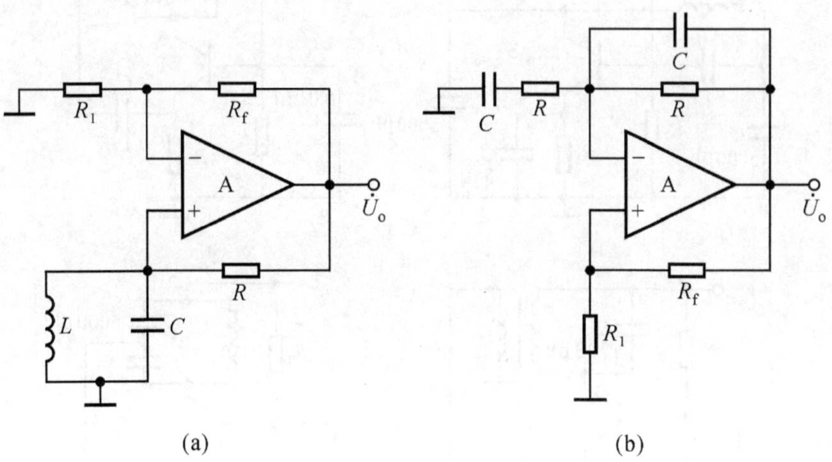

图 P8.9

8.10　如果图 8.1.5 电路中运放的开环增益满足主极点模型，而其它参数理想，试导出该电路的振荡条件和振荡频率公式。

8.11　*RC* 相移式振荡器有两类，一类是滞后型的，另一类是超前型的，图 P8.11 是由运放构成的一种超前型 *RC* 相移式振荡器。

（1）试用负阻法证明其振荡频率为 $f_o=\dfrac{1}{2\pi\sqrt{3}RC}$，振荡条件为 $R_f \geqslant 12R$；（参见习题 8.4）

（2）试用巴克豪森准则证明（1）。

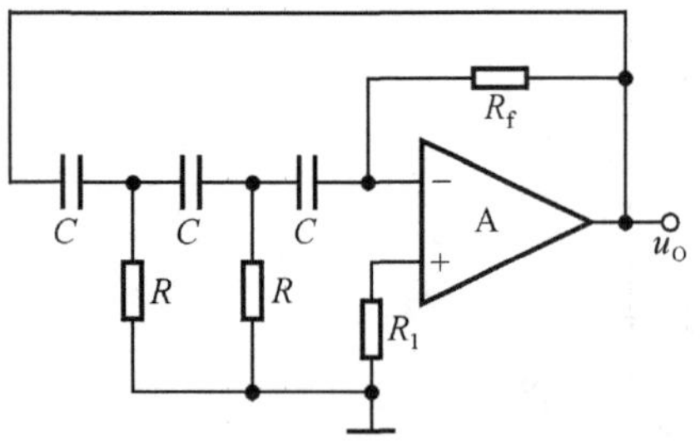

图 P8.11

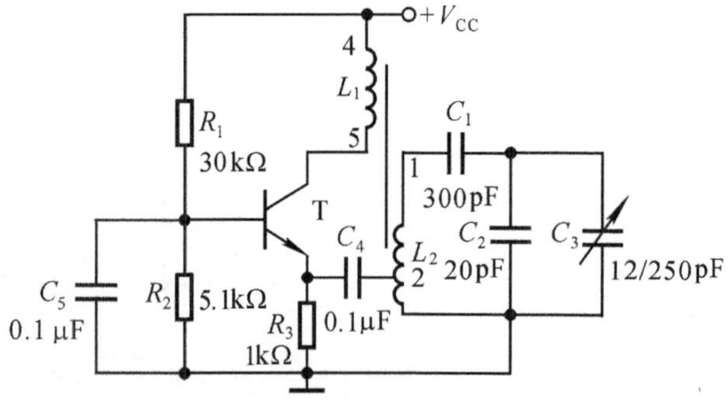

图 P8.12

8.12 某收音机的本机振荡电路如图 P8.12 所示。

（1）试标出变压器的同名端，使电路满足相位平衡条件；

（2）设 L_2=100 μH，在电容的可调范围内，试估算振荡频率的可调范围。

8.13 分别判断图 P8.13 所示各电路是否满足正弦波振荡的相位条件。

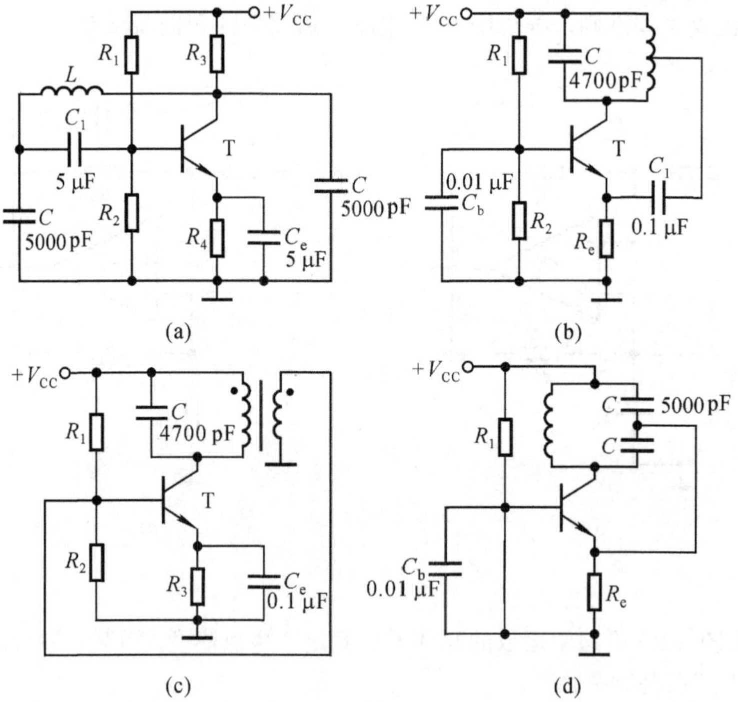

图 P8.13

8.14 改正图 P8.13 所示电路中有错的电路，使之有可能产生正弦波振荡。

8.15 试分别指出图 P8.15 所示两电路中的选频网络、正反馈网络和负反馈网络，并说明电路是否满足正弦波振荡的相位条件。

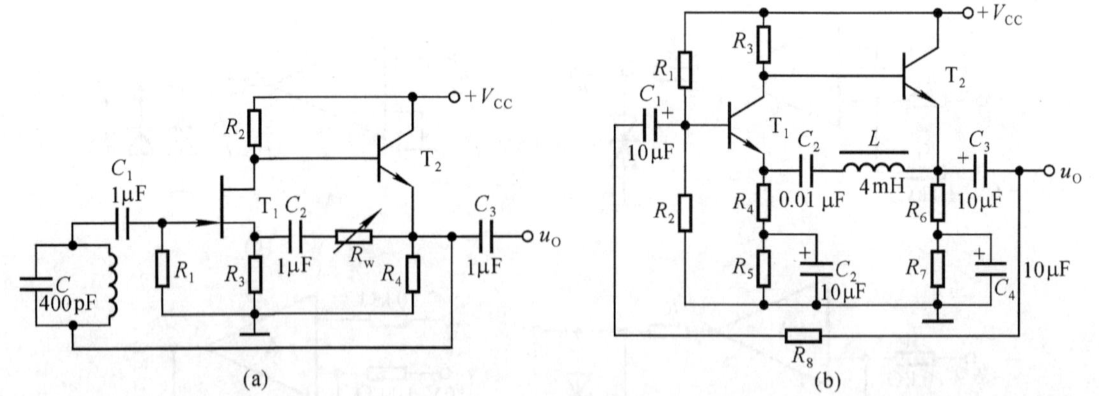

图 P8.15

8.16　分析图 P8.16 所示电路，试问应将石英晶体接在哪两点才有可能产生正弦波振荡，并指出电感 L 和电容 C 的谐振频率与石英晶体的谐振频率相比，哪个应较大，电路才有可能产生正弦波振荡。

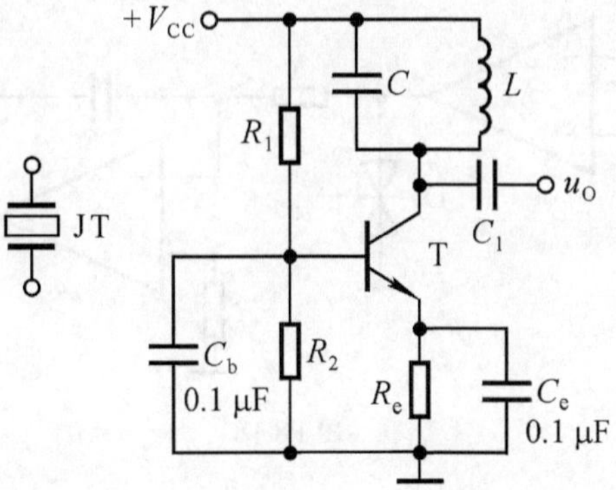

图 P8.16

8.17　试分别求解图 P8.17 所示各电路的电压传输特性。

8.18　理想运放组成图 P8.18 所示电路，已知 $u_I=5\sin\omega t$（V）。

（1）说明 A_1、A_2 各组成什么功能的电路；

（2）若 u_C（0^+）$=0$，试根据的 u_I 波形，对应画出 u_{O1}、u_O 的波形；

（3）若输入正弦波的频率增大，u_O 的波形有何变化?

8.19　图 P8.19 所示为光控电路的一部分，它将连续变化的光电信号转换成离散信号（即不是高电平，就是低电平），电流 i_I 随光照的强弱而变化。

（1）在 A_1 和 A_2 中，哪个工作在线性区？哪个工作在非线性区？为什么？

（2）试求出表示 u_O 与 i_I 关系的传输特性。

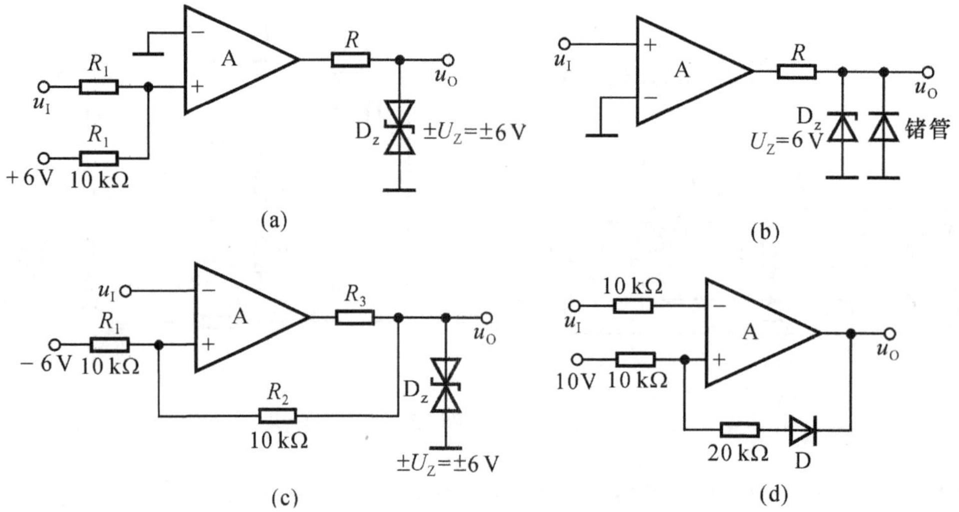

图 P8.17

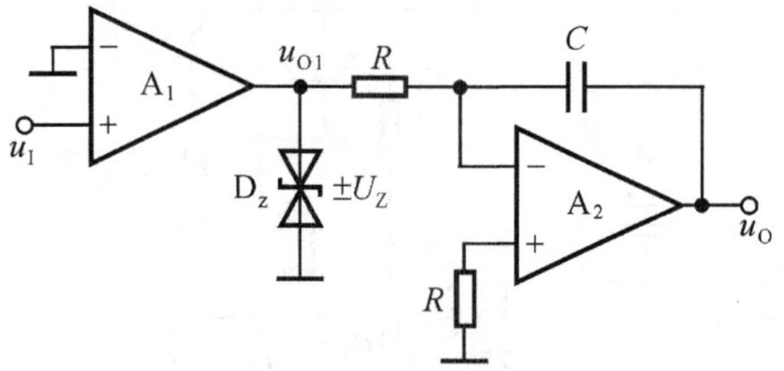

图 P8.18

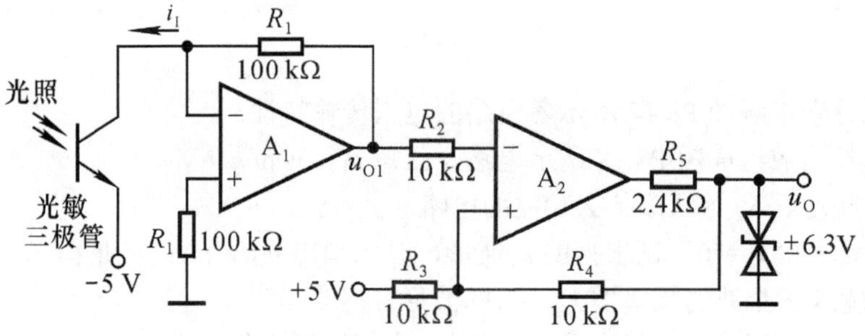

图 P8.19

8.20 已知三个电压比较器的电压传输特性分别如图 P8.20（a）、（b）、（c）所示，它们的输入电压波形均如图（d）所示，试画出 u_{O1}、u_{O2} 和 u_{O3} 的波形。

8.21 设计三个电压比较器，它们的电压传输特性分别如图 P8.20（a）、（b）、（c）所示。要求合理选择电路中各电阻的阻值，限定最大值为 100 kΩ。

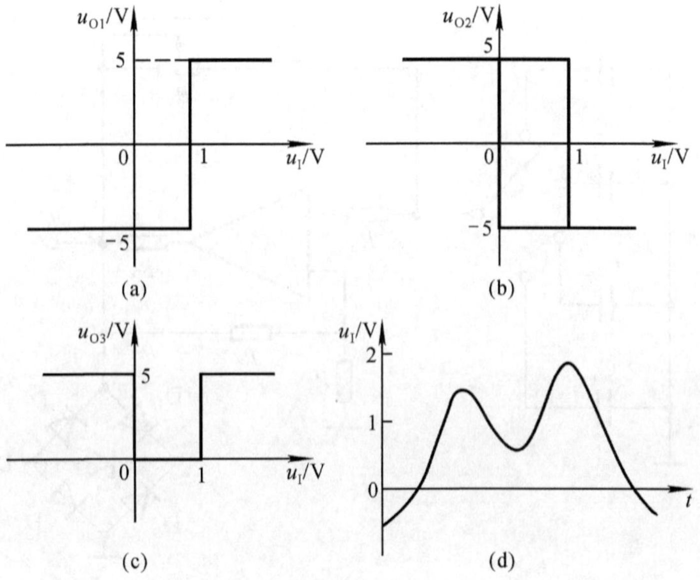

图 P8.20

8.22　电路如图 P8.22 所示。

（1）分别说明 A_1 和 A_2 各构成哪种基本电路；

（2）求出 u_{O1} 与 u_O 的关系曲线 $u_{O1}=f(u_O)$；

（3）求出 u_O 与 u_{O1} 的运算关系式 $u_O=f(u_{O1})$；

（4）定性画出 u_{O1} 与 u_O 的波形；

（5）说明若要提高振荡频率，则可以改变哪些电路参数，如何改变。

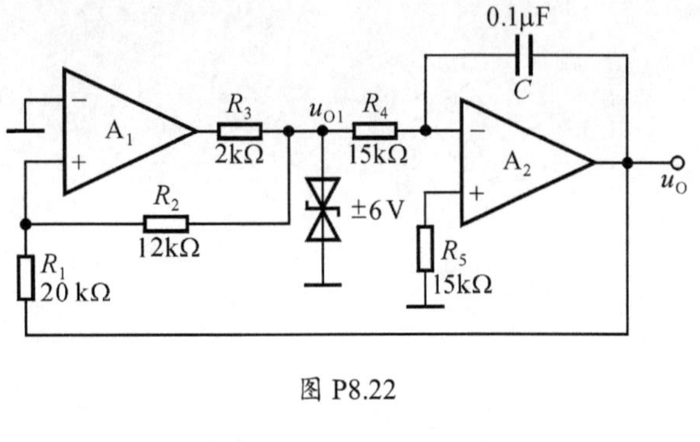

图 P8.22

8.23　图 P8.23 所示电路是一个方波发生器，假定运放是 μA741，反相端的漏电流为 10 μA，电源电压是±15 V，二极管桥式钳位电流为 1 mA，最大负载电流也是 1 mA（负载未画），要求电路满足：① f_0 从 1 Hz 到 10 kHz 以 10 倍频步级变化；② f_0 必须在每 10 倍频程内可连续改变；③幅度必须是±5 V。试确定各元件参数。

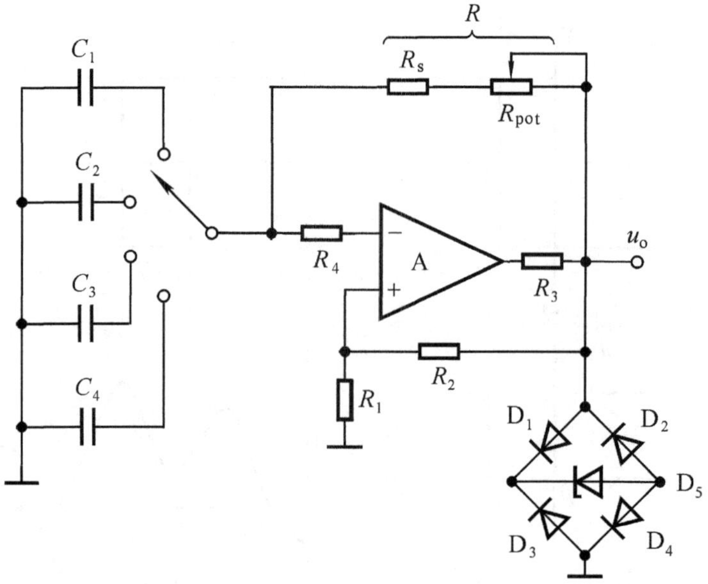

图 P8.23

第9章　功率放大电路

◎本章讨论的问题

(1) 功率放大电路的主要任务是什么？它与电压放大电路有什么区别？

(2) 功率放大电路分为哪几类？其各自特点是什么？

(3) 如何计算功率放大电路最大输出功率？它是直流功率吗？

(4) 选择功率放大电路中 BJT，应注意哪些因素？

(5) 提高输出功率的方法有哪些？如何提高功率放大电路的效率？

(6) 什么是 OCL 功放电路？其性能参数有哪些？如何计算？

(7) 什么是交越失真？克服交越失真有哪些措施？

(8) 什么是甲乙类 OCL 功放电路？其性能参数如何计算？与乙类互补对称功放电路的计算是否相同？

(9) OTL 功放电路中电容 C 的作用是什么？其性能参数如何计算？

9.1　功率放大电路概述

许多电子设备，如扬声器、偏转线圈、发射天线以及伺服电机等，需要足够的功率才能正常运行，这就需要功率放大电路。因此，功率放大电路不仅能输出较大的电压，也能输出较大的电流和较大功率。输出功率为 1～10 W 的功率放大电路，常把功率管管芯与前置放大电路芯片组装在一起，称之为功率运算放大器。还有一种商品只含末级及其驱动级，使用者可将它与通用运放构成功率放大器，称之为功率扩展器。工业控制系统所用的功率放大电路，常要求有数百伏的输出电压，数十乃至数百安的输出电流，这类电路的输出级宜用绝缘栅双极型晶体管（insulated gate bipolar transistor，IGBT）①，并用高压运算放大电路做前级。那么什么是功率放大电路（power amplifier）呢？它又有什么类型和特点呢？

9.1.1　功率放大电路的特点和分类

一、功率放大电路的特点

到目前为止，我们一直研究的是电压放大电路，其特点：一是电压放大电路位于整个放大电路的输入级或中间级，其主要作用是在不失真的前提下，尽可能地提高输出电压；二是

①参阅文献[9-1] 375 页。

其 BJT 在小信号状态下运行，输出电压最大为十几伏，输出电流小，输出功率—般在几百毫瓦以下；三是采用微变等效电路法分析电路性能指标。与电压放大器不同，功率放大电路有以下的特点：

（1）在一个实用放大电路中，功率放大电路往往作为输出级来驱动负载工作，向负载提供交流功率而不是直流功率。

（2）功率放大电路的主要作用是在不失真或轻微失真的前提下，尽可能地向负载提供尽可能大的交流功率，以便能推动负载正常工作。

（3）为了使输出功率尽可能得大，BJT 或 FET 常处在尽限运用状态：u_{CE} 接近 $U_{(BR)CEO}$，管耗 P_T 接近 P_{CM}，i_C 接近 I_{CM}，因此需散热、过流、过压保护措施。同时，选用功率管时必须考虑管子的各种极限参数（极限参数 P_{CM}、I_{CM}、$U_{(BR)CEO}$），以保证功率管长期安全工作。

（4）转换效率要高。功率放大电路把直流电源提供能量的大部分转换成负载上的交流能量，另外一部分能量转换为电路中功率器件的热能，它是整个电路的主要损耗能量。转换效率是负载上的最大输出功率（有用功率）和电源提供的直流功率的比值。这个比值越大，效率就越高，直流电源提供的能量转化为负载所需的有用功率就越大，能量的损耗就越少。因此，要求功率放大电路转换效率要高。

（5）功率放大电路中的 BJT 工作在大信号状态，采用的分析方法一般为图解法，而不能用微变等效电路法。

二、功率放大电路的分类

1. 按 BJT 的导通时间分类

按电路中 BJT 导通时间不同，即 BJT 的工作状态不同，功率放大电路一般分为甲类（A 类）、乙类（B 类）、甲乙类（AB）和丙类①（C 类）。

设输入信号为正弦信号，如果 BJT 在输入信号的整个周期内均导通，此时 BJT 导通角 $\theta=360°$，其集电极均有电流流过，BJT 集电极电流波形如图 9.1.1（a）所示。在整个周期

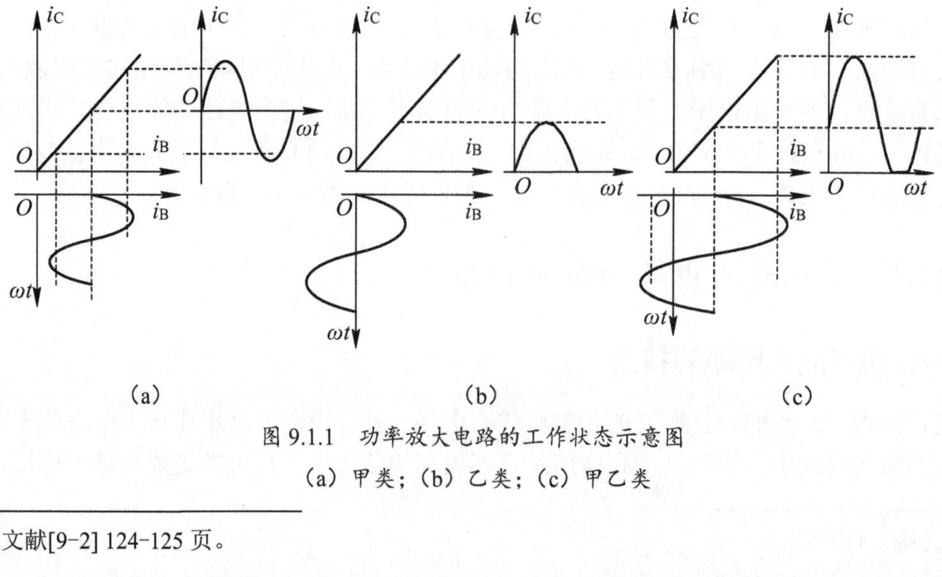

（a）　　（b）　　（c）

图 9.1.1　功率放大电路的工作状态示意图

（a）甲类；（b）乙类；（c）甲乙类

①参见文献[9-2] 124-125 页。

内，BJT 均导通的状态称为甲类工作状态，此时功率放大电路叫甲类功率放大电路。

如果 BJT 在输入信号的半个周期内导通，此时 BJT 导通角 $\theta=180^{\circ}$，此类功率放大电路称为乙类功率放大电路，BJT 集电极电流波形如图 9.1.1（b）所示。

如果 BJT 在输入信号的导通时间大于半个周期而小于一个周期（即大半个周期导通），此时 BJT 导通角 $180^{\circ}<\theta<360^{\circ}$，此类功率放大电路称为甲乙类功率放大电路，BJT 集电极电流波形如图 9.1.1（c）所示。

如果 BJT 在输入信号的导通时间小于半个周期，此时其导通角小于 180°，此类功率放大电路称为丙类功率放大电路。

2. 按电路的组成形式不同分类

按电路的组成形式不同，功率放大电路分为变压器耦合功率放大电路、无输出电容功率放大电路（output capacitorless，OCL）、无输出变压器功率放大电路（output transformerless，OTL）以及无平衡输出变压器功率放大电路（balanced transformerless，BTL）等。变压器耦合功率放大电路，可以实现阻抗变换。但是，由于体积庞大、笨重、消耗有色金属，而且在低频和高频都会产生相移，使放大电路引入负反馈时容易产生自激振荡，所以目前该类功率放大电路应用较少，取而代之的是 OTL、OCL 和 BTL 功率放大电路。

3. 按工作信号频率分类

按工作信号频率的不同，功率放大电路可分为低频功率放大电路和高频功率放大电路。低频功率放大电路也叫音频功率放大电路，工作信号的频率范围在几十赫兹到几十千赫兹。而在高频功率放大电路中，工作信号的频率在兆赫兹级以上，因此高频功率放大电路也叫射频功率放大电路。本章主要讨论低频功率放大电路。

9.1.2　功率放大电路主要指标

如何衡量功率放大电路性能的优劣？可用以下参数描述。

一、输出功率 P_o

功率放大电路的输出功率（output signal power）等于输出电压有效值和输出电流有效值的乘积。如果 U_{om}、I_{om} 分别为输出电压和输出电流的幅值，则输出功率为

$$P_o=\frac{I_{om}}{\sqrt{2}}\frac{U_{om}}{\sqrt{2}}=\frac{U_{om}I_{om}}{2}=\frac{U_{om}^2}{2R_L}=\frac{I_{om}^2R_L}{2} \tag{9.1.1}$$

其中，R_L 为负载。该功率是电路提供给负载的有用功率。

二、直流电源提供的功率 P_V

直流电源提供的功率是直流电源电压与其输出电流平均值乘积，它是直流功率。

$$P_V=\frac{1}{2\pi}\int_0^{2\pi}V_{CC}i_C\mathrm{d}(\omega t)=V_{CC}I_{C(AV)} \tag{9.1.2}$$

式中，$I_{C(AV)}$ 为 i_C 的平均值，即集电极电流的直流分量。

三、BJT 耗散功率 P_T

BJT 耗散功率（power dissipation）是指功率放大电路中消耗在功率管上的平均功率。

$$P_T=\frac{1}{2\pi}\int_0^{2\pi}u_{CE}i_C\mathrm{d}(\omega t) \tag{9.1.3}$$

其中，u_{CE} 为功率管集电极-发射极电压，i_C 为集电极电流的瞬时值。直流电源的功率一部分转换为负载上输出功率，另外一部分转换为功率管的管耗。

四、转换效率 η

功率放大电路的转换效率（collector efficiency）为其输出功率 P_o 与直流电源所提供的功率 P_V 之比，即

$$\eta=\frac{P_o}{P_V}\times 100\%=\frac{U_{om}^2}{2R_LV_{CC}I_{C(AV)}} \tag{9.1.4}$$

五、非线性失真系数 D

由于 BJT 是非线性器件，在功率放大电路中，BJT 又工作在大信号状态，其输出信号电压和电流的幅值很大，很容易超出 BJT 的线性区而进入饱和区或截止区，因此输出信号不可避免地会产生一定的非线性失真。为了衡量非线性失真的程度，引入非线性失真系数（nonlinear distortion factor）D①，它等于谐波总量和基波成分之比。

$$D=\frac{\sqrt{I_{om2}^2+I_{om3}^2+\cdots}}{I_{om1}}=\frac{\sqrt{U_{om2}^2+U_{om3}^2+\cdots}}{U_{om1}} \tag{9.1.5}$$

其中，I_{om1}，I_{om2}，I_{om3} 以及 U_{om1}，U_{om2}，U_{om3} 分别表示输出电流、输出电压的基波分量和各次谐波分量的幅值。可见，谐波成分愈大，表明非线性失真愈大。

9.1.3 功率放大电路组成

一、为什么共射放大电路不宜作功率放大电路

在第 2 章，我们对共射放大电路作了深入的研究，为了方便，现重画于此，如图 9.1.2（a）所示。图 9.1.2（b）已在 BJT 输出特性曲线上作出了直流负载线和交流负载线，假设 Q 点位于直流负载线的中间，并假设输入正弦信号，则由图可以看出，输出电流最大幅值为 I_{CQ}，输出电压最大幅值为 $I_{CQ}R_L'$，因此得到最大输出功率为

$$P_{om}=\frac{U_{cem}}{\sqrt{2}}\cdot\frac{I_{cm}}{\sqrt{2}}=\frac{1}{2}(I_{CQ}\cdot R_L')\cdot I_{CQ}=\text{功率三角形面积} \tag{9.1.6}$$

这个最大输出功率在数值上也等于直角三角形 QDE 的面积（阴影部分），它与负载大小有关。

①参见文献[9-3] 231-232 页。

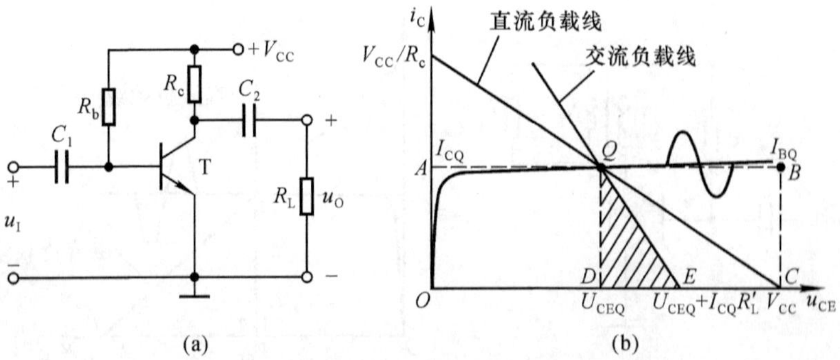

图 9.1.2　共射放大电路的输出功率和效率分析

(a) 电路；(b) 输出功率和效率图解分析

直流电源产生的功率是

$$P_V = V_{CC} \cdot \overline{i_C} = V_{CC} \cdot I_{CQ} \tag{9.1.7}$$

在数值上它等于矩形 *AOCB* 面积，显然，它与输入信号大小无关。

根据式（9.1.4），可得电路的转换效率为

$$\eta = \frac{P_{om}}{P_V} = \frac{I_{CQ}}{2V_{CC}} R'_L \tag{9.1.8}$$

不难发现，因为 R'_L 很小，所以 η 很小，而 P_V 无论有无信号都不变。空载条件下输出功率最大（直角三角形 *QDC* 的面积），因此效率最大为 25%。不言而喻，共射放大电路的效率太低。为了提高输出功率和效率，可用变压器原边代替 R_c，同时将负载接到变压器副边，于是得到了变压器耦合甲类功率放大电路。

二、变压器耦合甲类功率放大电路

图 9.1.3 给出了一个传统的变压器耦合甲类功率放大电路。忽略变压器原边线圈电阻，则直流负载线变成过 *Q* 点的垂线，而交流负载线的斜率是 $-1/R_L'$，其中

$$R'_L = n^2 R_L \tag{9.1.9}$$

其中，$n = N_1/N_2$，为变压器的原、副边的匝数比。通过调整 n，可使交流负载线与横轴的交点约为 $2V_{CC}$。

忽略 BJT 的基极电流，可以得到直流电源产生的功率是

$$P_V = V_{CC} \cdot \overline{i_C} = V_{CC} \cdot I_{CQ} \tag{9.1.10}$$

在数值上它等于直角三角形 *QAB* 面积的 2 倍，同样，它与输入信号大小无关。

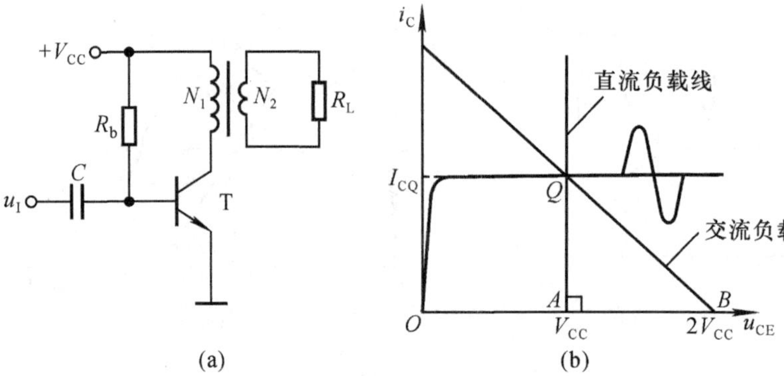

图 9.1.3 单管变压器耦合甲类功率放大电路

(a) 电路；(b) 图解分析

在尽限运用状态下，电路的最大输出功率为

$$P_{om}=\frac{1}{2}I_{CQ}(V_{CC}-U_{CES})\approx\frac{1}{2}I_{CQ}V_{CC} \tag{9.1.11}$$

在数值上它等于直角三角形 QAB 的面积，形式上与负载大小无关。那么请读者思考，实际上与负载是否有关。

根据式（9.1.4）可得电路的转换效率为

$$\eta=\frac{P_{om}}{P_V}=50\% \tag{9.1.12}$$

我们注意到，①静态时，因 $P_o=0$，故 $P_T=P_V=I_{CQ}V_{CC}=2P_{om}$，即静态时功耗最大。因此，如果收音机采用这类功放，打开开关，没有调谐到电台频率时，功耗最大，最费电！②当 i_C 减小时，N_1 要阻碍减小，N_1 出现感应电压，其方向上负下正，最大为 V_{CC}，故 $u_{CM}=2V_{CC}$，因此功率管的击穿电压要满足 $U_{(BR)CEO}>2V_{CC}$。③效率较共射放大电路有所提高（提高了 1 倍），但也最多是 50%。

我们希望输入信号为零时，电源不提供功率；输入信号增大时，负载获得的功率也增大，电源提供的功率随之加大。然而，上述电路做不到这一点。那么如何实现静态时，$P_T=P_V=0$，从而提高 η？

三、变压器耦合乙类推挽功率放大电路

图 9.1.4 给出了变压器耦合乙类推挽功率放大电路。电路使用了两个变压器：一个是输入变压器，其作用是将一个交流电压信号变换成两个大小相等、极性相反的输入信号，起到了倒相作用；另一个是输出变压器，其作用是阻抗变化作用，同时将 T_1、T_2 的集电极电流汇合成完整的正弦波电流送给负载。

假设输入正弦信号，静态时，$u_i=0$，因 T_1、T_2 的发射结为零偏压，两管截止，故 $u_{CE1}=V_{CC}$，$u_{CE2}=V_{CC}$，$i_{C1}\approx i_{C2}\approx 0$。其结果：一是直流电源不产生功率，二是输出变压器副边无感应电压，输出功率为零。

动态时，设 BJT 的开启电压为零。当 $u_i>0$ 时，T_1 导通，T_2 截止，i_{C1} 随着输入的增长而

增大，$u_{CE1}<V_{CC}$ 并随之减小；当 $u_i<0$ 时，T_1 截止，T_2 导通，i_{C2} 随着输入的增长而增大，$u_{CE2}<V_{CC}$ 并随之减小。因两 BJT 的静态工作点 Q_1、Q_2 重合（可用 Q 表示），过 Q 作斜率为 $-1/R_L'$ 的直线即是交流负载线，如图 9.1.5 所示。动态电流、电压将沿着负载线变化，通过输出变压器在负载上合成不失真的正弦信号。这类电路的两同类型 BJT 交替导通，犹如两人拉大锯，一个拉，另一个必然推，反之亦然，故称其为“推挽”电路（push-pull circuit）。

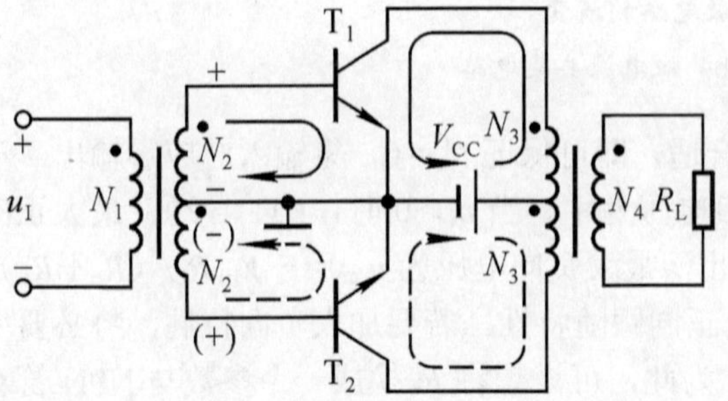

图 9.1.4　变压器耦合乙类推挽功率放大电路

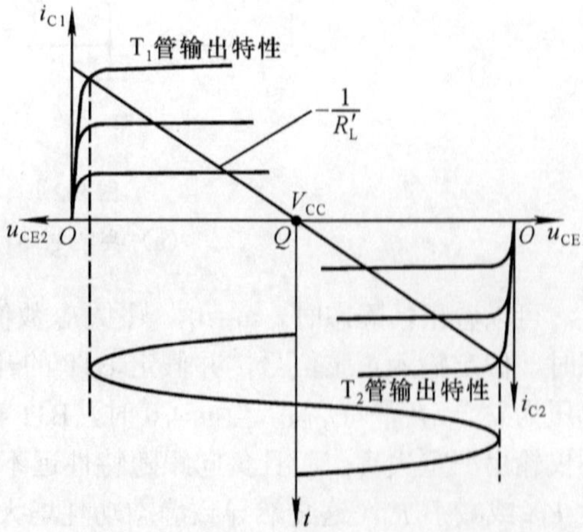

图 9.1.5　图 9.1.4 电路的图解分析

上述功放电路的优点是可以实现阻抗变换，从而使负载获得较大功率。由于使用了变压器，因此电路缺点：一是体积大，笨重，消耗有色金属。二是低频和高频特性较差。高频时，变压器的分布电容会产生影响；而低频时，变压器变换效果差。三是不适宜集成电路。

旧的问题解决了，新的问题又出现，人们就是在不断遇到和不断解决问题中前进的。我们要设法去掉变压器，下面将详细介绍改进型功放电路。

9.2　互补对称功率放大电路

9.2.1　乙类 OCL 互补对称功率放大电路

一、电路组成及工作原理

我们知道，在三种组态的放大电路中，共集电极电路输出电阻最小，带负载能力最强，我们猜想它可以作为功率放大电路，如图 9.2.1（a）所示。

在图 9.2.1（a）中，V_{CC}、V_{BB} 和 R_b 的作用是保证 BJT 工作在放大区，输出使用直接耦合。显然，负载上既有直流又有交流，即同时存在直流功率（不需要的部分）和交流功率（有用功率），即使静态，负载也有直流功率，因此转换效率一定不高。为此，我们可以设想将基极回路电源移到发射极，并省掉基极限流电阻，如图 9.2.1（b）所示。

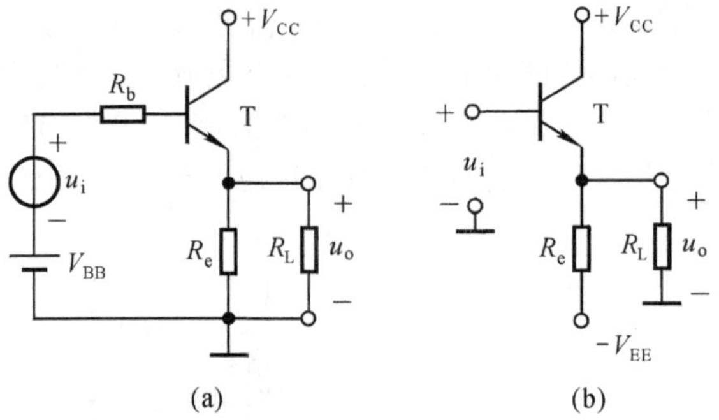

图 9.2.1 功放电路的演变

(a) 共集电路；(b) 双电源共集电路

可以看出，静态时，$u_i=0$，只要 R_e 数值合适，即可保证 $u_o=0$，零输入对应零输出。动态时，假定输入正弦信号，并假定 BJT 的开启电压为零。当 $u_i>0$ 时，BJT 导通，最大正向电压为 $u_{om}=V_{CC}-U_{CES}$；当 $u_i<0$ 时，BJT 截止，最大负向电压为 $u_{om}=-V_{EE}R_L/(R_e+R_L)$，不仅输出严重失真，而且负向跟随特性远不及正向跟随特性。若要加大负向特性，势必要增大 V_{EE} 或减小 R_e，这必然导致静态功耗增大。为此，可设想将 R_e 换成一个参数与 NPN 管对称的 PNP 管，形成所谓互补对称电路，如图 9.2.2（a）所示，这正是我们在第 5 章曾研究过的电路，让我们再次回忆它的工作原理，以便为定量计算做准备。

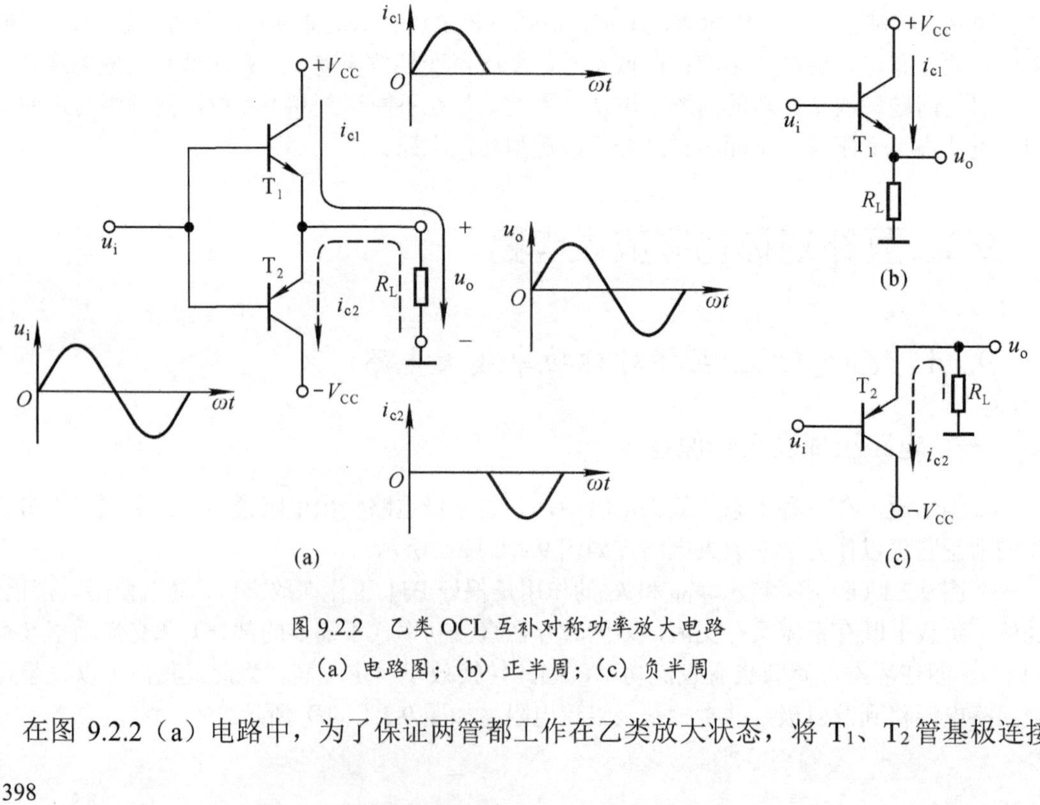

图 9.2.2 乙类 OCL 互补对称功率放大电路

(a) 电路图；(b) 正半周；(c) 负半周

在图 9.2.2（a）电路中，为了保证两管都工作在乙类放大状态，将 T_1、T_2 管基极连接在一起，作为信号的输入端；将两管的发射极连接在一起，作为信号的输出端，电路采用正、负对称双电源供电。由于输出取自于射极，因此整个电路可以看成由两个射极输出器结合而成。

设电路中的两个 BJT 均为理想 BJT，即 BJT 的发射结开启电压为零。静态时，T_1、T_2截止，输出电压为零。在输入信号的正半周期时，T_1导通，T_2截止，正电源供电，流过负载R_L的电流如图 9.2.2（b）所示，$u_o=u_i$；在输入信号的负半周期时，T_1截止，T_2导通工作，流过负载R_L电流如图 9.2.2（c）所示，$u_o=u_i$。可见，两个 BJT 在输入信号的正、负半周内轮流导通，组成互补推挽式电路，在负载上得到一个完整的波形。这样既保证 BJT 工作在乙类状态，又保证了输出得到完整的不失真波形。由于该电路没有采用输出电容，所以这种电路通常称为无输出电容互补对称功率放大电路（complementary push-pull circuit）。

二、分析计算

图 9.2.3（a）为 T_1管导通时的工作情况。为了便于分析，将 T_2的输出特性曲线放置在T_1的右下方，由于两只管子的静态电流为零，所以静态工作点 Q 均在横轴上，且二者重合，则 T_1和 T_2的合成输出特性曲线如图 9.2.3（b）所示。图中交流负载线是通过静态工作点 Q、斜率为（$-1/R_L$）的斜线，从图中可以看出输出电流最大允许范围为I_{cm}，输出电压的最大允许范围为 $2U_{cem}$。其中，I_{cm}表示集电极电流的峰值；U_{cem}为输出电压的峰值，它等于电源电压减去 BJT 的饱和压降，即$U_{cem}=V_{CC}-U_{CES}=I_{cm}R_L$。

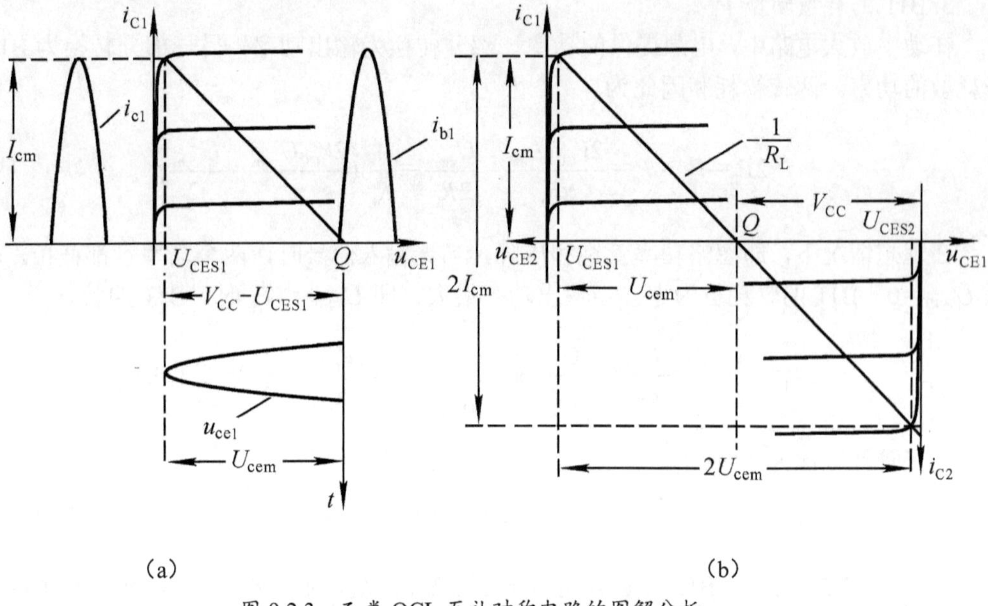

图 9.2.3　乙类 OCL 互补对称电路的图解分析

（a）T_1管输出特性；（b）合成曲线

若忽略 BJT 的饱和压降 U_{CES}，则电路的最大输出电压 $U_{cem}=V_{CC}$。根据以上分析，可以求出该电路的输出功率、直流电源供给的功率、功率管的功耗及电路的转换效率等性能指标。

1. 输出功率 P_o

根据前面分析，输出电压幅值 $U_{om}=U_{cem}$。由式（9.1.1）可知，输出功率为

$$P_o=\frac{U_{om}I_{om}}{2}=\frac{U_{om}^2}{2R_L}=\frac{U_{cem}^2}{2R_L} \qquad (9.2.1)$$

由于该电路最大输出电压为 $U_{cem}=V_{CC}-U_{CES}$，所以电路最大输出功率 P_{om} 为

$$P_{om}=\frac{1}{2}\frac{(V_{CC}-U_{CES})^2}{R_L}\approx\frac{V_{CC}^2}{2R_L} \qquad (9.2.2)$$

2. 直流电源的功率 P_V

由于该电路采用正、负对称双电源供电，功率管仅在输入信号半个周期内导通，由式子（9.1.2）可知，总的直流电源的功率为

$$P_V=\frac{2}{2\pi}\int_0^{2\pi}V_{CC}i_C\mathrm{d}(\omega t)=\frac{1}{\pi}\int_0^{\pi}V_{CC}I_{cm}\sin\omega t\mathrm{d}t=\frac{2}{\pi}V_{CC}I_{cm}=\frac{2V_{CC}U_{cem}}{\pi R_L} \qquad (9.2.3)$$

由式（9.2.3）可见，输出电压越大，直流电源提供的功率也越大。当输出电压为最大幅度即 $U_{cem}=V_{CC}$ 时，电源最大的输出功率为

$$P_{V\max}\approx\frac{2V_{CC}^2}{\pi R_L} \qquad (9.2.4)$$

3. BJT 的耗散功率 P_T

在功率放大电路中，电源提供的功率一部分转换为输出功率，另一部分转换为 BJT 集电极耗散的功率。两管管耗和因此为

$$2P_T=P_V-P_o=\frac{2V_{CC}U_{cem}}{\pi R_L}-\frac{U_{cem}^2}{2R_L}=\frac{1}{R_L}\left(\frac{2V_{CC}U_{cem}}{\pi}-\frac{U_{cem}^2}{2}\right) \qquad (9.2.5)$$

在理想情况下，即忽略功率管饱和压降，当无输入信号时，两个功率管都截止，输出电压 $U_{cem}=0$，BJT 的管耗也为零。当输出功率最大，即 $U_{cem}=V_{CC}$ 时，BJT 的管耗为

$$2P_T=\frac{1}{R_L}\left(\frac{2V_{CC}U_{cem}}{\pi}-\frac{U_{cem}^2}{2}\right)\Bigg|_{U_{cem}=V_{cc}}=\frac{1}{R_L}\left(\frac{2V_{CC}^2}{\pi}-\frac{V_{CC}^2}{2}\right)\approx0.274P_{om}$$

每只管子管耗因此为

$$P_T\approx0.135P_{om}$$

由式（9.2.5）可知，BJT 的管耗是输出电压幅值 U_{cem} 的二次函数。利用求极值的方法可以求出功放电路总的最大管耗。令 $\mathrm{d}2P_T/\mathrm{d}U_{cem}=0$，可以求出当 $U_{cem}=2V_{CC}/\pi\approx0.64V_{CC}$ 时，两个 BJT 总管耗的最大值为

$$2P_{\mathrm{T\,max}}=\frac{2}{\pi^2}\frac{V_{\mathrm{CC}}^2}{R_{\mathrm{L}}}=\frac{4}{\pi^2}P_{\mathrm{om}}\approx 0.4P_{\mathrm{om}} \tag{9.2.6}$$

每个功率管的最大管耗为

$$P_{\mathrm{T1\,max}}=P_{\mathrm{T2\,max}}=\frac{P_{\mathrm{T\,max}}}{2}\approx 0.2P_{\mathrm{om}} \tag{9.2.7}$$

可见，管耗最大时，输出功率并非最大（因为 $U_{\mathrm{cem}}\approx 0.64V_{\mathrm{CC}}\neq V_{\mathrm{CC}}$）；输出功率最大时，管耗并非最大（$P_{\mathrm{T}}=0.135P_{\mathrm{om}}\neq 0.2P_{\mathrm{om}}$）。如果一个收音机的功放电路是 OCL，那么调节声音最大时，管耗并非最大；相反，管耗最大时（长期管耗最大会减小管子寿命!），声音一定不是最大！如同经济效益好的企业，内耗一定小；而内耗大的企业，效益一定不好一样。那么读者思考：两种情况下，电源提供的功率一样吗？哪种情况最大？

4. 转换效率 η

由式（9.1.4）定义可得

$$\eta=\frac{P_{\mathrm{o}}}{P_{\mathrm{v}}}=\frac{\pi U_{\mathrm{cem}}}{4V_{\mathrm{CC}}} \tag{9.2.8}$$

可见，电路的转换效率与输出电压的大小有关，输出电压越大，电路的转换效率越高。当忽略饱和压降 U_{CES} 时，输出电压最大值为 $U_{\mathrm{cem}}=V_{\mathrm{CC}}$，所以电路最大转换效率为

$$\eta_{\max}=\frac{\pi}{4}\approx 78.5\%$$

5. 功率管的选择

由于互补对称功率放大电路中两个 BJT 都工作在乙类工作状态，而且处在尽限运用状态，一个 BJT 截止时，另一个处于饱和导通状态，则截止的管子最多承受 $U_{\mathrm{cem}}\approx 2V_{\mathrm{CC}}$ 的电压，导通的管子最大电流为 $i_{\mathrm{c\,max}}=I_{\mathrm{cm}}\approx V_{\mathrm{CC}}/R_{\mathrm{L}}$，而最大管耗 $P_{\mathrm{T1\,max}}\approx 0.2P_{\mathrm{om}}$。由此可知，若想安全工作，功率管的参数必须满足下列条件：

（1）每只功率管的最大允许管耗

$$P_{\mathrm{cm}}>0.2P_{\mathrm{om}} \tag{9.2.9a}$$

（2）功率管的击穿电压须满足

$$\left|U_{\mathrm{(BR)CEO}}\right|>2V_{\mathrm{CC}} \tag{9.2.9b}$$

（3）功率管最大集电极电流须满足

$$I_{\mathrm{CM}}\geqslant I_{\mathrm{cm}} \tag{9.2.9c}$$

例 9.2.1　设乙类 OCL 功率放大电路如图 9.2.2 所示，已知电源电压 $V_{\mathrm{CC}}=12$ V，负载 $R_{\mathrm{L}}=8\ \Omega$，输入信号 u_{i} 为正弦波。试计算：

（1）在忽略 BJT 的饱和压降 U_{CES} 的条件下，电路的最大输出功率、BJT 耗散功率、直流电源提供的功率和效率；

（2）为保证功率管的安全工作，每个功率管的最大允许管耗 P_{Tm} 至少应为多少？

解 （1）输出功率 P_{om}。由式（9.2.1）可得

$$P_o=\frac{1}{2}\frac{V_{cem}^2}{R_L}$$

当 $U_{cem}=V_{CC}$ 时

$$P_{om}=\frac{1}{2}\frac{U_{CC}^2}{R_L}=\frac{12^2}{2\times 8}=9\ \text{W}$$

由式（9.2.3）可得电源提供功率为

$$P_V=\frac{2V_{CC}U_{cem}}{\pi R_L}=\frac{2V_{CC}^2}{\pi R_L}=\frac{2\times 12^2}{3.14\times 8}=11.5\ \text{W}$$

电源转换效率

$$\eta=\frac{P_{om}}{P_V}=\frac{9}{11.46}\times 100\%=78.5\%$$

总的管耗为

$$2P_T=P_V-P_o=11.46-9=2.46\ \text{W}$$

（2）每个功率管的最大允许管耗 P_{Tm}。由式子（9.2.7）可得

$$P_{T1max}=P_{T2max}\approx 0.2P_{om}=0.2\times 9=1.8\ \text{W}$$

9.2.2 甲乙类 OCL 互补对称功率放大电路

一、乙类互补对称功率放大电路的交越失真

乙类互补对称功率放大电路可以减小 BJT 的静态损耗、提高效率，但负载上得到的输出波形却不是一个理想的正弦波。图 9.2.2 中负载上得到一个理想正弦波的前提条件是假设功率管基射极之间的开启电压为零（NPN 型的硅管的开启电压 $U_{on}=0.5$ V）。而实际上，如果考虑开启电压，则当输入电压低于 BJT 的开启电压时，BJT 截止，其集电极电流为零，负载上无电流流过，这时负载两端的输出电压波形就会失真，其波形如图 9.2.4 所示。由于这种失真发生在两个 BJT 交替导通的时间段，因此称为交越失真。

二、甲乙类 OCL 互补对称功率放大电路

为克服乙类互补对称功放电路中的交越失真，需要给电路中 BJT 设置偏置电路，使静态工作点稍高于截止点，这样在静态时，两只功率管会处于微导通状态。由于电路对称，两管静态电流相等，所以流过负载电流为零。当有输入信号加入时，BJT 就会工作于线性放大区。这时 BJT 工作于甲乙类工作状态，该功放电路为甲乙类 OCL 互补对称功率放大电路。

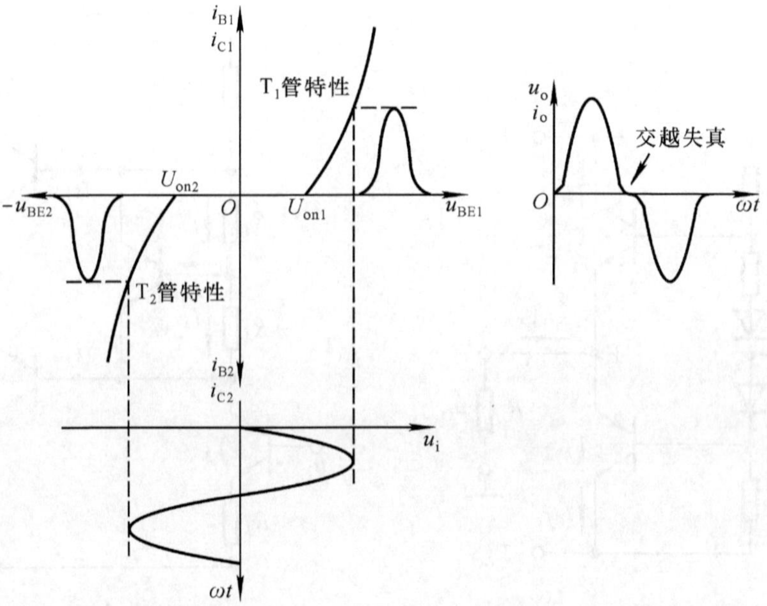

图 9.2.4　乙类 OCL 互补对称放大电路的交越失真

在乙类互补对称功放电路中，为两个功率管设置静态偏压，可以有以下两个方案：一是在两个功率管基极之间加二极管，二是在两个功率管基极之间加“U_{BE} 倍压电路”。

图 9.2.5（a）为甲乙类 OCL 互补对称功放电路，其中 R_2、D_1、D_2 支路用于给功率管 T_1、T_2 提供偏置电压。静态时，提供 T_1 和 T_2 管所需的偏置电压

$$U_{BE1}+U_{EB2}=U_{D1}+U_{D2}+U_{R2} \tag{9.2.10}$$

这样，只要二极管 D_1、D_2 上电压和电阻 R_2 电压之和大于 T_1 发射结和 T_2 发射结开启电压之和，那么 T_1、T_2 管将会处于微导通状态。但是，这需要仔细调节流过二极管的电流，这在集成电路中不易实现，因此出现了“U_{BE} 倍压电路”，如图 9.2.5（b）所示。它利用由电阻 R_3、R_4 和 T_4 组成的“U_{BE} 倍压电路”向 T_1、T_2 管提供所需的偏置电压，其实它就是第 5 章提到的运放输出级电路。若流过 R_3 的电流 $I_3 \gg I_{B4}$，可近似认为 $I_3 \approx I_4$，则

$$U_{BE4}=\frac{R_4}{R_3+R_4}U_{B1、B2}=\frac{R_4}{R_3+R_4}(U_{BE1}+U_{EB2})$$

因此得到

$$U_{BE1}+U_{EB2}=\left(1+\frac{R_3}{R_4}\right)U_{BE4} \tag{9.2.11}$$

可见，此电路只需要调整电阻 R_3、R_4 的比值，这在集成电路中不仅容易实现，而且误差不超过 0.1%，从而可精确偏置 T_1、T_2 管处在微导通状态。

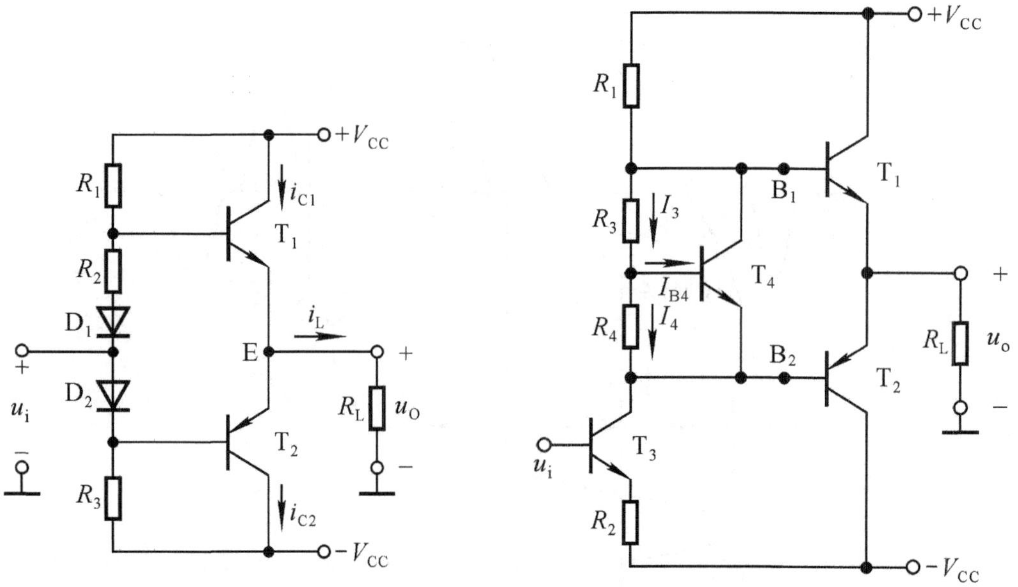

图 9.2.5　甲乙类 OCL 互补对称功率放大电路

(a) 二极管偏置电路；(b) U_{BE} 倍压电路

在功率放大电路中，由于上下两半电路对称，两管的静态电流相等，因而静态时负载上无电流流过，输出端（即两管发射极）的静态电位仍为零。实际操作时，在静态时可通过调节电阻 R_2，使发射极电位 U_E 为零后再接入输入信号。如果静态工作点失调，如图 9.2.5（a）电路中 R_2、D_1、D_2 任一个元件虚焊，则从 $+V_{CC}$ 经过 R_1、T_1 管发射结、T_2 管发射结、R_3 到 $-V_{CC}$ 形成一个通路，有较大的基极电流 I_{B1}、I_{B2} 流过，因而 T_1 管和 T_2 管有很大的集电极直流电流，以至于 T_1 管和 T_2 管可能因功耗过大而损坏。另外，当输出端意外短路或流过负载电流太大时，也很容易烧坏功率管。因此，对于功率管的保护电路就非常有必要。

图 9.2.6 所示电路是具有过流保护电路的甲乙类功率放大电路。图中过流保护电路由 T_3、R_1 和 T_4、R_2 构成，取样电阻 R_1、R_2 的阻值很小。由于 $u_{BE3}=i_{E1}R_1$，$u_{EB4}=i_{E2}R_2$，因此当 i_{E1}、i_{E2} 不很大时，T_3、T_4 截止，电路正常工作。当通过 T_1、T_2 的电流 i_{E1}、i_{E2} 过大时，T_3、T_4 管导通，则通过 T_1、T_2 基极的电流减小，因此限制了 T_1、T_2 的最大输出电流，T_1、T_2 管得到保护。

例 9.2.2　设甲乙类 OCL 功率放大电路如图 9.2.5（a）所示，已知电源电压 $V_{CC}=15$ V，$|U_{CES}|=3$ V，负载 $R_L=4\ \Omega$，输入信号 u_i 为正弦波。

（1）求 P_{om} 和 η

（2）若 $U_i=8$V，则 P_o 是多少？

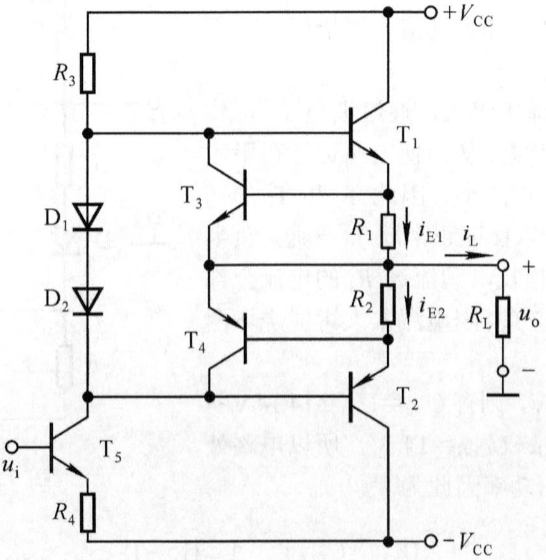

图 9.2.6　过流保护电路

解　（1）
$$P_{om}=\frac{1}{2}\times\frac{(V_{CC}-U_{CES})^2}{R_L}=\frac{1}{2}\times\frac{(15-3)^2}{4}\approx 18\ \text{W}$$

$$P_V=\frac{2V_{CC}^2}{\pi R_L}=\frac{2\times 15^2}{3.14\times 4}\approx 28.7\ \text{W}$$

因此
$$\eta=\frac{P_{om}}{P_V}\approx 62.8\%$$

（2）由于 $A_u=1$，因此有

$$U_o=U_i=8\ \text{V},\qquad P_o=\frac{U_o^2}{R_L}=\frac{8^2}{4}=16\ \text{W}$$

可见，最大输出功率除与功放参数有关，还与输入电压是否足够大有关（是否尽限应用有关）。

例 9.2.3　在图 9.2.7 所示的甲乙类 OCL 互补对称功率放大电路中，已知 $V_{CC}=15$ V，$R_L=8\ \Omega$，功率管的饱和压降 $U_{CES}=1$ V。试问：

（1）静态时，调整哪个电阻能使 $u_o=0$；

（2）动态时，发现输出出现交越失真，应调哪个电阻？如何调节？

（3）二极管的作用是什么？若二极管接反，会对 T_1 和 T_2 产生什么影响？

（4）设输入信号为正弦波，其有效值为 10V，求 P_{om}、P_V、P_T 和 η；

（5）若 T_1 和 T_2 管的极限参数为 $P_{CM}=10$ W，$I_{CM}=5$ A，$U_{(BR)CEO}=40$ V，检验功率管是否安全。

解 （1）静态时，可调整 R_1 使 $u_o=0$。

（2）调整 R_2 并适当加大其值，以恰好消除交越失真为好。

（3）二极管的直流电阻大，通过调整 R_2 可使 T_1 和 T_2 均处于微导通状态，从而使电路运行在甲乙类状态。二极管的交流电阻小，因此 T_1 和 T_2 的基极交流电压基本相等，以保证正半周 T_1 导通，负半周 T_2 导通。若二极管接反，则流过 R_1 的电流全部流过 T_1 的基极，并穿过 T_2，因电流太大可能烧坏两功率管。

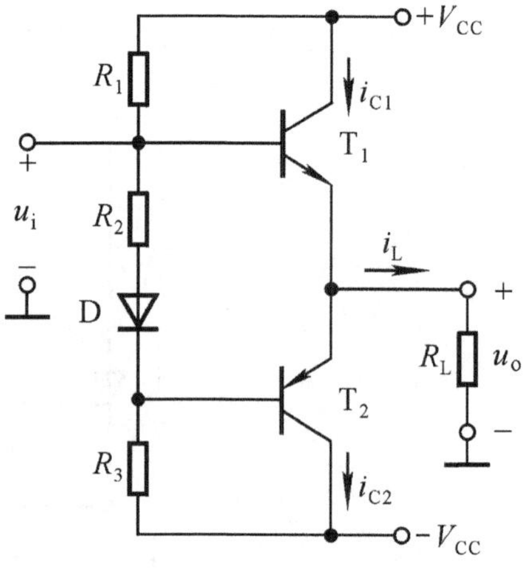

图 9.2.7 例 9.2.3 图

（4）因为 $U_i=10$ V，则有 $U_{om}=U_{im}=14.14\text{ V}\approx 14$ V，该数值接近 $V_{CC}-U_{CES}=14$ V，所以电路处于尽限运用状态，输出功率因此为

$$P_{om}=\frac{1}{2}\times\frac{(V_{CC}-U_{CES})^2}{R_L}=\frac{1}{2}\times\frac{(15-1)^2}{8}\approx 12.5\text{ W}$$

电源供给的功率为

$$P_{V\max}=\frac{2}{\pi}V_{CC}\frac{U_{cem}}{R_L}\approx\frac{2}{\pi}\frac{V_{CC}^2}{R_L}=\frac{2}{3.14}\times\frac{15^2}{8}=16.9\text{ W}$$

单管管耗为

$$P_T=\frac{1}{2}(P_V-P_o)=2.2\text{ W}$$

转换效率为

$$\eta=\frac{P_{om}}{P_V}=\frac{12.5}{16.9}\times 100\%=74\%$$

（5）首先计算最大管耗：

$$P_{T1\max}=P_{T2\max}\approx 0.2P_{om}=0.2\times 12.5=2.5\text{ W}<P_{CM}=10\text{ W}$$

管子承受的最大电压

$$2V_{CC}=30\text{ V}<\left|U_{(BR)CEO}\right|=40\text{ V}$$

管子输出的最大电流

$$I_{cm}\approx V_{CC}/R_L=1.88\text{A}<I_{CM}=5\text{ A}$$

可见功率管运行在安全状态。

9.2.3　OTL 互补对称功率放大电路

前述的 OCL 电路的优点是电路简单，效率高，但需要两个正负对称电源供电，使用起来不方便，因此出现了 OTL 功放。

一、基本 OTL 功放

图 9.2.8 所示为一个基本的 OTL 功放，其中 T_1 为 NPN 管，T_2 为与 T_1 参数对称的 PNP 管。在此类电路中，输出信号与负载耦合方式，既不是直接耦合，也不是变压器耦合，而是电容耦合方式，因此这种电路通常称为无输出变压器互补对称功率放大电路（OTL 电路）。

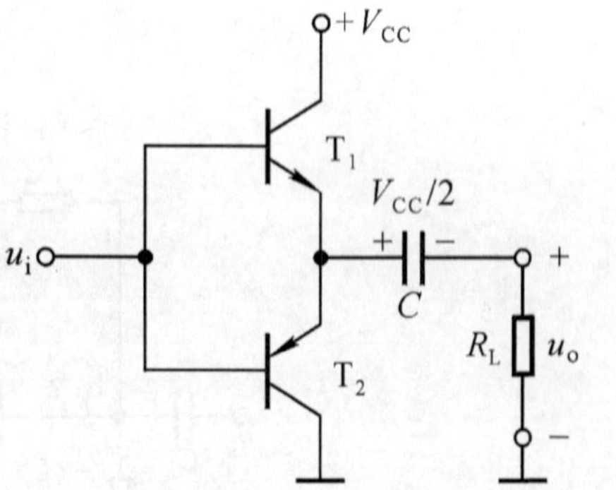

图 9.2.8　基本 OTL 功放

若输出端没有耦合电容 C，而是直接与负载相连，则 $I_{CQ}\neq 0$，R_L 有直流功耗，导致转换效率下降，且 T_1 因功耗过大而容易烧坏，故耦合电容 C 不能缺少。

静态时，前级电路应使基极电位为 $V_{CC}/2$，因 T_1、T_2 对称，耦合电容电压 $U_C=V_{CC}/2$，故 T_1、T_2 管发射结电压为零，两管截止。动态时，因 $R_LC\gg$ 信号周期，故仍有 $U_C\approx V_{CC}/2$，因此可以把电容当成是 T_2 管的电源，然后再将 R_L 和 C 的位置互换，可得图 9.2.8 的等效电路，如图 9.2.9 所示。在这个等效电路中，如果把 R_L 的右侧看成零电位点，则 T_1 的集电极电位变成 $+V_{CC}/2$，而 T_2 的集电极电位变成 $-V_{CC}/2$，于是图 9.2.9 又可等效成图 9.2.10。因此，当 $u_i>0$ 时，T_1 导通，T_2 截止，$+V_{CC}/2$ 通过 T_1 向负载供电；当 $u_i<0$ 时，T_2 导通，T_1 截止，$-V_{CC}/2$ 通过 T_2 向负载供电，OTL 功放转换成 OCL，因此 OTL 功放与 OCL 形式相同，只需用 $V_{CC}/2$ 换前述 OCL 电路相关公式中的 V_{CC} 即可。

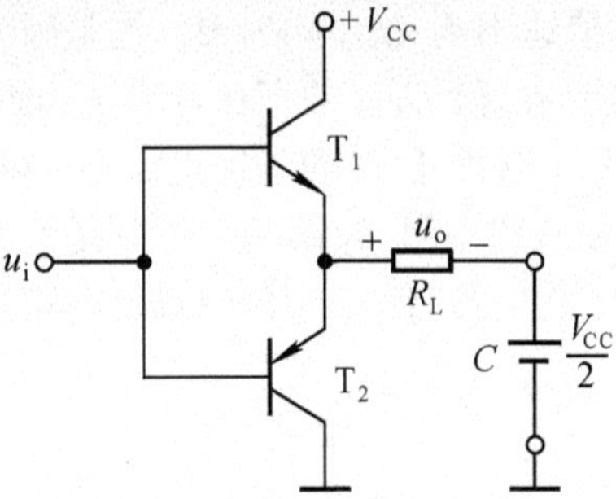

图 9.2.9　图 9.2.8 的等效电路

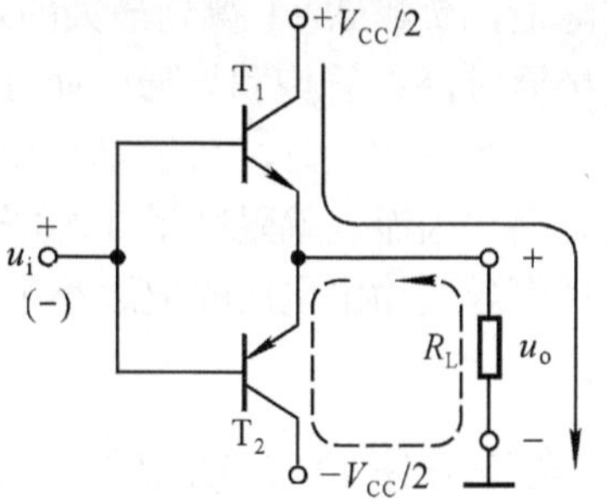

图 9.2.10　图 9.2.9 的等效电路

上述 OTL 功放实际上是乙类功放，一定存在交越失真，因此出现了甲乙类 OTL 功放。

二、甲乙类 OTL 功放

图 9.2.11 为带推动级 OTL 功放电路[①]，T_1、T_2 组成互补对称输出级，T_3 为前置放大级，R_1、R_2 为其分压偏置电路。D_1 和 D_2 用来消除交越失真，保证电路工作于甲乙类工作状态。

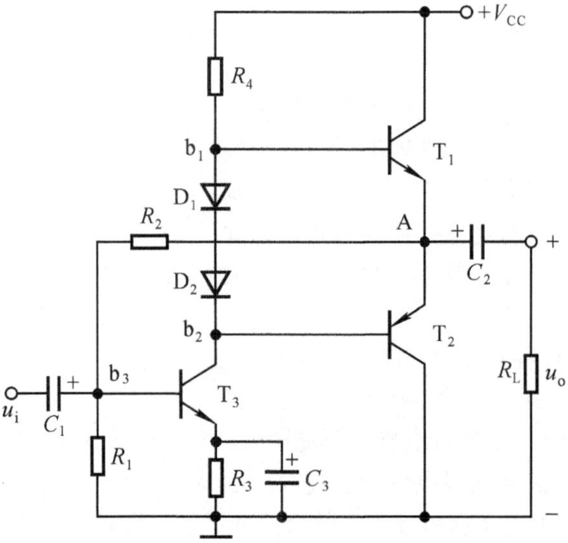

图 9.2.11　带推动级 OTL 功放电路

在图 9.2.11 中，静态时，通常 A 点电位为 $U_A=U_C=V_{CC}/2$。在额定输出功率情况下，通常输出级放大管工作于尽限状态。例如，在 u_i 的负半周最大值时，T_1 管饱和导通，而 T_2 管截止，此时 $u_{CE1}=U_{CES}$，A 点的电位 $u_A=+V_{CC}-U_{CES}\approx+V_{CC}$，则负载 R_L 上得到最大的正向输出电压幅值 $U_{om}\approx V_{CC}/2$。在 u_i 的正半周最大时，T_1 管截止，而 T_2 管饱和导通，此时 $u_{EC2}=U_{ECS}$，A 点的电位 $u_A=U_{ECS}\approx0$，则负载 R_L 上得到最大的负向输出电压幅值 $U_{om}\approx V_{CC}/2$。

但实际上，负载 R_L 上得到最大的正向输出电压幅值达不到 $U_{om}\approx V_{CC}/2$。这是因为当输入信号负半周时，T_1 管饱和导通，而 T_2 管截止，但由于 R_4 和 U_{BE1} 的存在，当 i_{B1} 增大，A 点电位升高并接近 V_{CC} 时，T_1 的基极电位不能跟着增大，也就是 T_1 的基极电流不能随着 u_A 的升高而升高，因而也就限制了 T_1 输向负载的电流，使负载电阻 R_L 两端得不到足够的电压变化量，进而导致输出电压幅值远小于 $V_{CC}/2$。实际中利用带自举升压的 OTL 电路来解决这个问题。

三、自举升压 OTL 功率放大电路

图 9.2.12 是带自举（bootstrapping）升压的甲乙类 OTL 功率放大电路，R_5 及 C_4 构成自举升压电路。静态时，$U_D=V_{CC}-I_{C3}R_5$，$U_A=V_{CC}/2$，电容 C_4 被充电到 $U_{C4}=V_{CC}-R_5I_{C3}-U_A=V_{CC}/2-R_5I_{C3}$。由于 C_4 容量足够大，U_{C4} 基本为常数，而不随输入信号电压变化而变化。当

①参见文献[9-4] 259-260 页。

输入信号负半周时，T_1 导通，U_A 将由 $V_{CC}/2$ 值上升。由于 $U_D=U_{C4}+U_A$，所以 A 点电位升高，D 点电位也自动升高（即电位自举）。此时，即使输出电压幅度升得很高，也有足够电流 i_{B1} 使 T1 管充分导通，从而增大了 T_1 管流向负载的电流，使负载两端得到足够的电压变化量，使 $U_{om}\approx V_{CC}/2$。这种工作方式称为自举，即是通过电路本身提高 U_D 点电压值，从而提高电路的输出功率。

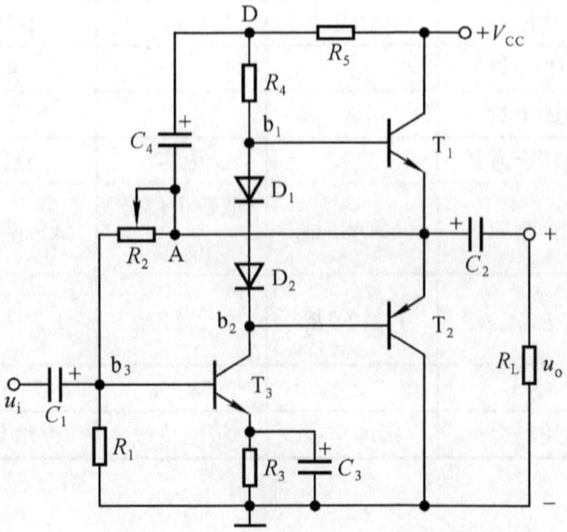

图 9.2.12　带自举升压 OTL 功放电路

应该注意，很多运放可以单电源供电，此时输出级相当于 OTL 电路，因此运放的输出端必须接电容，再接负载。

无论是 OCL 还是 OTL，其优点是效率高，但电源利用率不高。每半个周期，只有一个管子、一个电源工作。因此，出现了 BTL 功放。

9.2.4　BTL 功率放大电路

图 9.2.13 表明了一个基本 BTL 功放电路①，其中要求四个管子参数对称，因此静态时，$U_a=U_b=V_{CC}/2$。动态，当 $u_i>0$ 时，T_1、T_4 导通，T_2、T_3 截止，送出 u_o 正半周，如图中实线所示；当 $u_i<0$ 时，T_1、T_4 截止，T_2、T_3 导通，送出 u_o 负半周，如图中虚线所示。由于导通的 BJT 属于跟随器，$u_o\approx u_i$，$U_{om}=V_{CC}-U_{CES}-U_{ECS}\approx V_{CC}$，因此最大输出功率为

$$P_{om}=\frac{u_{om}^2}{2R_L}\approx\frac{V_{CC}^{\ 2}}{2R_L} \qquad (9.2.12)$$

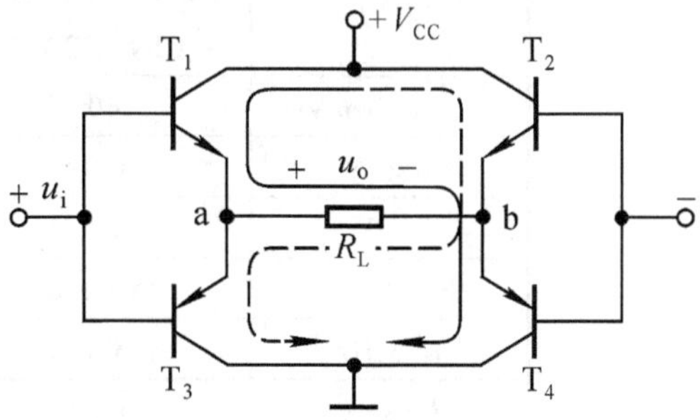

图 9.2.13　基本 BTL 功放电路

①参见文献[9-5] 619-622 页。

请读者证明，理想情况下，BTL 功放电路的效率最大为 78.5%。

BTL 功放电路因使用管子多，很难做到都对称，管子的总损耗也大，因此转换效率较低；另外，电路要求输入、输出均浮地，因此有些场合不适用。三种基本形式的功放电路参数及特点总结在表 9.2.1。

表 9.2.1　三种基本形式的功放电路

功放	OCL	OTL	BTL
BJT 个数	2	2	4
电源个数	2	1	1
输出耦合方式	直接	电容	直接
频率响应	低频响应好	取决于耦合电容	低频响应好
P_{om}	$V_{CC}^2 / 2R_L$	$V_{CC}^2 / 8R_L$	$V_{CC}^2 / 2R_L$
η	78.5%	78.5%	78.5%
适用场合	接地负载	接地负载	浮地负载

9.2.5　功率晶体管器件

一、功率 BJT

1. 功率 BJT 和通用小信号 BJT 的特性比较

由于几何结构和掺杂浓度的不同，功率 BJT 的特性和通用小信号 BJT 有较大的差别。比如功率管的电流放大系数通常在 20～100 的范围内，而且与集电极电流和环境温度有很大关系。表 9.2.2 表明了功率 BJT 和通用小信号 BJT 的特性比较。

表 9.2.2　功率 BJT 和通用小信号 BJT 的特性比较

参数	通用小信号 BJT（2N2222A）	功率 BJT（2N3055）	功率 BJT（2N6078）
$U_{(BR)CEO}$/V	40	60	250
I_{CM}/A	0.8	15	7
P_{CM}/W	1.2	115	45
β	35～100	5～20	12～70
f_T/MHz	300	0.8	1
U_{CES}/V	0.3	≤3	≤3

由此可以看出，功放 BJT 的击穿电压、集电极最大电流和最大耗散功率要远大于通用小信号 BJT 的相应参数，而电流放大系数和特征频率远小于通用小信号 BJT 的相应参数。特别是功率管的饱和压降通常是在 1～3 V 之间，而不是通用小信号 BJT 的 0.3 V。另外，功率管还存在二次击穿效应。这些需要引起使用者注意。

2. 二次击穿现象

在实际应用中，常发现一个奇怪的现象，即功率管的功率并未超过 P_{CM}，管子也不发烫，但却突然失效。这种现象主要起因于二次击穿。

何为二次击穿（secondary breakdown）？当集射电压 u_{CE} 增大时，若超过 $U_{(BR)CEO}$，则 i_C 会显著增大，这就是正常的雪崩击穿，我们称其为一次击穿，如图 9.2.14（a）所示。这种击穿是可逆的，即将 u_{CE} 减小，管子又可以恢复正常工作，前提是外部电路要限流，以防过耗。但有时，当一次击穿后，i_C 会进一步增大，在超过某一临界值后（图中 B 点）突然发生 u_{CE} 急剧减小，而 i_C 急剧增大现象，工作点以毫秒甚至微秒级高速地从 B 点移到 C 点，管子瞬间永久损坏，而且管子本身并不发烫，这种现象称为二次击穿现象。应该注意，①二次击穿不可逆。②二次击穿一般认为是 BJT 电流在 PN 结表面分布不均匀，造成局部过热所致，这可能与 BJT 的制造工艺有关[①]。③二次击穿的起点与 i_B 有关，i_B 越大，发生二次击穿所需的 u_{CE} 越小。把不同 i_B 的二次击穿点连接起来，就是二次击穿临界曲线，简称为 S/B 曲线，如图 9.2.14（b）所示。

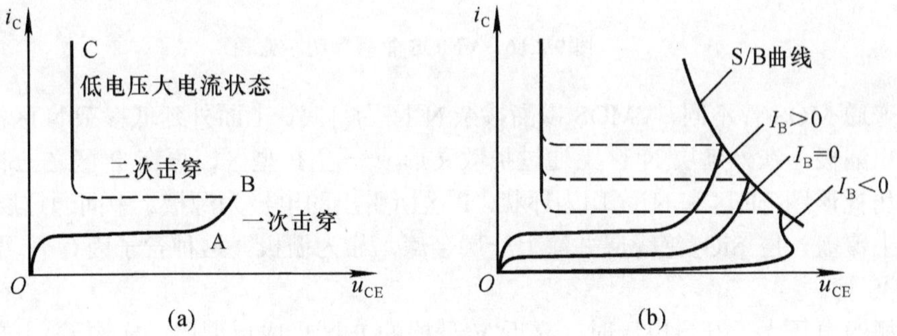

图 9.2.14　功率管的击穿现象

（a）二次击穿；（b）S/B 曲线

综上所述，为了保证功率管安全、可靠工作，除了满足式（9.2.9）外，还要避免进入二次击穿区，如图 9.2.15 所示。因此，功率管的安全区与普通 BJT 的安全区不完全相同。

二、功率 MOSFET

许多场合需要大功率运行的 FET，我们可以使用 JFET，但常采用垂直沟道功率 MOS 管（V-gate MOS FET，VMOS），其结构示意图如图 9.2.16 所示。

① 参见文献[9-6] 16–17 页。

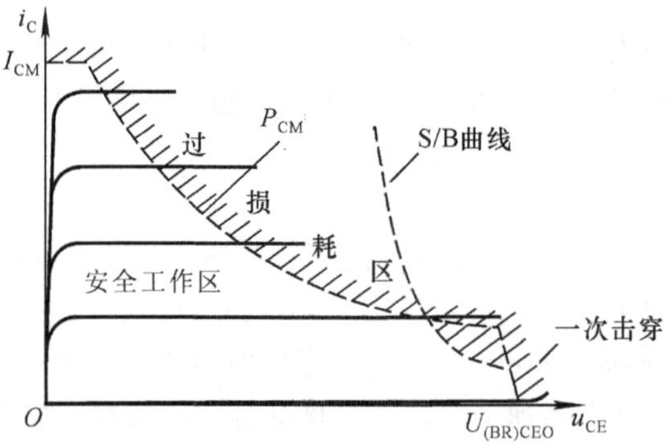

图 9.2.15　BJT 功率管的安全运行区

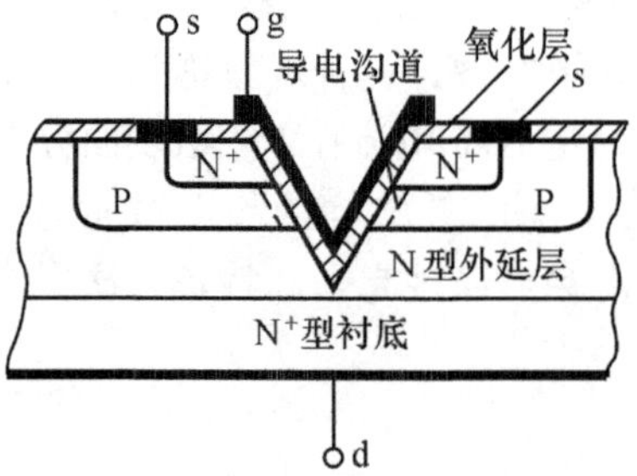

图 9.2.16　VMOS 管的结构示意图

与普通 MOS 管不同，VMOS 以高掺杂 N^+区为衬底，上面外延低掺杂 N 区，共同作为漏区并引出漏极。在外延层 N 区上通过扩散又形成一层 P 型区，再在 P 区之上制成高掺杂的 N^+区。俯视该图，P 区和 N^+区均为环状，P 区所引出的电极为源极。中间通过腐蚀形成 V 型槽，其上覆盖一层 SiO_2 绝缘层并涂上一层金属，作为栅极。这种管子因有 V 型槽，故称之为 VMOS 管。

当栅源电压大于开启电压时，靠近 V 型槽的 P 区形成反型层（N 沟道），产生垂直的导电沟道，将漏、源之间连通。

与 BIT 相比，VMOS 管有许多优点：①输入阻抗大，所需驱动电流小，功率增益高。②温度稳定性好，漏极电阻为正温度系数，当温度升高时，电流因此会受到限制，不可能产生热击穿，也不可能产生二次击穿。③没有 BJT 的少子存储问题，加之极间电容小，所以适合高频工作。

与普通 MOSFET 相比，VMOS 管的最大优点是漏极散热面积大，便于安装散热器。目前的 VMOS 管耐压可达 1000 V，最大连续电流可达 200 A，耗散功率可达 1000 W 以上。

目前在 VMOS 管的基础上，又出现了双扩散功率 MOS 管（double-diffused MOSFET，DMOSFET），它承受的电压、电流进一步加大，速度进一步提高①。有关功率管的散热问题，读者可参考相关文献②，此处不再赘述。

①参见文献[9-7] 320 页。
②参见文献[9-5] 624 页。

9.3　集成功率放大电路

集成功率放大电路（integrated power amplifier）具有输出功率大、外围元件少、性能优越，工作可靠，使用方便等优点，因此在收音机、电视机、收录机、开关功率电路等民用设备电路中被广泛采用。目前生产的集成功放内部结构大多与集成运算放大器相似，除了包括前置级、中间级、输出级和偏置电路等基本组成以外，还有消除噪声、短路保护等一些特殊功能的电路。集成功率放大电路的种类很多：以用途区分，可分为通用型功放和专用型功放；以芯片内部的构成区分，可分为单通道功放和双通道功放；以输出功率区分，可分为小、中、大功率功放等。

集成功放使用时不能超过规定的极限参数，主要有功耗和最大允许电源电压。另外，集成功放还要有足够大的散热器，以保证在额定功率下温度不超过允许值。本节以 LM386 集成功率放大电路为例，介绍其电路组成、工作原理、主要性能指标以及典型应用。

9.3.1　集成功率放大电路分析

LM386 是 20 世纪 80 年代由美国国家半导体公司生产的低频音频功率放大器，它由于功耗低（静态功耗仅为 24 mW，电源电压为 6 V），电源电压范围广（4～12 V 或 5～18 V），外围元件少等特点被广泛应用于电池供电的低电压消费类产品中。

一、LM386 内部电路

图 9.3.1 所示为 LM386 集成功率放大器的内部电路，它由输入级、中间级和输出级三级电路过程，输入级是双端输入、单端输出的差动放大电路，复合管 T_1、T_3 与复合管 T_2、T_4 分别为差分放大电路的放大管，两路输入信号分别从 T_3、T_4 管基极输入，从 T_2 管集电极输出，T_5、T_6 组成电流源作为 T_2、T_3 管的有源负载。中间放大级为由 T_7 放大管组成的

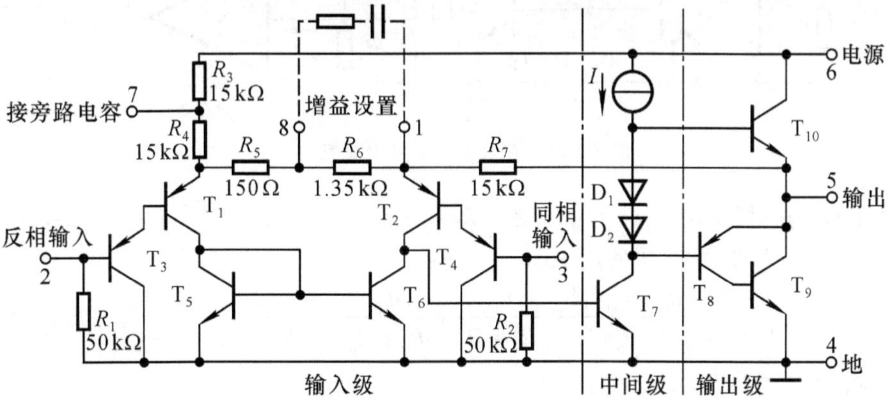

图 9.3.1　LM386 集成功率放大器的内部电路

共射放大电路，恒流源作为有源负载，可以增大放大倍数。T_8、T_9 组成复合管，与 T_{10} 构成互补对称电路的输出级。二极管 D_1、D_2 为输出级提供合适偏置电压来消除交越失真。电阻 R_7 与 R_5、R_6 组成反馈网络，形成电压串联交直流负反馈，可以稳定整个电路的电压增益。采用单电源供电的电路形式，应为 OTL 电路，因此在使用时输出端（引脚 5）应外接输出电容后再接负载。

二、LM386 的电压放大倍数

让我们先进行静态分析。静态时，两输入端接地，假定输入级 BJT 匹配且 BJT 基极电流可以忽略，由图 9.3.1 可以得到

$$I_{C1}=\frac{V_{CC}-2V_{EB}}{R_3+R_4} \tag{9.3.1}$$

$$I_{C2}=\frac{U_O-2V_{EB}}{R_7} \tag{9.3.2}$$

由于 $I_{C1}=I_{C2}$，联立上两式得到静态输出电压

$$U_O=\frac{V_{CC}}{2}+V_{EB}\approx\frac{V_{CC}}{2} \tag{9.3.3}$$

可见，静态输出电压几乎是电源电压的一半，这个电压允许最大输出电压摆幅，以便输出最大功率。通过 R_7 引入的负反馈也能稳定这个静态输出电压。

动态时，两输入加差模信号，7 脚因接旁路电容而接地，又因 T_1、T_3 和 T_2、T_4 跟随器的作用，T_1、T_2 的发射极电位分别是 $-u_{id}/2$ 和 $+u_{id}/2$，故 R_5+R_6 的中间是交流地，交流通路如图 9.3.2 所示①，其中 A 为第二级、第三级的等效电路。

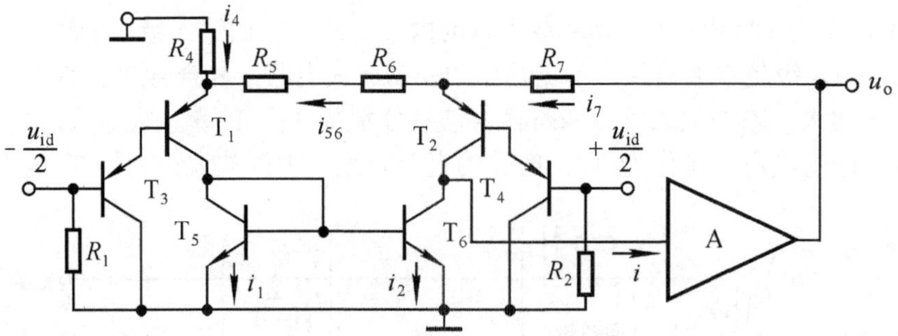

图 9.3.2　LM386 的交流等效电路

忽略各 BJT 的基极电流，$i_{56}=u_{id}/(R_5+R_6)$，$i_4=(u_{id}/2)/R_4$，因此 $i_1=i_{56}+i_4$，而电流镜的作用又使 $i_2\approx i_1$，对 T_2 发射极应用 KCL，得 $i_7=i_{56}+i_2$，即

$$\frac{u_o-u_{id}/2}{R_7}=\frac{u_{id}}{R_5+R_6}+\frac{u_{id}}{R_5+R_6}+\frac{u_{id}/2}{R_4} \tag{9.3.4}$$

因此得到 LM386 本身所提供的增益

①参见文献[9-8] 488-491 页。

$$A_u=\frac{u_o}{u_{id}}=\frac{1}{2}+\frac{2R_7}{R_5+R_6}+\frac{R_7}{2R_4} \tag{9.3.5}$$

代入数据得 $A_u=21$，因此手册中常给出的增益参数是 20。

静、动态时输出电容 C_1 上电压为 $V_{CC}/2$，LM386 的最大不失真输出电压的峰峰值约为电源电压 V_{CC}，设负载电阻为 R_L，则其最大输出功率为

$$P_{om}=\frac{(V_{CC}/2)^2}{2R_L}=\frac{V_{CC}^2}{8R_L} \tag{9.3.6}$$

此时输入电压有效值表达式为

$$U_i=\frac{V_{CC}/2\sqrt{2}}{A_u} \tag{9.3.7}$$

9.3.2　集成功率放大电路的应用

一、LM386 的引脚图和主要技术指标

LM386 集成功率放大电路采用双列直插式封装，图 9.3.3 给出了它的引脚图。2 脚为反相输入端；3 脚为同相输入端；5 脚为输出端；6 脚接电源 V_{CC}；4 脚接地；7 脚接一个旁路电容，一般取 10 μF；1 脚和 8 脚为增益调节端，在 1 脚和 8 脚之间增加一只外接电阻和电容，便可使电压增益调为任意值（LM386 电压增益可调范围为 20～200）。

图 9.3.3　LM386 的引脚图

表 9.3.1 给出了 LM386 在大气温度 $T_A=25$ ℃时的主要技术指标，供读者使用时参考。表中 PSRR 表示供电电源抑制比（power-supply rejection ratio，PSRR），它的定义是

$$\frac{1}{\text{PSRR}}=\frac{\partial U_{IO}}{\partial V_{CC}} \tag{9.3.8}$$

它描述单位电源电压变化所引起的输入失调电压变化量，其单位是 μV/V，因此 PSRR 越大，1/PSRR 越小，输入失调电压越小，性能越好。

表 9.3.1　LM386 的主要技术指标（大气温度 T_A=25 ℃）

参数	测试条件	最小	典型	最大	单位
工作电源电压（V_{CC}） LM386N-1，-3，M386M-1 LM386N-4		 4 5		 12 18	 V V
静态电流（I_Q）	V_{CC}=6 V，U_i=0		4	8	mA
输出功率（P_o） LM386N-1，LM386M-1 LM386N-3 LM386N-4	 V_{CC}=6 V，R_L=8 Ω，THD=10% V_{CC}=9 V，R_L=8 Ω，THD=10% V_{CC}=16 V，R_L=32 Ω，THD=10%	 250 500 700	 325 700 1000		 mW mW mW
电压增益（A_u）	V_{CC}=6 V，f=1 kHz 引脚 1、8 间接 10 μF 电容		26 46		dB dB
带宽（f_{BW}）	V_{CC}=6 V，引脚 1、8 开路		300		kHz
总谐波失真（D）	V_{CC}=6 V，R_L=8 Ω，P_o=125 mW f=1 kHz，引脚 1 和 8 开路		0.2		%
电源抑制比（PSRR）	V_{CC}=6 V，f=1 kHz，C_B=10 μF 引脚 1 和 8 开路，指输出端		4	8	μV/V
输入电阻（r_i）			50		kΩ
输入偏置电流（I_{IB}）	V_{CC}=6V，引脚 2 和 3 开路		250		nA

二、LM386 的主要应用

LM386 常见应用电路有以下几种情况：

（1）1 脚和 8 脚之间开路，电压放大倍数为内置值 20。

当引脚 1 和 8 之间开路时，根据式（9.3.5）知 A_u=21，我们也可用深度负反馈的近似估算法计算。观察图 9.3.2 可知，因 7 脚交流接地，输出交流电压是（$R_4+R_5+R_6+R_7$）上的电压，反馈电压是（R_5+R_6）上的电压①，因此反馈系数为

$$F=\frac{U_f}{U_o}=\frac{R_5+R_6}{R_7+R_5+R_6+R_4}$$

而对深度负反馈，$U_f \approx U_{id}$，因此电压放大倍数为

$$A_u=\frac{U_o}{U_{id}}=1+\frac{R_4+R_7}{R_5+R_6} \tag{9.3.9}$$

将 R_4、R_5、R_6、R_7 数值代入，可得 A_u=21。可见两种方法的结果是一样的，这就是殊途同归！那么请问读者，这两种方法各叫什么方法？图 9.3.4 给出了相应电路，它是 LM386 外接元件最少电路接法。R_w 可调节扬声器的音量，C_4 为旁路电容，R、C_2 构成串联补偿网络，与呈感性的负载（扬声器）相并，最终使等效负载近似呈纯阻，以防止高频自激和过压现象。

①参见文献[9-9] 101-103 页。有观点认为，T_2 射极对（R_5+R_6）中间的电压为 u_f，这是不正确的。

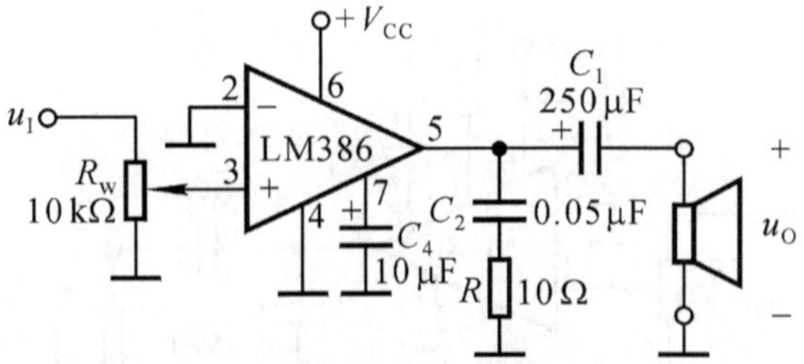

图 9.3.4　LM386 外接元件最少的用法

（2）1 脚和 8 脚之间只接一个 10 μF 电容，电压放大倍数可达 200。

当引脚 1 和 8 之间对交流信号相当于短路，观察图 9.3.2 可知，此时相当于 R_6 为零，由式（9.3.9）得电压放大倍数

$$A_u = 1 + \frac{R_4 + R_7}{R_5} \tag{9.3.10}$$

将 R_4、R_5、R_7 数值代入，可得 $A_u = 201$，其电路如图 9.3.5 所示，它是 LM386 电压增益最大时接法，电容 C_3 使引脚 1 和 8 在交流时短路。C_5 为去耦电容，滤掉电源的高频交流成分。

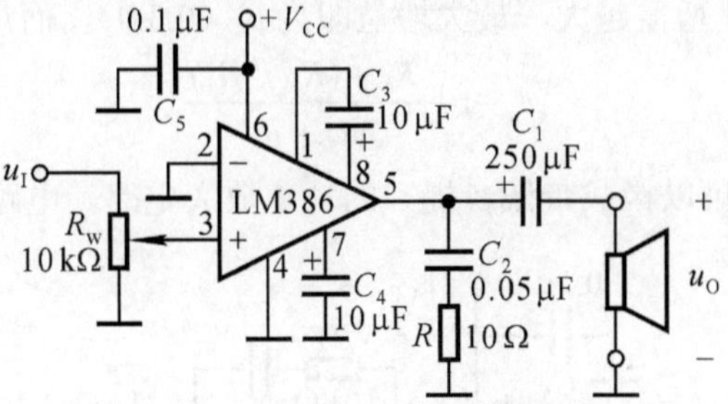

图 9.3.5　最大电压增益用法

（3）引脚 1 和 8 之间外接 RC 串联网络，为高音提升的功率放大电路。

观察图 9.3.2 可知，阻抗 $R_6 /\!/ (R_2 + \frac{1}{j\omega C_3})$ 相当于原来 R_6，因此将式（9.3.9）中的 R_6 由 $R_6 /\!/ (R_2 + \frac{1}{j\omega C_3})$ 替换，我们得到电压放大倍数为

$$A_u = 1 + \frac{R_4 + R_7}{R_5 + R_6 /\!/ (R_2 + \frac{1}{j\omega C_3})} \tag{9.3.11}$$

因此信号频率越高，增益越大，最大增益（$R_2 = 0$ 时）即为式（9.3.9），由此可以构成带高音提升的功率放大电路。电路接法如图 9.3.6 所示。显然，直流增益最小，即为式（9.3.9）。可见，只要选择不同电阻 R_2 值，电路电压放大倍数可在 20～200 之间选择。

（4）引脚 1 和 5 之间外接 RC 串联网络，为低音提升的功率放大电路。

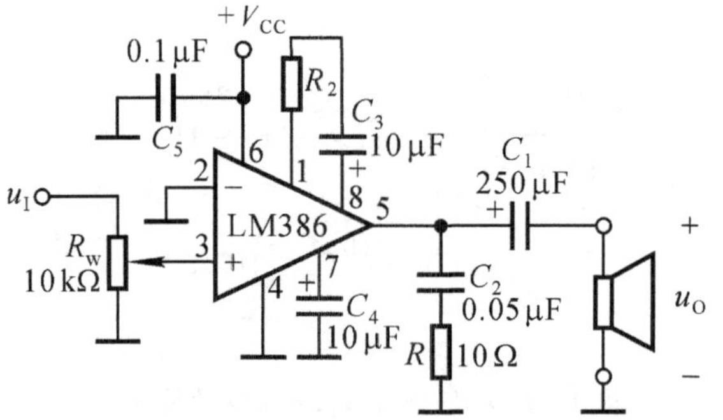

图 9.3.6 LM386 的一般用法

观察图 9.3.2 可知，阻抗 $R_7 /\!/ (R_2 + \dfrac{1}{j\omega C_3})$ 相当于原来 R_7，因此用 $R_7 /\!/ (R_2 + \dfrac{1}{j\omega C_3})$ 替换式（9.3.9）中的 R_7，我们得到电压放大倍数是

$$A_u = 1 + \frac{R_4 + R_7 /\!/ (R_2 + \dfrac{1}{j\omega C_3})}{R_5 + R_6} \tag{9.3.12}$$

因此信号频率越低，增益越大，最大增益即为式（9.3.9），而最小增益为

$$A_u = 1 + \frac{R_4 + (R_7 /\!/ R_2)}{R_5 + R_6} \tag{9.3.13}$$

显然可由 R_2 设定，因此可以构成带低音提升的功率放大电路。电路接法如图 9.3.7 所示。

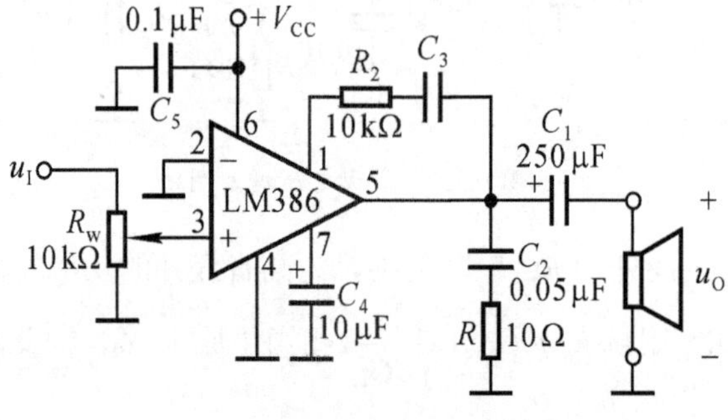

图 9.3.7 1 和 5 脚之间外接电阻和电容接法

有了上述分析，读者也不难分析其它类型和其它型号的集成功率放大电路，此处不再赘述。

本章小结

本章主要介绍功率放大电路的组成，最大输出功率和效率的估算以及集成功放的应用。归纳如下：

一、功率放大电路的特点和分类

功率放大电路具有特点：输出功率大、效率高、非线性失真小。

功率放大电路工作在大信号条件下，通常采用图解法进行分析。研究重点是在非线性失真允许的范围内，尽可能提高输出功率和效率。

功率放大电路按照 BJT 导通时间可分为甲类、乙类和甲乙类。甲类功率放大电路虽然效率低，但其非线性失真最小；乙类功率放大电路的优点是效率高，理想情况下最高可达 78.5%，但电路输出波形将出现交越失真。克服交越失真的方法是采用甲乙类互补对称电路，其分析计算与乙类功率放大电路一致。

按电路的组成形式不同，功率放大电路分为变压器耦合功率放大电路、无输出电容功率放大电路（OCL）和无输出变压器功率放大电路（OTL）三种形式。

二、乙类 OCL 互补对称功率放大电路

（1）输出功率为

$$P_o=\frac{U_{cem}^2}{2R_L}$$

（2）直流电源的功率为

$$P_V=\frac{2}{\pi}V_{CC}\frac{U_{cem}}{R_L}$$

（3）BJT 的耗散功率为

$$P_T=P_V-P_o$$

（4）电源的转换效率为

$$\eta=\frac{\pi U_{cem}}{4V_{CC}}$$

三、甲乙类 OTL 互补对称电路

对甲乙类 OTL 互补对称电路计算输出功率、效率、管耗和电源供给的功率时，可借用乙类 OCL 互补对称电路的计算公式。其中，只需要用 $V_{CC}/2$ 代替原公式中的 V_{CC}。

四、功率管选择的条件

功率管的参数必须保证极限参数的要求，并留有一定余量：

（1）$P_{CM}>0.2P_{om}$

（2）$|U_{(BR)CEO}|>2V_{CC}$

（3）$I_{CM} > V_{CC} / R_L$

为了保证功率管的安全，就应使它工作在安全工作区，并注意按规定安装散热器。在电路中应采用过流等保护措施。

五、集成功率放大电路

集成功率放大电路具有外部接线少，使用方便，可靠性高，功耗低、非线性失真小等优点，因而得到广泛应用。

六、重点和难点

1. 重点

（1）功率放大电路的特点，甲乙类 OCL、OTL 互补对称功放电路的工作原理和特点以及其输出功率、效率、管耗和电源供给的功率的计算；

（2）功率管的选择原则。

2. 难点

（1）集成功率放大电路内部电路分析；

（2）集成功率放大电路的应用电路。

参考文献

[9-1] 王楚，余道衡. 电路分析[M]. 北京：北京大学出版社，2000.
[9-2] 廖惜春. 模拟电子技术基础[M]. 武汉：华中科技大学出版社，2008.
[9-3] 郭业才，黄友锐. 模拟电子技术[M]. 北京：清华大学出版社，2011.
[9-4] 王公望. 模拟电子技术基础 [M] .西安：西北工业大学出版社，2005.
[9-5] 清华大学电子学教研组，童诗白. 模拟电子技术基础 [M]. 2 版. 北京：高等教育出版社，1988.
[9-6] 冯军，谢嘉奎. 电子线路——非线性部分[M]. 5 版. 北京：高等教育出版社，2010.
[9-7] 孙肖子. 模拟电子电路及技术基础[M]. 2 版. 西安，西安电子科技大学出版社.
[9-8] Neamen D A.电子电路分析与设计——半导体器件及其基本应用[M]. 3 版. 北京：清华大学出版社，2007.
[9-9] 王楚，余道衡. 电子线路解题指南[M]. 北京：北京大学出版社，2005.

自 测 题

一、判断下列说法是否正确，用“√”或“×”表示在括号内。

1. 在功率放大电路中，输出功率愈大，功率管的功耗愈大。 （ ）

2. 功率放大电路的最大输出功率是指在基本不失真情况下，负载上可能获得的最大交流

功率。（　）

3. 当 OCL 电路的最大输出功率为 1 W 时，功率管的集电极最大耗散功率应大于 1 W。（　）

4. 由于功率放大器中的 BJT 处于大信号工作状态，所以微变等效电路方法不再适用。（　）

5. 对于任何功率放大电路，功率管的动态电流都等于负载的动态电流。（　）

6. 功率放大电路与电压或电流放大电路的主要区别是：功放电路的功率放大倍数大于 1，即 A_u 和 A_i 均大于 1。（　）

7. 乙类功放中的两个 BJT 交替工作，各导通半个周期。（　）

8. 甲乙类互补对称电路与乙类互补对称电路相比，效率高并且交越失真小。（　）

9. 功率放大电路工作在大信号状态，要求输出功率大，且转换效率高。（　）

10. 功率放大器中是大信号工作，因此要用图解法进行分析。（　）

二、选择合适的答案填入空内。

1. 功率放大管的导通角是180° 的放大电路是________功率放大电路。

A. 甲类　B. 乙类　C. 丙类　D. 甲乙类

2. 与甲类功率放大方式相比，乙类互补对称功放的主要优点是________。

A. 不用输出变压器　B. 不用输出端大电容

C. 效率高　D. 无交越失真

3. 互补输出级采用射极输出方式是为了使________。

A. 电压放大倍数高　B. 输出电流小

C. 输出电阻增大　D. 带负载能力强

4. 功率放大电路的最大输出功率是在输入电压为正弦波时，输出基本不失真情况下，负载上可能获得的最大________。

A. 交流功率　B. 直流功率　C. 平均功率　D. 有功功率

5. 在 OCL 乙类功放电路中，若最大输出功率为 1 W，则电路中功率管的集电极最大功耗约为________。

A. 1 W　B. 0.5 W　C. 0.2 W　D. 无法确定

6. OCL 功放电路的输出端直接与负载相联 ，静态时，其直流电位为________。

A. V_{CC}　B. （1/2）V_{CC}　C. 0　D. 2 V_{CC}

7. 对甲乙类功率放大器，其静态工作点一般设置在特性曲线的________。

A. 放大区中部　B. 截止区

C. 放大区但接近截止区　D. 放大区但接近饱和区

8. 乙类双电源互补对称功放电路的效率可达________。

A. 25%　B. 78.5%　C. 50%　D. 90%

9. 功率放大电路的最大输出功率是在输入电压为正弦波时，输出基本不失真情况下负载上获得的最大________。

A. 交流功率　B. 直流功率　C. 平均功率　D. 有功功率

10. 功率放大电路与电压放大电路的主要区别是________。

A. 前者比后者电源电压高　　　　　B. 前者比后者电压放大倍数数值大

C. 前者比后者效率高　　　　　　　D. 没有区别

11. 在选择功放电路中的BJT时，不属于应当特别注意的参数有________。

A. β　　　　B. I_{CM}　　　　C. P_{CM}　　　　D. $U_{(BR)CEO}$

12. 在输出信号不失真的条件下，对于变压器耦合单管甲类功放电路，下列说法正确的是________。

A. 输出功率愈大，电源给出的功率愈大

B. 电源给出的功率是一常数

C. 输出功率愈大，管耗愈大

D. 负载开路时，管耗最小

13. 下面正确的说法是________。

A. 工作在甲类状态的功率放大器，无信号输入时有功率损耗

B. 工作在甲类状态的功率放大器，无信号输入时无功率损耗

C. 工作在乙类状态的功率放大器，无信号输入时有功率损耗

D. 工作在甲乙类状态的功率放大器，无信号输入时无功率损耗

14. 功率放大器和电压放大器相比较________。

A. 二者本质上都是能量转换电路　B. 输出功率都很大

C. 通常均工作在大信号状态下　　D. 都可以用等效电路法来分析

15. 为了克服乙类互补对称电路中的交越失真，可在两BJT的基极间加入________。

A. 电阻　　　　B. 电容　　　　C. 电感　　　　D. 电源

16. 乙类OCL互补对称功率放大器中，已知负载电阻$R_L=8\ \Omega$，若要求在理想情况下最大输出功率$P_{om}=9\ W$，则该电路的电源电压V_{CC}和两只功率管的参数应选为________。

A. $V_{CC}=24\ V$，$P_{CM}>4.5\ W$　　　　B. $V_{CC}=12\ V$，$P_{CM}>4.5\ W$

C. $V_{CC}=24\ V$，$P_{CM}>1.8\ W$　　　　D. $V_{CC}=12\ V$，$P_{CM}>1.8\ W$

17. 功率放大电路中采用乙类工作状态是为了提高________。

A. 输出功率　　B. 放大器效率　　C. 放大倍数　　D. 负载能力

18. OTL电路负载电阻$R_L=10\ \Omega$，电源电压$V_{CC}=10\ V$，略去BJT的饱和压降，其最大不失真输出功率是________ W。

A. 10　　　　B. 5　　　　C. 2.5　　　　D. 1.25

三、已知电路如图T9.3所示，T_1和T_2管的饱和管压降$|U_{CES}|=3\ V$，$V_{CC}=15\ V$，$R_L=8\ \Omega$。试回答下列问题：

（1）电路中D_1和D_2管的作用是什么？

（2）求静态时，BJT发射极电位U_{EQ}；

（3）求该电路最大输出功率P_{OM}；

（4）当输入为正弦波时，若R_1虚焊，即开路，这时输出电压波形是什么？

（5）若D_1虚焊，则T_1管会怎样？

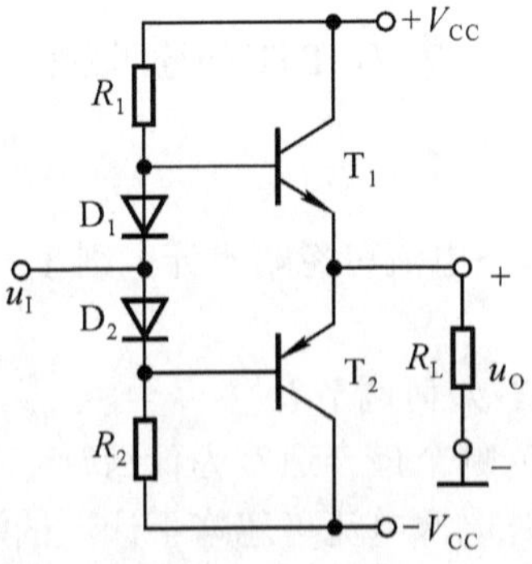

图 T9.3

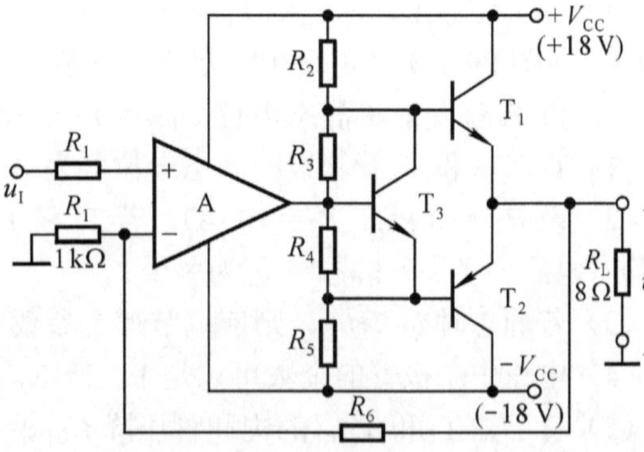

图 T9.5

四、电路如图 T9.3 所示。在出现下列故障时，分别产生什么现象？

（1）R_1 开路；

（2）D_1 开路；

（3）R_2 开路；

（4）T_1 集电极开路；

（5）R_1 短路；

（6）D_1 短路。

五、电路如图 T9.5 所示，已知 T_1 和 T_2 的饱和管压降 $|U_{CES}|=2$ V，直流功耗可忽略不计。回答下列问题：

（1）R_3、R_4 和 T_3 的作用是什么？

（2）负载上可能获得的最大输出功率 P_{om} 和电路的转换效率 η 各为多少？

（3）设最大输入电压的有效值为 1 V。为了使电路的最大不失真输出电压的峰值达到 16 V，电阻 R_6 至少应取多少千欧？

习　题

9.1　在图 9.2.2（a）电路中，已知 $V_{CC}=20$ V，$R_L=10\ \Omega$，BJT 的饱和压降 $|U_{CES}|\leqslant 2$ V，输入电压 u_i 为正弦信号。试求：

（1）求最大不失真输出功率、电源供给功率、管耗及效率；

（2）当输入电压振幅为 10 V 时，求输出功率、电源供给功率、效率及管耗；

（3）求该电路的最大管耗及此时输入电压的振幅。

9.2　在图 9.2.2（a）电路中，已知 $V_{CC}=18$ V，$R_L=5\ \Omega$，试选择合适的功率管。

9.3　电路如图 T9.3 所示，已知 $V_{CC}=16$ V，$R_L=4\ \Omega$，T_1 和 T_2 管的饱和管压降 $|U_{CES}|=2$ V，输入电压足够大。试问：

（1）最大输出功率 P_{om} 和效率 η 各为多少？

（2）BJT 的最大功耗 P_{Tmax} 为多少？

（3）为了使输出功率达到 P_{om}，输入电压的有效值约为多少？

9.4 在图 P9.4 所示电路中，已知二极管的导通电压 $U_D=0.7\ V$，BJT 导通时的 $|U_{BE}|=0.7\ V$，T_2 和 T_4 管发射极静态电位 $U_{EQ}=0\ V$。试问：

（1）T_1、T_3 和 T_5 管基极的静态电位各为多少？

（2）设 $R_2=10\ k\Omega$，$R_3=100\ \Omega$。若 T_1 和 T_3 管基极的静态电流可忽略不计，则 T_5 管集电极静态电流为多少？静态时 u_i 为多少？

（3）若静态时 $i_{B1}>i_{B3}$，则应调节哪个参数可使 $i_{B1}=i_{B3}$？如何调节？

（4）电路中二极管的个数可以是 1、2、3、4 吗？你认为哪个最合适？为什么？

（5）若已知 T_2 和 T_4 管的饱和管压降 $|U_{CES}|=2\ V$，静态时电源电流可忽略不计。试问负载上可能获得的最大输出功率 P_{om} 和效率 η 各为多少？

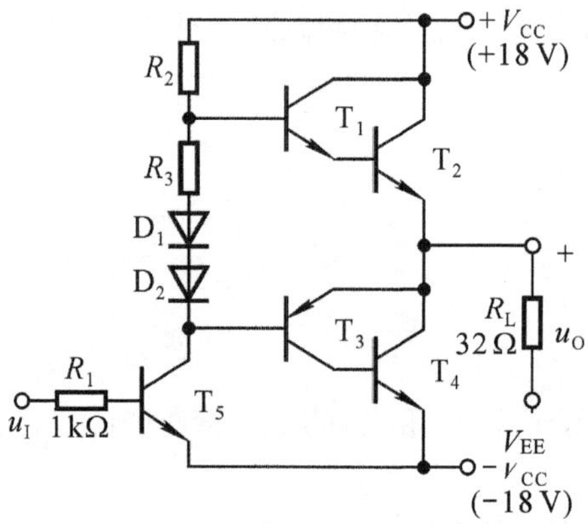

图 P9.4

9.5 电路如图 P9.4 所示。在出现下列故障时，分别产生什么现象？

（1）R_2 开路；

（2）D_1 开路；

（3）R_2 短路；

（4）T_1 集电极开路；

（5）R_3 短路。

9.6 在图 P9.6 所示电路中，已知 $V_{CC}=15\ V$，T_1 和 T_2 管的饱和压降 $|U_{CES}|=1\ V$，集成运放的最大输出电压幅值为 $\pm 13\ V$，二极管的导通电压为 0.7 V。

（1）若输入电压幅值足够大，则电路的最大输出功率为多少？

（2）电路中 R_f 引入哪种组态的交流负反馈？其作用是什么？

（3）若 $U_i=0.1\ V$ 时，$U_o=5\ V$，则反馈网络中电阻的取值约为多少？

9.7 功率放大电路如图 P9.7 所示。

（1）$u_i=0$ 时，u_E 应调至多大？

（2）电容 C 的作用是什么？

（3）$R_L=8\ \Omega$，管子饱和压降 $|U_{CES}|=2\ V$，求最大不失真输出功率 P_{om}。

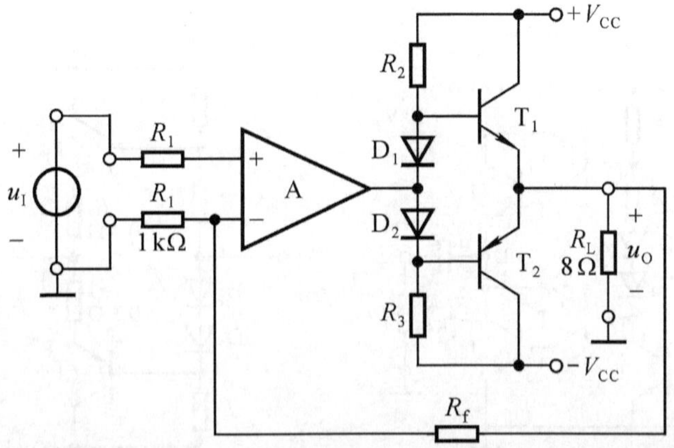

图 P9.6

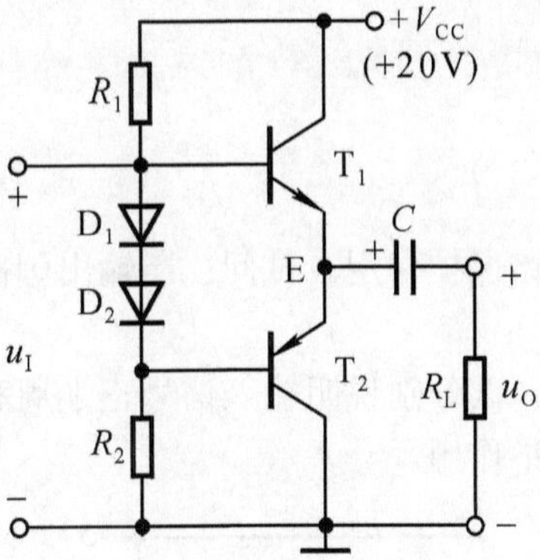

图 P9.7

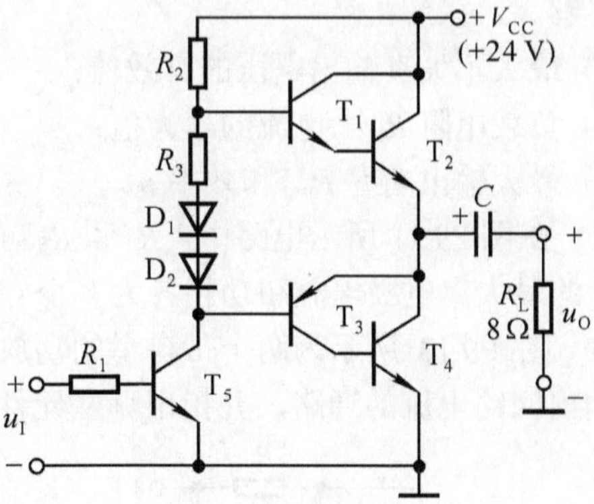

图 P9.8

9.8　OTL 电路如图 P9.8 所示。

(1)为了使得最大不失真输出电压幅值最大，静态时 T_2 和 T_4 管的发射极电位应为多少？若不合适，则一般应调节哪个元件参数？

(2) 若 T_2 和 T_4 管的饱和压降 $|U_{CES}|=3$ V，输入电压足够大，则电路的最大输出功率 P_{om} 和效率 η 各为多少？

(3) T_2 和 T_4 管的 I_{CM}、$U_{(BR)CEO}$ 和 P_{CM} 应如何选择？

9.9　已知图 P9.9 所示电路中，T_2 和 T_4 管的饱和压降 $|U_{CES}|=2$ V，导通时的 $|U_{BE}|=0.7$ V，输入电压足够大。

(1) A、B、C、D 点的静态电位各为多少？

(2) 若管压降 $|U_{CE}|\geqslant 3$ V，为使最大输出功率 P_{om} 不小于 1.5 W，则电源电压至少应取多少？

9.10　估算图 P9.4 所示电路 T_2 和 T_4 管的最大集电极电流、最大管压降和集电极最大功耗。

9.11　在图 P9.11 所示电路中，已知 $V_{CC}=15$ V，T_1 和 T_2 管的饱和管压降 $|U_{CES}|=2$ V，输

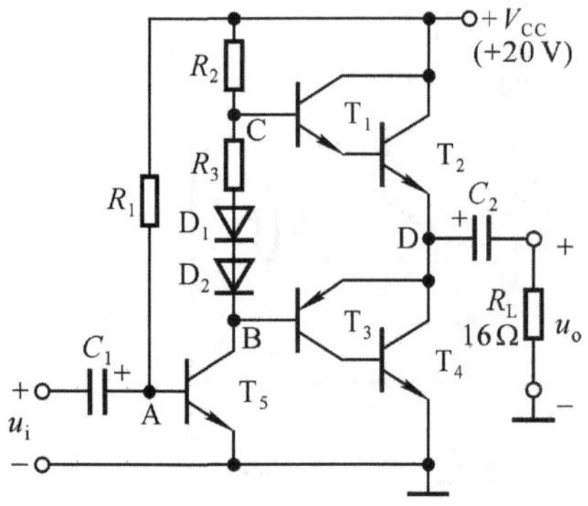

图 P9.9

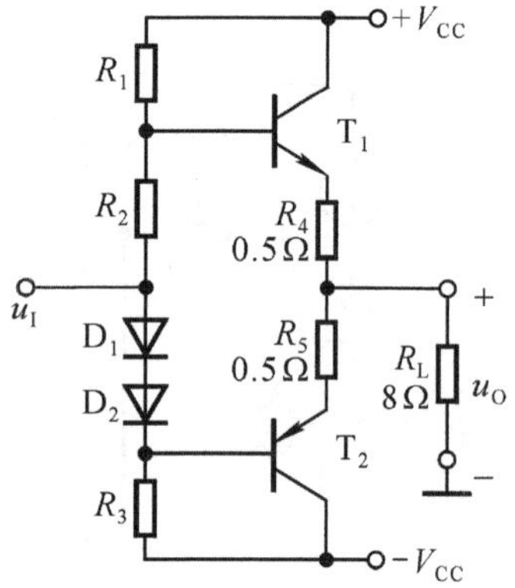

图 P9.11

入电压足够大。求解：

（1）最大不失真输出电压的有效值；

（2）负载电阻 R_L 上电流的最大值；

（3）最大输出功率 P_{om} 和效率 η。

9.12 在图 P9.11 所示电路中，R_4 和 R_5 可起短路保护作用。试问：当输出因故障而短路时，BJT 的最大集电极电流和功耗各为多少？

9.13 图 P9.13 所示为两个带自举的功放电路。试分别说明输入信号正半周和负半周时功率管输出回路电流的通路，并指出哪些元件起自举作用。

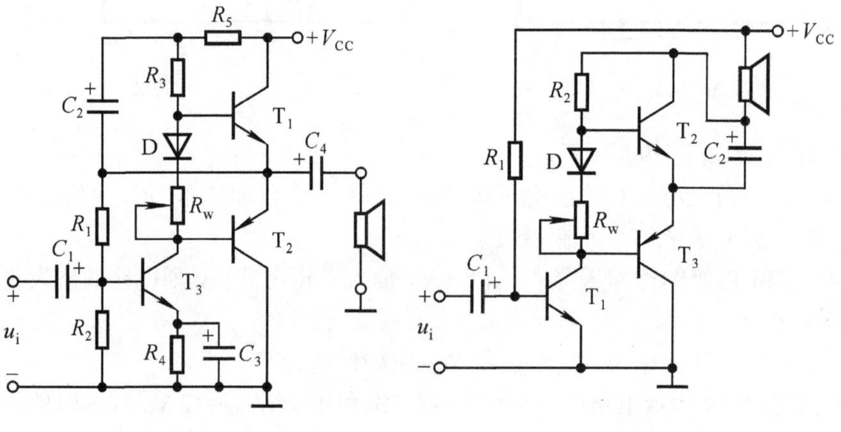

图 P9.13

9.14 电路如图 P9.14 所示，为使电路正常工作，试回答下列问题：

（1）静态时电容 C 上的电压是多大？如果偏离此值，应首先调节 R_{w1} 还是 R_{w2}?

（2）设 $R_{w1}=R=1.2\ \text{k}\Omega$，BJT 的$\beta=50$，$T_1$、$T_2$ 管的 $P_{CM}=50\ \text{mW}$，若 R_{w2} 或二极管断开，是否安全？为什么？

（3）调节静态工作电流，主要调节 R_{w1} 还是 R_{w2}？

（4）设管子饱和压降可略去，求最大不失真输出功率、电源供给功率、管耗和效率。

9.15　在如图 P9.15 所示电路中，如何使输出可获得最大正、负对称波形？若 T_3、T_5 的饱和压降 $U_{CES}=1$ V，求该电路的最大不失真输出功率及效率。

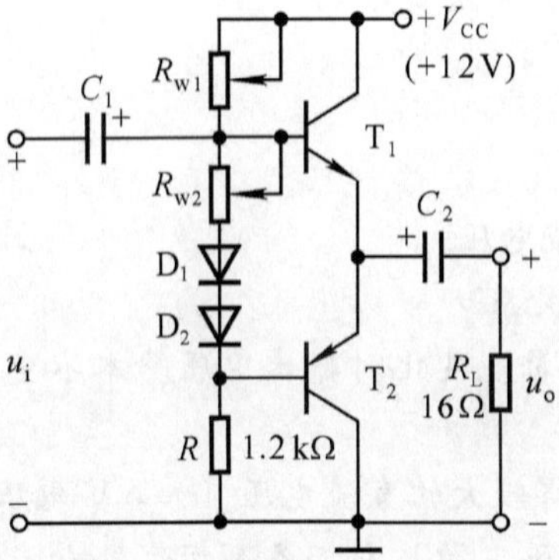

图 P9.14

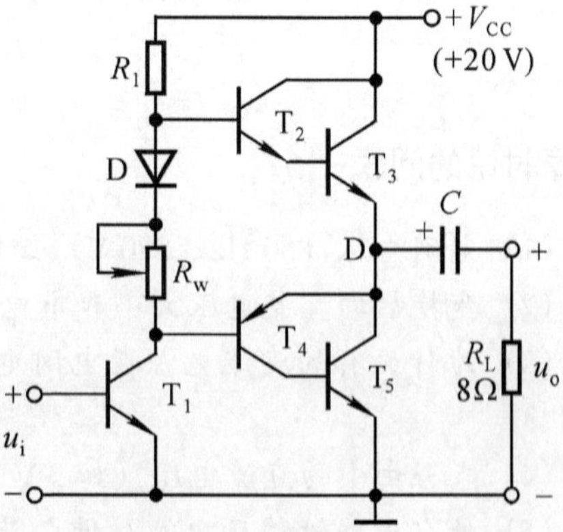

图 P9.15

第10章　直流电源

◎本章讨论的问题

（1）电网电压（50 Hz、220 V）如何变为直流电压？

（2）变换后的直流电压大小和市电有何数值关系？

（3）为什么有的直流电源在电网电压变化和负载变化时输出电压基本不变，而有的随之变化？

（4）能否由小的直流电压（如 3 V 电压）获得较大的直流电压（如 6 V 电压）？

（5）什么是线性稳压电源？什么是开关型稳压电源？它们各有何优缺点，分别应用于何种场合？

10.1　直流电源的组成

电子系统总要用直流电源供电。我们当然可以选择干电池、蓄电池或其它直流电源等小功率电源，但这些电源成本高，容量有限。在有交流电网的地方，一般采用将交流电变为直流电的直流电源，这是一种简单而经济的方法。直流电源（direct-current power supply）是一种将交流能量转换为直流能量的能量转换电路。通常它由四部分组成，分别是电源变压器、整流电路、滤波电路和稳压电路，如图 10.1.1 所示。

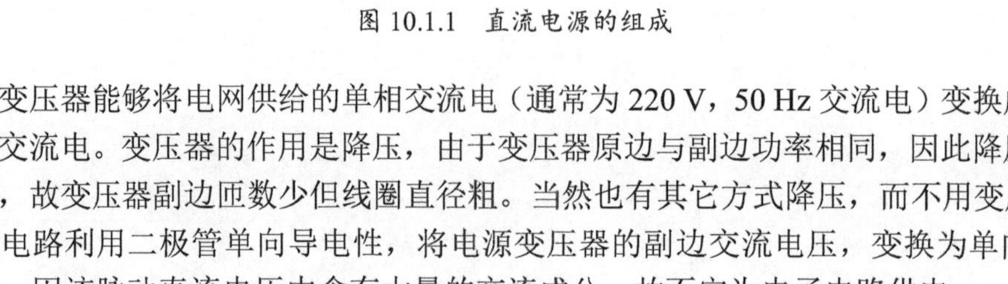

图 10.1.1　直流电源的组成

电源变压器能够将电网供给的单相交流电（通常为 220 V，50 Hz 交流电）变换成符合要求的低压交流电。变压器的作用是降压，由于变压器原边与副边功率相同，因此降压的同时必然升流，故变压器副边匝数少但线圈直径粗。当然也有其它方式降压，而不用变压器。

整流电路利用二极管单向导电性，将电源变压器的副边交流电压，变换为单向脉动的直流电压，因该脉动直流电压中含有大量的交流成分，故不宜为电子电路供电。

滤波电路的作用是将脉动的直流电压中的脉动成分滤掉，使其变换为平滑的直流电压。这就需要一个低通滤波器，其截止频率应小于脉动的直流电压中的基波频率。

稳压电路作用是使直流输出电压稳定，几乎不受电网电压波动和负载变化的影响。经过整流、滤波电路后，输出电压是较平滑的直流电，似乎可以为电子电路供电。然而，当电网电压波动或者是负载变动，这个所谓较平滑的直流电也会发生变化。因此，为了得到不受外界影响的、稳定的直流电压，在整流、滤波电路后，必须增加稳压电路。以下介绍整流、滤波和稳压电路的组成、工作原理和主要性能。

10.2 单相整流电路

整流电路（rectifier）的作用是将电源变压器的副边交流电压变换为单向脉动的直流电压。根据交流电的类型，整流电路可分为单相整流和三相整流电路；按照电路输出功率的大小，整流电路可分为小功率整流电路和大功率整流电路。一般地，小功率直流电源采用单相整流电路；大功率直流电源采用三相整流。按照整流元件不同，整流电路又可分为可控整流电路和不可控整流电路。其中，在可控整流电路中，一般通过控制可控硅元件的导通角来控制输出电压的大小；不可控整流电路一般采用二极管进行整流，其输出电压大小不可控。在小功率直流电源中，整流电路主要有半波整流电路、全波整流电路和桥式整流电路三种，其中应用最多的是单相桥式整流电路。

在分析整流电路时，为了简化分析过程，突出重点，一般假设二极管为理想二极管，即加正向电压导通，且正向电阻为零，外加反向电压截止，反向电阻为无穷大，变压器无损耗，内部压降为零，电路负载为纯电阻性。

10.2.1 单相半波整流电路

图 10.2.1 为单相半波整流电路（single-phase half-wave rectifier circuit），其工作原理在第 1.3 小节已经讲过，这里不再重复。在研究和应用整流电路时，一般至少考查整流电路负载输出电压的平均值、输出电流平均值以及负载电阻上脉动系数。根据图 10.2.1 可知，在一个工频周期内，二极管只在正半周期导通，在负半周期截止，因此在负载上得到的是半个正弦波。负载上输出平均电压为

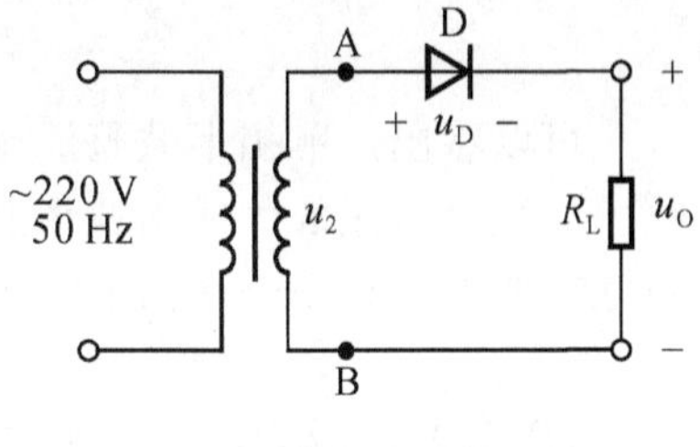

图 10.2.1 单相半波整流电路

$$U_{O(AV)}=\frac{1}{2\pi}\int_0^{2\pi}u_O\mathrm{d}(\omega t)=\frac{1}{2\pi}\int_0^{\pi}\sqrt{2}U_2\sin\omega t\mathrm{d}(\omega t)=\frac{\sqrt{2}}{\pi}U_2\approx 0.45U_2 \qquad (10.2.1)$$

流过负载和二极管的平均电流为

$$I_{O(AV)}=I_{D(AV)}=I_L=\frac{\sqrt{2}U_2}{\pi R_L}=\frac{0.45U_2}{R_L} \qquad (10.2.2)$$

整流输出电压的脉动系数 S 定义为输出电压的基波最大值 U_{o1M} 与输出电压平均值 $U_{O(AV)}$ 之比，即

$$S=\frac{U_{o1M}}{U_{O(AV)}} \tag{10.2.3}$$

对半波输出电压进行傅里叶级数分析①，我们得到 $U_{o1M}=U_2/\sqrt{2}$，故

$$S=\frac{U_{o1M}}{U_{O(AV)}}=\frac{U_2/\sqrt{2}}{\sqrt{2}U_2/\pi}=\frac{\pi}{2}\approx 1.57 \tag{10.2.4}$$

可见，半波整流电路的输出脉动很大，其基波的最大值约为平均值的 1.57 倍。

整流电路中二极管选型应考虑流过二极管电流的平均值 $I_{D(AV)}$ 和它所承受的最大反向电压 U_R。在半波整流电路中，变压器次边电压有效值和负载电阻值确定后，电路中二极管参数也就确定了。

在单相半波整流电路中，流过二极管电流的平均值等于流过负载电流的平均值，即

$$I_{O(AV)}=I_{D(AV)}=I_L\approx\frac{0.45U_2}{R_L} \tag{10.2.5}$$

二极管承受的最大反向电压等于变压器次边电压的最大值，即

$$U_{R\max}=\sqrt{2}U_2 \tag{10.2.6}$$

由于一般情况下，电网电压会有±10%的波动，为了保证二极管安全工作，选用二极管时，其最大整流平均电流 I_F 和最高反向工作电压 U_R 应满足

$$I_F>1.1I_{O(AV)}=1.1\frac{\sqrt{2}U_2}{\pi R_L} \tag{10.2.7}$$

$$U_R>1.1\sqrt{2}U_2 \tag{10.2.8}$$

可以看出，单相半波整流电路使用元件少，电路简单，成本低，但从输出电压看，其输出的直流电压低，输出波形脉动大，变压器利用率低。该电路仅适用于整流电流较小，对脉动要求不高场合。为了克服半波整流电路的缺点，我们引入全波整流电路。

10.2.2 单相全波整流电路

为了提高电源的利用率，可将两个半波整流电路合起来组成一个全波整流电路。

①参见文献[10-1] 640-642 页。

一、电路工作原理

单相全波整流电路（full-wave rectifier）如图 10.2.2 所示。当 u_2 为正弦波正半周时，二极管 D_1 外加电压为正，处于导通状态，二极管 D_2 外加电压为负，处于截止状态，则二极管的管压降 $u_{D1}=0$，$u_{D2}=-u_2$，二极管 D_1 的电流 i_{D1} 等于流过负载的电流，为 $i_O=i_{D1}=\dfrac{u_2}{R_L}$。

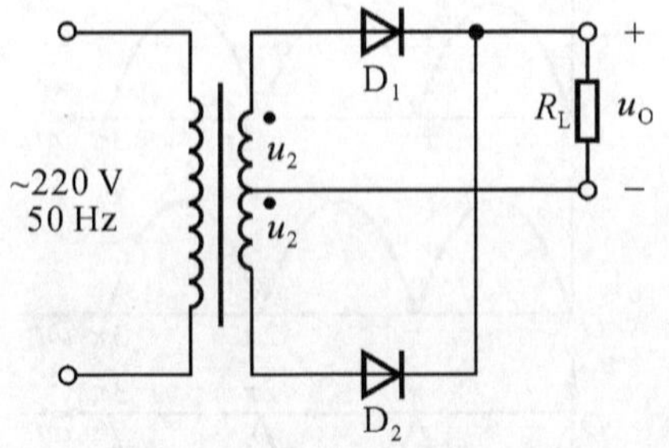

图 10.2.2 单相全波整流电路

当 u_2 为正弦波负半周时，二极管 D_1 外加电压为负，处于截止状态，二极管 D_2 外加电压为正，处于导通状态，则二极管的管压降 $u_{D1}=-u_2$，$u_{D2}=0$，负载上的电压 $u_O=u_2$，流过二极管 D_2 的电流等于流过负载的电流，$i_{D2}=i_O=\dfrac{u_2}{R_L}$。由于二极管 D_1、D_2 在正负半周轮流导通，且流过负载 R 的电流为同一方向，因此在正负半周，负载上均有输出电压。这种电路在交流的整个周期内负载上都有电流流过，因此称为单相全波整流电路。其波形图如图 10.2.3 所示。

二、主要参数

根据图 10.2.3 可知，全波整流电路的输出波形是半波整流时的两倍，所以其输出平均电压为

$$U_{O(AV)}=U_L=\frac{1}{\pi}\int_0^{\pi}\sqrt{2}U_2\sin\omega t\,d(\omega t)=\frac{2\sqrt{2}}{\pi}U_2=0.9U_2 \qquad (10.2.9)$$

流过负载的平均电流为

$$I_{O(AV)}=I_L=\frac{2\sqrt{2}U_2}{\pi R_L}\approx\frac{0.9U_2}{R_L} \qquad (10.2.10)$$

二极管所承受的最大反向电压

$$U_{R\max}=2\sqrt{2}U_2 \qquad (10.2.11)$$

单相全波整流电路的脉动系数为[①]

①参见文献[10-2] 226 页。

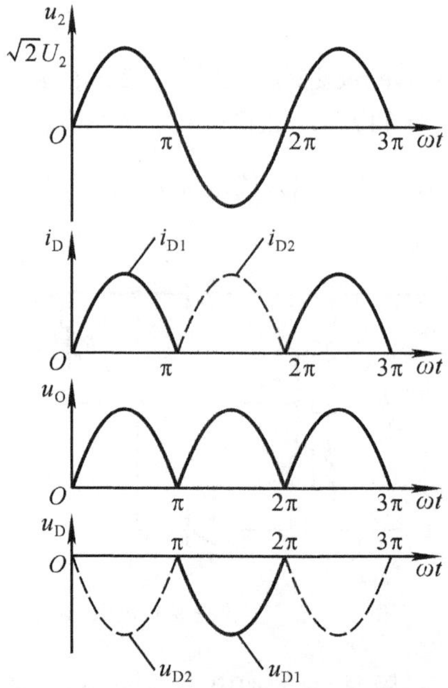

图 10.2.3　单相全波整流电路的波形图

$$S=\frac{4\sqrt{2}U_2}{3\pi}\Big/\frac{2\sqrt{2}U_2}{\pi}=\frac{2}{3}\approx 0.67 \tag{10.2.12}$$

可见其脉动系数下降到 67%，与半波整流电路相比，输出电压的脉动减小很多。

三、二极管的选择

由于二极管 D_1、D_2 轮流导通，所以流过每个管子的平均电流为输出电流的一半，即

$$I_{D1(AV)}=I_{D2(AV)}=\frac{1}{2}I_{O(AV)}=0.45\frac{U_2}{R_L} \tag{10.2.13}$$

全波整流电路每个管子承受的反向峰值电压为峰值电压的两倍：

$$U_{Rmax}=2\sqrt{2}U_2 \tag{10.2.14}$$

电网电压会有±10%的波动，为了保证二极管安全工作，选用二极管时，其最大整流平均电流 I_F 和最高反向工作电压 U_R 应满足

$$I_F>1.1I_{D1(AV)}=1.1\frac{\sqrt{2}U_2}{\pi R_L}\approx 0.5\frac{U_2}{R_L} \tag{10.2.15}$$

$$U_R>1.1\times 2\sqrt{2}U_2\approx 3.11U_2 \tag{10.2.16}$$

全波整流电路优点：电源利用率高，输出电压提高了一倍；每个管子仅提供输出电流的一半。缺点：管子耐压要高，且变压器必须具有中心抽头，工艺复杂，成本高。因此，实际中全波整流一般用桥式整流电路。

10.2.3　单相桥式整流电路

为了克服上述全波整流的缺点，常采用桥式整流电路如图 10.2.4（a）所示。图 10.2.4（b）是简化画法。可见，该电路中变压器是无中心抽头的次级绕组，四只二极管接成电桥形式。

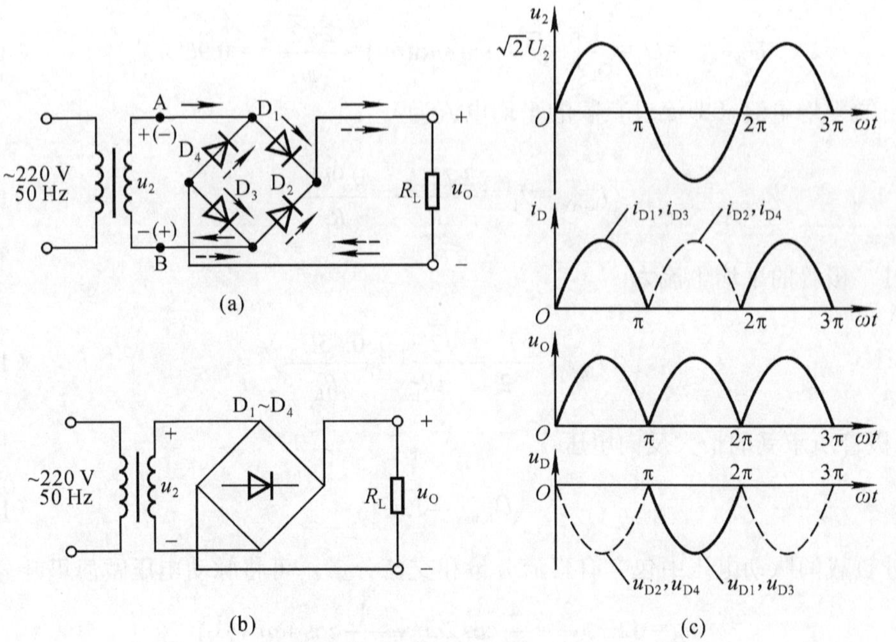

图 10.2.4　单相桥式整流电路

（a）一般画法；（b）简化画法；（c）波形图

一、工作原理

单相桥式整流电路（bridge rectifier）是最基本的将交流转换为直流的电路。设变压器副边电压为$u_2=\sqrt{2}U_2\sin\omega t$，$U_2$ 为其有效值。在分析整流电路工作原理时，整流电路中的二极管作为开关运用，具有单向导电性。根据图 10.2.4（a）电路可知：

当 u_2 为正半周时，二极管 D_1、D_3 导通，电流由 A 点流出，经 D_1、R_L、D_3 流入 B 点，如图 10.2.4（a）中实线箭头所示，因而在负载电阻 R_L 上电压等于变压器副边电压，即 $u_O=u_2$，D_2 和 D_4 承受的反向电压为$-u_2$，负载电阻上得到正弦波的正半周。

当 u_2 为负半周时，二极管 D_2、D_4 导通，电流由 B 点流出，经 D_2、R_L、D_4 流入 A 点，如图中虚线箭头所示，负载电阻 R_L 上电压等于$-u_2$，即 $u_O=-u_2$，D_1 和 D_3 承受的反向电压为 u_2，负载电阻上得到正弦波的负半周。

由于 D_1、D_3 和 D_2、D_4 两对二极管交替导通，负载电阻 R_L 上在 u_2 的整个周期内都有

电流通过，而且方向不变，输出电压为$u_O=\left|\sqrt{2}U_2\sin\omega t\right|$，可见负载电阻 R_L 上得到的是同一个方向的单向脉动电压。单相桥式整流电路的波形如图 10.2.4（c）所示。

二、参数计算

根据图 10.2.4（c）可知，输出电压是单向脉动电压，通常用它的平均值与直流电压等效。输出平均电压为

$$U_{O(AV)}=U_L=\frac{1}{\pi}\int_0^{\pi}\sqrt{2}U_2\sin\omega t\mathrm{d}(\omega t)=\frac{2\sqrt{2}}{\pi}U_2=0.9U_2 \qquad (10.2.17)$$

输出的平均电流（即流过负载的平均电流为）

$$I_{O(AV)}=I_L=\frac{2\sqrt{2}U_2}{\pi R_L}=\frac{0.9U_2}{R_L} \qquad (10.2.18)$$

流过二极管的平均电流为

$$I_{D(AV)}=\frac{I_L}{2}=\frac{\sqrt{2}U_2}{\pi R_L}=\frac{0.45U_2}{R_L} \qquad (10.2.19)$$

二极管所承受的最大反向电压

$$U_{Rmax}=\sqrt{2}U_2 \qquad (10.2.20)$$

流过负载的脉动电压中包含有直流分量和交流分量，可将脉动电压做傅里叶分析：

$$u_O=\sqrt{2}U_2\left(\frac{2}{\pi}-\frac{4}{3\pi}\cos 2\omega t-\frac{4}{15\pi}\cos 4\omega t+\cdots\right)$$

此时谐波分量中的二次谐波幅度最大。脉动系数为二次谐波的幅值与平均值的比值，即

$$S=\frac{4\sqrt{2}U_2}{3\pi}\Big/\frac{2\sqrt{2}U_2}{\pi}=\frac{2}{3}=0.67 \qquad (10.2.21)$$

三、二极管的选择

在桥式整流电路中，因为每只二极管只在变压器副边电压的半个周期通过电流，所以每只二极管的平均电流只有负载电阻上电流平均值的一半，即

$$I_{D(AV)}=\frac{I_L}{2}=\frac{\sqrt{2}U_2}{\pi R_L}=\frac{0.45U_2}{R_L} \qquad (10.2.22)$$

可见与半波整流电路中二极管的平均电流相同。

根据图 10.2.4（c）中二极管的波形图可知，二极管承受的最大反向电压为

$$U_{Rmax}=\sqrt{2}U_2 \qquad (10.2.23)$$

这与半波整流电路中二极管承受的最大反向电压相同。

考虑到电网电压会有±10%的波动，在实际选用二极管时，应至少有±10%的余量，其最大整流平均电流 I_F 和最高反向工作电压 U_R 为

$$I_F > \frac{1.1I_{O(AV)}}{2} = 1.1\frac{\sqrt{2}U_2}{\pi R_L} \approx 0.5\frac{U_2}{R_L} \tag{10.2.24}$$

$$U_R > 1.1\sqrt{2}U_2 \approx 1.54U_2 \tag{10.2.25}$$

可见，桥式整流电路具有全波整流的全部优点，而且避免了全波整流的缺点。桥式整流的缺点是需要四只二极管。目前有不同性能指标的集成电路，称之为"整流桥堆"，其应用较多。

例 10.2.1 已知桥式整流电路如图 10.2.4（a）所示，负载电阻 R_L=20 Ω，需要直流电压 $U_{O(AV)}$=36 V。试求变压器次级电压有效值 U_2、电流 I_L 及流过整流二极管平均电流 $I_{D(AV)}$。

解 因为$U_{O(AV)}=0.9U_2$，所以变压器次级电压有效值为

$$U_2 = \frac{U_{O(AV)}}{0.9} = \frac{36}{0.9} = 40\text{ V}$$

流过负载电阻的电流为

$$I_L = \frac{U_{O(AV)}}{R_L} = \frac{36}{20} = 1.8\text{ A}$$

流过整流二级管的平均电流 $I_{D(AV)}$ 为

$$I_{D(AV)} = \frac{1}{2}I_L = 0.9\text{ A}$$

10.3 滤波电路

整流电路的输出电压虽然是单一方向的，但其含有较大的脉动成分，不能适应大多数电子线路及设备的需要。因此一般在整流后，还需利用滤波电路（filter circuit）将脉动直流电压变为平滑的直流电压。

电容和电感是最基本的滤波元件，主要利用电容两端的电压不能突变和流过电感的电流不能突变的特点，将电容和负载电阻并联或将电感与负载电阻串联，可达到输出滤波的效果。

10.3.1 电容滤波电路

电容滤波电路（capacitance filter）是最常见的滤波电路，在整流电路输出端（即负载电阻两端）并联一个滤波电容 C 即构成电容滤波电路。图 10.3.1 所示为单相桥式整流电容

滤波电路。滤波电容容量较大，因此一般均采用电解电容，在接线时要注意电解电容的正负极性。下面分空载和负载两种情况讨论。

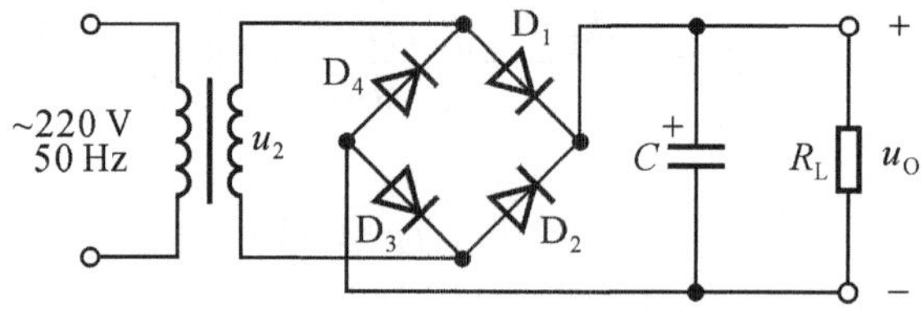

图 10.3.1　电容滤波电路

一、滤波原理

1. 空载时的情况

空载时 R_L 为无穷大，设在 $t=0$ 时接通交流电源，此时电容两端的初始电压为零。当 u_2 处于正半周时，二极管 D_1、D_3 导通，u_2 通过 D_1、D_3 给电容器 C 充电。充电时间常数为 $\tau=R_{in}C$，其中 R_{in} 为变压器副边绕组的直流电阻和二极管的正向导通电阻之和。由于一般 R_{in} 很小，电容电压很快被充到 u_2 的最大值 $\sqrt{2}U_2$。此后 u_2 减小，因 $u_2<u_C=\sqrt{2}U_2$，D_1、D_3 截止，电容 C 无放电回路，其两端电压保持不变。当 u_2 处于负半周时，由于 $|u_2|<\sqrt{2}U_2$，二极管 D_1～D_4 都截止，电容 C 电压仍保持不变。因此，输出电压（即电容 C 两端电压 u_C）为一恒定直流电压。其波形如图 10.3.2（b）所示。

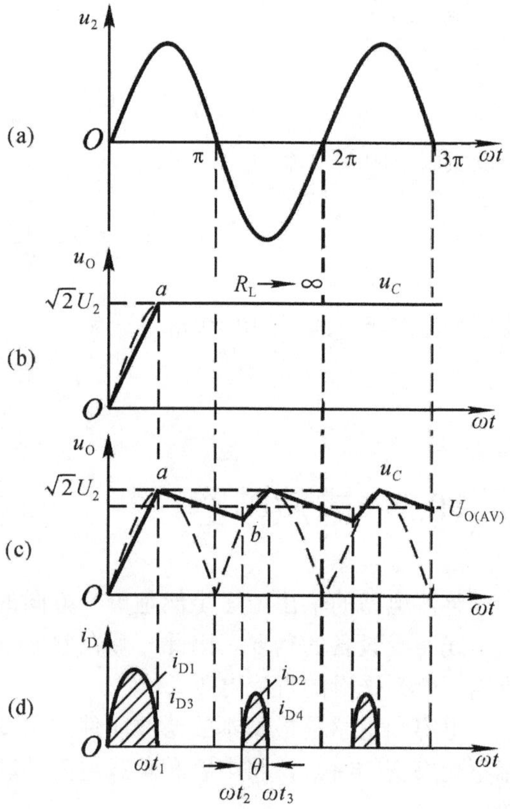

图 10.3.2　电容滤波电路的波形分析，

（a）变压器副边电压波形；

（b）空载时输出波形；

（c）带负载时输出波形；

（d）流过二极管电流波形

由图可以看出，空载时电容滤波效果很好，不仅 u_O 无脉动，而且输出直流电压由 $0.9U_2$（半波整流为 $0.45U_2$）上升到 $\sqrt{2}U_2$。

2. 带载时的情况

带电阻负载后电容滤波电路的工作情况可分为以下三个阶段。

1）电容 C 充电阶段I

当 $t=0$ 时电源接通，u_2 在正半周，u_2 通过 D_1、D_3 对电容 C 充电，由于等效电阻小，故这一段时间 $u_O=u_2$；当 $t=t_1$ 时，$u_O=\sqrt{2}U_2$，电

容两端电压达到最大值（图 10.3.2 中 a 点）。

2）电容 C 放电阶段Ⅱ

当 u_2 下降时，由于电容电压不能突变，$u_C>u_2$，所以 D_1～D_4 均反向偏置，故电容 C 通过 R_L 放电。由于 R_L 较大，放电时间常数较大，相对于电源电压的下降，电容 C 两端电压下降比较慢，故 $u_C>u_2$。电容 C 一直放电，直至下降到 u_2 负半周出现且其电压值上升到和电容上电压 u_C 值相等的 t_2 时刻为止（图 10.3.2 中 b 点）。

3）电容 C 继续充电阶段Ⅲ

此时，当 $u_2>u_C$ 时，二极管 D_2、D_4 导通，电源电压 u_2 通过 D_2、D_4 对 C 充电，直至 $t=t_3$，$u_C>u_2$，二极管又截止，电容 C 将会再次放电。如此循环，形成周期性的电容充放电过程。其工作波形如图 10.3.2（c）和（d）所示。

二、输出电压平均值

为了获得较好滤波效果，实际工作中一般按下式选择滤波电容的容量：

$$R_L C \geqslant (3\sim5)\frac{T}{2} \tag{10.3.1}$$

其中，T 为交流电网电压的周期。由于充电快，放点慢，因此充电可用垂线 BA 表示，而放电用直线 AC 表示，故指数形式的充放电用锯齿波代替，如图 10.3.3 所示，这里忽略二极管导通压降。

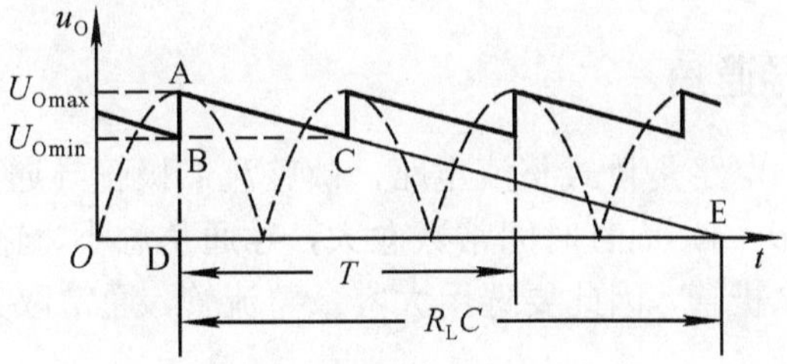

图 10.3.3 输出电压平均值分析

若假定电容只放电不充电（AE 段），则经过 $R_L C$ 时间，可认为放电基本结束。由于△ABC 和△ADE 相似，因此有

$$\frac{U_{O\max}-U_{O\min}}{U_{O\max}}=\frac{T/2}{R_L C} \tag{10.3.2}$$

其中，$U_{O(\max)}\approx\sqrt{2}U_2$。容易得到输出平均电压为

$$U_{O(AV)}=\frac{U_{O\max}+U_{O\min}}{2}=U_{O\max}-\frac{U_{O\max}-U_{O\min}}{2} \tag{10.3.3}$$

将式（10.3.2）代入式（10.3.3），得到

$$U_{O(AV)}=\sqrt{2}U_2\left(1-\frac{T}{4R_LC}\right) \tag{10.3.4}$$

可以看出，时间常数越大，输出电压平均值越大。当负载开路时，$R_L\to\infty$，$U_{O(AV)}=\sqrt{2}U_2$；当 $C=0$ 时，$U_{O(AV)}=0.9U_2$。因此，近似有

$$U_{O(AV)}\approx 1.2U_2 \tag{10.3.5}$$

与此式对应的时间常数为 $R_LC=1.75T$。

三、脉动系数

由图 10.3.3 知，基波的峰峰值为 $U_{Omax}-U_{Omin}$，故

$$U_{O1M}=\frac{U_{Omax}-U_{Omin}}{2}$$

利用式（10.2.4）并考虑到上式及式（10.3.2），得到脉动系数是

$$S=\frac{U_{O1M}}{U_{O(AV)}}=\frac{1}{4R_LC/T-1} \tag{10.3.6}$$

可以看出，时间常数越大，脉动系数越小。应该明白，图 10.3.3 夸大了输出交流分量，因此，由式（10.3.6）计算的脉动系数将高于实际值。

四、整流二极管导通角

当未加滤波电容时，电路是桥式整流电路，故整流二极管导通角是 $\theta=\pi$；接 C 时，观察图 10.3.2，可以发现，$\theta<\pi$，而且时间常数愈大，导通角愈小，输出电压平均值愈大，这势必造成冲击电流流经二极管，因此要选用大容量整流管，通常取其平均电流的 2～3 倍①，即

$$I_F\geqslant(2\sim3)\frac{U_{O(AV)}}{2R_L} \tag{10.3.7}$$

选择电容时，一方面电容量应比较大，来保证一定大小的放电时间常数，另一方面又不能给二极管带来过大的电流冲击。所以，选择电容值较大电解电容（几十到几千微法），其耐压值应大于 $\sqrt{2}U_2$。

五、输出特性和滤波特性

1. 输出特性

输出特性是指 $U_{O(AV)}$与 $I_{O(AV)}$的关系。由式（10.3.4）知，当 $I_{O(AV)}=0$，即 $R_L\to\infty$时，

①参见文献[10-3] 513 页。

$U_{O(AV)}=1.414U_2$；当 $I_{O(AV)}$ 增大，即 R_L 减小时，C 放电加快，导致 $U_{O(AV)}$ 下降；特别是当 $I_{O(AV)}\to\infty$，即 $R_L\to 0$ 时，电容将不起作用，此时相当于桥式整流，$U_{O(AV)}\approx 0.9U_2$。输出特性如图 10.3.4 所示。不难发现，在负载电流一定时，C 愈大，$U_{O(AV)}$ 愈大；负载电流愈大，$U_{O(AV)}$ 愈小。

2. 滤波特性

滤波特性是指 S 与 $I_{O(AV)}$ 的关系。由式（10.3.6）知，当 $I_{O(AV)}=0$，即 $R_L\to\infty$ 时，$S=0$；当 $I_{O(AV)}$ 增加，即 R_L 减小时，脉动系数增大；当 $I_{O(AV)}\to\infty$，即 $R_L\to 0$ 时，C 不起作用，此时相当于桥式整流，有 $S=0.67$。滤波特性如图 10.3.5 所示。容易看到，在负载电流一定时，C 愈大，S 愈小，滤波效果愈好；负载电流愈大，S 愈大。

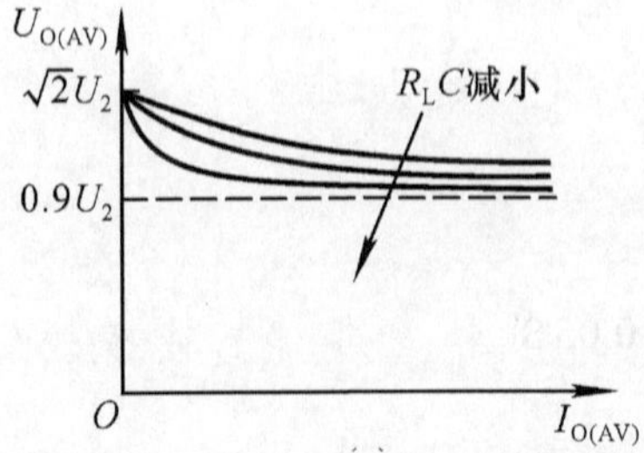

图 10.3.4　电容滤波电路的输出特性

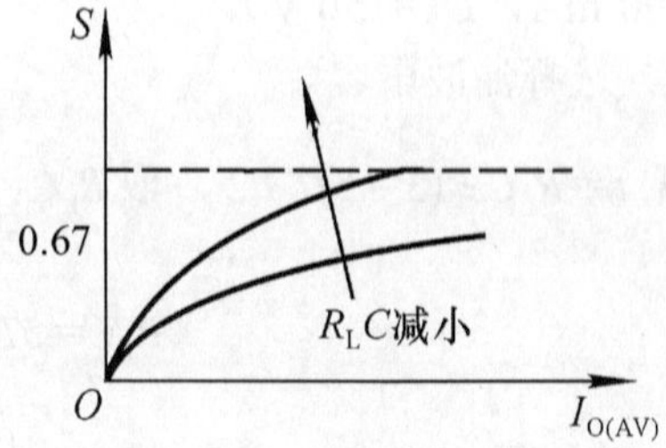

图 10.3.5　电容滤波电路的滤波特性

可见，电容滤波适合于负载电流较小且变化不大的场合。

六、电容滤波电路特点

（1）当桥式整流电路输出不接电容时，其输出直流电压为 $U_{O(AV)}\approx 0.9U_2$，$S=0.67$。

（2）当桥式整流电路输出接电容 C，但负载 R_L 开路时，即 $R_LC\to\infty$，其输出直流电压最高，$U_{O(AV)}\approx 1.4U_2$，$S=0$，滤波效果最佳。因此，应选择大容量的电容作为滤波电容。

（3）当桥式整流电路输出端有负载 R_L，并且负载与电容 C 并联时，若 $R_LC\geqslant(3\sim 5)T/2$，则输出直流电压约为 $U_{O(AV)}\approx 1.2U_2$，S 为 11%～20%之间。

由以上分析可以看出，电容滤波以后，输出直流电压提高了，同时输出电压的脉动成分降低了。电容滤波整流电路输出直流电压在 $1.4U_2$～$0.9U_2$ 之间。

电容滤波电路结构简单，使用方便，输出电压中直流成分较高，脉动较小。电容滤波电路一般适用于输出电压较高、输出电流比较小或者输出电流变化不大的场合。

例 10.3.1　有一单相桥式整流电容滤波电路，电源频率 $f=50$ Hz，负载电阻为 200 Ω，要求 $U_{O(AV)}=24$ V，试选择整流二极管及滤波电容。

解　（1）选择整流二极管。

$$I_D=\frac{1}{2}I_{O(AV)}=\frac{1}{2}\frac{U_{O(AV)}}{R_L}=\frac{1}{2}\times\frac{24}{0.2}=60\text{ mA}$$

$$I_F=(2\sim3)\frac{1}{2}I_{O(AV)}=(2\sim3)\frac{1}{2}\frac{U_{O(AV)}}{R_L}=120\sim180\ \text{mA}$$

变压器副边电压有效值

$$U_2=\frac{U_{O(AV)}}{1.2}=\frac{24}{0.2}=20\ \text{V}$$

$$U_{R\max}=\sqrt{2}U_2=\sqrt{2}\times20=28\ \text{V}$$

查二极管参数，为了使用安全此项参数选择应比计算值大一倍左右。选用 2CP21A（$I_F=300$ mA，$U_R=50$ V）。

（2）选择滤波电容。

根据$\tau=R_LC\geqslant(3\sim5)T/2$，取$R_LC=5T/2$，则有

$$R_LC=5T/2=5\times\frac{1/50}{2}=0.05\ \text{S}$$

因此
$$C=\frac{0.05}{R_L}=\frac{0.05}{200}=250\ \mu\text{F}$$

而空载时，有$U_O=\sqrt{2}U_2=\sqrt{2}\times20=28\ \text{V}$。因此，电容可选用 250 μF、耐压 50 V 的电解电容器。

10.3.2 电感滤波电路

在大电流负载情况下，负载电阻 R_L 很小，若采用电容滤波电路，则电容容量势必很大，而且整流二极管冲击电流也非常大，这就使得整流管和电容的选择变得很困难，在此情况下应采用电感滤波（inductance filter）。在整流电路与负载之间串联一个电感线圈 L 就构成电感滤波，桥式整流电感滤波电路如图 10.3.6 所示。利用储能元件电感 L 的电流不能突变的性质，把电感 L 与整流电路的负载 R_L 相串联，可以起到滤波的作用。因电感线圈的电感量要足够大，故需要采用有铁芯的线圈。

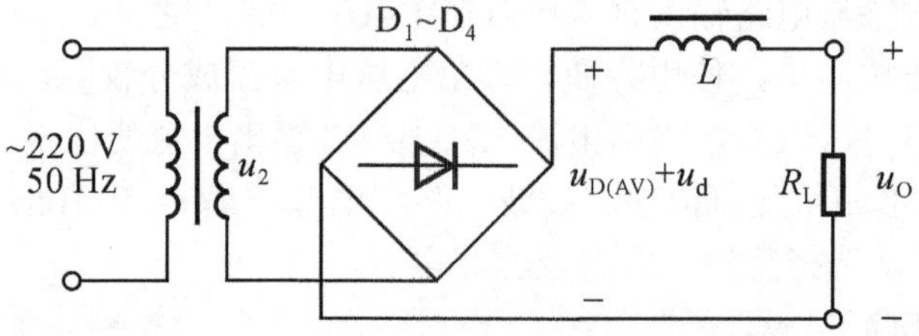

图 10.3.6　电感滤波电路

整流电路输出电压可分解为两部分。一部分为直流分量，它就是整流电路输出电压的平均值 $U_{D(AV)}$，对应全波整流电路，其值约为 $0.9U_2$。电感线圈对直流分量呈现的电抗很小，就

是线圈本身的电阻 R，二极管的导通角近似为 π，电感滤波后的输出电压平均值

$$U_{O(AV)}=\frac{R_L}{R+R_L}\cdot U_{D(AV)}\approx\frac{R_L}{R+R_L}\times 0.9U_2 \tag{10.3.8}$$

从式（10.3.8）可以看出，电感滤波电路输出电压平均值小于整流电路输出电压平均值，在线圈电阻可忽略的情况下，$U_{O(AV)}\approx 0.9U_2$。

另一部分为交流分量 u_d。当整流电路输出电压增大时，通过电感线圈的电流将会增大，这时电感线圈产生的感生电动势与电流方向相反，阻止电流的增加，同时又将一部分电能转化成磁场能存储于电感之中；当通过电感线圈的电流减小时，自感电动势与电路方向相同，阻止电流的减小，同时释放出存储的能量，以补偿电流减小。这样，经过电感滤波后，不但负载电流及电压的脉动减小，波形变得平滑，而且整流二极管的导通角增大。电感对交流分量呈现的电抗为 ωL。当 $\omega L \geqslant R_L$ 时，输出电压的交流分量

$$u_{o(AC)}=\frac{R_L}{\sqrt{R_L^2+(\omega L)^2}}\cdot u_d\approx\frac{R_L}{\omega L}\cdot u_d \tag{10.3.9}$$

从式（10.3.9）可以看出，在电感线圈不变的情况下，负载电阻愈小（即负载电流愈大），输出电压的交流分量愈小，脉动愈小。可见，电感 L 愈大，滤波效果愈好。

电感滤波电路适用于低电压大电流（R_L 较小）的场合，其缺点是电感铁芯笨重，体积大，易引起电磁干扰。

10.3.3 其它形式滤波电路

当单独使用电容或电感进行滤波，效果仍不理想时，可采用由电阻、电容和电感组成的复式滤波电路。图 10.3.7 为 LC 滤波电路、LC-π 滤波电路和 RC-π 型滤波电路。

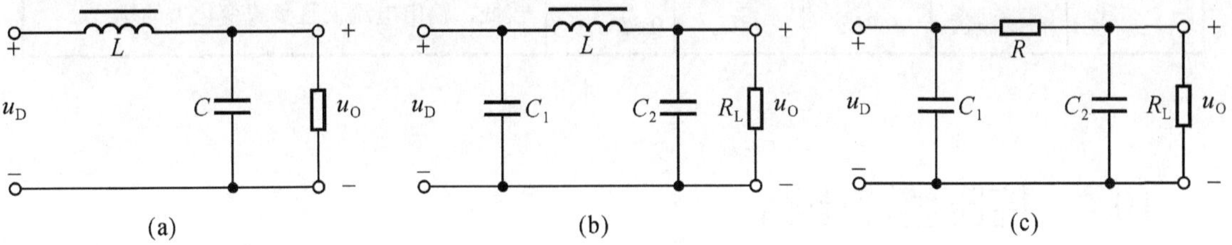

图 10.3.7 其他形式滤波电路

(a) LC 型滤波电路；(b) LC-π 型滤波电路；(c) RC-π 型滤波电路

为了减小电容滤波电路中整流二极管中冲击电流，可在滤波电容 C 之前再串上一个电感，组成 LC 滤波电路， 其电路如图 10.3.7（a）所示。当通过电感线圈的电流发生变化时，线圈中产生的自感电动势会阻碍电流的变化，故会有效地限制流过整流二极管的瞬时电流，同时也使负载电压的脉动降低。所以 LC 滤波电路对负载的适应能力较强，特别适合用于电流变化较大的场合。若忽略电感上的直流压降，则电感滤波和 LC 滤波电路输出直流电压等于全波整流的输出电压，即

$$U_{O(AV)}=0.9U_2 \tag{10.3.10}$$

在 LC 滤波电路的前面再并联一个电容 C_1，则可构成 LC-π 滤波电路，如图 10.3.7（b）所示，它的滤波效果比 LC 滤波电路更好，但 C_1 的充电对整流二极管冲击较大。

电感线圈体积大而且笨重，所以在负载电流较小场合，可以使用电阻 R 代替 LC-π 滤波电路中电感 L，构成 RC-π 型滤波电路，如图 10.3.7（c）所示。它是利用 R 和 C 对交直流分量的不同作用来实现滤波的。经过电容 C_1 滤波后，其两端电压 u_1 含有直流分量和交流分量。对于直流分量，由于一般 $R_L \gg R$，所以大部分直流分量降在负载电阻上；而对于交流分量，由于电容 C_2 的交流阻抗较小，所以交流分量较多地降在电阻 R 上两端，而较少地降在负载电阻 R_L 上，因而起到滤波作用。R 越大，C_2 越大，滤波效果越好。但是 R 越大，将会使直流压降也增加，所以此类电路中 R 不能太大，它只适用于负载电流小而又要求输出电压脉动成分小的场合。RC-π 型滤波电路，其输出直流电压的估算均与电容滤波相同。

$$U_{O(AV)}=1.2U_2 \tag{10.3.11}$$

几种滤波电路的主要指标如表 10.3.1 所示。

表 10.3.1　几种滤波电路的主要指标比较

滤波	电路形式	$U_{O(AV)}$	U_R	I_F	特　点
电容滤波	半波整流	$\approx U_2$	$\sqrt{2}U_2$	$I_{O(AV)}$	R_LC 越大，滤波效果越好。二极管的导通角小，冲击电流大。一般适应于输出电压较高、负载电流小且变化也小的场合
	全波整流	$\approx 1.2U_2$	$2\sqrt{2}U_2$	$0.5I_{O(AV)}$	
	桥式整流	$\approx 1.2U_2$	$\sqrt{2}U_2$	$0.5I_{O(AV)}$	
电感滤波	半波整流	$0.45U_2$	$\sqrt{2}U_2$	$I_{O(AV)}$	二极管的导通角大，无冲击电流。但由于铁芯的存在，电磁干扰大。适应于输出电压较低、输出电流大且负载变化大的场合
	全波整流	$0.9U_2$	$2\sqrt{2}U_2$	$0.5I_{O(AV)}$	
	桥式整流	$0.9U_2$	$\sqrt{2}U_2$	$0.5I_{O(AV)}$	

10.4　倍压整流电路

为了得到较高直流输出电压，上述电路可以用升高变压器次级电压 u_2 的方法实现，但变压器体积太大，且要求二极管和电容的耐压性能也高。如果需要输出直流电压较高且输出直流电流较小，可以采用倍压电路。倍压整流电路（voltage doubler rectifier）的实质是利用电容的储能效应，在较低的交流输入电压下，提高输出电压的一种单向小功率整流电路。

10.4.1　二倍压整流电路

二倍压整流电路如图 10.4.1 所示。由图可知，在电源 u_2 的正半周，变压器次级上端为正、下端为负，D_1 导通，D_2 截止，C_1 通过 D_1 充电，充电后 C_1 两端电压接近变压器次级电压峰值 $\sqrt{2}U_2$，方向为右端正、左端负；在电源 u_2 的负半周，变压器次级上端为负、下端为正，D_1 截止，D_2 导通，C_2 通过 D_2 充电，充电后 C_2 两端电压接近 C_1 两端电压与变压器次级电压峰值之和，其值可达 $2\sqrt{2}U_2$，方向为下端正、上端负。若从 C_2 两端取输出电压的话，由于其输出电压可达电容滤波输出电压的二倍，所以该电路为二倍压整流电路。为得到更高倍数的输出电压，可采用多倍压整流电路。

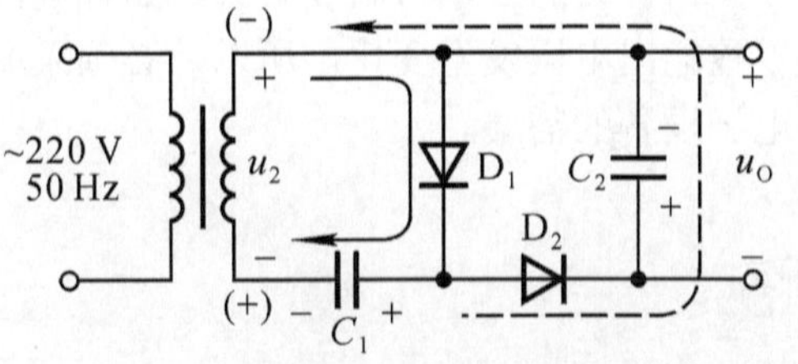

图 10.4.1　二倍压整流电路

10.4.2　多倍压整流电路

多倍压整流电路（voltage-multiplier rectifier）见图 10.4.2。在 u_2 的第一个正半周，电源通过二极管 D_1 给电容 C_1 充电到 $\sqrt{2}U_2$；在 u_2 的第一个负半周，二极管 D_2 导通，u_2 和 C_1 上的电压共同给电容 C_2 充电至 $2\sqrt{2}U_2$。在 u_2 的第二个正半周，电源通过 $C_2 \to D_3 \to C_3 \to C_1$ 对电容 C_3 充电，所以电容 C_3 上的电压为 $u_{C3}=u_2+u_{C2}-u_{C1}\approx 2\sqrt{2}U_2$；在 u_2 的第二个负半周，电源通过 $C_1 \to C_3 \to D_4 \to C_4 \to C_2$ 给电容 C_4 充电，故 $u_{C4}=u_2+u_{C1}+u_{C3}-u_{C2}\approx 2\sqrt{2}U_2$。依此类推，电容 C_5、C_6 也充电到 $2\sqrt{2}U_2$，其极性如图 10.4.2 所示。只要将负载接至有关电容组两端，就可得到相应多倍压直流电压输出。

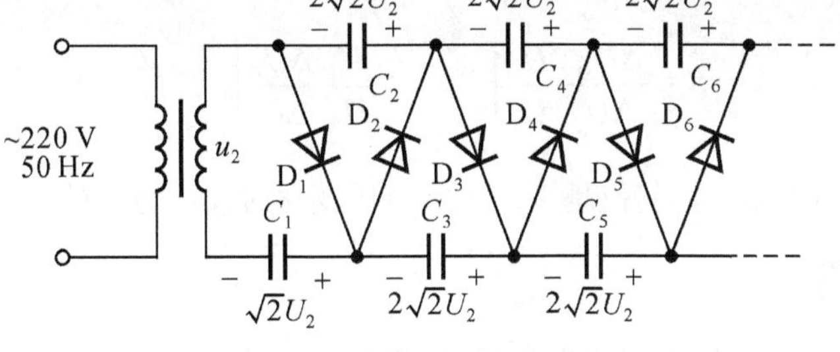

图 10.4.2　多倍压整流电路

由上分析可看出，倍压整流电路中二极管和电容的耐压应大于 $2\sqrt{2}U_2$。倍压电路是从电容两端输出，当负载 R_L 较小时，电容放电快，输出电压降低，且脉冲成分大。倍压整流电路的主要优点是可以利用一个低压变压器和整流二极管以及低耐压的电容获得数倍于 U_2 的直流电压。但是，这种电路适用于高电压、小电流（几毫安以下）的场合，否则会因为负载电流过大而使电容放电加快，难以实现倍压的作用。

交流电经整流滤波后，可得到平滑的直流电压，但其稳定性比较差，主要原因是输入电压和负载的变化。具体如下：一方面，由于电网电压变化（通常交流电网允许有±10%的波动），整流滤波电路输出直流电压不稳定，而且整流滤波后，得到的直流电压中也会有少量纹波成分，因此，不能直接供给那些对电源质量要求较高的电路；另一方面，由于整流滤波电路存在内阻，当负载变化时，引起负载电流发生变化，使输出直流电压发生变化；另外，由于电子元件（特别是半导体器件）的参数与温度有关，当环境温度发生变化时，引起电路元件参数发生变化，也会导致输出电压发生变化。所以，必须采取一定的稳压措施，整流滤波后的直流电压才能适合电子设备的需要。

10.5　稳压电路

稳压电路是将变化的直流电压转换成稳定的直流电压，以满足高性能电路对直流电源的要求。按照调控元件与负载的连接方式不同，稳压电路可分为并联型和串联型稳压电路；按调控元件的工作状态不同，稳压电路又可分为线性稳压电路和开关稳压电路。在线性稳压电路中，调控元件工作在线性状态；而在开关稳压电路中，调控元件则工作在饱和或截止状态。那么作为稳压电路，其性能优劣如何衡量呢？就是稳压电路的主要技术指标。

10.5.1　稳压电路的主要技术指标

稳压电路中一般用稳压系数 S_r（regulation factor）和输出电阻 R_o 来衡量稳压电路的质量。

一、稳压系数 S_r

稳压系数 S_r 定义为负载一定时稳压电路输出电压相对变化量与其输入电压相对变化量之比，即

$$S_r=\left.\frac{\Delta U_O/U_O}{\Delta U_I/U_I}\right|_{R_L=常数}=\left.\frac{U_I}{U_O}\frac{\Delta U_O}{\Delta U_I}\right|_{R_L=常数} \tag{10.5.1}$$

S_r 表明电网电压波动的影响，其值越小，电网电压变化时输出电压的变化越小。

二、输出电阻 R_o

输出电阻 R_o 定义为稳压电路输入电压一定时输出电压变化量与输出电流变化量之比，即

$$R_o=\left.\frac{\Delta U_O}{\Delta I_O}\right|_{U_I=常数} \tag{10.5.2}$$

R_o 表明负载电阻对稳压性能的影响，R_o 越小，负载变动时，对应的输出电压变化量越小，说明稳压效果好。

10.5.2　稳压管稳压电路

稳压管稳压电路（zener voltage regulator）如图 10.5.1（a）所示。其输入电压 U_I 是整流滤波后的电压，R 为限流电阻，输出电压 U_O 为稳压管 D_Z 的稳定电压 U_Z。稳压管与负载电阻 R_L 并联，所以此类电路又称为并联型稳压电路。

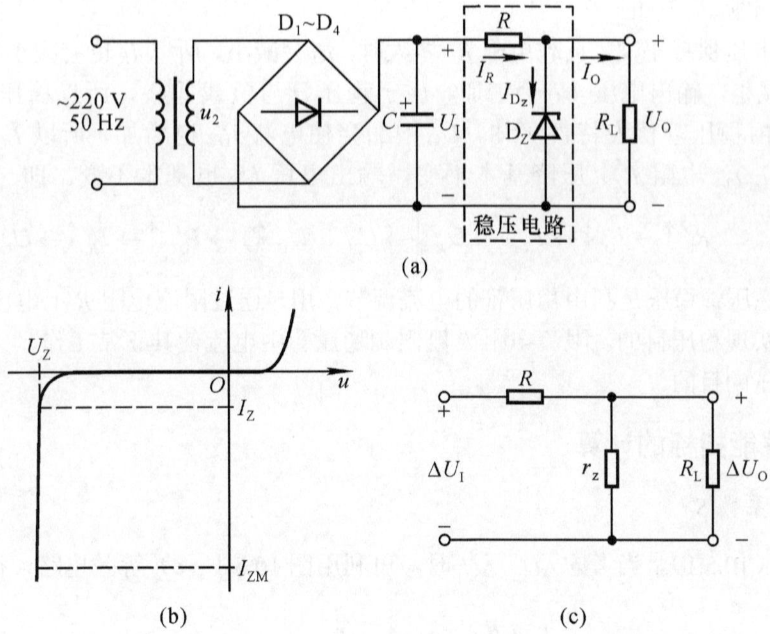

图 10.5.1　稳压管稳压电路

（a）电路；（b）稳压管伏安特性；（c）交流等效电路

稳压管是利用稳压二极管的反向击穿特性实现稳压的，其伏安特性如图 10.5.1（b）所示。在稳压管反向特性区，较大的电流变化，只会引起较小的电压变化，所以要使稳压管实现稳压，必须保证稳压管的工作电流在规定的范围内，即 $I_Z \leqslant I_{D_Z} \leqslant I_{ZM}$。若工作电流太小，电压随电流变化大，不能稳压；若工作电流太大，会使管子的功耗太大，故工作电流应小于 $I_{ZM}=P_Z / U_Z$。

一、工作原理

由图 10.5.1（a）可知，负载上的输出电压为 $U_O=U_I-I_R R$。引起输出电压变化的主要原因是电网电压的波动和负载变化，分别从此两方面进行讨论。

1. 电网电压变化

当负载电阻 R_L 不变，电网电压升高时，稳压电路输入 U_I 会增加，这必然引起 U_O 的增加，即 U_Z 增加。由图 10.5.1（b）稳压管的伏安特性可知，I_{DZ} 将急剧增加，从而 I_R 增加，导致电阻 R 上的电压 $U_R=I_RR$ 也会增大，由此抵消了 U_I 的增加，因而保证了输出电压基本不变。其稳压过程如下：

$$U_I\uparrow\to U_O\uparrow\to U_Z\uparrow\to I_{DZ}\uparrow\to I_R\uparrow\to U_R\uparrow\to U_O\downarrow$$

2. 负载电阻 R_L 变化

当输入电压保持不变，负载电阻 R_L 增大时，I_O 会减小，所以 I_R 也会减小（$I_R=I_{DZ}+I_O$），导致 U_R 也减小，输出电压 U_O 会增加。由于稳压管与负载并联，所以稳压管两端的电压也会增加。由稳压管伏安特性可知，U_O 增加会使电流 I_{DZ} 也增加，所以 I_R 基本保持不变（$I_R=I_{DZ}+I_L$），电阻 R 上压降基本不变，输出电压 U_O 也基本不变。即

$$R_L\uparrow\to I_O\downarrow\to I_R\downarrow\to U_R\downarrow\to U_Z\uparrow(U_O\uparrow)\to I_{DZ}\uparrow\to I_R\uparrow\to U_O\downarrow$$

可见，稳压管稳压是利用稳压管的电流调节作用，通过限流电阻 R 上电压或电流的变化进行补偿来实现稳压目的。限流电阻 R 既限制稳压管中电流使其正常工作，又与稳压管相配合以达到稳压的目的。

二、性能指标的计算

1. 稳压系数 S_r

根据式（10.5.1），当考虑 $\Delta U_O/\Delta U_I$ 时，可利用图 10.5.1（c）等效电路，得到

$$\Delta U_O=\frac{r_z /\!/ R_L}{R+r_z /\!/ R_L}\Delta U_I\approx\frac{r_z}{r_z+R}\Delta U_I \qquad (R_L\gg r_z)$$

$$S_r=\frac{U_I}{U_O}\frac{\Delta U_O}{\Delta U_I}\approx\frac{r_z}{r_z+R}\frac{U_I}{U_Z} \tag{10.5.3}$$

当 $R\gg r_z$ 时，$S_r\approx\frac{r_z}{R}\frac{U_I}{U_Z}$。可见，稳压二极管的动态电阻 r_z 越小，稳压电阻 R 越大，稳压性能越好。

2. 输出电阻 R_o

$$R_o=\frac{\Delta U_O}{\Delta I_O}=R /\!/ r_z\approx r_z \quad (R\gg r_z) \tag{10.5.4}$$

三、限流电阻的选择

由上述分析可见，稳压管稳压电路中，限流电阻 R 是必不可少的。它一方面保证稳压管的工作状态始终在稳压区间；另一方面，当电网电压波动时，通过调节 R 上的压降，保持输

出电压基本不变。限流电阻 R 的选择必须保证稳压管工作在击穿区，即必须保证流过稳压管的电流在最小稳定电流 I_Z 和最大稳定电流之间 I_{ZM}（$I_Z<I_{DZ}<I_{ZM}$）。关于限流电阻 R 的选择在第 1.4 小节中已讨论过，本节只给出结论。

（1）当电网电压最低（即输入电压为 $U_{I\,min}$），且负载电流最大（$I_{L\,max}$）时，流过稳压二极管的电流最小。因此，可计算出来限流电阻的最大值

$$R \leqslant \frac{U_{I\min}-U_Z}{I_Z+I_{L\max}}=R_{\max} \tag{10.5.5}$$

（2）当电网电压最大（即输入电压为 $U_{I\,max}$），负载电流最小（$I_{L\,min}$）时，流过稳压二极管的电流最大，由此可计算出来限流电阻的最小值

$$R \geqslant \frac{U_{I\max}-U_Z}{I_{ZM}+I_{L\min}}=R_{\min} \tag{10.5.6}$$

实际上限流电阻应该为 $R_{\min}<R<R_{\max}$。

应该强调，①稳压管要稳压，二极管应反偏，且反偏电压应大于击穿电压。②稳压二极管在使用时，一定要串入限流电阻，而且不能使它的功耗超过规定值，否则会造成损坏！③当然也可利用二极管正向电压实现稳压，但稳定电压较小（一个二极管只获得 0.7 V 电压）。

例 10.5.1　电路如图 10.5.1 所示，已知 $U_I=15$ V，负载电流为 10～20 mA，稳压管的稳定电压 $U_Z=6$ V，最小稳定电流 $I_Z=5$ mA，最大稳定电流 $I_{ZM}=40$ mA，动态电阻为 15 Ω。

（1）求解 R 的取值范围；

（2）若 $R=250$ Ω，则稳压系数和输出电阻各为多少？

解　（1）由式（10.5.5）和式（10.5.6），得到

$$R_{\max}=\frac{U_{I\min}-U_Z}{I_Z+I_{L\max}}=\frac{15-6}{5+20}\times 10^3=360\ \Omega$$

$$R_{\min}=\frac{U_{I\max}-U_Z}{I_{ZM}+I_{L\min}}=\frac{15-6}{40+10}\times 10^3=180\ \Omega$$

则 R 的阻值范围为 180～360 Ω。

（2）由式（10.5.3）和式（10.5.4），得到

$$S_r=\left.\frac{\Delta U_O/U_O}{\Delta U_I/U_I}\right|_{R_L=\text{常数}}\approx\frac{r_z}{r_z+R}\frac{U_I}{U_Z}=0.14$$

$$R_o=R\,/\!/\,r_z\approx r_z=15\ \Omega$$

在其余参数确定的情况下，R 愈大，稳压系数愈小，输出电阻愈接近 r_z。

例 10.5.2　电路如图 10.5.1 所示，已知 $U_I=12$ V，电网电压允许波动范围±10%，稳压管的稳定电压 $U_Z=5$ V，最小稳定电流 $I_Z=5$mA，最大稳定电流 $I_{ZM}=30$ mA，负载电阻为 250～350 Ω。

（1）求解 R 的取值范围；

（2）设滤波电容足够大，变压器副边电压有效值为多少？

解　（1）首先计算负载的最大电流和最小电流：

$$I_{\text{L max}}=\frac{U_Z}{R_{\text{L min}}}=\frac{5}{250}=0.02\ \text{A}$$

$$I_{\text{L min}}=\frac{U_Z}{R_{\text{L max}}}=\frac{5}{350}=0.0143\ \text{A}$$

由式（10.5.5）和式（10.5.6），得

$$R_{\max}=\frac{U_{\text{I min}}-U_Z}{I_Z+I_{\text{L max}}}=\frac{0.9\times 12-5}{0.005+0.02}=232\ \Omega$$

$$R_{\min}=\frac{U_{\text{I max}}-U_Z}{I_{ZM}+I_{\text{L min}}}=\frac{1.1\times 12-5}{0.03+0.0143}=185\ \Omega$$

因此 R 的取值范围是 185～232 Ω。

（2）因 C 容量足够大，故 $U_2=\frac{U_I}{1.2}=10\ \text{V}$。

四、稳压管选择原则

在稳压管稳压电路中 $U_O=U_Z$；当负载电流 I_L 变化时，稳压管的电流将产生与之相反的变化，所以稳压管工作在稳压区所允许的电流变化范围应大于负载电流的变化范围，即

$$I_{ZM}-I_Z>I_{\text{Lmax}}-I_{\text{Lmin}}$$

选择稳压管的一般原则可归纳为

$$\begin{cases}U_Z=U_O\\ I_{ZM}-I_Z=I_{\text{L max}}-I_{\text{L min}}\\ I_{ZM}\geqslant I_{\text{L max}}+I_Z\end{cases}\tag{10.5.7}$$

实际中选择稳压管时遵循规律为①

$$\begin{cases}U_Z=U_O\\ I_{ZM}=(1.5\sim 3)I_{OM}\\ U_I=(2\sim 3)U_O\end{cases}\tag{10.5.8}$$

稳压管稳压电路简单，稳压性能好，所用元件数量少；其缺点是输出电压不可调节，输出电压大小受稳压管稳压值的限制。因此，稳压管稳压电路适用于输出电压固定、输出电流变化范围较小的场合。那么如何获得可调稳压电源呢？这就是下面将要介绍的串联型稳压电路。

①参见文献[10-4] 269-270 页。

10.5.3 串联型稳压电路

稳压管稳压电路的缺点是工作电流较小，稳定电压值不能连续调节，在很多需要连续变化输出电压的场合下不适用。因此，串联型稳压电路以稳压管稳压电路为基础，利用晶体管的电流放大作用来增大负载电流；在电路中引入深度电压负反馈来稳定输出电压；并且通过改变反馈网络使输出电压可调。线性串联型稳压电源工作电流较大，输出电压一般可连续调节，稳压性能优越。目前，这种稳压电源已经制成单片集成电路，广泛应用在各种电子仪器和电子电路之中。

一、电路组成

串联型稳压电路（series voltage regulator）由基准电压电路、取样电路、比较放大电路和调整管等基本部分组成，其方框图如图 10.5.2（a）所示，原理电路图如图 10.5.2（b）所示。基准电压电路由稳压管 D_z 和限流电阻 R_z 组成，其中稳压管 D_z 提供一个基准电压 U_Z，限流电阻 R_z 保证稳压管有一个合适的工作电流；取样电路由电阻 R_A、R_B 和 R_W 组成，它将输出电压及其变化量提取出来作为取样电压 U_f，将其送到放大器 T_2 的基极，放大器将取样电压 U_f 与基准电压 U_Z 进行比较后，将其差值进行放大后送到调整管 T_1 的基极；调整管 T_1 接在整流滤波后的输出电压 U_I 与输出端的负载电阻 R_L 之间。当输出电压 U_O 发生变化时，调整管的集-射极电压 U_{CE} 作出相应的变化，从而稳定输出电压 U_O。该调整管要能起到电压调整作用，其必须工作在线性放大区。又由于调整管 T_1 与负载电阻 R_L 是串联关系，因此该电路称为线性串联型稳压电路。

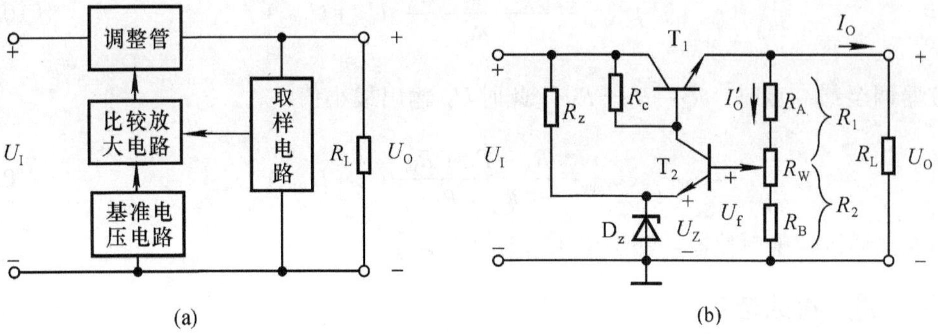

图 10.5.2 串联型稳压电路

（a）方框图；（b）原理电路图

一般情况下，通过调整管的电流与通过负载 R_L 的电流近似相等，因此流过取样电路的电流要远小于负载电流，所以取样电路的电阻值应远大于负载电阻 R_L。另外，取样电阻应远小于比较放大电路的输入电阻，这样才能使取样电压值与比较放大电路无关。

二、工作原理

假设输入电压增加或负载电流减小使输出电压 U_O 增大，输出电压经过取样电路后取样电压 U_f 也升高。由于基准电压 U_Z 不变，因此 $U_{BE2}=U_f-U_Z$ 也升高，于是放大管的基极电流 I_{B2} 和集电极电流 I_{C2} 都会升高。而集电极电压 U_{C2} 减小，则调整管的输入电压 $U_{BE1}=U_{C2}-U_O$ 会降低，因此 T_1 管的集电极电流 I_{C1} 随之减小，同时管压降 U_{CE1} 升高，最后保持输出电压 U_O 基本不变。上述过程可简明表示如下：

$$U_O\uparrow\rightarrow U_f\uparrow\rightarrow U_{BE2}\uparrow\rightarrow U_{C2}(U_{B1})\downarrow\rightarrow U_{CE1}\uparrow\rightarrow U_O\downarrow$$

可以看出，稳压过程实质上是通过负反馈使输出电压维持稳定的过程。

三、输出电压的确定和调节范围

由前面分析过程可知，输出电压的调节范围与电阻 R_A、R_B 与 R_W 的比例关系以及稳压管的稳压值有关。假定流过晶体管 T_2 的基极电流 I_{B2} 远小于流过采样电路的电流，当电位器位于图 10.5.2（b）中位置时，可得到

$$U_f=\frac{R_2}{R_W+R_B+R_A}U_O\text{，}\quad U_f=U_Z+U_{BE2}$$

所以此时输出电压为

$$U_O=\frac{R_A+R_B+R_W}{R_2}\left(U_Z+U_{BE2}\right) \tag{10.5.9}$$

当电位器调至最低点时，$R_2=R_B$，此时 U_O 输出最大值

$$U_{O\max}=\frac{R_A+R_B+R_W}{R_B}(U_Z+U_{BE2}) \tag{10.5.10}$$

当电位器调至最高点时，$R_2=R_B+R_W$，此时 U_O 输出最小值

$$U_{O\min}=\frac{R_A+R_B+R_W}{R_W+R_B}(U_Z+U_{BE2}) \tag{10.5.11}$$

因此，通过调整电位器，输出电压可被连续调节。

四、调整管的选择

串联型稳压电路中，调整管几乎承担了全部负载电流，它的安全工作是电路正常工作的保证。所以，一般选择大功率晶体管作为调整管使用时，主要考虑其三个极限参数——集电极最大允许电流 I_{CM}，集电极最大允许耗散功率 P_{CM} 和反向击穿电压 $U_{(BR)CEO}$。

由于调整管发射极电流 I_E 等于负载电流 I_O 与采样电阻 R_1 中电流 I_O' 之和，即

$$I_E=I_O+I_O'$$

当负载电流最大时，流过调整管发射极电流也最大，因此

$$I_{E\max}=I_{O\max}+I_O'$$

I'_O 为取样电阻电流。由于一般采样电阻上电流远小于负载电流，即 $I_{O\max} \gg I'_O$，所以调整管电流

$$I_{E\max} \approx I_{O\max} \approx I_{C\max} \tag{10.5.12}$$

当稳压电路的输入电压最高，同时输出电压最小时，调整管承受的电压最大，即

$$U_{CE\max} = U_{I\max} - U_{O\min} \tag{10.5.13}$$

当调整管集电极电流最大且管压降最大时，调整管的功率损耗最大，即

$$P_{C\max} = U_{CE\max} I_{C\max} = (U_{I\max} - U_{O\min}) I_{C\max} \tag{10.5.14}$$

所以在选择调整管时，其三个极限参数必须满足以下条件：

（1）调整管集电极最大允许电流 I_{CM} 必须大于稳压电路最大输出电流 $I_{O\max}$，即

$$I_{CM} > I_{O\max} \tag{10.5.15}$$

（2）集电极最大允许功耗必须大于调整管 C、E 间所能承受的最大电压，即

$$P_{CM} > (U_{I\max} - U_{O\min})(I_{O\max} + I'_O) \tag{10.5.16}$$

（3）调整管集电极与发射极间击穿电压必须大于调整管所能承受的最大电压，即

$$U_{(BR)CEO} > U_{I\max} - U_{O\min} \tag{10.5.17}$$

实际选用调整管时，要考虑一定的余量，同时还应采取散热措施。

五、串联型稳压电路的改进

放大环节为单管放大电路的稳压电路具有稳定度高、纹波小、响应速度快，输出电压可调、输出电流范围大、输出电阻小等特点，但存在以下问题：

（1）稳压电路对电网电压的波动抑制能力较差。在上述分析过程中，当输入电压 U_I 升高时，通过采样电路和放大环节 U_{C2} 应下降，U_{CE1} 升高，以保持 U_O 输出不变。但是在图 10.5.2（b）电路中，当 U_I 升高时，通过 R_C 和 T_2 分压，又使 U_{C2} 上升，结果将电网电压的波动传递到输出端，影响稳压效果。所以，可以利用辅助电源来控制调整管基极电压，减小 U_I 波动对输出电压的影响。图 10.5.3 中采用辅助电源 U，比较放大环节中 R_4 接在辅助电源上，使得该差动放大电路电源电压为 U_O+U。由于 U_O 和 U 都是稳定的，因而比较放大环节不受输入电压 U_I 影响。

（2）由于串联型稳压电路是通过提取输出电压的变化量，将其放大后来调节调整管的管压降达到稳压的目的，因此放大电路的放大倍数不够高会影响电源的稳定度。可以用恒流源负载代替放大电路中集电极电阻以提高增益。图 10.5.4 是一种使用晶体管恒流源的稳压电路，其中 T_4、D_Z'、R'、R_4 组成恒流源电路，作为 T_3 发射极负载。

（3）由于流过稳压管 D_Z 的电流会随输入电压 U_I 波动，使 U_Z 不稳定，进而影响了稳压电源稳定性，因此可以将稳压管供电电源改接到输出端来改进稳压电路性能。图 10.5.3 和图

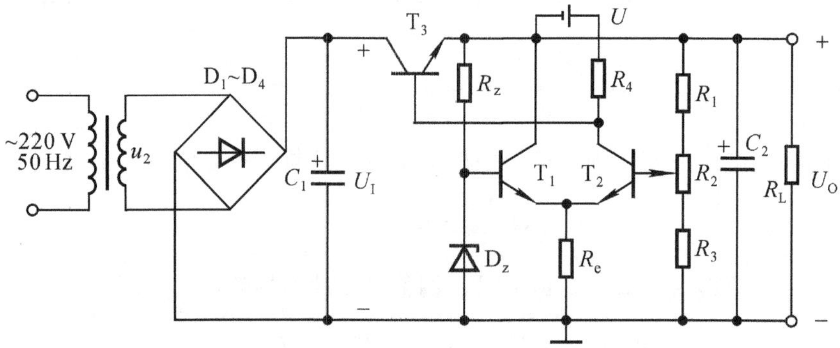

图 10.5.3　采用辅助电源的串联型稳压电路

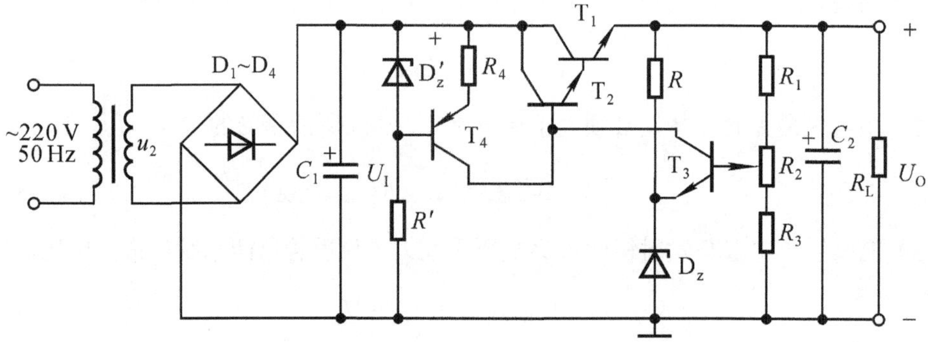

图 10.5.4　采用恒流源负载和复合管的串联型稳压电路

10.5.4 中都是将稳压管 D_z 的供电电源改接到输出端来稳定输出电压的。

（4）温度变化时，T_2 管组成的放大电路产生零点漂移会使输出电压的稳定性变差。可选用差动放大器或集成运放构成的放大器来代替 T_2 管构成的放大器解决零点漂移的问题。图 10.5.5 为放大电路是集成运算放大器的串联型稳压电源，而图 10.5.3 是放大电路为差动放大电路的串联型稳压电源，其中晶体管 T_1、T_2 和电阻 R_e 采用长尾式差动放大电路，并组成单端输入单端输出形式。

（5）调整管输出电流的大小会影响稳压电源输出电流大小。当负载电流变化比较大时，调整管可采用复合晶体管或用几个功率管并联以扩大输出电流的范围。图 10.5.4 中利用 T_1 和 T_2 管组成复合管替代调整管 T_1 来扩大输出电流。

六、过流保护

在串联型稳压电路中，调整管与负载串联。当某种原因使电路过载或输出短路时，调整管将会因电流过大而烧坏，因此需要引入过流保护（current overload protection）电路。过流保护电路的功能是在稳压电路正常工作时，保护电路不工作，而一旦电路发生过载或短路故障，保护电路将会限制输出电流大小或使输出电流减小为零来达到保护调整管的目的。过流保护电路一般分为限流型和截流型两种类型：能在输出电流超过额定值时，使调整管发射极

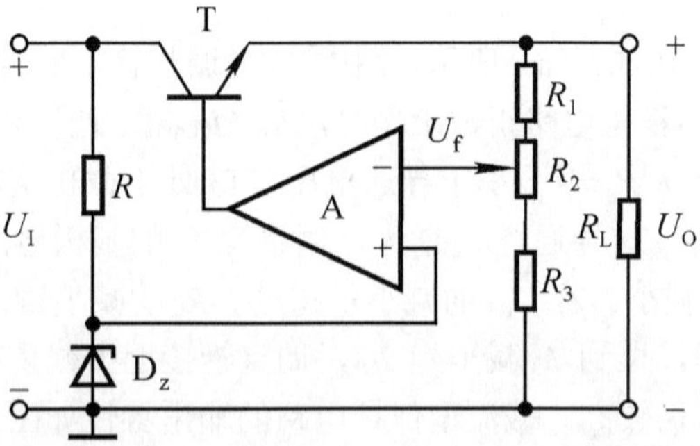

图 10.5.5　放大电路是集成运算放大器的串联型稳压电路

电流限制在某一数值的电路为限流型过流保护电路；能在输出电流超过额定值时，使调整管发射极电流迅速减小到较小数值的电路，为截流型（或减流型）过流保护电路。

1. 限流型

限流型过流保护电路如图 10.5.6（a）所示，T_1 为调整管，T_2 和 R_0 构成保护电路，R_0 为一小电阻，用于检测负载电流。在正常工作时，输出电流 I_O 不大，电阻 R_0 两端电压小于晶体管 T_2 发射结的导通电压，T_2 截止，保护电路不影响稳压电路的正常工作；当稳压电路出现过载或短路时，I_O 增大使得电阻 R_0 两端电压增大到使 T_2 导通，此时 T_2 集电极从 T_1 的基极分流导致 I_{B1} 减小，从而使 T_1 管发射极电流减小，限制了输出电流 I_O 的减小。I_O 越大，T_2 管导通程度越大，其对 T_1 的分流作用越强。这样，当 I_O 大于稳压电路所限定的最大电流 $I_{O\max}$ 时，即使输出短路，I_O 也不会大大。限流型稳压电路的输出特性如图 10.5.6（b）所示[①]。由图可见，当限流保护电路工作后，流过调整管的电流近似等于最大电流 $I_{O\max}$ 时，调整管 c、e 极间可能承受最大电压为 $U_I(U_O=0)$，此时的调整管将会出现最大功率损耗($P_{CM}=U_I\times I_{O\max}$)。

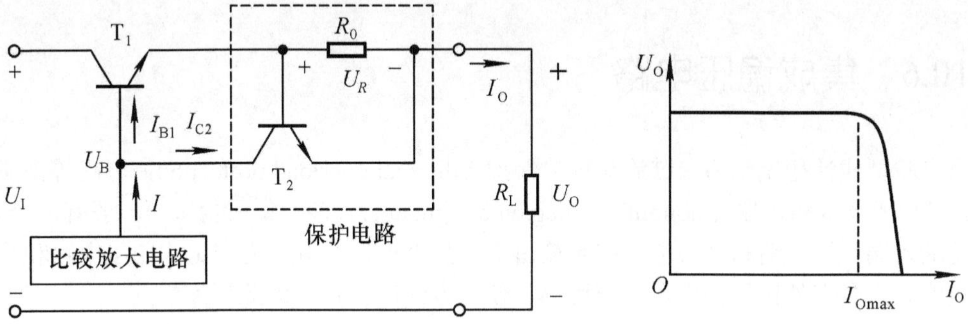

(a)　　　　(b)

图 10.5.6　限流保护电路

（a）限流保护电路；（b）输出特性

①参见文献[10-5] 341-342 页。

2. 截流型

截流型保护电路如图 10.5.7（a）所示，图中 T_1 为调整管，R_0 为电流采样电阻，它与 R_1、R_2 和 T_2 构成保护电路。当稳压电路正常工作时，$I_O<I_{O\,max}$，通过合理选择 R_1 和 R_0，使得晶体管 T_2 发射结电压 $U_{BE2}=I_OR_0-U_{R1}$ 小于导通电压，T_2 处于截止状态。当稳压电路发生过载或输出短路时，$I_O\gg I_{O\,max}$，T_2 导通，I_{C2} 增大，调整管 T_1 的基极电流被分流，I_{B1} 减小，U_{CE1} 增大，I_O、U_o 及 U_{R1} 随之减小。若 U_{R1} 的减小量超过 I_OR_0 的减小量，则 U_{BE2} 会继续增大，此时将出现上述正反馈过程，直到 I_O 减小到 I_{Os}，调整管接近于截止状态。此时调整管的功耗很小，但管子集电极电位仍较高。截流型保护电路的输出特性如图 10.5.7（b）所示。可见，截流型保护电路在过流时使调整管截止或接近截止。此类保护电路一般应用于大功率电源电路中。

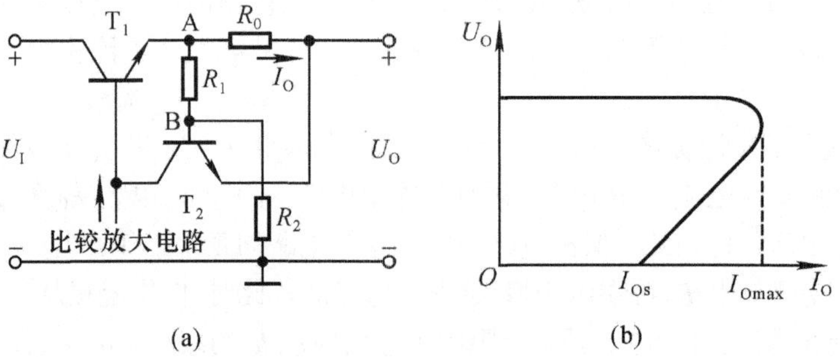

图 10.5.7　截流型保护电路

（a）截流型保护电路；（b）输出特性

串联型稳压电路中调整管工作在线性放大区，当负载电流较大时，调整管功耗（$P_{CM}=U_{CE}\times I_O$）大，电源效率较低，为 30%～50%，为了提高效率，可采用开关型稳压电源。

10.6　集成稳压电路

将串联型线性稳压电路、过流和过热保护（thermal overload protection）电路等做成集成芯片，可构成集成稳压器（monolithic integrated regulator）。该类集成稳压器一般有三个引脚，分别是输入瑞、输出端和公共端。按照输出电压是否可调，可分为固定式稳压电路和可调式稳压电路。它具有外接元件少、工作可靠、使用方便等特点，因此用途广泛。

10.6.1　固定式集成三端稳压器

一、型号与内部组成

固定式集成三端稳压器通常分为 78××（输出正电压）和 79××（输出负电压）两个系列，其中××两位数字表示输出电压的标称值，分为 5 V、6 V、9 V、12 V、15 V 和 24 V 等多种，例如 7805 表示输出电压为正 5 V，而 7905 表示输出电压为负 5 V。其输出额定电流有 0.1A、0.5 A 和 1.5 A 三挡，例如 78××的最大输出电流为 1.5 A，78M××最大输出电流为 0.5A，78L××最大输出电流为 0.1 A。使用者可以根据实际需要选择适当的规格。78××和 79××系列塑料封装外形、引脚和符号如图 10.6.1 所示①。特别要注意，不同型号、不同封装的集成稳压器，它们三个电极的位置是不同的，需要查手册确定。CW7800 的组成框图如图 10.6.2 所示，其内部电路可参阅有关文献②。

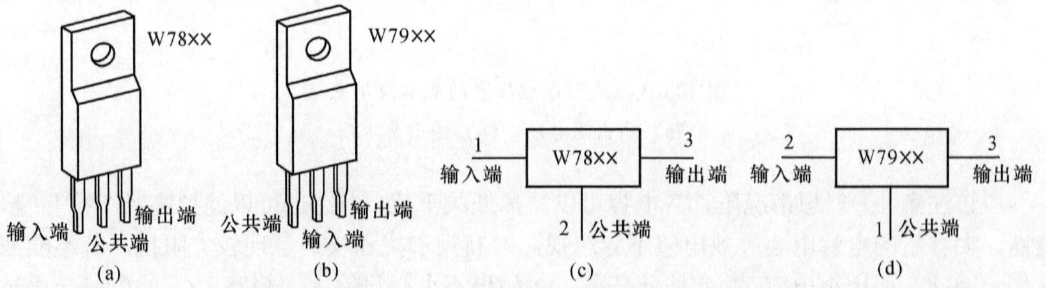

图 10.6.1　78××和 79××系列塑料封装外形、引脚和符号

（a）W78××系列外形；（b）W79××系列外形；（c）W78××系列引脚；（d）79××系列引脚

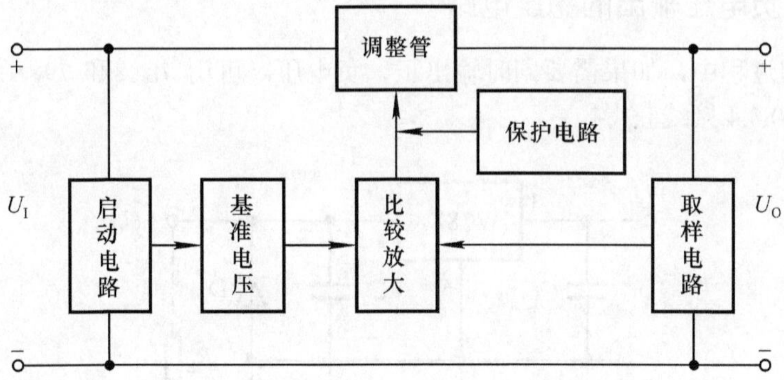

图 10.6.2　CW7800 的内部组成框图

二、基本应用电路

集成三端稳压器的基本应用电路如图 10.6.3 所示。图中，电容 C_1 可防止由输入引线较长产生的电感效应而产生的自激振荡，一般采用小于 1 μF 的电容；电容 C_2 可减小高频干扰，改善负载瞬态响应，可采用小于 1 μF 或者几微法甚至几十微法电容；C_3 为大容量的电解电容，可进一步减小输出波纹和低频干扰。需要注意，78××系列和 79 ××系列的管脚接法不同，如果连接不正确，极易损坏稳压器芯片，另外，为了使稳压器正常工作，其输入与输出端之间的电压不得低于 3 V。

①参见文献[10-6] 266-267 页。

②参见文献[10-7] 159 页。

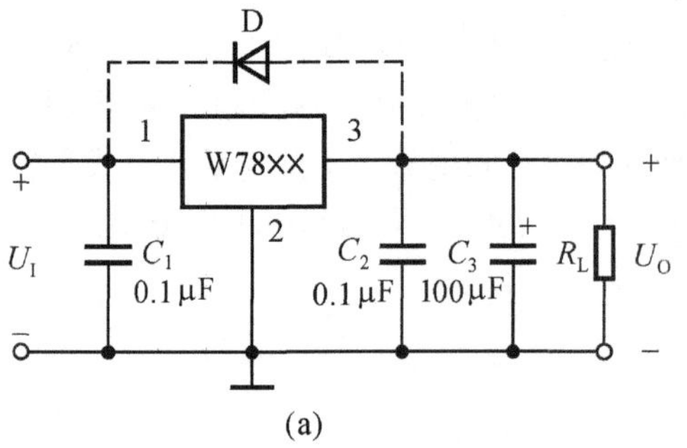

图 10.6.3 集成三端稳压器的基本应用电路

(a) 输出正电压；(b) 输出负电压

应该注意，①理想情况下，C_3 电容可以滤掉低频干扰，当然也可以滤掉高频干扰和噪声。然而，大容量的电解电容等效电感不容忽视，对高频干扰和噪声呈现较大阻抗，故不能滤掉它们。因此，要用小电容 C_2 完成此任务。②如果不小心将输入端短路，C_3 的电荷会通过三端稳压器输出端，经其内部到公共端释放，这易损坏稳压器。为此，在稳压器的输出端和输入端跨接一个保护二极管，在稳压器外部提供了放电通路，如图 10.6.3 中虚线所画。

三、正、负电压输出的稳压电路

在实际应用过程中，如果需要同时输出正、负电压，可用 78××和 79××系列的集成三端稳压器按照图 10.6.4 接线获得。

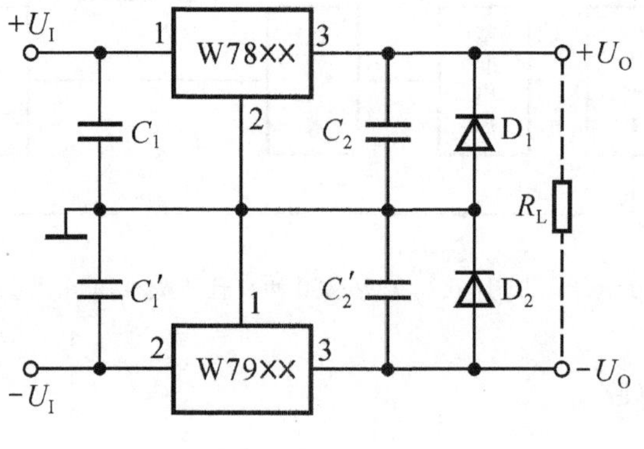

图 10.6.4 输出正、负电压稳压电路

四、扩大输出电流的稳压电路

78××或 79××系列稳压电路的最大输出电流为 1.5 A。当需要输出电流大于 1.5 A 时，可采用图 10.6.5 所示输出电流扩展电路。在图 10.6.5（a）电路中，T_1 是功率管，起到扩大输出电流作用，其集电极电流为 I_{C1}，稳压器的输出电流为 I_{OW}，则该电路的输出电流 $I_O=I_{C1}+I_{OW}$。晶体管 T_2 与电阻 R 组成限流保护电路。在输入电流不大的情况下，电阻 R 上的压降小于晶

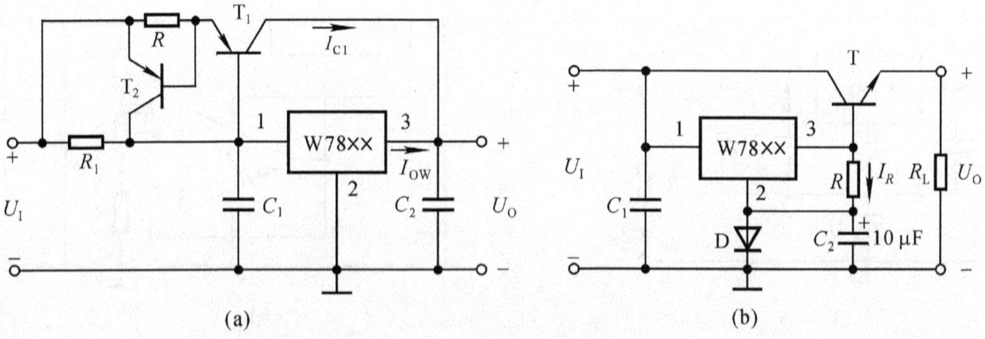

图 10.6.5　输出电流扩展电路

(a) 带限流保护电路的电流扩展电路；(b) 输出大电流的扩展电路

体管 T_2 的导通压降，T_2 不工作。当输出电流过大时，电阻 R 上的压降导致晶体管 T_2 导通，致使晶体管 T_1 分流，起到保护功率管 T_1 作用。因此在使用该电路时，可以根据输出电压的调节范围及输出电流的大小选择三端稳压器及取样电阻。图 10.6.5（b）电路是具有大电流输出的扩展电路，其中 T 为外接功率管，二极管 D 用以补偿三极管的发射极电压 U_{BE}，使得电路的输出电压基本上等于三端稳压器的输出电压 U_{32}：

$$U_O = U_{32} + U_D - U_{BE} \tag{10.6.1}$$

通过调节电阻 R，可使 $U_D \approx U_{BE}$，则 $U_O \approx U_{32}$。二极管也补偿了温度对三极管 U_{BE} 的影响，故输出电压比较稳定。

设三端稳压器的最大输出电流为 I_{Omax}，则晶体管的最大基极电流 $I_{Bmax} = I_{Omax} - I_R$，因而负载电流的最大值为

$$I_{L\max} = (1+\beta)(I_{Omax} - I_R) \tag{10.6.2}$$

五、扩大输出电压的稳压电路

当需要的输出电压高于稳压电路的输出电压时，可采用图 10.6.6 所示的输出电压扩展电路。图 10.6.6（a）所示电路是基于稳压管的输出电压扩展电路，其输出电压为

$$U_O = U_{32} + U_Z \tag{10.6.3}$$

该电路输出电压得到扩展，但其不可调。图 10.6.6（b）所示电路是扩展后可调输出电压电路，其中 R_2' 是 R_2 滑动端至上端的电阻。设稳压器标称输出电压为 U_{32}，由于

$$U_{32} = (R_1 + R_2')U_O / (R_1 + R_2 + R_3)$$

则输出电压调节范围为

$$\frac{R_1 + R_2 + R_3}{R_1 + R_2} U_{32} < U_O < \frac{R_1 + R_2 + R_3}{R_1} U_{32} \tag{10.6.4}$$

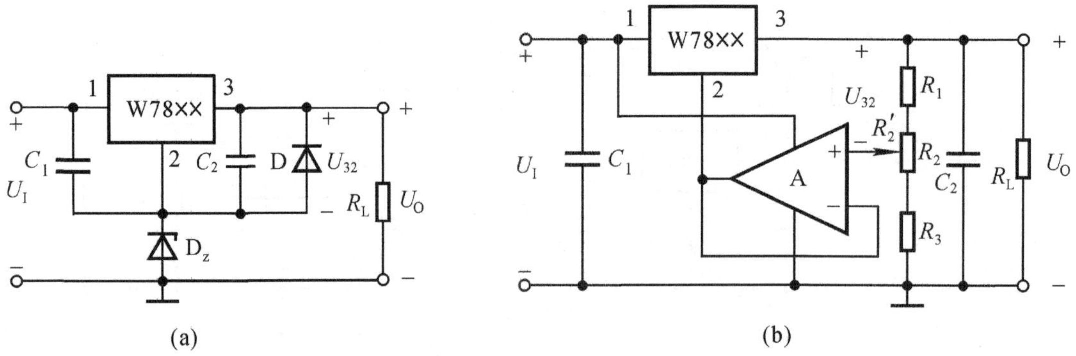

图 10.6.6　输出电压扩展电路

(a) 基于稳压管的电压扩展电路；(b) 扩展后可调输出电压电路

应该注意，①使用三端稳压器时，三个端子不能接错，特别是输入、输出端不可接反，否则会损坏器件。②要使稳压器正常工作，通常要求 $U_I-U_O>2.5\sim3$ V。压差过小，调整管不工作；压差过大，则调整管功耗过大。③若输出端接有大容量电容，则需在输出端和输入端接保护二极管。④接地端不能开路。否则输出电压近似等于输入电压，可能损坏负载。

尽管固定式集成三端稳压器也可扩展成输出电压可调电路，但电压基准、误差放大电路需要外接，造成组装麻烦、可靠性差、体积大等缺点，因此出现了三端可调输出稳压器。

10.6.2　输出可调的集成稳压器

一、型号与内部组成

三端可调输出稳压器是在三端固定输出稳压器基础上发展起来的。它把内部的误差放大器、保护电路等的公共端改接到了输出端，所以它不再有接地端；同时，不内设电压取样电路，增加了专门用于外接取样电路的输出电压调整端 ADJ，将内部基准电压（一般为 1.25 V）加在误差放大器的同相输入端和电压调整端 ADJ 之间，并由一个超级恒流源供电。典型产品 W117/W217/W317 系列输出为正电压，W137/W237/W337 系列输出为负电压。同一系列内部电路和工作原理基本相同，只是工作温度不同。可调输出稳压器的三端分别为输入端 U_I、输出端 U_O 和调整端 ADJ，其外形和符号如图 10.6.7 所示[①]。图 10.6.8 表明了 CW317 内部电路组成框图，该集成稳压器最大输入、输出电压差为 40 V，最小输入、输出电压差为 3 V，输出电压在 1.25～37 V（或－37～－1.25 V）连续可调，输出电流为 0.5～1.5A，最小负载电流为 5 mA，输出端与调整端之间的基本电压为 1.25 V。工作时它们的输入电流几乎全部流到输出端，调整端电流非常少，可以忽略不计，因此用少量外部元件可组成可调的稳压电路。

①参见文献[10-8] 231-232 页

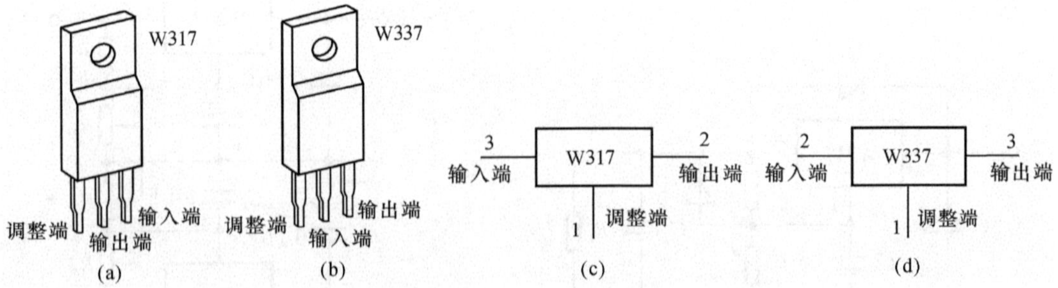

图 10.6.7　可调输出三端集成稳压器外形及符号

（a）W317 外形；（b）W337 外形；（c）W317 符号；（d）W337 符号

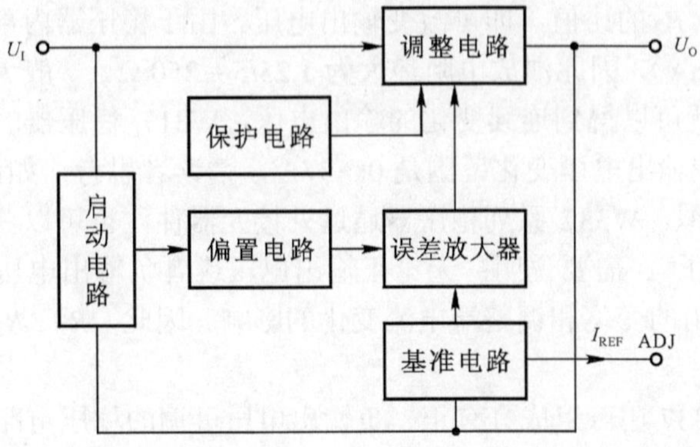

图 10.6.8　CW317 内部电路组成框图

二、应用电路

W317 典型应用电路如图 10.6.9 所示。图中，D_1 是为了防止输入短路时，C_2 放电损坏三端集成稳压器内部调整管发射结；D_2 是为了防止输出短路时，电容 C_3 放电损坏三端集成稳压器的放大器发射结。R_1 和 R_2 组成取样电路，电路构成了电压串联负反馈，调节 R_2 就可以改变取样比，进而可以调节输出电压的大小。

W317 典型应用电路如图 10.6.9 所示。图中，D_1 是为了防止输入短路时，C_2 放电损坏三端集成稳压器内部调整管发射结；D_2 是为了防止输出短路时，电容 C_3 放电损坏三端集成稳压器的放大器发射结。R_1 和 R_{P2} 组成取样电路，电路构成了电压串联负反馈，调节 R_P 就可以改变取样比，进而可以调节输出电压的大小。

W317 输出端 2 与调整端 1 之间的输出电压为 1.25 V 基准电压，R_1 和 R_2 电阻上电压决定输出电压，即 $U_O = U_{R1} + U_{R2}$。由于 W317 工作时调整端输出电流很小，约为 50 μA，$U_{R1} / R_1 = U_{R2} / R_2$，所以 $U_O = U_{R1}(1 + R_2 / R_1)$。因 $U_{R1} = 1.25$ V，故

$$U_O = 1.25\left(1 + \frac{R_2}{R_1}\right) \tag{10.6.4}$$

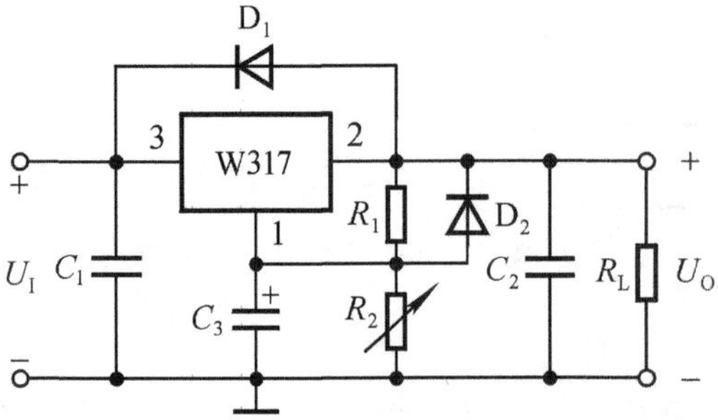

图 10.6.9 W317 典型应用电路

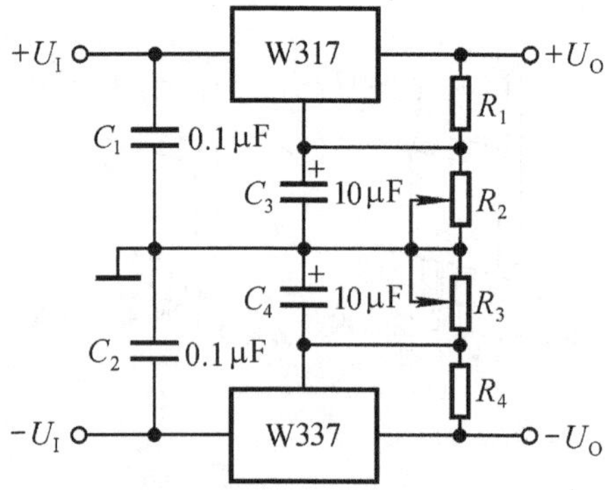

图 10.6.10 正、负输出电压的可调稳压电路

可见，改变 R_1 和 R_2 的比值，即可改变输出电压。由于稳压器内部正常工作，需要最小负载电流（一般为 5 mA），因此泄放电阻最大为 1.25/5＝250 Ω。一般 R_1 取 240 Ω。根据输出电压选择 R_2 的大小就可以得到连续变化的输出电压，W317 稳压器的输出电压变化范围是 1.25～37 V。如果希望输出电压变化范围是 0～37 V，请读者思考，如何设计电路。

与 W317 系列类似，W337 系列稳压器通过外接元器件，也可以获得在－37～－1.25 V 可连续变化的输出电压①。需要说明：无论正输出电压或者负输出电压稳压器，其输出电压的精度会受到外接电阻的变化和调整端电流变化的影响。因此，R_1、R_2 要选择精度高、稳定性好的电阻。

采用 W317 和 W337 还可组成具有正、负输出电压可调的稳压电路，如图 10.6.10 所示。图中，C_1、C_2 用于预防自激振荡产生，C_3、C_4 用来改善输出电压波形。

利用可调三端集成稳压器还可做恒流源使用，电路如图 10.6.11 所示。由于 W317 的调整端输出电流很小，因此输出电流为 $I_O＝U_{21}/R$，当电阻 R 在 0.8～12 Ω 之间变化时，I_O 为大于 0.1 A 恒流源。

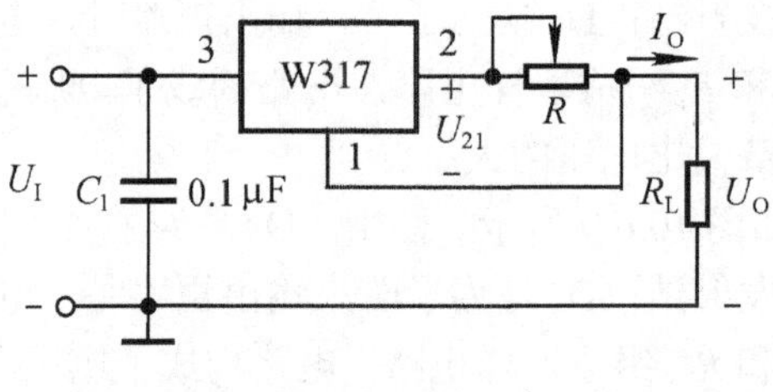

图 10.6.11 W317 稳压器组成的恒流源

线性串联型稳压电路具有结构简单，输出纹波小，稳压性能好，响应速度快等特点，但调整管工作在线性放大区，并与负载串联，流过负载的电流较大，因此调整管的功率损耗很大，这使得稳压电路的功率变换效率较低，一般为 30％～50％。如何提高效率？这就是下节将要介绍的开关型稳压电路。

①参见文献[10-9] 62-82 页。

10.7　开关型稳压电路

开关型稳压电路的思想是将调整管改为开关工作方式，使它主要工作在饱和导通和截止两种状态。当调整管饱和导通时，稳压电源输出电流，调整管管压降 U_{ces} 很小；当调整管截止时，调整管电流 I_{ceo} 很小。这样，调整管在开关状态下的功耗都非常小，只有在发生状态变化时的瞬间功耗较大，通过适当调整开关时间，会使得稳压电源的效率提高到 80%～90%，这种稳压电路称为开关稳压电路（switching mode direct power supply）。

开关稳压电路的分类方式很多。按调整管与负载的连接方式，可分为串联型（parallel type）和并联型（serial type）；按稳压的控制方式，可分为脉冲宽度调制型（pulse-width modulation）（PWM）、脉冲频率调制型（pulse-frequency modulation）（PFM）和混合调制型（即脉宽–频率调制）；按调整管是否参与振荡，可分为自励式和他励式；按使用开关管的类型，可分为晶体管、VMOS 管和晶闸管型。本节主要讨论串联型和并联型开关稳压电路。

10.7.1　串联型开关稳压电路

串联型开关稳压电路是最常用的开关稳压电路。图 10.7.1 为串联型开关稳压电路的结构框图。它由调整管、滤波电路（电感 L、电容 C 和续流二极管 D）、取样电路（电阻 R_1 和 R_2）、三角波发生电路、比较放大器和基准电压电路等组成。U_I 是整流滤波后的输入电压。调整管 T 与负载电阻 R_L 串联，其工作状态受到基极电压 u_B 的控制。

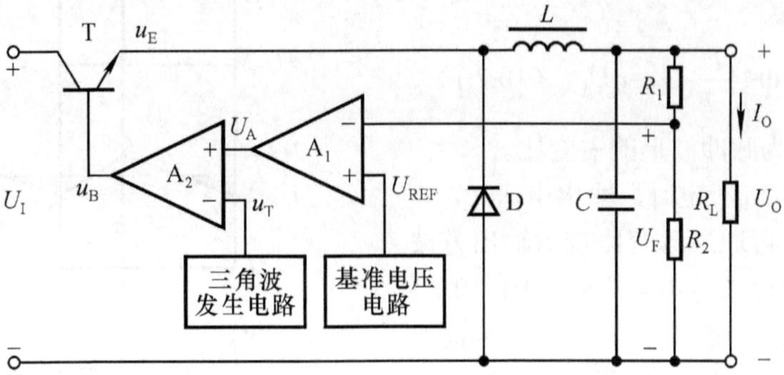

图 10.7.1　开关型稳压电路结构框图

由图 10.7.1 可以看出，由电阻 R_1 和 R_2 组成的取样电路的输出电压为

$$U_F = \frac{R_2}{R_1 + R_2} U_O$$

它与基准电压 U_{REF} 进行比较，放大后电压 U_A 送入比较器 A_2 的同相端，与三角波电压 u_T 进行比较，得到控制脉冲 u_B。

当 u_B 为高电平时，调整管 T 饱和导通，二极管 D 因承受反向电压而截至，U_I 通过调整管和电感 L 对电容 C 充电，负载中有电流流过，电感 L 储存能量，同时输出电压会有所增加，此时 T 的饱和管压降很小，$u_E = U_I$；当 u_B 为低电平时，调整管 T 截止，电容 C 开始向负载 R_L 放电，同时电感 L 产生自感电动势使二极管 D 导通，电感中储存的能量通过 D 向负载 R_L 释放，同时电容 C 放电，使负载有电流流过，此时 $u_E = -U_D$（U_D 为二极管正向压降）。

当电路中 L 和 C 足够大时，可以保证在开关管截止期间，电感中能量不会被放尽，输出电压中含有的交流分量能被电容滤除，电路中输出电压 U_O 和输出电流 I_O 均为连续的，其各点波形如图 10.7.2 所示。其中，T_{on} 是调整管的导通时间，T_{off} 是它的截止时间，$T = T_{on} + T_{off}$ 是开关周期。T_{on} 持续时间越长，输出电压越高。

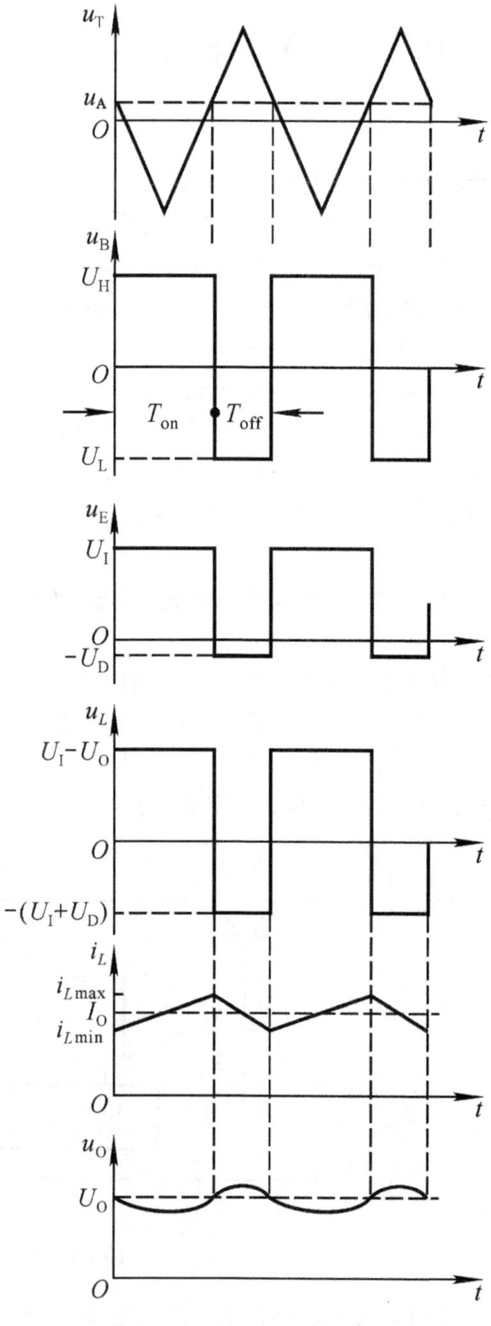

图 10.7.2　开关型稳压电路工作波形

若忽略电感 L 直流压降，u_O 的平均值 U_O 等于 u_E 的平均值。如果忽略 U_D，由图中 u_E 的波形可得

$$U_O = \frac{1}{T}\int_0^T u_E \mathrm{d}t \approx \frac{T_{on}}{T}U_I = qU_I \quad (10.7.1)$$

其中，$q = T_{on}/T$ 为脉冲波形的占空比。

当输入电压 U_I 一定时，输出电压 U_O 与占空比成正比，可通过改变比较器输出方波的占空比来调节控制输出电压值。图 10.7.1 是通过保持控制信号的周期 T 不变，从而改变开关管导通时间 T_{on} 来调节脉冲占空比来实现稳定输出电压 U_O 的，这种电路称为脉宽调制型开关稳压电源（PWM）。若保持控制信号的脉宽不变，只改变信号的周期 T，同样也能使输出电压 U_O 稳定，此为频率调制型开关稳压电源（PFM）；若同时改变导通时间 T_{on} 和周期 T 来实现稳定输出电压，称为混合性开关稳压电源。

可见，当输入电压 U_I 波动或者负载变化引起输出电压 U_O 增大时，$U_F > U_{REF}$，比较放大器输出电压 U_A 为负值，U_A 与固定频率三角波电压进行比较，得到 u_B 波形，其占空比 q 减小，从而使输出电压的平均值 U_O 减小，使输出电压基本不变；同理当 U_O 减小时，U_F 也减小，$U_F < U_{REF}$，比较放大器输出电压 $U_A > 0$，u_B 占空比增加，根据式（10.7.1）输出电压 U_O 会增加。可见，当输入电压 U_I 或负载 R_L 变化使 U_O 变化时，可自动调整脉冲波形占空比使输出电压 U_O 稳定。

串联型开关稳压电路调整管与负载串联，输出电压总小于输入电压，其为降压型（buck type）稳压电路。在实际应用中，如果需要输出直流电压大于输入直流电压，则可以使用升压型（boost type）稳压电路。在这类电路中，开关管与负载并联，所以称为并联型开关稳压电路。

10.7.2　并联型开关稳压电路

并联型开关稳压电路是通过电感的储能作用，将感生电动势与输入电压叠加后作用于负载，因而其特点是输出电压大于输入电压。图 10.7.3 为并联型开关稳压电路原理图。U_I 为输入直流电压，晶体管 T 为开关管，电感 L 和电容 C 组成滤波电路，D 为续流二极管，u_B 为矩形波，它控制调整管的工作状态。

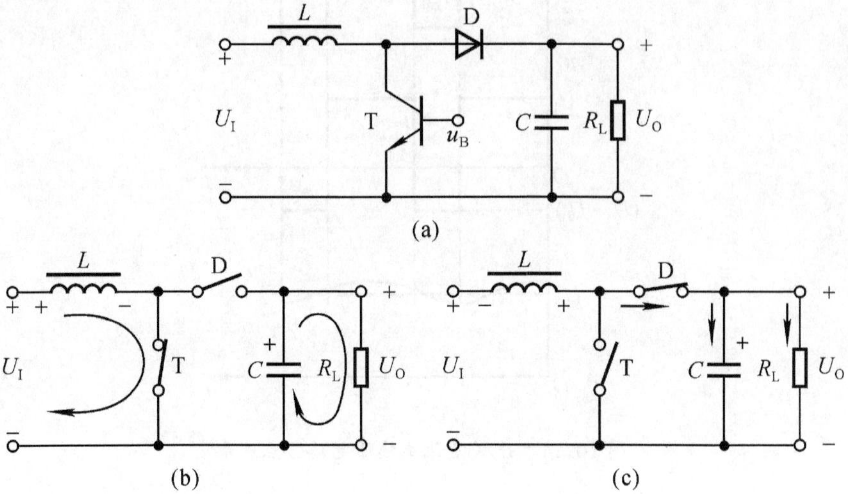

图 10.7.3　并联型开关稳压电路原理图及其等效电路

（a）原理图；（b）T 闭合时等效电路；（c）T 打开时等效电路

当 u_B 为高电平时，晶体管 T 饱和导通，相当于开关闭合，输入电压 U_I 通过晶体管 T 给电感 L 充电储能，充电电流几乎线性增大，如图 10.7.3（b）所示。由于电容 C 已充有电荷，极性为上正下负，所以二极管 D 截止，滤波电容 C 对负载电阻放电。此时电感电流的增量为

$$\Delta i_L = \frac{U_I}{L} T_{on} \tag{10.7.2}$$

当 u_B 为低电平时，晶体管 T 截止，相当于开关打开。由于电感中电流不能突变，这时电感两端产生自感电动势，极性是右正左负。它和输入电压叠加使二极管 D 导通，产生电流

向电容 C 充电，其等效电路如图 10.7.3（c）所示。此时电感电流的增量为

$$\Delta i_L=\frac{U_I-U_O}{L}T_{off} \tag{10.7.3}$$

为保持 i_L 的连续性，式（10.7.2）和式（10.7.3）的和应为零，因此有

$$U_O=\frac{U_I}{1-q} \tag{10.7.4}$$

可见 $U_O>U_I$，是升压型开关稳压电源。

图 10.7.4 给出了有关点的电压波形，可以看到，无论晶体管 T 和二极管 D 的状态如何，负载电流方向始终不变。从波形分析可知，只有当 L 足够大时，才能升压；只有当 C 足够大时，输出电压的脉动才可能足够小；当控制信号 u_B 的周期不变时，其占空比愈大，输出电压愈高。

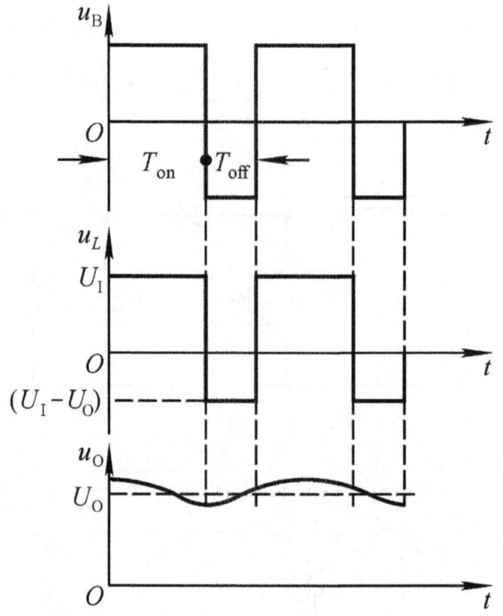

图 10.7.4 并联型开关稳压电路各点波形

串联型开关电路的集成产品有 CW1524/2524/3524（其中功率管外接）、CW4960/4962（其中内含功率管），并联型开关电路的集成产品有 CW2577、LT1070 等[①]，读者可参阅有关文献，此处不再赘述。

①参见文献[10-10] 358-361 页。

本章小结

本章介绍了直流稳压电源的组成，各部分电路的工作原理和各种不同类型电路的结构及工作特点和性能指标等。主要内容可归纳为：

一、直流稳压电源组成

一般地，直流稳压电源由整流电路、滤波电路和稳压电路组成。整流电路将交流电压变为脉动的直流电压，滤波电路将脉动直流电压转变为平滑的直流电压，稳压电路是在电网波动或负载变化时保持输出电压 U_O 的稳定。

二、整流电路

整流电路是利用二极管的单向导电性实现的。在单相半波、单相全波和单相桥式整流这三种基本整流电路中，单相桥式整流电路的输出直流电压较高，输出波形的脉动成分相对较低，整流管承受的反向峰值电压不高，变压器的利用率较高，因此应用比较广泛。

三种基本整流电路输出电压、电流和流过二极管电流及其耐压值如下：

半波整流：

$$U_{O(AV)}=0.45U_2,\ I_{O(AV)}=\frac{U_{O(AV)}}{R_L}=0.45\frac{U_2}{R_L},\ I_{D(AV)}=I_{O(AV)},\ U_{R\max}=\sqrt{2}U_2$$

全波整流：

$$U_{O(AV)}=0.9U_2,\ I_{O(AV)}=\frac{U_{O(AV)}}{R_L}=0.9\frac{U_2}{R_L},\ I_{D(AV)}=I_{O(AV)},\ U_{R\max}=2\sqrt{2}U_2$$

桥式整流：

$$U_{O(AV)}=0.9U_2,\ I_{O(AV)}=\frac{U_{O(AV)}}{R_L}=0.9\frac{U_2}{R_L},\ I_{D(AV)}=I_{O(AV)},\ U_{R\max}=2\sqrt{2}U_2$$

三、滤波电路

滤波电路通常有电容滤波、电感滤波和复合式滤波。滤波电路的作用是在尽量滤掉输出电压中的脉动成分的同时尽量保留其中的直流成分。它主要由电容、电感等储能元件组成。全波整流电容滤波电路的输出电压为

$$U_{O(AV)}=1.2U_2$$

电容滤波适用于负载电流小且变化较小的场合，广泛应用于小功率整流滤波电路中；而电感滤波适用于负载电流较大，广泛应用于大功率电子电路中。在实际工作中，常常将二者

结合起来，以便进一步降低脉动成分。

四、稳压电路

稳压电路的任务是在电网电压波动或负载电流变化时，使输出电压保持基本稳定。常用的稳压电路：

（1）稳压管稳压电路。电路结构较为简单，适用于输出电压稳定，且负载电流较小的场合。电路依靠稳压管的电流调节作用和限流电阻的补偿作用，使得输出电压稳定。限流电阻是必须的组成部分，因此必须合理选择，才能保证稳压管工作在稳压状态。其缺点是输出电压不可调节；当电网电压不可调节和负载电流变化范围较大时，电路无法适应。

（2）串联型直流稳压电路。串联型直流稳压电路主要包括 4 部分：调整管、采样电压、放大电路和基准电压。其稳压的原理实质上是引入电压负反馈来稳定输出电压。串联型稳压电路的输出电压可以在一定范围内调节。调节范围

$$U_O=\frac{R_A+R_B+R_W}{R_W+R_B}(U_Z+U_{BE2})\sim\frac{R_A+R_B+R_W}{R_B}(U_Z+U_{BE2})$$

五、集成稳压器

集成稳压器是在串联型直流稳压电路的基础上，再将保护电路和启动电路都集成在一个芯片上而做成的。它以体积小、可靠性高及温度特性好等优点而得到广泛的应用，特别是三端集成稳压器，只有三个引出端，使用更加方便。W78××（W79××）系列为固定式稳压器，W117/W217/W317（W137/W237/W337）为可调式稳压器。通过外围电路，可扩展电流和电压。但是，由于调整管工作在线性放大区，功耗大，因而电路效率低。

六、开关型稳压电路

开关型稳压电路的特点是调整管工作在开关状态，因而具有效率高、体积小、重量轻以及对电网电压要求不高等突出优点，被广泛用于计算机、电视机及通信等领域。但是，其控制电路比较复杂，输出电压中纹波和噪声成分较大等，一般适用于输出电压调节范围小、负载对输出纹波要求不高的场合。

七、重点、难点

1. 重点

（1）整流电路的工作原理，估算输出电压及电流的计算公式及器件的选择原则；

（2）滤波电路的工作原理，估算滤波电路输出电压的平均值；

（3）稳压管稳压电路的工作原理，合理选择稳压器件和限流电阻；

（4）串联型稳压电路的工作原理，估算输出电压的调节范围和合理选择器件；

（5）集成三端稳压器的应用方法。

2. 难点

（1）集成三端稳压器内部电路的工作原理；

（2）开关型稳压电路的工作原理。

参考文献

[10-1] 清华大学电子学教研组，童诗白. 模拟电子技术基础[M]. 2 版. 北京：高等教育出版社，1988.

[10-2] 江晓安. 模拟电子技术[M]. 西安：西安电子科技大学出版社，1993.

[10-3] 童诗白，华成英. 模拟电子技术基础[M]. 3 版. 北京：高等教育出版社，2001.

[10-4] 廖惜春. 模拟电子技术基础[M]. 武汉：华中科技大学出版社，2008.

[10-5] 杨拴科. 模拟电子技术基础[M]. 北京：高等教育出版社，2010.

[10-6] 郭业才，黄友锐. 模拟电子技术[M]. 北京：清华大学出版社，2011.

[10-7] 赵宝经. 中国集成电路大全，集成稳压器与非线性模拟集成电路[M]. 北京：国防工业出版社，1985.

[10-8] 申忠如. 模拟电子技术基础[M]. 西安：西安交通大学出版社，2012.

[10-9] 蔡惟铮，吴建强. 常用电子元器件手册[M]. 哈尔滨：哈尔滨工业大学出版社，1989.

[10-10] 胡宴如，耿苏燕. 模拟电子技术基础[M]. 2 版. 北京：高等教育出版社，2004.

自 测 题

一、判断下列说法是否正确，用“√”或者“×”表示判断结果并填入空内。

（1）直流电源是一种将正弦信号转换为直流信号的波形变换电路。（　）

（2）直流电源是一种能量转换电路，它将交流能量转换为直流能量。（　）

（3）在变压器副边电压和负载电阻相同的情况下，桥式整流电路的输出电流是半波整流电路输出电流的 2 倍。（　）

因此，它们的整流管的平均电流比值为 2 : 1。（　）

（4）若 U_2 为电源变压器副边电压的有效值，则半波整流电容滤波电路和全波整流电容滤波电路在空载时的输出电压均为 $\sqrt{2}U_2$。（　）

（5）当输入电压 U_I 和负载电流 I_L 变化时，稳压电路的输出电压是绝对不变的。

（　）

（6）一般情况下，开关型稳压电路比线性稳压电路效率高。（　）

（7）整流电路可将正弦电压变为脉动的直流电压。（　）

（8）电容滤波电路适用于小负载电流，而电感滤波电路适用于大负载电流。（　）

（9）在单相桥式整流电容滤波电路中，若有一只整流管断开，输出电压平均值变为原来的一半。（　）

（10）对于理想的稳压电路，$\Delta U_O/\Delta U_I=0$，$R_o=0$。（　）

（11）线性直流电源中的调整管工作在放大状态，开关型直流电源中的调整管工作在开

关状态。（　）

（12）因为串联型稳压电路中引入了深度负反馈，因此也可能产生自激振荡。（　）

（13）在稳压管稳压电路中，稳压管的最大稳定电流必须大于最大负载电流。（　）而且，其最大稳定电流与最小稳定电流之差应大于负载电流的变化范围。（　）

二、选择合适答案填入空格内。

（1）在单相桥式整流电路中，若有一只整流管接反，则________。

A. 输出电压约为 $2U_D$　　B. 变为半波直流

C. 整流管将因电流过大而烧坏　　D. 输出电压约为 U_D

（2）直流稳压电源中滤波电路的目的是________。

A. 将交流变为直流　　B. 将高频变为低频

C. 将交、直流混合量中的交流成分滤掉　　D. 将低频滤掉

（3）直流稳压电源中滤波电路应选用________。

A. 高通滤波电路　　B. 低通滤波电路

C. 带通滤波电路　　D. 带阻滤波电路

（4）若要组成输出电压可调、最大输出电流为 3 A 的直流稳压电源，则应采用________。

A. 电容滤波稳压管稳压电路　　B. 电感滤波稳压管稳压电路

C. 电容滤波串联型稳压电路　　D. 电感滤波串联型稳压电路

（5）串联型稳压电路中的放大环节所放大的对象是________。

A. 基准电压　　B. 采样电压

C. 基准电压与采样电压之差　　D. 基准电压与采样电压之和

（6）在脉宽调制式串联型开关稳压电路中，为使输出电压增大，对调整管基极控制信号的要求是________。

A. 周期不变，占空比增大

B. 频率增大，占空比不变

C. 在一个周期内，高电平时间不变，周期增大

D. 仅频率增大

三、试分析图 10.2.4（a）桥式整流电路中负载电压 u_O 的波形。若二极管 D_2 断开，u_O 的波形如何？如果 D_2 接反，结果如何？如果 D_2 被短路，结果又如何？

四、在图 10.3.1 中，已知变压器副边电压有效值 U_2 为 10 V，$R_LC \geqslant 3T/2$（T 为电网电压的周期），输出电压平均值为 $U_{O(AV)}$，分别求出下列情况下 $U_{O(AV)}$ 的值。

（1）正常情况；

（2）电容虚焊时；

（3）负载电阻开路时；

（4）一只整流管和滤波电容同时开路。

五、在桥式整流电容滤波电路中，已知 $R_L = 120\ \Omega$，$U_O = 30$ V，交流电源频率 $f = 50$ Hz。试选择整流二极管，并确定滤波电容的容量和耐压值。

六、试在图 T10.6 所示电路中，标出各电容两端电压的极性和数值，并分析负载电阻上能够获得几倍电压的输出。

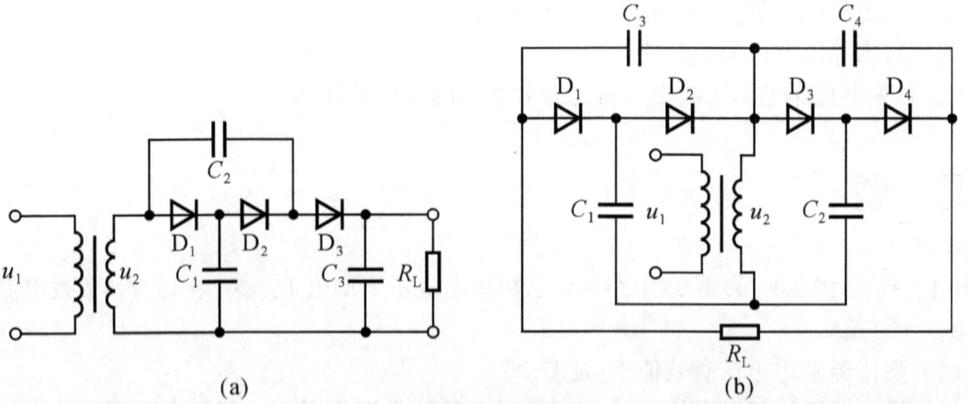

图 T10.6

七、在图 T10.7 所示稳压电路中，已知稳压管的稳定电压 U_Z 为 6 V，最小稳定电流 I_{Zmin} 为 5 mA，最大稳定电流 I_{Zmax} 为 40 mA；输入电压 U_I 为 15 V，波动范围为±10%；限流电阻 R 为 200 Ω。

（1）电路是否能空载？为什么？

（2）作为稳压电路的指标，负载电流 I_L 的范围为多少？

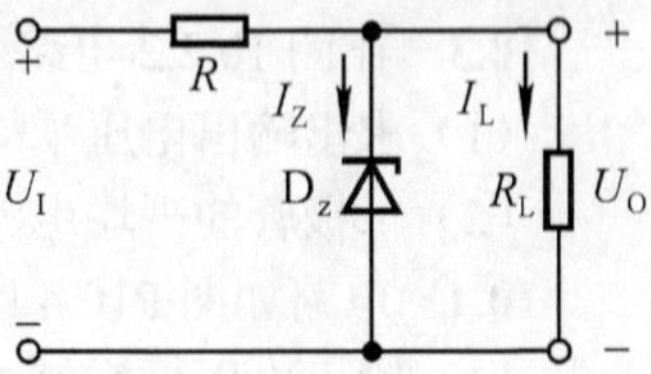

图 T10.7

八、在图 10.6.9 所示电路中，已知输出电压的最大值 $U_{O\,max}$ 为 20 V，R_1＝240 Ω；W317 的输出端和调整端间的电压 U_R＝1.25 V，允许加在输入端和输出端的电压为 3～40 V。试求解：

（1）输出电压的最小值 $U_{O\,min}$；

（2）R_2 的取值；

（3）若 U_I 的波动范围为±10%，为保证输出电压的最大值 $U_{O\,max}$ 为 20 V，U_I 至少应取多少伏？为保证 W317 安全工作，U_I 的最大值为多少伏？

九、直流稳压电源如图 T10.9 所示。

（1）说明电路的整流电路、滤波电路、调整管、基准电压电路、比较放大电路、采样电路等部分各由哪些元件组成；

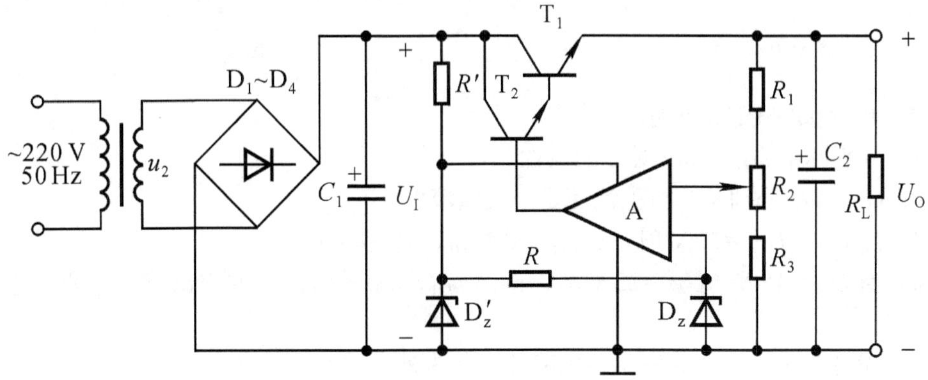

图 T10.9

（2）标出集成运放的同相输入端和反相输入端；

（3）写出输出电压的表达式。

十、开关型直流电源比线性直流电源效率高的原因是什么？

习　题

10.1　在图 10.2.4（a）所示电路中，已知输出电压平均值 $U_{O(AV)}=15$ V，负载电流平均值 $I_{L(AV)}=100$ mA。

（1）变压器副边电压有效值 U_2 是多少？

（2）设电网电压波动范围为±10%。现有某种类型二极管，其最大整流平均电流 $I_F=30$ mA，最高反向工作电压 $U_{RM}=20$ V，能否用于电路中？简述理由。

10.2　有一单相桥式整流滤波电路如图 10.3.1 所示，已知交流电源频率 $f=50$ Hz，负载电阻 $R_L=200\ \Omega$，要求输出直流电压平均值 $U_{O(AV)}=30$ V，试选择整流二极管及滤波电容器。

10.3　在图 10.2.2 电路中，变压器副边电压有效值为 $2U_2=20$ V，$R_L=100\ \Omega$。

（1）求出输出电压平均值 $U_{O(AV)}$和输出电流平均值 $I_{L(AV)}$；

（2）二极管的平均电流 $I_{D(AV)}$和所承受的最大反向电压 U_{Rmax}。

10.4　电路如图 P10.4 所示，变压器副边电压有效值 $U_1=30$ V，$U_2=10$ V。试问：

（1）输出电压平均值 $U_{O1(AV)}$和 $U_{O2(AV)}$各为多少？

（2）各二极管承受的最大反向电压为多少？

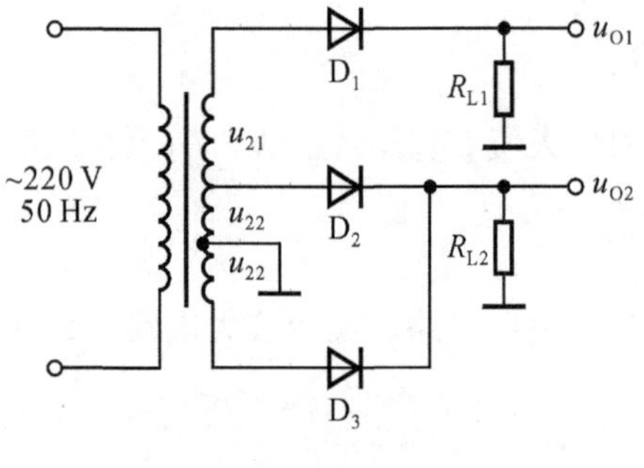

图 P10.4

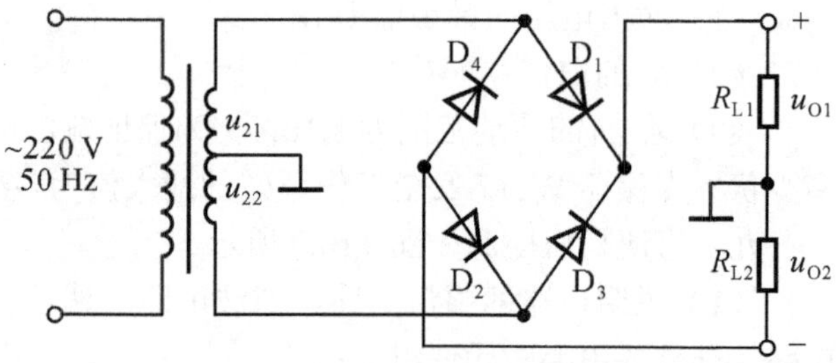

图 P10.5

10.5　电路如图 P10.5 所示。

（1）分别标出 u_{O1} 和 u_{O2} 对地的极性。

（2）u_{O1}、u_{O2} 分别是半波整流还是全波整流？

（3）当 $U_{21}=U_{22}=20$ V 时，$U_{O1(AV)}$和 $U_{O2(AV)}$各为多少？

（4）当 $U_{21}=18$ V，$U_{22}=22$ V 时，画出 u_{O1}、u_{O2} 的波形；并求出 $U_{O1(AV)}$和 $U_{O2(AV)}$各为多少。

10.6　分别判断图 P10.6 所示各电路能否作为滤波电路，简述理由。

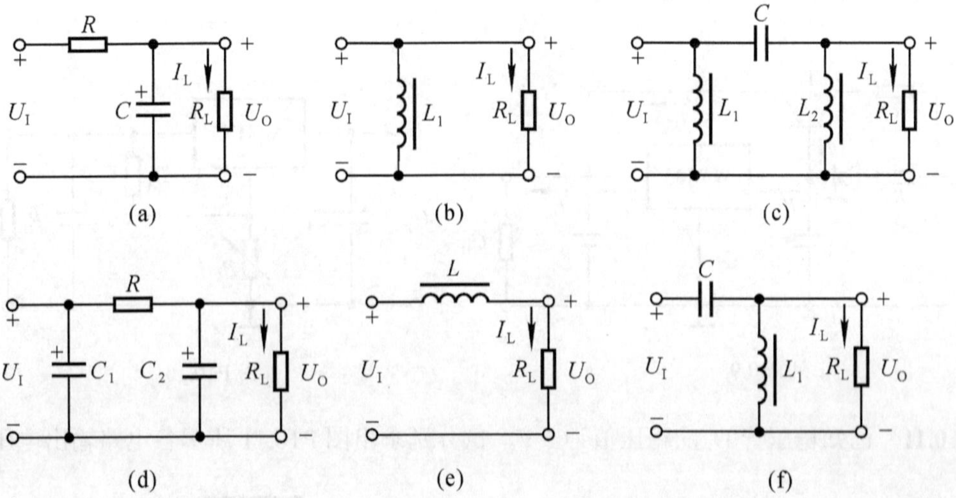

图 P10.6

10.7 电路如图 P10.7 所示，已知稳压管的稳定电压为 6 V，最小稳定电流为 5 mA，允许耗散功率为 240 mW；输入电压为 20～24 V，R_1＝360 Ω。试问：

（1）为保证空载时稳压管能够安全工作，R_2应选多大？

（2）当 R_2 按上面原则选定后，负载电阻允许的变化范围是多少？

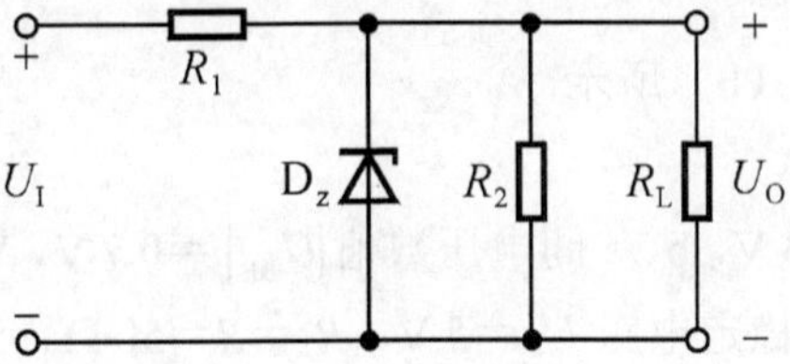

图 P10.7

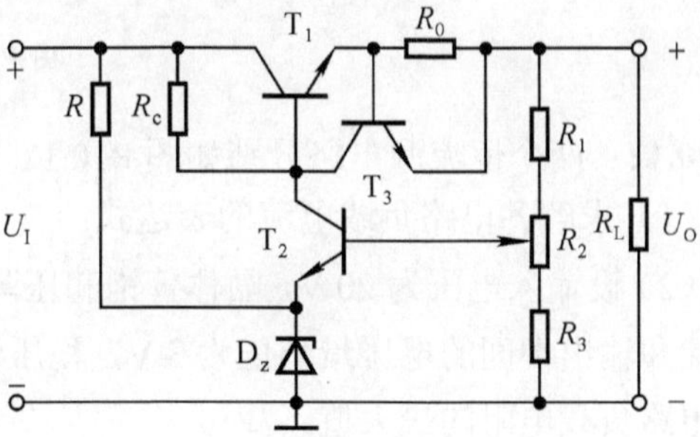

图 P10.8

10.8 直流稳压电源如图 P10.8 所示。

（1）说明电路的整流电路、滤波电路、调整管、基准电压电路、比较放大电路、采样电路和保护电路等部分各由哪些元件组成；

（2）写出输出电压的表达式。

10.9 电路如图 P10.9 所示，设 $I'_I \approx I'_O$=1.5 A，晶体管 T 的 $U_{EB} \approx U_D$，R_1＝1 Ω，R_2＝2 Ω，$I_D \gg I_B$。求解负载电流 I_L。

10.10 在图 P10.10 所示电路中，R_1＝240 Ω，R_2＝3 kΩ；W317 输入端和输出端电压允许范围为 3～40 V，输出端和调整端之间的电压 U_R 为 1.25 V。试求解：

（1）输出电压的调节范围；

（2）输入电压允许的范围。

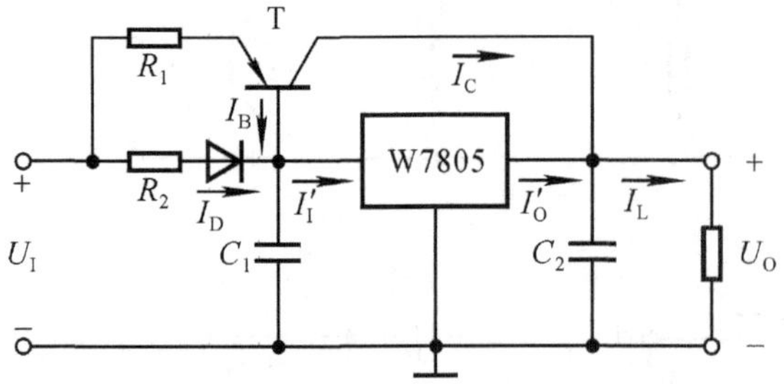

图 P10.9

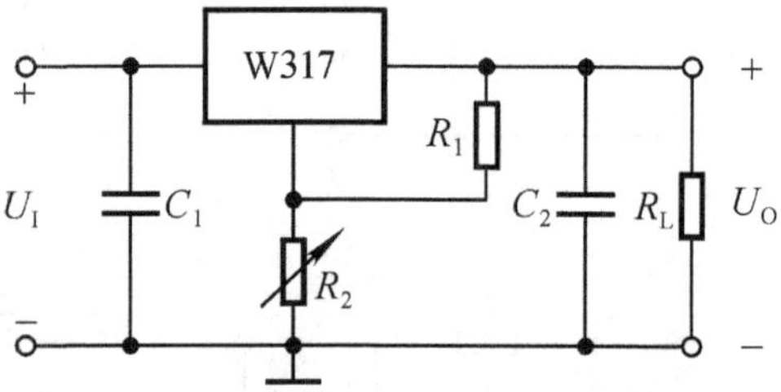

图 P10.10

10.11 已知稳压管 D_Z 的稳压值为 5 V，试分别求出图 P10.11 所示各电路输出电压。

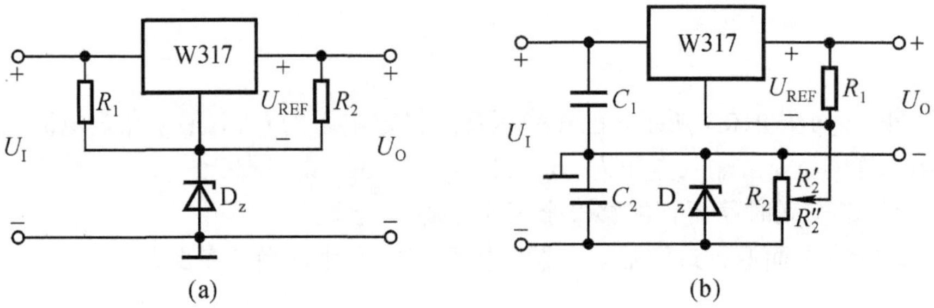

图 P10.11

10.12 两个恒流源电路分别如图 P10.12（a）、（b）所示。

（1）求解各电路负载电流的表达式；

（2）设输入电压为 20 V，晶体管饱和压降为 3 V，b、e 间电压数值 $|U_{BE}|=0.7$ V，W7805 输入端和输出端间的电压最小值为 3 V，稳压管的稳定电压 $U_Z=5$ V，$R_1=R=50\ \Omega$。分别求出两电路负载电阻的最大值。

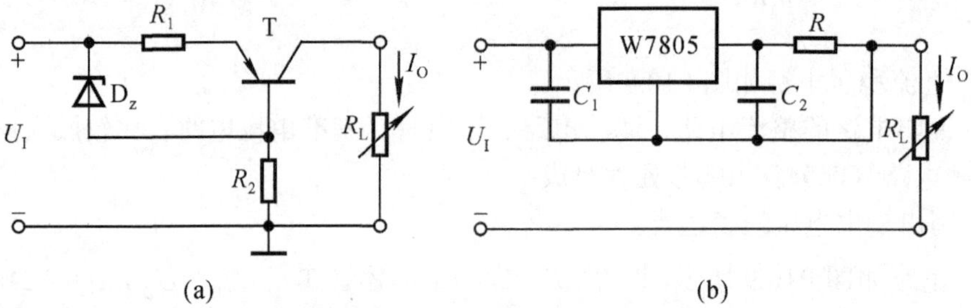

图 P10.12

10.13 在图 P10.13 所示串联型稳压电源中，已知 C_1 的取值满足 $RC_1=(3\sim5)T/2$（T 为电网电压的周期，R 为 C_1 放电回路的等效电阻），所有晶体管的 U_{BE} 均为 0.7 V，设 $U_2=18$ V，

稳压管稳定电压为 $U_Z=5.3$ V。试问：

（1）U_I 是多少？

（2）A 点开路时，U_I 是多少？

（3）电路正常工作时，U_O 是多少？

（4）设 T_1、T_2 管的电流放大系数均为 40，R_1、R_3 中的电流均可忽略不计，$R_4=10$ kΩ；C_1 上纹波电压近似为锯齿波，其幅值是其平均值的±10%。为保证电路正常稳压，负载电阻的最小值 R_{Lmin} 是多少？

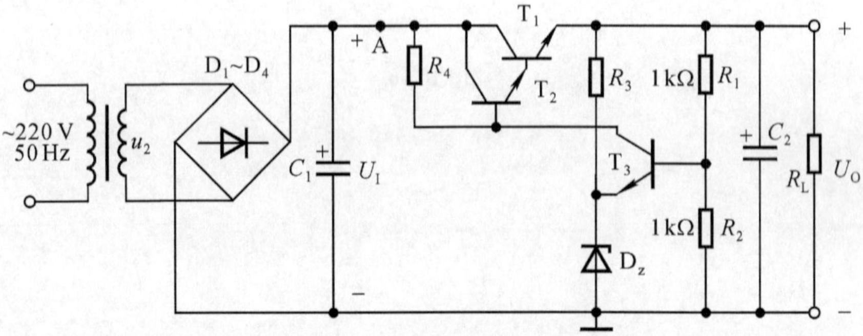

图 P10.13

10.14 电路如图 P10.14 所示，已知 $R_1=R_2=5$ kΩ，$R_3=3$ kΩ，$R_5=2$ kΩ，$R_4=1$ kΩ，试求输出电压 U_O 的调节范围。

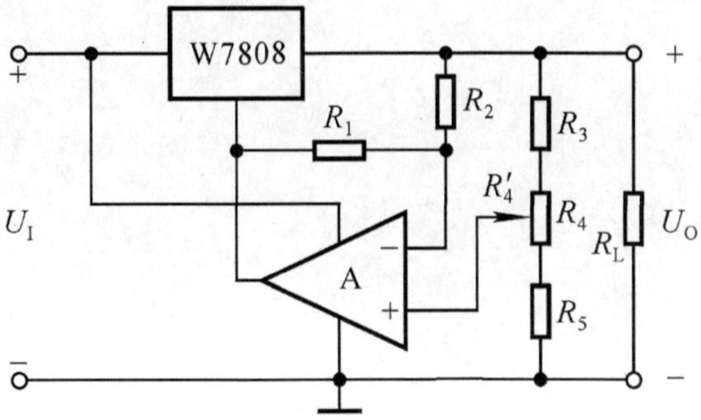

图 P10.14

10.15 电路如图 P10.8 所示，稳压管的稳定电压 $U_Z=4.3$ V，晶体管的 $U_{BE}=0.7$ V，$R_1=R_2=R_3=300$ Ω，$R_0=5$ Ω。试估算：

（1）输出电压的可调范围；

（2）调整管发射极允许的最大电流；

（3）若 $U_I=25$ V，波动范围为±10%，则调整管的最大功耗为多少？

10.16 可调恒流源电路如图 P10.16 所示。试求：

（1）当 $U_I=U_{REF}=1.2$ V，R 从 0.8～120 Ω改变时，恒流电流 I_O 的变化范围如何？

（2）当 R_L 用待充电电池代替，若 50 mA 恒流充电，充电电压 U_E=1.5 V，求电阻 R_L 的值。

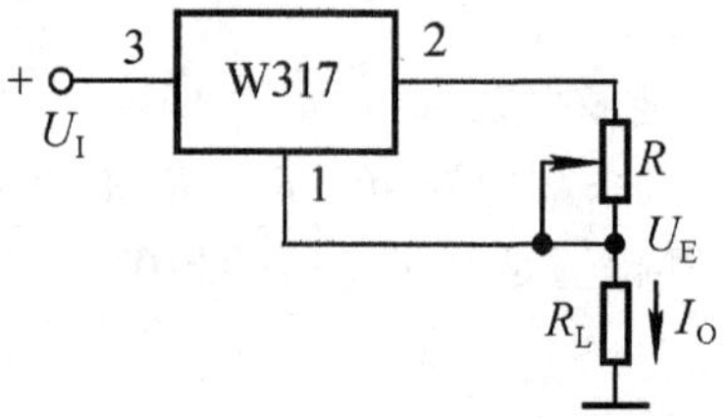

图 P10.16